Springer-Lehrbuch

Stefan Nickel • Oliver Stein
Karl-Heinz Waldmann

Operations Research

Zweite, korrigierte und aktualisierte Auflage

Springer Gabler

Stefan Nickel
Oliver Stein
Karl-Heinz Waldmann

Institut für Operations Research
Karlsruher Institut für Technologie
Karlsruhe, Deutschland

ISSN 0937-7433
ISBN 978-3-642-54367-8

Die Deutsche Nationalbibliothek verzeichnet diese Publikation in der Deutschen Nationalbibliografie; detaillierte bibliografische Daten sind im Internet über http://dnb.d-nb.de abrufbar.

Springer Gabler

Lektorat: Michael Bursik
Assistenz: Janina Sobolewski

Gedruckt auf säurefreiem und chlorfrei gebleichtem Papier

Springer Gabler ist eine Marke von Springer DE.
Springer DE ist Teil der Fachverlagsgruppe Springer Science+Business Media.
www.springer-gabler.de

Für Christa, Evi und Marion

Vorwort

Warum noch ein weiteres Lehrbuch zum Operations Research? Dies mag sich sicher der ein oder andere interessierte Leser beim Entdecken dieser Neuerscheinung gefragt haben. Allen, die sich solche oder ähnliche Gedanken machen, soll dieses Vorwort zur Orientierung und Entscheidungsfindung dienen.

Das Operations Research hat eine lange und erfolgreiche Tradition am Karlsruher Institut für Technologie – kurz KIT – vormals besser bekannt als Universität Karlsruhe (TH). Mit der Gründung des Instituts für Operations Research (IOR) im Jahre 2009 gelang es zum ersten Mal, drei OR-Lehrstühle in einem Institut zu vereinen. Dabei gehören die Leiter des IOR den drei wesentlichen Richtungen des Operations Research an. So stehen Stefan Nickel für die diskrete und kombinatorische Optimierung, Oliver Stein für die nichtlineare und globale Optimierung und Karl-Heinz Waldmann für die stochastischen Aspekte des Operations Research. Da die drei Lehrstühle abwechselnd die Einführungsvorlesung für das Operations Research verantworten, wurde schon bald nach der Gründung des Instituts die Idee geboren, ein Lehrbuch zum OR zu schreiben, in dem Inhalte zu jedem der drei Schwerpunkte durch einen entsprechenden Fachvertreter beigesteuert werden.

Nach fast zwei Jahren Arbeit lag das Ergebnis dieses Unterfangens vor. Es war uns gelungen, ein Lehrbuch zum Operations Research zu verfassen, das zwar nicht alles anders macht als ältere Lehrbücher, aber doch an den richtigen Stellen neue Akzente setzt.

Wir haben darauf geachtet, mathematisch stringent vorzugehen, ohne jedoch die Darstellung mit Beweisen zu überfrachten. So glauben wir, dass das Buch für Ingenieure, Mathematiker und Wirtschaftswissenschaftler gleichermaßen geeignet ist.

Mit nahezu vierhundert Seiten enthält das Buch genügend Auswahlmöglichkeiten, um es als Grundlage für unterschiedlich angelegte Vorlesungen zum Operations Research zu benutzen. Die grundlegenden Kapitel 1 bis 4 sollten nach unserer Einschätzung in jeder OR-Vorlesung enthalten sein und behandeln die Themen *Kernkonzepte der linearen Optimierung*, *Erweiterungen und Anwendungen der linearen Optimierung*, *Graphentheorie* und *Netzplantechnik*. Aus den nachfolgenden

Kapiteln 5 bis 9 mit den Themen *Ganzzahlige Optimierung*, *Heuristiken*, *Nichtlineare Optimierung*, *Dynamische Optimierung* und *Wartesysteme* kann eine geeignete Auswahl getroffen werden. In einem ausführlichen *Anhang* werden verschiedene mathematische Grundkonzepte zusammengefasst und motiviert, um den unterschiedlichen Voraussetzungen in der Vielfalt der Bachelor- und Masterprogramme Rechnung zu tragen.

An dieser Stelle möchten wir uns ganz herzlich bei Herrn Bursik, Herrn Dr. Müller und Herrn Rauscher vom Springer-Verlag bedanken, die uns bei unserem Projekt unterstützt und angespornt haben. Ein herzlicher Dank geht auch an die Herren Dipl.-Wi.-Ing. Fabian Dunke, Frederik Schneider und Dr. Marcel Sinske für ihre technische und redaktionelle Unterstützung bei der Erstellung dieses Lehrbuchs. Abschließend möchten wir uns bei den zahlreichen Studierenden bedanken, die uns im Vorfeld auf inhaltliche und formale Verbesserungsmöglichkeiten aufmerksam gemacht haben.

Wir hoffen, dass dem geneigten Leser die Lektüre dieses Buches zusagt.

Karlsruhe, im Oktober 2013

Stefan Nickel
Oliver Stein
Karl-Heinz Waldmann

Inhaltsverzeichnis

1

Kernkonzepte der linearen Optimierung

1.1 Einführung

Die lineare Optimierung (auch bekannt als lineare Programmierung) gehört zu den am weitesten verbreiteten Techniken des Operations Research. Sie zeichnet sich durch eine einfache Modellbildung und durch effiziente Lösungsverfahren aus. Ihre Zielsetzung, eine (affin-)lineare Funktion unter Nebenbedingungen, die in Form von linearen Gleichungen oder Ungleichungen auftreten, zu maximieren oder zu minimieren, macht sie universell einsetzbar. Ihre praktische Bedeutung liegt aber vor allem darin, dass auch „große" Probleme mit einer Vielzahl von Variablen und Nebenbedingungen noch zufriedenstellend gelöst werden können.

Auf typische ökonomische Anwendungsbereiche werden wir im Rahmen der nachfolgenden Beispiele eingehen. Darüber hinaus wird die lineare Optimierung als wichtiges Hilfsmittel zur Lösung ganzzahliger, nichtlinearer oder dynamischer Optimierungsprobleme herangezogen (vgl. Kap. 5, 7 und 8). Wesentliche Merkmale linearer Optimierungsprobleme sowie deren praktische Relevanz ergeben sich bereits aus den folgenden einführenden Beispielen.

Beispiel 1.1 (Ein Schichtproblem).

Um die Arbeiten in einem Servicezentrum ordnungsgemäß durchführen zu können, werden zwischen 1 Uhr und 5 Uhr zwei Arbeitskräfte, zwischen 5 und 9 Uhr vier Arbeitskräfte, zwischen 9 und 13 Uhr sieben Arbeitskräfte, zwischen 13 und 17 Uhr fünf Arbeitskräfte, zwischen 17 und 21 Uhr zwei Arbeitskräfte und zwischen 21 und 1 Uhr zwei Arbeitskräfte benötigt. Die Arbeitszeit beträgt 8 Stunden. Sie beginnt jeweils zu Beginn eines 4-Stunden-Abschnittes. Gesucht ist ein Schichtplan, bei dem möglichst wenige Arbeitskräfte erforderlich sind.

Zunächst bezeichne x_i die Anzahl der Arbeitskräfte, die ihre Arbeit zu Beginn des i-ten 4-Stunden-Abschnittes aufnehmen, also um 1 Uhr, 5 Uhr, 9 Uhr, 13 Uhr, 17 Uhr bzw. 21 Uhr. Da wir mit möglichst wenigen Arbeitskräften auskommen wollen, fassen wir die x_i als Entscheidungsvariablen auf mit dem Ziel, die Anzahl

$$x_1 + x_2 + \ldots + x_6$$

der über den gesamten Zeitraum von 24 Stunden benötigten Arbeitskräfte zu minimieren.

Bei der Bestimmung des Minimums ist zu berücksichtigen, dass die in den einzelnen 4-Stunden-Abschnitten benötigten Arbeitskräfte tatsächlich zur Verfügung stehen. Dies erreichen wir durch die Nebenbedingungen

$$\begin{array}{lllllll} x_1 + x_2 & & & & & & \geq 4 \\ & x_2 + x_3 & & & & & \geq 7 \\ & & x_3 + x_4 & & & & \geq 5 \\ & & & x_4 + x_5 & & & \geq 2 \\ & & & & x_5 + x_6 & & \geq 2 \\ x_1 + & & & & & x_6 & \geq 2. \end{array}$$

Die erste Nebenbedingung betrifft die Zeit zwischen 5 und 9 Uhr. In dieser Zeit werden 4 Arbeitskräfte benötigt. Da eine Unterbrechung der Arbeitszeit nicht zulässig ist, arbeiten zwischen 5 und 9 Uhr diejenigen, die ihre Arbeit um 1 Uhr aufnehmen (das sind x_1) und diejenigen, die ihre Arbeit um 5 Uhr aufnehmen (das sind x_2). Insgesamt sind es also $x_1 + x_2$ Arbeitskräfte, die zwischen 5 und 9 Uhr arbeiten. Diese Anzahl muss nach Voraussetzung mindestens 4 betragen. Entsprechendes gilt für die übrigen Zeitabschnitte.

Darüber hinaus müssen wir beachten, dass eine Anzahl eine nichtnegative Zahl ist. Dies modellieren wir durch die Nichtnegativitätsbedingungen

$$x_1 \geq 0,\ x_2 \geq 0,\ \ldots,\ x_6 \geq 0.$$

Zusammenfassend erhalten wir das lineare Optimierungsproblem

$$\text{minimiere } \ x_1 + x_2 + \ldots + x_6$$

unter den Nebenbedingungen

$$\begin{array}{lllllll} x_1 + x_2 & & & & & & \geq 4 \\ & x_2 + x_3 & & & & & \geq 7 \\ & & x_3 + x_4 & & & & \geq 5 \\ & & & x_4 + x_5 & & & \geq 2 \\ & & & & x_5 + x_6 & & \geq 2 \\ x_1 + & & & & & x_6 & \geq 2 \end{array}$$

und den Nichtnegativitätsbedingungen

$$x_1 \geq 0,\ x_2 \geq 0,\ \ldots,\ x_6 \geq 0.$$

Streng genommen müssten wir sogar fordern, dass die x_i nichtnegative *ganze* Zahlen sind. Wir werden jedoch später sehen (vgl. Abschnitt 2.4.5), dass die Nichtnegativitätsbedingung ausreicht und wir mit dem in Abschnitt 1.6 eingeführten Simplex-Algorithmus dennoch eine ganzzahlige Lösung erhalten.

Die Lösung des Optimierungsproblems liefert einen Schichtplan mit 11 Arbeitskräften und $x_1^* = 2$, $x_2^* = 2$, $x_3^* = 5$, $x_4^* = 0$, $x_5^* = 2$, $x_6^* = 0$. Die minimale Anzahl

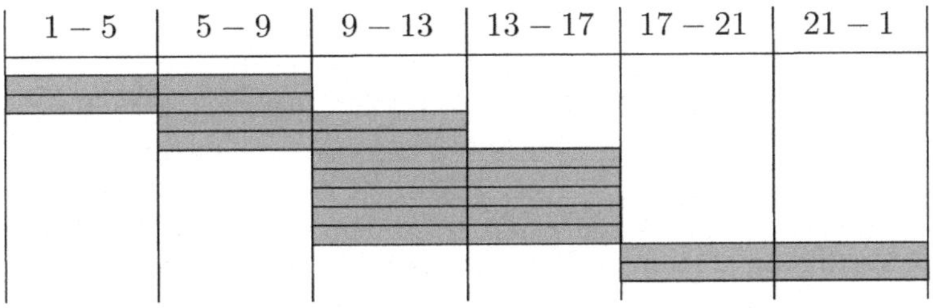

Abb. 1.1. Optimaler Schichtplan ($x_1^* = 2,\ x_2^* = 2,\ x_3^* = 5,\ x_4^* = 0,\ x_5^* = 2,\ x_6^* = 0$)

von 11 Arbeitskräften ist eindeutig. Dies gilt allerdings *nicht* für die Realisierung eines Schichtplans mit 11 Arbeitskräften, denn sie ist auch mit $x_1^* = 1$, $x_2^* = 3$, $x_3^* = 4$, $x_4^* = 1$, $x_5^* = 1$, $x_6^* = 1$ möglich. ◊

Beispiel 1.2 (Produktionsprogrammplanung).

Ein Unternehmen stellt die Produkte P_1 und P_2 her, die mit einem Gewinn von 3 € bzw. 4 € pro Mengeneinheit (ME) verkauft werden können.

Zur Herstellung sind eine Maschine, ein Rohstoff und Arbeitskräfte erforderlich, die in dem betrachteten Planungszeitraum nur begrenzt zur Verfügung stehen:

Maschine:	1200 Std.
Rohstoff:	3000 ME
Arbeitskräfte:	125 Std.

Benötigt werden für die Herstellung einer ME des Produktes P_1 (bzw. P_2):

Maschine:	3 Std.	(bzw. 2 Std.)
Rohstoff:	5 ME	(bzw. 10 ME)
Arbeitskräfte:	0 Std.	(bzw. 0.5 Std.)

Das Unternehmen ist an einem Produktionsprogramm interessiert, das den (Gesamt-)Gewinn maximiert.

Das optimale Produktionsprogramm ergibt sich als Lösung eines linearen Optimierungsproblems, das wir nun aufstellen wollen. Hierzu seien x_1 die Produktionsmenge des Produktes P_1 und x_2 die des Produktes P_2. x_1 und x_2 fassen wir als Entscheidungsvariablen auf, die nur nichtnegative Werte annehmen dürfen. Diese erste Forderung fassen wir in den Nichtnegativitätsbedingungen $x_1 \geq 0$, $x_2 \geq 0$ zusammen. x_1 und x_2 unterliegen weiteren Restriktionen, die sich aus den verfügbaren Maschinenstunden, der verfügbaren Rohstoffmenge und den verfügbaren Arbeitsstunden ergeben:

$$\begin{array}{lrl} \text{Maschinenstunden:} & 3x_1 + \quad 2x_2 & \leq 1200 \\ \text{Rohstoffmenge:} & 5x_1 + \ 10x_2 & \leq 3000 \\ \text{Arbeitsstunden:} & 0.5x_2 & \leq \ \ 125 \end{array}$$

Die linke Seite der jeweiligen Ungleichung enthält die benötigten Ressourcen in Abhängigkeit vom Produktionsprogramm und die rechte Seite deren Vorrat. Der Verbrauch an Maschinenstunden kommt wie folgt zustande: Die Herstellung einer ME des Produktes P_1 bzw. P_2 erfordert 3 bzw. 2 Maschinenstunden. Da x_1 ME des Produktes P_1 und x_2 ME des Produktes P_2 gefertigt werden, ergibt sich ein Gesamtverbrauch von $3x_1+2x_2$ Maschinenstunden, der 1200 nicht übersteigen darf, um die zur Verfügung stehenden Maschinenstunden einzuhalten. Analoges gilt für die übrigen Restriktionen.

Verbunden mit der Herstellung von x_1 ME des Produktes P_1 und x_2 ME des Produktes P_2 ist ein (mengenproportionaler) Gewinn $3x_1 + 4x_2$.

Zusammenfassend erhalten wir das lineare Optimierungsproblem

$$\text{maximiere} \quad 3x_1 + 4x_2$$

unter den Nebenbedingungen

$$\begin{array}{rl} 3x_1 + \quad 2x_2 & \leq 1200 \\ 5x_1 + \ 10x_2 & \leq 3000 \\ 0.5x_2 & \leq \ \ 125 \end{array}$$

und den Nichtnegativitätsbedingungen

$$x_1 \geq 0, \ x_2 \geq 0,$$

dessen Lösung (s. Bsp. 1.8) die optimalen Produktionsmengen $x_1^* = 300$, $x_2^* = 150$ und den dabei erzielbaren Gesamtgewinn $3x_1^* + 4x_2^* = 1500$ liefert. ◊

Beispiel 1.3 (Ein Mischungsproblem).

Zur Fütterung einer bestimmten Tierart sind die Nährstoffe N_1, N_2 und N_3 erforderlich, die in den Futtermitteln F_1 und F_2 in unterschiedlicher Konzentration enthalten sind. Die Nährstoffeinheiten pro ME Futtermittel sind in Tabelle 1.1 zusammengefasst.

	N_1	N_2	N_3
F_1	3	4	1
F_2	3	3	3

Tabelle 1.1. Daten zu Beispiel 1.3

Eine ME des Futtermittels F_1 kostet 25 €, eine ME des Futtermittels F_2 kostet 50 €.

Wieviele ME von F_1 und F_2 sind zu füttern, um bei möglichst geringen Kosten den Bedarf an Nährstoffen (8 Einheiten des Nährstoffs N_1, 19 Einheiten des Nährstoffs N_2, 7 Einheiten des Nährstoffs N_3) zu decken?

Die gesuchten ME von F_1 und F_2 ergeben sich als Lösung eines linearen Optimierungsproblems. Hierzu seien x_1 die zu fütternden ME von F_1 und x_2 die von F_2. x_1 und x_2 fassen wir als Entscheidungsvariablen auf, die nur nichtnegative Werte annehmen dürfen ($x_1 \geq 0,\ x_2 \geq 0$).

Der zu deckende Bedarf an Nährstoffen wird durch die Ungleichungen

$$\begin{aligned} &\text{Nährstoff } N_1: \qquad && 3x_1 + 3x_2 \geq 8 \\ &\text{Nährstoff } N_2: && 4x_1 + 3x_2 \geq 19 \\ &\text{Nährstoff } N_3: && x_1 + 3x_2 \geq 7 \end{aligned}$$

sichergestellt, wobei auf der linken Seite die Nährstoffmengen in Abhängigkeit von den Futtermengen stehen und auf der rechten Seite die geforderten Mindestmengen. Die Kosten, die aus der Fütterung von x_1 ME von F_1 und x_2 ME von F_2 entstehen, lauten $25x_1 + 50x_2$.

Somit haben wir das lineare Optimierungsproblem

$$\text{minimiere} \quad 25x_1 + 50x_2$$

unter den Nebenbedingungen

$$\begin{aligned} 3x_1 + 3x_2 &\geq 8 \\ 4x_1 + 3x_2 &\geq 19 \\ x_1 + 3x_2 &\geq 7 \end{aligned}$$

und den Nichtnegativitätsbedingungen

$$x_1 \geq 0, \ x_2 \geq 0$$

zu lösen. ◊

Beispiel 1.4 (Ein Transportproblem).

Ein Unternehmen hat zwei Filialen F_1 und F_2, von denen drei Großhändler G_1, G_2 und G_3 die Produkte beziehen. Die Transportkosten pro ME, der Bedarf der Großhändler und der Lagerbestand der Filialen sind in Tabelle 1.2 zusammengefasst.

Das Unternehmen ist daran interessiert, den Transport von den Filialen zu den Großhändlern so zu organisieren, dass die Gesamtkosten minimal werden.

Das Transportproblem lässt sich als ein spezielles lineares Optimierungsproblem formulieren. Hierzu bezeichne x_{ij} die Transportmenge von F_i nach G_j. Die Entscheidungsvariablen x_{ij} müssen die Nichtnegativitätsbedingungen $x_{ij} \geq 0$ erfüllen, und zusätzlich ist sicherzustellen, dass der Bedarf der Großhändler gedeckt und gleichzeitig in den Filialen nicht mehr nachgefragt wird, als dort vorhanden ist.

Der Gesamtbedarf (1000 ME) stimmt mit dem Gesamtangebot überein. Diese Besonderheit stellt keine Einschränkung dar, da durch Hinzunahme einer fiktiven

	Transportkosten pro ME			
	G_1	G_2	G_3	Lagerbestand
F_1	0.9	1.0	1.2	600
F_2	0.6	0.4	0.5	400
Bedarf	300	500	200	1000

Tabelle 1.2. Daten zu Beispiel 1.4

Filiale oder eines fiktiven Großhändlers eventuelle Überschüsse ausgeglichen werden können (vgl. Abschnitt 2.4), sondern führt sogar auf eine zusätzliche Struktur, von der wir bei der Lösung des Transportproblems noch Gebrauch machen werden.

Da keine Restbestände oder Fehlmengen auftreten können, ergeben sich die Nebenbedingungen als Gleichungen: $x_{11}+x_{12}+x_{13} = 600$, $x_{21}+x_{22}+x_{23} = 400$ sowie $x_{11} + x_{21} = 300$, $x_{12} + x_{22} = 500$, $x_{13} + x_{23} = 200$. Die ersten beiden Gleichungen besagen, dass die in den Filialen verfügbaren Bestände an die Großhändler abgegeben werden und die letzten drei Gleichungen, dass der Bedarf der Großhändler gedeckt wird.

Da wir unterstellen, dass die Kosten mengenproportional sind, ergeben sich die Gesamtkosten der Transporte zu $0.9x_{11} + x_{12} + 1.2x_{13} + 0.6x_{21} + 0.4x_{22} + 0.5x_{23}$. Hieraus resultiert das lineare Optimierungsproblem

$$\text{minimiere } 0.9x_{11} + x_{12} + 1.2x_{13} + 0.6x_{21} + 0.4x_{22} + 0.5x_{23}$$

unter den Nebenbedingungen

$$\begin{array}{rcl}
x_{11} + x_{12} + x_{13} & & = 600 \\
 & x_{21} + x_{22} + x_{23} & = 400 \\
x_{11} \qquad\qquad + x_{21} & & = 300 \\
x_{12} \qquad\qquad + x_{22} & & = 500 \\
x_{13} \qquad\qquad + x_{23} & & = 200
\end{array}$$

$$x_{ij} \geq 0 \text{ für } i = 1, 2 \text{ und } j = 1, 2, 3.$$

◊

Beispiel 1.5 (Ein Produktionsproblem mit Mengenrelationen).

Eine Bäckerei stellt vier verschiedene Kuchensorten her. Die Erlöse pro Stück in Geldeinheiten (GE) sowie die benötigten Zutaten und deren verfügbare Mengen sind in Tabelle 1.3 zusammengefasst.

Bei der Herstellung einer Linzertorte fällt ein Eiweiß ab, das zusammen mit 50 ME Mehl, 30 ME Zucker und 25 ME Nüssen zu einem Nusshörnchen verarbeitet und mit einem Erlös von 1.2 GE verkauft werden kann.

	Zutaten (ME/Stück)						
Sorte	Mehl	Zucker	Butter	Nüsse	Kakao	Eier	Erlös (GE)
Nusskuchen	250	100	100	300	—	1	20
Marmorkuchen	350	80	100	—	40	1	15
Sandkuchen	400	100	150	—	—	1	12
Linzertorte	400	150	250	250	25	3	30
	10000	3000	6000	5000	1000	1000	
	verfügbare Menge (ME)						

Tabelle 1.3. Daten zu Beispiel 1.5

Zu beachten ist ferner, dass doppelt so viele Nusskuchen herzustellen sind wie Sandkuchen und dass mindestens 25% der insgesamt produzierten Kuchen (ohne Nusshörnchen) Marmorkuchen sind.

Ziel der Bäckerei ist es, den Erlös aus dem Verkauf der Kuchen und Nusshörnchen zu maximieren.

Der maximal erzielbare Erlös und die zugehörigen Produktionsmengen $x_1 \geq 0$, $x_2 \geq 0$, ..., $x_5 \geq 0$ an Nusskuchen, Marmorkuchen, Sandkuchen, Linzertorten bzw. Nusshörnchen ergibt sich als Lösung eines linearen Optimierungsproblems mit der Zielfunktion (Gesamterlös)

$$20x_1 + 15x_2 + 12x_3 + 30x_4 + 1.2x_5,$$

die zu maximieren ist unter den Nebenbedingungen

$$\begin{array}{lrcl}
\text{Verbrauch an Mehl:} & 250x_1 + 350x_2 + 400x_3 + 400x_4 + 50x_5 & \leq & 10000 \\
\text{Verbrauch an Zucker:} & 100x_1 + 80x_2 + 100x_3 + 150x_4 + 30x_5 & \leq & 3000 \\
\text{Verbrauch an Butter:} & 100x_1 + 100x_2 + 150x_3 + 250x_4 & \leq & 6000 \\
\text{Verbrauch an Nüssen:} & 300x_1 + 250x_4 + 25x_5 & \leq & 5000 \\
\text{Verbrauch an Kakao:} & 40x_2 + 25x_4 & \leq & 1000 \\
\text{Verbrauch an Eiern:} & x_1 + x_2 + x_3 + 3x_4 & \leq & 1000
\end{array}$$

sowie den Mengenrelationen

$$\begin{array}{ll}
\text{Nusshörnchen – Linzertorten:} & x_5 \leq x_4 \\
\text{Nusskuchen – Sandkuchen:} & x_1 = 2x_3 \\
\text{Marmorkuchen – Kuchen insgesamt:} & x_2 \geq 0.25(x_1 + x_2 + x_3 + x_4).
\end{array}$$

◊

Die einführenden Beispiele zeigen bereits, dass die Lösung linearer Optimierungsprobleme auf die Bestimmung von Extremwerten unter Nebenbedingungen führt. Extremwerte unter Nebenbedingungen werden als grundlegendes Problem in der Analysis behandelt. Die dort (und auch in Kap. 7) angegebene Methode, die Extremwerte durch Nullsetzen der partiellen Ableitungen der Lagrange-Funktion zu ermitteln, setzt jedoch Nebenbedingungen in Form von Gleichungen voraus und ist damit hier nicht unmittelbar anwendbar. Eine Übertragung dieses Lösungsansatzes auf Nebenbedingungen in Form von Ungleichungen nehmen wir in Kapitel 7 vor. Die resultierenden Algorithmen sind jedoch oft nicht so effizient wie die speziellen, die Linearität der Zielfunktion und der Nebenbedingungen ausnutzenden Algorithmen der linearen Optimierung.

1.2 Grundlegende Definitionen

Unter einem **linearen Optimierungsproblem** (auch **lineares Programmierungsproblem** genannt) versteht man die Aufgabe, eine lineare Funktion unter der Beachtung von linearen **Nebenbedingungen** (auch **Restriktionen** genannt) zu maximieren oder zu minimieren.

Da die zu maximierende oder zu minimierende Funktion das zu erreichende Ziel modelliert, nennt man sie **Zielfunktion** des Optimierungsproblems. Die in die Zielfunktion eingehenden Variablen x_1, x_2, ..., x_n heißen **Entscheidungsvariablen**. Die allgemeine Form einer linearen Zielfunktion von n Variablen lautet

$$f(x) = f(x_1, \ldots, x_n) = c_1 x_1 + c_2 x_2 + \ldots + c_n x_n \,.$$

In Vektornotation (vgl. Abschnitt A.2) schreibt man auch $f(x) = \langle c, x \rangle$ oder $f(x) = c^{\mathsf{T}} x$ mit dem Vektor $c = (c_1, \ldots, c_n)^{\mathsf{T}}$. Etwas allgemeiner kann man auch affinlineare Zielfunktionen der Form

$$f(x) = c^{\mathsf{T}} x + z_0$$

betrachten. In Satz 1.1 wird sich aber herausstellen, dass die Lösung eines Optimierungsproblems im wesentlichen unabhängig von der Konstante z_0 in der Zielfunktion ist, so dass man sie häufig unterschlägt.

Üblicherweise werden mehrere lineare Nebenbedingungen vorliegen, die wir mit $i = 1, \ldots, m$ durchnummerieren. Nebenbedingung i kann in einer der drei folgenden Formen vorliegen:

$$\begin{aligned} & a_{i1} x_1 + a_{i2} x_2 + \ldots + a_{in} x_n \le b_i \\ \text{oder} \quad & a_{i1} x_1 + a_{i2} x_2 + \ldots + a_{in} x_n \ge b_i \\ \text{oder} \quad & a_{i1} x_1 + a_{i2} x_2 + \ldots + a_{in} x_n = b_i \,. \end{aligned}$$

Die in Anwendungen häufig auftretenden **Nichtnegativitätsbedingungen**

$$x_i \geq 0$$

an einige oder alle Variablen x_i lassen sich zwar in einfacher Weise in eine der obigen Formen bringen, zur Anwendung des in Abschnitt 1.6 zu besprechenden Simplex-Algorithmus wird es sich allerdings als günstig erweisen, sie separat aufzuführen. Durch Umnummerieren der Variablen lässt sich erreichen, dass Nichtnegativitätsbedingungen genau für die ersten p Variablen (mit $p \in \{0, 1, \ldots, n\}$) gelten.

Die allgemeine Form eines linearen Optimierungsproblems lautet also

$$\begin{array}{lrrlll} P: & \max\ (\min) & c_1x_1 + c_2x_2 + \ldots + c_nx_n & & & \\ & \text{s.t.} & a_{i1}x_1 + a_{i2}x_2 + \ldots + a_{in}x_n & \leq b_i, & i = 1, \ldots, m_1 \\ & & a_{i1}x_1 + a_{i2}x_2 + \ldots + a_{in}x_n & \geq b_i, & i = m_1 + 1, \ldots, m_2 \\ & & a_{i1}x_1 + a_{i2}x_2 + \ldots + a_{in}x_n & = b_i, & i = m_2 + 1, \ldots, m \\ & & x_i & \geq 0, & i = 1, \ldots, p, \end{array}$$

wobei „s.t." für das englische „subject to" oder „so that" steht und „unter den Nebenbedingungen" bedeutet.

Einen Vektor $x \in \mathbb{R}^n$, der alle Nebenbedingungen eines Optimierungsproblems (inklusive der Nichtnegativitätsbedingungen) erfüllt, nennt man **zulässigen Punkt** des Problems. Die Menge aller zulässigen Punkte heißt **zulässige Menge** oder **zulässiger Bereich** und wird im Folgenden mit $\mathbb{M}$ bezeichnet.

Ein zulässiger Punkt heißt **optimaler Punkt** des linearen Optimierungsproblems, wenn es keinen anderen zulässigen Punkt mit besserem (d.h. größerem bzw. kleinerem) Zielfunktionswert gibt. Etwa für ein Maximierungsproblem lässt sich dies auch wie folgt ausdrücken: $x^* \in \mathbb{M}$ ist optimaler Punkt, wenn alle $x \in \mathbb{M}$ die Ungleichung $f(x) \leq f(x^*)$ erfüllen. Der zu einem optimalen Punkt x^* gehörige Wert $f(x^*)$ der Zielfunktion heißt **optimaler Wert**. Wenn wir den optimalen Wert unabhängig von einem optimalen Punkt bezeichnen möchten, werden wir ihn im Folgenden z^* nennen.

Beispiel 1.6 (Beispiel 1.2 - Fortsetzung 1).

Der Punkt $x^* = (300, 150)^\mathsf{T}$ ist optimaler Punkt, und $f(x^*) = 3x_1^* + 4x_2^* = 1500$ ist optimaler Wert des Maximierungsproblems. Wie wir in Beispiel 1.8 sehen werden, ist der optimale Punkt eindeutig bestimmt. ◇

Da der Vektor x der Entscheidungsvariablen in Beispiel 1.2 zweidimensional ist, liegt der optimale Punkt aus Beispiel 1.6 in $\mathbb{R}^2$. Dies ist im Allgemeinen natürlich nicht der Fall, wie unter anderem das folgende Beispiel illustriert.

Beispiel 1.7 (Beispiel 1.1 - Fortsetzung 1).

Der Schichtplan $x^* = (2, 2, 5, 0, 2, 0)^\mathsf{T}$ ist optimaler Punkt, und $f(x^*) = x_1^* + x_2^* + \ldots + x_6^* = 11$ ist optimaler Wert des Minimierungsproblems. Allerdings ist auch der Schichtplan $x^* = (1, 3, 4, 1, 1, 1)^\mathsf{T}$ ein optimaler Punkt, da er denselben optimalen Wert $z^* = 11$ besitzt. ◇

Auch allgemein ist der optimale Wert (sofern er existiert) stets eindeutig bestimmt, während optimale Punkte nicht notwendigerweise eindeutig sind. Mit diesem Effekt werden wir uns noch ausführlich befassen. Mit

$$\mathbb{M}^* = \{x \in \mathbb{M} \mid f(x) = z^*\}$$

bezeichnen wir die **Menge der optimalen Punkte**.

Der folgende Satz ermöglicht es, beim Lösen von Optimierungsproblemen konstante Terme in der Zielfunktion zunächst zu unterschlagen und erst nach Berechnung eines optimalen Punktes den optimalen Wert entsprechend zu korrigieren. Der Beweis dieses Resultats ist dem Leser als Übung überlassen. Beachten Sie, dass die in diesem Abschnitt geltenden Linearitätsvoraussetzungen dafür unerheblich sind.

Satz 1.1.

Gegeben seien ein Optimierungsproblem P mit Zielfunktion $f(x)$ und zulässiger Menge $\mathbb{M}$ sowie das Optimierungsproblem P' mit Zielfunktion $f(x) + z_0$ und derselben zulässigen Menge $\mathbb{M}$, wobei $z_0 \in \mathbb{R}$ eine Konstante ist. Dann stimmen die Mengen der optimalen Punkte von P und P' überein, und die optimalen Werte z_P^* und $z_{P'}^*$ erfüllen $z_{P'}^* = z_P^* + z_0$.

1.3 Grafische Lösung

Lineare Optimierungsprobleme mit nur zwei Entscheidungsvariablen lassen sich auf bequeme Weise *grafisch* lösen. Da praktische Probleme überwiegend (weit) mehr als zwei Entscheidungsvariablen besitzen, liegt die Bedeutung der grafischen Lösung vor allem in der geometrischen Veranschaulichung der Lösungskonzepte.

Beispiel 1.8 (Beispiel 1.2 - Fortsetzung 2).

Aufgrund der Nichtnegativitätsbedingungen $x_1 \geq 0$ und $x_2 \geq 0$ liegt die Menge der zulässigen Punkte im ersten Quadranten und wird durch die x_1-Achse und die x_2-Achse begrenzt. Weitere Einschränkungen ergeben sich aus den Restriktionen $3x_1 + 2x_2 \leq 1200$, $5x_1 + 10x_2 \leq 3000$ und $0.5x_2 \leq 125$. Die Begrenzungsgeraden $3x_1 + 2x_2 = 1200$, $5x_1 + 10x_2 = 3000$ und $0.5x_2 = 125$ kann man in die Grafik eintragen, indem man deren Schnittpunkte mit den Achsen bestimmt und diese verbindet. Beispielsweise erhält man den Schnittpunkt von $3x_1 + 2x_2 = 1200$ mit der x_1-Achse durch Nullsetzen von x_2 (aus $3x_1 + 2 \cdot 0 = 1200$ folgt $x_1 = 400$).

Auf welcher Seite der Begrenzungsgeraden jeweils zulässige Punkte liegen, ermittelt man durch Einsetzen des Nullpunktes in die Ungleichungen. Falls er eine Ungleichung erfüllt, liegt er in der Halbebene der für diese Ungleichung zulässigen Punkte, andernfalls liegt er in der Halbebene der für diese Ungleichung unzulässigen Punkte. Die Schnittmenge der ermittelten Halbebenen mit den Nichtnegativitätsbedingungen bildet die zulässige Menge $\mathbb{M}$ (vgl. Abb. 1.2).

Bei der Darstellung der Zielfunktion geht man ähnlich vor. Zunächst trägt man $3x_1 + 4x_2 = z_0$ für einen festen Wert z_0 ein, d.h. man zeichnet die Höhenlinie (vgl. Abschnitt A.5) der Funktion $3x_1 + 4x_2$ zum Niveau z_0 ein. Wir haben das Niveau

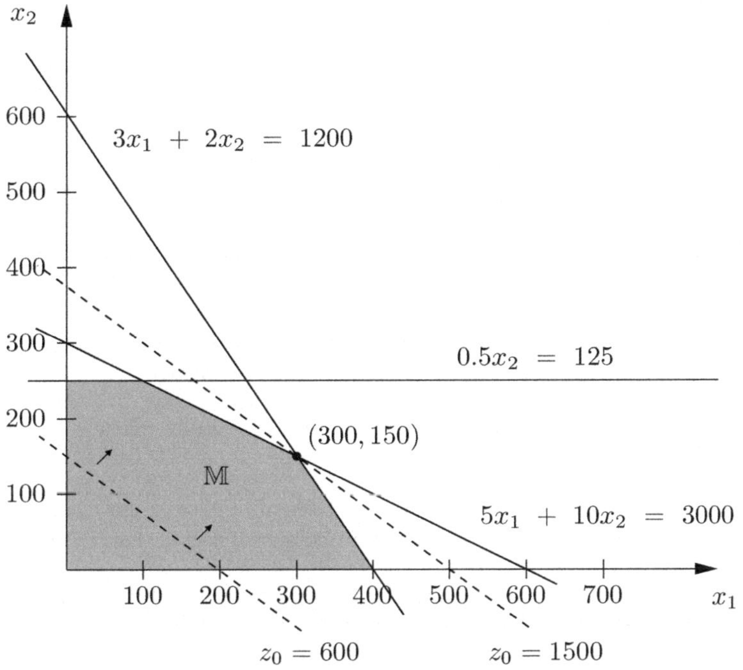

Abb. 1.2. Grafische Lösung von Beispiel 1.2

$z_0 = 600$ gewählt, weil dadurch die Achsenabschnitte besonders einfach zu berechnen sind. Die so ermittelte Höhenlinie wird dann parallel in Richtung wachsender z_0-Werte verschoben. Diese Richtung bestimmt man, indem man beispielsweise prüft, ob die durch den Nullpunkt verlaufende Höhenlinie der Zielfunktion einen kleineren oder größeren z_0-Wert hat. In unserem Fall ist der Wert null und damit kleiner als $z_0 = 600$. Folglich wächst z_0 bei Verschiebung der Höhenlinie „von null weg".

Die Höhenlinie wird nun parallel bis zum Rand der zulässigen Menge verschoben. Die Parallelverschiebung endet hier in einer Ecke der zulässigen Menge. Diese Ecke ist der optimale Punkt mit $x_1^* = 300$ und $x_2^* = 150$, und der zugehörige Funktionswert $z^* = 1500$ ist der optimale Wert des Optimierungsproblems. ◊

Grafisch ist nun auch leicht ersichtlich, warum optimale Punkte nicht notwendigerweise eindeutig sind. Wenn die Höhenlinien der Zielfunktion nämlich parallel zu einer Kante der zulässigen Menge verlaufen, dann kann diese gesamte Kante aus optimalen Punkten bestehen. Im obigen Beispiel geschieht dies etwa, wenn man die Zielfunktion durch $5x_1 + 10x_2$ ersetzt. Da alle Punkte der optimalen Kante dann auf derselben Höhenlinie der Zielfunktion liegen, besitzen sie natürlich alle denselben und daher eindeutigen Optimalwert. Entscheidend für den in Abschnitt 1.6 vorgestellten Simplex-Algorithmus wird es sein, dass auch bei nichteindeutigen optimalen Punkten immer mindestens eine *Ecke* der zulässigen Menge optimal ist.

Mit Algorithmus 1.1 können wir ein erstes Lösungsverfahren für solche linearen Optimierungsprobleme angeben, die nur zwei Entscheidungsvariablen beinhalten. Das Verfahren berücksichtigt auch die in Abschnitt 1.8 genauer behandelten Fälle, in denen das Optimierungsproblem nicht lösbar ist.

Algorithmus 1.1: Grafischer Algorithmus für zweidimensionale lineare Maximierungsprobleme

---

Input : Lineares Maximierungsproblem P mit zwei Entscheidungsvariablen.

begin
  - Zeichne $\mathbb{M}$ als Schnitt der Halbebenen, die durch die Nebenbedingungen gegeben sind (inklusive der Nichtnegativitätsbedingungen).
  if $\mathbb{M} = \emptyset$ **then**
    Problem unlösbar mangels zulässiger Punkte.
    return
  end
  - Wähle ein beliebiges z_0 und zeichne die Höhenlinie von f zum Niveau z_0.
  - Bestimme die Richtung, in der eine Parallelverschiebung der Höhenlinie zu einer Vergrößerung von z_0 führt.
  if *Höhenlinie kann verschoben werden, ohne jemals* $\mathbb{M}$ *zu verlassen* **then**
    Problem unlösbar wegen auf $\mathbb{M}$ unbeschränkter Zielfunktion.
    return
  end
  - Bestimme die eindeutige Höhenlinie von f zum Niveau z^* mit der Eigenschaft: Es gibt ein $x^* \in \mathbb{M}$ mit $z^* = f(x^*)$, und für alle $x \in \mathbb{M}$ gilt $f(x) \leq z^*$.
  - Bestimme die Menge der optimalen Punkte $\mathbb{M}^* = \{x \in \mathbb{M} | \ f(x) = z^*\}$.
end

Output : Entweder Meldung über Unlösbarkeit oder Optimalwert z^* und Menge der optimalen Punkte $\mathbb{M}^*$ des Optimierungsproblems.

1.4 Standardform und grundlegende analytische Konzepte

Die bei linearen Optimierungsproblemen auftretenden geometrischen Sachverhalte erlauben weitreichende Aussagen über optimale Punkte und Werte, die sich auch algorithmisch sehr gut umsetzen lassen. Um diese zu untersuchen, empfiehlt es sich, lineare Optimierungsprobleme zunächst in eine standardisierte Form zu bringen.

Wir haben bereits in den einführenden Beispielen gesehen, dass das lineare Optimierungsproblem in natürlicher Weise als Maximierungs- oder Minimierungsproblem auftritt, und dass auch die Nebenbedingungen in unterschiedlicher Form ($\leq$ - Ungleichungen, Gleichungen, $\geq$ - Ungleichungen) vorkommen.

Unter einem linearen Optimierungsproblem in **Standardform** verstehen wir das Problem

$$P_{\leq}: \qquad \max\ c^{\mathsf{T}}x \quad \text{s.t.} \quad Ax \leq b, \quad x \geq 0.$$

Dabei bezeichnet n die Anzahl der Entscheidungsvariablen, m die Anzahl der Nebenbedingungen, $c = (c_1, \ldots, c_n)^{\mathsf{T}}$ den Vektor der **Zielfunktionskoeffizienten**, $x = (x_1, \ldots, x_n)^{\mathsf{T}}$ den Vektor der Entscheidungsvariablen, $b = (b_1, \ldots, b_m)^{\mathsf{T}}$ den Vektor der Werte der rechten Seite, und die (m, n)-Matrix $A = (a_{ij})$ ist die **Koeffizientenmatrix**. Die zulässige Menge hat damit die Darstellung

$$\mathbb{M} = \{x \in \mathbb{R}^n \mid Ax \leq b,\ x \geq 0\}.$$

Jedes lineare Optimierungsproblem P in allgemeiner Form lässt sich durch folgende Operationen in Standardform $P_{\leq}$ bringen:

- Falls die Zielfunktion $f(x) = c^{\mathsf{T}}x$ zu minimieren ist, ersetze f durch $-f$. Dadurch ändern sich die optimalen Punkte nicht, allerdings wechselt der optimale Wert sein Vorzeichen: $\max(-f(x)) = -\min f(x)$ (vgl. auch Abb. 7.7).
- Jede Gleichungsrestriktion $a_{i1}x_1 + a_{i2}x_2 + \ldots + a_{in}x_n = b_i$ kann durch die beiden Ungleichungen $a_{i1}x_1 + a_{i2}x_2 + \ldots + a_{in}x_n \leq b_i$ und $a_{i1}x_1 + a_{i2}x_2 + \ldots + a_{in}x_n \geq b_i$ ersetzt werden.
- Jede $\geq$-Restriktion kann durch Multiplikation mit -1 in eine $\leq$-Restriktion umgewandelt werden.
- Jede Entscheidungsvariable $x_i \in \mathbb{R}$, die keiner Nichtnegativitätsbedingung unterworfen ist, kann durch $x_i = x_i^+ - x_i^-$ mit $x_i^+,\ x_i^- \geq 0$ ersetzt werden.

Wir befassen uns zunächst mit der *Lösbarkeit* von linearen Optimierungsproblemen in Standardform. Unter sehr viel allgemeineren Voraussetzungen gibt der Satz von Weierstraß eine hinreichende Bedingung für Lösbarkeit an. Ein Beweis findet sich in [26].

Satz 1.2. *(Satz von Weierstraß)*

Eine reellwertige stetige Funktion f nimmt auf einer nichtleeren, beschränkten und abgeschlossenen Menge $\mathbb{M}$ stets ihr Minimum und ihr Maximum an.

Da jede lineare Zielfunktion $f(x) = c^{\mathsf{T}}x$ stetig und die zulässige Menge $\mathbb{M}$ eines linearen Problems stets abgeschlossen sind, folgt daraus sofort:

Korollar 1.3.

Ein lineares Optimierungsproblem in Standardform besitzt einen optimalen Punkt, falls $\mathbb{M}$ nichtleer und beschränkt ist.

Zu beachten ist, dass Korollar 1.3 nur eine hinreichende Bedingung für Lösbarkeit formuliert. Zwar ist ein lineares Optimierungsproblem mit leerer zulässiger Menge sicherlich unlösbar, allerdings gibt es Probleme mit *unbeschränkter* zulässiger Menge, die trotzdem optimale Punkte besitzen (z.B. ändert sich an der Lösbarkeit häufig nichts, wenn man die Nichtnegativitätsbedingungen fallen lässt). Eine

Charakterisierung von unlösbaren Problemen wird mit Hilfe der Dualitätstheorie in Abschnitt 1.8 möglich sein.

Im Falle der Lösbarkeit eines linearen Optimierungsproblems interessieren wir uns für die Lokalisierung eines optimalen Punktes. Hierzu spielt die Geometrie linearer Optimierungsprobleme eine entscheidende Rolle. Bei einem linearen Optimierungsproblem in Standardform ist die zulässige Menge $\mathbb{M}$ durch $m+n$ Ungleichungen gegeben. Man kann sie also als Schnittmenge von $m+n$ Halbräumen auffassen. Die Schnittmenge endlich vieler Halbräume heißt **konvexes Polyeder**. Die Definition konvexer Polyeder schließt offenbar nicht aus, dass sie leer oder unbeschränkt sind. Ein nichtleeres und beschränktes konvexes Polyeder heißt **konvexes Polytop**. Abbildung 1.3 zeigt Beispiele für konvexe Polyeder und konvexe Polytope.

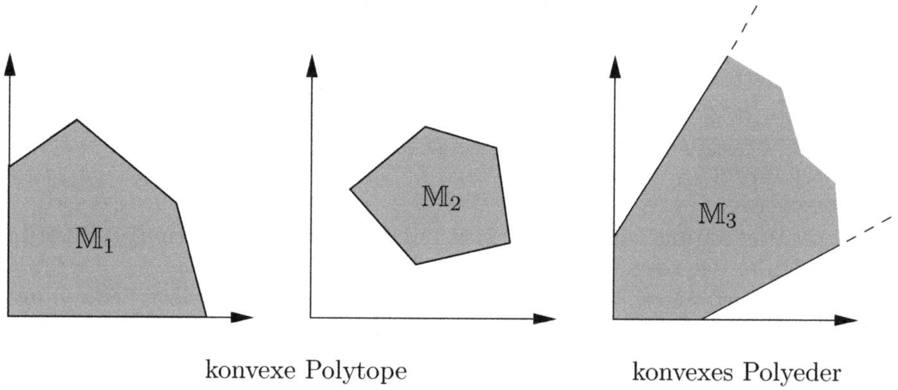

Abb. 1.3. Konvexe Polytope $\mathbb{M}_1$ und $\mathbb{M}_2$ und konvexes Polyeder $\mathbb{M}_3$

Wie in Abschnitt A.9 eingeführt, heißt eine Menge $\mathbb{M}$ konvex, wenn mit jedem Paar von Punkten $x, y \in \mathbb{M}$ auch ihre gesamte Verbindungsstrecke in $\mathbb{M}$ liegt:

$$\forall\ x, y \in \mathbb{M},\ \lambda \in (0,1): \quad (1-\lambda)x + \lambda y \in \mathbb{M}\,.$$

Da insbesondere Halbräume konvexe Mengen sind, und da Schnittmengen konvexer Mengen wieder konvex sind, *heißen* konvexe Polyeder nicht nur konvex, sondern sie *sind* es tatsächlich auch. Insbesondere gilt:

Satz 1.4.

Für jedes lineare Optimierungsproblem ist die zulässige Menge $\mathbb{M}$ *konvex.*

Für konvexe Mengen lässt sich der Begriff des **Extrempunktes** einführen. Extrempunkte einer konvexen Menge $\mathbb{M}$ sind diejenigen Punkte e aus $\mathbb{M}$, die sich *nicht* als echte Konvexkombination $e = (1-\lambda)x + \lambda y$ zweier anderer Punkte $x, y \in \mathbb{M}$ mit $\lambda \in (0,1)$ darstellen lassen. Beispielsweise sind sämtliche Randpunkte einer Kreisscheibe in $\mathbb{R}^2$ Extrempunkte. Bei konvexen Polyedern heißen die Extrempunkte

Ecken. Konvexe Polyeder zeichnen sich gegenüber allgemeinen konvexen Mengen dadurch aus, dass sie höchstens endlich viele Extrempunkte besitzen (zum Beweis siehe z.B. [46]):

Satz 1.5.

Falls ein konvexes Polyeder Ecken besitzt, dann nur endlich viele. Jedes konvexe Polytop besitzt endlich viele Ecken.

Korollar 1.6.

Für jedes lineare Optimierungsproblem besitzt die zulässige Menge $\mathbb{M}$ *höchstens endlich viele Ecken.*

Entscheidende Grundlage für den Simplex-Algorithmus ist der folgende *Eckensatz der linearen Optimierung*, dessen Beweis sich z.B. in [25] findet.

Satz 1.7.

Wenn ein lineares Optimierungsproblem einen optimalen Punkt besitzt, dann ist auch mindestens eine Ecke von $\mathbb{M}$ *optimaler Punkt.*

Für eindeutig lösbare lineare Optimierungsprobleme besagt Satz 1.7, dass der eindeutige optimale Punkt eine Ecke von $\mathbb{M}$ ist. Für lösbare lineare Optimierungsprobleme mit einer Menge $\mathbb{M}^*$ optimaler Punkte, die aus mehr als einem Element besteht, besagt er, dass sich in $\mathbb{M}^*$ mindestens eine Ecke von $\mathbb{M}$ befindet.

Wenn man also am optimalen Wert und an nur *einem* optimalen Punkt eines linearen Optimierungsproblems interessiert ist, genügt es, die höchstens endlich vielen Ecken von $\mathbb{M}$ nach einem optimalen Punkt zu durchsuchen. Sofern man alle Ecken von $\mathbb{M}$ berechnen kann, liefert dies einen nach endlich vielen Schritten abbrechenden Algorithmus zur Lösung linearer Optimierungsprobleme. Allerdings wächst die Anzahl der Ecken mit der Problemgröße sehr schnell an und kann lediglich durch $\binom{n+m}{n}$ nach oben abgeschätzt werden, so dass dieser Ansatz nicht praxistauglich ist (vgl. auch Bsp. 1.12).

Der in Abschnitt 1.6 behandelte Simplex-Algorithmus als klassisches Verfahren zur Lösung linearer Optimierungsprobleme sucht daher die Ecken von $\mathbb{M}$ nicht unsystematisch nach einem optimalen Punkt ab, sondern geht noch einen entscheidenden Schritt weiter, indem er von einer bereits ermittelten Ecke aus eine neue Ecke mit verbessertem (oder zumindest nicht schlechterem) Zielfunktionswert generiert.

Wir halten abschließend noch folgendes Resultat über die Menge der optimalen Punkte fest:

Satz 1.8.

Für jedes lineare Optimierungsproblem ist die Menge $\mathbb{M}^*$ *der optimalen Punkte ein konvexes Polyeder.*

Beweis. Wegen

$$\mathbb{M}^* \;=\; \{x \in \mathbb{M} |\; f(x) \geq z^*\} \;=\; \{x \in \mathbb{R}^n |\; Ax \leq b,\; x \geq 0,\; c^\intercal x \geq z^*\}$$

ist $\mathbb{M}^*$ die Schnittmenge endlich vieler Halbräume und damit konvexes Polyeder.□

1.5 Normalform und Basen

Zur Formulierung des Simplex-Algorithmus benötigen wir eine algebraische Charakterisierung der Ecken von $\mathbb{M}$. Dies gelingt am einfachsten für lineare Optimierungsprobleme, bei denen als Ungleichungsrestriktionen nur Nichtnegativitätsbedingungen auftreten, während alle anderen Nebenbedingungen in Gleichungsform vorliegen.

1.5.1 Normalform und kanonische Form

Ein in Standardform gegebenes lineares Optimierungsproblem lässt sich durch Einführung zusätzlicher Variablen stets in ein solches Format überführen:

$$
\begin{array}{lllllllll}
P_= : & \max & c_1x_1 + \cdots + & c_nx_n & & & & & \\
& \text{s.t.} & a_{11}x_1 + \cdots + & a_{1n}x_n & + x_{n+1} & & & = & b_1 \\
& & a_{21}x_1 + \cdots + & a_{2n}x_n & & + x_{n+2} & & = & b_2 \\
& & \vdots \quad \ddots & \vdots & & \ddots & & \vdots & \vdots \\
& & a_{m1}x_1 + \cdots + & a_{mn}x_n & & & + x_{n+m} & = & b_m \\
& & & x_1, \; \ldots, & x_n, \; x_{n+1}, & \ldots, & x_{n+m} & \geq & 0.
\end{array}
$$

Für jedes $i = 1, \ldots, m$ modelliert hierbei die zusätzlich eingeführte Variable x_{n+i} den sogenannten **Schlupf** $b_i - (a_{i1}x_1 + \ldots + a_{in}x_n)$ der i-ten Ungleichung. Die Variablen $x_{n+1}, \ldots, x_{n+m}$ bezeichnet man daher als **Schlupfvariablen**. Zur Abgrenzung nennt man die originalen Variablen $x_1, \ldots, x_n$ des Problems $P_=$ auch **Strukturvariablen**.

Beispiel 1.9 (Beispiel 1.2 - Fortsetzung 3).

Mit den Schlupfvariablen x_3, x_4 und x_5 erhalten wir das Problem

$$
\begin{array}{lllllll}
\max & 3x_1 + & 4x_2 & & & & \\
\text{s.t.} & 3x_1 + & 2x_2 + x_3 & & & = & 1200 \\
& 5x_1 + & 10x_2 & + x_4 & & = & 3000 \\
& & 0.5x_2 & & + x_5 & = & 125 \\
& & & & x_1, \ldots, x_5 & \geq & 0.
\end{array}
$$

◊

Um die Gleichungsrestriktionen von $P_=$ in Matrix-Vektor-Form darstellen zu können, erweitern wir die Koeffizientenmatrix A um die (m, m)-Einheitsmatrix I_m zu einer $(m, n+m)$-Matrix $\widetilde{A} = (A, I_m)$. Mit dem Vektor der Struktur- und Schlupfvariablen $x = (x_1, \ldots, x_n, x_{n+1}, \ldots, x_{n+m})^\intercal \in \mathbb{R}^{n+m}$ lassen sich die Gleichungsrestriktionen von $P_=$ dadurch kurz als $\widetilde{A}x = b$ schreiben, und die Nichtnegativitätsbedingungen werden zu $x \geq 0$. Um auch die Zielfunktion dazu passend schreiben zu können, setzen wir $c = (c_1, \ldots, c_n, 0, \ldots, 0)^\mathsf{T} \in \mathbb{R}^{n+m}$. Damit lässt sich $P_=$ in der Form

$$\max\ c^\mathsf{T} x \quad \text{s.t.} \quad \widetilde{A}x = b,\ x \geq 0$$

schreiben. Da sie die m linear unabhängigen Spalten der Einheitsmatrix enthält, besitzt die erweiterte Koeffizientenmatrix $\widetilde{A} = (A, I_m)$ den Rang m. Wenn wir von der speziellen Struktur der Koeffizientenmatrix absehen und nur fordern, dass $\widetilde{A}$ eine $(m, m+n)$-Matrix vom vollen Rang m ist, dann bezeichnen wir die Form

$$P_{norm}: \qquad \max\ c^\mathsf{T} x \quad \text{s.t.} \quad \widetilde{A}x = b,\ x \geq 0$$

als **Normalform** eines linearen Optimierungsproblems. Falls die obige speziellere Struktur vorliegt, also $\widetilde{A} = (A, I_m)$ und $c = (c_1, \ldots, c_n, 0, \ldots, 0)^\mathsf{T}$ gelten, und wenn die zusätzliche Bedingung $b \geq 0$ erfüllt ist, dann liegt das lineare Optimierungsproblem in **kanonischer Form** vor.

Beispiel 1.10 (Beispiel 1.2 - Fortsetzung 4).

Das Problem

$$\begin{array}{llllllr}
\max & 3x_1 + & 4x_2 & & & & \\
\text{s.t.} & 3x_1 + & 2x_2 + x_3 & & & = & 1200 \\
 & 5x_1 + & 10x_2 & + x_4 & & = & 3000 \\
 & & 0.5x_2 & & + x_5 & = & 125 \\
 & & & & x_1, \ldots, x_5 & \geq & 0
\end{array}$$

liegt in kanonischer Form vor. ◊

Der Eckensatz der linearen Optimierung (Satz 1.7) gilt natürlich auch für Probleme in Normalform. Zwischen den Ecken der zulässigen Menge von $P_\leq$ und den Ecken der zulässigen Menge von $P_=$ gilt folgender einfacher Zusammenhang, dessen Beweis dem Leser zur Übung überlassen ist:

Satz 1.9.

Falls x eine Ecke der zulässigen Menge von $P_\leq$ ist, dann ist $(x, b - Ax)$ eine Ecke der zulässigen Menge von $P_=$. Falls andererseits $(x_1, \ldots, x_n, x_{n+1}, \ldots, x_{n+m})^\mathsf{T}$ eine Ecke der zulässigen Menge von $P_=$ ist, dann ist $(x_1, \ldots, x_n)^\mathsf{T}$ eine Ecke der zulässigen Menge von $P_\leq$.

Wegen dieses einfachen Zusammenhangs kann man anstelle der Ecken von $\mathbb{M}$ genau so gut die Ecken der zulässigen Menge von $P_=$ charakterisieren. Im Folgenden nehmen wir diese algebraische Charakterisierung sogar für die etwas allgemeiner strukturierten Probleme in Normalform P_{norm} vor. Wegen der einfachen Korrespondenzen verzichten wir dabei darauf, die zulässige Menge $\mathbb{M} \subseteq \mathbb{R}^n$ von $P_\leq$ und die zulässige Menge $\mathbb{M} \subseteq \mathbb{R}^{n+m}$ von $P_=$ bzw. von P_{norm} unterschiedlich zu bezeichnen.

Da die Matrix $\widetilde{A}$ den vollen Rang m besitzt, sind ihre Zeilen linear unabhängig, so dass $\widetilde{A}x = b$ einen n-dimensionalen Teilraum des Raums der Entscheidungsvariablen $\mathbb{R}^{n+m}$ definiert ($n+m$ Freiheitsgrade abzüglich m unabhängige Restriktionen).

Da eine Ecke als Punkt im $\mathbb{R}^{n+m}$ durch $n+m$ unabhängige Restriktionen determiniert wird, benötigen wir für ihre Festlegung zusätzlich zu den m Restriktionen der Form $\widetilde{A}x = b$ weitere n Gleichungsbedingungen. Diese entstehen in natürlicher Weise, wenn eine Entscheidungsvariable x_i die Nichtnegativitätsbedingung mit Gleichheit erfüllt, wenn also $x_i = 0$ gilt. Allerdings kann man nicht jede *beliebige* Auswahl von n der $n+m$ Entscheidungsvariablen auf null setzen, um eine Ecke zu definieren, denn das aus den m obigen Gleichungen und den n neuen Gleichungen entstehende System braucht nicht notwendigerweise den vollen Rang $n+m$ zu besitzen. Die folgende Charakterisierung von Ecken, deren Beweis sich zum Beispiel in [26] findet, garantiert gerade den vollen Rang dieses Gleichungssystems.

Satz 1.10.

Ein zulässiger Punkt $x = (x_1, \ldots, x_{n+m})^\intercal$ von P_{norm} ist genau dann Ecke von $\mathbb{M}$, wenn die Spaltenvektoren a^i der Matrix $\widetilde{A}$, die mit positivem Gewicht x_i in die Darstellung $a^1 x_1 + \cdots + a^{m+n} x_{m+n} = b$ eingehen, linear unabhängig sind.

Da mehr als m Vektoren im $\mathbb{R}^m$ stets linear abhängig sind, folgt aus Satz 1.10, dass in einer Ecke von $\mathbb{M}$ immer höchstens m Einträge des Vektors x positiv sind. Falls das Optimierungsproblem in kanonischer Form vorliegt und zusätzlich sogar $b > 0$ gilt, kann man im System $(A, I_m)x = b$ zum Beispiel $(x_1, \ldots, x_n)^\intercal = 0$ und $(x_{n+1}, \ldots, x_{n+m})^\intercal = b$ setzen, um eine Ecke von $\mathbb{M}$ zu konstruieren. Wie in diesem Beispiel sind in einer Ecke üblicherweise genau m Einträge von x positiv. Falls nur $b \geq 0$ gilt und tatsächlich mindestens ein Eintrag von b verschwindet, liefert Satz 1.10 *nach wie vor*, dass x mit der Setzung $(x_1, \ldots, x_n)^\intercal = 0$ und $(x_{n+1}, \ldots, x_{n+m})^\intercal = b$ eine Ecke von $\mathbb{M}$ ist. Mit diesem degenerierten Fall werden wir uns später noch ausführlich befassen. Wir halten jedoch fest, dass man jedes lineare Optimierungsproblem zunächst in Standardform und dann in Normalform überführen kann. Im Falle $b \geq 0$ lässt es sich sogar in kanonische Form bringen, und dann ist eine Ecke der zulässigen Menge bekannt (mit 0_n bezeichnen wir den Nullvektor in $\mathbb{R}^n$):

Satz 1.11.

Ein lineares Optimierungsproblem liege in kanonischer Form vor. Dann ist der Punkt $x = (0_n, b)$ eine Ecke von $\mathbb{M}$.

Beispiel 1.11 (Beispiel 1.2 - Fortsetzung 5).

Für das in kanonischer Form vorliegende Problem

$$\begin{array}{rrrrrrl}
\max & 3x_1 + & 4x_2 & & & & \\
\text{s.t.} & 3x_1 + & 2x_2 + x_3 & & & = & 1200 \\
& 5x_1 + & 10x_2 & + x_4 & & = & 3000 \\
& & 0.5x_2 & & + x_5 & = & 125 \\
& & & & x_1, \ldots, x_5 & \geq & 0
\end{array}$$

ist $x = (0, 0, 1200, 3000, 125)^\intercal$ eine Ecke der zulässigen Menge. ◊

Satz 1.10 führt auf den folgenden naiven Lösungsansatz: Setze n der Variablen $x_1, \ldots, x_{n+m}$ null und löse, falls möglich, das verbleibende Gleichungssystem. Dadurch kann natürlich nicht garantiert werden, dass die m berechneten Einträge von x nichtnegativ sind, d.h. man muss die Zulässigkeit der berechneten Punkte bezüglich der Nichtnegativitätsbedingungen noch überprüfen.

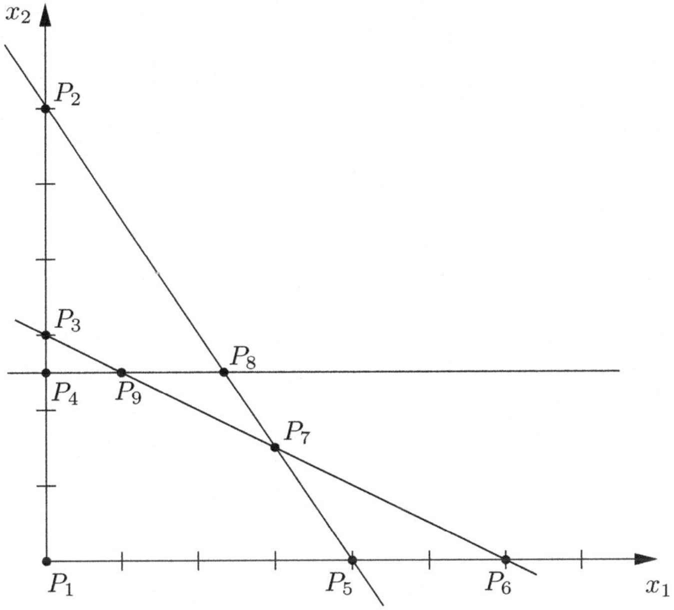

Abb. 1.4. Lösungspunkte der zehn Gleichungssysteme in Beispiel 1.12

Beispiel 1.12 (Beispiel 1.2 - Fortsetzung 6).

Für das Problem

$$\begin{array}{llllll} \max & 3x_1 + & 4x_2 & & & \\ \text{s.t.} & 3x_1 + & 2x_2 + x_3 & & & = 1200 \\ & 5x_1 + & 10x_2 & + x_4 & & = 3000 \\ & & 0.5x_2 & & + x_5 = & 125 \\ & & & & x_1, \ldots, x_5 \geq & 0 \end{array}$$

führt Nullsetzen von jeweils zwei Variablen auf $\binom{n+m}{n} = \binom{5}{3} = 10$ Gleichungssysteme mit den Lösungen

$$
\begin{array}{ll}
x_1 = x_2 = 0\colon & x_3 = 1200,\ x_4 = 3000,\ x_5 = 125 \\
x_1 = x_3 = 0\colon & x_2 = 600,\ x_4 = -3000,\ x_5 = -175 \\
x_1 = x_4 = 0\colon & x_2 = 300,\ x_3 = 600,\ x_5 = -25 \\
x_1 = x_5 = 0\colon & x_2 = 250,\ x_3 = 700,\ x_4 = 500 \\
x_2 = x_3 = 0\colon & x_1 = 400,\ x_4 = 1000,\ x_5 = 125 \\
x_2 = x_4 = 0\colon & x_1 = 600,\ x_3 = -600,\ x_5 = 125
\end{array}
$$

$$
\begin{array}{ll}
x_2 = x_5 = 0\colon & \text{nicht lösbar (da } a^1, a^3, a^4 \text{ linear abhängig sind)} \\
x_3 = x_4 = 0\colon & x_1 = 300,\ x_2 = 150,\ x_5 = 50 \\
x_3 = x_5 = 0\colon & x_1 = 233\tfrac{1}{3},\ x_2 = 250,\ x_4 = -666\tfrac{2}{3} \\
x_4 = x_5 = 0\colon & x_1 = 100,\ x_2 = 250,\ x_3 = 400,
\end{array}
$$

die den Punkten $P_1 = (0,0)$, $P_2 = (0,600)$, …, $P_9 = (100,250)$ in Abbildung 1.4 entsprechen.

Von den 10 Gleichungssystemen sind somit 9 lösbar, die wiederum auf 5 zulässige Punkte (P_1, P_4, P_5, P_7, P_9) und 4 unzulässige Punkte (P_2, P_3, P_6, P_8) führen. Der optimale Punkt ist $P_7 = (300,150)$, wie der Vergleich der Zielfunktionswerte in den fünf Ecken ergibt. Der Nachteil des hohen Rechenaufwandes ist offensichtlich.

◇

1.5.2 Zulässige Basislösung, Basis- und Nichtbasisvariablen

Eine Lösung $x = (x_1, \ldots, x_{n+m})^\mathsf{T}$ der Restriktionen $\widetilde{A}x = b$ eines linearen Optimierungsproblems in Normalform heißt **Basislösung**, wenn n der Einträge x_i von x den Wert null haben und wenn die zu den restlichen m Einträgen gehörenden Spalten a^i von $\widetilde{A}$ linear unabhängig sind. Die Bezeichnung als Basislösung liegt darin begründet, dass diese linear unabhängigen Spalten eine Basis des $\mathbb{R}^m$ bilden. Wenn die von null verschiedenen Einträge von x außerdem nichtnegativ sind, sprechen wir von einer **zulässigen Basislösung**. Die m linear unabhängigen Vektoren a^i einer Basislösung nennt man **Basisvektoren** und die m zugehörigen x_i **Basisvariablen** oder kurz **BV**. Die n verschwindenden Einträge x_i von x heißen entsprechend **Nichtbasisvariablen** oder kurz **NBV**, und die zugehörigen Vektoren a^i **Nichtbasisvektoren**.

Im Folgenden fassen wir die Basisvektoren a^i einer Basislösung x zu der (m,m)-Matrix B zusammen und die Nichtbasisvektoren zu der (m,n)-Matrix N. Mit derselben Indexsortierung spalten wir den Vektor x in den Vektor der Basisvariablen x_B und den Vektor der Nichtbasisvariablen x_N auf. Das Gleichungssystem $\widetilde{A}x = b$ lässt sich damit als

$$Bx_B + Nx_N = b$$

schreiben.

Da B als quadratische Matrix mit linear unabhängigen Spalten invertierbar ist, lässt sich dieses System äquivalent zu

$$x_B + B^{-1}Nx_N = B^{-1}b$$

umformen, also zu einem System mit Koeffizientenmatrix $(I_m, B^{-1}N)$ anstelle von $\widetilde{A}$ und rechter Seite $B^{-1}b$ anstelle von b. Durch diese Äquivalenzumformung kann man immer erreichen, dass jede der m Basisvariablen in genau einer der m Gleichungen vorkommt, und dies sogar mit dem Koeffizienten eins. Ferner liest man sofort ab, dass die Basislösung durch $x_N = 0$ und $x_B = B^{-1}b$ gegeben ist.

Der Simplex-Algorithmus zeichnet sich unter anderem dadurch aus, dass die aufwändige Berechnung von B^{-1} zur Bestimmung einer Basislösung dadurch umgangen wird, dass B^{-1} als effizient auszuführender Update der entsprechenden inversen Basismatrix der vorhergehenden Basislösung ermittelt wird.

Satz 1.12.

Für ein lineares Optimierungsproblem in Normalform sind die Ecken von $\mathbb{M}$ genau die zulässigen Basislösungen.

Beweis. Zunächst sei x eine Ecke von $\mathbb{M}$. Nach Satz 1.10 sind dann die Spaltenvektoren a^i der Matrix $\widetilde{A}$, die mit positivem Gewicht x_i in die Darstellung $a^1x_1 + \cdots + a^{m+n}x_{m+n} = b$ eingehen, linear unabhängig. Falls es sich um genau m positive Gewichte handelt, bilden diese Spalten gerade die Basismatrix B, und die positiven Gewichte sind die Basisvariablen. Damit ist x eine Basislösung. Wegen der Zulässigkeit der Ecke ist x außerdem zulässige Basislösung.

Falls in x weniger als m positive Gewichte vorliegen, bilden die zugehörigen linear unabhängigen Spalten a^i keine Basis des $\mathbb{R}^m$, weil dazu m Vektoren notwendig wären. Da $\widetilde{A}$ den Rang m besitzt, kann man diese Vektoren jedoch mit anderen Spalten von $\widetilde{A}$ zu einer aus m Vektoren bestehenden Basis des $\mathbb{R}^m$ ergänzen. Die zu den zusätzlichen Spalten gehörigen Gewichte sind dann null, es treten also verschwindende Basisvariablen auf. Dies wird in der Definition einer Basislösung allerdings nicht verboten, so dass x Basislösung ist. Die Zulässigkeit folgt wie oben.

Andererseits sei x eine zulässige Basislösung. Dann ist x ein zulässiger Punkt, und die zu den Basisvariablen gehörigen Basisvektoren a^i sind linear unabhängig. Falls einige Basisvariablen verschwinden, so betrachten wir nur die zu den positiven Basisvariablen gehörigen Vektoren a^i. Als Teilmenge einer Menge linear unabhängiger Vektoren sind sie ebenfalls linear unabhängig. Nach Satz 1.10 ist x also eine Ecke. □

Im Beweis von Satz 1.12 ist zu beachten, dass es für eine Ecke im degenerierten Fall von weniger als m positiven Gewichten x_i verschiedene Möglichkeiten geben kann, die Vektoren a^i zu einer Basis zu ergänzen. Daher kann dieselbe Ecke *verschiedene Darstellungen* als zulässige Basislösung besitzen, wobei gleichzeitig verschwindende Basisvariablen auftreten. Auf diesen Effekt werden wir noch zurück kommen. Eine zulässige Basislösung, in der mindestens eine Basisvariable den Wert null besitzt, heißt **degeneriert**, ansonsten heißt sie **nichtdegeneriert**.

Beispiel 1.13 (Beispiel 1.2 - Fortsetzung 7).

Das Vorgehen in Beispiel 1.12 zur Lösung des Problems

$$\begin{array}{llllll}\max & 3x_1 + & 4x_2 & & & \\ \text{s.t.} & 3x_1 + & 2x_2 + x_3 & & & = 1200 \\ & 5x_1 + & 10x_2 & + x_4 & & = 3000 \\ & & 0.5x_2 & & + x_5 = & 125 \\ & & & & x_1, \ldots, x_5 \geq & 0\end{array}$$

besteht in der gerade eingeführten Terminologie darin, Nichtbasisvariablen vorzugeben und daraus wenn möglich die Werte der Basisvariablen zu bestimmen. Wegen $n = 2$ und $m = 3$ hat man aus fünf Variablen zwei Nichtbasisvariablen zu wählen. Die Wahl $x_N = (x_1, x_2)^\intercal$ führt auf eine Basislösung, weil die zu den restlichen Variablen $x_B = (x_3, x_4, x_5)$ gehörenden Spalten a^3, a^4, a^5 der Koeffizientenmatrix

$$\widetilde{A} = \begin{pmatrix} 3 & 2 & 1 & 0 & 0 \\ 5 & 10 & 0 & 1 & 0 \\ 0 & 0.5 & 0 & 0 & 1 \end{pmatrix}$$

linear unabhängig sind. Da die Basismatrix B hier gerade mit der Einheitsmatrix I_3 übereinstimmt, erhält man $x_B = b = (1200, 3000, 125)^\intercal$. Wegen $x_B \geq 0$ ist $x = (0, 0, 1200, 3000, 125)^\intercal$ sogar eine zulässige Basislösung und damit Ecke von $\mathbb{M}$.

Die Wahl $x_N = (x_1, x_3)^\intercal$ führt ebenfalls auf eine Basislösung, weil die Spalten a^2, a^4, a^5 von $\widetilde{A}$ linear unabhängig sind. Es folgt

$$x_B = B^{-1}b = \begin{pmatrix} 2 & 0 & 0 \\ 10 & 1 & 0 \\ 0.5 & 0 & 1 \end{pmatrix}^{-1} \begin{pmatrix} 1200 \\ 3000 \\ 125 \end{pmatrix} = \begin{pmatrix} 600 \\ -3000 \\ -175 \end{pmatrix},$$

so dass $x = (0, 600, 0, -3000, -175)^\intercal$ eine Basislösung ist (P_2 in Abb. 1.4). Da x_B negative Einträge besitzt, ist x allerdings keine zulässige Basislösung und damit auch keine Ecke von $\mathbb{M}$.

Analog zum Vorgehen in Beispiel 1.12 kann man fünf zulässige und vier unzulässige Basislösungen berechnen. Die Wahl $x_N = (x_2, x_5)$ führt *nicht* auf eine Basislösung, da die Spalten a^1, a^3, a^4 linear abhängig sind. $\diamondsuit$

1.6 Der Simplex-Algorithmus

Wie bereits erwähnt besteht die Grundidee des Simplex-Algorithmus darin, nicht unsystematisch alle Ecken der zulässigen Menge zu berechnen, sondern ausgehend von einer Startecke iterativ nur Ecken mit verbesserten Zielfunktionswerten zu bestimmen. Wir wollen im Folgenden zunächst anhand eines Beispiels auf die bei einem Iterationsschritt anfallenden Rechenschritte näher eingehen.

Beispiel 1.14 (Beispiel 1.2 - Fortsetzung 8).

Wie wir in Beispiel 1.11 gesehen hatten, besitzt die zulässige Menge des in kanonischer Form vorliegenden Problems

$$\begin{array}{lllr}
\max & 3x_1 + 4x_2 & & \\
\text{s.t.} & 3x_1 + 2x_2 + x_3 & = 1200 & (1.1) \\
& 5x_1 + 10x_2 + x_4 & = 3000 & (1.2) \\
& 0.5x_2 + x_5 & = 125 & (1.3) \\
& x_1, \dots, x_5 & \geq 0 &
\end{array}$$

die Ecke $x = (0, 0, 1200, 3000, 125)^\intercal$ (P_1 in Abb. 1.4). Nach Beispiel 1.13 erhält man diese Ecke, indem man x_1 und x_2 als Nichtbasisvariablen und x_3, x_4, x_5 als Basisvariablen wählt. Das Gleichungssystem (1.1)-(1.3) liegt außerdem bereits in derjenigen Form vor, in der jede Basisvariable in genau einer Gleichung auftritt, und dies mit Koeffizient eins.

Um aus der bekannten Ecke x eine neue Ecke zu berechnen, wählen wir nicht unsystematisch neue Basis- und Nichtbasisvariablen aus, sondern tauschen *eine* der vorliegenden Basisvariablen gegen eine Nichtbasisvariable aus. Beispielsweise können wir beschließen, dass x_5 die Basis zugunsten von x_2 verlässt. In Abbildung 1.4 entspricht dies gerade dem Übergang von Ecke P_1 zu Ecke P_4. Die zur neuen Ecke gehörige Basismatrix lautet

$$B = \begin{pmatrix} 2 & 1 & 0 \\ 10 & 0 & 1 \\ 0.5 & 0 & 0 \end{pmatrix},$$

so dass man den Vektor der Basisvariablen x_B als $B^{-1}b$ oder, um die explizite Berechnung der inversen Matrix B^{-1} zu vermeiden, als Lösung des Gleichungssystems $Bx_B = b$ bestimmen könnte. Das Simplex-Verfahren geht allerdings noch effizienter vor, indem es ausnutzt, dass die bekannte Ecke x bereits die Lösung des „eng verwandten“ Gleichungssystems (1.1)-(1.3) ist.

Dieses System lässt sich mit wenigen Schritten des aus der numerischen linearen Algebra bekannten Gauß-Jordan-Verfahrens in das der neuen Ecke entsprechende System umformen: Um x_2 mit dem Koeffizienten eins zu versehen, multipliziere Gleichung (1.3) mit 2. Danach eliminiere die Variable x_2 aus den Gleichungen (1.1) und (1.2) durch Subtraktion passender Vielfacher von Gleichung (1.3). Es entsteht das Gleichungssystem

$$\begin{array}{lllll} 3x_1 & + x_3 & - 4x_5 = 700 & & (\,(1.1) - 4 \times (1.3)\,) \\ 5x_1 & & + x_4 - 20x_5 = 500 & & (\,(1.2) - 20 \times (1.3)\,) \\ & x_2 & + 2x_5 = 250. & & (\,2 \times (1.3)\,) \end{array}$$

Mit Hilfe der neuen dritten Gleichung lässt sich außerdem die Zielfunktion $3x_1+4x_2$ so umformulieren, dass sie nur die neuen Nichtbasisvariablen enthält: $3x_1 + 4x_2 = 3x_1+4(250-2x_5) = 3x_1-8x_5+1000$. Diese Funktion stimmt zwar nicht auf ganz $\mathbb{R}^5$ mit der originalen Zielfunktion überein, aber sehr wohl *auf der zulässigen Menge* $\mathbb{M}$, und nur Argumente aus $\mathbb{M}$ interessieren uns zur Lösung des Optimierungsproblems. Wir erhalten so das äquivalent umformulierte Problem

$$\begin{array}{llllll} \max & 3x_1 & & & - 8x_5 + 1000 & \\ \text{s.t.} & 3x_1 & & + x_3 & - 4x_5 = & 700 \\ & 5x_1 & & & + x_4 - 20x_5 = & 500 \\ & & x_2 & & + 2x_5 = & 250 \\ & & & & x_1, \ldots, x_5 \geq & 0, \end{array}$$

aus dem sofort die neue Ecke $(0, 250, 700, 500, 0)^\intercal$ ablesbar ist. Auch den zugehörigen Zielfunktionswert kann man leicht bestimmen, da die Darstellung der Zielfunktion nur Nichtbasisvariablen enthält. Die neue Ecke besitzt daher den Zielfunktionswert 1000. ◊

1.6.1 Simplex-Tableau

Die Formalisierung und vor allem Schematisierung dieser Rechenschritte bildet den Kern des Simplex-Algorithmus. Außerdem müssen wir klären, welche Basisvariable gegen welche Nichtbasisvariable ausgetauscht werden soll, und wann das Verfahren abbricht.

Die Rechenschritte, etwa der Übergang von der ersten zur zweiten Darstellung des Optimierungsproblems in Beispiel 1.14, lassen sich übersichtlich in einem Tableau durchführen, das wir **Simplex-Tableau** nennen. Das Optimierungsproblem soll dabei zunächst in der Form

$$\begin{array}{lllllll} P_= : & \max & c_1x_1 + \cdots + c_nx_n + z_0 & & & & \\ & \text{s.t.} & a_{11}x_1 + \cdots + a_{1n}x_n + x_{n+1} & & & = & b_1 \\ & & a_{21}x_1 + \cdots + a_{2n}x_n & + x_{n+2} & & = & b_2 \\ & & \vdots \quad \ddots \quad \vdots & & \ddots & \vdots & \vdots \\ & & a_{m1}x_1 + \cdots + a_{mn}x_n & & + x_{n+m} & = & b_m \\ & & & x_1, \ldots, x_n, & x_{n+1}, \ldots, x_{n+m} & \geq & 0 \end{array}$$

vorliegen, wobei Beispiel 1.14 gezeigt hat, dass es beim Simplex-Algorithmus ungeachtet des Satzes 1.1 sinnvoll ist, einen konstanten Term z_0 in der Zielfunktion explizit anzugeben. Für ein in kanonischer Form gegebenes Problem setzt man zunächst $z_0 = 0$.

Da die Manipulationen der Zielfunktion völlig analog zu den Rechenschritten für die Gleichungsrestriktionen verlaufen, bietet es sich an, die Zielfunktion von $P_=$ durch Einführung einer Zusatzvariable z in die Nebenbedingungen zu verschieben. Wir erhalten dadurch das Problem

$$\begin{array}{lllllllll}
\max & z & & & & & & & \\
\text{s.t.} & z = & c_1x_1 + \cdots + & c_nx_n + & z_0 & & & & \\
& & a_{11}x_1 + \cdots + & a_{1n}x_n + & x_{n+1} & & & = & b_1 \\
& & a_{21}x_1 + \cdots + & a_{2n}x_n & & + x_{n+2} & & = & b_2 \\
& & \vdots \quad \ddots & \vdots & & & \ddots & \vdots & \vdots \\
& & a_{m1}x_1 + \cdots + & a_{mn}x_n & & & + x_{n+m} & = & b_m \\
& & & x_1, \ \ldots, & x_n, & x_{n+1}, \ \ldots, & x_{n+m} & \geq & 0
\end{array}$$

mit Entscheidungsvariablen $z, x_1, \ldots, x_{n+m}$. Damit auf der rechten Seite aller Gleichungen nur Konstanten auftreten, formen wir die zur Zielfunktion gehörende Restriktion noch einmal um und erhalten schließlich das Problem

$$\begin{array}{lllllllll}
\max & z & & & & & & & \\
\text{s.t.} & z - & c_1x_1 - \cdots - & c_nx_n & & & & = & z_0 \\
& & a_{11}x_1 + \cdots + & a_{1n}x_n + & x_{n+1} & & & = & b_1 \\
& & a_{21}x_1 + \cdots + & a_{2n}x_n & & + x_{n+2} & & = & b_2 \\
& & \vdots \quad \ddots & \vdots & & & \ddots & \vdots & \vdots \\
& & a_{m1}x_1 + \cdots + & a_{mn}x_n & & & + x_{n+m} & = & b_m \\
& & & x_1, \ \ldots, & x_n, & x_{n+1}, \ \ldots, & x_{n+m} & \geq & 0.
\end{array}$$

Beachten Sie, dass die neue Variable z als zusätzliche Basisvariable aufgefasst werden kann, die im Falle $z_0 \geq 0$ und $b \geq 0$ auch die Nichtnegativitätsbedingung $z \geq 0$ erfüllt (da $(z_0, 0_n, b)$ dann zulässiger Punkt ist). Im Simplex-Algorithmus wird die Variable z allerdings niemals die Basis verlassen.

Das Simplex-Tableau besteht aus den Koeffizienten der Restriktionszeilen des obigen Optimierungsproblems, wobei die zur Zielfunktion gehörende Restriktionszeile hervorgehoben wird. Eine Kopfzeile ermöglicht die Zuordnung der Koeffizienten zu den Variablen. Um die Darstellung möglichst frei von Vorzeichen zu halten, setzen wir im Folgenden

$$\bar{c}_j \;:=\; -c_j\,, \quad j = 1, \ldots, m+n.$$

	z	x_1	x_2	$\dots$	x_s	$\dots$	x_n	x_{n+1}	x_{n+2}	$\dots$	x_{n+r}	$\dots$	x_{n+m}	
	1	$\bar{c}_1$	$\bar{c}_2$	$\dots$	$\bar{c}_s$	$\dots$	$\bar{c}_n$	0	0	$\dots$	0	$\dots$	0	z_0
	0	a_{11}	a_{12}	$\dots$	a_{1s}	$\cdots$	a_{1n}	1	0	$\dots$	0	$\dots$	0	b_1
	0	a_{21}	a_{22}	$\dots$	a_{2s}	$\dots$	a_{2n}	0	1	$\dots$	0	$\dots$	0	b_2
Pivot-	$\vdots$	$\vdots$	$\vdots$	$\ddots$	$\vdots$	$\ddots$	$\vdots$	$\vdots$	$\vdots$	$\ddots$	$\vdots$	$\ddots$	$\vdots$	$\vdots$
zeile $\to$	0	a_{r1}	a_{r2}	$\dots$	a_{rs}	$\dots$	a_{rn}	0	0	$\dots$	1	$\dots$	0	b_r
	$\vdots$	$\vdots$	$\vdots$	$\ddots$	$\vdots$	$\ddots$	$\vdots$	$\vdots$	$\vdots$	$\ddots$	$\vdots$	$\ddots$	$\vdots$	$\vdots$
	0	a_{m1}	a_{m2}	$\dots$	a_{ms}	$\dots$	a_{mn}	0	0	$\dots$	0	$\dots$	1	b_m
					$\uparrow$ Pivotspalte									

1.6.2 Pivotelement und Austauschschritt

Wie wir in Beispiel 1.14 gesehen hatten, ist der Austausch einer Basis- gegen eine Nichtbasisvariable an einen eindeutig bestimmten Koeffizienten des Gleichungssystems bzw. des Tableaus gebunden. Im Beispiel war dies der Koeffizient 0.5 in Gleichung (1.3). Er befand sich in der eindeutig bestimmten *Zeile*, in der die Basisvariable x_5 auftrat sowie in der zur Nichtbasisvariable x_2 gehörenden *Spalte*.

Auch allgemein bestimmt die Auswahl einer Zeile des Simplex-Tableaus die Basisvariable, die die Basis verlässt, und die Wahl einer Spalte bestimmt die Nichtbasisvariable, die in die Basis aufgenommen wird. Sie werden **Pivotzeile** und **Pivotspalte** genannt. Das eindeutige sowohl in Pivotzeile als auch Pivotspalte befindliche Element des Simplex-Tableaus heißt **Pivotelement**. Es wird im Simplex-Tableau häufig hervorgehoben, beispielsweise durch Einkreisen oder wie im Folgenden durch graue Unterlegung des Hintergrunds. Im obigen Tableau soll also die Basisvariable x_{n+r} gegen die Nichtbasisvariable x_s ausgetauscht werden.

Die Auswahl der auszutauschenden Variablen ist wesentlich durch das Ergebnis eines Iterationsschrittes motiviert, also durch das entstehende nächste Simplex-Tableau. Wir befassen uns daher zunächst mit dessen Gestalt. Wird beim Basistausch die Variable x_s zugunsten von x_{n+r} (also mit Pivotelement a_{rs}) in die Basis aufgenommen, so geht das Simplex-Tableau mittels elementarer Matrix-Operationen wie in Beispiel 1.14 in das Tableau

	NBV	NBV		BV		NBV	BV	BV		NBV		BV	
z	x_1	x_2	$\ldots$	x_s	$\ldots$	x_n	x_{n+1}	x_{n+2}	$\ldots$	x_{n+r}	$\ldots$	x_{n+m}	
1	$\bar{c}'_1$	$\bar{c}'_2$	$\ldots$	0	$\ldots$	$\bar{c}'_n$	0	0	$\ldots$	$\bar{c}'_{n+r}$	$\ldots$	0	z'_0
0	a'_{11}	a'_{12}	$\ldots$	0	$\ldots$	a'_{1n}	1	0	$\ldots$	$a'_{1,n+r}$	$\ldots$	0	b'_1
0	a'_{21}	a'_{22}	$\ldots$	0	$\ldots$	a'_{2n}	0	1	$\ldots$	$a'_{2,n+r}$	$\ldots$	0	b'_2
$\vdots$	$\vdots$	$\vdots$	$\ddots$	$\vdots$	$\ddots$	$\vdots$	$\vdots$	$\vdots$	$\ddots$	$\vdots$	$\ddots$	$\vdots$	$\vdots$
0	$\frac{a_{r1}}{a_{rs}}$	$\frac{a_{r2}}{a_{rs}}$	$\ldots$	1	$\ldots$	$\frac{a_{rn}}{a_{rs}}$	0	0	$\ldots$	$\frac{1}{a_{rs}}$	$\ldots$	0	$\frac{b_r}{a_{rs}}$
$\vdots$	$\vdots$	$\vdots$	$\ddots$	$\vdots$	$\ddots$	$\vdots$	$\vdots$	$\vdots$	$\ddots$	$\vdots$	$\ddots$	$\vdots$	$\vdots$
0	a'_{m1}	a'_{m2}	$\ldots$	0	$\ldots$	a'_{mn}	0	0	$\ldots$	$a'_{m,n+r}$	$\ldots$	1	b'_m

über, wobei die noch fehlenden Einträge a'_{ij}, $\bar{c}'_j$, b'_i und z'_0 wie folgt bestimmt sind:

$$a'_{ij} = a_{ij} - \frac{a_{is}a_{rj}}{a_{rs}} \quad \text{für} \quad i \neq r,\ j \neq s,$$

$$\bar{c}'_j = \bar{c}_j - \frac{\bar{c}_s a_{rj}}{a_{rs}} \quad \text{für} \quad j \neq s,$$

$$b'_i = b_i - \frac{a_{is}b_r}{a_{rs}} \quad \text{für} \quad i \neq r,$$

$$z'_0 = z_0 - \frac{\bar{c}_s b_r}{a_{rs}}\,.$$

Hierbei wird wie in Beispiel 1.14 zunächst die Pivotzeile durch das Pivotelement a_{rs} dividiert, um den Koeffizienten 1 bei der neuen Basisvariable zu erzeugen. Die anderen Einträge ergeben sich daraus, dass durch elementare Umformungen alle Einträge der Pivotspalte (bis auf die gerade erzeugte 1) auf null gebracht werden.

Leichter und *frei von Indizes* einzuprägen sind die Updateregeln für sämtliche Tableau-Einträge außerhalb von Pivotspalte und Pivotzeile mit Hilfe der sogenannten **Dreiecksregel**. Sie basiert darauf, dass jede Updateregel für ein Element d die Form

$$d' = d - \frac{d_1 d_2}{a_{rs}}$$

besitzt, wobei die beiden Faktoren d_1 und d_2 im Zähler des Bruches schematisch die Ecken eines Dreiecks im Tableau bilden, das durch d und das Pivotelement a_{rs} festgelegt ist. Zur Illustration ist das zum Update a'_{ij} für a_{ij} gehörende Dreieck in Abbildung 1.5 angegeben, wobei in diesem Fall $d = a_{ij}$, $d_1 = a_{is}$ und $d_2 = a_{rj}$ gewählt sind.

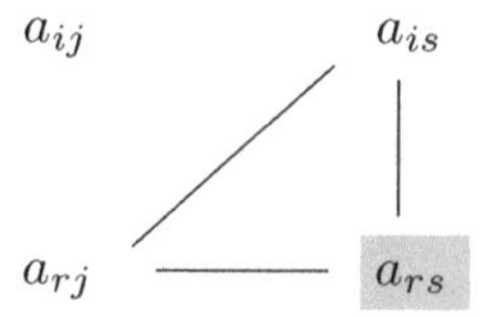

Abb. 1.5. Die Dreiecksregel zum Update von a_{ij}

Mit der Transformation des Simplex-Tableaus ist der Basistausch abgeschlossen. Das neue Simplex-Tableau bildet entweder den Ausgangspunkt für einen weiteren Austauschschritt oder erfüllt ein Abbruchkriterium, das wir im Folgenden noch herleiten werden. Zunächst wenden wir uns aber der Wahl des Pivotelements zu.

1.6.3 Auswahl- und Stoppregeln

Die Bestimmung des Pivotelements und damit der auszutauschenden Variablen kann prinzipiell durch verschiedene Strategien motiviert sein. Im Folgenden befassen wir uns zwar nur mit der einfachsten möglichen Wahl des Pivotelements, unterstreichen aber, dass diese Auswahlregeln im Rahmen des Simplex-Algorithmus durchaus modifiziert werden können.

Wir stellen zunächst fest, dass das Pivotelement a_{rs} nicht null sein darf, da es zur Division benutzt wird. Tatsächlich sollte sogar $a_{rs} > 0$ gelten, wenn wir darauf hinarbeiten, als rechte Seiten der Gleichungen (d.h. in der letzten Spalte des Tableaus) nichtnegative Zahlen zu erzeugen. Letzteres ist sinnvoll, da die letzte Spalte des Tableaus gerade der Vektor der Werte der Basisvariablen ist, und diese sollten bei einer zulässigen Basislösung die Nichtnegativitätsbedingungen erfüllen. Geht man davon aus, dass bereits die Situation $b_r \geq 0$ vorliegt (z.B. weil ein Problem in kanonischer Form gegeben ist), so gilt im neuen Tableau natürlich nur dann $b_r/a_{rs} \geq 0$, wenn a_{rs} nicht negativ ist.

Lässt sich $b_r/a_{rs} \geq 0$ gewährleisten, so liefert der Update des Zielfunktionswertes

$$z_0' = z_0 - \frac{b_r}{a_{rs}} \bar{c}_s$$

einen um so stärkeren Anstieg von z_0', je kleiner $\bar{c}_s$ ist. Die „Greedy“-Strategie, den Zielfunktionswert in jeder Iteration möglichst stark zu verbessern, führt damit auf folgende Auswahlregel für die Pivotspalte: Falls negative Einträge $\bar{c}_j$ vorliegen, wähle s so, dass $\bar{c}_s$ minimal ist. Falls andererseits alle $\bar{c}_j$ nichtnegativ sind, lässt sich der Zielfunktionswert durch Basistausch nicht weiter verbessern. In diesem Fall bricht das Verfahren ab. Beachten Sie, dass die gerade formulierte Auswahlregel für die Pivotspalte s nicht von der Pivotzeile r abhängt.

Nachdem die Pivotspalte gewählt ist, versuchen wir beim Update zu berücksichtigen, dass für jede nichtnegative rechte Seite b_i mit $i \neq r$ auch $b_i' \geq 0$ gilt. Unter der Voraussetzung $b_r/a_{rs} \geq 0$ zeigt die Updateregel

$$b_i' = b_i - \frac{b_r}{a_{rs}} a_{is},$$

dass der Fall $a_{is} \leq 0$ dafür unproblematisch ist, während man im Falle $a_{is} > 0$ die Bedingung

$$\frac{b_i}{a_{is}} \geq \frac{b_r}{a_{rs}}$$

fordern muss, um $b_i' \geq 0$ zu garantieren. Unter diesem Gesichtspunkt der Erhaltung der Nichtnegativitätsbedingungen wählt man die Pivotzeile r also gerade so, dass der Quotient b_r/a_{rs} unter allen auftretenden Quotienten b_i/a_{is} kleinstmöglich ist. Zeilen i mit $a_{is} \leq 0$ braucht man bei diesem Vergleich allerdings nicht zu berücksichtigen. Wir fassen zusammen:

Auswahl des Pivotelements:

Auswahlregel I: (Auswahl der Pivotspalte s)

Ist der kleinste der Einträge $\bar{c}_j$, $j = 1, \ldots, n$, in der Zielfunktionszeile negativ, so wähle die (bzw. eine) zugehörige Spalte als Pivotspalte. Es sei Spalte s.

Auswahlregel II: (Auswahl der Pivotzeile r)

Wähle die Pivotzeile r so, dass unter allen i mit $a_{is} > 0$ der Quotient b_i/a_{is} am kleinsten wird, d.h. so, dass

$$\frac{b_r}{a_{rs}} = \min \left\{ \frac{b_i}{a_{is}} \,\middle|\, a_{is} > 0 \right\}$$

erfüllt ist.

Wir halten fest, dass die Anwendung dieser Auswahlregeln auf ein in kanonischer Form vorliegendes Problem zulässige Basislösungen mit nichtfallenden Zielfunktionswerten erzeugt. Falls Auswahlregel I nicht mehr anwendbar ist, falls also alle Einträge $\bar{c}_j$ der Zielfunktionszeile nichtnegativ sind, so ist eine weitere Verbesserung des Zielfunktionswertes z_0 durch Basistausch nicht mehr möglich. In der Tat lässt sich zeigen, dass es auch keine andere Möglichkeit gibt, den Zielfunktionswert zu verbessern, so dass das Verfahren in diesem Fall einen optimalen Punkt des linearen Optimierungsproblems identifiziert hat: Die Zielfunktion hat die Gestalt

$$\sum_{j:\ x_j \text{ NBV}} c_j x_j + z_0,$$

wobei wegen unserer Definition $\bar{c}_j = -c_j$ für alle auftretenden j die Ungleichung $c_j \leq 0$ gilt. Da jeder andere zulässige Punkt die Nichtnegativitätsbedingungen und damit insbesondere $x_j \geq 0$ für die auftretenden j erfüllt, erhalten wir für alle zulässigen Punkte

$$\sum_{j:\ x_j \text{ NBV}} c_j x_j \leq 0,$$

wobei die Oberschranke null für den im aktuellen Iterationsschritt vorliegenden Punkt realisiert wird. Der aktuelle Zielfunktionswert z_0 kann also von keinem anderen zulässigen Punkt überschritten werden, und z_0 ist damit optimaler Wert.

Ferner ist es möglich, dass Auswahlregel II nicht anwendbar ist, weil keine Zeilen i mit $a_{is} > 0$ existieren. Das Verfahren muss dann zwar abbrechen, aber nicht nur aus rein technischen Gründen. Im Folgenden zeigen wir, dass das lineare Optimierungsproblem im Falle $a_{is} \leq 0$, $i = 1, \ldots, m$, tatsächlich keine Lösung besitzt. Wir stellen zunächst fest, dass $\bar{c}_s < 0$ gelten muss, weil nicht schon wegen Nichtanwendbarkeit von Auswahlregel I ein Abbruch vorlag. Wähle $x_s = t \geq 0$ und setze alle anderen Nichtbasisvariablen null. Dann liefern die Gleichungsbedingungen für die Basisvariablen

$$x_{n+i} = b_i - a_{is}t, \quad i = 1, \ldots, m.$$

Wegen $b_i \geq 0$ und $a_{is} \leq 0$ erfüllen die Basisvariablen für *jede* Wahl $t \geq 0$ die Nichtnegativitätsbedingungen, so dass jedes $t \geq 0$ einen zulässigen Punkt definiert. Die Zielfunktionswerte dieser Punkte lauten $c_s t + z_0$ und werden wegen $c_s = -\bar{c}_s > 0$ für wachsende t beliebig groß. Damit ist gezeigt, dass das lineare Optimierungsproblem keine Lösung besitzt, weil die Zielfunktion auf $\mathbb{M}$ unbeschränkt ist. Wir fassen zusammen:

Stoppkriterien:

Stoppregel I (optimaler Punkt gefunden)

Gilt $\bar{c}_j \geq 0$ für alle j, so ist x ein optimaler Punkt, und z_0 ist der optimale Wert des linearen Optimierungsproblems.

Stoppregel II (Zielfunktion unbeschränkt)

Ist ein $\bar{c}_s < 0$ und gilt $a_{is} \leq 0$ für alle $i = 1, \ldots, m$, so ist das lineare Optimierungsproblem unlösbar, weil die Zielfunktion auf $\mathbb{M}$ unbeschränkt ist.

Beispiel 1.15 (Beispiel 1.2 - Fortsetzung 9).

Dem Anfangstableau

z	x_1	x_2	x_3	x_4	x_5	
1	-3	-4	0	0	0	0
0	3	2	1	0	0	1200
0	5	10	0	1	0	3000
0	0	$\frac{1}{2}$	0	0	1	125

entnimmt man unmittelbar die erste Basislösung (Ecke P_1 in Abb. 1.4). Sie lautet: $x_1 = 0$, $x_2 = 0$, $x_3 = 1200$, $x_4 = 3000$, $x_5 = 125$ und hat den Zielfunktionswert $z_0 = 0$.

Die -4 als kleinster Eintrag der Zielfunktionszeile ist negativ. Damit ist die Voraussetzung der Auswahlregel I erfüllt. Die zugehörige Variable x_2 wird zur Basisvariable und die zugehörige Spalte $(2, 10, 0.5)^\mathsf{T}$ der Koeffizientenmatrix zur Pivotspalte. Alle Elemente der Pivotspalte sind positiv. Damit kommt jede Zeile als Pivotzeile in Frage. Der kleinste der Quotienten 1200/2, 3000/10, 125/0.5 aus rechter Seite und Pivotspalte ist 125/0.5. Die zugehörige Zeile (3. Restriktionszeile) wird zur Pivotzeile und die Schnittstelle von Pivotspalte und Pivotzeile, also die 0.5, zum Pivotelement. Es ist im Tableau bereits hervorgehoben.

Der Austausch von x_5 (BV, die der Pivotzeile zugeordnet ist) gegen x_2 (NBV der Pivotspalte) führt auf das nachfolgende Tableau. Hierbei wird das Pivotelement durch eins ersetzt, und die übrigen Elemente der Pivotspalte einschließlich des Zielfunktionskoeffizienten durch null. Die Elemente der Pivotzeile (mit Ausnahme des Pivotelements) werden durch das Pivotelement geteilt. Die übrigen Elemente ergeben sich mit Hilfe der Dreiecksregel; z.B. geht $a_{11} = 3$ über in $a'_{11} = 3 - (2 \cdot 0)/0.5 = 3$.

Die resultierende Basislösung (Ecke P_4) lautet: $x_1 = 0$, $x_2 = 250$, $x_3 = 700$, $x_4 = 500$, $x_5 = 0$ mit $z_0 = 1000$.

z	x_1	x_2	x_3	x_4	x_5	
1	-3	0	0	0	8	1000
0	3	0	1	0	-4	700
0	**5**	0	0	1	-20	500
0	0	1	0	0	2	250

Ein weiterer Austauschschritt wird erforderlich, da Stoppregel I (Basislösung optimal) nicht erfüllt ist. Die zum kleinsten Eintrag der Zielfunktionszeile (der -3) gehörige Spalte wird zur Pivotspalte. Diese enthält zwei positive Einträge (3 und 5). Die zugehörigen Zeilen kommen als Pivotzeile in Frage. Der kleinere der beiden Quotienten 700/3 und 500/5 führt auf die zu 500/5 zugehörige Zeile (2. Restriktionszeile) als Pivotzeile. Mit 5 als Pivotelement führt der Austauschschritt auf das folgende Tableau:

z	x_1	x_2	x_3	x_4	x_5	
1	0	0	0	$\frac{3}{5}$	-4	1300
0	0	0	1	$-\frac{3}{5}$	**8**	400
0	1	0	0	$\frac{1}{5}$	-4	100
0	0	1	0	0	2	250

Die zugehörige Basislösung (Ecke P_9) lautet: $x_1 = 100$, $x_2 = 250$, $x_3 = 400$, $x_4 = 0$, $x_5 = 0$ mit $z_0 = 1300$. Sie kann weiter verbessert werden. Mit 8 als Pivotelement erhält man schließlich:

z	x_1	x_2	x_3	x_4	x_5	
1	0	0	$\frac{1}{2}$	$\frac{3}{10}$	0	1500
0	0	0	$\frac{1}{8}$	$-\frac{3}{40}$	1	50
0	1	0	$\frac{1}{2}$	$-\frac{1}{10}$	0	300
0	0	1	$-\frac{1}{4}$	$\frac{3}{20}$	0	150

Alle Einträge der Zielfunktionszeile sind nichtnegativ. Somit ist Stoppregel I erfüllt, und wir haben mit $x_1^* = 300$, $x_2^* = 150$, $x_3^* = 0$, $x_4^* = 0$, $x_5^* = 50$, einen optimalen Punkt (Ecke P_7) mit Optimalwert $z^* = 1500$ gefunden. ♢

Beispiel 1.16.

Abbildung 1.6 kann man unmittelbar entnehmen, dass das lineare Optimierungsproblem

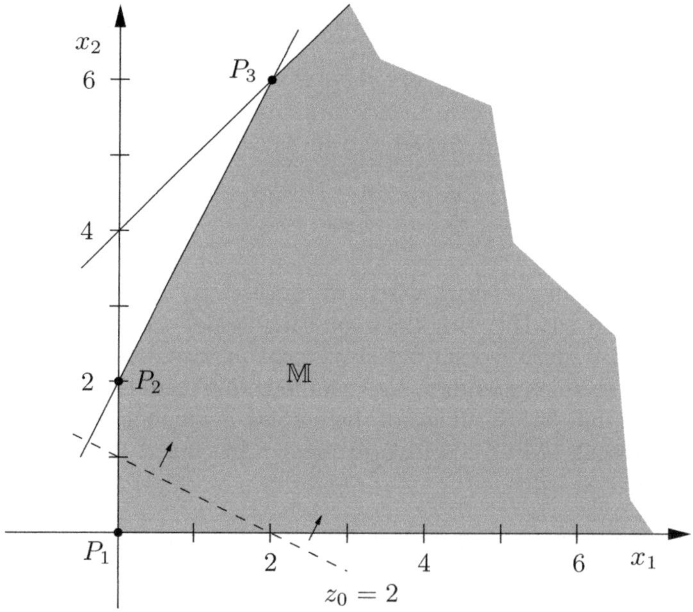

Abb. 1.6. Optimierungsproblem aus Beispiel 1.16

$$\begin{array}{rl} \max & x_1 + 2x_2 \\ \text{s.t.} & -x_1 + x_2 \leq 4 \\ & -2x_1 + x_2 \leq 2 \\ & x_1, x_2 \geq 0 \end{array}$$

eine auf $\mathbb{M}$ unbeschränkte Zielfunktion und damit keinen optimalen Punkt besitzt. Wenden wir den Simplex-Algorithmus auf dieses Problem an, so generieren wir, ausgehend von Ecke P_1, die Ecken P_2 und P_3 und stellen dann in Ecke P_3 fest, dass Stoppregel II erfüllt ist. Dadurch erkennt der Simplex-Algorithmus die Unlösbarkeit des Problems. Die drei zugehörigen Tableaus geben wir nachfolgend an:

z	x_1	x_2	x_3	x_4	
1	−1	−2	0	0	0
0	−1	1	1	0	4
0	−2	**1**	0	1	2

z	x_1	x_2	x_3	x_4	
1	−5	0	0	2	4
0	**1**	0	1	−1	2
0	−2	1	0	1	2

z	x_1	x_2	x_3	x_4	
1	0	0	5	−3	14
0	1	0	1	−1	2
0	0	1	2	−1	6

◊

1.6.4 Verkürztes Simplex-Tableau

Das bislang benutzte Simplex-Tableau weist an einigen Stellen überflüssige Informationen auf, von denen wir uns nun trennen wollen. Hierzu kehren wir noch einmal zu Beispiel 1.15 zurück.

Beispiel 1.17 (Beispiel 1.2 - Fortsetzung 10).

Im Simplex-Tableau können wir auf die explizite Angabe der zu den Basisvariablen gehörenden Spalten verzichten. Der einzige Informationsgehalt einer solchen Spalte besteht in der Angabe der Zeile, in der die Eins steht. Zudem ist die erste Spalte, die der niemals die Basis verlassenden Variable z zugeordnet ist, überflüssig, so dass wir auf sie verzichten können. In diese frei werdende Spalte tragen wir die Basisvariablen gerade in derjenigen Anordnung ein, die durch die Einsen der Basisspalten vorgegeben ist. Das resultierende Tableau wird **verkürztes Simplex-Tableau** genannt und unterscheidet sich wie folgt vom ursprünglichen Tableau:

z	x_1	x_2	x_3	x_4	x_5	
1	−3	−4	0	0	0	0
0	3	2	1	0	0	1200
0	5	10	0	1	0	3000
0	0	**$\frac{1}{2}$**	0	0	1	125

	x_1	x_2	
z	−3	−4	0
x_3	3	2	1200
x_4	5	10	3000
x_5	0	**$\frac{1}{2}$**	125

Führt man nun die Austauschschritte im ursprünglichen Tableau durch und überträgt die Ergebnisse auf das verkürzte Tableau, so ergeben sich die folgenden Transformationen in beiden Tableaus:

z	x_1	x_2	x_3	x_4	x_5	
1	-3	0	0	0	8	1000
0	3	0	1	0	-4	700
0	5	0	0	1	-20	500
0	0	1	0	0	2	250

	x_1	x_5	
z	-3	8	1000
x_3	3	-4	700
x_4	5	-20	500
x_2	0	2	250

z	x_1	x_2	x_3	x_4	x_5	
1	0	0	0	$\frac{3}{5}$	-4	1300
0	0	0	1	$-\frac{3}{5}$	8	400
0	1	0	0	$\frac{1}{5}$	-4	100
0	0	1	0	0	2	250

	x_4	x_5	
z	$\frac{3}{5}$	-4	0
x_3	$-\frac{3}{5}$	8	400
x_1	$\frac{1}{5}$	-4	100
x_2	0	2	250

z	x_1	x_2	x_3	x_4	x_5	
1	0	0	$\frac{1}{2}$	$\frac{3}{10}$	0	1500
0	0	0	$\frac{1}{8}$	$-\frac{3}{40}$	1	50
0	1	0	$\frac{1}{2}$	$-\frac{1}{10}$	0	300
0	0	1	$-\frac{1}{4}$	$\frac{3}{20}$	0	150

	x_4	x_3	
z	$\frac{3}{10}$	$\frac{1}{2}$	1500
x_5	$-\frac{3}{40}$	$\frac{1}{8}$	50
x_1	$-\frac{1}{10}$	$\frac{1}{2}$	300
x_2	$\frac{3}{20}$	$-\frac{1}{4}$	150

$\diamondsuit$

Die reine Übertragung der mittels Standard-Tableaus erzielten Ergebnisse in verkürzte Tableaus ist natürlich nicht hilfreich. Im Folgenden werden wir sehen, dass sich die Rechenschritte im verkürzten Tableau auch *ohne* Kenntnis des Standard-Tableaus vollziehen lassen.

Die allgemeine Darstellung des verkürzten Tableaus lautet

	x_1	$\cdots$	x_s	$\cdots$	x_n	
z	$\bar{c}_1$	$\cdots$	$\bar{c}_s$	$\cdots$	$\bar{c}_n$	z_0
x_{n+1}	a_{11}	$\cdots$	a_{1s}	$\cdots$	a_{1n}	b_1
$\vdots$	$\vdots$	$\ddots$	$\vdots$	$\ddots$	$\vdots$	$\vdots$
x_{n+r}	a_{r1}	$\cdots$	a_{rs}	$\cdots$	a_{rn}	b_r
$\vdots$	$\vdots$	$\ddots$	$\vdots$	$\ddots$	$\vdots$	$\vdots$
x_{n+m}	a_{m1}	$\cdots$	a_{ms}	$\cdots$	a_{mn}	b_m

und die Einträge nach Ausführung eines Austauschschrittes sind durch das Tableau

	x_1	$\cdots$	x_{n+r}	$\cdots$	x_n	
z	$\bar{c}'_1$	$\cdots$	$-\dfrac{\bar{c}_s}{a_{rs}}$	$\cdots$	$\bar{c}'_n$	z'_0
x_{n+1}	a'_{11}	$\cdots$	$-\dfrac{a_{1s}}{a_{rs}}$	$\cdots$	a'_{1n}	b'_1
$\vdots$	$\vdots$	$\ddots$	$\vdots$	$\ddots$	$\vdots$	$\vdots$
x_s	$\dfrac{a_{r1}}{a_{rs}}$	$\cdots$	$\dfrac{1}{a_{rs}}$	$\cdots$	$\dfrac{a_{rn}}{a_{rs}}$	$\dfrac{b_r}{a_{rs}}$
$\vdots$	$\vdots$	$\ddots$	$\vdots$	$\ddots$	$\vdots$	$\vdots$
x_{n+m}	a'_{m1}	$\cdots$	$-\dfrac{a_{ms}}{a_{rs}}$	$\cdots$	a'_{mn}	b'_m

gegeben.

Zur Schematisierung der Rechenschritte brauchen wir die am Standard-Tableau eingeführten Operationen lediglich geringfügig zu modifizieren:

- Die Auswahlregeln für das Pivotelement sowie die Stoppregeln gelten unverändert.
- Die neue Basisvariable und die neue Nichtbasisvariable tauschen ihre Plätze.
- Das Pivotelement a_{rs} geht in $a'_{rs} = 1/a_{rs}$ über.
- Jedes Element a_{rj} der Pivotzeile (mit Ausnahme des Pivotelements) wird durch das Pivotelement a_{rs} dividiert, d.h. man setzt $a'_{rj} = a_{rj}/a_{rs}$.
- Jedes Element a_{is} der Pivotspalte (mit Ausnahme des Pivotelements) wird durch das Negative des Pivotelements dividiert, d.h. man setzt $a'_{is} = -a_{is}/a_{rs}$ und $\bar{c}'_s = -\bar{c}_s/a_{rs}$.
- Der Update aller übrigen Elemente erfolgt unverändert per Dreiecksregel.

Beachten Sie, dass man das verkürzte Anfangstableau direkt aus der Standardform $P_{\leq}$ eines linearen Optimierungsproblems ablesen kann.

Wir unterstreichen, dass wir zur Anwendung des Simplex-Algorithmus bislang die Kenntnis einer zulässigen Basislösung vorausgesetzt haben, mit der ein Anfangstableau aufgestellt werden kann. Solch eine Startecke von $\mathbb{M}$ ist insbesondere dann bekannt, wenn das Optimierungsproblem in kanonischer Form vorliegt. Außerdem kann die aus Algorithmus 1.1 bekannte Möglichkeit der Unlösbarkeit mangels zulässiger Punkte hier nicht auftreten, da die Startecke ein zulässiger Punkt ist. Algorithmus 1.2 fasst das Grundgerüst des Simplex-Algorithmus noch einmal zusammen.

1.6.5 Anti-Zyklus-Strategien

Eine wesentliche Eigenschaft jedes Algorithmus besteht darin, dass er tatsächlich nach endlich vielen Schritten abbricht. Für Algorithmus 1.2 bedeutet dies, dass er nach endlich vielen Austauschschritten entweder Unlösbarkeit feststellt oder eine

Algorithmus 1.2: Simplex-Algorithmus für lineare Optimierungsprobleme in kanonischer Form

Input : Lineares Optimierungsproblem in kanonischer Form.

```
begin
    Stelle das Anfangstableau auf.
    while Stoppregel I verletzt do
        Wähle die Pivotspalte s nach Auswahlregel I.
        if Stoppregel II verletzt then
            Wähle die Pivotzeile r nach Auswahlregel II.
        else
            Problem unlösbar wegen auf M unbeschränkter Zielfunktion.
            return
        end
        Vollziehe einen Austauschschritt mit dem Pivotelement a_rs.
    end
end
```

Output : Entweder Meldung über Unlösbarkeit wegen auf $\mathbb{M}$ unbeschränkter Zielfunktion oder Optimalwert z^* sowie ein optimaler Punkt des Optimierungsproblems in Form einer zulässigen Basislösung.

optimale zulässige Basislösung generiert. Für die vorliegende Fassung des Simplex-Algorithmus kann dies leider nicht garantiert werden, worauf wir im Folgenden näher eingehen.

Die Grundidee, dass die zulässige Menge $\mathbb{M}$ als Polyeder nur endlich viele Ecken besitzt und der Algorithmus daher spätestens nach dem Besuch aller dieser Ecken abbricht, ist nur dann tragfähig, wenn jede Ecke auch tatsächlich *nur einmal* (oder wenigstens nur endlich oft) besucht wird. Es sind allerdings Beispiele bekannt, in denen der Simplex-Algorithmus „im Kreis läuft“, so dass eine Ecke unendlich oft besucht wird und niemals ein optimaler Punkt generiert wird. Man spricht dann von einem **Zyklus** des Verfahrens.

Das Auftreten von Zyklen hängt eng mit der Degeneriertheit von Basislösungen zusammen, also dem Fall verschwindender Basisvariablen. In der Tat lässt sich zumindest folgendes Resultat zeigen:

Satz 1.13.

Falls die Startecke und sämtliche von Algorithmus 1.2 erzeugten zulässigen Basislösungen nichtdegeneriert sind, dann bricht der Algorithmus nach endlich vielen Schritten ab.

Beweis. Es sei eine nichtdegenerierte zulässige Basislösung gegeben. Im zugehörigen Simplex-Tableau gilt dann insbesondere $b_i > 0$, $i = 1, \ldots, m$. Falls der Algorithmus mit Stoppregel I abbricht, ist nichts zu zeigen. Andernfalls gilt $\bar{c}_s < 0$ mit Pivotspalte s. Falls der Algorithmus mit Stoppregel II abbricht, ist wieder nichts zu zeigen. Andernfalls gilt $b_r > 0$ mit Pivotzeile r. Die Updateregel für den Zielfunktionswert

$$z_0' = z_0 - \frac{b_r}{a_{rs}} \bar{c}_s$$

impliziert also $z_0' > z_0$, so dass die neue zulässige Basislösung einen echt größeren Zielfunktionswert hat als die alte. Damit ist gezeigt, dass die von Algorithmus 1.2 erzeugten Ecken streng monoton wachsende Zielfunktionswerte besitzen. Dies schließt aus, dass eine Ecke wiederholt besucht wird. Da $\mathbb{M}$ nur endlich viele Ecken besitzt, muss der Algorithmus nach endlich vielen Schritten abbrechen. □

Satz 1.13 zeigt, dass ein Zyklus nur von einer degenerierten Basislösung ausgehen kann. Wie wir in der Bemerkung nach Satz 1.12 gesehen hatten, kann im degenerierten Fall dieselbe Ecke *verschiedene Darstellungen* als Basislösung besitzen. Es ist dann nicht auszuschließen, dass Algorithmus 1.2 zwar diese verschiedenen Darstellungen zyklisch durchläuft, aber die Ecke tatsächlich niemals verlässt.

Beispiele, in denen Zyklen auftreten, lassen sich konstruieren, treten in der Praxis aber kaum auf. Um dennoch einen garantierten Abbruch von Algorithmus 1.2 zu erzwingen, kann er um sogenannte **Anti-Zyklus-Strategien** erweitert werden. Um ihren Zusammenhang zu Degeneriertheit zu verdeutlichen, weisen wir darauf hin, dass *Mehrdeutigkeit bei der Indexwahl* von Pivotzeile und -spalte mit Degeneriertheit in Zusammenhang steht. Wenn beispielsweise zwei Zeilen als Pivotzeile in Frage kommen, dann sorgt die Updateregel bei der nicht gewählten Zeile i für $b_i' = 0$. Die neue Basislösung ist somit degeneriert.

Die **Anti-Zyklus-Strategie von Bland** nutzt die folgenden modifizierten Auswahlregeln.

Auswahlregel I nach Bland: (Auswahl der Pivotspalte s)

Gibt es negative Zielfunktionskoeffizienten $\bar{c}_j$, $j = 1, \ldots, n$, so wähle unter ihnen denjenigen mit dem kleinsten Index s und die zugehörige Spalte s als Pivotspalte.

Auswahlregel II nach Bland: (Auswahl der Pivotzeile r)

Wähle die Pivotzeile r so, dass unter allen i mit $a_{is} > 0$ der Quotient b_i/a_{is} am kleinsten wird, d.h. so, dass

$$\frac{b_r}{a_{rs}} = \min \left\{ \frac{b_i}{a_{is}} \,\middle|\, a_{is} > 0 \right\}$$

erfüllt ist. Falls dieser Index r nicht eindeutig ist, so wähle ihn kleinstmöglich.

Die Stoppregeln bleiben von der Anti-Zyklus-Strategie von Bland unberührt. Die Auswahlregel I nach Bland bedeutet aus geometrischer Sicht eine Abkehr von der „Greedy"-Strategie, jeweils entlang der Kante mit dem steilsten Anstieg einen neuen Eckpunkt zu suchen, da unter *allen* Anstiegskanten diejenige mit kleinstem Index gewählt wird. Erwartungsgemäß benötigt der Simplex-Algorithmus mit Anti-Zyklus-Strategie von Bland dadurch üblicherweise erheblich mehr Iterationen. In Implementierungen wird diese Strategie daher nur dann aktiviert, wenn aufgrund der beobachteten Iterierten der Verdacht auf einen Zyklus besteht.

Die **Anti-Zyklus-Strategie per lexikographischer Ordnung** lässt sowohl die Stoppregeln als auch die Auswahlregel I für die Pivotspalte s unberührt. Bei Nichteindeutigkeit der Zeilenwahl in Auswahlregel II sortiert man im Gegensatz zur Auswahlregel II nach Bland nicht die Indizes der Zeilen, sondern die die Zeilen bildenden Vektoren. Da Vektoren sich zunächst nicht vergleichen lassen, wird dazu eine sogenannte lexikographische Ordnung auf den Vektoren eingeführt. Als Pivotzeile wird dann die lexikographisch kleinste Zeile gewählt.

Details zu diesen beiden Anti-Zyklus-Strategien sowie Beweise zum garantierten Abbruch des Simplex-Algorithmus finden sich zum Beispiel in [18, 25].

1.7 Bestimmung einer Startecke für den Simplex-Algorithmus

Entscheidend für die bisherige Anwendung des Simplex-Algorithmus war, dass eine zulässige Basislösung als Startpunkt zur Verfügung stand. Bei Problemen in kanonischer Form ist dies der Punkt $(0_n, b)$, was dem Nullpunkt im Raum der Strukturvariablen $x_1, \ldots, x_n$ entspricht.

Das folgende Beispiel zeigt, dass auch einfache lineare Optimierungsprobleme nicht notwendigerweise in kanonischer Form vorliegen.

Beispiel 1.18.

Aus der Darstellung der zulässigen Menge des linearen Optimierungsproblems

$$\begin{aligned} \max \quad & x_1 + x_2 \\ \text{s.t.} \quad & x_2 \geq 2 \\ & x_1 - x_2 \leq 0 \\ & x_2 \leq 4 \\ & x_1, x_2 \geq 0 \end{aligned}$$

in Abbildung 1.7 erkennt man, dass der Nullpunkt keine Ecke ist. Überträgt man es in die Gleichungsform $P_=$, so enthält das Anfangstableau negative Werte der rechten Seite. Damit liegt wie erwartet keine kanonische Form vor.

	x_1	x_2	
z	-1	-1	0
x_3	0	-1	-2
x_4	1	-1	0
x_5	0	1	4

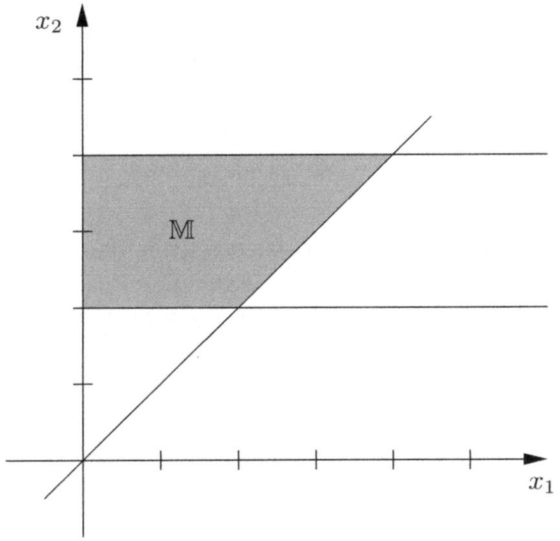

Abb. 1.7. Optimierungsproblem aus Beispiel 1.18

◇

In Beispiel 1.18 sind alternative Startecken zwar leicht aus Abbildung 1.7 ablesbar, für praxisrelevante Probleme sind aber Verfahren erforderlich, die zu beliebigen linearen Optimierungsproblemen eine Startecke konstruieren (sofern eine solche existiert). Dazu gibt es verschiedene Möglichkeiten, von denen wir zwei im Folgenden und eine weitere in Abschnitt 1.9 diskutieren werden.

1.7.1 Phase-I-Methode

Erstaunlicherweise ist der Simplex-Algorithmus *selbst* in der Lage, eine zulässige Basislösung zu konstruieren. Man muss ihn lediglich auf ein passendes Hilfsproblem anwenden. Man dreht sich hierbei nicht im Kreis, denn eine Startecke des Hilfsproblems ist bekannt. Ein solches Vorschalten eines Hilfsproblems zur Generierung eines Startpunktes, das vom gleichen Verfahren gelöst wird wie dasjenige, für das der Startpunkt gesucht ist, wird **Phase I** genannt, und die Lösung des Hauptproblems **Phase II**. Dieser Ansatz wird auch außerhalb der linearen Optimierung benutzt.

Um ein für die vorliegende Situation passendes Hilfsproblem herzuleiten, gehen wir von einem linearen Optimierungsproblem in Normalform

$$P_{norm}: \qquad \max\ c^{\mathsf{T}}x \quad \text{s.t.} \quad \widetilde{A}x = b,\ x \geq 0$$

mit einer $(m, m+n)$-Matrix $\widetilde{A}$ von vollem Rang m aus. Da bis auf die Rangbedingung keine spezielle Struktur von $\widetilde{A}$ verlangt wird, dürfen wir die Zeilen des Gleichungssystems $\widetilde{A}x = b$ gegebenenfalls mit -1 durchmultiplizieren, um damit die Bedingung $b \geq 0$ sicherzustellen. Grundidee des folgenden Ansatzes ist es, einen

Vektor sogenannter **künstlicher Variablen** $y = (y_1, \ldots, y_m)^\intercal$ in die Gleichungen einzuführen: $\widetilde{A}x + y = b$. Die ursprüngliche Gleichung erhält man offensichtlich für $y = 0$. Vom Optimierungsproblem

$$P_{Phase\,I}: \qquad \max\ -\sum_{i=1}^{m} y_i \quad \text{s.t.} \quad \widetilde{A}x + y = b, \quad x, y \geq 0$$

mit Entscheidungsvariablen x und y lässt sich erwarten, dass es eine Lösung (x^*, y^*) mit $y^* = 0$ erzeugt, sofern dies möglich ist. Falls die Gleichung $\widetilde{A}x = b$ nicht mit $x \geq 0$ lösbar ist, kann natürlich auch keine Lösung $(x^*, 0_m)$ des Hilfsproblems existieren.

Wegen $b \geq 0$ liegt $P_{Phase\,I}$ (beinahe, s.u.) in kanonischer Form vor, so dass die zulässige Basislösung $(0_n, b)$ bekannt ist und wir Algorithmus 1.2 auf $P_{Phase\,I}$ anwenden können. Die Zielfunktion ist wegen $y \geq 0$ auf der zulässigen Menge durch null nach oben beschränkt, so dass ein Abbruch von Algorithmus 1.2 wegen auf $\mathbb{M}$ unbeschränkter Zielfunktion nicht möglich ist. Wenn nun auch noch Zyklen vermieden werden können, generiert Algorithmus 1.2 einen optimalen Punkt (x^*, y^*) von $P_{Phase\,I}$ in Form einer zulässigen Basislösung.

Satz 1.14.

Der Punkt (x^*, y^*) sei eine optimale zulässige Basislösung von $P_{Phase\,I}$. Ist $y^* \neq 0$, dann besitzt P_{norm} keinen zulässigen Punkt. Gilt andererseits $y^* = 0$, so ist x^* eine zulässige Basislösung für P_{norm}.

Beweis. Falls P_{norm} einen zulässigen Punkt x besitzt, dann ist $(x, 0_m)$ zulässig für $P_{Phase\,I}$. Der Zielfunktionswert von $(x, 0_m)$ beträgt null, so dass der Optimalwert von $P_{Phase\,I}$ mindestens null sein muss. Unter der Voraussetzung $y^* \neq 0$ ist der Optimalwert von $P_{Phase\,I}$ aber strikt negativ, so dass P_{norm} dann keinen zulässigen Punkt besitzen kann.

Im Falle $y^* = 0$ sind die zu den positiven Einträgen von x^* gehörenden Spalten von $\widetilde{A}$ linear unabhängig. Nach Satz 1.10 ist x^* damit Ecke der zulässigen Menge $\mathbb{M}$ von P_{norm} und nach Satz 1.12 eine (eventuell degenerierte) zulässige Basislösung von P_{norm}. □

Tatsächlich liegt $P_{Phase\,I}$ nicht vollständig in kanonischer Form vor, da die Zielfunktion von Basisvariablen anstelle von Nichtbasisvariablen abhängt. Dies ist für die bisherigen Überlegungen irrelevant, wird im Folgenden aber wichtig. Eine Darstellung der Zielfunktion mit Nichtbasisvariablen folgt sofort aus den Gleichungsrestriktionen. Zur einfacheren Darstellung schreiben wir die Zielfunktion als $-e^\intercal y$ mit dem Einser-Vektor $e = (1, \ldots, 1)^\intercal \in \mathbb{R}^m$. Aus $\widetilde{A}x + y = b$ folgt dann $-e^\intercal y = e^\intercal \widetilde{A}x - e^\intercal b$, wobei wir den konstanten Term $-e^\intercal b$ in der Zielfunktion unterschlagen können. Die kanonische Form von $P_{Phase\,I}$ lautet also

$$P_{Phase\,I}: \qquad \max\ e^\intercal \widetilde{A}x \quad \text{s.t.} \quad \widetilde{A}x + y = b, \quad x, y \geq 0.$$

Beispiel 1.19 (Beispiel 1.18 - Fortsetzung 1).

Die Normalform von

$$\begin{aligned} \max \quad & x_1 + x_2 \\ \text{s.t.} \quad & x_2 \geq 2 \\ & x_1 - x_2 \leq 0 \\ & x_2 \leq 4 \\ & x_1, x_2 \geq 0 \end{aligned}$$

mit $b \geq 0$ lautet

$$P_{norm}: \qquad \max\ x_1 + x_2 \quad \text{s.t.} \quad \widetilde{A}x = b, \quad x \geq 0$$

mit

$$\widetilde{A} = \begin{pmatrix} 0 & 1 & -1 & 0 & 0 \\ 1 & -1 & 0 & 1 & 0 \\ 0 & 1 & 0 & 0 & 1 \end{pmatrix} \qquad \text{und} \qquad b = \begin{pmatrix} 2 \\ 0 \\ 4 \end{pmatrix}.$$

Daraus folgt $e^{\mathsf{T}}\widetilde{A} = (1, 1, -1, 1, 1)$, und das Anfangstableau von $P_{Phase\,I}$ lautet

	x_1	x_2	x_3	x_4	x_5	
z	−1	−1	1	−1	−1	0
y_1	0	1	−1	0	0	2
y_2	1	−1	0	1	0	0
y_3	0	1	0	0	1	4

Nach drei Iterationen von Algorithmus 1.2 erhält man das Tableau

	y_2	y_1	y_3	x_4	x_5	
z	1	1	1	0	0	6
x_2	0	0	1	0	1	4
x_1	1	0	1	1	1	4
x_3	0	−1	1	0	1	2

und damit die optimale zulässige Basislösung (x^*, y^*) mit $x^* = (4, 4, 2, 0, 0)^{\mathsf{T}}$ und $y^* = 0$. Nach Satz 1.14 ist x^* eine zulässige Basislösung von P_{norm}. ◊

Ein Nachteil des Phase-I-Ansatzes im Rahmen des Simplex-Algorithmus besteht darin, dass zur berechneten zulässigen Basislösung noch nicht das vollständige Anfangstableau für Phase II zur Verfügung steht. Insbesondere ist die originale Zielfunktion in den Tableaus der Phase I nicht enthalten.

Beispiel 1.20 (Beispiel 1.18 - Fortsetzung 2).

Zur in Beispiel 1.19 berechneten zulässigen Basislösung $x^* = (4,4,2,0,0)^\intercal$ von P_{norm} erhält man das Anfangstableau für Phase II durch Streichen der zu den künstlichen Variablen y_i gehörenden Spalten und durch Ersetzung der Zielfunktionszeile. Die originale Zielfunktion $x_1 + x_2$ muss dazu mit Hilfe der Nichtbasisvariablen x_4 und x_5 geschrieben werden. Aus dem Endtableau von Phase I liest man dazu die Beziehungen $x_1 = 4 - x_4 - x_5$ und $x_2 = 4 - x_5$ ab, woraus $x_1 + x_2 = 8 - x_4 - 2x_5$ folgt. Das Anfangstableau für Phase II lautet somit

	x_4	x_5	
z	1	2	8
x_2	0	1	4
x_1	1	1	4
x_3	0	1	2

Aufgrund von Stoppregel I ist dies gleichzeitig auch das Endtableau von Phase II mit optimaler zulässiger Basislösung $x^* = (4,4,2,0,0)^\intercal$ und Optimalwert 8. Dies ist natürlich eine Besonderheit des vorliegenden Beispiels, während man im Allgemeinen noch Iterationen ausführen muss, bis ein optimaler Punkt oder die Meldung über Unlösbarkeit wegen auf $\mathbb{M}$ unbeschränkter Zielfunktion vorliegen. ◇

Ein weiteres Problem bei der Datenübergabe von Phase I nach Phase II kann im degenerierten Fall darin bestehen, dass sich noch künstliche Variablen y_i in der Basis der optimalen zulässigen Basislösung von Phase I befinden. Diese müssen durch weitere Iterationen noch aus der Basis entfernt werden, bevor man das Anfangstableau für Phase II konstruieren kann.

1.7.2 Big-M-Methode

Der folgende Ansatz umgeht diese Probleme, indem er nicht zwischen Phase I und Phase II unterscheidet, sondern in seinem Hilfsproblem den Wert der originalen Zielfunktion mit den Werten der künstlichen Variablen „bestraft“:

$$P_{Big\,M}(M): \qquad \max\ c^\intercal x - Me^\intercal y \quad \text{s.t.} \quad \widetilde{A}x + y = b, \quad x, y \geq 0,$$

wobei $M > 0$ eine (große) Konstante ist. Man spricht in diesem Zusammenhang von einem **Straftermverfahren** mit **Straftermparameter** M. Es wird uns auch im Rahmen der nichtlinearen Optimierung in Abschnitt 7.3.3 begegnen. In der linearen Optimierung ist dieser Ansatz als **Big-M-Methode** bekannt.

Zur Maximierung der Zielfunktion von $P_{Big\,M}(M)$ sind offenbar kleine Werte der künstlichen Variablen erforderlich, wobei eine gewisse Kompensation durch die Werte der originalen Zielfunktion möglich ist. Der Faktor M lässt sich hier als Gewicht für die Werte der künstlichen Variablen im Vergleich zu den Werten der originalen Zielfunktion interpretieren. Der oben vorgestellte Phase-I-Ansatz entspricht dem Gewicht $M = +\infty$, da für $M \to \infty$ der Einfluss der originalen Zielfunktion gegen null strebt.

Wenn wir wie oben in den Gleichungsrestriktionen von $P_{Big\,M}(M)$ die Bedingung $b \geq 0$ erzeugen, ist wieder $(0_n, b)$ zulässige Basislösung von $P_{Big\,M}$. Die Lösbarkeit von $P_{Big\,M}$ ist leider weniger überschaubar als die von $P_{Phase\,I}$. Ein Beweis des folgenden Lemmas findet sich in [18].

Lemma 1.15.

Ist das Problem P_{norm} lösbar, so existiert eine Konstante $\overline{M} > 0$, so dass für alle $M > \overline{M}$ auch das Problem $P_{Big\,M}(M)$ lösbar ist, und jede Lösung (x^*, y^*) von $P_{Big\,M}(M)$ erfüllt dann $y^* = 0$.

Die Entsprechung von Satz 1.14 lautet wie folgt:

Satz 1.16.

Der Punkt (x^*, y^*) sei eine optimale zulässige Basislösung von $P_{Big\,M}(M)$ mit $y^* = 0$. Dann ist x^* ein optimaler Punkt von P_{norm}.

Beweis. Für jeden zulässigen Punkt x von P_{norm} ist $(x, 0_m)$ zulässig für $P_{Big\,M}(M)$. Aus der Optimalität von (x^*, y^*) und $y^* = 0$ folgt damit

$$c^{\mathsf{T}}x \;=\; c^{\mathsf{T}}x - Me^{\mathsf{T}}0_m \;\leq\; c^{\mathsf{T}}x^* - Me^{\mathsf{T}}y^* \;=\; c^{\mathsf{T}}x^*,$$

also die Behauptung. □

Dies bedeutet, dass für jede hinreichend große Konstante M eine Lösung von P_{norm} durch das Lösen von $P_{Big\,M}(M)$ erzeugt werden kann. Problematisch ist hierbei, dass man nicht a-priori weiß, welche Konstanten M „hinreichend groß" sind. In der Praxis behilft man sich damit, mit einem Wert wie $M = 100$ zu starten und nach dem Abbruch von Algorithmus 1.2 durch Stoppregel I oder Stoppregel II die Konstante M etwa um den Faktor 10 zu erhöhen und Algorithmus 1.2 erneut zu starten. Das Problem P_{norm} betrachtet man als unlösbar, wenn $P_{Big\,M}(M)$ selbst für sehr große M unlösbar ist.

Durch die nicht ganz klare Wahl von M hat die Big-M-Methode gegenüber dem Phase-I-Ansatz den Nachteil, nicht komplett determiniert zu sein, sondern einen heuristischen Effekt zu beinhalten (s. auch Kap. 6).

Ein weiteres deterministisches Verfahren zur Bestimmung einer Startecke werden wir in Abschnitt 1.9 kennenlernen.

1.8 Dualität

Jedem linearen Optimierungsproblem lässt sich in einfacher Weise ein zweites lineares Optimierungsproblem so zuordnen, dass sowohl aus theoretischer als auch aus algorithmischer sowie inhaltlicher Sicht wesentliche neue Aspekte auftreten. Wir leiten das zweite Problem zunächst exemplarisch her.

1.8.1 Motivation und Grundbegriffe

Beispiel 1.21 (Beispiel 1.3 - Fortsetzung 1).

Das zum Mischungsproblem von Futtersorten unter Einhaltung gewisser Mindestmengen an Nährstoffen gehörige lineare Optimierungsproblem aus Beispiel 1.3 lautet

$$\begin{aligned} \min \quad & 25x_1 + 50x_2 \\ \text{s.t.} \quad & 3x_1 + 3x_2 \geq 8 \\ & 4x_1 + 3x_2 \geq 19 \\ & x_1 + 3x_2 \geq 7 \\ & x_1, x_2 \geq 0. \end{aligned}$$

Dabei bezeichnen x_1 und x_2 die Mengeneinheiten von Futtermittel F_1 beziehungsweise Futtermittel F_2, und es sind mindestens 8 Einheiten von Nährstoff N_1 zu füttern, 19 von N_2, und 7 von N_3. Der Preis einer ME von F_1 beträgt 25 €, der einer ME von F_2 ist 50 €.

Ein Unternehmen will nun für jeden der Nährstoffe N_1, N_2 und N_3 eine Pillensorte entwickeln, wobei jede Pille jeweils ein Gramm des betreffenden Nährstoffs enthält. Der Pillenproduzent geht davon aus, dass der landwirtschaftliche Betrieb bei Kostengleichheit auf die Pillennahrung umstellen würde. Außerdem sollten die Kosten der Pillennahrung die Kosten der Futtersorten nicht übersteigen, und zwar unabhängig von den genutzten Mengeneinheiten der Futtersorten. Welche Preise p_1, p_2 und p_3 muss der Pillenproduzent verlangen, damit sein Erlös maximal wird?

Dass die Kosten der Pillennahrung die Kosten der Futtersorten nicht übersteigen sollen, führt zu den Restriktionen

$$\begin{aligned} 3p_1 + 4p_2 + p_3 &\leq 25 \\ 3p_1 + 3p_2 + 3p_3 &\leq 50, \end{aligned}$$

und außerdem gelten die Nichtnegativitätsbedingungen p_1, p_2, $p_3 \geq 0$. Da der landwirtschaftliche Betrieb sicherlich die Mindestmengen der Nährstoffe einkauft, lautet der Erlös mindestens $8p_1 + 19p_2 + 7p_3$. Insgesamt entsteht das lineare Optimierungsproblem

$$\begin{aligned} \max \quad & 8p_1 + 19p_2 + 7p_3 \\ \text{s.t.} \quad & 3p_1 + 4p_2 + p_3 \leq 25 \\ & 3p_1 + 3p_2 + 3p_3 \leq 50 \\ & p_1, p_2, p_3 \geq 0. \end{aligned}$$

Die beiden Optimierungsprobleme zu Futtermengen und Preisen stehen formal in einem sehr einfachen Zusammenhang:

- Minimierung der Zielfunktion wird durch Maximierung ersetzt,
- Zielfunktionsvektor und Vektor der rechten Seiten tauschen ihren Platz,
- die Koeffizientenmatrix wird transponiert, und
- die Richtung der Ungleichheitszeichen wird umgekehrt (außer bei den Nichtnegativitätsbedingungen).

Führt man diese Operationen zweimal nacheinander aus, entsteht offensichtlich wieder das Ausgangsproblem. ◊

Allgemein kann man jedem in Standardform vorliegenden linearen Optimierungsproblem

$$P: \qquad \max c^\mathsf{T}x \quad \text{s.t.} \quad Ax \leq b, \quad x \geq 0$$

wie in Beispiel 1.21 das Problem

$$D: \qquad \min b^\mathsf{T}y \quad \text{s.t.} \quad A^\mathsf{T}y \geq c, \quad y \geq 0$$

zuordnen, wobei y der $m-$dimensionale Vektor der neuen Entscheidungsvariablen ist. Das Problem D heißt **Dualproblem** von P, und die Variablen y_i, $i = 1, \ldots, m$, heißen **Dualvariablen**. In Anwesenheit eines Dualproblems nennt man das Originalproblem auch **Primalproblem** und seine Variablen **Primalvariablen**. Da das Dualproblem eines Dualproblems wieder das Primalproblem ist, spielt es keine Rolle, welches der beiden Probleme man als Primal- und welches als Dualproblem auffasst. Man sagt deswegen häufig einfach, P und D seien **zueinander dual**.

Häufig müsste das Originalproblem erst in die Standardform überführt werden, um das duale Problem zuordnen zu können, z.B. weil Gleichungen statt Ungleichungen vorliegen, oder weil einige Entscheidungsvariablen keiner Nichtnegativitätsbedingung unterliegen. Nützlich sind daher die in Tabelle 1.4 aufgelisteten Transformationsregeln, die den Umweg über die Standardform ersparen.

Maximierung	Minimierung
Zielfunktionskoeffizient c_j	rechte Seite c_j
rechte Seite b_i	Zielfunktionskoeffizient b_i
Koeffizientenmatrix A	Koeffizientenmatrix A^T
Restriktionszeile i: $\leq$-Ungleichung	Variable $y_i \geq 0$
Restriktionszeile i: Gleichung	Variable $y_i \in \mathbb{R}$
Restriktionszeile i: $\geq$-Ungleichung	Variable $y_i \leq 0$
Variable $x_j \geq 0$	Restriktionszeile j: $\geq$-Ungleichung
Variable $x_j \in \mathbb{R}$	Restriktionszeile j: Gleichung
Variable $x_j \leq 0$	Restriktionszeile j: $\leq$-Ungleichung

Tabelle 1.4. Transformationsregeln zwischen zueinander dualen Problemen

Wie wir in Beispiel 1.21 gesehen hatten, beschreiben P und D verschiedene Sichtweisen desselben Sachverhalts. Diese Erkenntnis ist sehr hilfreich für die ökonomische Interpretation der Ergebnisse und bildet zudem die theoretische Grundlage für neue Algorithmen (primal-duale Verfahren), die bei der Lösung strukturierter linearer Optimierungsprobleme (z.B. Transport-, Zuordnungs-, Flussprobleme) Anwendung finden.

1.8.2 Dualitätssätze

Grundlage all dieser Ansätze ist ein überraschender Zusammenhang zwischen den Lösungen von P und D: Bis auf einfache Ausnahmefälle *stimmen die optimalen Werte von P und D überein.* Über die optimalen *Punkte* kann man analoges natürlich nicht sagen, da sie in Räumen verschiedener Dimension ($\mathbb{R}^n$ bzw. $\mathbb{R}^m$) liegen.

Im Folgenden betrachten wir diesen Zusammenhang genauer. Dazu bezeichnen wir die Menge der zulässigen Punkte von P mit $\mathbb{M}_P$, und die der zulässigen Punkte von D mit $\mathbb{M}_D$. Einen Punkt $x \in \mathbb{M}_P$ nennen wir kurz auch **primal zulässig**, einen Punkt $y \in \mathbb{M}_D$ **dual zulässig**.

Satz 1.17. *(Schwacher Dualitätssatz)*

Für jeden primal zulässigen Punkt x und jeden dual zulässigen Punkt y gilt $c^\intercal x \leq b^\intercal y$.

Beweis. Es seien $x \in \mathbb{M}_P$ und $y \in \mathbb{M}_D$. Nach Definition von $\mathbb{M}_P$ und $\mathbb{M}_D$ gelten dann die Ungleichungen $Ax \leq b$, $A^\intercal y \geq c$ sowie $x \geq 0$ und $y \geq 0$. Unter Berücksichtigung der Rechenregeln für die Transponierte einer Matrix folgt

$$c^\intercal x \leq (A^\intercal y)^\intercal x = y^\intercal Ax = (y^\intercal Ax)^\intercal = x^\intercal A^\intercal y = (Ax)^\intercal y \leq b^\intercal y$$

und damit die Behauptung. □

Der schwache Dualitätssatz besagt, dass der Zielfunktionswert $c^\intercal x$ jedes primal zulässigen Punktes x eine Unterschranke für alle Zielfunktionswerte $b^\intercal y$ dual zulässiger Punkte y liefert. Daraus lässt sich ein Zusammenhang zwischen dem Optimalwert z^* von P und dem Optimalwert v^* von D herleiten. Wir gehen zunächst davon aus, dass sowohl P als auch D tatsächlich zulässige Punkte besitzen. Dann ist insbesondere $\mathbb{M}_P$ nichtleer, und außerdem kann die Zielfunktion des Maximierungsproblems P auf $\mathbb{M}_P$ nicht unbeschränkt sein, da jeder dual zulässige Punkt eine Oberschranke liefert. Damit besitzt P einen optimalen Punkt x^*. Analog ist $\mathbb{M}_D$ nichtleer, und jedes $x \in \mathbb{M}_P$ liefert eine Unterschranke für die Zielfunktionswerte des Minimierungsproblems D. Also besitzt auch D einen optimalen Punkt y^*. Da der schwache Dualitätssatz insbesondere für x^* und y^* gilt, folgt

$$z^* \;=\; c^\intercal x^* \;\leq\; b^\intercal y^* \;=\; v^*.$$

Für die Fälle, in denen P oder D keine optimalen Punkte besitzen, definieren wir

$$\begin{aligned} z^* &= +\infty, && \text{falls } c^\intercal x \text{ auf } \mathbb{M}_P \text{ nach oben unbeschränkt ist,} \\ z^* &= -\infty, && \text{falls } \mathbb{M}_P = \emptyset \text{ gilt,} \\ v^* &= -\infty, && \text{falls } b^\intercal y \text{ auf } \mathbb{M}_D \text{ nach unten unbeschränkt ist,} \\ v^* &= +\infty, && \text{falls } \mathbb{M}_D = \emptyset \text{ gilt.} \end{aligned}$$

Obwohl dies rein formale Definitionen sind, passen sie sehr gut zu Folgerungen aus dem schwachen Dualitätssatz: Falls die Zielfunktion von P auf $\mathbb{M}_P$ nach oben unbeschränkt ist, muss $\mathbb{M}_D$ leer sein, da zulässige Punkte von D ja Oberschranken für die Zielfunktion von P liefern würden. Mit obigen Definitionen impliziert also $z^* = +\infty$ die Aussage $v^* = +\infty$, und genau dies würde auch geschehen, wenn man in der Ungleichung $z^* \leq v^*$ formal den „Wert“ $+\infty$ zuließe. Analog impliziert $v^* = -\infty$ per schwachem Dualitätssatz bzw. formal durch die Ungleichung $z^* \leq v^*$ die Aussage $z^* = -\infty$. Weder aus $z^* = -\infty$ noch aus $v^* = +\infty$ lässt sich per schwachem Dualitätssatz etwas schließen, aber zumindest können wir folgendes Resultat festhalten:

Korollar 1.18.

Für die Optimalwerte z^* von P und v^* von D gilt unabhängig von der Lösbarkeit der Probleme $z^* \leq v^*$.

Beispiel 1.22 (Beispiel 1.16 - Fortsetzung 1).

Das primale Problem aus Beispiel 1.16 hat eine auf $\mathbb{M}_P$ nach oben unbeschränkte Zielfunktion, so dass das zugehörige duale Problem keine zulässigen Punkte besitzen kann. In der Tat lautet das Paar dualer Probleme

$$\begin{array}{llrlll} P: & \max & x_1 + 2x_2 & D: & \min & 4y_1 + 2y_2 \\ & \text{s.t.} & -x_1 + \ \ x_2 \leq 4 & & \text{s.t.} & -y_1 - 2y_2 \geq 1 \\ & & -2x_1 + \ \ x_2 \leq 2 & & & y_1 + \ \ y_2 \geq 2 \\ & & x_1, x_2 \geq 0 & & & y_1, y_2 \geq 0. \end{array}$$

Dass die zulässige Menge von D leer ist, sieht man beispielsweise daran, dass Addition der beiden Ungleichungen der Nichtnegativitätsbedingung widerspricht. In diesem Beispiel erfüllen die Optimalwerte $z^* = v^* = +\infty$. ◊

Der schwache Dualitätssatz wirft die Frage auf, in welchen Fällen die Ungleichung $z^* \leq v^*$ strikt ist und wann Gleichheit gilt. Im Falle einer strikten Ungleichung würde man von einer **Dualitätslücke** $v^* - z^* > 0$ sprechen. Unmittelbar aus dem schwachen Dualitätssatz folgt, dass primal bzw. dual zulässige Punkte $\bar{x}$ und $\bar{y}$, die die Dualitätslücke schließen, optimal sind:

Korollar 1.19.

Es seien $\bar{x} \in \mathbb{M}_P$ und $\bar{y} \in \mathbb{M}_D$ zulässige Punkte mit $c^\intercal \bar{x} = b^\intercal \bar{y}$. Dann ist $\bar{x}$ optimaler Punkt von P, und $\bar{y}$ ist optimaler Punkt von D.

Beweis. Nach Satz 1.17 gilt für alle primal zulässigen Punkte x

$$c^\mathsf{T} x \;\leq\; b^\mathsf{T} \bar{y} \;=\; c^\mathsf{T} \bar{x}.$$

Damit ist $\bar{x}$ optimaler Punkt von P. Analog sieht man die Optimalität von $\bar{y}$. □

Korollar 1.19 ist nur ein *hinreichendes* Kriterium für die Optimalität zulässiger Punkte. Es schließt nicht Situationen aus, in denen optimale Punkte x^* und y^* mit $c^\mathsf{T} x^* < b^\mathsf{T} y^*$ existieren. Tatsächlich sind solche Situationen in der linearen Optimierung allerdings *nicht* möglich. Dies ist der Inhalt des folgenden starken Dualitätssatzes, dessen tiefgehender Beweis auf dem sogenannten **Lemma von Farkas** beruht ([18, 25]).

Satz 1.20. *(Starker Dualitätssatz)*

Es seien x^* ein optimaler Punkt von P und y^* ein optimaler Punkt von D. Dann gilt $c^\mathsf{T} x^* = b^\mathsf{T} y^*$.

Korollar 1.19 und Satz 1.20 besagen, dass die Optimalpunktmengen von P und D genau die Lösungen (x, y) des Systems

$$x \in \mathbb{M}_P, \quad y \in \mathbb{M}_D, \quad c^\mathsf{T} x = b^\mathsf{T} y$$

sind. Außerdem implizieren sie, dass im Falle $\mathbb{M}_P \neq \emptyset$ und $\mathbb{M}_D \neq \emptyset$ keine Dualitätslücke auftritt.

Starke Dualität für den Fall mindestens eines *unlösbaren* Problems liefert die Aussagen, dass gleichzeitig mit $z^* = -\infty$ nur entweder $v^* = -\infty$ oder $v^* = +\infty$ gelten kann, und analog, dass $v^* = +\infty$ nur $z^* = +\infty$ oder $z^* = -\infty$ ermöglicht. Insbesondere sind also entweder sowohl P als auch D lösbar, oder sowohl P als auch D sind unlösbar. Für Details dazu verweisen wir auf [18, 25].

Eine wichtige Folgerung aus schwachem und starken Dualitätssatz ist der folgende Satz vom komplementären Schlupf. Zu seiner Formulierung wandeln wir die bisher betrachteten Probleme P und D aus der Standardform in Gleichungsform um. Die Vektoren der dazu eingeführten Schlupfvariablen bezeichnen wir explizit mit u bzw. w.

Satz 1.21. *(Satz vom komplementären Schlupf)*

Es seien (x, u) ein zulässiger Punkt von

$$P_= : \qquad \max\, c^\mathsf{T} x \quad \text{s.t.} \quad Ax + u = b,\; x, u \geq 0$$

und (y, w) ein zulässiger Punkt des zu $P_=$ dualen Problems

$$D_= : \qquad \min\, b^\mathsf{T} y \quad \text{s.t.} \quad A^\mathsf{T} y - w = c,\; y, w \geq 0.$$

*Dann sind (x, u) und (y, w) genau dann optimal, wenn die **Komplementaritätsbedingungen** $x^\mathsf{T} w = 0$ und $y^\mathsf{T} u = 0$ erfüllt sind.*

Beweis. Es gilt

$$\begin{aligned} b^\mathsf{T}y - c^\mathsf{T}x &= y^\mathsf{T}b - x^\mathsf{T}c \\ &= y^\mathsf{T}(Ax+u) - x^\mathsf{T}(A^\mathsf{T}y - w) \\ &= y^\mathsf{T}Ax - x^\mathsf{T}A^\mathsf{T}y + y^\mathsf{T}u + x^\mathsf{T}w = y^\mathsf{T}Ax - (y^\mathsf{T}Ax)^\mathsf{T} + y^\mathsf{T}u + x^\mathsf{T}w \\ &= y^\mathsf{T}u + x^\mathsf{T}w. \end{aligned}$$

Falls (x,u) und (y,w) optimal sind, dann gilt nach Satz 1.20 $c^\mathsf{T}x = b^\mathsf{T}y$, mit obiger Gleichung also $y^\mathsf{T}u + x^\mathsf{T}w = 0$. Wegen $x, y, u, w \geq 0$ ist dies nur für $y^\mathsf{T}u = 0$ und $x^\mathsf{T}w = 0$ möglich.

Falls andererseits für (x,u) und (y,w) die Gleichungen $y^\mathsf{T}u = 0$ und $x^\mathsf{T}w = 0$ gelten, so erhalten wir $b^\mathsf{T}y = c^\mathsf{T}x$. Korollar 1.19 liefert somit die Optimalität von (x,u) und (y,w). □

Die Grundstruktur einer Komplementaritätsbedingung besagt, dass zwei Skalare $a \geq 0$ und $b \geq 0$ zueinander komplementär sind, wenn sie nicht gleichzeitig positiv sein können. Dies ist gleichbedeutend mit $ab = 0$, und es können nur die drei Fälle $a > 0$, $b = 0$ oder $a = 0$, $b > 0$ oder $a = b = 0$ auftreten. Die Komplementaritätsbedingungen in Satz 1.21 sind zwar zwischen Vektoren formuliert, wegen der Nichtnegativitätsbedingungen ist aber $x^\mathsf{T}w = 0$ äquivalent zu $x_jw_j = 0$ für $j = 1, \ldots, n$, und entsprechend ist $y^\mathsf{T}u = 0$ äquivalent zu $y_iu_i = 0$ für $i = 1, \ldots, m$. Insgesamt liegen also $n + m$ skalare Komplementaritätsbedingungen vor. Wir merken an, dass die Komplementaritätsbedingungen in Satz 1.21 jeweils zwischen den Strukturvariablen eines Problems und den Schlupfvariablen des dazu dualen Problems gelten. Komplementaritätsbedingungen werden auch eine wesentliche Rolle in der nichtlinearen Optimierung (Abschnitt 7.3) spielen.

Satz 1.21 bildet die theoretische Grundlage für eine Reihe von Algorithmen, die bei der Lösung strukturierter linearer Optimierungsprobleme (z.B. Transport-, Zuordnungs-, Flussprobleme) dem Simplex-Algorithmus häufig vorgezogen werden. Diese Algorithmen generieren auf jeder Iterationsstufe eine primal (oder dual) zulässige Lösung, die die Komplementaritätsbedingungen $x^\mathsf{T}w = 0$ und $y^\mathsf{T}u = 0$ erfüllt, und stoppen, sobald die gefundene Lösung auch dual (bzw. primal) zulässig ist. Die Optimalität folgt dann aus dem Satz vom komplementären Schlupf. Der Algorithmus für das Transportproblem, den wir in Abschnitt 2.4 vorstellen, gehört zu diesem Typ.

Vorab veranschaulichen wir an einem einfachen Beispiel die Bedeutung der Komplementaritätsbedingungen als Optimalitätskriterium.

Beispiel 1.23.

Gegeben seien die primalen und dualen Probleme

$$
\begin{array}{llrcrcrcl}
P: & \max & 4x_1 & + & 2x_2 & + & 5x_3 & & \\
 & \text{s.t.} & 2x_1 & + & x_2 & + & 2x_3 & \leq & 45 \\
 & & 3x_1 & & & + & x_3 & \leq & 21 \\
 & & & & & x_1, & x_2, x_3 & \geq & 0
\end{array}
\qquad
\begin{array}{llrcrcl}
D: & \min & 45y_1 & + & 21y_2 & & \\
 & \text{s.t.} & 2y_1 & + & 3y_2 & \geq & 4 \\
 & & y_1 & & & \geq & 2 \\
 & & 2y_1 & + & y_2 & \geq & 5 \\
 & & & & y_1, y_2 & \geq & 0.
\end{array}
$$

Der Punkt $x = (0,3,21)^\mathsf{T}$ ist offenbar primal zulässig mit Schlupf $u = (0,0)^\mathsf{T}$. Mittels Satz 1.21 können wir uns davon überzeugen, dass er tatsächlich optimaler Punkt von P ist. Dazu betrachten wir zunächst die Komplementaritätsbedingungen $x^\mathsf{T} w = 0$ (also $x_1 w_1 = 0$, $x_2 w_2 = 0$ und $x_3 w_3 = 0$) und $y^\mathsf{T} u = 0$ (also $y_1 u_1 = 0$ und $y_2 u_2 = 0$).

Wegen $x_2, x_3 > 0$ muss $w_2 = w_3 = 0$ gelten. Dies bedeutet, dass die zweite und dritte Restriktionszeile von D als Gleichungen erfüllt werden. Hieraus folgt $y = (2,1)^\mathsf{T}$ und $w = (3,0,0)^\mathsf{T}$. Entscheidend ist dabei, dass der berechnete Punkt (y,w) *auch dual zulässig* ist. Die Voraussetzungen von Satz 1.21 sind somit erfüllt, woraus insbesondere die Optimalität von $x = (0,3,21)^\mathsf{T}$ folgt.

Für den ebenfalls primal zulässigen Punkt $x = (0,0,0)^\mathsf{T}$ mit $u = (45,21)^\mathsf{T}$ führt dieselbe Vorgehensweise auf $y = (0,0)^\mathsf{T}$ und $w = (-4,-2,-5)^\mathsf{T}$, also einen nicht dual zulässigen Punkt. Nach dem Satz vom komplementären Schlupf kann (x,u) daher nicht optimal sein. ◊

1.8.3 Algorithmische Lösung des Dualproblems

Zur Lösung des dualen Problems

$$D: \qquad \min b^\mathsf{T} y \quad \text{s.t.} \quad A^\mathsf{T} y \geq c, \quad y \geq 0$$

gibt es verschiedene Möglichkeiten. Natürlich kann man D zunächst in Standardform bringen und darauf dann Algorithmus 1.2 anwenden. Eine elegantere Möglichkeit erhält man allerdings durch die folgenden Überlegungen. Wie im Satz vom komplementären Schlupf betrachten wir die Gleichungsform von D, also

$$D_=: \qquad \min b^\mathsf{T} y \quad \text{s.t.} \quad A^\mathsf{T} y - w = c, \ y, w \geq 0$$

mit einem n−dimensionalen Vektor w von Schlupfvariablen. Dieses Problem liegt zwar nicht genau in der Form vor, die wir oben *kanonisch* genannt hatten, trotzdem macht man sich aber mit denselben Überlegungen leicht klar, dass der Punkt $(y,w) = (0_m, -c)$ eine Basislösung von $D_=$ ist. Wenn wir wie oben $\bar{c} = -c$ setzen und den Vektor der Schlupfvariablen anstelle von w wieder $(y_{m+1}, \ldots, y_{m+n})^\mathsf{T}$ nennen, dann hat ein Anfangstableau zur Lösung von $D_=$ die Form

	y_1	$\cdots$	y_r	$\cdots$	y_m	
v	b_1	$\cdots$	b_r	$\cdots$	b_m	v_0
y_{m+1}	a_{11}	$\cdots$	a_{r1}	$\cdots$	a_{m1}	$\bar{c}_1$
$\vdots$	$\vdots$	$\ddots$	$\vdots$	$\ddots$	$\vdots$	$\vdots$
y_{m+s}	a_{1s}	$\cdots$	a_{rs}	$\cdots$	a_{ms}	$\bar{c}_s$
$\vdots$	$\vdots$	$\ddots$	$\vdots$	$\ddots$	$\vdots$	$\vdots$
y_{m+n}	a_{1n}	$\cdots$	a_{rn}	$\cdots$	a_{mn}	$\bar{c}_n$

Dies sind gerade die Einträge des Anfangstableaus zum primalen Problem P in transponierter Form. Es bietet sich also an, zur Lösung von D einfach den Simplex-Algorithmus für P zu benutzen und dabei die Tableaus um die dualen Variablen zu erweitern. Das Anfangstableau zur simultanen Lösung von P und D hat dann die Form

	x_1	$\cdots$	x_s	$\cdots$	x_n		
z	$\bar{c}_1$	$\cdots$	$\bar{c}_s$	$\cdots$	$\bar{c}_n$	z_0	
x_{n+1}	a_{11}	$\cdots$	a_{1s}	$\cdots$	a_{1n}	b_1	y_1
$\vdots$	$\vdots$	$\ddots$	$\vdots$	$\ddots$	$\vdots$	$\vdots$	$\vdots$
x_{n+r}	a_{r1}	$\cdots$	a_{rs}	$\cdots$	a_{rn}	b_r	y_r
$\vdots$	$\vdots$	$\ddots$	$\vdots$	$\ddots$	$\vdots$	$\vdots$	$\vdots$
x_{n+m}	a_{m1}	$\cdots$	a_{ms}	$\cdots$	a_{mn}	b_m	y_m
	y_{m+1}	$\cdots$	y_{m+s}	$\cdots$	y_{m+n}	v	

Dabei stimmen z_0 und v_0 überein. Zu beachten ist, dass in der ersten Zeile des Tableaus zwar die primalen *Nichtbasisvariablen* stehen, in der letzten Zeile jedoch die dualen *Basisvariablen.* Entsprechendes gilt für die erste und letzte Spalte des Tableaus.

Eine Iteration von Algorithmus 1.2 ist nun lediglich durch die Regel zu ergänzen, dass nicht nur die vom Pivotelement definierten primalen Basis- und Nichtbasisvariablen ihre Plätze tauschen, sondern auch die entsprechenden dualen Basis- und Nichtbasisvariablen. Wenn Algorithmus 1.2 mit Stoppregel I abbricht, dann liest man aus dem Endtableau in einfacher Weise gleichzeitig einen dual optimalen Punkt ab: Die dualen Nichtbasisvariablen sind null, und die dualen Basisvariablen haben gerade die in der Zielfunktionszeile angegebenen Werte. Der duale Optimalwert stimmt mit dem primalen überein und ist durch z_0 gegeben. Ferner bedeutet aufgrund der starken Dualität ein Abbruch von Algorithmus 1.2 mit Stoppregel II gerade, dass das duale Problem keine zulässigen Punkte besitzt.

Beispiel 1.24 (Beispiel 1.2 - Fortsetzung 11).

Das primale und das duale Problem lauten

$$\begin{array}{rlrl} P: & \max & 3x_1 + 4x_2 & \\ & \text{s.t.} & 3x_1 + 2x_2 \leq & 1200 \\ & & 5x_1 + 10x_2 \leq & 3000 \\ & & 0.5x_2 \leq & 125 \\ & & x_1, x_2 \geq & 0 \end{array}$$

und

$$\begin{array}{rlrl} D: & \min & 1200y_1 + 3000y_2 + 125y_3 & \\ & \text{s.t.} & 3y_1 + 5y_2 + \geq & 3 \\ & & 2y_1 + 10y_2 + 0.5y_3 \geq & 4 \\ & & y_1, y_2, y_3 \geq & 0. \end{array}$$

Die durch den um duale Variablen erweiterten Algorithmus 1.2 erzeugten Tableaus lauten

	x_1	x_2		
z	-3	-4	0	
x_3	3	2	1200	y_1
x_4	5	10	3000	y_2
x_5	0	$\frac{1}{2}$	125	y_3
	y_4	y_5	v	

	x_1	x_5		
z	-3	8	1000	
x_3	3	-4	700	y_1
x_4	5	-20	500	y_2
x_2	0	2	250	y_5
	y_4	y_3	v	

	x_4	x_5		
z	$\frac{3}{5}$	-4	1300	
x_3	$-\frac{3}{5}$	8	400	y_1
x_1	$\frac{1}{5}$	-4	100	y_4
x_2	0	2	250	y_5
	y_2	y_3	v	

	x_4	x_3		
z	$\frac{3}{10}$	$\frac{1}{2}$	1500	
x_5	$-\frac{3}{40}$	$\frac{1}{8}$	50	y_3
x_1	$-\frac{1}{10}$	$\frac{1}{2}$	300	y_4
x_2	$\frac{3}{20}$	$-\frac{1}{4}$	150	y_5
	y_2	y_1	v	

Eine dual optimale zulässige Basislösung ist also $y^* = (1/2, 3/10, 0, 0, 0)^\mathsf{T}$ mit Optimalwert $v^* = 1500$. Beachten Sie, dass in den ersten drei Tableaus negative duale Basisvariablen auftreten. Dies bedeutet, dass die ersten drei Iterierten dual unzulässigen Basislösungen entsprechen, während duale Zulässigkeit erst im Endtableau erreicht wird. $\diamondsuit$

Wir weisen an dieser Stelle darauf hin, dass wir Degeneriertheit bislang nur im primalen Sinne aufgefasst hatten: Eine zulässige Basislösung von P ist degeneriert, wenn primale Basisvariablen den Wert null besitzen. Natürlich kann entsprechendes auch für dual zulässige Basislösungen eintreten, d.h. auch duale Basisvariablen können den Wert null haben. Dies entspricht einem Null-Eintrag in der Zielfunktionszeile des Simplextableaus bzw. einer nichteindeutigen Wahl der Pivotspalte. Dies liefert auch die vollständige Begründung der Anti-Zyklus-Regel von Bland (s. Abschnitt 1.6). Um die beiden Arten von Degeneriertheit zu unterscheiden, sprechen wir von **primaler Degeneriertheit**, wenn eine primale Basisvariable den Wert null besitzt, und von **dualer Degeneriertheit**, wenn dies für eine duale Basisvariable der Fall ist. Falls bei einer primal-dual zulässigen Basislösung (x, y) weder primale noch duale Basisvariablen den Wert null haben, so nennen wir die Basislösung (x, y) **primal-dual nichtdegeneriert**.

1.9 Der duale Simplex-Algorithmus

Bei der in Abschnitt 1.8 vorgestellten simultanen Lösung von Primal- und Dualproblem fällt auf, dass die Auswahl- und Stoppregeln von Algorithmus 1.2 nur anhand des primalen Problems motiviert sind, für das duale Problem allerdings ganz andere Auswirkungen haben und trotzdem eine Lösung des Dualproblems liefern. Wir werden die Bedeutung der primalen Auswahl- und Stoppregeln für das Dualproblem im Folgenden herleiten und daraus eine Alternative zu Algorithmus 1.2 erhalten, den sogenannten dualen Simplex-Algorithmus.

1.9.1 Auswahl- und Stoppregeln

Dazu formen wir

$$P: \quad \max\, c^\mathsf{T} x \quad \text{s.t.} \quad Ax \le b, \quad x \ge 0$$

künstlich in ein Problem um, dessen Form mit dem des Dualproblems übereinstimmt (allerdings zunächst *ohne* tatsächlich das Dualproblem aufzustellen):

$$P': \quad \min\, -c^\mathsf{T} x \quad \text{s.t.} \quad -Ax \ge -b, \quad x \ge 0.$$

Mit den Abkürzungen $\bar{c} = -c$, $\bar{b} = -b$ und $\bar{A} = -A^\mathsf{T}$ wird es zu

$$P': \quad \min\, \bar{c}^\mathsf{T} x \quad \text{s.t.} \quad \bar{A}^\mathsf{T} x \ge \bar{b}, \quad x \ge 0.$$

P' besitzt damit genau das Format des zu P dualen Problems D. Als Dualproblem von P' erhalten wir

$$D': \quad \max\, \bar{b}^\mathsf{T} y \quad \text{s.t.} \quad \bar{A} y \le \bar{c}, \quad y \ge 0.$$

Zur Lösung von P' mittels des Ansatzes aus Abschnitt 1.8 könnte man also Tableaus der Form

	y_1	$\cdots$	y_r	$\cdots$	y_m		
v	b_1	$\cdots$	b_r	$\cdots$	b_m	z_0	
y_{m+1}	$\bar{a}_{11}$	$\cdots$	$\bar{a}_{r1}$	$\cdots$	$\bar{a}_{m1}$	$\bar{c}_1$	x_1
$\vdots$	$\vdots$	$\ddots$	$\vdots$	$\ddots$	$\vdots$	$\vdots$	$\vdots$
y_{m+s}	$\bar{a}_{1s}$	$\cdots$	$\bar{a}_{rs}$	$\cdots$	$\bar{a}_{ms}$	$\bar{c}_s$	x_s
$\vdots$	$\vdots$	$\ddots$	$\vdots$	$\ddots$	$\vdots$	$\vdots$	$\vdots$
y_{m+n}	$\bar{a}_{1n}$	$\cdots$	$\bar{a}_{rn}$	$\cdots$	$\bar{a}_{mn}$	$\bar{c}_n$	x_n
	x_{n+1}	$\cdots$	x_{n+r}	$\cdots$	x_{n+m}	z	

betrachten und darauf die Auswahlregeln I und II bzw. die Stoppregeln I und II anwenden.

Auswahlregel I fordert, unter den Einträgen $b_1, \ldots, b_m$ der Zielfunktionszeile den kleinstmöglichen zu wählen, sofern er negativ ist. Sein Index sei r. Nach Auswahlregel II ist dann unter allen $j = 1, \ldots, n$ mit $\bar{a}_{rj} > 0$ diejenige Zeile zu wählen, in der der Quotient $\bar{c}_j / \bar{a}_{rj}$ minimal ist.

Diese Regeln übersetzen wir nun für das übliche zum Problem P gehörige Tableau

	x_1	$\cdots$	x_s	$\cdots$	x_n	
z	$\bar{c}_1$	$\cdots$	$\bar{c}_s$	$\cdots$	$\bar{c}_n$	z_0
x_{n+1}	a_{11}	$\cdots$	a_{1s}	$\cdots$	a_{1n}	b_1
$\vdots$	$\vdots$	$\ddots$	$\vdots$	$\ddots$	$\vdots$	$\vdots$
x_{n+r}	a_{r1}	$\cdots$	a_{rs}	$\cdots$	a_{rn}	b_r
$\vdots$	$\vdots$	$\ddots$	$\vdots$	$\ddots$	$\vdots$	$\vdots$
x_{n+m}	a_{m1}	$\cdots$	a_{ms}	$\cdots$	a_{mn}	b_m

Duale Auswahl des Pivotelements:

Duale Auswahlregel I: (Auswahl der Pivotzeile r)

Ist der kleinste der Einträge b_i, $i = 1, \ldots, m$, in der rechten Seite negativ, so wähle die (bzw. eine) zugehörige Zeile als Pivotzeile. Es sei Zeile r.

Duale Auswahlregel II: (Auswahl der Pivotspalte s)

Wähle die Pivotspalte s so, dass unter allen j mit $a_{rj} < 0$ der Quotient $\bar{c}_j / a_{rj}$ am größten wird, d.h. so, dass

$$\frac{\bar{c}_s}{a_{rs}} = \max \left\{ \frac{\bar{c}_j}{a_{rj}} \,\middle|\, a_{rj} < 0 \right\}$$

erfüllt ist.

Zur Übersetzung der Stoppregeln müssen wir eine Voraussetzung treffen, die der Forderung $b \geq 0$ aus der kanonischen Form von P entspricht. Wir sagen,

$$P: \qquad \max c^{\mathsf{T}} x \quad \text{s.t.} \quad Ax \leq b, \quad x \geq 0$$

liege in **dual kanonischer Form** vor, wenn $c \leq 0$ gilt. Insbesondere werden dabei *keine* Vorzeichenbeschränkungen an b gestellt.

Für P in dual kanonischer Form gilt $\bar{c} \geq 0$, so dass bei Nichtanwendbarkeit der dualen Auswahlregel I mit y ein optimaler Punkt des Dualproblems vorliegt. Nach dem starken Dualitätssatz ist x dann gleichzeitig optimaler Punkt des Primalproblems. Bei Nichtanwendbarkeit der dualen Auswahlregel II ist das Dualproblem wegen auf $\mathbb{M}_D$ nach unten unbeschränkter Zielfunktion nicht lösbar. Dann ist aber auch das Primalproblem nicht lösbar, und zwar wegen $\mathbb{M}_P = \emptyset$.

Wir fassen zusammen:

Duale Stoppkriterien:

Duale Stoppregel I (optimaler Punkt gefunden)

Gilt $b_i \geq 0$ für alle i, so ist x ein optimaler Punkt, und z_0 ist der optimale Wert des linearen Optimierungsproblems.

Duale Stoppregel II (leere zulässige Menge)

Ist ein $b_r < 0$ und gilt $a_{rj} \geq 0$ für alle $j = 1, \ldots, n$, so ist P mangels zulässiger Punkte unlösbar.

Algorithmus 1.3 ist der auf diesen Auswahl- und Stoppregeln basierende **duale Simplex-Algorithmus**. Zur Abgrenzung bezeichnet man Algorithmus 1.2 auch als **primalen Simplex-Algorithmus**.

1.9.2 Bestimmung einer Startecke mit dualen Austauschschritten

Für Optimierungsprobleme, bei denen zunächst eine Startecke ermittelt werden muss, bietet sich unter bestimmten Voraussetzungen der duale Simplex-Algorithmus als eine interessante Alternative zu den Phase-I- und Straftermansätzen aus Abschnitt 1.7 an.

Algorithmus 1.3: Dualer Simplex-Algorithmus für lineare Optimierungsprobleme in dual kanonischer Form

Input : Lineares Optimierungsproblem in dual kanonischer Form.

```
begin
    Stelle das Anfangstableau auf.
    while Duale Stoppregel I verletzt do
        Wähle die Pivotzeile r nach dualer Auswahlregel I.
        if Duale Stoppregel II verletzt then
            Wähle die Pivotspalte s nach dualer Auswahlregel II.
        else
            Problem unlösbar mangels zulässiger Punkte.
            return
        end
        Vollziehe einen Austauschschritt mit dem Pivotelement a_rs.
    end
end
```

Output : Entweder Meldung über Unlösbarkeit wegen $\mathbb{M}_P = \emptyset$ oder Optimalwert z^* sowie ein optimaler Punkt des Optimierungsproblems in Form einer zulässigen Basislösung.

Beispiel 1.25.

Das Minimierungsproblem

$$\begin{aligned} \min \quad & 2x_1 + 2x_2 \\ \text{s.t.} \quad & x_1 + x_2 \leq 4 \\ & 2x_1 + x_2 \geq 2 \\ & x_1, x_2 \geq 0 \end{aligned}$$

lässt sich äquivalent als das Problem

$$\begin{aligned} \max \quad & -2x_1 - 2x_2 \\ \text{s.t.} \quad & x_1 + x_2 \leq 4 \\ & -2x_1 - x_2 \leq -2 \\ & x_1, x_2 \geq 0 \end{aligned}$$

schreiben, das in dual kanonischer Form vorliegt. Algorithmus 1.3 löst diese Formulierung durch eine einzige Iteration:

	x_1	x_2	
z	2	2	0
x_3	1	1	4
x_4	-2	-1	-2

	x_4	x_2	
z	1	1	-2
x_3	$\frac{1}{2}$	$\frac{1}{2}$	3
x_1	$-\frac{1}{2}$	$\frac{1}{2}$	1

Nach Abbruch mit der dualen Stoppregel I ist der optimale Punkt also $x^* = (1, 0, 3, 0)^\mathsf{T}$ mit Optimalwert 2 für das Minimierungsproblem. Eine vorgeschaltete Phase I oder die Big-M-Methode wären offenbar erheblich aufwändiger gewesen. $\diamond$

Beispiel 1.25 zeigt, dass sich der duale Simplex-Algorithmus zum Beispiel zur Lösung von Minimierungsproblemen anbietet, bei denen die Annahme $c_j \leq 0$ für $j = 1, \ldots, n$ (nach Überführung in ein Maximierungsproblem) häufig in natürlicher Weise erfüllt ist. Weitere typische Anwendungen treten im Rahmen der parametrischen Optimierung (Abschnitt 2.2) und in der ganzzahligen Optimierung (Kap. 5) auf.

Der duale Simplex-Algorithmus lässt sich natürlich auch dann anwenden, wenn die Voraussetzung $c \leq 0$ nicht erfüllt ist. Dann greift zwar die duale Stoppregel I nicht, aber der Algorithmus sorgt trotzdem dafür, dass negative Werte aus den rechten Seiten entfernt werden. Wir überlassen dem Leser als Übung den Nachweis, dass die duale Stoppregel II auch ohne die Voraussetzung $c \leq 0$ Gültigkeit behält. Die duale Stoppregel I formulieren wir in diesem Fall wie folgt um:

Duale Stoppregel I' (zulässige Basislösung gefunden)

Gilt $b_i \geq 0$ für alle i, so ist x eine zulässige Basislösung.

Neben den aus Abschnitt 1.7 bekannten Phase-I- und Straftermansätzen kann man eine Startecke also auch mit Hilfe von Algorithmus 1.4 erzeugen. Dies ist insbesondere dann vorteilhaft, wenn nur wenige Einträge der rechten Seite negativ sind.

Algorithmus 1.4: Dualer Simplex-Algorithmus für lineare Optimierungsprobleme mit negativen rechten Seiten

---

Input : Lineares Optimierungsproblem mit negativen rechten Seiten.

begin
  Stelle das Anfangstableau auf.
  while *Duale Stoppregel I' verletzt* **do**
    Wähle die Pivotzeile r nach dualer Auswahlregel I.
    if *Duale Stoppregel II verletzt* **then**
      Wähle die Pivotspalte s nach dualer Auswahlregel II.
    else
      Problem unlösbar mangels zulässiger Punkte.
      return
    end
    Vollziehe einen Austauschschritt mit dem Pivotelement a_{rs}.
  end
end

Output : Entweder Meldung über Unlösbarkeit wegen $\mathbb{M}_P = \emptyset$ oder eine zulässige Basislösung des Optimierungsproblems.

Beispiel 1.26 (Beispiel 1.18 - Fortsetzung 3).

Das Optimierungsproblem aus Beispiel 1.18 liegt zwar nicht in dual kanonischer Form vor, aber die negativen rechten Seiten lassen sich mit Algorithmus 1.4 aus dem Anfangstableau entfernen:

	x_1	x_2	
z	-1	-1	0
x_3	0	-1	-2
x_4	1	-1	0
x_5	0	1	4

	x_1	x_3	
z	-1	-1	2
x_2	0	-1	2
x_4	1	-1	2
x_5	0	1	2

Als Ergebnis erhalten wir nach einem Iterationsschritt die primal zulässige Basislösung $x = (0, 2, 0, 2, 2)^{\mathsf{T}}$. Das zugehörige Tableau kann außerdem ohne Nachbearbeitung als Anfangstableau für Algorithmus 1.2 benutzt werden. $\diamondsuit$

1.10 Zusammenfassung

Die im vorliegenden Kapitel 1 eingeführten Konzepte erlauben es grundsätzlich, beliebige lineare Optimierungsprobleme

$$
\begin{array}{llll}
P: & \max\,(\min) & c_1x_1 + c_2x_2 + \ldots + c_nx_n & \\
& \text{s.t.} & a_{i1}x_1 + a_{i2}x_2 + \ldots + a_{in}x_n \leq b_i, & i = 1, \ldots, m_1 \\
& & a_{i1}x_1 + a_{i2}x_2 + \ldots + a_{in}x_n \geq b_i, & i = m_1 + 1, \ldots, m_2 \\
& & a_{i1}x_1 + a_{i2}x_2 + \ldots + a_{in}x_n = b_i, & i = m_2 + 1, \ldots, m \\
& & x_i \geq 0, & i = 1, \ldots, p,
\end{array}
$$

zu lösen, sofern eine Lösung existiert. Wir fassen das Vorgehen dazu noch einmal zusammen, wobei wir die Darstellung am primalen Simplex-Algorithmus orientieren (vgl. Abb. 1.8). Durch entsprechende Modifikationen lässt sich das Vorgehen analog auf den dualen Simplex-Algorithmus ausrichten.

- Im Fall $n = 2$ und bei wenigen Restriktionen versuche, P grafisch per Algorithmus 1.1 (Abschnitt 1.3) zu lösen.
- Für $n > 2$ oder bei zu hohem Aufwand in Algorithmus 1.1 forme P in die Standardform $P_{\leq}$ um (Abschnitt 1.4).
- Konstruiere, wenn möglich, eine Startecke und ein zugehöriges verkürztes Anfangstableau für den primalen Simplex-Algorithmus (Algorithmus 1.2, Abschnitt 1.6), oder benutze die Big-M-Methode aus Abschnitt 1.7:
  - Falls $P_{\leq}$ in primal kanonischer Form vorliegt (Abschnitt 1.5), ist $(0_n, b)$ eine zulässige Basislösung mit bekanntem Anfangstableau.

- Falls $P_{\leq}$ nicht in kanonischer Form vorliegt, aber aus anderer Quelle eine zulässige Basislösung bekannt ist, konstruiere gegebenenfalls ein zugehöriges Anfangstableau.
- Falls keine Startecke bekannt ist, aber nur wenige Einträge von b negativ sind, führe Iterationen des dualen Simplex-Algorithmus für Probleme mit negativen rechten Seiten (Algorithmus 1.4, Abschnitt 1.9) aus, bis alle Einträge der rechten Seite nichtnegativ sind. Falls dies nicht möglich ist, bricht Algorithmus 1.4 mit der Meldung ab, das Problem sei mangels zulässiger Punkte unlösbar. Falls eine zulässige Basislösung gefunden wurde, verwende das letzte Tableau als Anfangstableau.
- Falls keine Startecke bekannt ist und viele Einträge von b negativ sind, benutze Phase I oder die Big-M-Methode aus Abschnitt 1.7. Bei Existenz zulässiger Punkte konstruiert Algorithmus 1.2 per Hilfsproblem der Phase I eine zulässige Basislösung des Originalproblems und meldet andernfalls, das Problem sei mangels zulässiger Punkte unlösbar. Falls eine zulässige Basislösung gefunden wurde, konstruiere ein zugehöriges Anfangstableau (Problem der Datenübergabe zwischen Phase I und II).

- Starte den primalen Simplex-Algorithmus (Algorithmus 1.2). Er erzeugt entweder einen optimalen Punkt mit zugehörigem Optimalwert oder bricht mit der Meldung ab, das Problem sei wegen auf der zulässigen Menge unbeschränkter Zielfunktion unlösbar.
- Wenn man sich anstelle von Phase I für die Big-M-Methode entscheidet, ist Algorithmus 1.2 einmalig auf das zugehörige Hilfsproblem (Abschnitt 1.7) mit bekannter Startecke und Anfangstableau anzuwenden. Aussagen zu Lösbarkeit und zur Identifizierung eines optimalen Punktes hängen allerdings von der a-priori nicht bekannten Mindestgröße des Straftermparameters ab.

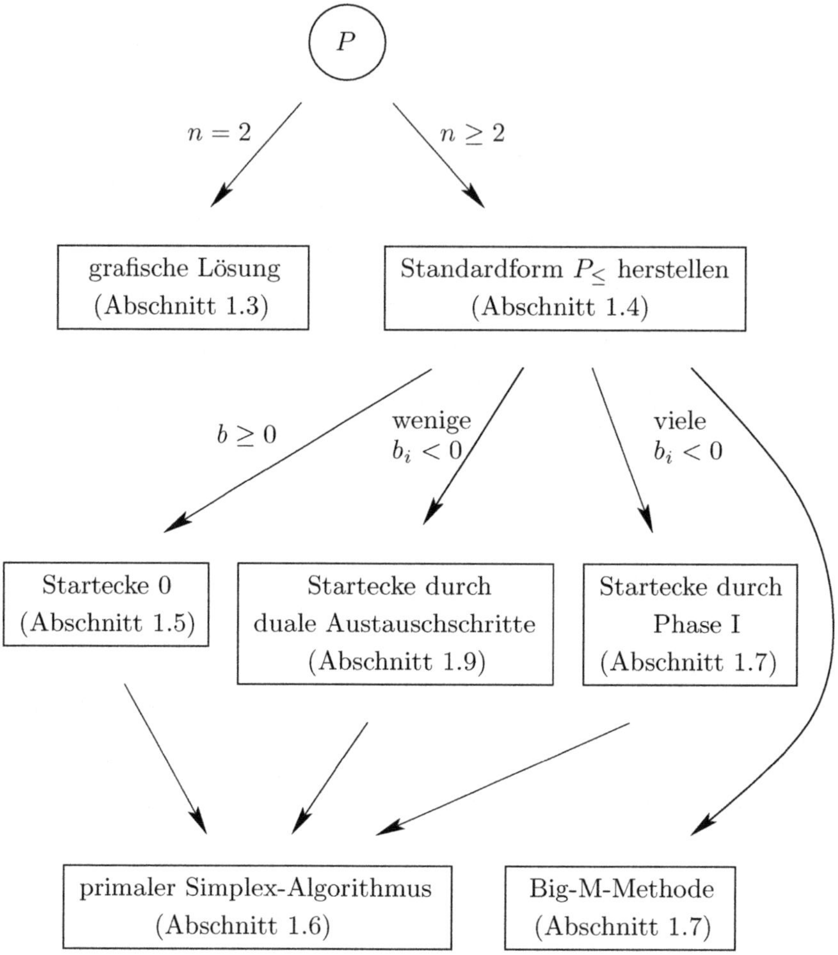

Abb. 1.8. Primales Vorgehen zur Lösung linearer Optimierungsprobleme

2

Erweiterungen und Anwendungen der linearen Optimierung

2.1 Sensitivitätsanalyse

Bisher waren wir davon ausgegangen, dass in einem linearen Optimierungsproblem

$$P: \qquad \max\, c^\intercal x \quad \text{s.t.} \quad Ax \leq b, \quad x \geq 0$$

die Daten A, b und c bekannte und konstante Größen sind. Häufig besteht jedoch eine gewisse Unsicherheit über die konkrete Festlegung dieser Eingangsgrößen, oder es muss von vornherein mit Anpassungen an sich ändernde ökonomische oder technische Randbedingungen gerechnet werden.

Variationen der Eingangsgrößen beeinflussen natürlich die optimalen Punkte und optimalen Werte. Gegenstand der **Sensitivitätsanalyse** ist es, diesen Einfluss für *kleine* Störungen der Eingangsgrößen zu untersuchen. Die Auswirkung *großer* Änderungen in den Eingangsgrößen ist Inhalt des nachfolgenden Abschnitts 2.2.

Wir werden uns im Folgenden auf die Änderung des optimalen Wertes z^* unter kleinen Störungen von b und c konzentrieren. Zum Verhalten optimaler Punkte sowie zu Störungen von A verweisen wir auf die weiterführende Literatur [16, 36].

2.1.1 Eindeutigkeit optimaler Punkte

Zur Untersuchung der Sensitivitäten treffen wir Nichtdegeneriertheitsvoraussetzungen, die in Anwendungen häufig erfüllt sind und durch die die Analyse besonders übersichtlich wird. Wie wir zur Motivation von Stoppregel I in Abschnitt 1.6 schon beobachtet hatten, besitzt die aus einem Simplex-Tableau abgelesene Zielfunktion explizit die Gestalt

$$\sum_{j:\ x_j\ \text{NBV}} c_j x_j + z_0$$

mit $c_j = -c_j$ für alle auftretenden j. Die aus dem Tableau abgelesene Basislösung $\tilde{x}$ erfüllt dabei wegen der Definition der Nichtbasisvariablen

$$\sum_{j:\ x_j\ \text{NBV}} c_j \tilde{x}_j + z_0 \;=\; z_0.$$

Ist das Tableau ein Endtableau, an dem Stoppregel I erfüllt ist, so gilt außerdem $c_j \leq 0$ für alle j, und $\tilde{x}$ ist ein optimaler Punkt. Um die Eindeutigkeit von $\tilde{x}$ als Optimalpunkt zu garantieren, untersuchen wir die Zielfunktionswerte für beliebige zulässige Punkte $x \in \mathbb{M}_P$ mit $x \neq \tilde{x}$.

Jeder zulässige Punkt $x \in \mathbb{M}_P \setminus \{\tilde{x}\}$ erfüllt nicht nur die Nichtnegativitätsbedingungen $x_j \geq 0$, sondern es muss auch für mindestens eine Nichtbasisvariable $x_j > 0$ gelten. Dies liegt daran, dass das Nullsetzen der Nichtbasisvariablen (auch im primal degenerierten Fall) einen eindeutigen Punkt definiert, hier also den optimalen Punkt $\tilde{x}$.

Mittlerweile wissen wir außerdem, dass die Zahlen $\bar{c}_j$ gerade die Werte der dualen Basisvariablen im Endtableau sind. *Duale* Nichtdegeneriertheit ist also gleichbedeutend mit $\bar{c}_j > 0$, d.h. $c_j < 0$, für alle j. Unter dualer Nichtdegeneriertheit erfüllen damit alle $x \in \mathbb{M}_P \setminus \{\tilde{x}\}$ die strikte Ungleichung

$$\sum_{j:\ x_j \text{ NBV}} c_j x_j + z_0 \ < \ z_0 \ = \ \sum_{j:\ x_j \text{ NBV}} c_j \tilde{x}_j + z_0,$$

können also nicht gleichfalls optimal sein. Wir haben folgendes Resultat gezeigt:

Satz 2.1.

Zu einem linearen Optimierungsproblem P sei x^* ein dual nichtdegenerierter optimaler Punkt. Dann ist x^* eindeutiger optimaler Punkt, d.h. die Menge der primal optimalen Punkte $\mathbb{M}_P^* = \{x \in \mathbb{M}_P | \ c^\mathsf{T} x = c^\mathsf{T} x^*\}$ besitzt nur das Element x^*.

Völlig analog erhält man das dazu duale Ergebnis:

Korollar 2.2.

Zu einem linearen Optimierungsproblem P sei y^* ein primal nichtdegenerierter optimaler Punkt des Dualproblems D. Dann ist y^* eindeutiger optimaler Punkt von D, d.h. die Menge der dual optimalen Punkte $\mathbb{M}_D^* = \{y \in \mathbb{M}_D | \ b^\mathsf{T} y = b^\mathsf{T} y^*\}$ besitzt nur das Element y^*.

Insbesondere sind für eine primal-dual nichtdegenerierte Basislösung (x^*, y^*) sowohl x^* eindeutiger optimaler Punkt des Primalproblems als auch y^* eindeutiger optimaler Punkt des Dualproblems.

Beispiel 2.1 (Beispiel 1.2 - Fortsetzung 12).

Dem Endtableau

	x_4	x_3		
z	$\frac{3}{10}$	$\frac{1}{2}$	1500	
x_5	$-\frac{3}{40}$	$\frac{1}{8}$	50	y_3
x_1	$-\frac{1}{10}$	$\frac{1}{2}$	300	y_4
x_2	$\frac{3}{20}$	$-\frac{1}{4}$	150	y_5
	y_2	y_1	v	

entnimmt man wegen $y_1^*, y_2^* > 0$, dass $x^* = (300, 150, 0, 0, 50)^\intercal$ dual nichtdegeneriert ist. Nach Satz 2.1 ist x^* also eindeutiger optimaler Punkt. Dies stimmt natürlich mit der geometrischen Situation in Abbildung 1.2 überein.

Wegen $x_1^*, x_2^*, x_5^* > 0$ ist außerdem $y^* = (1/2, 3/10, 0, 0, 0)^\intercal$ primal nichtdegeneriert. Nach Korollar 2.2 ist also auch der dual optimale Punkt eindeutig. ◇

2.1.2 Störungen der Zielfunktion

Im Folgenden untersuchen wir, wie ein primal-dual nichtdegenerierter primal optimaler Punkt x^* mit Optimalwert z^* auf kleine Störungen von c reagiert. Für Beispiel 1.2 ist dies in Abbildung 2.1 illustriert. Störungen von c bei Problemen im $\mathbb{R}^2$ führen zu Verschiebung und Drehung der Höhenlinien der Zielfunktion $f(x) = c^\intercal x$. Aus der Geometrie des Problems in Abbildung 2.1 ist zunächst anschaulich klar, dass der eindeutige optimale Punkt $x^* = (300, 150)^\intercal$ unter *kleinen* Störungen von c seine Position nicht verändert. Bezeichnet man die Menge der optimalen Punkte des Problems zu gestörtem c mit $M_P^*(c)$, so gilt also

$$M_P^*(c) \;=\; \{x^*\}$$

für hinreichend kleine Störungen von c.

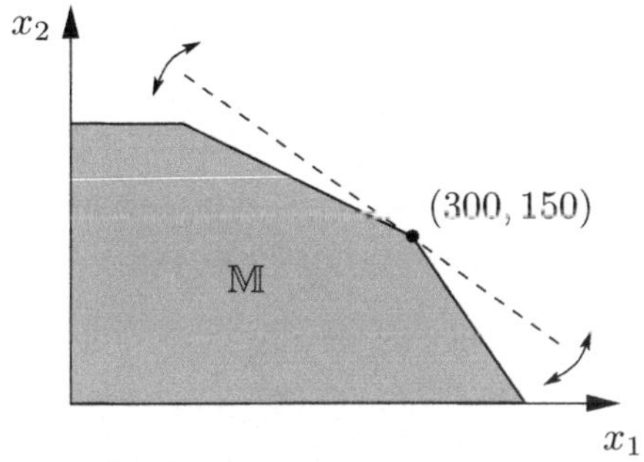

Abb. 2.1. Störung von c

Für höhere Dimensionen lässt sich dasselbe Resultat mit Hilfe von Stetigkeitsargumenten erzielen, die sich wie folgt grob skizzieren lassen: Ist (x^*, y^*) eine primal-dual nichtdegenerierte Basislösung, so hängen sowohl $x^*(c)$ als auch $y^*(c)$ stetig von c ab. Da alle Basisvariablen von x^* positiv sind, bleiben sie es aufgrund der Stetigkeit auch im Punkt $x^*(c)$, wenn die Störung in c hinreichend klein ist. Somit besitzen x^* und $x^*(c)$ aber auch dieselben Nichtbasisvariablen, so dass in beiden Fällen derselbe Punkt definiert wird. Für eine ausführlichere Beweisführung (für den allgemeineren nichtlinearen Fall) verweisen wir auf [26].

Während der optimale Punkt $x^*(c)$ unter kleinen Störungen von c unverändert bleibt, ändert sich allerdings der optimale Wert, denn es gilt

$$z^*(c) \;=\; c^\intercal x^*(c) \;=\; c^\intercal x^*.$$

Beispiel 2.2 (Beispiel 1.2 - Fortsetzung 13).

Der optimale Punkt $x^* = (300, 150, 0, 0, 50)^\intercal$ besitzt den optimalen Wert $z^* = 1500$. Während der optimale Punkt sich unter kleinen Störungen von c nicht verändert, lautet der optimale Wert dann

$$z^*(c) \;=\; c^\intercal x^* \;=\; 300c_1 + 150c_2 + 50c_5.$$

Damit hat beispielsweise eine Störung im Zielfunktionskoeffizienten c_1 eine doppelt so große Auswirkung auf den optimalen Wert wie eine Störung in c_2. ◊

2.1.3 Störungen der rechten Seite

Aus ökonomischer Sicht sehr wichtig sind die analogen Aussagen zur Reaktion von x^* und z^* auf Änderungen des Vektors b der rechten Seiten. In Beispiel 1.2 modellieren sie Störungen der Kapazitätsbeschränkungen an Maschinenstunden, Rohstoffen und verfügbarer Arbeitszeit, wie Abbildung 2.2 veranschaulicht.

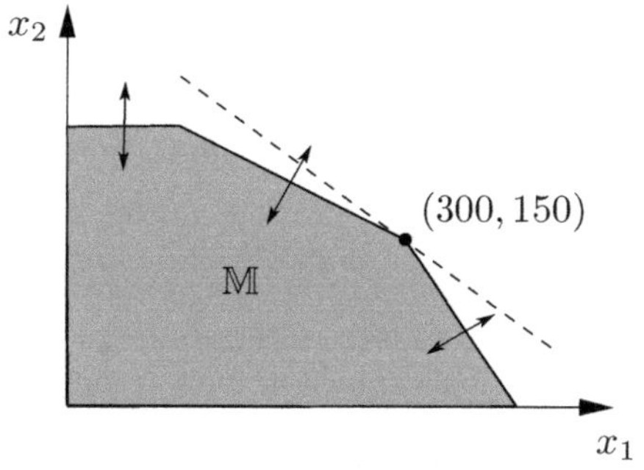

Abb. 2.2. Störung von b

Im Gegensatz zu Störungen von c verschiebt sich offenbar der optimale Punkt $x^*(b)$ unter Störungen von b. Wie angekündigt wollen wir die Abhängigkeit des optimalen Punktes aber nicht vertiefen, sondern konzentrieren uns auf die Abhängigkeit des optimalen Wertes z^* von b.

Aus der Formel $z^*(b) = c^\intercal x^*(b)$ ist dazu zunächst wenig zu entnehmen. Allerdings gilt nach dem starken Dualitätssatz (Satz 1.20) die Beziehung

$$z^*(b) \;=\; c^\intercal x^*(b) \;=\; b^\intercal y^*(b),$$

wobei $y^*(b)$ den gestörten dual optimalen Punkt bezeichnet. Die entscheidende Beobachtung ist, dass für Störungen von b im Dualproblem genau die Situation vorliegt, die wir in Abschnitt 2.1.2 für das Primalproblem bei Störungen von c untersucht haben, denn $b^\intercal y$ ist die Zielfunktion des Dualproblems. Für eine primal-dual nichtdegenerierte zulässige Basislösung (x^*, y^*) bleibt also $y^*(b)$ unter Störungen von b unverändert, und wir erhalten folgendes Ergebnis:

Satz 2.3.

Für eine primal-dual nichtdegenerierte zulässige Basislösung (x^*, y^*) verhält der optimale Wert sich unter hinreichend kleinen Störungen von b nach der Formel

$$z^*(b) \;=\; b^\intercal y^*.$$

Beispiel 2.3 (Beispiel 1.2 - Fortsetzung 14).

Der optimale Punkt $x^* = (300, 150, 0, 0, 50)^\intercal$ besitzt den optimalen Wert $z^* = 1500$, und der dual optimale Punkt lautet $y^* = (1/2, 3/10, 0, 0, 0)^\intercal$. Unter kleinen Störungen von b lautet der optimale Wert nach Satz 2.3 also

$$z^*(b) \;=\; b^\intercal y^* \;=\; \frac{1}{2}b_1 + \frac{3}{10}b_2.$$

Damit hat eine Störung in der Kapazitätsschranke $b_1 = 1200$ der Maschinenstunden eine größere Auswirkung auf den optimalen Wert als eine Störung in der verfügbaren Rohstoffmenge $b_2 = 3000$. Eine kleine Störung in der Anzahl der verfügbaren Arbeitsstunden b_3 hat hingegen keinerlei Auswirkungen auf den optimalen Wert, was aus Abbildung 2.2 auch anschaulich klar ist.

Ökonomisch interpretieren lassen sich *positive* Störungen von b etwa wie folgt: Die Investition in eine Einheit der Maschinenstunden erhöht den Gewinn um 1/2 und die Investition in eine Einheit der maximalen Rohstoffmenge um 3/10. Eine Investition in die Anzahl der Arbeitsstunden ist aus dieser Sicht hingegen sinnlos.

◇

2.1.4 Schattenpreise

Wie in diesem Beispiel lässt sich der Wert y_i^* stets als „Wichtigkeit“ der Restriktion i für den optimalen Wert interpretieren. Aus diesem Grund nennt man die Werte der dual optimalen Lösung auch **Schattenpreise** der Restriktionen oder auch **Opportunitätskosten**.

Schattenpreise lassen sich also zur Unterstützung der Entscheidung heranziehen, in welche Restriktion (geringe) Investitionsmittel fließen sollten, um eine möglichst hohe Auswirkung auf den optimalen Wert (z.B. den Gewinn) zu erzielen. Hierbei ist allerdings darauf zu achten, dass die einzelnen Restriktionen häufig in unterschiedlichen Einheiten gemessen werden, die nicht direkt vergleichbar sind. In Beispiel 1.2 kann etwa die Investition in eine Einheit der Maschinenstunden erheblich teurer sein als in eine Einheit der Rohstoffmenge:

Beispiel 2.4 (Beispiel 1.2 - Fortsetzung 15).

Der Preis für eine Maschinenstunde sei 50 €, der Preis für eine Rohstoffeinheit betrage 10 €. Mit Investitionsmitteln in Höhe von 100 € lassen sich demnach entweder die Maschinenkapazität um 2 Stunden ausbauen oder die verfügbare Rohstoffmenge um 10 Einheiten. Die Auswirkungen auf den Gewinn sind

$$z^*(b) - z^* \;=\; \frac{1}{2}(1200+2) + \frac{3}{10}3000 - 1500 \;=\; \frac{1}{2}\cdot 2 \;=\; 1$$

bei Investition in die Maschinenstunden und

$$z^*(b) - z^* \;=\; \frac{1}{2}1200 + \frac{3}{10}(3000+10) - 1500 \;=\; \frac{3}{10}\cdot 10 \;=\; 3$$

bei Investition in die Rohstoffmenge. Obwohl die Schattenpreise $1/2 > 3/10$ erfüllen, ist also eine Investition in die Rohstoffmenge sinnvoll. $\diamondsuit$

Möchte man die Wichtigkeit von Restriktionen anhand von Schattenpreisen vergleichen, ist folglich darauf zu achten, dass sie entweder in denselben Einheiten gemessen werden, oder die Schattenpreise sind entsprechend anzupassen. In Beispiel 1.2 lassen sich entweder die Restriktionen durch Bepreisung auf die Einheit Euro bringen,

$$\begin{aligned} 150x_1 + 100x_2 &\leq 60.000 \\ 50x_1 + 100x_2 &\leq 30.000, \end{aligned}$$

was auf eine duale Lösung mit $y_1^* = 1/100$ und $y_2^* = 3/100$ führt, oder man dividiert die zu den unskalierten Restriktionen berechneten Dualvariablen durch die Preise der Einheiten: $y_1^*/50 = (1/2)/50 = 1/100$, $y_2^*/10 = (3/10)/10 = 3/100$. Auch im Allgemeinen haben beide Vorgehensweisen denselben Effekt und ermöglichen die korrekte Ermittlung der Wichtigkeit einer Restriktion.

2.2 Parametrische lineare Optimierung

Die parametrische lineare Optimierung umfasst die in Abschnitt 2.1 diskutierte Sensitivitätsanalyse, macht zudem aber auch Aussagen über *große* Änderungen der Eingangsdaten A, b und c. Die Unterscheidung zwischen großen und kleinen Änderungen ist dadurch bedingt, dass hinreichend *kleine* Änderungen für eine primal-dual nichtdegenerierte zulässige Basislösung *keinen Basiswechsel* verursachen. Aus geometrischer Sicht bedeutet dies für Beispiel 1.2, dass unter kleinen Störungen von c der optimale Punkt x^* unverändert bleibt, und dass er sich unter kleinen Störungen von b zwar verschiebt, aber *als Schnittpunkt derselben Restriktionsgeraden* definiert bleibt (vgl. Abb. 2.2).

Große Änderungen in den Eingangsdaten können offensichtlich dazu führen, dass sich auch die Basis des optimalen Punktes ändert. Wir untersuchen im Folgenden wieder nur den Einfluss von Änderungen in b und c, im Gegensatz zu Abschnitt 2.1 aber sowohl auf optimale Werte *als auch* auf optimale Punkte.

2.2.1 Variation der rechten Seite

Anstatt beliebige Änderungen in allen Einträgen von b zuzulassen, konzentrieren wir uns auf große Änderungen in *einem* Eintrag von b und, etwas allgemeiner, auf *eindimensionale* Änderungen der Form

$$b(t) \;=\; b + t\beta$$

mit einem konstanten Vektor $\beta \in \mathbb{R}^m$ und dem eindimensionalen Parameter $t \in \mathbb{R}$. Wählt man für β speziell einen Einheitsvektor e_i, so erhält man

$$b(t) \;= (b_1, \ldots, b_{i-1}, b_i + t, b_{i+1}, \ldots, b_m)^\intercal,$$

also gerade eine Änderung des Eintrags b_i um t. Wir unterstreichen, dass β allerdings nicht notwendigerweise als Einheitsvektor gewählt werden muss.

Beispiel 2.5 (Beispiel 1.2 - Fortsetzung 16).

Die Wahl $\beta = 1000e_2$ führt auf

$$b(t) \;=\; b + t\beta \;=\; \begin{pmatrix} 1200 \\ 3000 + 1000t \\ 125 \end{pmatrix},$$

also auf die Änderung der verfügbaren Rohstoffmenge um $1000t$. Geometrisch führt die Variation von t zu einer Parallelverschiebung der zur Rohstoffrestriktion gehörenden Restriktionsgeraden, während sowohl die anderen Restriktionen als auch die Zielfunktion unverändert bleiben. Insbesondere verändert sich die Gestalt der zulässigen Menge $\mathbb{M}(t)$ in Abhängigkeit von t, wobei natürlich $\mathbb{M}(0) = \mathbb{M}$ gilt. Abbildung 2.3 illustriert, dass hinreichend große Änderungen t von b_2 zu Basiswechseln beim optimalen Punkt bzw. zu einer leeren zulässigen Menge $\mathbb{M}(t)$ führen.

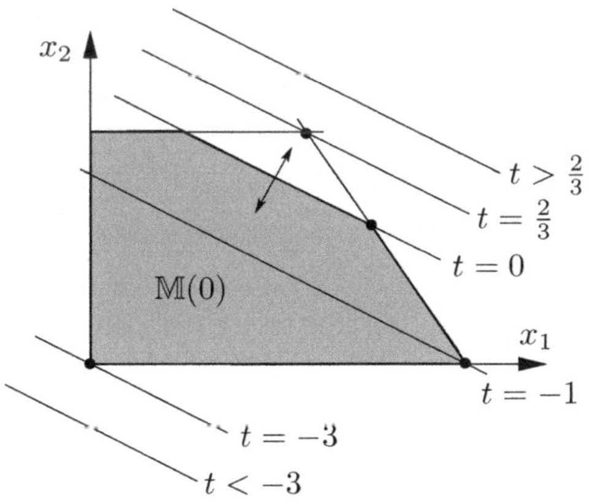

Abb. 2.3. Große Änderungen t von b_2

◊

Allgemein betrachten wir also ein von dem eindimensionalen Parameter $t \in \mathbb{R}$ abhängiges lineares Optimierungsproblem der Form

$$P(t): \qquad \max c^{\mathsf{T}}x \quad \text{s.t.} \quad Ax \leq b + t\beta, \quad x \geq 0.$$

Wir suchen die von t abhängigen optimalen Werte $z^*(t)$ von $P(t)$ sowie die Mengen der optimalen Punkte

$$\mathbb{M}^*(t) \;=\; \{x \in \mathbb{M}(t) |\; c^{\mathsf{T}}x = z^*(t)\}$$

oder zumindest einen Vertreter $x^*(t) \in \mathbb{M}^*(t)$. Wie in Beispiel 2.5 bleibt ausgehend von einer primal-dual nichtdegenerierten zulässigen Basislösung für hinreichend kleine Änderungen von t die Basis des optimalen Punktes zunächst erhalten, und es ändern sich lediglich die Werte der Basisvariablen. Mit zunehmendem oder abnehmendem t verändert sich an gewissen Schwellenwerten dann auch die Basis, und dies im Allgemeinen sogar mehrfach. Es existieren in Abhängigkeit von t also verschiedene **Optimalitätsbereiche**, in denen der optimale Punkt jeweils eine feste Basis besitzt.

Diese Optimalitätsbereiche sowie die zugehörigen Basislösungen lassen sich mit Hilfe von erweiterten Simplex-Tableaus ermitteln. Hierzu betrachten wir simultan zwei rechte Seiten, nämlich b und β. Die zusätzliche rechte Seite β wird nach den üblichen Regeln im erweiterten Tableau mittransformiert, ohne Einfluss auf die Wahl des Pivotelements zu nehmen. In einem ersten Schritt ermitteln wir einen optimalen Punkt für $t = 0$, dessen Existenz sowie dessen primal-duale Nichtdegeneriertheit wir der Einfachheit halber voraussetzen.

Beispiel 2.6 (Beispiel 1.2 - Fortsetzung 17).

Das ursprüngliche Problem, erweitert um die rechte Seite $\beta = (0, 1000, 0)^{\mathsf{T}}$, führt auf die folgenden Anfangs- und Endtableaus für $t = 0$:

	x_1	x_2	b	β
z	-3	-4	0	0
x_3	3	2	1200	0
x_4	5	10	3000	1000
x_5	0	$\frac{1}{2}$	125	0

Anfangstableau für $t = 0$

	x_4	x_3	b	β
z	$\frac{3}{10}$	$\frac{1}{2}$	1500	300
x_5	$-\frac{3}{40}$	$\frac{1}{8}$	50	-75
x_1	$-\frac{1}{10}$	$\frac{1}{2}$	300	-100
x_2	$\frac{3}{20}$	$-\frac{1}{4}$	150	150

Endtableau für $t = 0$

Als Zusatzinformation im Vergleich zur Rechnung ohne zweite rechte Seite β erhalten wir daraus, dass

$$x(t) \;=\; \begin{pmatrix} 300 - 100t \\ 150 + 150t \\ 0 \\ 0 \\ 50 - 75t \end{pmatrix}$$

für alle $t \in \mathbb{R}$ eine Basislösung des Problems $P(t)$ ist. Allerdings wird $x(t)$ nicht für beliebige $t \in \mathbb{R}$ primal *zulässige* Basislösung sein, da nicht notwendigerweise $x(t) \geq 0$ gilt. Andererseits ist $x(t)$ genau für diejenigen t optimaler Punkt von $P(t)$, für die die Nichtnegativitätsbedingung $x(t) \geq 0$ erfüllt ist. Explizit bedeutet dies, dass die drei Ungleichungen

$$300 - 100t \geq 0, \qquad 150 + 150t \geq 0, \qquad 50 - 75t \geq 0$$

gleichzeitig erfüllt sein müssen. Dies ist genau für

$$-1 \;\leq\; t \;\leq\; \frac{2}{3}$$

der Fall, so dass wir für t aus dem Optimalitätsbereich $[-1, 2/3]$ den optimalen Punkt $x^*(t) = (300 - 100t, 150 + 150t, 0, 0, 50 - 75t)^\mathsf{T}$ erhalten. Seinen optimalen Wert lesen wir aus dem obigen Endtableau als

$$z^*(t) \;=\; 1500 + 300t$$

ab. $\diamondsuit$

Da die Endpunkte eines Optimalitätsbereichs dadurch definiert sind, dass eine primale Basisvariable den Wert null annimmt, sind die zugehörigen optimalen Punkte primal degeneriert. Das Verlassen des Optimalitätsbereichs würde zu primal unzulässigen Punkten führen, während gleichzeitig alle Zielfunktionskoeffizienten $\bar{c}_j$ des zugehörigen Endtableaus nichtnegativ sind (duale Zulässigkeit). Es liegt also eine dual kanonische Form vor, weshalb es sich für ein t aus dem Rand des Optimalitätsbereichs anbietet, einen dualen Austauschschritt (vgl. Alg. 1.3) durchzuführen. Hierdurch entsteht entweder ein neuer Optimalitätsbereich mit zugehöriger fester Basis oder die Meldung, dass die zulässige Menge $\mathbb{M}(t)$ beim Verlassen des Optimalitätsbereichs leer wird. Durch sukzessives Anwenden dieser Schritte lassen sich optimale Punkte $x^*(t)$ und deren optimale Werte $z^*(t)$ für alle $t \in \mathbb{R}$ bestimmen.

Die Angabe der Funktionen $x^*(t)$ und $z^*(t)$ betrachten wir als Lösung des parametrischen Optimierungsproblems $P(t)$. Falls nur Parameterwerte $t \in T$ mit einem Intervall $T \neq \mathbb{R}$ von Interesse sind, genügt als Lösung natürlich die Berechnung und Angabe von $x^*(t)$ und $z^*(t)$ für alle $t \in T$.

Beispiel 2.7 (Beispiel 1.2 - Fortsetzung 18).

Wir untersuchen zunächst die Untergrenze des in Beispiel 2.6 berechneten Optimalitätsbereichs $[-1, 2/3]$. Da $x_2(t)$ für $t < -1$ unzulässig wird, führen wir einen dualen Austauschschritt durch und bestimmen den zugehörigen Optimalitätsbereich. Dabei wird x_3 neue Basisvariable:

	x_4	x_3	b	β
z	$\frac{3}{10}$	$\frac{1}{2}$	1500	300
x_5	$-\frac{3}{40}$	$\frac{1}{8}$	50	-75
x_1	$-\frac{1}{10}$	$\frac{1}{2}$	300	-100
x_2	$\frac{3}{20}$	$-\frac{1}{4}$	150	150

Anfangstableau für $t < -1$

	x_4	x_2	b	β
z	$\frac{3}{5}$	2	1800	600
x_5	0	$\frac{1}{2}$	125	0
x_1	$\frac{1}{5}$	2	600	200
x_3	$-\frac{3}{5}$	-4	-600	-600

Endtableau für $t < -1$

Das Endtableau liefert den optimalen Punkt

$$x^*(t) = \begin{pmatrix} 600 + 200t \\ 0 \\ -600 - 600t \\ 0 \\ 125 \end{pmatrix}$$

mit Optimalwert

$$z^*(t) = 1800 + 600t$$

und Optimalitätsbereich $[-3, -1]$.

Für den sich anschließenden Bereich mit $t < -3$ wäre es erforderlich, im Endtableau für $t < -1$ die Variable x_1 aus der Basis zu entfernen, was an der dualen Auswahlregel II scheitert. Laut dualer Stoppregel II existieren also für $t < -3$ keine zulässigen Punkte von $P(t)$. Formal gilt für diese t somit $\mathbb{M}^*(t) = \emptyset$ und $z^*(t) = -\infty$. Obwohl keine optimalen Punkte vorliegen, bezeichnen wir die Menge $(-\infty, -3)$ ebenfalls als Optimalitätsbereich.

Für $t > 2/3$ (Ausgangspunkt ist wieder das Endtableau für $t = 0$) führt ein dualer Austauschschritt, der x_5 aus der Basis entfernt, auf den optimalen Punkt

$$x^*(t) = \begin{pmatrix} \frac{700}{3} \\ 250 \\ 0 \\ -\frac{2000}{3} + 1000t \\ 0 \end{pmatrix}$$

mit Optimalwert $z^*(t) = 1700$ für beliebige $t \geq 2/3$.

Damit liegt die Lösung von $P(t)$ vor, die wir in Tabelle 2.1 noch einmal zusammenfassen. Da alle berechneten Optimalpunkte *dual* nichtdegeneriert sind, sind sie nach Satz 2.1 eindeutig.

t	$\mathbb{M}^*(t)$	$z^*(t)$
$(-\infty,-3)$	$\emptyset$	$-\infty$
$[-3,-1]$	$\{(600+200t, 0, -600-600t, 0, 125)^\intercal\}$	$1800+600t$
$[-1,+2/3]$	$\{(300-100t, 150+150t, 0, 0, 50-75t)^\intercal\}$	$1500+300t$
$[+2/3,+\infty)$	$\{(700/3, 250, 0, -2000/3+1000t, 0)^\intercal\}$	1700

Tabelle 2.1. Lösung von Beispiel 2.7

Die Grenzen der Optimalitätsbereiche entsprechen den in Abbildung 2.3 skizzierten Wahlen von t. ◊

Algorithmus 2.1 fasst die Schritte zur Lösung von $P(t)$ zusammen. Die Voraussetzung „$0 \in T$" lässt sich dort bei Bedarf in naheliegender Weise durch „$t' \in T$" mit $t' \neq 0$ ersetzen.

Algorithmus 2.1: Simplex-Algorithmus für lineare Probleme mit einparametrischer rechter Seite

---

Input : Intervall $T \subseteq \mathbb{R}$ mit $0 \in T$, Lineares Optimierungsproblem $P(t)$, $t \in T$, mit einparametrischer rechter Seite $b + t\beta$ und lösbarem Problem $P(0)$.

begin
- Stelle das um β erweiterte Anfangstableau für $t = 0$ auf.
- Berechne einen optimalen Punkt $x^*(0)$ von $P(0)$ mit optimalem Wert $z^*(0)$, wobei β im Tableau mittransformiert wird.
- Berechne den Optimalitätsbereich $[\underline{t}, \overline{t}]$ der zugehörigen Basis.

while *Duale Stoppregel II verletzt* **do**
- Führe einen dualen Austauschschritt für die Untergrenze $t = \underline{t}$ oder für die Obergrenze $t = \overline{t}$ aus, um ganz T mit Optimalitätsbereichen zu überdecken.
- Bestimme einen optimalen Punkt $x^*(t)$ mit optimalem Wert $z^*(t)$ und den zugehörigen neuen Optimalitätsbereich $[\underline{t}, \overline{t}]$.

end

end

Output : Liste von Optimalitätsbereichen für alle $t \in T$ mit zugehörigen optimalen Punkten $x^*(t)$ und optimalen Werten $z^*(t)$.

2.2.2 Variation der Zielfunktion

Das Vorgehen bei der Variation des Zielfunktionsvektors c verläuft formal analog zu dem bei der Variation des rechten Seite b. Die geometrischen Interpretationen unterscheiden sich allerdings wesentlich voneinander.

Wir betrachten eindimensionale Änderungen von c der Form

$$c(t) = c + t\gamma$$

mit einem Parameter $t \in \mathbb{R}$ und einem konstanten Vektor $\gamma \in \mathbb{R}^n$. Wählt man beispielsweise für γ einen Einheitsvektor e_j, so erhält man den in Komponente j um t veränderten Zielfunktionsvektor

$$c(t) = (c_1, \ldots, c_{j-1}, c_j + t, c_{j+1}, \ldots, c_n)^\intercal.$$

Beispiel 2.8 (Beispiel 1.2 - Fortsetzung 19).

Die Wahl $\gamma = e_1$ führt auf

$$c(t) = c + te_1 = \begin{pmatrix} 3+t \\ 4 \end{pmatrix},$$

also auf die Änderung des pro Mengeneinheit von Produkt P_1 erzielbaren Gewinns um t €. Geometrisch führt die Variation von t zu einer Verschiebung und *Drehung* der Höhenlinien der Zielfunktion $c(t)^\intercal x$, während die Restriktionen unverändert bleiben. Insbesondere ist die zulässige Menge $\mathbb{M}$ in diesem Fall nicht von t abhängig. Abbildung 2.4 veranschaulicht, dass hinreichend große Änderungen t von c_1 zu Basiswechseln beim optimalen Punkt führen.

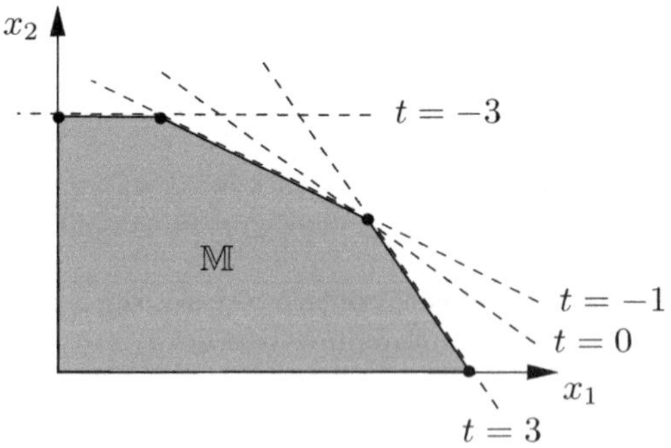

Abb. 2.4. Große Änderungen t von c_1

◊

Allgemein betrachten wir ein von dem eindimensionalen Parameter $t \in \mathbb{R}$ abhängiges lineares Optimierungsproblem der Form

$$P(t): \qquad \max\,(c+t\gamma)^{\mathsf{T}}x \quad \text{s.t.} \quad Ax \le b, \quad x \ge 0.$$

Wir suchen die von t abhängigen optimalen Werte $z^*(t)$ von $P(t)$ sowie die Mengen der optimalen Punkte

$$\mathbb{M}^*(t) \;=\; \{x \in \mathbb{M}|\ (c+t\gamma)^{\mathsf{T}}x = z^*(t)\}$$

oder zumindest einen Vertreter $x^*(t) \in \mathbb{M}^*(t)$.

Wie in Beispiel 2.8 bleiben ausgehend von einer primal-dual nichtdegenerierten zulässigen Basislösung für hinreichend kleine Änderungen von t die Basis des optimalen Punktes und sogar der optimale Punkt selbst zunächst erhalten. Mit zunehmendem oder abnehmendem t verändert sich an gewissen Schwellenwerten dann auch die Basis, und dies im Allgemeinen auch mehrfach. An den Schwellenwerten treten dabei im Gegensatz zur Variation der rechten Seite *mehrelementige Optimalpunktmengen* $\mathbb{M}^*(t)$ auf. In Abhängigkeit von t existieren wieder verschiedene Optimalitätsbereiche, in denen der optimale Punkt jeweils eine feste Basis besitzt.

Die Optimalitätsbereiche sowie die zugehörigen Basislösungen lassen sich auch hier mit Hilfe von erweiterten Simplex-Tableaus ermitteln. Hierzu betrachten wir simultan zwei Zielfunktionszeilen, nämlich mit Einträgen $\bar{c}$ und $\bar{\gamma}$, wobei wir $\bar{\gamma} = -\gamma$ setzen. Die zusätzliche Zielfunktionszeile wird im erweiterten Tableau mittransformiert, ohne Einfluss auf die Wahl des Pivotelements zu nehmen. Zunächst ermitteln wir wieder einen optimalen Punkt für $t = 0$, dessen Existenz sowie dessen primal-duale Nichtdegeneriertheit hier vorausgesetzt werden.

Beispiel 2.9 (Beispiel 1.2 - Fortsetzung 20).

Das ursprüngliche Problem, erweitert um die Zielfunktionszeile $\bar{\gamma} = (-1, 0)$, führt auf die folgenden Anfangs- und Endtableaus für $t = 0$:

	x_1	x_2	
$\bar{c}$	-3	-4	0
$\bar{\gamma}$	-1	0	0
x_3	3	2	1200
x_4	5	10	3000
x_5	0	$\frac{1}{2}$	125

Anfangstableau für $t = 0$

	x_4	x_3	
$\bar{c}$	$\frac{3}{10}$	$\frac{1}{2}$	1500
$\bar{\gamma}$	$-\frac{1}{10}$	$\frac{1}{2}$	300
x_5	$-\frac{3}{40}$	$\frac{1}{8}$	50
x_1	$-\frac{1}{10}$	$\frac{1}{2}$	300
x_2	$\frac{3}{20}$	$-\frac{1}{4}$	150

Endtableau für $t = 0$

Als Zusatzinformation erhalten wir daraus, dass die primal zulässige Basislösung $x(t) = (300, 150, 0, 0, 50)^{\mathsf{T}}$ von $P(t)$ genau für diejenigen $t \in \mathbb{R}$ optimaler Punkt ist, für die beide Einträge von

$$\bar{c} + t\bar{\gamma} \; = \; \begin{pmatrix} \frac{3}{10} - \frac{1}{10}t \\ \frac{1}{2} + \frac{1}{2}t \end{pmatrix}$$

nichtnegativ sind (also duale Zulässigkeit vorliegt). Die beiden Ungleichungen

$$\frac{3}{10} - \frac{1}{10}t \geq 0, \qquad \frac{1}{2} + \frac{1}{2}t \geq 0$$

sind gleichzeitig genau für $t \in [-1, 3]$ erfüllt. Genau im Optimalitätsbereich $[-1, 3]$ ist also $x^*(t) = (300, 150, 0, 0, 50)^\intercal$ optimaler Punkt von $P(t)$. Seinen optimalen Wert liest man aus dem obigen Endtableau als

$$z^*(t) \; = \; 1500 + 300t$$

ab. $\diamond$

Da die Endpunkte eines Optimalitätsbereichs dadurch definiert sind, dass eine duale Basisvariable den Wert null annimmt, sind die zugehörigen optimalen Punkte dual degeneriert. Das Verlassen des Optimalitätsbereichs würde zu suboptimalen Punkten führen, während gleichzeitig alle Einträge der rechten Seite b im Endtableau nichtnegativ sind. Es liegt also in (primal) kanonischer Form vor, weshalb wir für t aus dem Rand des Optimalitätsbereichs einen primalen Austauschschritt (vgl. Alg. 1.2) durchführen. Hierdurch entsteht entweder ein neuer Optimalitätsbereich mit zugehöriger fester Basis oder die Meldung, dass die Zielfunktion $c + t\gamma$ beim Verlassen des Optimalitätsbereichs auf der zulässigen Menge $\mathbb{M}$ unbeschränkt wird.

Durch den Basiswechsel am Rand des Optimalitätsbereichs erhalten wir zum betreffenden Parameterwert einen zweiten optimalen Punkt. Da die Menge der optimalen Punkte $\mathbb{M}^*(t)$ konvex ist (Satz 1.8), enthält sie zumindest die Verbindungsstrecke dieser beiden Punkte. Falls an solch einem Parameterwert t nur genau ein Eintrag von $\bar{c} + t\bar{\gamma}$ verschwindet, so besteht $\mathbb{M}^*(t)$ tatsächlich genau aus dieser Verbindungsstrecke.

Durch sukzessives Anwenden dieser Schritte lassen sich Optimalpunktmengen $\mathbb{M}^*(t)$ und deren optimale Werte $z^*(t)$ für alle $t \in \mathbb{R}$ bestimmen. Die Angabe von $\mathbb{M}^*(t)$ und $z^*(t)$ betrachten wir als Lösung des parametrischen Optimierungsproblems $P(t)$. Wie im Fall der Variation der rechten Seite lässt $\mathbb{R}$ sich dabei durch ein beliebiges Parameterintervall $T \subseteq \mathbb{R}$ ersetzen.

Beispiel 2.10 (Beispiel 1.2 - Fortsetzung 21).

Wir beginnen mit der Obergrenze des in Beispiel 2.9 berechneten Optimalitätsbereichs $[-1, 3]$. Da für $t > 3$ der Zielfunktionskoeffizient aus der zur Nichtbasisvariable x_4 gehörigen Spalte negativ wird, führen wir einen primalen Austauschschritt mit x_4 als neuer Basisvariable durch.

	x_4	x_3	
$\bar{c}$	$\frac{3}{10}$	$\frac{1}{2}$	1500
$\bar{\gamma}$	$-\frac{1}{10}$	$\frac{1}{2}$	300
x_5	$-\frac{3}{40}$	$\frac{1}{8}$	50
x_1	$-\frac{1}{10}$	$\frac{1}{2}$	300
x_2	$\frac{3}{20}$	$-\frac{1}{4}$	150

Anfangstableau für $t > 3$

	x_2	x_3	
$\bar{c}$	-2	1	1200
$\bar{\gamma}$	$\frac{2}{3}$	$\frac{1}{3}$	400
x_5	$\frac{1}{2}$	0	125
x_1	$\frac{2}{3}$	$\frac{1}{3}$	400
x_4	$\frac{20}{3}$	$-\frac{5}{3}$	1000

Endtableau für $t > 3$

Die aus dem Endtableau ablesbare zulässige Basislösung $x(t) = (400, 0, 0, 1000, 125)^\mathsf{T}$ ist für alle t mit

$$-2 + \frac{2}{3}t \geq 0, \qquad 1 + \frac{1}{3}t \geq 0$$

optimal, also für alle t im Optimalitätsbereich $[3, +\infty)$. Der zugehörige Optimalwert ist laut Endtableau $z^*(t) = 1200 + 400t$.

Für $t = 3$ ist sowohl der Punkt $x^1(3) = (300, 150, 0, 0, 50)^\mathsf{T}$ als auch $x^2(3) = (400, 0, 0, 1000, 125)^\mathsf{T}$ optimal. Da für $t = 3$ nur genau ein Zielfunktionskoeffizient verschwindet, besteht die Optimalpunktmenge $\mathbb{M}^*(3)$ genau aus der Verbindungsstrecke von $x^1(3)$ und $x^2(3)$. Wir bezeichnen diese Verbindungsstrecke kurz mit $[x^1(3), x^2(3)]$. Explizit gilt

$$\begin{aligned}[x^1(3), x^2(3)] &= \{(1-\lambda)x^1(3) + \lambda x^2(3) |\ \lambda \in [0,1]\} \\ &= \left\{ \begin{pmatrix} 300 + 100\lambda \\ 150 - 150\lambda \\ 0 \\ 1000\lambda \\ 50 + 75\lambda \end{pmatrix} \middle|\ \lambda \in [0,1] \right\}.\end{aligned}$$

Für $t < -1$ führt ein primaler Austauschschritt im Endtableau für $t = 0$, der x_5 zugunsten von x_3 aus der Basis entfernt, auf die zulässige Basislösung $x(t) = (100, 250, 400, 0, 0)^\mathsf{T}$ mit Optimalwert $z(t) = 1300 + 100t$ und Optimalitätsbereich $[-3, -1]$. Für $t = -1$ ergibt sich $\mathbb{M}^*(-1) = [x^1(-1), x^2(-1)]$ mit $x^1(-1) = (300, 150, 0, 0, 50)^\mathsf{T}$ und $x^2(-1) = (100, 250, 400, 0, 0)^\mathsf{T}$. Als letzten Optimalitätsbereich berechnet man $(-\infty, -3]$ mit optimaler zulässiger Basislösung $x^*(t) = (0, 250, 700, 500, 0)^\mathsf{T}$ und Optimalwert $z^*(t) = 1000$. Es gilt $\mathbb{M}^*(-3) = [x^1(-3), x^2(-3)]$ mit $x^1(-3) = (100, 250, 400, 0, 0)^\mathsf{T}$ und $x^2(-3) = (0, 250, 700, 500, 0)^\mathsf{T}$.

Die Lösung von $P(t)$ ist noch einmal in Tabelle 2.2 zusammengefasst.

t	$\mathbb{M}^*(t)$	$z^*(t)$
$(-\infty, -3)$	$\{(0, 250, 700, 500, 0)^\intercal\}$	1000
-3	$[x^1(-3), x^2(-3)]$	1000
$(-3, -1)$	$\{(100, 250, 400, 0, 0)^\intercal\}$	$1300 + 100t$
-1	$[x^1(-1), x^2(-1)]$	1200
$(-1, 3)$	$\{(300, 150, 0, 0, 50)^\intercal\}$	$1500 + 300t$
3	$[x^1(3), x^2(3)]$	2400
$(3, +\infty)$	$\{(400, 0, 0, 1000, 125)^\intercal\}$	$1200 + 400t$

Tabelle 2.2. Lösung von Beispiel 2.10

Die Grenzen der Optimalitätsbereiche entsprechen den in Abbildung 2.4 skizzierten Wahlen von t. ◊

Algorithmus 2.2 fasst die Schritte zur Lösung von $P(t)$ zusammen, wobei sich wie in Algorithmus 2.1 die Voraussetzung „$0 \in T$" durch „$t' \in T$" mit $t' \neq 0$ ersetzen lässt.

Algorithmus 2.2: Simplex-Algorithmus für lineare Probleme mit einparametrischer Zielfunktion

Input : Intervall $T \subseteq \mathbb{R}$ mit $0 \in T$, Lineares Optimierungsproblem $P(t)$, $t \in T$, mit einparametrischem Zielfunktionsvektor $c + t\gamma$ und lösbarem Problem $P(0)$.

begin
- Stelle das um $\bar{\gamma}$ erweiterte Anfangstableau für $t = 0$ auf.
- Berechne einen optimalen Punkt $x^*(0)$ von $P(0)$ mit optimalem Wert $z^*(0)$, wobei $\bar{\gamma}$ im Tableau mittransformiert wird.
- Berechne den Optimalitätsbereich $[\underline{t}, \overline{t}]$ der zugehörigen Basis.

while *Stoppregel II verletzt* **do**
- Führe einen primalen Austauschschritt für die Untergrenze $t = \underline{t}$ oder für die Obergrenze $t = \overline{t}$ aus, um ganz T mit Optimalitätsbereichen zu überdecken.
- Bestimme einen optimalen Punkt $x^*(t)$ mit optimalem Wert $z^*(t)$ und den zugehörigen neuen Optimalitätsbereich $[\underline{t}, \overline{t}]$.
- Bestimme Optimalpunktmengen zu $\underline{t}$ bzw. $\overline{t}$ als Verbindungsstrecken der berechneten Optimalpunkte.

end

end

Output : Liste von Optimalitätsbereichen für alle $t \in T$ mit zugehörigen Optimalpunktmengen $\mathbb{M}^*(t)$ und optimalen Werten $z^*(t)$.

2.3 Multikriterielle lineare Optimierung

Bisher wurde nur eine Zielfunktion betrachtet. In vielen Situationen möchte man jedoch mehrere zum Teil gegenläufige Ziele berücksichtigen: Standardbeispiele sind die Produktionsplanung, bei der Erlöse maximiert und gleichzeitig Kosten minimiert werden sollen oder die Portfoliooptimierung mit den Zielen der Ertragsmaximierung und Risikominimierung. Die multikriterielle Optimierung beschäftigt sich mit Optimierungsproblemen, bei denen mehrfache Zielsetzungen vorliegen und liefert Ansätze zur Verdeutlichung und Quantifizierung von Zielkonflikten.

Unter einem **multikriteriellen linearen Optimierungsproblem** verstehen wir ein Problem der Form

$$MKP: \qquad \max F(x) \quad \text{s.t.} \quad Ax \leq b, \quad x \geq 0$$

mit der (m, n)-Koeffizientenmatrix A, dem Vektor der rechten Seite $b \in \mathbb{R}^m$ und dem Zielfunktionsvektor

$$F(x) = \begin{pmatrix} F_1(x) \\ \vdots \\ F_p(x) \end{pmatrix} = \begin{pmatrix} (c^1)^\intercal x \\ \vdots \\ (c^p)^\intercal x \end{pmatrix}$$

mit $c^i \in \mathbb{R}^n$ für $i = 1, \ldots, p$. Das „max“ in MKP bezieht sich auf jede einzelne der p Zielfunktionen. Die zulässige Menge sei mit $\mathbb{M}$ bezeichnet. Da die Zielfunktion vektorwertig ist, bezeichnet man MKP auch als **Vektoroptimierungsproblem**.

Sei $F_i(x)$ der Zielfunktionswert eines Punktes $x \in \mathbb{M}$ für $i \in 1, \ldots, p$ und z_i^* der optimale Zielfunktionswert von

$$\max F_i(x) \quad \text{s.t.} \quad x \in \mathbb{M}.$$

In vielen Anwendungen ist $F_i(x) \geq 0$ für alle $x \in \mathbb{M}$ und $z_i^* > 0$. Dann versteht man unter dem **Zielerreichungsgrad** Z_i der Zielfunktion F_i in x den Quotienten

$$Z_i(x) = \frac{F_i(x)}{z_i^*}.$$

Einen Punkt $x^* \in \mathbb{M}$, der zu jeder Zielfunktion die optimale Lösung liefert, bezeichnet man als **perfekte Lösung** oder **Utopia-Lösung** des multikriteriellen Optimierungsproblems. Für eine perfekte Lösung x^* gilt

$$F_i(x^*) = \max_{x \in \mathbb{M}} F_i(x)$$

für alle $i = 1, \ldots, p$. Man beachte, dass es sich in diesem Fall nicht um ein multikriterielles Problem im eigentlichen Sinne handelt, da kein Zielkonflikt zu lösen ist.

Sind zwei Ziele zueinander **komplementär**, so führt eine höhere Zielerreichung des einen Ziels automatisch zu einer höheren Zielerreichung des anderen Ziels. Sind die beiden Ziele zueinander **neutral**, so beeinflussen sie sich in ihrer Zielerreichung nicht. In vielen Fällen sind zwei Ziele jedoch **konkurrierend**, d.h. eine erhöhte Zielerreichung des einen Ziels führt zu einem geringeren Zielerreichungsgrad des anderen Ziels. Da in diesem Fall keine perfekte Lösung existiert, muss man eine Kompromisslösung finden.

Beispiel 2.11. (Beispiel 1.2 - Fortsetzung 22)

Neben der Gewinnmaximierung sollen zwei weitere Ziele berücksichtigt werden. Hierzu nehmen wir an, dass die beiden Produkte Substitute sind, und dass eine Einheit von Produkt 1 von einem Konsumenten verbraucht wird, wohingegen eine Einheit von Produkt 2 den Bedarf von drei Konsumenten deckt. Um den Marktanteil zu erhöhen, soll die Anzahl der bedienten Kunden maximiert werden. Schließlich strebt das Unternehmen längere Produktionsperioden ohne störende und kostenintensive Rüstvorgänge an. Dies entspricht einer möglichst hohen Auslastung der Maschinenkapazität. Man erhält das folgende multikriterielle lineare Problem:

$$\begin{array}{lll} \max \quad F(x) = \begin{pmatrix} F_1(x) \\ F_2(x) \\ F_3(x) \end{pmatrix} = \begin{pmatrix} 3x_1 + 4x_2 \\ x_1 + 3x_2 \\ 3x_1 + 2x_2 \end{pmatrix} & \begin{array}{c} \text{(Gewinn)} \\ \text{(Anzahl bedienter Kunden)} \\ \text{(Maschinenauslastung)} \end{array} \end{array}$$

$$\begin{aligned} \text{s.t.} \quad 3x_1 + 2x_2 &\leq 1200 \\ 5x_1 + 10x_2 &\leq 3000 \\ 0.5x_2 &\leq 125 \\ x_1, x_2 &\geq 0. \end{aligned}$$

Betrachtet man die Zielfunktionen individuell, so ergibt sich ein maximaler Gewinn von $z_1^* = 1500$ € für $(x^*)^1 = (300, 150)^\intercal$, eine maximale Kundenanzahl von $z_2^* = 850$ für $(x^*)^2 = (100, 250)^\intercal$ sowie eine volle Maschinenauslastung von $z_3^* = 1200$ Stunden für $(x^*)^3 = (1-\lambda)(300, 150)^\intercal + \lambda(400, 0)^\intercal$ mit $\lambda \in [0, 1]$. Die Maximierung der Kundenanzahl ist konkurrierend zur Gewinn- und Auslastungsmaximierung. Eine perfekte Lösung existiert nicht. ◊

Das zugrundeliegende Problem der multikriteriellen Optimierung liegt im Fehlen einer Totalordnung für den $\mathbb{R}^n$ mit $n \geq 2$, d.h. man kann zwei Vektoren $x, y \in \mathbb{R}^n$ nicht immer in $x \geq y$ oder $y \geq x$ eingruppieren, wobei das $\geq$-Zeichen komponentenweise zu verstehen ist. Somit ist ein Vergleich von Zielfunktionsvektoren anhand der $\geq$-Relation nicht möglich (s. Abb. 2.5).

2.3.1 Lexikographische Optimierung

Bei der **lexikographischen Optimierung** werden die Zielfunktionen in einer vom Entscheider festgelegten Reihenfolge sequentiell betrachtet. Die Reihenfolge der Zielfunktionen entspricht der **Präferenzordnung** des Entscheiders und priorisiert die einzelnen Zielfunktionen gemäß ihrer Wichtigkeit.

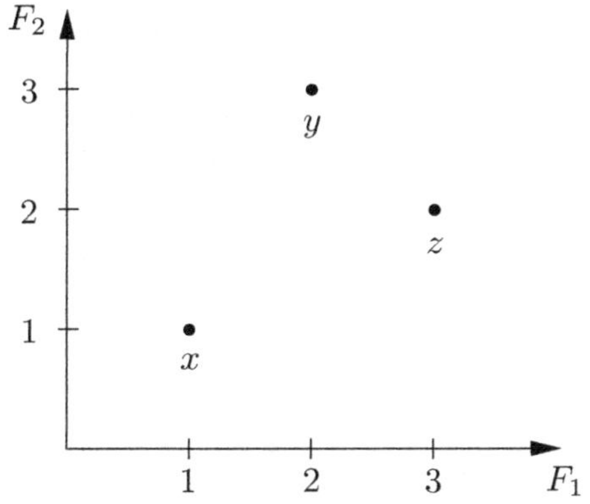

Abb. 2.5. Es gilt zwar $y \geq x$ und $z \geq x$, aber wegen der fehlenden Totalordnung des $\mathbb{R}^2$ ist weder $y \geq z$ noch $z \geq y$.

Der Verfahrensablauf lässt sich wie folgt beschreiben: Zunächst wird die Zielfunktion mit der höchsten Priorität optimiert, während alle anderen Ziele unberücksichtigt bleiben. Ergibt sich ein eindeutiger optimaler Punkt, so bricht das Verfahren bereits nach diesem Schritt ab. Ist die Menge der optimalen Punkte mehrelementig, d.h. ergeben sich bezüglich des wichtigsten Zieles mehrere gleichgute Punkte, so wird die zweitwichtigste Zielfunktion auf dieser Menge optimiert. Dieses Vorgehen wird fortgesetzt bis entweder alle Zielfunktionen berücksichtigt wurden oder nur noch ein Lösungspunkt übrig ist. Untergeordnete Ziele werden somit nur dann betrachtet, wenn die Lösungsmenge aller übergeordneten Ziele parametrisch ist. Da einige Zielfunktionen somit unberücksichtigt bleiben können, wird das Verfahren auch als **Zielunterdrückung** bezeichnet. Zur Vereinfachung wird in Algorithmus 2.3 angenommen, dass der Zielfunktionsvektor bereits nach absteigender Priorität geordnet ist.

Beispiel 2.12 (Beispiel 1.2 - Fortsetzung 23).

Schreibt man der Maximierung der Maschinenauslastung die höchste, der Gewinnmaximierung die zweithöchste und der Maximierung der Kundenanzahl die niedrigste Priorität zu, so ergibt sich zunächst nach Maximierung der Maschinenauslastung $F_3(x)$ auf $\mathbb{M}$ die Menge der Kompromisslösungen zu $\mathbb{M}_3^* = \{(x^*)^3 \in \mathbb{R}^2 | (x^*)^3 = (1-\lambda)(300,150)^\mathsf{T} + \lambda(400,0)^\mathsf{T}, \lambda \in [0,1]\}$. Maximiert man auf $\mathbb{M}_3^*$ die Zielfunktion für den Gewinn $F_1(x)$, so erhält man als optimalen Punkt $(x^*)^1 = (300,150)^\mathsf{T}$. Die Zielfunktion $F_2(x)$ bleibt unberücksichtigt.

Wird die Anzahl bedienter Kunden als wichtigstes Ziel angesehen, so ergibt sich durch Maximierung von $F_2(x)$ auf $\mathbb{M}$ der optimale Punkt $(x^*)^2 = (100,150)^\mathsf{T}$. Unabhängig von den beiden anderen Zielfunktionen ist dies der einzige optimale Punkt im Sinne der gewählten Zielhierarchie. ◊

Algorithmus 2.3: Lexikographische Optimierung für multikriterielle lineare Optimierungsprobleme

Input : Multikriterielles lineares Optimierungsproblem MKP mit nach absteigender Priorität geordnetem Zielfunktionsvektor.

begin
- Berechne die Menge der optimalen Punkte $\mathbb{M}_1^*$ von

$$\max F_1(x) \quad \text{s.t.} \quad x \in \mathbb{M}.$$

- $k := 1$

while $k < p$ **and** $|\mathbb{M}_k^*| > 1$ **do**
- Berechne die Menge der optimalen Punkte $\mathbb{M}_{k+1}^*$ von

$$\max F_{k+1}(x) \quad \text{s.t.} \quad x \in \mathbb{M}_k^*.$$

- $k := k + 1$

end

end

Output : Menge der optimalen Punkte $\mathbb{M}_k^*$ im Sinne der Prioritätsordnung des Zielfunktionsvektors.

2.3.2 Optimierung bei Zieldominanz

Bei der Methode der **Zieldominanz** wird vom Entscheider ein **Hauptziel** festgelegt, welches ihm am wichtigsten ist. Die dem Hauptziel entsprechende Zielfunktion wird danach als einzige Zielfunktion bei der Optimierung betrachtet, während alle anderen Ziele zu **Nebenzielen** werden. Diese sogenannten Satisfizierungsziele fließen als Nebenbedingungen in die Optimierung ein. Für jedes Nebenziel wird dabei ein **Anspruchsniveau** vorgegeben, das erfüllt werden muss: Eine zu maximierende Zielfunktion $F_i(x)$ wird durch die Nebenbedingung $F_i(x) \geq u$ ersetzt. Dabei ist u eine mindestens zu erreichende untere Schranke. Eine zu minimierende Zielfunktion $F_i(x)$ wird durch die Nebenbedingung $F_i(x) \leq o$ ersetzt. Dabei ist o eine höchstens zu erreichende obere Schranke. Die Wahl geeigneter Schranken stellt sich als problematisch heraus, da sie zu niedrigen Zielerreichungsgraden für die entsprechenden Nebenziele führen kann. Werden zu optimistische Anspruchsniveaus gewählt, kann die zulässige Menge $\mathbb{M}$ des Problems leer sein. Das Vorgehen ist in Algorithmus 2.4 dargestellt.

Beispiel 2.13 (Beispiel 1.2 - Fortsetzung 24).

Wird mit $F_1(x)$ die Gewinnmaximierung zum Hauptziel erklärt und fordert man eine Mindestkundenanzahl von 800 sowie eine Maschinenauslastung von mindestens 1000 Stunden, so erhält man das lineare Optimierungsproblem

Algorithmus 2.4: Optimierung bei Zieldominanz für multikriterielle lineare Optimierungsprobleme

Input : Multikriterielles lineares Optimierungsproblem MKP.

begin
- Bestimme den Index $j \in \{1, \ldots, p\}$ des Hauptziels.
- Bestimme die Indexmenge $I_1 \subseteq \{1, \ldots, p\} \setminus \{j\}$, so dass $F_i(x)$ für $i \in I_1$ eine „max"-Zielfunktion ist.
- Bestimme die Indexmenge $I_2 \subseteq \{1, \ldots, p\} \setminus \{j\}$, so dass $F_i(x)$ für $i \in I_2$ eine „min"-Zielfunktion ist.
- Bestimme für alle $i \in I_1$ ein unteres Anspruchsniveau u_i.
- Bestimme für alle $i \in I_2$ ein oberes Anspruchsniveau o_i.
- Berechne die Menge der optimalen Punkte $\mathbb{M}^*$ von

$$\begin{aligned}&\max F_j(x)\\&\text{s.t. } x \in \mathbb{M} \cap \{x \in \mathbb{R}^n | F_i(x) \geq u_i, i \in I_1\} \cap \{x \in \mathbb{R}^n | F_i(x) \leq o_i, i \in I_2\}.\end{aligned}$$

end

Output : Menge der optimalen Punkte $\mathbb{M}^*$ bei gewählter Zieldominanz und gewählten Anspruchsniveaus.

$$\begin{aligned}
\max \quad & F_1(x) = 3x_1 + 4x_2 \quad \text{(Gewinn)}\\
\text{s.t.} \quad & 3x_1 + 2x_2 \leq 1200\\
& 5x_1 + 10x_2 \leq 3000\\
& 0.5x_2 \leq 125\\
& x_1 + 3x_2 \geq 800\\
& 3x_1 + 2x_2 \geq 1000\\
& x_1, x_2 \geq 0
\end{aligned}$$

mit der Lösung $x^* = (200, 200)^\intercal$. Der Gewinn beträgt in diesem Punkt $z_1^* = 1400$ € . Das untere Anspruchsniveau der Kundenanzahl wird wegen $F_2(x^*) = 800$ gerade erreicht. Gleiches gilt für die Maschinenauslastung von $F_3(x^*) = 1000$ Stunden. Werden die unteren Anspruchsniveaus nur marginal erhöht, so wird die zulässige Menge leer. ◊

2.3.3 Skalarisierung

Bei der Methode der **Skalarisierung** werden die p Zielfunktionen zu einer **Ersatzzielfunktion** $\tilde{F}(x)$ aggregiert, die ein für alle Zielkomponenten geltendes übergeordnetes Entscheidungskriterium darstellt. Hierzu wird der Gewichtungsvektor $\lambda \geq 0$ eingeführt, der jeder Zielfunktion $F_i(x)$ für $i = 1, \ldots, p$ einen Faktor $\lambda_i \in [0, 1]$ zuordnet, so dass $\sum\limits_{i=1}^{p} \lambda_i = 1$ erfüllt ist. Die erhaltene Zielfunktion

$\tilde{F}(x) = \sum_{i=1}^{p} \lambda_i F_i(x)$ wird dann über der zulässigen Menge $\mathbb{M}$ optimiert. Die Unsicherheit bei diesem Vorgehen liegt - vor allem bei vielen verschiedenen und kaum vergleichbaren Zielfunktionen - in der Definition der Gewichtungsfaktoren. Da die Ersatzzielfunktion auf der unveränderten zulässigen Menge maximiert wird, beschränkt sich die Kandidatenmenge für den optimalen Punkt genau wie bei der Optimierung einer einzigen Zielfunktion auf die Menge der Ecken von $\mathbb{M}$. Trotz dieses Nachteils ist die in Algorithmus 2.5 dargestellte Methode in der Praxis weit verbreitet.

Algorithmus 2.5: Skalarisierung für multikriterielle lineare Optimierungsprobleme

---

Input : Multikriterielles lineares Optimierungsproblem MKP.

begin

- Bestimme den Gewichtungsvektor $\lambda \geq 0$ mit $\sum_{i=1}^{p} \lambda_i = 1$.
- Berechne die Menge der optimalen Punkte $\mathbb{M}^*$ von

$$\max \tilde{F}(x) = \sum_{i=1}^{p} \lambda_i F_i(x) \quad \text{s.t.} \quad x \in \mathbb{M}.$$

end

Output : Menge der optimalen Punkte $\mathbb{M}^*$ bei gewählter Zielgewichtung.

Beispiel 2.14 (Beispiel 1.2 - Fortsetzung 25).

Der Gewichtungsvektor sei $\lambda = (0.5, 0.25, 0.25)^\mathsf{T}$. Die Ersatzzielfunktion lautet $\tilde{F}(x) = 0.5(3x_1 + 4x_2) + 0.25(x_1 + 3x_2) + 0.25(3x_1 + 2x_2) = 2.5x_1 + 3.25x_2$. Maximiert man $\tilde{F}(x)$ auf $\mathbb{M}$, so erhält man $x^* = (300, 150)^\mathsf{T}$ und $\tilde{F}(x^*) = 1237.5$. Dies ist dieselbe Lösung, die man bei alleiniger Berücksichtigung von $F_1(x)$ ebenso erhalten hätte. ◊

2.3.4 Goal Programming

Bei den Methoden des **Goal Programming** geht man davon aus, dass der Entscheider eine Vorstellung bezüglich des Zielergebnisses F_i^E für jede Zielfunktion $F_i(x)$ mit $i = 1, \ldots, p$ hat. Diesen Wert bezeichnet man als **Zielvorgabe**. Oft wird die Zielvorgabe mit dem individuell optimalen Zielfunktionswert gleichgesetzt, d.h. $F_i^E = z_i^*$. Basierend auf den Zielvorgaben wird eine Lösung gesucht, die einen möglichst geringen Abstand zu den vom Entscheider angestrebten Werten besitzt.

Je nach gewünschter Art der Abstandsmessung können verschiedene Normen gewählt werden. Soll die q-Norm zur Berechnung des Abstands einer Lösung von den gewünschten Zielvorgaben verwendet werden, so erhält man als Ersatzzielfunktion folgende **Abstandsfunktion**, die es über der zulässigen Menge $\mathbb{M}$ zu minimieren gilt:

$$\tilde{F}(x) = \begin{cases} \left(\sum\limits_{i=1}^{p} \lambda_i \cdot |F_i^E - F_i(x)|^q \right)^{\frac{1}{q}}, & \text{wenn } 1 \leq q < \infty, \\ \max\limits_{i=1,\dots,p} \left\{ \lambda_i \cdot |F_i^E - F_i(x)| \right\}, & \text{wenn } q = \infty. \end{cases}$$

Durch die Verwendung des Gewichtungsvektors $\lambda \geq 0$ ist man in der Lage, die Bedeutung der einzelnen Ziele zu gewichten und Zielfunktionen durch Normierung miteinander vergleichbar zu machen. Im Allgemeinen nimmt man $\sum\limits_{i=1}^{p} \lambda_i = 1$ an. Je größer der Wert für q wird, desto wichtiger wird die Zielfunktion mit dem größten Abstand zum Anspruchsniveau. Für $q = 1$ erhält man die sogenannte Manhattan-Metrik, für $q = 2$ ergibt sich die Euklidische Norm. Die Norm für $q = \infty$ wird als Maximum-Norm bezeichnet, da sie nur den größten Abstand einer Zielfunktion zu ihrer Zielvorgabe berücksichtigt (vgl. Abschnitt A.2).

Wie nachfolgendes Beispiel zeigt, kann die Abstandsfunktion in Abhängigkeit der gewählten Distanz und der spezifizierten Zielvorgaben linear sein und das Optimierungsproblem somit mit dem Simplex-Algorithmus gelöst werden. Im allgemeinen Fall ist die Ersatzzielfunktion $\tilde{F}(x)$ jedoch nichtlinear und ein optimaler Punkt wird nicht notwendigerweise in einer Ecke von $\mathbb{M}$ angenommen. Algorithmus 2.6 fasst das Goal Programming zusammen.

Algorithmus 2.6: Goal Programming für multikriterielle lineare Optimierungsprobleme

---

Input : Multikriterielles lineares Optimierungsproblem MKP.

begin

- Bestimme eine Zielvorgabe F_i^E für $i = 1, \dots, p$.
- Bestimme den Gewichtungsvektor $\lambda \geq 0$ mit $\sum\limits_{i=1}^{p} \lambda_i = 1$.
- Wähle den Wert q für die zu verwendende Norm.
- Berechne die Menge der optimalen Punkte $\mathbb{M}^*$ von

$$\begin{aligned} \min \quad & \tilde{F}(x) = \begin{cases} \left(\sum\limits_{i=1}^{p} \lambda_i \cdot |F_i^E - F_i(x)|^q \right)^{\frac{1}{q}}, & \text{wenn } 1 \leq q < \infty, \\ \max\limits_{i=1,\dots,p} \left\{ \lambda_i \cdot |F_i^E - F_i(x)| \right\}, & \text{wenn } q = \infty \end{cases} \\ \text{s.t.} \quad & x \in \mathbb{M}. \end{aligned}$$

end

Output : Menge der optimalen Punkte $\mathbb{M}^*$ zur Erreichung des minimalen Abstands von den Zielvorgaben bei gewählter Norm.

Beispiel 2.15 (Beispiel 1.2 - Fortsetzung 26).

Der Gewichtungsvektor sei nachfolgend $\lambda = (0.5, 0.25, 0.25)^\mathsf{T}$ und man wähle die Zielvorgaben entsprechend der individuell optimalen Zielfunktionswerte zu $F_1^E = 1500$, $F_2^E = 850$, $F_3^E = 1200$.

Für $q = 1$ erhält man die Abstandsfunktion

$$\tilde{F}(x) = 0.5\,|1500 - 3x_1 - 4x_2| + 0.25\,|850 - x_1 - 3x_2| + 0.25\,|1200 - 3x_1 - 2x_2|.$$

Da $F_i(x) \leq z_i^*$ für $i = 1, 2, 3$ gilt und F_i^E gerade als z_i^* gewählt wurde, sind die Terme in Betragsklammern niemals negativ. Somit ist

$$\begin{aligned}\tilde{F}(x) = 0.5\,(1500 - 3x_1 - 4x_2) + 0.25\,(850 - x_1 - 3x_2) + \\ 0.25\,(1200 - 3x_1 - 2x_2) = 1262.5 - 2.5x_1 - 3.25x_2.\end{aligned}$$

Da die Minimierung von $\tilde{F}(x)$ auf $\mathbb{M}$ gerade der Optimierungsaufgabe des vorangegangenen Beispiels 2.14 entspricht, erhält man denselben Lösungspunkt $x^* = (300, 150)^\mathsf{T}$. Der Abstand von den Zielvorgaben beträgt in der gewählten Norm $\tilde{F}(x^*) = 25$. Wegen $F_1(x^*) = 1500 = F_1^E$ und $F_3(x^*) = 1200 = F_3^E$ wird der Abstand nur durch $F_2(x^*) = 750 < F_2^E = 850$ und $\lambda_2 = 0.25$ verursacht.

Für $q = \infty$ erhält man die Abstandsfunktion

$$\begin{aligned}\tilde{F}(x) = \max\{\, 0.5\,(1500 - 3x_1 - 4x_2), 0.25\,(850 - x_1 - 3x_2), \\ 0.25\,(1200 - 3x_1 - 2x_2)\,\}.\end{aligned}$$

Da dieser Ausdruck zu minimieren ist, spricht man auch von einem Minimax-Problem. Dieses nichtlineare und nichtglatte Problem lässt sich unter Verwendung einer Hilfsvariable $d \geq 0$ in ein lineares Optimierungsproblem transformieren. Die Variable d gibt den maximalen gewichteten Abstand an, den eine Zielfunktion von ihrer Zielvorgabe annehmen darf. Als Nebenbedingung muss man hinzufügen, dass kein Abstand zwischen Zielfunktion und Zielvorgabe größer als d werden darf. Man erhält das lineare Problem

$$\begin{array}{lrl} \min & d & \\ \text{s.t.} & 3x_1 + 2x_2 & \leq 1200 \\ & 5x_1 + 10x_2 & \leq 3000 \\ & 0.5x_2 & \leq 125 \\ & 0.5\,(1500 - 3x_1 - 4x_2) - d & \leq 0 \\ & 0.25\,(850 - x_1 - 3x_2) - d & \leq 0 \\ & 0.25\,(1200 - 3x_1 - 2x_2) - d & \leq 0 \\ & x_1, x_2, d & \geq 0 \end{array}$$

mit dem optimalen Punkt $x^* \approx (260, 170)^\mathsf{T}, d^* = 20$. Der Abstand von den Zielvorgaben beträgt in der gewählten Norm also $\tilde{F}(x^*) = 20$. Es ist $F_1(x^*) = 1460$, $F_2(x^*) = 770$ und $F_3(x^*) = 1120$. Somit ergeben sich Abstände von 40, 80 und 80 zu den Zielvorgaben. Gewichtet man diese gemäß λ, so zeigt sich, dass alle drei Zielfunktionen für den erhaltenen Abstandswert verantwortlich sind. $\Diamond$

Eine Alternative zur Minimierung des Abstands von den Zielvorgaben ist durch eine Minimierung des Abstands des Zielerreichungsgrads zu seinem maximalen Zielerreichungsgrad von 1 gegeben. In diesem Fall wird als Abstandsfunktion

$$\tilde{F}(x) = \begin{cases} \left[\sum_{i=1}^{p} \lambda_i \cdot |1 - \frac{F_i(x)}{F_i^E}|^q \right]^{\frac{1}{q}}, & \text{wenn } 1 \leq q < \infty, \\ \max\limits_{i=1,\ldots,p} \{\lambda_i \cdot |1 - \frac{F_i(x)}{F_i^E}|\}, & \text{wenn } q = \infty \end{cases}$$

gewählt.

Goal Programming wird häufig in technisch-naturwissenschaftlichen Anwendungen eingesetzt: Beispielsweise liegt bei der medizinischen Behandlung von Krebspatienten einerseits der Wunsch vor, Krebsgewebe vollständig zu zerstören, andererseits ist mit hoher Strahlungsintensität eine nachhaltige Schädigung des umliegenden Gewebes verbunden. Somit ist es sinnvoll, Zielvorgaben für die Strahlungsintensitäten auf erkranktem bzw. gesundem Gewebe zu spezifizieren und die Abstände hierzu zu minimieren.

2.3.5 Bestimmung Pareto-optimaler Punkte

Da ein multikriterielles lineares Problem gewöhnlich keine perfekte Lösung besitzt und die in den vorangegangenen Abschnitten vorgestellten Methoden entweder nur einen optimalen Punkt eines einkriteriellen Problems bestimmen können oder auf nichtlineare Probleme führen, wird in diesem Abschnitt ein weiterer Lösungsansatz vorgestellt. Entsprechend den Ausführungen zur fehlenden Totalordnung des $\mathbb{R}^n$ können wir grundsätzlich nicht von einem besten Punkt sprechen. Wir können jedoch versuchen, keinen Punkt zu akzeptieren, dessen Zielfunktionsvektor in mindestens einer Komponente verbessert werden kann ohne dabei in einer anderen Komponente verschlechtert werden zu müssen. Einen Punkt $x^{par} \in \mathbb{M}$ nennt man **Pareto-optimal**, wenn es kein $x \in \mathbb{M}$ gibt, so dass gilt

$$\begin{aligned} F_i(x) &\geq F_i(x^{par}) \quad && \text{für alle } i \in \{1, \ldots, p\}, \\ F_i(x) &> F_i(x^{par}) \quad && \text{für mindestens ein } i \in \{1, \ldots, p\}. \end{aligned}$$

Das zugehörige Element im Zielfunktionenraum $F(x^{par}) = (F_1(x^{par}), \ldots, F_p(x^{par}))^\intercal$ bezeichnet man als **effizient**. Dies bedeutet, dass x^{par} genau dann Pareto-optimal ist, wenn kein anderer Punkt $x \in \mathbb{M}$ existiert, der in allen Zielfunktionen mindestens gleich gut und in mindestens einer Zielfunktion strikt besser ist als x^{par}. Mit anderen Worten ist ein Punkt genau dann Pareto-optimal, wenn man sich bei Verbesserung in einem Ziel in den anderen Zielen nur verschlechtern kann. Weiter sei $\mathbb{M}^{par} \subseteq \mathbb{M}$ die Menge aller Pareto-optimalen Punkte von MKP, die man auch **vollständige Lösung** nennt.

Nachfolgend wird eine Charakterisierung für einen Pareto-optimalen Punkt hergeleitet. Hierzu schreiben wir die Zielfunktion von MKP

$$F(x) = \begin{pmatrix} F_1(x) \\ \vdots \\ F_p(x) \end{pmatrix} = \begin{pmatrix} c_{11}x_1 + \ldots + c_{1n}x_n \\ \vdots \\ c_{p1}x_1 + \ldots + c_{pn}x_n \end{pmatrix}$$

unter Verwendung der (p, n)-Matrix

$$C = \begin{pmatrix} c_{11} & \cdots & c_{1n} \\ \vdots & \ddots & \vdots \\ c_{p1} & \cdots & c_{pn} \end{pmatrix}$$

zu $F(x) = Cx$ um. Nach gegebenenfalls nötiger Umformung in Normalform betrachten wir multikriterielle lineare Optimierungsprobleme der Form

$$MKP: \qquad \max Cx \quad \text{s.t.} \quad Ax = b, \quad x \geq 0.$$

Das folgende Lemma ergibt sich aus der Definition eines Pareto-optimalen Punktes.

Lemma 2.4.

Ein zulässiger Punkt $x^{par} \in \mathbb{M}$ *ist genau dann Pareto-optimal, wenn das lineare Optimierungsproblem*

$$\begin{array}{ll} \max & e^{\mathsf{T}}y \\ \text{s.t.} & Ax \qquad = b \\ & Cx - y = Cx^{par} \\ & \qquad x, y \geq 0 \end{array}$$

mit $e^{\mathsf{T}} = (1, \ldots, 1) \in \mathbb{R}^p$ *einen optimalen Punkt* (x^*, y^*) *mit* $y^* = 0$ *hat.*

Aus der Dualitätstheorie ergibt sich damit sofort das nächste Lemma.

Lemma 2.5.

Ein zulässiger Punkt $x^{par} \in \mathbb{M}$ *ist genau dann Pareto-optimal, wenn das lineare Optimierungsproblem*

$$\begin{array}{lrl} \min & u^{\mathsf{T}}b + w^{\mathsf{T}}Cx^{par} & \\ \text{s.t.} & u^{\mathsf{T}}A + w^{\mathsf{T}}C \geq & 0 \\ & -w \geq & e \\ & u \in & \mathbb{R}^m \end{array}$$

einen optimalen Punkt (u^*, w^*) *mit* $u^{*\mathsf{T}}b + w^{*\mathsf{T}}Cx^{par} = 0$ *hat.*

Aus Lemma 2.5 erhält man schließlich folgenden Satz.

Satz 2.6.

Es gilt $x^{par} \in \mathbb{M}^{par}$ *genau dann, wenn ein* $\lambda^{\mathsf{T}} = (\lambda_1, \ldots, \lambda_p)$ *mit* $\lambda > 0$ *existiert, so dass* $\lambda^{\mathsf{T}}Cx^{par} \geq \lambda^{\mathsf{T}}Cx$ *für alle* $x \in \mathbb{M}$ *gilt.*

Beweis.

$\Rightarrow$: Sei x^{par} Pareto-optimal. Dann wird das lineare Problem aus Lemma 2.5 durch (u^*, w^*) mit $u^{*\mathsf{T}}b + w^{*\mathsf{T}}Cx^{par} = 0$ gelöst. Setzt man $w = w^*$, so ist u^* auch ein optimaler Punkt von

$$\min u^{\mathsf{T}}b \quad \text{s.t.} \quad u^{\mathsf{T}}A \geq -w^{*\mathsf{T}}C, \quad u \in \mathbb{R}^m.$$

Somit existiert auch eine Lösung des hierzu dualen Problems

$$\max -w^{*\mathsf{T}}Cx \quad \text{s.t.} \quad Ax = b, \quad x \geq 0 \qquad (*),$$

und aus dem schwachen Dualitätssatz folgt $u^{\mathsf{T}}b \geq -w^{*\mathsf{T}}Cx$ für alle zulässigen $u \in \mathbb{R}^m$ und $x \geq 0$. Wegen $u^{*\mathsf{T}}b + w^{*\mathsf{T}}Cx^{par} = 0$ muss x^{par} dann der optimale Punkt für $(*)$ sein. Da zudem $-w^* \geq e > 0$ ist, kann man $\lambda = -w^*$ setzen, und es folgt $\lambda^{\mathsf{T}}Cx^{par} \geq \lambda^{\mathsf{T}}Cx$ mit $\lambda > 0$ für alle $x \in \mathbb{M}$.

$\Leftarrow$: Es gelte $\lambda^{\mathsf{T}}Cx^{par} \geq \lambda^{\mathsf{T}}Cx$ für alle $x \in \mathbb{M}$ mit $\lambda > 0$. Angenommen x^{par} ist nicht Pareto-optimal, dann existieren $x \in \mathbb{M}$ und $i_0 \in \{1, \ldots, p\}$ mit $c_{i_0}^{\mathsf{T}}x > c_{i_0}^{\mathsf{T}}x^{par}$. Da für alle $i \in \{1, \ldots, p\} \setminus \{i_0\}$ gilt $c_i^{\mathsf{T}}x \geq c_i^{\mathsf{T}}x^{par}$, folgt durch Summation $\lambda^{\mathsf{T}}Cx > \lambda^{\mathsf{T}}Cx^{par}$. Dies ist ein Widerspruch. □

Satz 2.6 erlaubt es, die Bestimmung von Pareto-optimalen Punkten für festes λ auf die Maximierung einer entsprechenden Skalarisierung der Zielfunktion (s. Abschnitt 2.3.3) zurückzuführen.

Bestimmung aller Pareto-optimalen Punkte bei zwei Zielfunktionen

Für $p = 2$ lassen sich alle Pareto-optimalen Punkte mithilfe der parametrischen Optimierung bestimmen. Gegeben sei also das Problem

$$\begin{array}{lrcl} \max & F(x) & = & \begin{pmatrix} F_1(x) \\ F_2(x) \end{pmatrix} = \begin{pmatrix} (c^1)^{\mathsf{T}}x \\ (c^2)^{\mathsf{T}}x \end{pmatrix} \\ \text{s.t.} & Ax & = & b \\ & x & \geq & 0. \end{array}$$

Um das Problem zu lösen, nutzt man die Beziehung aus Satz 2.6 und stellt ein lineares Optimierungsproblem mit der Zielfunktion $(\lambda_1 c^1 + \lambda_2 c^2)^{\mathsf{T}}x$ und den Parametern $\lambda_1, \lambda_2 > 0$ auf. Da sich optimale Punkte bei Multiplikation der Zielfunktion mit einer positiven Zahl nicht ändern, lassen sich die beiden Parameter durch die Wahl

$$t = \frac{\lambda_2}{\lambda_1 + \lambda_2}$$

zu einem Parameter reduzieren, und man betrachtet stattdessen die Zielfunktion $((1-t)c^1 + tc^2)^{\mathsf{T}}x$ mit $t \in (0, 1)$. Mit den Wahlen $c = c^1$ und $\gamma = c^2 - c^1$ erhält man das Optimierungsproblem

$$\begin{aligned} \max \quad & (c + t\gamma)^\mathsf{T} x \\ \text{s.t.} \quad & Ax = b \\ & x \geq 0 \end{aligned}$$

mit parameterabhängiger Zielfunktion wie in Abschnitt 2.2.2. Um die Menge aller Pareto-optimalen Punkte zu bestimmen, ist dieses lineare Optimierungsproblem für das Parameterintervall $T = (0, 1)$ zu lösen.

Das Verfahren zur Bestimmung aller Pareto-optimalen Punkte im Falle zweier Zielfunktionen ist in Algorithmus 2.7 abgebildet. Es berechnet der Einfachheit halber Optimalpunkte für das abgeschlossene Intervall $T = [0, 1]$, um mit dem Parameterwert $t = 0$ starten zu können. Zur Bestimmung des Outputs werden allerdings nur die Parameter $t \in (0, 1)$ genutzt. Weitere Details sowie eine Verallgemeinerung des Simplex-Algorithmus auf multikriterielle lineare Optimierungsprobleme findet man in [11].

Algorithmus 2.7: Bestimmung Pareto-optimaler Punkte für multikriterielle lineare Optimierungsprobleme mit zwei Zielfunktionen

---

Input : Multikriterielles lineares Optimierungsproblem MKP mit zwei Zielfunktionen und lösbaren Problemen $\max\,(c^i)^\mathsf{T} x$ s.t. $x \in \mathbb{M}$, $i = 1, 2$.

begin
- Setze $c = c^1$, $\gamma = c^2 - c^1$ und $T = [0, 1]$.
- Wende Algorithmus 2.2 auf das Problem

$$P(t): \qquad \max\,(c + t\gamma)^\mathsf{T} x \quad \text{s.t.} \quad x \in \mathbb{M}$$

mit $t \in T$ an.

end

Output : Menge $\mathbb{M}^{par} = \bigcup_{t \in (0,1)} \mathbb{M}^*(t)$ der Pareto-optimalen Punkte.

Beispiel 2.16 (Beispiel 1.2 - Fortsetzung 27).

Das Unternehmen legt neben der Gewinnmaximierung die Maximierung der Anzahl bedienter Kunden als zweites zu berücksichtigendes Ziel fest und erhält das folgende multikriterielle lineare Problem

$$\max \quad F(x) = \begin{pmatrix} F_1(x) \\ F_2(x) \end{pmatrix} = \begin{pmatrix} 3x_1 + 4x_2 \\ x_1 + 3x_2 \end{pmatrix} \quad \begin{matrix} \text{(Gewinn)} \\ \text{(Anzahl bedienter Kunden)} \end{matrix}$$

$$\begin{aligned} \text{s.t.} \quad 3x_1 + 2x_2 &\leq 1200 \\ 5x_1 + 10x_2 &\leq 3000 \\ 0.5x_2 &\leq 125 \\ x_1, x_2 &\geq 0. \end{aligned}$$

Somit sind $c^1 = (3,4)^\mathsf{T}$ und $c^2 = (1,3)^\mathsf{T}$, und es ist folgendes parametrische Problem mit $t \in (0,1)$ zu betrachten:

$$\begin{array}{lllll} P(t): & \max & (1-t)F_1(x) + tF_2(x) & = & \big((3,4) + t(-2,-1)\big)\,x \\ & \text{s.t.} & 3x_1 + 2x_2 \leq 1200 & & \\ & & 5x_1 + 10x_2 \leq 3000 & & \\ & & \ 0.5x_2 \leq 125 & & \\ & & \ x_1, x_2 \geq 0. & & \end{array}$$

Nach Algorithmus 2.2 ist zunächst das um $\bar{\gamma}$ erweiterte Anfangstableau für $t = 0$ aufzustellen und ein optimaler Punkt $x^*(0)$ von $P(0)$ zu berechnen.

	x_1	x_2	
$\bar{c}$	-3	-4	0
$\bar{\gamma}$	2	1	0
x_3	3	2	1200
x_4	5	10	3000
x_5	0	$\frac{1}{2}$	125

Starttableau für $t = 0$

	x_4	x_3	
$\bar{c}$	$\frac{3}{10}$	$\frac{1}{2}$	1500
$\bar{\gamma}$	$\frac{1}{20}$	$-\frac{3}{4}$	-750
x_5	$-\frac{3}{40}$	$\frac{1}{8}$	50
x_1	$-\frac{1}{10}$	$\frac{1}{2}$	300
x_2	$\frac{3}{20}$	$-\frac{1}{4}$	150

Endtableau für $t = 0$

Wir erhalten $x^*(0) = (300,150)^\mathsf{T}$ mit Optimalitätsbereich $t \in [-6, \frac{2}{3}]$. Um das Parameterintervall $T = [0,1]$ mit Optimalitätsbereichen zu überdecken, ist im nächsten Schritt ein primaler Austauschschritt für $t = \frac{2}{3}$ erforderlich.

	x_4	x_3	
$\bar{c}$	$\frac{3}{10}$	$\frac{1}{2}$	1500
$\bar{\gamma}$	$\frac{1}{20}$	$-\frac{3}{4}$	-750
x_5	$-\frac{3}{40}$	$\frac{1}{8}$	50
x_1	$-\frac{1}{10}$	$\frac{1}{2}$	300
x_2	$\frac{3}{20}$	$-\frac{1}{4}$	150

$t = \frac{2}{3}$ vor Austauschschritt

	x_4	x_5	
$\bar{c}$	$\frac{3}{5}$	-4	1300
$\bar{\gamma}$	$-\frac{2}{5}$	6	-450
x_3	$-\frac{3}{5}$	8	400
x_1	$\frac{1}{5}$	-4	100
x_2	0	2	250

$t = \frac{2}{3}$ nach Austauschschritt

Der neue optimale Punkt $x^*(\frac{2}{3}) = (100,250)^\mathsf{T}$ besitzt den Optimalitätsbereich $[\frac{2}{3}, \frac{3}{2}]$. Die Optimalpunktmenge $\mathbb{M}^*(\frac{2}{3})$ lautet

$$\mathbb{M}^*(\tfrac{2}{3}) = \big\{(1-s)(300,150)^\mathsf{T} + s(100,250)^\mathsf{T} \,\big|\, s \in [0,1]\big\}.$$

Damit ist das Parameterintervall $T = [0, 1]$ durch Optimalitätsbereiche überdeckt. Folglich ist die Menge aller Pareto-optimalen Punkte durch

$$\begin{aligned}\mathbb{M}^{par} &= \bigcup_{t\in(0,1)} \mathbb{M}^*(t)\\ &= \left\{(1-s)(300,150)^{\intercal} + s(100,250)^{\intercal} \,\middle|\, s \in [0,1]\right\}\end{aligned}$$

gegeben (s. Abb. 2.6).

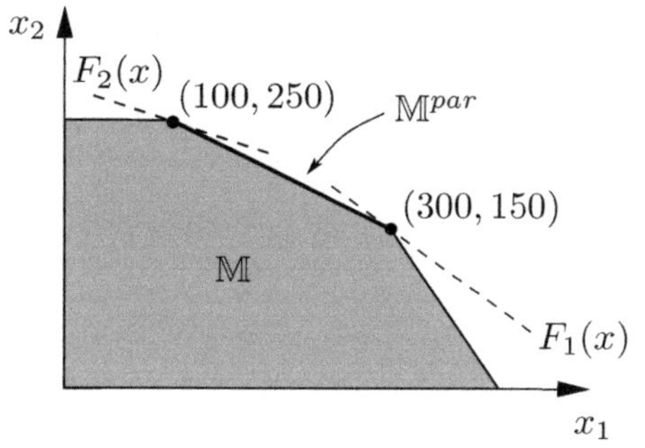

Abb. 2.6. Menge aller Pareto-optimalen Punkte.

◊

2.4 Transportprobleme

Exemplarisch wurden Transportprobleme bereits in Beispiel 1.4 vorgestellt. Obwohl sie als lineare Optimierungsprobleme prinzipiell mit dem Simplex-Algorithmus lösbar sind, besitzen sie eine spezielle Struktur, die es erlaubt, sie mit einem sogenannten primal-dualen Algorithmus zu behandeln. Diesen leiten wir im Folgenden her.

Unter einem **Transportproblem** verstehen wir das lineare Optimierungsproblem

$$\begin{aligned}P: \qquad \min \quad & \sum_{i=1}^{m}\sum_{j=1}^{n} c_{ij}x_{ij}\\ \text{s.t.} \quad & \sum_{j=1}^{n} x_{ij} = a_i \quad \text{für } i = 1, \ldots, m\\ & \sum_{i=1}^{m} x_{ij} = b_j \quad \text{für } j = 1, \ldots, n\\ & x_{ij} \geq 0 \quad \text{für alle } i, j\end{aligned}$$

mit den Bezeichnungen

a_i : Angebotsmenge in Angebotsort A_i, $i = 1, \ldots, m$,

b_j : Bedarfsmenge in Bedarfsort B_j, $j = 1, \ldots, n$,

c_{ij} : Kosten für den Transport einer Mengeneinheit von A_i nach B_j,

x_{ij} : Mengeneinheiten, die von A_i nach B_j transportiert werden.

Wir setzen dabei voraus, dass das Gesamtangebot $a_{\text{tot}} := \sum_{i=1}^m a_i$ mit dem Gesamtbedarf $b_{\text{tot}} := \sum_{j=1}^n b_j$ übereinstimmt. Gilt stattdessen $a_{\text{tot}} > b_{\text{tot}}$ oder $a_{\text{tot}} < b_{\text{tot}}$, so kann man durch Einführung eines fiktiven Bedarfsortes B_{n+1} mit der Bedarfsmenge $b_{n+1} = a_{\text{tot}} - b_{\text{tot}}$ beziehungsweise eines fiktiven Angebotsortes A_{m+1} mit der Angebotsmenge $a_{m+1} = b_{\text{tot}} - a_{\text{tot}}$ stets einen Ausgleich erreichen. Die Transportkosten zu den fiktiven Orten setzt man auf null, wenn man nicht tatsächliche Einlagerungen oder externe Beschaffungen mit ihren entsprechenden Kosten modellieren möchte.

Mit $\alpha := a_{\text{tot}}$ $(= b_{\text{tot}})$ überprüft man leicht, dass die Wahl

$$x_{ij} = \frac{a_i \cdot b_j}{\alpha} \quad \text{für alle } i, j$$

einen zulässigen Punkt x von P definiert, so dass die zulässige Menge $\mathbb{M}$ von P nicht leer ist. Wegen

$$0 \le x_{ij} \le \min\{a_i, b_j\} \quad \text{für alle } i, j$$

ist $\mathbb{M}$ außerdem beschränkt. Nach dem Satz von Weierstraß (Satz 1.2) besitzt ein Transportproblem P also immer einen optimalen Punkt.

2.4.1 Bestimmung einer Startecke

Wie der Simplex-Algorithmus geht auch der im Folgenden vorgestellte primal-duale Algorithmus von der Kenntnis einer zulässigen Basislösung aus. Da der oben definierte zulässige Punkt im Allgemeinen keine Basislösung ist, muss eine solche zunächst konstruiert werden. Die spezielle Struktur von Transportproblemen ermöglicht dafür einige maßgeschneiderte Verfahren.

Dazu stellen wir zunächst das sogenannte **Transporttableau** auf, das der doppelten Indizierung der Variablen x_{ij} Rechnung trägt:

	B_1	B_2	$\ldots$	B_n	a
A_1	c_{11} x_{11}	c_{12} x_{12}	$\ldots$	c_{1n} x_{1n}	a_1
A_2	c_{21} x_{21}	c_{22} x_{22}	$\ldots$	c_{2n} x_{2n}	a_2
$\vdots$	$\vdots$	$\vdots$	$\ddots$	$\vdots$	$\vdots$
A_m	c_{m1} x_{m1}	c_{m2} x_{m2}	$\ldots$	c_{mn} x_{mn}	a_m
b	b_1	b_2	$\ldots$	b_n	

Die Beschriftung der einzelnen Felder des Tableaus erklärt sich dadurch, dass wir sie später in Algorithmus 2.12 nicht nur mit jeweils zwei, sondern mit vier Werten füllen werden.

Beispiel 2.17 (Beispiel 1.4 - Fortsetzung 1).

Das Transporttableau lautet

	B_1	B_2	B_3	a
A_1	0.9 x_{11}	1.0 x_{12}	1.2 x_{13}	600
A_2	0.6 x_{21}	0.4 x_{22}	0.5 x_{23}	400
b	300	500	200	

In diesem Problem unterliegen sechs Entscheidungsvariablen x_{ij} fünf Gleichungsrestriktionen sowie den Nichtnegativitätsbedingungen. ◊

Die Anzahl der Entscheidungsvariablen x_{ij} in einem allgemeinen Transportproblem P beträgt offensichtlich $m \cdot n$. Sie unterliegen $m + n$ Gleichungen sowie Nichtnegativitätsbedingungen. Daraus wie in Abschnitt 1.5 zu schließen, dass zur Definition einer zulässigen Basislösung noch genau $mn - (m+n)$ Variablen auf null gesetzt werden müssen, wäre allerdings falsch. Dies liegt daran, dass ein Transportproblem P nicht in Normalform vorliegt, denn die Koeffizientenmatrix der Gleichungsrestriktionen besitzt grundsätzlich nicht den vollen Rang $m + n$. Inhaltlich erkennt man dies daran, dass sowohl Summation der Angebotsgleichungen $\sum_{j=1}^{n} x_{ij} = a_i$ über i als auch Summation der Bedarfsgleichungen $\sum_{i=1}^{m} x_{ij} = b_j$ über j auf die identische Aussage

$$\sum_{i=1}^{m} \sum_{j=1}^{n} x_{ij} = \alpha \; (= a_{\text{tot}} = b_{\text{tot}})$$

führen, so dass die beiden Gleichungssysteme voneinander abhängig sind.

Andererseits ist es nicht schwer zu sehen, dass nach Entfernung einer beliebigen der $m + n$ Gleichungen die restlichen $m + n - 1$ Gleichungen (linear) unabhängig sind. Folglich benötigt man zur Definition einer Basislösung genau $mn - (m+n-1)$ Nichtbasisvariablen und damit $m + n - 1$ Basisvariablen. Um im Transporttableau die Basis- von den Nichtbasisvariablen unterscheiden zu können, *werden die Werte von Nichtbasisvariablen nicht ins Tableau eingetragen.* Wenn also eine Variable mit Wert null eingetragen ist, dann ist dies eine Basisvariable (und es liegt ein degenerierter Fall vor). Wir halten fest:

Satz 2.7.

Jede zulässige Basislösung eines allgemeinen Transportproblems mit m Anbietern und n Nachfragern besitzt genau $m + n - 1$ Basisvariablen.

Die **Nordwesteckenregel** konstruiert eine zulässige Basislösung durch eine einfache Verteilung der Angebots- und Nachfragemengen auf die Variablen x_{ij}, wobei die vorliegende Kostenstruktur ignoriert wird. Wir stellen die Nordwesteckenregel zunächst beispielhaft vor.

Beispiel 2.18 (Beispiel 1.4 - Fortsetzung 2).

Wir weisen zunächst der Variable x_{11} ihren größtmöglichen Wert zu. Das zugehörige Feld liegt im Transporttableau „links oben" und ist damit seine „Nordwestecke". Da ein Angebot von 600 Mengeneinheiten in A_1 einem Bedarf von 300 Mengeneinheiten in B_1 gegenübersteht, kann x_{11} maximal den Wert 300 annehmen. Wir setzen $x_{11} = 300$ und korrigieren die Angebots- und Nachfragemengen entsprechend. Da der Bedarf in B_1 durch die Wahl von x_{11} befriedigt ist, folgt außerdem zwingend $x_{21} = 0$. Den Wert von x_{11} tragen wir im Tableau ein, da x_{11} offenbar Basisvariable ist, während wir x_{21} als Nichtbasisvariable interpretieren und ihren Wert null daher *nicht* eintragen. Im unten angegebenen Tableau sind die entsprechenden Einträge zur Übersicht mit dem Index $^{(1)}$ kenntlich gemacht.

Die nach diesem ersten Schritt noch nicht bearbeiteten Felder des Transporttableaus bilden ein Rechteckschema, von dem wir für den zweiten Schritt wiederum die „Nordwestecke" wählen, hier also das Feld zur Variable x_{12}. Diese kann angesichts der nach Schritt 1 verbliebenen Angebots- und Nachfragemengen maximal den Wert 300 annehmen, was laut Nordwesteckenregel auf die Wahlen $x_{12} = 300$ und $x_{13} = 0$ führt, wobei x_{13} Nichtbasisvariable ist. Erneut sind die Angebots- und Nachfragemengen zu korrigieren. Die entsprechenden Einträge sind mit dem Index $^{(2)}$ gekennzeichnet.

Die nach Schritt 2 verbleibenden unbearbeiteten Felder sind diejenigen zu den Variablen x_{22} und x_{23}. Ihre „Nordwestecke" ist das Feld zu x_{22}, das auf den maximalen Wert 200 gesetzt wird. Im vierten und letzten Schritt ist schließlich nur die Wahl $x_{23} = 200$ möglich.

	B_1	B_2	B_3	a
A_1	$300^{(1)}$	$300^{(2)}$	$^{(2)}$	$600, 300^{(1)}, 0^{(2)}$
A_2	$^{(1)}$	$200^{(3)}$	$200^{(4)}$	$400, 200^{(3)}, 0^{(4)}$
b	$300, 0^{(1)}$	$500, 200^{(2)}, 0^{(3)}$	$200, 0^{(4)}$	

Diese Belegung der Variablen entspricht offensichtlich einem zulässigen Punkt des Transportproblems. Tatsächlich definiert sie sogar eine *zulässige Basislösung*. Beachten Sie, dass wegen $m = 2$ und $n = 3$ genau $m + n - 1 = 4$ Basisvariablen vorliegen müssen, was offenbar der Fall ist. Der Zielfunktionswert dieses Punktes beträgt 750. ◊

Algorithmus 2.8 formuliert die Nordwesteckenregel in allgemeiner Form. Eine gesonderte Erklärung benötigt dabei der Fall, in dem nach Setzung einer Basisvariable die zugehörigen Angebots- und Nachfragemengen gleichzeitig auf null fallen. Dann werden *nicht* sowohl die zugehörige Zeile als auch die zugehörige Spalte mit Nichtbasisvariablen aufgefüllt, sondern nur die Zeile, da man ansonsten eine Basisvariable einbüßen würde (analog dürfte man natürlich auch nur die Spalte auffüllen). Dass es sich hierbei um einen degenerierten Fall handelt, äußert sich darin, dass im nächsten Schritt der Nordwesteckenregel eine Basisvariable mit Wert null entsteht.

Algorithmus 2.8: Nordwesteckenregel zur Bestimmung einer Startecke eines Transportproblems

---

Input : Transportproblem.

begin
  - Stelle das Transporttableau auf und setze $i = j = 1$.
  while $i \leq m$ *oder* $j \leq n$ **do**
    - Trage den Wert $x_{ij} = \min\{a_i, b_j\}$ ins Tableau ein.
    - Ersetze a_i durch $a_i - x_{ij}$ und b_j durch $b_j - x_{ij}$.
    - **if** $a_i = 0$ **then** ersetze i durch $i + 1$ **else** ersetze j durch $j + 1$.
  end
end

Output : Zulässige Basislösung des Transportproblems.

Die **Matrix-Minimum-Methode** versucht, die Nordwesteckenregel durch die Berücksichtigung der Kostenstruktur zu verbessern. Grundidee ist es dabei, dass den Basisvariablen wie in der Nordwesteckenregel möglichst große Werte zugewiesen werden, dies aber nicht in „Nordwestecken", sondern jeweils im noch unbearbeiteten Feld mit dem geringsten Kostenkoeffizienten. Die Hoffnung ist, dass dadurch eine zulässige Basislösung mit kleinerem Zielfunktionswert als bei der Nordwesteckenregel generiert wird, von der aus man im eigentlichen Optimierungsverfahren in weniger Schritten einen optimalen Punkt ermitteln kann. Da Beispiele existieren, in denen die Matrix-Minimum-Methode schlechtere Ergebnisse liefert als die Nordwesteckenregel, stellen wir sie als *Heuristik* zur Bestimmung einer guten Startecke vor (vgl. auch Kap. 6).

Beispiel 2.19 (Beispiel 1.4 - Fortsetzung 3).

Wir bestimmen zunächst das Feld mit dem kleinsten Kostenkoeffizienten, nämlich das Feld zur Variable x_{22}. Da ein Angebot von 400 Mengeneinheiten in A_2 einem Bedarf von 500 Mengeneinheiten in B_2 gegenübersteht, kann x_{22} maximal den Wert 400 annehmen. Wir setzen $x_{22} = 400$ und korrigieren die Angebots- und Nachfragemengen entsprechend. Die Variablen x_{21} und x_{23} werden dadurch zu Nichtbasisvariablen.

Unter den noch nicht bearbeiteten Feldern des Transporttableaus wählen wir erneut dasjenige mit dem kleinsten Kostenkoeffizienten, also das zur Variable x_{11}. Sie wird auf den maximal möglichen Wert $x_{11} = 300$ gesetzt. Nichtbasisvariablen können in diesem Schritt nicht definiert werden.

Im nächsten Schritt besitzt das zu x_{12} gehörige Feld den kleinsten Kostenkoeffizienten, und wir setzen $x_{12} = 100$. Schließlich ergibt sich $x_{13} = 200$.

	B_1	B_2	B_3	a
A_1	0.9 $300^{(2)}$	1.0 $100^{(3)}$	1.2 $200^{(4)}$	$600, 300^{(2)}, 200^{(3)}, 0^{(4)}$
A_2	0.6 $^{(1)}$	0.4 $400^{(1)}$	0.5 $^{(1)}$	$400, 0^{(1)}$
b	$300, 0^{(2)}$	$500, 100^{(1)}, 0^{(3)}$	$200, 0^{(4)}$	

Diese Belegung der Variablen entspricht einer zulässigen Basislösung. Der Zielfunktionswert dieses Punktes beträgt 770 und ist damit wider Erwarten schlechter als der der durch die Nordwesteckenregel bestimmten zulässigen Basislösung (vgl. Bsp. 2.18). ◊

Algorithmus 2.9 formuliert die Matrix-Minimum-Methode in allgemeiner Form, wobei der Fall gleichzeitig auf null fallender Angebots- und Nachfragemengen analog zur Nordwesteckenregel behandelt wird. Zur Übersicht versieht Algorithmus 2.9 diejenigen Zeilen und Spalten mit einer Markierung, bei denen Angebots- bzw. Nachfragemenge bereits auf null gebracht wurden.

Algorithmus 2.9: Matrix-Minimum-Methode zur Bestimmung einer Startecke eines Transportproblems

---

Input : Transportproblem.

begin
- Stelle das Transporttableau mit unmarkierten Zeilen und Spalten auf.

while *es gibt mehr als eine unmarkierte Zeile oder Spalte* **do**
- Bestimme unter allen Feldern, die in einer unmarkierten Zeile oder Spalte liegen, eines mit minimalem Kostenkoeffizienten $c_{k\ell} = \min_{i,j}\{c_{ij}\}$.
- Trage den Wert $x_{k\ell} = \min\{a_k, b_\ell\}$ ins Tableau ein.
- Ersetze a_k durch $a_k - x_{k\ell}$ und b_ℓ durch $b_\ell - x_{k\ell}$.
- **if** $a_k = 0$ **then** markiere Zeile k **else** markiere Spalte ℓ.

end

end

Output : Zulässige Basislösung des Transportproblems.

Als dritte und letzte Möglichkeit zur Bestimmung einer zulässigen Basislösung mit kleinem Zielfunktionswert geben wir als verbesserte, aber erheblich aufwändigere Heuristik die **Approximationsmethode von Vogel** an. Sie besetzt in jedem Schritt dasjenige Feld zuerst, bei dem im Falle seiner Nichtbesetzung die höchsten Zusatzkosten drohen. Der zusätzliche Aufwand besteht darin, dass die approximativen Opportunitätskosten in jedem Schritt neu berechnet werden müssen.

Beispiel 2.20 (Beispiel 1.4 - Fortsetzung 4).

Wir bestimmen zunächst für jede Zeile und Spalte die Differenz von kleinstem und zweitkleinstem Kostenkoeffizienten. Diese Werte sind oberhalb bzw. links des untenstehenden Tableaus eingetragen. Wir wählen diejenige Zeile oder Spalte mit der höchsten berechneten Differenz und wählen in ihr das Feld mit dem kleinsten Kostenkoeffizienten, also in Spalte 3 das zur Variable x_{23} gehörige Feld. Wie zuvor wird der Variable x_{23} der maximal mögliche Wert zugeordnet, also $x_{23} = 200$. Nichtbasisvariable wird x_{13}.

Für den nächsten Schritt müssen die Differenzen von kleinstem und zweitkleinstem Kostenkoeffizienten bei allen Zeilen und Spalten neu berechnet werden, bei denen noch positive Angebots- bzw. Nachfragemengen vorhanden sind. Eine Änderung zum ersten Schritt ergibt sich hier nur in Zeile 2. Die Zeile oder Spalte mit größter Differenz ist Spalte 2, in der wir wiederum das Feld mit kleinstem Kostenkoeffizienten wählen, nämlich das zur Variable x_{22}. Sie wird auf $x_{22} = 200$ gesetzt, und x_{21} wird Nichtbasisvariable.

Da nach diesem Schritt nur noch eine Zeile mit zu bearbeitenden Feldern übrig ist, können keine Differenzen entlang der Spalten mehr gebildet werden. Diese Zeile bearbeiten wir daher mit der Nordwesteckenregel und erhalten $x_{21} = x_{22} = 300$.

		$0.3^{(1),(2)}$	$0.6^{(1),(2)}$	$0.7^{(1)}$	
		B_1	B_2	B_3	a
$0.1^{(1),(2)}$	A_1	0.9 $300^{(3)}$	1.0 $300^{(4)}$	1.2 $^{(1)}$	$600, 300^{(3)}, 0^{(4)}$
$0.2^{(2)}, 0.1^{(1)}$	A_2	0.6 $^{(2)}$	0.4 $200^{(2)}$	0.5 $200^{(1)}$	$400, 200^{(1)}, 0^{(2)}$
	b	$300, 0^{(3)}$	$500, 300^{(2)}, 0^{(4)}$	$200, 0^{(1)}$	

Die hier mit der Vogel'schen Approximationsmethode berechnete zulässige Basislösung ist identisch mit der durch die Nordwesteckenregel bestimmten zulässigen Basislösung (vgl. Bsp. 2.18) und besitzt daher wider Erwarten keinen besseren Zielfunktionswert. $\diamondsuit$

Algorithmus 2.10 formuliert die Approximationsmethode von Vogel in allgemeiner Form. Obwohl die Beispiele 2.19 und 2.20 gezeigt haben, dass weder die Matrix-Minimum-Methode noch die Approximationsmethode von Vogel notwendigerweise bessere Startecken liefern als die Nordwesteckenregel, haben sie sich in der Praxis als Heuristiken insbesondere für höherdimensionale Probleme bewährt.

2.4.2 Optimalitätskriterium

Um zu überprüfen, ob eine durch eines der drei obigen Verfahren generierte zulässige Basislösung optimal ist, und um sie gegebenenfalls zu verbessern, benutzen wir im folgenden den Satz vom komplementären Schlupf (Satz 1.21) als Optimalitätskriterium. Dazu müssen wir zunächst das zum Transportproblem P duale Problem D aufstellen.

Algorithmus 2.10: Approximationsmethode von Vogel zur Bestimmung einer Startecke eines Transportproblems

Input : Transportproblem.

begin
- Stelle das Transporttableau mit unmarkierten Zeilen und Spalten auf.

while *es gibt mindestens zwei unmarkierte Zeilen und zwei unmarkierte Spalten* **do**
- Bestimme für jede unmarkierte Zeile i die Differenz dz_i von zweitkleinstem und kleinstem Kostenkoeffizient in unmarkierten Feldern.
- Bestimme für jede unmarkierte Spalte j die Differenz ds_j von zweitkleinstem und kleinstem Kostenkoeffizient in unmarkierten Feldern.
- Wähle eine unmarkierte Zeile oder Spalte mit maximaler Differenz dz_i oder ds_j.
- Bestimme in der gewählten Zeile oder Spalte dasjenige unmarkierte Feld mit kleinstem Kostenkoeffizienten $c_{k\ell}$.
- Trage den Wert $x_{k\ell} = \min\{a_k, b_\ell\}$ ins Tableau ein.
- Ersetze a_k durch $a_k - x_{k\ell}$ und b_ℓ durch $b_\ell - x_{k\ell}$.
- **if** $a_k = 0$ **then** markiere Zeile k **else** markiere Spalte ℓ.

end

while *es gibt unmarkierte Zeilen oder Spalten* **do**
- Fülle das Tableau per Nordwesteckenregel auf.

end

end

Output : Zulässige Basislösung des Transportproblems.

Beispiel 2.21 (Beispiel 1.4 - Fortsetzung 5).

In Matrix-Vektor-Schreibweise lautet das vorliegende Transportproblem

$$P: \quad \min\ c^\mathsf{T} x \quad \text{s.t.} \quad \begin{pmatrix} 1\,1\,1\,0\,0\,0 \\ 0\,0\,0\,1\,1\,1 \\ \hline 1\,0\,0\,1\,0\,0 \\ 0\,1\,0\,0\,1\,0 \\ 0\,0\,1\,0\,0\,1 \end{pmatrix} x = \begin{pmatrix} a \\ b \end{pmatrix}, \quad x \geq 0$$

mit $x = (x_{11}, x_{12}, x_{13}, x_{21}, x_{22}, x_{23})^\mathsf{T}$, $c = (0.9, 1.0, 1.2, 0.6, 0.4, 0.5)^\mathsf{T}$, $a = (600, 400)^\mathsf{T}$ und $b = (300, 500, 200)^\mathsf{T}$, wobei wir in der Koeffizientenmatrix die Trennung zwischen Angebots- und Nachfragerestriktionen kenntlich gemacht haben. Als Dualproblem erhalten wir

$$D: \quad \max\ a^\mathsf{T} u + b^\mathsf{T} v \quad \text{s.t.} \quad \left(\begin{array}{cc|ccc} 1 & 0 & 1 & 0 & 0 \\ 1 & 0 & 0 & 1 & 0 \\ 1 & 0 & 0 & 0 & 1 \\ 0 & 1 & 1 & 0 & 0 \\ 0 & 1 & 0 & 1 & 0 \\ 0 & 1 & 0 & 0 & 1 \end{array}\right) \begin{pmatrix} u \\ v \end{pmatrix} \leq c, \quad u \in \mathbb{R}^2,\ v \in \mathbb{R}^3,$$

wobei wir den Vektor y der Dualvariablen in den Vektor u der zu Angebotsrestriktionen gehörenden und den Vektor v der zu Nachfragerestriktionen gehörenden Dualvariablen aufgespalten haben. Weder u noch v sind in D vorzeichenbeschränkt, da sie zu *Gleichungs*restriktionen in P gehören. ◊

Analog leitet man für das allgemeine Transportproblem P das Dualproblem

$$\begin{aligned} D: \qquad & \max \quad \sum_{i=1}^{m} a_i u_i + \sum_{j=1}^{n} b_j v_j \\ & \text{s.t.} \quad u_i + v_j \leq c_{ij} \qquad \text{für alle } i = 1, \ldots, m, \ j = 1, \ldots, n \\ & \qquad\quad u_i, \ v_j \in \mathbb{R} \qquad \text{für alle } i = 1, \ldots, m, \ j = 1, \ldots, n \end{aligned}$$

her.

Der Satz vom komplementären Schlupf besagt im vorliegenden Fall das Folgende:

Satz 2.8.

Zulässige Punkte x von P und (u, v) von D sind genau dann optimal, wenn die Komplementaritätsbedingungen

$$x_{ij}(c_{ij} - u_i - v_j) = 0 \quad \textit{für alle } i = 1, \ldots, m, \ j = 1, \ldots, n$$

erfüllt sind.

Zu einer gegebenen zulässigen Basislösung x von P lässt sich per Komplementaritätsbedingungen in einfacher Weise ein Vektor (u, v) berechnen. Ist dieser dual zulässig, so liegt mit x ein optimaler Punkt vor. Zur Berechnung von u und v stellen wir zunächst fest, dass die Komplementaritätsbedingung $x_{ij}(c_{ij} - u_i - v_j) = 0$ für jede Nichtbasisvariable x_{ij} ohnehin erfüllt ist. Für eine Basisvariable x_{ij} ist die Komplementaritätsbedingung sicherlich dann erfüllt, wenn $c_{ij} - u_i - v_j = 0$ gilt. Da $m + n - 1$ Basisvariablen vorliegen, erhalten wir ein System von $m + n - 1$ Gleichungen für die $m + n$ Variablen u und v. Für dieses unterbestimmte System legen wir eine der Variablen fest und versuchen, die restlichen $m + n - 1$ Variablen aus den $m + n - 1$ Gleichungen zu bestimmen. Häufig setzt man dabei $u_1 = 0$, es sind aber auch geschicktere Wahlen möglich.

Beispiel 2.22 (Beispiel 1.4 - Fortsetzung 6).

Um zu prüfen, ob die von Nordwesteckenregel und Approximationsmethode von Vogel generierte zulässige Basislösung optimal ist, identifizieren wir zunächst deren vier Basisvariablen x_{11}, x_{12}, x_{22} und x_{23}. Sie führen auf die vier Gleichungen

$$\begin{aligned} u_1 + v_1 &= 0.9 \\ u_1 + v_2 &= 1.0 \\ u_2 + v_2 &= 0.4 \\ u_2 + v_3 &= 0.5 \end{aligned}$$

an die fünf Variablen u_1, u_2, v_1, v_2 und v_3. Die Setzung $u_1 = 0$ impliziert in den ersten beiden Gleichungen $v_1 = 0.9$ sowie $v_2 = 1.0$. Die dritte Gleichung liefert damit $u_2 = -0.6$, und die vierte schließlich $v_3 = 1.1$.

Übersichtlich lassen sich diese Gleichungen direkt am Transporttableau lösen. Die zur Ermittlung der Startecke erforderlichen Angebots- und Nachfragemengen werden jetzt nicht mehr benötigt und durch die Dualvariablen u_i und v_j ersetzt:

	B_1	B_2	B_3	u
A_1	0.9 / 300	1.0 / 300	1.2	u_1
A_2	0.6	0.4 / 200	0.5 / 200	u_2
v	v_1	v_2	v_3	

Die obigen Gleichungen löst man ausgehend von $u_1 = 0$ in der wie folgt angegebenen Reihenfolge:

	B_1	B_2	B_3	u
A_1	0.9 / 300	1.0 / 300	1.2	0 (gesetzt)
A_2	0.6	0.4 / 200	0.5 / 200	$-0.6^{(3)}$
v	$0.9^{(1)}$	$1.0^{(2)}$	$1.1^{(4)}$	

Wir unterstreichen, dass das negative Vorzeichen von u_2 unproblematisch ist, da weder u noch v vorzeichenbeschränkt sind. Um die duale Zulässigkeit von (u, v) sicherzustellen, sind vielmehr die Ungleichungen $c_{ij} - u_i - v_j \geq 0$ für alle i und j zu überprüfen. Natürlich sind diese Ungleichungen für jedes Paar (i, j), für das x_{ij} Basisvariable ist, erfüllt, da wir u_i und v_j gerade durch Nullsetzen dieser Ungleichungen berechnet haben. Es bleibt also zu überprüfen, ob für jedes Paar (i, j), für das x_{ij} Nichtbasisvariable ist, der Wert

$$c'_{ij} = c_{ij} - u_i - v_j$$

nichtnegativ ist.

Im vorliegenden Beispiel sind x_{13} und x_{21} Nichtbasisvariablen. Es gilt

$$\begin{aligned} c'_{13} = c_{13} - u_1 - v_3 &= 1.2 - 0 - 1.1 = 0.1 \geq 0, \\ c'_{21} = c_{21} - u_2 - v_1 &= 0.6 + 0.6 - 0.9 = 0.3 \geq 0, \end{aligned}$$

so dass (u, v) dual zulässig ist. Der Punkt $x = (300, 300, 0, 0, 200, 200)^\intercal$ ist also optimal.

Aus dieser Sicht ist es nicht überraschend, dass die von der Nordwesteckenregel gefundene Startecke weder von Matrix-Minimum-Methode noch von der Vogel'schen Approximationsmethode verbessert werden konnte. Dass die Nordwesteckenregel einen optimalen Punkt generiert, ist im Allgemeinen natürlich eher nicht zu erwarten.

Im Folgenden wird es sich als sinnvoll erweisen, die Werte c'_{ij} in das Transporttableau einzutragen, und zwar jeweils unterhalb der Kostenkoeffizienten c_{ij}:

	B_1	B_2	B_3	u
A_1	0.9 0 300	1.0 0 300	1.2 0.1	0
A_2	0.6 0.3	0.4 0 200	0.5 0 200	-0.6
v	0.9	1.0	1.1	

Die zu den Basisvariablen gehörenden Werte c'_{ij}, die nach Konstruktion null sein müssen, dienen dabei nur zur Kontrolle der Berechnung der u_i und v_j und könnten ebensogut unterschlagen werden. ◊

In Algorithmus 2.11 geben wir an, wie man die Koeffizienten c'_{ij} analog für eine zulässige Basislösung eines allgemeinen Transportproblems berechnet.

Algorithmus 2.11: Berechnung der c'_{ij}

Input : Zulässige Basislösung eines Transportproblems.

begin
- Stelle das um die Dualvariablen u und v erweiterte Transporttableau auf.
- Wähle u_i und v_j so, dass für alle (i, j), für die x_{ij} Basisvariable ist, die Gleichung $u_i + v_j = c_{ij}$ gilt (z.B. mit der Setzung $u_1 = 0$).
- Berechne für alle (i, j), für die x_{ij} Nichtbasisvariable ist, $c'_{ij} = c_{ij} - u_i - v_j$.
- Setze $c'_{ij} = 0$ für alle (i, j), für die x_{ij} Basisvariable ist.

end

Output : Koeffizienten c'_{ij} für alle (i, j).

Erfüllen die von Algorithmus 2.11 generierten Koeffizienten $c'_{ij} \geq 0$ für alle (i, j), so ist die zugehörige zulässige Basislösung optimal. Gilt andererseits $c'_{ij} < 0$ für mindestens ein (i, j), so ist der Punkt (u, v) nicht dual zulässig, und nach dem Satz vom komplementären Schlupf (Satz 1.21) ist die zulässige Basislösung dann suboptimal. Wie im Simplex-Algorithmus ist daher der Austausch einer Basis- gegen eine Nichtbasisvariable erforderlich.

2.4.3 Stepping-Stone-Methode

Dieser Austauschschritt gestaltet sich aufgrund der Struktur von Transportproblemen einfacher als bei allgemeinen linearen Optimierungsproblemen. Das folgende Verfahren ist als **Stepping-Stone-Methode** oder **MODI-Methode** bekannt.

Beispiel 2.23 (Beispiel 1.4 - Fortsetzung 7).

Wir wissen bereits, dass die von der Matrix-Minimum-Methode generierte zulässige Basislösung nicht optimal ist, so dass einer der von Algorithmus 2.11 berechneten Koeffizienten c'_{ij} negativ sein muss. In der Tat erhalten wir das Tableau

	B_1	B_2	B_3	u
A_1	0.9	1.0	1.2	0
	0 300	0 100	0 200	
A_2	0.6	0.4	0.5	−0.6
	0.3	0 400	−0.1	
v	0.9	1.0	1.2	

mit $c'_{23} < 0$.

Nach Konstruktion kann ein negativer Koeffizient c'_{ij} nur zu einem Paar (i, j) auftreten, bei dem x_{ij} Nichtbasisvariable ist, hier zur Variable x_{23}. Beim Austauschschritt lässt sich eine Verbesserung des Zielfunktionswertes erwarten, wenn man diese Nichtbasisvariable zur Basisvariable macht, also $x_{23} = d$ mit einer positiven Transportmenge d setzt, die noch bestimmt werden muss. Dazu markieren wir die rechte obere Ecke des Feldes zur Variable x_{23} mit „$+d$".

Damit nach dieser Änderung der Menge x_{23} weiterhin die Angebotsmenge von A_2 abtransportiert wird, muss die Basisvariable x_{22} um d Einheiten reduziert werden. Wir markieren das entsprechende Feld daher mit „$-d$". Dies hat wiederum Einfluss auf die Basisvariable x_{12}, deren Wert um d erhöht werden muss, um B_2 mit der korrekten Bedarfsmenge zu beliefern, und wir markieren das entsprechende Feld mit „$+d$". Abschließend korrigieren wir die Basisvariable x_{13} mit entsprechender Markierung um d Einheiten nach unten, um die korrekte Angebotsmenge von A_1 und Bedarfsmenge von B_3 sicherzustellen.

	B_1	B_2	B_3	u
A_1	0.9	1.0 $+d^{(3)}$	1.2 $-d^{(4)}$	0
	0 300	0 100	0 200	
A_2	0.6	0.4 $-d^{(2)}$	0.5 $+d^{(1)}$	−0.6
	0.3	0 400	−0.1	
v	0.9	1.0	1.2	

Mit dieser Konstruktion haben wir einen „Kreis" durch die Felder des Transporttableaus gelegt, der an einer Nichtbasisvariable beginnt und endet, ansonsten aber nur Felder zu Basisvariablen enthält. Die Wahl von d ist offensichtlich dadurch eingeschränkt, dass die Basisvariablen der mit „$-d$" markierten Felder keine negativen Werte annehmen dürfen. Die maximal mögliche Wahl von d ist also $d = \min\{200, 400\} = 200$. Die Basisvariable x_{13} wird dadurch auf null reduziert, so dass wir sie als neue Nichtbasisvariable ansehen. Ausgetauscht wird also die Nichtbasisvariable x_{23} gegen die Basisvariable x_{13}.

Das neue Transporttableau lautet

	B_1	B_2	B_3	u
A_1	0 300	0 300	0	
A_2	0.3	0 200	−0.1 200	
v				

wobei außerdem die Koeffizienten c_{ij} durch c'_{ij} ersetzt wurden. Wir wissen bereits aus Beispiel 2.22, dass dieser Punkt optimal ist. Nachrechnen per Algorithmus 2.11 mit den neuen (und einfacheren) Kostenkoeffizienten bestätigt dies erwartungsgemäß. $\diamondsuit$

Um den in Beispiel 2.23 verfolgten Ansatz auf beliebige suboptimale Transporttableaus anwenden zu können, legen wir zunächst fest, dass im Falle mehrerer negativer Koeffizienten c'_{ij} wie im Simplex-Algorithmus als „Greedy"-Strategie das (ein) Feld mit dem kleinsten negativen c'_{ij} gewählt wird, um die Nichtbasisvariable zu definieren, die zur Basisvariable wird. Im Folgenden sei dies der Koeffizient c'_{pq}.

Algorithmus 2.12: Stepping-Stone-Methode

Input : Transportproblem.

begin

- Bestimme mit einem der Algorithmen 2.8, 2.9 oder 2.10 das Transporttableau einer zulässigen Basislösung.

while *Algorithmus 2.11 liefert mindestens einen negativen Koeffizienten* c'_{ij} **do**

- Bestimme ein Indexpaar (p, q) mit $c'_{pq} = \min_{i,j} c'_{ij}$.
- Bestimme den eindeutigen Kreis $(x_{pq}, x_{pj_1}, x_{i_1j_1}, x_{i_1j_2}, \ldots, x_{i_kq}, x_{pq})$, der außer x_{pq} nur Basisvariablen enthält.
- Markiere die Felder des Kreises zu den Variablen x_{pq}, $x_{i_1j_1}$, ..., $x_{i_kj_k}$ mit $+d$ und die anderen Felder des Kreises mit $-d$.
- Bestimme $d = \min\{x_{pj_1}, x_{i_1j_2}, \ldots, x_{i_kq}\}$ (also das Minimum der mit $-d$ markierten Felder) sowie eine Variable x_{rs}, an der dieses Minimum angenommen wird.
- Entferne x_{rs} zugunsten von x_{pq} aus der Basis.
- Ersetze die Werte aller mit $+d$ markierten Variablen x_{ij} durch $x_{ij} + d$.
- Ersetze die Werte aller mit $-d$ markierten Variablen x_{ij} bis auf x_{rs} durch $x_{ij} - d$.
- Ersetze im Transporttableau die Kostenkoeffizienten c_{ij} durch c'_{ij}.

end

end

Output : Optimaler Punkt des Transportproblems.

Wesentlich für das Vorgehen in Beispiel 2.23 ist, dass man einen im Feld zur Nichtbasisvariable x_{pq} beginnenden und endenden „Kreis" bilden kann, der ansonsten nur Felder zu Basisvariablen enthält. Als **Kreis** bezeichnen wir dabei eine

Familie von Variablen $(x_{pq}, x_{pj_1}, x_{i_1j_1}, x_{i_1j_2}, \ldots, x_{i_kq}, x_{pq})$, bei der nur x_{pq} zweimal auftritt.

Tatsächlich kann man zeigen, dass die zu Basisvariablen gehörenden Felder *keinen* Kreis enthalten, und dass durch Hinzunahme eines zu einer Nichtbasisvariable gehörigen Feldes *genau ein* Kreis entsteht. Damit können wir die Stepping-Stone-Methode in Form von Algorithmus 2.12 zur Lösung von beliebigen Transportproblemen angeben.

2.4.4 Lineare Zuordnungsprobleme

Ein Zuordnungsproblem, etwa die optimale Zuordnung von Tätigkeiten zu Personen, kann man als ein spezielles Transportproblem mit $m = n$ und $a_i = 1,\ b_j = 1$ für alle i, j auffassen. Ein solches Zuordnungsproblem wollen wir im folgenden Beispiel als Transportproblem formulieren und lösen.

Beispiel 2.24 (Ein Zuordnungsproblem).

Ein Unternehmen hat drei Positionen mit unterschiedlichen Anforderungen neu zu besetzen. Die Qualifikation der drei Bewerber (gemessen in Punkten von 1 bis 8) ergibt sich aus Tabelle 2.3.

	Position		
Bewerber	P_1	P_2	P_3
B_1	1	8	4
B_2	5	7	6
B_3	3	5	4

Tabelle 2.3. Daten zu Beispiel 2.24

Die Aufgabe, jedem Bewerber genau eine Position so zuzuordnen, dass die Gesamtpunktzahl maximal wird, formulieren wir als das Transportproblem

$$\begin{aligned}
\min \quad & \sum_{i=1}^{3}\sum_{j=1}^{3} c_{ij}x_{ij} & \\
\text{s.t.} \quad & \sum_{j=1}^{3} x_{ij} = 1 & \text{für } i = 1, 2, 3 \\
& \sum_{i=1}^{3} x_{ij} = 1 & \text{für } j = 1, 2, 3 \\
& x_{ij} \geq 0 & \text{für alle } i, j,
\end{aligned}$$

wobei c_{ij} die negative Punktzahl bezeichnet. Den Wert $x_{ij} = 1$ interpretieren wir als Zuordnung des Bewerbers i zur Position j, während $x_{ij} = 0$ dafür steht, dass

Bewerber i nicht der Position j zugeordnet wird. Die Ganzzahligkeitsbedingungen $x_{ij} \in \{0,1\}$ sind im Transportproblem offensichtlich nicht modelliert. Immerhin erfüllen die zulässigen Punkte des Transportproblems $x_{ij} \in [0,1]$ für alle i,j. Würde ein optimaler Punkt mit nichtganzzahligen Einträgen auftreten, etwa mit $x_{11} = 0.5$, könnten wir diesen nicht als Zuordnung interpretieren. Wir werden allerdings sehen, dass dieser Fall nicht auftritt.

Die folgende Start-Zuordnung lässt sich mit der Matrix-Minimum-Methode (Alg. 2.9) konstruieren.

	P_1	P_2	P_3	a
B_1	-1	-8 1	-4	1
B_2	-5 0	-7 0	-6 1	1
B_3	-3 1	-5	-4	1
b	1	1	1	

Die Werte $x_{12} = x_{23} = x_{31} = 1$ entsprechen der Zuordnung $B_1 \to P_2$, $B_2 \to P_3$, $B_3 \to P_1$. Die Überprüfung dieser Zuordnung auf Optimalität mit Algorithmus 2.11 ergibt

	P_1	P_2	P_3	u
B_1	-1 5	-8 0 1	-4 3	0
B_2	-5 0 0	-7 0 0	-6 0 1	1
B_3	-3 0 1	-5 0	-4 0	3
v	-6	-8	-7	

Da alle c'_{ij} nichtnegativ sind, ist die erste Zuordnung bereits optimal. Sie hat die Gesamtpunktzahl 18. Insbesondere sind alle Einträge des optimalen Punktes ganzzahlig. ◊

Es ist kein Zufall, dass in Beispiel 2.24 ein ganzzahliger optimaler Punkt berechnet wird, obwohl die Ganzzahligkeitsbedingung im Transportproblem nicht modelliert ist. Dies liegt an einer speziellen Eigenschaft von Transportproblemen, auf die wir im folgenden Abschnitt näher eingehen.

2.4.5 Totale Unimodularität

Eine $(m, n)-$Matrix A heißt **total unimodular**, falls die Determinanten aller quadratischen Teilmatrizen von A nur die Werte -1, 0 oder 1 besitzen. Als quadratische Teilmatrizen zählen dabei auch die Matrixeinträge selbst, so dass eine total unimodulare Matrix nur die Einträge -1, 0 oder 1 besitzen kann. Beispielsweise ist die Matrix $\begin{pmatrix} 1 & 1 \\ 0 & 1 \end{pmatrix}$ total unimodular, die Matrizen $\begin{pmatrix} 1 & 1 \\ -1 & 1 \end{pmatrix}$ und $\begin{pmatrix} 1 & 1 \\ 0 & 2 \end{pmatrix}$ sind es jedoch nicht.

Da es bei großen Matrizen sehr aufwändig werden kann, totale Unimodularität per Definition zu überprüfen, ist die folgende hinreichende Bedingung für totale Unimodularität hilfreich:

Satz 2.9.

Es sei A eine $(m, n)-$Matrix mit Einträgen aus $\{-1, 0, 1\}$. Jede Spalte von A enthalte höchstens zwei von null verschiedene Einträge, und die Menge der Zeilenindizes $I = \{1, ..., m\}$ lasse sich in zwei disjunkte Teilmengen I_1 und I_2 mit folgender Eigenschaft zerlegen:

- *Hat eine Spalte zwei von null verschiedene Werte mit demselben Vorzeichen, so gehören deren Zeilen verschiedenen Teilmengen an.*
- *Hat eine Spalte zwei von null verschiedene Werte mit verschiedenen Vorzeichen, so gehören deren Zeilen der gleichen Teilmenge an.*

Dann ist A total unimodular.

Beweis. Zu zeigen ist, dass die Determinante jeder $(k, k)-$Teilmatrix von A einen der Werte -1, 0 oder 1 besitzt. Der Beweis erfolgt per vollständiger Induktion über k.

Induktionsanfang: Für $k = 1$ sind die $(k, k)-$Teilmatrizen von A gerade die Einträge von A. Da die Determinante eines Skalars mit ihm übereinstimmt, folgt die Behauptung aus der Voraussetzung über die Einträge von A.

Induktionsschritt: Die Behauptung gelte für $k-1$ mit einem $k > 1$. Es sei C eine beliebige $(k, k)-$Teilmatrix von A. Nach Voraussetzung über A kann auch jede Spalte von C maximal zwei von null verschiedene Einträge enthalten. Wir unterscheiden drei Fälle.

1. Fall: C besitzt eine Nullspalte. Dann gilt $\det(C) = 0$.

2. Fall: C besitzt eine Spalte mit genau einem von null verschiedenen Eintrag. Die Berechnung von $\det(C)$ per Laplace'schem Entwicklungssatz nach dieser Spalte liefert dann gemeinsam mit der Induktionsvoraussetzung $\det(C) \in \{-1, 0, 1\}$.

3. Fall: Alle Spalten von C besitzen zwei von null verschiedene Einträge. Es sei c^j eine beliebige Spalte von C. Wir addieren jeweils die Einträge c_i^j mit $i \in I_1$ und diejenigen mit $i \in I_2$. Falls beide von null verschiedenen Einträge von c^j dasselbe Vorzeichen besitzen, so gilt entweder $\sum_{i \in I_1} c_i^j = 1$ und $\sum_{i \in I_2} c_i^j = 1$ oder $\sum_{i \in I_1} c_i^j = -1$ und $\sum_{i \in I_2} c_i^j = -1$. Falls die beiden von null verschiedenen Einträge von c_j^i verschiedene Vorzeichen besitzen, so gilt entweder $\sum_{i \in I_1} c_i^j = 1 - 1 = 0$ und

$\sum_{i \in I_2} c_i^j = 0$ oder $\sum_{i \in I_1} c_i^j = 0$ und $\sum_{i \in I_2} c_i^j = 1 - 1 = 0$. Damit folgt in jedem Fall $\sum_{i \in I_1} c_i^j = \sum_{i \in I_2} c_i^j$, und dies für jede beliebe Spalte von c. Dies bedeutet, dass die Summe über die *Zeilen* von C mit Index in I_1 denselben Vektor ergibt wie die Summe der Zeilen von C mit Index in I_2. Damit sind die Zeilen von C linear abhängig, und es folgt $\det(C) = 0$.

Insgesamt haben wir in jedem der drei Fälle $\det(C) \in \{-1, 0, 1\}$ gezeigt, so dass die Behauptung für k bewiesen ist. □

Die Koeffizientenmatrix A jedes Transportproblems erfüllt die Voraussetzungen von Satz 2.9, indem man als I_1 die Indizes der Angebotsrestriktionen und als I_2 die Indizes der Bedarfsrestriktionen wählt. Daher besitzt jedes Transportproblem eine total unimodulare Koeffizientenmatrix A.

Eine Basislösung eines Transportproblems sei wie in Abschnitt 1.5 durch $x_N = 0$ und durch die Lösung x_B des Gleichungssystems $Bx_B = b$ gegeben, wobei die Matrix B aus Basisvektoren von A besteht. Nach der aus der Linearen Algebra bekannten *Cramer'schen Regel* lässt sich die i–te Komponente des Vektors x_B als

$$(x_B)_i = \frac{\det(B_i)}{\det(B)}$$

schreiben, wobei B_i die Matrix ist, die durch Ersetzung der i–ten Spalte von B durch die rechte Seite b entsteht. B besitzt als Teilmatrix der total unimodularen Matrix A nur die Einträge -1, 0 oder 1. Falls b nur ganzzahlige Einträge besitzt, ist damit $\det(B_i)$ eine ganze Zahl (denn zur Berechnung der Determinante bildet man nur Summen von Produkten der Matrixeinträge). Als quadratische Teilmatrix der total unimodularen Matrix A besitzt außerdem $\det(B)$ entweder den Wert -1 oder 1, wobei der Wert null ausgeschlossen ist, da B als Basismatrix nichtsingulär ist. Es folgt, dass auch $(x_B)_i$ für alle i ganzzahlig ist. Wir halten fest:

Satz 2.10.

In einem Transportproblem seien die Angebotsmengen a_i, $i = 1, \ldots, m$, und die Bedarfsmengen b_j, $j = 1, \ldots n$, ganzzahlig. Dann besitzt jede Basislösung des Transportproblems nur ganzzahlige Einträge.

In der Formulierung eines linearen Zuordnungsproblems als Transportproblem sind die Voraussetzungen von Satz 2.10 aufgrund von $a_i = 1$, $i = 1, \ldots, n$, und $b_j = 1$, $j = 1, \ldots n$, erfüllt. Wegen $x_{ij} \in [0, 1]$ für alle zulässigen Punkte dieses Transportproblems liefert Satz 2.10, dass in jeder zulässigen Basislösung nur $x_{ij} \in \{0, 1\}$ für alle i, j gelten kann. Dies ist gerade die Ganzzahligkeitsbedingung, die im Transportproblem nicht explizit modelliert wurde.

Korollar 2.11.

Zu linearen Zuordnungsproblemen bestimmt Algorithmus 2.12 bei Anwendung auf die Formulierung als Transportproblem aus Abschnitt 2.4.4 immer einen optimalen Punkt.

Totale Unimodularität ist nicht nur für Transportprobleme hilfreich, sondern auch für andere speziell strukturierte Probleme. Die obige Herleitung lässt sich offensichtlich sofort auf lineare Optimierungsprobleme der Form

$$P_= : \qquad \max c^\mathsf{T} x \quad \text{s.t.} \quad Ax = b,\ x \geq 0$$

übertragen und liefert das folgende allgemeinere Resultat.

Satz 2.12.

In $P_=$ seien die Koeffizientenmatrix A ganzzahlig und total unimodular, und alle Einträge der rechten Seite b seien ganzzahlig. Dann besitzt jede Basislösung von $P_=$ nur ganzzahlige Einträge.

Beispiel 2.25 (Beispiel 1.1 - Fortsetzung 2).

Durch Einführung von Schlupfvariablen und Vorzeichenänderung der Zielfunktion lässt sich das Schichtplanproblem aus Beispiel 1.1 in die Form $P_=$ überführen. Dabei gilt

$$A = \begin{pmatrix} 1&1&0&0&0&0&-1&0&0&0&0&0\\ 0&1&1&0&0&0&0&-1&0&0&0&0\\ 0&0&1&1&0&0&0&0&-1&0&0&0\\ 0&0&0&1&1&0&0&0&0&-1&0&0\\ 0&0&0&0&1&1&0&0&0&0&-1&0\\ 1&0&0&0&0&1&0&0&0&0&0&-1 \end{pmatrix}, \qquad b = \begin{pmatrix} 4\\7\\5\\2\\2\\2 \end{pmatrix}.$$

Die totale Unimodularität von A folgt aus Satz 2.9 mit den Wahlen $I_1 = \{1,3,5\}$ und $I_2 = \{2,4,6\}$. Satz 2.12 liefert somit, dass jede Basislösung des Schichtplanproblems nur ganzzahlige Einträge besitzt.

Eine Lösung des Problems mit dem primalen (oder dualen) Simplex-Algorithmus erzeugt also eine ganzzahlige Lösung, ohne dass man dies explizit zu modellieren braucht. Da diese bequeme Situation leider nur bei wenigen speziell strukturierten Problemen wie Transport-, Zuordnungs- oder Schichtplanproblemen vorliegt, befassen wir uns mit ganzzahligen Optimierungsproblemen ausführlich in Kapitel 5.

$\diamond$

2.5 Zweipersonen-Nullsummenspiele

Für Zweipersonen-Nullsummenspiele, die wir in diesem Abschnitt einführen, liefert die Dualitätstheorie der linearen Optimierung ein zentrales Ergebnis.

2.5.1 Grundbegriffe

Unter einem **Spiel** versteht man ein Modell zur Beschreibung von Interessenkonflikten. Man unterscheidet zwischen **Zweipersonen-** und **Mehrpersonenspielen**, sowie zwischen **Nullsummen-** und **Nichtnullsummenspielen**.

Im einfachsten Fall, dem Zweipersonen-Nullsummenspiel, agieren zwei rational handelnde Gegenspieler P_1 und P_2, deren Gesamtauszahlung sich zu null addiert. Dies bedeutet, dass der Gewinn des einen Spielers mit dem Verlust des anderen Spielers übereinstimmt.

Beispiel 2.26 (Vereinfachtes Nim).

Zwei Spieler P_1 und P_2 nehmen von einem Stapel von anfangs fünf Spielsteinen abwechselnd je nach Belieben einen oder zwei Steine weg. Beide können sehen, wie viele Steine noch auf dem Stapel liegen. Der Spieler, der den letzten Stein oder die beiden letzten Steine wegnehmen kann, erhält eine Geldeinheit, der andere muss die Geldeinheit zahlen. Spieler P_1 darf beginnen.

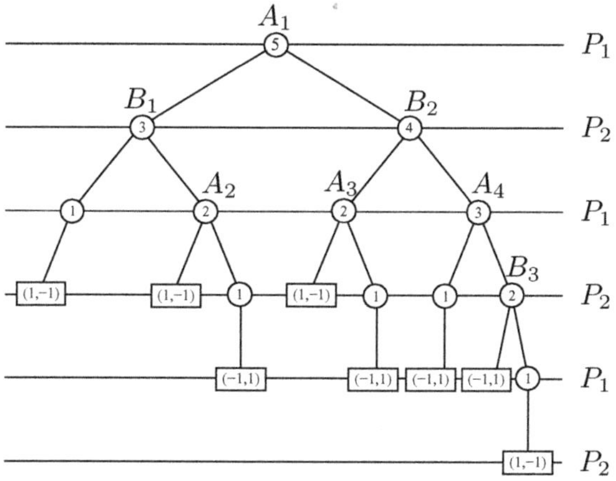

Abb. 2.7. Entscheidungssituationen und Auszahlungen

Jeden Ast des Entscheidungsbaums in Abbildung 2.7 können wir als einen möglichen Verlauf dieses Spiels auffassen. A_1, A_2, A_3, A_4 stellen die Entscheidungssituationen von P_1 dar und B_1, B_2, B_3 die von P_2. In den Kreisen sind die jeweils noch vorhandenen Spielsteine eingetragen. Die Rechtecke stehen für die möglichen Spielausgänge und enthalten das jeweilige Paar der Auszahlungen an die beiden Spieler.

Der Entscheidungsbaum dient lediglich der Veranschaulichung. Die entscheidende Information darin ist die Angabe der Entscheidungen für *jede* der in Frage kommenden Entscheidungssituationen. Eine solche Entscheidungsfolge bezeichnet man als **Strategie** des Spielers.

i	A_1	A_2	A_3	A_4
1	2	2	—	—
2	2	1	—	—
3	1	—	2	2
4	1	—	2	1
5	1	—	1	2
6	1	—	1	1

Strategien $i = 1, \ldots, 6$ von P_1

j	B_1	B_2	B_3
1	2	2	—
2	1	2	—
3	2	1	1
4	2	1	2
5	1	1	2
6	1	1	1

Strategien $j = 1, \ldots, 6$ von P_2

Die Zeilen der linken Tabelle enthalten die sechs möglichen Strategien des Spielers P_1, die Zeilen der rechten Tabelle die sechs möglichen Strategien des Spielers P_2. Für P_1 bedeutet beispielsweise $i = 2$, in Entscheidungssituation A_1 zwei Steine und in A_2 einen Stein zu entnehmen. Die Entscheidungssituationen A_3 und A_4 sind nicht bewertet, da sie bei Anwendung von $i = 2$ nicht auftreten können.

Die mit den Strategienpaaren (i, j) verbundenen Auszahlungen a_{ij} an P_1 sind in der folgenden Auszahlungsmatrix zusammengestellt.

	P_2					
P_1	1	2	3	4	5	6
1	1	1	1	1	1	1
2	1	−1	1	1	−1	−1
3	1	1	−1	−1	−1	−1
4	1	1	1	−1	−1	1
5	−1	−1	−1	−1	−1	−1
6	−1	−1	1	−1	−1	1

Auszahlungen a_{ij} an P_1

◊

Unter einem Zweipersonen-Nullsummenspiel verstehen wir ein Tripel $\Gamma = (\Sigma_1, \Sigma_2, A)$ mit

- der Menge $\Sigma_1 = \{1, \ldots, m\}$ der Strategien des Spielers P_1,
- der Menge $\Sigma_2 = \{1, \ldots, n\}$ der Strategien des Spielers P_2 und
- der Auszahlungsmatrix $A = (a_{ij})$ an Spieler P_1 und $-A$ an Spieler P_2.

Bevor wir das Verhalten beider Spieler analysieren können, benötigen wir einen geeigneten Optimalitätsbegriff. Vorbereitend betrachten wir ein Beispiel.

Beispiel 2.27.

Es liege ein Spiel $\Gamma = (\Sigma_1, \Sigma_2, A)$ mit der Auszahlungsmatrix

$$A = \begin{pmatrix} -6 & 9 & 1 & 20 \\ 10 & 5 & 4 & 7 \\ -4 & -2 & 0 & -5 \end{pmatrix}$$

vor. Wählt P_1 die Strategie 1 (1. Zeile der Auszahlungsmatrix), so kann er die höchste Auszahlung erreichen (Gewinn 20), geht aber auch das höchste Risiko ein (Verlust 6). Strategie 2 (2. Zeile) verspricht einen mittleren Gewinn bei einem mittleren Risiko. Strategie 3 (3. Zeile) ist für P_1 uninteressant, da sie unabhängig von der Verhaltensweise von P_2 zu einer schlechteren Auszahlung als Strategie 2 führt. Die Entscheidung für $i = 1$ oder $i = 2$ ist damit eine Frage der Risikobereitschaft von P_1. ◊

Nach dem auf John von Neumann zurückgehenden **Minmax-Prinzip** überlegt jeder Spieler, was ihm *schlimmstenfalls* passieren kann und versucht daraus das *beste* zu machen.

Beispiel 2.28 (Beispiel 2.27 - Fortsetzung 1).

Der niedrigste Gewinn $\min\{a_{i1}, a_{i2}, a_{i3}, a_{i4}\}$, den sich P_1 unabhängig von der Strategie von P_2 sichern kann, wird für $i = 2$ maximal und beträgt 4. Entsprechend wird der höchste Verlust $\max\{a_{1j}, a_{2j}, a_{3j}\}$, den P_2 unabhängig von der Strategie von P_1 hinnehmen muss, für $j = 3$ minimal und beträgt ebenfalls 4.

Strategie i	1	2	3
Mindestgewinn	−6	4	−5

Strategie j	1	2	3	4
Höchstverlust	10	9	4	20

Man überlegt sich leicht, dass ein Abweichen von $i = 2$ für Spieler P_1 von Nachteil ist, wenn Spieler P_2 weiterhin an $j = 3$ festhält. Umgekehrt hat auch P_2 keinen Vorteil, wenn er von $j = 3$ abgeht und P_1 weiterhin an $i = 2$ festhält. Insofern befindet sich das Spiel in einem gewissen Gleichgewicht, und beide Spieler können ihre Strategien offenlegen. ◊

Den maximal erzielbaren Minimalgewinn

$$v_u = \max_{i \in \Sigma_1} \min_{j \in \Sigma_2} a_{ij}$$

von P_1 bezeichnet man als **unteren Spielwert**, und den minimal zu ertragenden Maximalverlust

$$v_o = \min_{j \in \Sigma_2} \max_{i \in \Sigma_1} a_{ij}$$

von P_2 als **oberen Spielwert**. Es ist nicht schwer zu sehen, dass oberer und unterer Spielwert stets in der Relation $v_u \leq v_o$ stehen.

Ein Strategienpaar $(i^*, j^*) \in \Sigma_1 \times \Sigma_2$ heißt ein **Paar von Gleichgewichtsstrategien**, falls für beliebige $i \in \Sigma_1$ und $j \in \Sigma_2$ die Ungleichungen

$$a_{i,j^*} \leq a_{i^*,j^*} \leq a_{i^*,j}$$

gelten. Für ein Paar von Gleichgewichtsstrategien gilt insbesondere

$$a_{i^*,j^*} = \min_{j \in \Sigma_2} a_{i^*,j} ,$$

so dass bei Wahl von i^* durch P_1 der Spieler P_2 durch Wahl von j^* einen minimalen Gewinn bei P_1 erzwingt, sowie

$$a_{i^*,j^*} = \max_{i \in \Sigma_1} a_{i,j^*} ,$$

so dass bei Wahl von j^* durch P_2 der Spieler P_1 durch Wahl von i^* einen maximalen Verlust bei P_2 erzwingt.

Eine hinreichende Bedingung für die Existenz von Gleichgewichtsstrategien ist die Identität von oberem und unterem Spielwert:

Satz 2.13.

Gilt $v_u = v_o$, so existiert ein Paar $(i^*, j^*) \in \Sigma_1 \times \Sigma_2$ von Gleichgewichtsstrategien. Außerdem gilt

$$\min_{j \in \Sigma_2} a_{i^*,j} = \max_{i \in \Sigma_1} \min_{j \in \Sigma_2} a_{i,j} = \min_{j \in \Sigma_2} \max_{i \in \Sigma_1} a_{i,j} = \max_{i \in \Sigma_1} a_{i,j^*} .$$

Beweis. Wähle ein $i^* \in \Sigma_1$ mit

$$v_u = \max_{i \in \Sigma_1} \min_{j \in \Sigma_2} a_{i,j} = \min_{j \in \Sigma_2} a_{i^*,j}$$

und ein $j^* \in \Sigma_2$ mit

$$v_o = \min_{j \in \Sigma_2} \max_{i \in \Sigma_1} a_{i,j} = \max_{i \in \Sigma_1} a_{i,j^*} .$$

Aufgrund der Voraussetzung $v_u = v_o$ erfüllt a_{i^*,j^*} die Ungleichungen

$$a_{i^*,j^*} \leq \max_{i \in \Sigma_1} a_{i,j^*} = v_o = v_u = \min_{j \in \Sigma_2} a_{i^*,j} \leq a_{i^*,j}$$

für alle $j \in \Sigma_2$ sowie

$$a_{i^*,j^*} \geq \min_{j \in \Sigma_2} a_{i^*,j} = v_u = v_o = \max_{i \in \Sigma_1} a_{i,j^*} \geq a_{i,j^*}$$

für alle $i \in \Sigma_1$. Damit ist (i^*, j^*) ein Paar von Gleichgewichtsstrategien. □

Gilt hingegen $v_u < v_o$, so ändert sich die Situation gegenüber Satz 2.13 grundlegend, denn jeder der beiden Spieler kann einen Vorteil daraus ziehen, die Strategie des Gegenspielers zu durchschauen.

Beispiel 2.29 (Stein, Schere, Papier).

Zwei Spieler deuten gleichzeitig einen der drei folgenden Gegenstände an: Stein (Faust), Schere (Spreizen von Zeige- und Mittelfinger), Papier (flache Hand). Deuten beide Spieler denselben Gegenstand an, so ist das Spiel unentschieden. Ansonsten gewinnt Stein gegenüber Schere, Schere gegenüber Papier, Papier gegenüber Stein, und der Gewinner erhält vom Gegenspieler eine Geldeinheit.

Offensichtlich liegt ein Zweipersonen-Nullsummenspiel mit Strategienmengen $\Sigma_1 = \Sigma_2 = \{1, 2, 3\} = \{\text{Papier, Stein, Schere}\}$ vor. Da die Auszahlungsmatrix an P_1

$$A = \begin{pmatrix} 0 & 1 & -1 \\ -1 & 0 & 1 \\ 1 & -1 & 0 \end{pmatrix} .$$

lautet, folgt

$$v_u \;=\; \max\{-1, -1, -1\} \;=\; -1 \;<\; 1 \;=\; \min\{1, 1, 1\} \;=\; v_o \,.$$

Wird das Spiel mehrfach wiederholt, so besteht die Gefahr, dass P_2 die Strategie von P_1 durchschaut (und umgekehrt). Möchte sich dieser davor schützen, so muss er die Wahl seiner Strategie vom Zufall abhängig machen. Diese Beobachtung motiviert die Betrachtung sogenannter randomisierter oder gemischter Strategien. $\diamondsuit$

2.5.2 Gemischte Strategien und Minmax-Theorem

Eine **gemischte Strategie** besteht in der Zuordnung von Wahrscheinlichkeiten zu den einzelnen Strategien, nämlich den Wahrscheinlichkeiten p_i, dass Spieler P_1 die Strategie $i \in \Sigma_1$ wählt, und den Wahrscheinlichkeiten q_j, dass Spieler P_2 die Strategie $j \in \Sigma_2$ wählt. Als Wahrscheinlichkeitsverteilungen erfüllen diese Zahlen $p_i \geq 0$ und $\sum_{i=1}^m p_i = 1$ sowie $q_j \geq 0$ und $\sum_{j=1}^n q_j = 1$. Als **Mengen der gemischten Strategien** bezeichnen wir daher

$$\mathcal{S}_1 = \left\{ p \in \mathbb{R}^m \,\middle|\, p_i \geq 0, \; i = 1, ..., m, \; \sum_{i=1}^m p_i = 1 \right\}$$

$$\mathcal{S}_2 = \left\{ q \in \mathbb{R}^n \,\middle|\, q_j \geq 0, \; j = 1, ..., n, \; \sum_{j=1}^n q_j = 1 \right\}.$$

Die zuvor im nichtrandomisierten Fall betrachteten Strategien entsprechen hier Wahlen wie $p_3 = 1$ und $p_i = 0, \; i \neq 3$ für Strategie 3. Diese heißen jetzt **reine Strategien**.

Falls Spieler P_1 die gemischte Strategie p und Spieler P_2 die gemischte Strategie q wählt, dann beträgt der *Erwartungswert* der Auszahlung an P_1

$$\bar{a}(p,q) \;=\; \sum_{i=1}^{m}\sum_{j=1}^{n} p_i\, q_j\, a_{ij}\,.$$

Unter der **gemischten Erweiterung** eines Zweipersonen-Nullsummenspiels $\Gamma = (\Sigma_1, \Sigma_2, A)$ verstehen wir das Tripel $\overline{\Gamma} = (\mathcal{S}_1, \mathcal{S}_2, \bar{a})$. Ein Strategienpaar $(p^*, q^*) \in \mathcal{S}_1 \times \mathcal{S}_2$ heißt jetzt **Paar von Gleichgewichtsstrategien**, falls für alle $p \in \mathcal{S}_1$ und $q \in \mathcal{S}_2$ die Ungleichungen

$$\bar{a}(p,\, q^*) \;\le\; \bar{a}(p^*,\, q^*) \;\le\; \bar{a}(p^*,\, q)$$

gelten.

Die unteren und oberen Spielwerte der gemischten Erweiterung werden entsprechend als

$$\bar{v}_u \;=\; \max_{p\in\mathcal{S}_1}\min_{q\in\mathcal{S}_2} \bar{a}(p,q)$$

und

$$\bar{v}_o \;=\; \min_{q\in\mathcal{S}_2}\max_{p\in\mathcal{S}_1} \bar{a}(p,q)$$

definiert.

Im Folgenden beschäftigen wir uns mit dem zentralen Ergebnis der Spieltheorie, dass im Falle $v_u < v_o$ durch Übergang von reinen zu gemischten Strategien *immer* ein Paar von Gleichgewichtsstrategien (p^*, q^*) existiert und $\bar{v}_u = \bar{v}_o$ gilt. Als **Spielwert** der gemischten Erweiterung bezeichnet man dann $\bar{v} = \bar{a}(p^*,\, q^*)$ $(= \bar{v}_u = \bar{v}_o)$.

Der Beweis dieser Aussage basiert auf der Dualitätstheorie der linearen Optimierung (vgl. Abschnitt 1.8). Zur Herleitung der passenden Optimierungsprobleme nehmen wir zunächst an, dass ein Paar von Gleichgewichtsstrategien (p^*, q^*) existiert und zum Spielwert $\bar{v}$ führt. Mit der Auszahlungsmatrix A lassen sich die auftretenden Erwartungswerte in Matrix-Vektor-Schreibweise als

$$\bar{a}(p,q) \;=\; p^{\mathsf{T}}Aq$$

formulieren. Insbesondere erfüllt das Paar der Gleichgewichtsstrategien für alle $p \in \mathcal{S}_1$ und $q \in \mathcal{S}_2$

$$p^{\mathsf{T}}Aq^* \;\le\; \bar{v} \;\le\; (p^*)^{\mathsf{T}}Aq.$$

Da $\mathcal{S}_1$ auch alle reinen Strategien von P_1 enthält, gilt insbesondere für alle $i = 1, \ldots, m$

$$e_i^{\mathsf{T}}Aq^* \;\le\; \bar{v},$$

wobei e_i den $i-$ten Einheitsvektor in $\mathbb{R}^m$ bezeichnet. Mit dem Einservektor $e = (1, \ldots, 1)^{\mathsf{T}}$ in $\mathbb{R}^m$ lassen sich diese m Gleichungen simultan als

$$Aq^* \;\le\; \bar{v}e$$

aufschreiben. Außerdem gilt $q^* \ge 0$ nach Definition von $\mathcal{S}_2$.

Analog erhält man

$$A^\mathsf{T} p^* \;\geq\; \bar{v} e, \qquad p^* \geq 0$$

mit dem Einservektor $e \in \mathbb{R}^n$. Zur Herleitung setzen wir nun weiter $\bar{v} > 0$ voraus und definieren $x^* = q^*/\bar{v}$ sowie $y^* = p^*/\bar{v}$. Die Punkte x^* und y^* erfüllen die Ungleichungssysteme

$$Ax \;\leq\; e, \quad x \geq 0$$

und

$$A^\mathsf{T} y \;\geq\; e, \quad y \geq 0,$$

die genau in dieser Form auch als zulässige Mengen zweier zueinander dualer linearer Optimierungsprobleme auftreten. Die passenden Zielfunktionen liest man an den rechten Seiten des jeweiligen Dualproblems ab:

$$P: \quad \max\, e^\mathsf{T} x \quad \text{s.t.} \quad Ax \leq e,\; x \geq 0$$

und

$$D: \quad \min\, e^\mathsf{T} y \quad \text{s.t.} \quad A^\mathsf{T} y \geq e,\; y \geq 0.$$

Dies versetzt uns in die Lage, das folgende zentrale Ergebnis der Spieltheorie zu beweisen:

Satz 2.14. *(Minmax-Theorem)*

Für die gemischte Erweiterung $\overline{\Gamma} = (\mathcal{S}_1, \mathcal{S}_2, \bar{a})$ *des Spiels* $\Gamma = (\Sigma_1, \Sigma_2, A)$ *existiert der Spielwert* $\overline{v}$, *und es gibt ein Paar von Gleichgewichtsstrategien* $(p^*, q^*) \in \mathcal{S}_1 \times \mathcal{S}_2$ *mit*

$$\min_{q \in \mathcal{S}_2} \bar{a}(p^*, q) \;=\; \max_{p \in \mathcal{S}_1} \min_{q \in \mathcal{S}_2} \bar{a}(p,q) \;=\; \bar{v} \;=\; \min_{q \in \mathcal{S}_2} \max_{p \in \mathcal{S}_1} \bar{a}(p,q) \;=\; \max_{p \in \mathcal{S}_1} \bar{a}(p, q^*).$$

Beweis. Wir setzen zunächst voraus, dass die Matrix A nur positive Einträge besitzt. Ist dies nicht der Fall, so addieren wir eine hinreichend große Konstante c auf alle Matrixeinträge. Dadurch ändert sich der Spielwert zu $\bar{v} + c$, die optimalen Strategien bleiben aber unverändert.

Der Grund für diese Voraussetzung besteht darin, dass dann der Vektor y mit Einträgen $y_i = 1/\min\{a_{i1}, ..., a_{in}\}$, $i = 1, ..., m$, wohldefiniert und ein zulässiger Punkt von

$$D: \quad \min\, e^\mathsf{T} y \quad \text{s.t.} \quad A^\mathsf{T} y \geq e,\; y \geq 0$$

ist. Ferner ist $x = 0$ ein zulässiger Punkt von

$$P: \quad \max\, e^\mathsf{T} x \quad \text{s.t.} \quad Ax \leq e,\; x \geq 0.$$

Nach dem schwachen Dualitätssatz (Satz 1.17) besitzt also sowohl P einen optimalen Punkt x^* als auch D einen optimalen Punkt y^*. Der gemeinsame Optimalwert z^* von P und D erfüllt $z^* = e^\mathsf{T} y^* \geq 0$, könnte wegen $y^* \geq 0$ aber nur für $y^* = 0$ selbst verschwinden. Dies ist durch die Restriktionen von D ausgeschlossen, so dass sogar $z^* > 0$ gilt.

Wir dürfen daher durch z^* dividieren und setzen $p^* := y^*/z^*$ sowie $q^* := x^*/z^*$. Man überlegt sich leicht, dass $p^* \in \mathcal{S}_1$ und $q^* \in \mathcal{S}_2$ gilt, dass also p^* und q^* gemischte Strategien sind. Wir zeigen im Folgenden, dass sie tatsächlich sogar ein Paar von Gleichgewichtsstrategien sind. Für alle $p \in \mathcal{S}_1$ gilt

$$\bar{a}(p, q^*) \;=\; p^\mathsf{T} A q^* \;=\; \frac{1}{z^*} p^\mathsf{T} A x^* \;\leq\; \frac{1}{z^*} p^\mathsf{T} e \;=\; \frac{1}{z^*},$$

und für alle $q \in \mathcal{S}_2$ gilt

$$\bar{a}(p^*, q) \;=\; q^\mathsf{T} A^\mathsf{T} p^* \;=\; \frac{1}{z^*} q^\mathsf{T} A^\mathsf{T} y^* \;\geq\; \frac{1}{z^*} q^\mathsf{T} e \;=\; \frac{1}{z^*}.$$

Insbesondere folgt $\bar{a}(p^*, q^*) = 1/z^*$, so dass wir den Spielwert $\bar{v} = 1/z^* > 0$ erhalten und (p^*, q^*) ein Paar von Gleichgewichtsstrategien ist. Hieraus folgen auch sofort die restlichen Behauptungen des Satzes. □

Der Beweis von Satz 2.14 ist in dem Sinne konstruktiv, dass er auf einen Algorithmus zur Berechnung von Gleichgewichtsstrategien führt. Erforderlich ist dafür lediglich das Lösen von linearen Optimierungsproblemen.

Korollar 2.15.

Es liege ein Spiel $\Gamma = (\Sigma_1, \Sigma_2, A)$ mit $a_{ij} > 0$ für alle i, j vor. Der Punkt x^* sei optimal für P, der Punkt y^* sei optimal für D, und der gemeinsame Optimalwert sei z^*. Dann ist $(p^*, q^*) = (y^*/z^*, x^*/z^*)$ ein Paar von Gleichgewichtsstrategien für die gemischte Erweiterung von Γ mit Spielwert $\bar{v} = 1/z^*$.

Beispiel 2.30 (Beispiel 2.29 - Fortsetzung 1).

Da A negative Elemente a_{ij} enthält, gehen wir zu $A' = (a_{ij} + 2)$ über und bestimmen (p^*, q^*) sowie $v' = \bar{v} + 2$ mit Hilfe des erweiterten Simplex-Tableaus.

	x_1	x_2	x_3		
z	-1	-1	-1	0	
x_4	2	3	1	1	y_1
x_5	1	2	3	1	y_2
x_6	3	1	2	1	y_3
	y_4	y_5	y_6	v	

Anfangstableau

	x_6	x_4	x_5		
z	$\frac{1}{6}$	$\frac{1}{6}$	$\frac{1}{6}$	$\frac{1}{2}$	
x_2				$\frac{1}{6}$	y_5
x_3				$\frac{1}{6}$	y_6
x_1				$\frac{1}{6}$	y_4
	y_3	y_1	y_2	v	

Endtableau

Dem Endtableau entnehmen wir $\bar{v} = \bar{v}' - 2 = 1/z^* - 2 = 0$ sowie $p^* = q^* = 2(1/6, 1/6, 1/6)^\mathsf{T} = (1/3, 1/3, 1/3)^\mathsf{T}$.

Ein Spiel mit $\bar{v} = 0$ bezeichnet man auch als **fair**. Verhalten sich beide Spieler optimal, so wählen sie ihre Strategien $i \in \{1, 2, 3\}$ bzw. $j \in \{1, 2, 3\}$ jeweils mit Wahrscheinlichkeit $1/3$. ◊

3

Graphentheorie

Die Graphentheorie ist eine relativ neue und sich schnell entwickelnde Disziplin. Sie wird der diskreten Mathematik zugerechnet und hat inzwischen einen enormen Einfluss auf viele mathematische und außermathematische Bereiche erlangt. Erkenntnisse der Graphentheorie bilden den Kern von Navigationssystemen, von Projektplanungssoftware und ermöglichen das Erforschen sozialer Netzwerke. Ein weiterer Anwendungsschwerpunkt der Graphentheorie liegt in der Transportplanung. Beispielsweise besitzt ein im süddeutschen Raum agierender Computer-Händler ein Filialnetz wie in Abbildung 3.1 dargestellt. Da er Transporte zwischen den einzelnen Filialen und dem Lager in Pforzheim durchzuführen hat, möchte er kostenminimale Wege zwischen den einzelnen Filialen und dem Lager bestimmen.

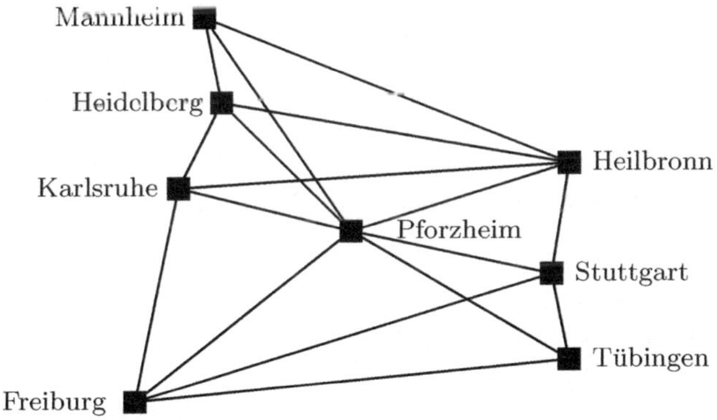

Abb. 3.1. Filialnetz eines süddeutschen Computer-Händlers.

In diesem Kapitel wollen wir die grundlegenden Eigenschaften von Graphen und die dazu gehörenden Algorithmen kennenlernen.

3.1 Grundlagen der Graphentheorie: Begriffe und Definitionen

In der Graphentheorie ist ein **Graph** G ein Paar $G = (V, E)$. Dabei stellt $V = \{v_1, \ldots, v_n\}$ eine nichtleere und, falls nicht anders vermerkt, endliche Menge dar, deren Elemente man als **Knoten** (engl.: vertices) bezeichnet. Die Elemente der Menge $E = \{e_1, \ldots, e_m\}$ heißen **Kanten** (engl.: edges). V bezeichnet man auch als **Knotenmenge** und E als **Kantenmenge** von G.

Jedem Element aus E, d.h. jeder Kante, wird durch eine sogenannte **Inzidenzabbildung** ω ein Knotenpaar $i, j \in V$ zugeordnet. Ist das einer Kante $e \in E$ zugewiesene Knotenpaar $i, j \in V$ ungeordnet, so bezeichnet man den Graphen $G = [V, E]$ als **ungerichteten Graphen**. Die Elemente aus E heißen dann **Kanten**. Eine Kante $e \in E$, die aus den Knoten i und j besteht, wird in der Form $[i, j]$ notiert. Die Knoten i und j heißen **Endknoten** von e. Besitzen die Elemente aus E hingegen eine Richtung, so spricht man von einem **gerichteten Graphen** $G = (V, E)$. Einen gerichteten Graphen bezeichnet man oft auch als **Digraphen** (engl.: directed graph). Die Elemente aus E heißen entsprechend **gerichtete Kanten** oder **Pfeile**. Eine Kante $e \in E$, die in Knoten i beginnt und in Knoten j endet, wird in der Form (i, j) notiert. Die Knoten i und j heißen **Anfangs- bzw. Endknoten** von e. Abbildung 3.2 zeigt Beispiele für einen ungerichteten und einen gerichteten Graphen.

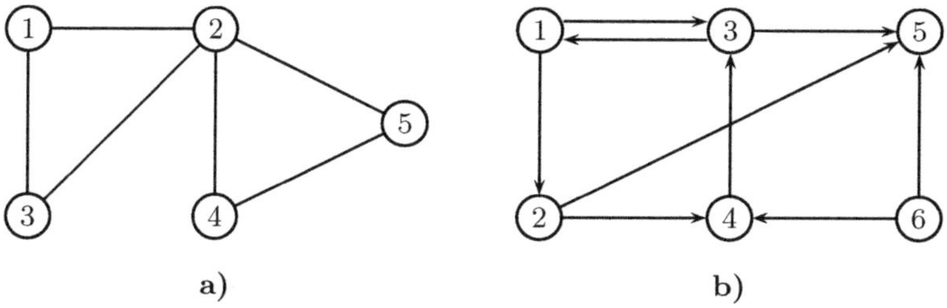

Abb. 3.2. a) Ungerichteter und **b)** gerichteter Graph.

Zwei gerichtete Kanten $e = (i, j)$ und $e' = (i, j)$, die dieselben Knoten verbinden, heißen **parallel**, und eine gerichtete Kante $e = (i, i)$ von Knoten i zu Knoten i heißt **Schlinge**. Ein gerichteter Graph, der keine parallelen gerichteten Kanten und keine Schlingen enthält, heißt **schlicht**. In einem ungerichteten Graphen definiert man Schlichtheit auf analoge Weise. Wir betrachten im Folgenden stets schlichte Graphen, wenn nichts anderes erwähnt wird.

Ein Knoten $v \in V$ und eine Kante $e \in E$ sind **inzident**, wenn v Anfangs- oder Endknoten von e ist. Sind zwei Knoten $a, b \in V$ mit derselben Kante $e \in E$ inzident, so heißen a und b **benachbart** oder **adjazent**. In einem gerichteten Graphen bezeichnet man für die gerichtete Kante (i, j) den Knoten i als (unmittelbaren) **Vorgänger** von j und j als (unmittelbaren) **Nachfolger** von i. Die Menge aller Vorgänger eines Knotens i wird mit $V(i)$ und die Menge aller Nachfolger von i mit

$N(i)$ notiert. Weiterhin sei $NB(i) = V(i) \cup N(i)$ die Menge der **Nachbarn** von i. Einen Knoten i mit $V(i) = \emptyset$ nennt man **Quelle**, einen Knoten i mit $N(i) = \emptyset$ **Senke** des Graphen. In einem ungerichteten Graphen kann man das Prinzip der Nachbarschaft analog definieren.

Die Anzahl $deg(i)$ der mit einem Knoten i inzidenten Kanten nennt man **Grad des Knotens** oder **Knotengrad**. In einem schlichten ungerichteten Graphen $G = [V, E]$ entspricht der Knotengrad von Knoten i gerade der Anzahl seiner Nachbarn, d.h.

$$deg(i) = |NB(i)| \qquad (i \in V).$$

In einem schlichten gerichteten Graphen muss dies nicht der Fall sein.

Ein schlichter gerichteter Graph heißt **vollständig**, wenn für jedes Knotenpaar $i, j \in V$ die gerichteten Kanten (i, j) und (j, i) existieren. Der vollständige Digraph K_n mit $|V| = n$ enthält als Kanten somit alle zweielementigen Teilmengen von V und besitzt $n(n-1)$ gerichtete Kanten. Analog dazu nennt man einen schlichten ungerichteten Graphen vollständig, wenn für jedes Knotenpaar $i, j \in V$ eine Kante $[i, j]$ existiert. Der schlichte ungerichtete vollständige Graph K_n mit n Knoten hat $n(n-1)/2$ Kanten (warum?).

In einem gerichteten Graphen ist ein **(gerichteter) Weg** (engl.: directed path) eine Knotenfolge $P = (v_1, v_2, \ldots, v_k)$ mit $k \in \mathbb{N}$, wobei $v_i \in V$ für $i = 1, 2, \ldots, k$ Knoten von G sind, so dass für v_i mit $i = 1, 2, \ldots, k-1$ jeweils eine Kante $e = (v_i, v_{i+1}) \in E$ existiert. Lässt man hingegen in der Knotenfolge $P = (v_1, v_2, \ldots, v_k)$ beliebige Kantenrichtungen zu, d.h. existiert für v_i mit $i = 1, 2, \ldots, k-1$ jeweils entweder eine Kante $e = (v_i, v_{i+1}) \in E$ oder $e = (v_{i+1}, v_i) \in E$, so bezeichnet man P als **ungerichteten Weg** (engl.: undirected path). Einen Weg mit $v_1 = v_k$ bezeichnet man als **geschlossenen Weg** oder **Kreis** (engl.: directed cycle). Ein ungerichteter Weg mit $v_1 = v_k$ heißt **geschlossener ungerichteter Weg** oder **ungerichteter Kreis** (engl.: undirected cycle). Für ungerichtete Graphen lassen sich die Begriffe Weg und geschlossener Weg bzw. Kreis analog definieren. Einen gerichteten bzw. ungerichteten Graphen ohne Kreis nennt man **kreisfrei**.

Beispiel 3.1.

Der ungerichtete Graph in Abbildung 3.2 a) besitzt beispielsweise den Weg $W = [1, 3, 2, 4, 5]$ und den Kreis $K = [1, 3, 2, 1]$. Im gerichteten Graphen aus Abbildung 3.2 b) findet man z.B. den ungerichteten Weg $W = (4, 6, 5, 2, 1)$, den ungerichteten Kreis $C = (1, 3, 5, 6, 4, 2, 1)$, den Weg $P = (1, 2, 4, 3, 5)$ und den Kreis $K = (3, 1, 2, 4, 3)$. ◊

Ein gerichteter Graph $G = (V, E)$ heißt **zusammenhängend**, wenn jedes Knotenpaar $i, j \in V$ durch mindestens einen ungerichteten Weg $C = (i, \ldots, j)$ verbunden ist. Einen ungerichteten Graphen $G = [V, E]$ nennt man zusammenhängend, wenn jedes Knotenpaar durch mindestens einen Weg $C = [i, \ldots, j]$ verbunden ist. Ein aus einem Knoten bestehender Graph ist ebenfalls zusammenhängend. Weiterhin bezeichnet man zusammenhängende Teile von G als **Zusammenhangskomponenten**. Man nennt einen Knoten **isoliert**, wenn er der einzige Knoten einer Zusammenhangskomponente von G ist.

Eine naheliegende Frage ist nun, wie viele Kanten in einem Graphen mindestens benötigt werden um einen zusammenhängenden Graphen zu erhalten. Fügt man allerdings zu viele Kanten zu einem Graphen hinzu, so lassen sich kaum noch Kreise vermeiden. Das folgende Resultat gibt auf diese Fragen eine erschöpfende Antwort.

Satz 3.1.

Sei $G = (V, E)$ *bzw.* $G = [V, E]$ *ein Graph mit* $|V| = n$. *Dann folgt aus zwei der drei folgenden Bedingungen jeweils die dritte Bedingung:*

a) G *ist zusammenhängend,*
b) G *ist kreisfrei,*
c) G *hat* $n - 1$ *Kanten.*

Um Satz 3.1 beweisen zu können, werden zunächst die folgenden beiden Hilfsresultate benötigt.

Lemma 3.2.

Sei $G = (V, E)$ *bzw.* $G = [V, E]$ *ein zusammenhängender Graph mit* $|V| = n$. *Dann ist* $|E| \geq n - 1$.

Beweis. Der Beweis erfolgt per vollständiger Induktion über n. Sei für den Induktionsanfang zunächst $n = 1$. Dann ist die Behauptung erfüllt, da der Graph keine Kanten besitzt. Im Induktionsschritt ist bei geltender Behauptung für $n - 1$ (Induktionsannahme) die Gültigkeit für n zu zeigen. Sei hierzu $G = (V, E)$ ein zusammenhängender Graph mit $|V| \geq 2$. Wählt man ein $v \in V$ und betrachtet den Graphen $H := G \backslash \{v\}$ (hierunter versteht man den Graphen, der aus G durch Entfernen des Knotens v und aller mit ihm inzidenten Kanten entsteht), so ist dieser nicht notwendigerweise zusammenhängend. Hat H nun k Zusammenhangskomponenten Z_i, so gilt $n_1 + \ldots + n_k = n - 1$. Nach Induktionsannahme hat Z_i $(i = 1, \ldots, k)$ mindestens $n_i - 1$ Kanten. Da v in G mit jeder Zusammenhangskomponente Z_i $(i = 1, \ldots, k)$ durch mindestens eine Kante verbunden ist, folgt

$$|E| \geq (n_1 - 1) + \ldots + (n_k - 1) + k = n - 1.$$

□

Lemma 3.3.

Sei $G = (V, E)$ *bzw.* $G = [V, E]$ *ein kreisfreier Graph mit* $|V| = n$. *Dann ist* $|E| \leq n - 1$.

Beweis. Um das Lemma zu beweisen, wird eine vollständige Induktion über n durchgeführt. Beim Induktionsanfang ($n = 1$) ist die Kantenmenge leer und die Behauptung somit erfüllt. Für den Induktionsschritt wähle man eine Kante $e = [a, b] \in E$. Dann hat $H := G \backslash \{e\}$ (hierunter versteht man den Graphen, der aus G durch Entfernen von Kante e entsteht) genau eine Zusammenhangskomponente mehr als G, denn wenn es immer noch einen Pfad in H von a nach b gäbe, so würde dieser Pfad zusammen mit e einen Kreis in G darstellen. Somit kann H in zusammenhängende kreisfreie Graphen $H_1, \dots H_k$ mit $k \geq 2$ zerlegt werden. Nach Induktionsannahme gilt $|E(H_i)| \leq n_i - 1$ mit $|V(H_i)| = n_i$. Daraus lässt sich folgern, dass

$$|E(G)| \leq (n_1 - 1) + \dots + (n_k - 1) + 1 = (n_1 + \dots + n_k) - (k - 1) \leq n - 1$$

gilt. □

Wir können nun den Beweis zu Satz 3.1 führen.

Beweis (Satz 3.1). a), b) $\Rightarrow$ c): Da nach Lemma 3.2 $|E| \geq n - 1$ und nach Lemma 3.3 $|E| \leq n - 1$ gilt, folgt $|E| = n - 1$ und damit Teil c).

a), c) $\Rightarrow$ b): Angenommen G enthalte einen Kreis C. Dann muss der Graph $H := G \backslash \{e\}$ mit $e \in C$ ein zusammenhängender Graph mit n Knoten und $n - 2$ Kanten sein. Dies ist ein Widerspruch zu Lemma 3.2, und folglich muss Teil b) gelten.

b), c) $\Rightarrow$ a): Lemma 3.3 impliziert, dass G keinen isolierten Knoten enthalten kann, da andernfalls dieser Knoten entfernt werden könnte und man einen kreisfreien Graphen mit $n-1$ Knoten und $n-1$ Kanten erhalten würde. Im Falle $deg(v) \geq 2$ für alle $v \in V$ wäre $|E| \geq n$. Dies stellt einen Widerspruch zu Lemma 3.3 dar. Somit muss ein $v \in V$ mit $deg(v) = 1$ existieren. Weiterhin ist $G \backslash \{v\}$ ein kreisfreier Graph mit $n - 1$ Knoten und $n - 2$ Kanten. Nun kann man die Behauptung per vollständiger Induktion über n beweisen: Für $n = 1, 2$ ist die Aussage wahr. Um vom Fall $n - 1$ auf den Fall n schließen zu können, reduziere man den Graphen wie aufgezeigt auf einen kreisfreien Graphen mit $n - 1$ Knoten und füge v mit $deg(v) = 1$ wieder hinzu. □

Einen gerichteten bzw. ungerichteten Graphen G mit n Knoten nennt man einen **Baum**, wenn zwei der drei Eigenschaften aus Satz 3.1 erfüllt sind.

Für jedes Knotenpaar $i, j \in V$ (mit $i \neq j$) eines Baumes in einem ungerichteten Graphen existiert genau ein Weg $C = [i, \dots, j]$, der diese beiden Knoten verbindet. Einen Knoten eines Baumes mit Knotengrad 1 nennt man **Blatt**. Abbildung 3.3 zeigt Beispiele für Bäume mit ihren zugehörigen Blättern als eingefärbte Knoten.

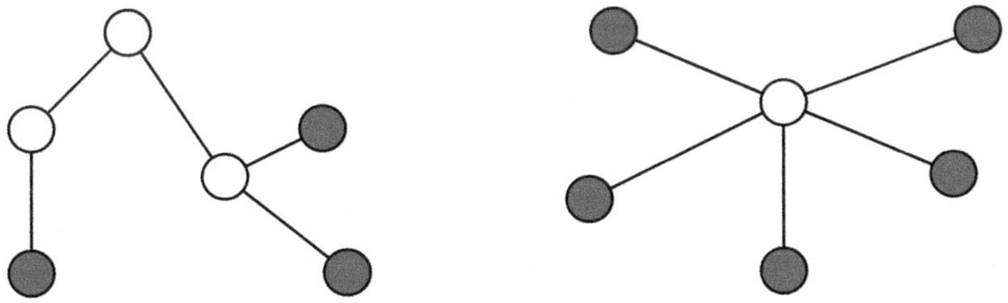

Abb. 3.3. Beispiele für Bäume.

Einen zusammenhängenden ungerichteten Graphen, der genau einen Kreis enthält, nennt man **1–Baum** (engl.: unicyclic). Dabei ist ein Knoten $i_0 \in V$ vorgegeben, der zum Kreis gehört und Knotengrad 2 besitzt. Abbildung 3.4 illustriert die Begriffsbildung des 1-Baums. 1-Bäume können bei der Lösung verschiedener kombinatorischer Optimierungsprobleme als Hilfsmittel eingesetzt werden.

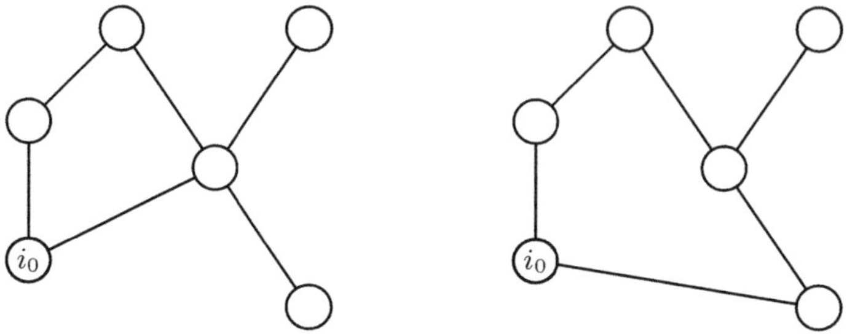

Abb. 3.4. Beispiele für 1-Bäume.

Sei $G = [V, E]$ ein zusammenhängender ungerichteter Graph. Einen Graphen $G' = [V', E']$ mit $V' \subseteq V$ und $E' \subseteq E$ nennt man **Teilgraphen** von G. Einen Teilgraphen von G mit $V' = V$, der die Eigenschaften eines Baumes erfüllt, nennt man **spannenden Baum** von G. Einen zusammenhängenden Teilgraphen von G, der zusätzlich die Eigenschaften eines 1-Baumes erfüllt, nennt man (spannenden) 1-Baum von G.

Ordnet man den Kanten eines gerichteten bzw. ungerichteten Graphen eine Bewertung $c(i, j)$ bzw. $c[i, j]$ zu, so spricht man von einem (**pfeil-** bzw. **kanten-**) **bewerteten Graphen**. Bewertete Graphen bezeichnet man mit $G = (V, E, c)$ bzw. $G = [V, E, c]$. Anstatt oder zusätzlich zu einer Pfeil- oder Kantenbewertung kann ein Graph auch eine oder mehrere **Knotenbewertungen** besitzen.

Besitzt ein bewerteter gerichteter Graph $G = (V, E, c)$ den Weg $P = (v_1, \ldots, v_k)$, dann heißt

$$c(P) := \sum_{i=1}^{k-1} c(v_i, v_{i+1})$$

die **Länge des Weges** P. Einen Weg P^*_{ij} von Knoten i zu Knoten j, der für alle anderen Wege P_{ij} von i nach j in G die Ungleichung

$$c(P^*_{ij}) \leq c(P_{ij})$$

erfüllt, bezeichnet man als **kürzesten Weg** von Knoten i zu Knoten j. Dabei nennt man $c(P^*_{ij})$ die **Entfernung** von i nach j. Für ungerichtete Graphen lassen sich kürzeste Wege analog definieren.

Beispiel 3.2.

Betrachten Sie den Graphen in Abbildung 3.5. Der Weg $P = (2, 4, 3, 5)$ hat die Länge 50 und ist der kürzeste Weg von Knoten 2 zu Knoten 5.

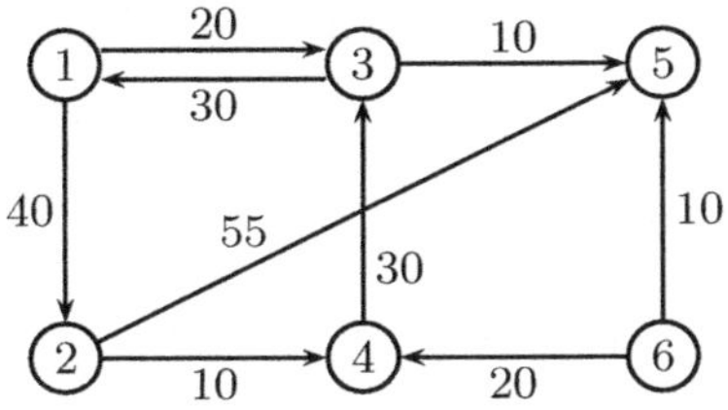

Abb. 3.5. Graph zu Beispiel 3.2.

◊

Sei $G = [V, E, c]$ ein zusammenhängender bewerteter und ungerichteter Graph. Als **minimalen spannenden Baum** von G bezeichnet man einen spannenden Baum $T^* = [V, E^*]$ von G, der die minimale Summe an Kantenbewertungen unter allen spannenden Bäumen von G besitzt. Ist weiterhin ein Knoten $i_0 \in V$ gegeben, so nennt man einen 1-Baum einen **minimalen 1-Baum** von G mit i_0, wenn es keinen anderen 1-Baum von G mit i_0 gibt, der eine geringere Summe an Kantenbewertungen aufweist.

3.2 Kürzeste Wege in Graphen

Da nun die Konzepte zum Bewegen in Graphen bereit gestellt sind, fragt man sich getreu dem ökonomischen Prinzip, wie man mit möglichst wenig Aufwand von einem Startknoten zu einem Zielknoten gelangen kann. Diese Frage, deren Antwort auch der Kern jedes Navigationssystems ist, wird in diesem Abschnitt beantwortet.

Grundsätzlich lassen sich die Verfahren zur Bestimmung von kürzesten Wegen in Graphen in zwei Klassen unterteilen: Mit den Algorithmen für das **Single-Source-Shortest-Path Problem** lassen sich die Entfernungen und kürzesten Wege von einem ausgewählten Startknoten zu allen anderen Knoten berechnen. Algorithmen für das **All-Pairs-Shortest-Paths Problem** hingegen sind sogar in der Lage, simultan die kürzesten Wege und Entfernungen zwischen allen Paaren von Knoten des Graphen zu bestimmen.

Die nachfolgenden Algorithmen für Kürzeste-Wege-Probleme basieren auf der Gültigkeit des **Optimalitätsprinzips von Bellman** (vgl. [4] und Kap. 8). Dieses besagt, dass sich jede optimale Lösung aus optimalen Teillösungen zusammensetzt. Somit besteht jeder Teilweg eines kürzesten Weges selbst aus kürzesten Wegen. Dies lässt sich wie folgt einsehen: Jeder kürzeste Weg von einem Knoten a aus zu einem anderen Knoten i enthält eine letzte Kante (h, i). Dann muss sich durch Weglassen dieser Kante ein kürzester Weg von a nach h ergeben. Somit müssen für die Entfernungen $D(i)$ von a nach i die **Bellmanschen Gleichungen**

$$D(a) = 0 \text{ und } D(i) = \min\{D(h) + c_{hi} | i \neq h\}$$

gelten. Diese werden durch die nachfolgenden Algorithmen gelöst.

3.2.1 Algorithmen für das Single-Source-Shortest-Path Problem

Zur Lösung des Single-Source-Shortest-Path Problems werden sogenannte Baumalgorithmen eingesetzt. Gegeben sei hierzu ein bewerteter gerichteter Graph $G = (V, E, c)$ mit $|V| = n$. Weiterhin sei $a \in V$ ein ausgewählter Knoten. Zur Bestimmung der Entfernungen und kürzesten Wege von a zu allen anderen Knoten in V werden nun die Vektoren D und R mit n Einträgen eingesetzt. Dabei bezeichnet $D(i)$ die Entfernung von Knoten a zu Knoten i, und $R(i)$ gibt den direkten Vorgänger von Knoten i auf einem kürzesten Weg von Knoten a zu Knoten i an.

Grundsätzliche Vorgehensweise

Setze zu Beginn $D(a) = 0$ und $D(i) = \infty$ für alle $i \neq a$. Weiterhin sei $MK = \{a\}$, wobei MK eine Menge markierter Knoten ist. Wähle nun einen Knoten $h \in MK$ und prüfe für jeden unmittelbaren Nachfolger $j \in N(h)$ von h, ob die Entfernung von a über h nach j kürzer als die bisher kürzeste gefundene Entfernung von a nach j ist, d.h. ob gilt

$$D(h) + c_{hj} < D(j).$$

Wenn ja, so verringere $D(j)$ entsprechend, setze h als direkten Vorgänger von j, d.h. $R(j) = h$, und füge j zu MK hinzu. Das Verfahren endet, sobald alle Knoten aus MK abgearbeitet sind.

Der Dijkstra-Algorithmus

Bei der Wahl des Knotens h aus der Menge MK verfolgt der Dijkstra-Algorithmus ([8]) eine sogenannte Greedy-Strategie: Er wählt immer denjenigen Knoten aus MK, der die geringste Entfernung zum Startknoten a aufweist. Man beachte, dass beim Dijkstra-Algorithmus alle Kantengewichtungen nichtnegativ sein müssen. Man erhält Algorithmus 3.1.

Beispiel 3.3 (Beispiel 3.2 - Fortsetzung 1).

Der Startknoten sei $a = 1$. Der Dijkstra-Algorithmus verläuft dann wie folgt:

Initialisierung:

i	1	2	3	4	5	6
$D(i)$	0	∞	∞	∞	∞	∞

$MK = \{1\}$

1. Iteration:

$h = 1$

i	1	2	3	4	5	6
$D(i)$	0	40	20	∞	∞	∞
$R(i)$		1	1			

$MK = \{2, 3\}$

2. Iteration:

$h = 3$

i	1	2	3	4	5	6
$D(i)$	0	40	20	∞	30	∞
$R(i)$		1	1		3	

$MK = \{2, 5\}$

Algorithmus 3.1: Dijkstra-Algorithmus

Input : Digraph $G = (V, E, c)$ mit $|V| = n$ und $c_{ij} \geq 0$ für alle $(i, j) \in E$, Startknoten $a \in V$

```
begin
    MK := {a}, D(a) := 0, D(i) := ∞ für alle i ≠ a
    while MK ≠ ∅ do
        Bestimme h = arg min_{i∈MK} D(i)
        forall j ∈ N(h) do
            if D(j) > D(h) + c_hj then
                D(j) := D(h) + c_hj, R(j) := h, MK := MK ∪ {j}
            end
        end
        MK := MK\{h}
    end
end
```

Output : $D(i)$ ist die kürzeste Weglänge von a nach i, $R(i)$ ist der direkte Vorgänger von i auf einem kürzestem Weg von a nach i

3. Iteration:

$h = 5$

i	1	2	3	4	5	6
$D(i)$	0	40	20	∞	30	∞
$R(i)$		1	1		3	

$MK = \{2\}$

4. Iteration:

$h = 2$

i	1	2	3	4	5	6
$D(i)$	0	40	20	50	30	∞
$R(i)$		1	1	2	3	

$MK = \{4\}$

5. Iteration:

$h = 4$

i	1	2	3	4	5	6
$D(i)$	0	40	20	50	30	∞
$R(i)$		1	1	2	3	

$MK = \emptyset$

Der sich ergebende Baum der kürzesten Wege ist in Abbildung 3.6 dargestellt.

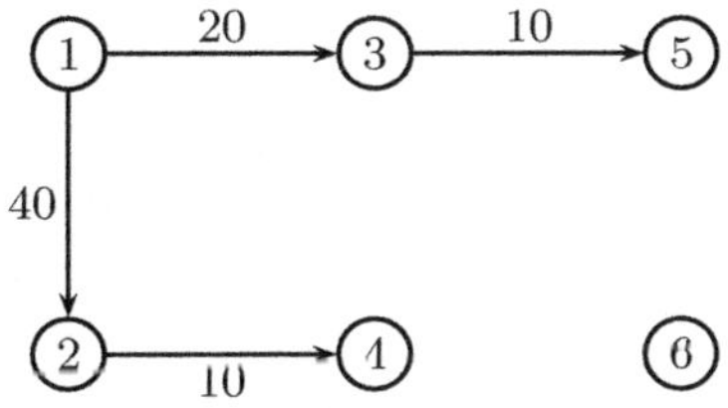

Abb. 3.6. Baum kürzester Wege.

◊

Der Breadth-First-Algorithmus

Beim Breadth-First-Algorithmus ([37]) handelt es sich um einen Baumalgorithmus für Digraphen ohne Kreise negativer Länge. Im Gegensatz zum Dijkstra-Algorithmus dürfen Kantengewichte nun auch negativ sein.

Die Menge der markierten Knoten wird in einer **Queue** Q gespeichert. Als Queue oder (Warte-)Schlange bezeichnet man eine Datenstruktur, bei der das Hinzufügen eines Elements nur am Ende und das Entnehmen eines Elements nur am Anfang der Queue möglich ist. Das aktuell erste Element einer Queue heißt Queueanfang Q_A, das aktuell letzte Element wird als Queueende Q_E bezeichnet. $S(i)$ gibt den Nachfolger von Knoten i in der Queue an. Der Wert von $S(i)$ für $i = Q_E$ sowie für alle i, die vor Q_A in die Queue gekommen sind, ist hinfällig. Da die Elemente nur in der Reihenfolge ihrer Aufnahme aus der Queue entnommen werden, spiegelt eine Queue das sogenannte **First-In-First-Out-(FIFO)**-Prinzip wider.

Anders als beim Dijkstra-Algorithmus wird in jeder Iteration des Breadth-First-Algorithmus nicht derjenige Knoten mit minimaler Distanz zum Startknoten a betrachtet, sondern derjenige Knoten, der dem Queueanfang Q_A entspricht. Knoten, die neu in die Menge der markierten Knoten kommen, werden an das Ende der Schlange angehängt und entsprechen somit Q_E. Hat man eine Iteration beendet, so wird durch $Q_A = S(Q_A)$ als nächstes der neue Queueanfang gewählt. Das Verfahren endet, sobald $Q_A = Q_E$ gilt. Da der Algorithmus somit zuerst alle Nachbarknoten des Startknotens (erste Ebene), dann alle Nachbarknoten der Nachbarn des Startknotens (zweite Ebene) usw. abarbeitet, geht der Algorithmus in die Breite. Hiervon leitet sich die Bezeichnung **Breadth-First** ab. Das Vorgehen ist in Algorithmus 3.2 angegeben.

Beispiel 3.4 (Beispiel 3.2 - Fortsetzung 2).

Der Startknoten sei $a = 1$. Dann erhält man in den einzelnen Iterationen folgende Tabellen:

Initialisierung:

i	1	2	3	4	5	6
$D(i)$	0	∞	∞	∞	∞	∞

$$Q_A = 1, Q_E = 1, Q = [1]$$

1. Iteration ($Q = [1], Q_A = 1$):

$j = 2$

i	1	2	3	4	5	6
$D(i)$	0	40	∞	∞	∞	∞
$R(i)$		1				
$S(i)$	2					

$$Q = [1, 2], Q_E = 2$$

$j = 3$

i	1	2	3	4	5	6
$D(i)$	0	40	20	∞	∞	∞
$R(i)$		1	1			
$S(i)$	2	3				

$$Q = [1, 2, 3], Q_E = 3$$

Algorithmus 3.2: Breadth-First-Algorithmus

Input : Digraph $G = (V, E, c)$ mit $|V| = n$ ohne Kreis negativer Länge, Startknoten $a \in V$

```
begin
    Q_A := a, Q_E := a, D(a) := 0, D(i) := ∞ für alle i ≠ a, beendet := false
    repeat
        forall j ∈ N(Q_A) do
            if D(j) > D(Q_A) + c_{Q_A j} then
                D(j) := D(Q_A) + c_{Q_A j}, R(j) := Q_A
                if j ∉ Q then
                    S(Q_E) := j, Q_E := j
                end
            end
        end
        if Q_A ≠ Q_E then
            Q_A := S(Q_A)
        else
            beendet := true
        end
    until beendet
end
```

Output : $D(i)$ ist die kürzeste Weglänge von a nach i, $R(i)$ ist der direkte Vorgänger von i auf einem kürzestem Weg von a nach i

2. Iteration ($Q = [2, 3], Q_A = 2$):

$j = 4$

i	1	2	3	4	5	6
$D(i)$	0	40	20	50	∞	∞
$R(i)$		1	1	2		
$S(i)$		3	4			

$Q = [2, 3, 4], Q_E = 4$

$j = 5$

i	1	2	3	4	5	6
$D(i)$	0	40	20	50	95	∞
$R(i)$		1	1	2	2	
$S(i)$		3	4	5		

$Q = [2, 3, 4, 5], Q_E = 5$

3. Iteration ($Q = [3, 4, 5], Q_A = 3$):

$j = 1$

i	1	2	3	4	5	6
$D(i)$	0	40	20	50	95	∞
$R(i)$		1	1	2	2	
$S(i)$			4	5		

$Q = [3, 4, 5], Q_E = 5$

$j = 5$

i	1	2	3	4	5	6
$D(i)$	0	40	20	50	30	∞
$R(i)$		1	1	2	3	
$S(i)$			4	5		

$Q = [3, 4, 5], Q_E = 5$

4. Iteration ($Q = [4, 5], Q_A = 4$):

$j = 3$

i	1	2	3	4	5	6
$D(i)$	0	40	20	50	30	∞
$R(i)$		1	1	2	3	
$S(i)$				5		

$Q = [4, 5], Q_E = 5$

5. Iteration ($Q = [5], Q_A = 5$): Wegen $Q_E = 5$ bricht das Verfahren ab. ◊

3.2.2 Algorithmen für das All-Pairs-Shortest-Paths Problem

Der Floyd-Warshall- oder Tripel-Algorithmus

Sei $G = (V, E, c)$ ein bewerteter gerichteter Graph. Mit Hilfe des Floyd-Warshall-Algorithmus (Floyd-Algorithmus, siehe [14], [44]) können simultan alle Entfernungen und kürzesten Wege zwischen allen Knotenpaaren des Graphen bestimmt werden.

Der Algorithmus startet zunächst mit der **Kostenmatrix** $C(G) = (c_{ij})$ und der **Vorgängermatrix** $P(G) = (p_{ij})$ von G mit Einträgen

$$c_{ij} = \begin{cases} 0, & \text{wenn } i = j, \\ c(i,j), & \text{wenn } (i,j) \in E, \\ \infty, & \text{sonst.} \end{cases}$$

$$p_{ij} = \begin{cases} i, & \text{wenn } i = j \text{ oder } (i,j) \in E, \\ 0, & \text{sonst.} \end{cases}$$

Das Verfahren besteht darin, für jedes Knotentripel (i, j, k) zu testen, ob der Weg von i über j nach k kürzer ist als der bisher bekannte kürzeste Weg von i nach k (d.h. ob c_{ik} durch einen eventuell kleineren Wert $c_{ij} + c_{jk}$ ersetzt werden kann). Im Laufe des Verfahrens wird dadurch die Kostenmatrix in eine **Entfernungsmatrix** $D(G) = (d_{ij})$ und die Vorgängermatrix in eine **Routenmatrix** $R(G) = (r_{ij})$ transformiert.

Sei P^*_{ij} ein kürzester Weg von Knoten i nach Knoten j $(i, j \in V)$. Dann enthalten die Entfernungs- und Routenmatrix folgende Einträge:

$$d_{ij} = \begin{cases} 0, & \text{wenn } i = j, \\ c(P^*_{ij}), & \text{wenn es einen Weg von } i \text{ nach } j \text{ gibt,} \\ \infty, & \text{sonst.} \end{cases}$$

$$r_{ij} = \begin{cases} h, & \text{wenn } h \text{ unmittelbarer Vorgänger von } j \text{ in } P^*_{ij} \text{ ist,} \\ 0, & \text{wenn kein Weg von } i \text{ nach } j \text{ existiert.} \end{cases}$$

Algorithmus 3.3: Tripel-Algorithmus

Input : Digraph $G = (V, E, c)$ mit $|V| = n$ ohne Kreis negativer Länge, Kostenmatrix $C(G)$, Vorgängermatrix $P(G)$

```
begin
    for j = 1 to n do
        for i = 1 to n do
            for k = 1 to n do
                if c_ij + c_jk < c_ik then
                    c_ik := c_ij + c_jk, p_ik := p_jk
                end
            end
        end
    end
end
```

Output : $C(G)$ enthält $D(G)$ und $P(G)$ enthält $R(G)$

Beispiel 3.5 (Beispiel 3.2 - Fortsetzung 3).

Der betrachtete Graph besitzt die folgende Kosten- und Vorgängermatrix:

$$C(G) = \begin{bmatrix} 0 & 40 & 20 & \infty & \infty & \infty \\ \infty & 0 & \infty & 10 & 55 & \infty \\ 30 & \infty & 0 & \infty & 10 & \infty \\ \infty & \infty & 30 & 0 & \infty & \infty \\ \infty & \infty & \infty & \infty & 0 & \infty \\ \infty & \infty & \infty & 20 & 10 & 0 \end{bmatrix}, \quad P(G) = \begin{bmatrix} 1 & 1 & 1 & 0 & 0 & 0 \\ 0 & 2 & 0 & 2 & 2 & 0 \\ 3 & 0 & 3 & 0 & 3 & 0 \\ 0 & 0 & 4 & 4 & 0 & 0 \\ 0 & 0 & 0 & 0 & 5 & 0 \\ 0 & 0 & 0 & 6 & 6 & 6 \end{bmatrix}$$

Nach Anwendung des Tripel-Algorithmus ergibt sich folgende Entfernungs- und Routenmatrix:

$$D(G) = \begin{bmatrix} 0 & 40 & 20 & 50 & 30 & \infty \\ 70 & 0 & 40 & 10 & 50 & \infty \\ 30 & 70 & 0 & 80 & 10 & \infty \\ 60 & 100 & 30 & 0 & 40 & \infty \\ \infty & \infty & \infty & \infty & 0 & \infty \\ 80 & 120 & 50 & 20 & 10 & 0 \end{bmatrix}, \quad R(G) = \begin{bmatrix} 1 & 1 & 1 & 2 & 3 & 0 \\ 3 & 2 & 4 & 2 & 3 & 0 \\ 3 & 1 & 3 & 2 & 3 & 0 \\ 3 & 1 & 4 & 4 & 3 & 0 \\ 0 & 0 & 0 & 0 & 5 & 0 \\ 3 & 1 & 4 & 6 & 6 & 6 \end{bmatrix}$$

◊

Die eingeführten Verfahren zur Bestimmung kürzester Wege in Digraphen (Dijkstra-, Breadth-First- und Tripel-Algorithmus) lassen sich ohne Weiteres auch zur Bestimmung kürzester Wege in einem bewerteten ungerichteten Graphen einsetzen, indem man diesen in einen bewerteten gerichteten Graphen überführt. Hierzu ersetze man alle Kanten $[v_i, v_j]$ durch die beiden gerichteten Kanten (v_i, v_j), (v_j, v_i) und übernehme das Kantengewicht für beide gerichteten Kanten. In Abschnitt 4.3 werden wir sehen, dass man den Breadth-First-Algorithmus durch geeignete Modifikation zur Bestimmung längster Wege einsetzen kann.

3.3 Minimale spannende Bäume und 1-Bäume

Spannende Bäume sind in gewissem Sinn minimale Verbindungsstrukturen zwischen allen Knoten des entsprechenden Graphen. Haben die Kanten eine Bewertung (interpretiert als Kosten für die Installation einer Kante), so möchte man natürlich aus vielen möglichen spannenden Bäumen die kosten- günstigsten herausfinden. Dies ist auf eine erstaunlich einfache Weise möglich.

3.3.1 Bestimmung minimaler spannender Bäume

Der Kruskal-Algorithmus

Zur Bestimmung eines minimalen spannenden Baums verfolgt der Algorithmus von Kruskal ([29]) die folgende Idee: Durchlaufe die Kanten in der Reihenfolge aufsteigender Kantengewichte und füge eine Kante zur Lösung hinzu, falls diese mit allen zuvor gewählten Kanten keinen Kreis bildet.

Algorithmus 3.4: Kruskal-Algorithmus

Input : Bewerteter zusammenhängender ungerichteter Graph $G = [V, E, c]$ mit $|V| = n$ und sortierter Kantenmenge $e_1, e_2, \ldots, e_m$ mit $c(e_1) \leq c(e_2) \leq \ldots \leq c(e_m)$

begin
  $E' := \emptyset$, $i := 1$
  while $|E'| < n - 1$ **do**
    if $T = [V, E' \cup \{e_i\}]$ *enthält keinen Kreis* **then**
      $E' := E' \cup \{e_i\}$
    end
    $i := i + 1$
  end
end

Output : $T = [V, E']$ ist minimaler spannender Baum von G

Beispiel 3.6.

Gegeben sei der folgende Graph mit den Kanten $e_1 = [2,3], e_2 = [1,4], e_3 = [1,2], e_4 = [1,3], e_5 = [3,5], e_6 = [3,4], e_7 = [4,5]$ (vgl. Abb. 3.7). Der Kruskal-Algorithmus läuft dann ab wie in Abbildung 3.8 illustriert.

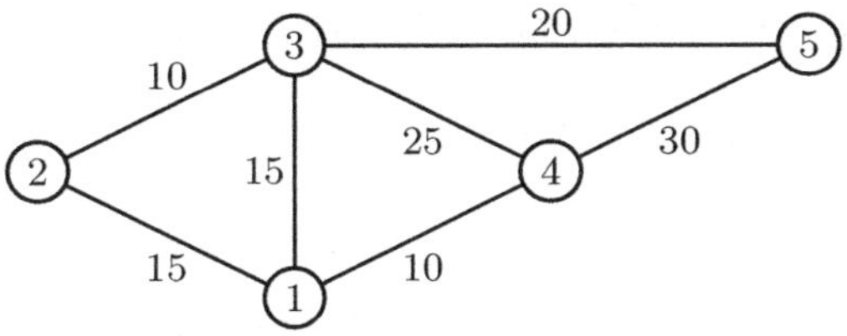

Abb. 3.7. Graph zu Beispiel 3.6.

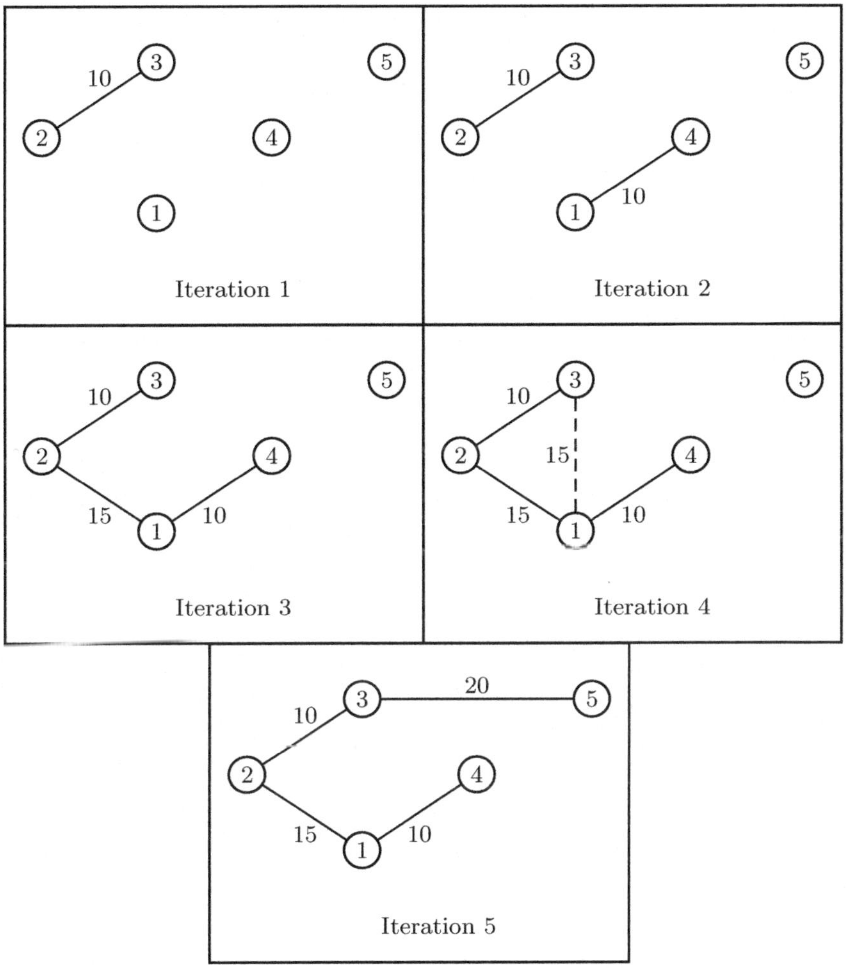

Abb. 3.8. Ablauf des Kruskal-Algorithmus.

◊

3.3.2 Bestimmung minimaler 1-Bäume eines Graphen

Minimale 1-Bäume lassen sich unter Zuhilfenahme des Kruskal-Algorithmus bestimmen.

Algorithmus 3.5: Algorithmus zur Bestimmung minimaler 1-Bäume

Input : Bewerteter zusammenhängender ungerichteter Graph $G = [V, E, c]$, Knoten $a \in V$ mit $deg(a) \geq 2$ und $G' = [V', E']$ mit $V' := V \backslash \{a\}, E' := E \backslash \{e \in E | a \in e\}$ zusammenhängend

begin

- Bestimme einen minimalen spannenden Baum $T = [V', \tilde{E}]$ von G'
- Bestimme $e_1, e_2 \in E$, so dass gilt

$$c(e_1) := \min_{\{e \in E | a \in e\}} c(e), \quad c(e_2) := \min_{\{e \in E | a \in e\} \backslash \{e_1\}} c(e)$$

- $\tilde{E} := \tilde{E} \cup \{e_1, e_2\}$

end

Output : $T = [V, \tilde{E}]$ ist minimaler 1-Baum von G mit Knoten a

---

Beispiel 3.7 (Beispiel 3.6 - Fortsetzung 1).

Zunächst ergibt sich der spannende Baum in Abbildung 3.9 a) und im Anschluss der minimale 1-Baum zu Knoten 1 in Abbildung 3.9 b).

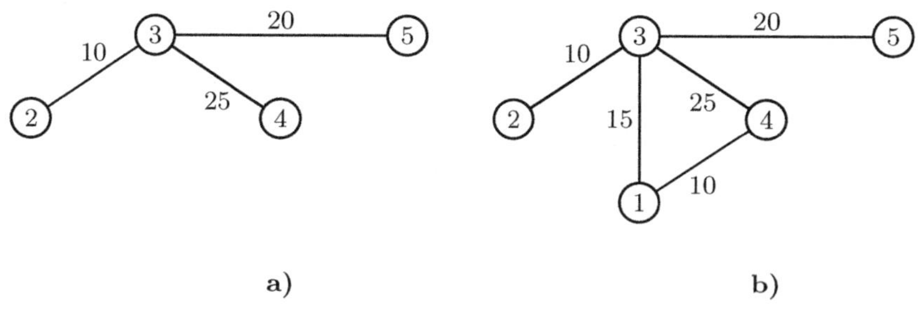

Abb. 3.9. a) Spannender Baum und **b)** minimaler 1-Baum.

◊

3.4 Eulersche und Hamiltonsche Graphen

Nachdem wir uns nun zwischen zwei Knoten in Graphen kostenminimal bewegen können und auch alle Knoten eines Graphen optimal durch einen spannenden Baum verbinden können, ist es an der Zeit, komplexere Durchquerungen von Graphen zu betrachten. Zum einen kann man versuchen, alle Kanten des Graphen zu „besuchen“ und zum anderen kann man sich dies auch für die Knoten vornehmen. Selbstverständlich möchte man dabei keine bzw. möglichst wenige Knoten oder Kanten doppelt besuchen.

3.4.1 Eulersche Graphen und das „Chinese Postman Problem“

Das Königsberger Brückenproblem (1736)

Auf Abbildung 3.10 ist die Stadt Königsberg im 18. Jahrhundert zu sehen, wobei zwei Arme des Flusses Pregel die Insel Kneiphof umfließen. Dadurch wird die Stadt in vier Teile unterteilt, die durch sieben Brücken miteinander verbunden sind. Die Bewohner der Stadt stellten sich damals folgende Frage: Gibt es einen Rundweg durch die vier Stadtteile, bei dem jede Brücke genau einmal überquert wird?

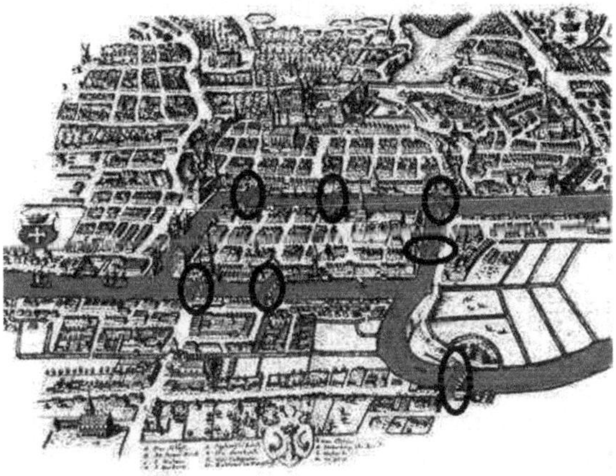

Abb. 3.10. Ansicht auf die Stadt Königsberg mit ihren sieben Brücken (schwarz umrandet).

Darstellung der Situation mit Hilfe eines Graphen

Die Bewohner von Königsberg konnten keinen Weg finden, der dieses Problem löst. Gibt es wirklich keinen solchen Weg, und wenn ja, warum? Euler, dem diese Frage zugetragen wurde, beließ es nicht bei der reinen Beantwortung der Frage, sondern entwickelte im Rahmen der Modellierung des Problems nebenbei die Grundlagen der Graphentheorie. Ein Graph zum Königsberger Brückenproblem ist in Abbildung 3.11 gegeben.

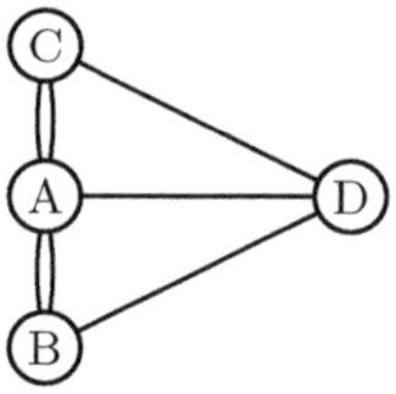

Abb. 3.11. Knoten entsprechen den Stadtteilen (z.B. Kneiphof), Kanten den verbindenden Brücken.

Eulersche Kreise und Graphen

Ein Kreis in einem zusammenhängenden ungerichteten Graphen $G = [V, E]$ heißt **Eulerscher Kreis**, wenn er jede Kante $e \in E$ genau einmal enthält. Einen zusammenhängenden ungerichteten Graph $G = [V, E]$ nennt man **Eulerschen Graphen**, wenn er einen Eulerschen Kreis enthält.

Beispiel 3.8.

Der folgende Graph ist ein Eulerscher Graph, da er z.B. den Eulerschen Kreis $[a, b, c, d, e, f, b, g, c, e, g, f, a]$ enthält.

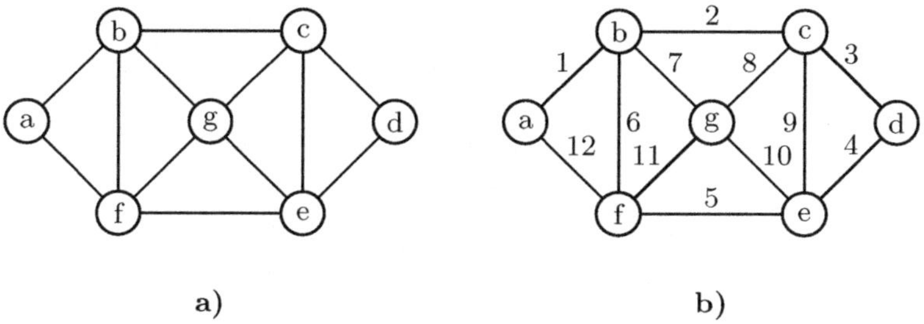

Abb. 3.12. a) Eulerscher Graph mit **b)** zugehörigem Eulerschen Kreis einschließlich der Kantenreihenfolge.

◊

Wann ist ein Graph ein Eulerscher Graph?

Ob ein Graph ein Eulerscher Graph ist oder nicht, lässt sich mit Hilfe eines einfachen Kriteriums bestimmen. Um dieses Kriterium herzuleiten, wird allerdings das folgende Resultat benötigt.

Satz 3.4.

Sei $G = [V, E]$ ein ungerichteter Graph, in dem jeder Knotengrad gerade ist. Dann lässt sich G vollständig in Kreise $C_1, C_2, \ldots, C_k$ unterteilen, die keine gemeinsamen Kanten haben.

Beweis. Bestimmung der Kreise $C_1, C_2, \ldots, C_k$: Starte in einem beliebigen Knoten v von G und laufe eine beliebige Folge von Kanten in G so ab, dass keine Kante zweimal betreten wird. Da die Knotengrade alle gerade sind, kann man jeden Knoten $v' \neq v$, der im Verlaufe des Verfahrens aufgesucht wird, mit Hilfe einer bisher nicht benutzten Kante wieder verlassen. Somit wird der Knoten v nach einer endlichen Anzahl von Schritten erneut erreicht, und es entsteht ein Kreis C_1, in dem keine Kante des Graphen G doppelt vorhanden ist. Nun entferne C_1 und alle Knoten, deren Grad dadurch auf den Wert 0 sinkt, aus G. Wiederhole das beschriebene Verfahren so lange, bis G keine Kanten mehr enthält. □

Beispiel 3.9.

Gegeben sei der Graph aus Abbildung 3.13 a). Dieser besitzt die in b) bis d) dargestellten Kreise, deren Kanten und isolierte Knoten sukzessive gelöscht werden.

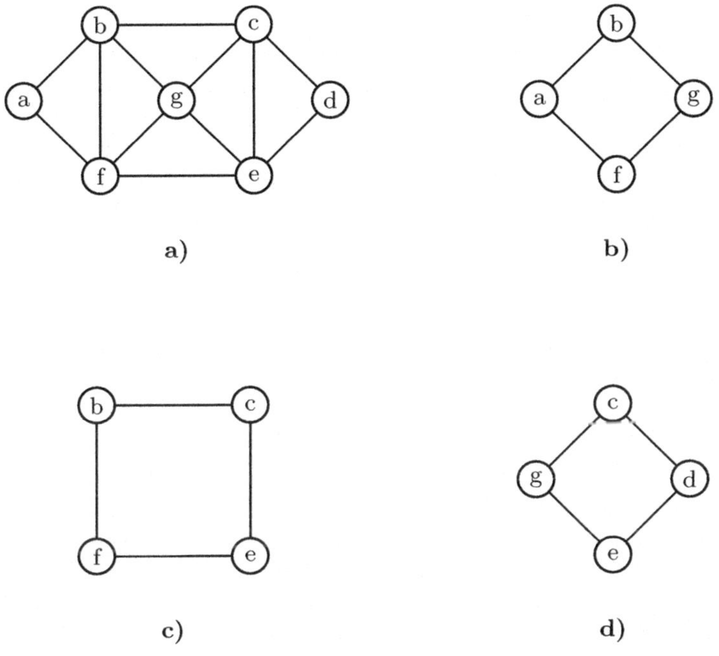

Abb. 3.13. **a)** Ursprünglicher Graph mit **b)** C_1, **c)** C_2 und **d)** C_3.

Die Unterteilung von G in Kreise ist somit durch $C_1 = [a, f, g, b, a]$, $C_2 = [b, f, e, c, b]$ und $C_3 = [g, e, d, c, g]$ gegeben. ♢

Mit Hilfe des Satzes 3.4 kann nun das folgende Resultat gezeigt werden.

Satz 3.5.

Ein zusammenhängender ungerichteter Graph $G = [V, E]$ ist genau dann ein Eulerscher Graph, wenn der Knotengrad für alle Knoten aus V gerade ist.

Beweis.
$\Rightarrow$: Zu zeigen ist, dass in einem Eulerschen Graphen alle Knotengrade gerade sind. Sei hierzu G ein Eulerscher Graph. Dann existiert nach Definition ein Eulerscher Kreis in G. Jedes Mal, wenn dieser Kreis einen Knoten v passiert, ergibt sich ein Beitrag von 2 zum Knotengrad von v. Somit ist der Knotengrad eines beliebigen Knotens v gleich 2·(Anzahl der Durchläufe des Eulerschen Kreises) und dies ist eine gerade Zahl.

$\Leftarrow$: Es ist zu zeigen, dass ein Graph, der ausschließlich Knoten mit geraden Knotengraden besitzt, ein Eulerscher Graph ist. Sei hierzu G ein zusammenhängender ungerichteter Graph, in dem jeder Knotengrad gerade ist. Dann kann G in Kreise $C_1, \ldots, C_k$ unterteilt werden, die keine gemeinsamen Kanten haben. Diese Kreise lassen sich wie folgt zu einem Eulerschen Kreis zusammenfassen: Laufe die Kanten von C_1 ab, bis ein Knoten v erreicht ist, der (o.B.d.A.) zu C_2 gehört. Laufe nun C_2 ab, bis v erneut erreicht ist und beende dann C_1. Somit entsteht ein Kreis $C_{1,2}$, der keine Kante von G doppelt benutzt und auch keine gemeinsamen Kanten mit $C_3, \ldots, C_k$ hat. Wiederhole dieses Verfahren so lange, bis nur noch ein Kreis $C_{1,\ldots,k}$ übrig bleibt. Dieser Kreis ist der gesuchte Eulersche Kreis. □

Korollar 3.6.

Einen Eulerschen Graphen $G = [V, E]$ kann man vollständig in Kreise C_1, $C_2, \ldots,$ C_k unterteilen, die keine gemeinsamen Kanten haben.

Als Antwort auf das Königsberger Brückenproblem ergibt sich: Ein Eulerscher Kreis in Königsberg ist nicht möglich, da alle Knoten einen ungeraden Grad haben.

Interessanterweise hat Euler eigentlich in Satz 3.5 nur die notwendige Bedingung gezeigt. Dies war ja auch für die (negative) Lösung des Königsberger Brückenproblems ausreichend. Die Rückrichtung des Satzes geht auf den Karlsruher Mathematiker Hierholzer zurück ([24]). Um zu zeigen wie Forschungsartikel im 19. Jahrhundert aussahen und wie wenige Formeln selbige enthielten, ist in den Abbildungen 3.14 und 3.15 der Anfang und das Ende des Artikels abgebildet. Abbildung 3.16 zeigt in diesem Zusammenhang noch einmal Beispiele für Graphen mit bzw. ohne Eulerkreis.

Ein Weg in einem zusammenhängenden ungerichteten Graphen $G = [V, E]$ heißt **Eulerscher Weg**, wenn er jede Kante genau einmal enthält. Einen zusammenhängenden ungerichteten Graphen $G = [V, E]$ nennt man **Semi-Eulerschen Graphen**, wenn er einen Eulerschen Weg enthält. Solche Graphen kann man zeichnen, ohne dass man den Stift absetzen muss. Vielleicht kennt der ein oder andere Leser noch das „Haus vom Nikolaus".

Ueber die Möglichkeit, einen Linienzug ohne Wiederholung und ohne Unterbrechung zu umfahren.

Von Carl Hierholzer.

Mitgetheilt von Chr. Wiener *).

In einem beliebig verschlungenen Linienzuge mögen *Zweige* eines Punktes diejenigen verschiedenen Theile des Zuges heissen, auf welchen man den fraglichen Punkt verlassen kann. Ein Punkt mit mehreren Zweigen heisse ein *Knotenpunkt*, der so vielfach genannt werde, als

*) Die folgende Untersuchung trug der leider so früh dem Dienste der Wissenschaft durch den Tod entrissene Privatdocent Dr. Hierholzer dahier (gest. 13. Sept. 1871) einem Kreise befreundeter Mathematiker vor. Um sie vor Vergessenheit zu bewahren, musste sie bei dem Mangel jeder schriftlichen Aufzeichnung aus dem Gedächtniss wieder hergestellt werden, was ich unter Beihilfe meines verehrten Collegen Lüroth durch das Folgende möglichst getreu auszuführen suchte.

Abb. 3.14. Anfang des Artikels von Hierholzer

Es ergiebt sich noch folgender Satz: *Ein Linienzug kann nur eine gerade Anzahl ungerader Knotenpunkte besitzen.* Denn schaltet man durch Umfahren ein Linienstück aus, indem man in einem ungeraden Knotenpunkte beginnt und so lange weiter geht, bis man stecken bleibt, was wieder in einem ungeraden Knotenpunkte geschehen muss, und entfernt dadurch zwei ungerade Knotenpunkte; so kann man durch Wiederholung die Anzahl der ungeraden Knotenpunkte auf weniger als zwei vermindern. Dieser Rest kann aber nicht Eins, sondern muss Null sein; denn wenn ein Zug nur einen ungeraden Knotenpunkt besässe und man würde in ihm anfangen den Zug zu umfahren, so könnte man nie zu Ende kommen, da dies nur in einem andern ungeraden Knotenpunkte möglich ist. Die Zahl der ungeraden Knotenpunkte des ursprünglichen Linienzuges ist daher eine gerade.

Carlsruhe, im December 1871.

Abb. 3.15. Ende des Artikels von Hierholzer

Satz 3.7.

Ein zusammenhängender ungerichteter Graph ist genau dann ein Semi-Euler- scher Graph, wenn er genau zwei Knoten mit ungeradem Knotengrad hat.

Beweis. Der Beweis dieses Satzes ist eine direkte Folgerung aus dem vorherigen Satz. □

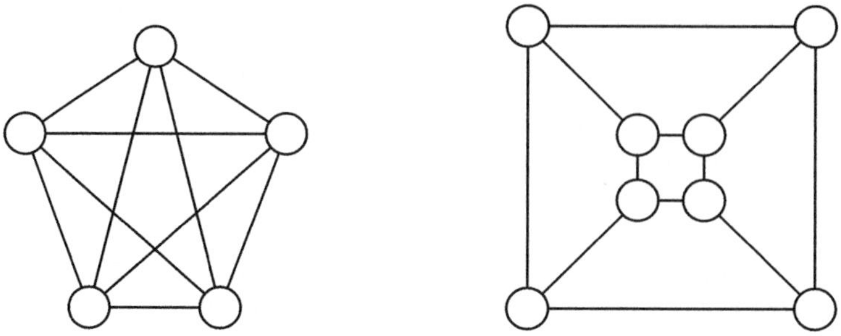

a) b)

Abb. 3.16. **a)** Eulerscher und **b)** kein Eulerscher Graph.

Bestimmung eines Eulerschen Kreises in einem Eulerschen Graphen

Zur Bestimmung eines Eulerschen Kreises in einem Eulerschen Graphen haben wir bereits das Verfahren kennengelernt, den Graphen zunächst in Kreise $C_1, \ldots, C_k$ zu zerlegen und diese anschließend zu einem Eulerschen Kreis zusammenzufügen. Eine zweite Möglichkeit besteht in der Anwendung von Fleury's Algorithmus aus dem Jahre 1883 ([12]), der nachfolgend beschrieben wird.

Sei $G = [V, E]$ ein zusammenhängender ungerichteter Graph. Dann heißt eine Kante $e \in E$ **Brücke**, wenn durch die Entfernung dieser Kante der Graph in zwei Zusammenhangskomponenten zerfällt. In Abbildung 3.17 stellt die Kante zwischen den eingefärbten Knoten eine Brücke dar.

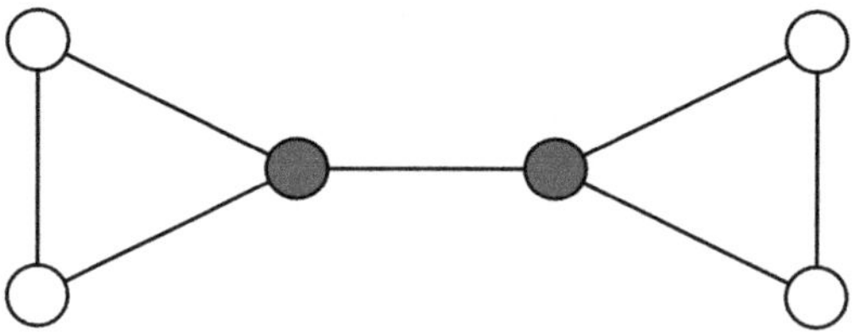

Abb. 3.17. Beispiel für eine Brücke.

Algorithmus 3.6: Fleury's Algorithmus

Input : Eulerscher Graph $G = [V, E]$, Startknoten $a \in V$

begin
  $C_E := \emptyset$, $v := a$
  while $E \neq \emptyset$ **do**
    - Bestimme $e = [v, i] \in E$ mit $i \in NB(v)$. Dabei sind für e zuerst Kanten zu wählen, die keine Brücke sind.
    - $v := i$, $C_E := C_E \cup \{e\}$, $E := E \backslash \{e\}$
  end
end

Output : Eulerscher Kreis C_E

Beispiel 3.10.

Gegeben sei der folgende Graph.

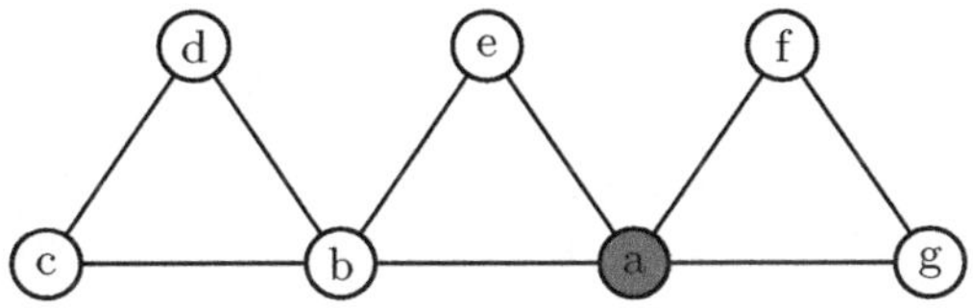

Abb. 3.18. Graph zu Beispiel 3.10.

Zunächst wird der Startknoten a initialisiert. Anschließend werden iterativ die Kanten $[a, e], [e, b], [b, d], [d, c], [c, b], [b, a], [a, g], [g, f]$ und $[f, a]$ zur Menge C_E hinzugefügt. ◊

Das Chinese Postman Problem

Das Chinese Postman Problem ist auch als Briefträgerproblem bekannt und wurde 1962 von dem chinesischen Mathematiker Mei Ko Kwan erstmals untersucht (vergleiche auch [10], [30]).

Problemstellung

Ein Postbote muss in einem bestimmten Gebiet alle Straßen mindestens einmal ablaufen und zum Ausgangspunkt zurückkehren. Wie kann er einen Rundgang so wählen, dass er mindestens einmal überall vorbeikommt, aber gleichzeitig die zurückgelegte Strecke minimal ist?

Graphentheoretische Formulierung

Finde in einem zusammenhängenden bewerteten und ungerichteten Graphen $G = [V, E, c]$ einen Kreis minimaler Länge, der jede Kante mindestens einmal enthält.

Zur Lösung des Chinese Postman Problem kann man die folgenden drei Fälle unterscheiden:

- $G = [V, E, c]$ ist ein Eulerscher Graph:
  In diesem Fall ist die Lösung des Problems einfach, da lediglich ein Eulerscher Kreis zu bestimmen ist.
- $G = [V, E, c]$ ist ein Semi-Eulerscher Graph:
  In diesem Fall ist das Problem auch einfach. Man findet eine Lösung, indem man zunächst zwischen den beiden Knoten mit ungeradem Grad u, v einen kürzesten Weg bestimmt und alle Kanten entlang dieses Weges verdoppelt. Da man hiermit einen Eulerschen Graphen erhält, lässt sich in diesem erweiterten Graphen ein Eulerscher Kreis bestimmen. Dabei müssen nur die Kanten entlang des Weges von u nach v doppelt beschritten werden.
- $G = [V, E, c]$ ist ein beliebiger, zusammenhängender Graph:
  In diesem Fall kann das Verfahren angewendet werden, das im Folgenden beschrieben wird.

Verfahren für das Chinese Postman Problem in einem allgemeinen Graphen

Sei $G = [V, E, c]$ ein ungerichteter und bewerteter Graph. Eine Teilmenge M von E $(M \subseteq E)$ bezeichnet man als **Matching**, wenn der Teilgraph $G(M) = [V, M]$ von G die folgende Eigenschaft besitzt:

$$deg(v) \leq 1 \qquad \forall v \in V.$$

Weiterhin ist ein **perfektes Matching** ein Matching M, bei dem für den Teilgraphen $G(M) = [V, M]$ gilt:

$$deg(v) = 1 \qquad \forall v \in V.$$

Auf die Bestimmung kostenminimaler perfekter Matchings wird an dieser Stelle nicht genauer eingegangen (vergleiche hierzu [5], [32]). Bei Graphen mit wenigen Knoten lässt es sich aber „leicht“ bestimmen, wie Beispiel 3.11 zeigen wird.

Das Chinese Postman Problem in allgemeinen Graphen lässt sich dann mit dem nachfolgenden Algorithmus 3.7 lösen.

Algorithmus 3.7: Algorithmus für das Chinese Postman Problem

Input : Bewerteter zusammenhängender ungerichteter Graph $G = [V, E, c]$

begin
- $V_0 := \{i \in V | deg(i) \text{ ungerade}\}$ ($\Rightarrow |V_0|$ ist gerade)

forall $v, w \in V_0$ **do**
Bestimme einen kürzesten Weg von v nach w in G
end
- Bestimme einen vollständigen Graphen K mit Knotenmenge V_0 und einer Kantenbewertung, die der Länge des kürzesten Weges zwischen den Knoten entspricht
- Bestimme ein perfektes Matching M in K mit minimaler Summe der Kantenbewertungen

forall $e \in M$ **do**
Verdopple in G die Kanten, die zum kürzesten Weg P gehören, der der Kante e zugeordnet ist
end
- Bestimme einen Eulerschen Kreis C_E im erweiterten Graphen von G

end

Output : Optimale Chinese Postman Tour C_E

Beispiel 3.11.

Gegeben sei der folgende Graph.

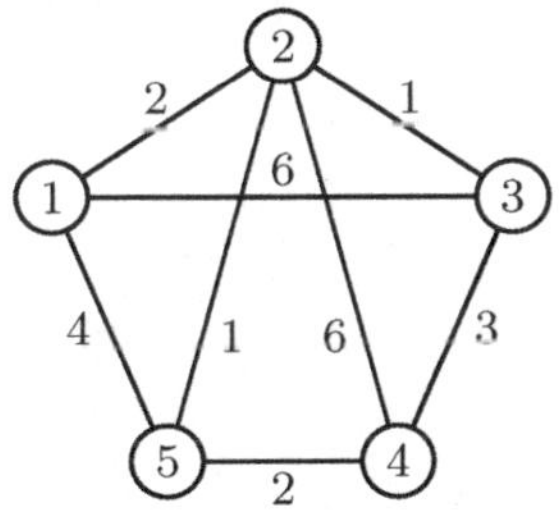

Abb. 3.19. Graph zu Beispiel 3.11.

In diesem Graphen besitzen die Knoten 1, 3, 4 und 5 ungeraden Grad. Die folgende Tabelle 3.11 zeigt die kürzesten Wege zwischen diesen Knoten und deren Länge auf.

Knotenpaar	Kürzeste Wege	Länge
1,3	1,2,3	3
1,4	1,2,5,4	5
1,5	1,2,5	3
3,4	3,4	3
3,5	3,2,5	2
4,5	4,5	2

Tabelle 3.1. Kürzeste Wege zwischen Knoten mit ungeradem Grad.

Hieraus ergibt sich der vollständige Graph aus Abbildung 3.20 a) mit zugehörigem minimalem perfekten Matching aus Abbildung 3.20 b).

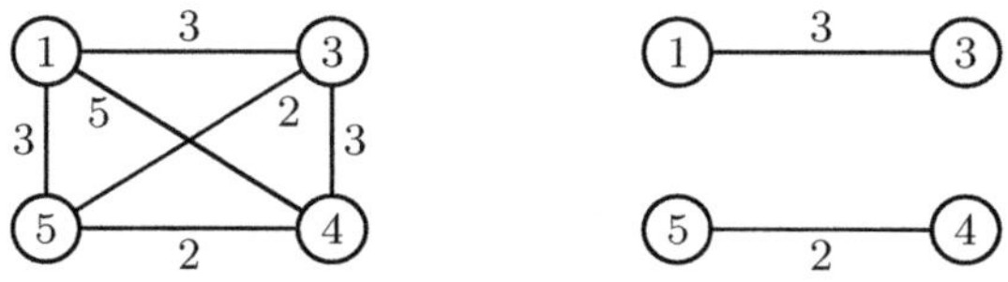

a) **b)**

Abb. 3.20. **a)** Vollständiger Graph und **b)** minimales perfektes Matching.

Der erweiterte Graph ist in nachfolgender Abbildung dargestellt.

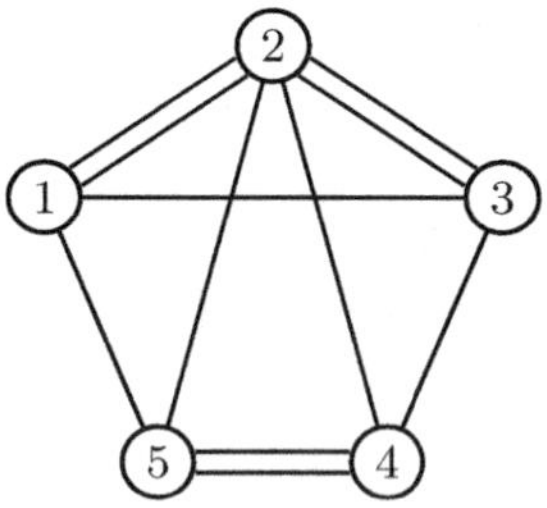

Abb. 3.21. Erweiterter Graph zu Beispiel 3.11.

In ihm lässt sich die optimale Chinese Postman Tour mit Fleury‘s Algorithmus zu 1, 2, 3, 2, 1, 3, 4, 5, 2, 4, 5, 1 und Länge 30 bestimmen. ◊

3.4.2 Hamiltonsche Graphen und das Traveling Salesman Problem

Hamiltonsche Graphen

Ein Kreis in einem zusammenhängenden ungerichteten Graphen $G = [V, E]$ heißt **Hamiltonscher Kreis**, wenn er jeden Knoten $v \in V$ genau einmal enthält. Einen zusammenhängenden ungerichteten Graph $G = [V, E]$ nennt man **Hamiltonschen Graphen**, wenn er einen Hamiltonschen Kreis enthält.

Der Name Hamiltonscher Kreis stammt von dem Mathematiker Sir William Rowan Hamilton (1805-1865), der folgendes Spiel vorschlug: Bestimme in dem Graphen aus Abbildung 3.22 einen Kreis, der jeden Knoten genau einmal enthält und beginne dabei mit der Knotenfolge B, C, P, N, M.

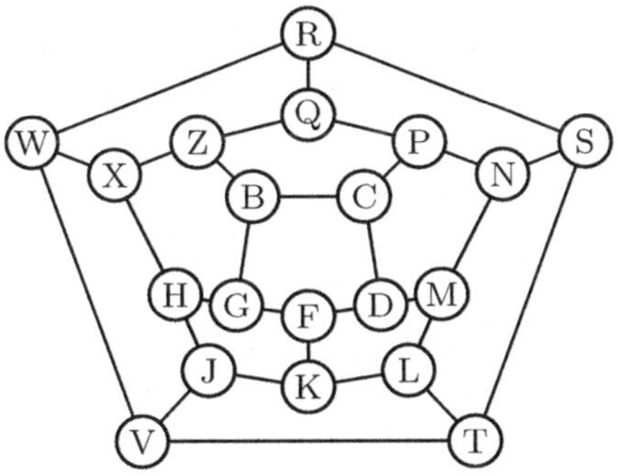

Abb. 3.22. Graph zum Spiel von Hamilton.

Lösungen sind $[B, C, P, N, M, D, F, K, L, T, S, R, Q, Z, X, W, V, J, H, G, B]$ und $[B, C, P, N, M, D, F, G, H, X, W, V, J, K, L, T, S, R, Q, Z, B]$.

Das Problem bei Hamiltonschen Graphen ist, dass es im Gegensatz zu Eulerschen Graphen keine allgemeine Aussage gibt, anhand der man bestimmen kann, ob ein Graph ein Hamiltonscher Graph ist oder nicht. Allerdings lässt sich folgender Satz beweisen.

Satz 3.8. *(Ore's Theorem)*

Sei $G = [V, E]$ *ein schlichter zusammenhängender und ungerichteter Graph mit* $|V| \geq 3$ *und*

$$deg(v) + deg(w) \geq |V|,$$

für alle Knotenpaare $v, w \in V$*, die nicht durch eine Kante verbunden sind. Dann ist* G *ein Hamiltonscher Graph.*

Es gibt Graphen, die die Bedingung aus Ore's Theorem nicht erfüllen, aber trotzdem Hamiltonsche Graphen sind. Dies ist in Abbildung 3.23 beispielhaft veranschaulicht.

Analog zu Semi-Eulerschen Graphen können auch **Semi-Hamiltonsche Graphen** definiert werden.

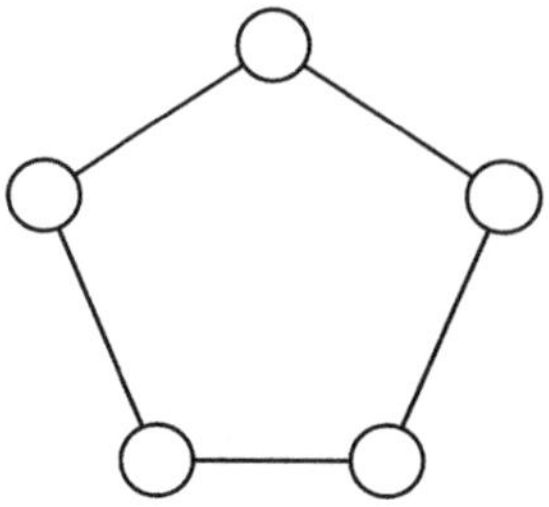

Abb. 3.23. Hamiltonscher Graph, der nicht die Bedingung aus Ore's Theorem erfüllt.

Das Traveling Salesman Problem

Ein Handlungsreisender muss n Städte nacheinander besuchen und wieder zum Ausgangspunkt zurückkehren. Welche Route muss er dabei wählen, damit der insgesamt zurückgelegte Weg minimal wird?

Graphentheoretisch formuliert ergibt sich: Gegeben sei ein vollständiger, ungerichteter und bewerteter Graph $G = [V, E, c]$. Bestimme einen Hamiltonschen Kreis mit minimaler Summe an Kantengewichten.

Problematisch ist, dass es kein schnelles, d.h. polynomiales Verfahren zur Lösung dieses Problems gibt. Entsprechend bezeichnet man dieses Problem als $\mathcal{NP}$-schwer. Exakte und heuristische mathematische Modelle, Lösungsverfahren sowie Komplexitätsbetrachtungen werden in den Kapiteln 5 und 6 zur ganzzahligen Optimierung bzw. zu Heuristiken behandelt.

3.5 Max-Flow-Min-Cut

Im letzten Abschnitt dieses Kapitels wollen wir noch eine der berühmtesten Dualitätsaussagen der algorithmischen Graphentheorie vorstellen. Dazu müssen wir zuerst den Begriff des Fluss-Netzwerks definieren.

Ein **Fluss-Netzwerk** $G = (V, E, c, s, t)$ ist ein kantenbewerteter gerichteter Graph mit einer ausgezeichneten Senke $t \in V$ und einer ausgezeichneten Quelle $s \in V$. Die Bewertung c_{ij} einer Kante (i, j) wird als maximale Kapazität der Kante interpretiert und als positiv angenommen. Abbildung 3.24 zeigt ein beispielhaftes Fluss-Netzwerk.

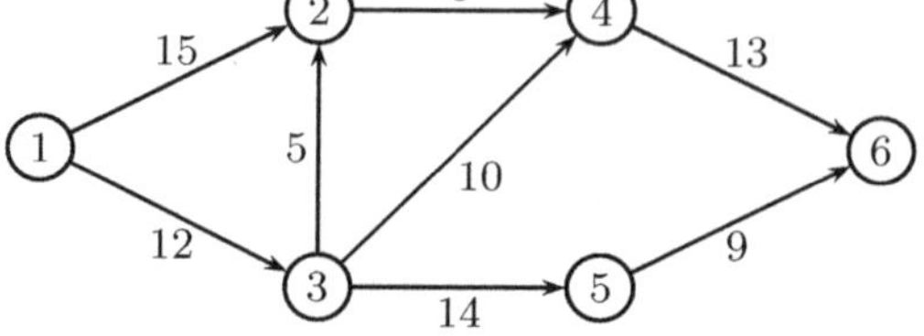

Abb. 3.24. Beispiel für ein Fluss-Netzwerk.

Bezeichnen wir mit x_{ij} den **Fluss** auf Kante (i,j), so erfüllt ein zulässiger ***s*-*t*-Fluss** mit **Flussstärke** w folgende Bedingungen:

$$\sum_{j \in N(i)} x_{ij} = \sum_{j \in V(i)} x_{ji}, \quad i \in V,\ i \neq s,\ i \neq t \tag{3.1}$$

$$\sum_{j \in N(s)} x_{sj} = w \tag{3.2}$$

$$\sum_{j \in V(t)} x_{jt} = w \tag{3.3}$$

$$x_{ij} \leq c_{ij}, \quad (i,j) \in E \tag{3.4}$$

$$x_{ij} \geq 0, \quad (i,j) \in E. \tag{3.5}$$

Es sei darauf hingewiesen, dass Bedingung (3.2) weggelassen werden kann, da diese bei Einhaltung von (3.1) und (3.3) automatisch erfüllt ist. Gleiches gilt für Bedingung (3.3), wenn (3.1) und (3.2) erfüllt sind.

Zur besseren Übersichtlichkeit stellt man diese Nebenbedingungen häufig in Matrix-Vektor-Schreibweise dar. Hierzu wird die **Inzidenzmatrix** des Graphen G benötigt. Diese besteht aus $|V|$ Zeilen und $|E|$ Spalten. Jeder Kante entspricht somit eine Spalte der Inzidenzmatrix. In jeder dieser Spalten befinden sich genau zwei Einträge: Der Wert $+1$ wird in diejenige Zeile eingetragen, die dem Startknoten der Kante entspricht, der Wert -1 wird in den Eintrag der Zeile des Zielknotens gesetzt. Formal ergibt sich für $V = \{v_1, \ldots, v_{|V|}\}$ und $E = \{e_1, \ldots, e_{|E|}\}$ die Zeile i der Inzidenzmatrix A zu

$$a_{ij} = \begin{cases} +1, & \text{wenn } e_j = (v_i, v) \text{ mit einem } v \in V, \\ -1, & \text{wenn } e_j = (v, v_i) \text{ mit einem } v \in V, \\ 0, & \text{sonst.} \end{cases}$$

Weiter definiert man den Vektor d als

$$d_i = \begin{cases} -1, & \text{wenn } v_i = s, \\ +1, & \text{wenn } v_i = t, \\ 0, & \text{sonst.} \end{cases}$$

Möchte man die Flussstärke w maximieren, so kommt häufig der Labeling-Algorithmus von Ford und Fulkerson ([15]) zum Einsatz. Auf dessen Darstellung verzichten wir hier, denn die **maximale Flussstärke** (engl.: max flow) lässt sich auch mit dem Simplex-Algorithmus bestimmen. Dazu schreibt man die oben angegebenen Bedingungen (3.1)-(3.5) mit Hilfe der Inzidenzmatrix A und des Vektors d in ein lineares Optimierungsproblem:

$$\begin{array}{llll} MF: & \max & w & \\ & \text{s.t.} & Ax + dw & = 0 \\ & & x & \leq c \\ & & x & \geq 0 \end{array}$$

Beispiel 3.12.

Für den Graphen aus Abbildung 3.24 setze man $V = \{1, 2, \dots, 6\}$ und $E = \{e_1, e_2, \dots, e_8\}$ mit $e_1 = (1, 2)$, $e_2 = (1, 3)$, $e_3 = (2, 4)$, $e_4 = (3, 2)$, $e_5 = (3, 4)$, $e_6 = (3, 5)$, $e_7 = (4, 6)$ und $e_8 = (5, 6)$. Dann ergibt sich als Inzidenzmatrix

$$A = \begin{pmatrix} 1 & 1 & 0 & 0 & 0 & 0 & 0 & 0 \\ -1 & 0 & 1 & -1 & 0 & 0 & 0 & 0 \\ 0 & -1 & 0 & 1 & 1 & 1 & 0 & 0 \\ 0 & 0 & -1 & 0 & -1 & 0 & 1 & 0 \\ 0 & 0 & 0 & 0 & 0 & -1 & 0 & 1 \\ 0 & 0 & 0 & 0 & 0 & 0 & -1 & -1 \end{pmatrix},$$

wobei Zeile i mit Knoten i und Spalte j mit Kante e_j korrespondiert. Mit den Vektoren $c = (15, 12, 8, 5, 10, 14, 13, 9)^\mathsf{T}$ und $d = (-1, 0, 0, 0, 0, 1)^\mathsf{T}$ kann man das zugehörige lineare Problem MF aufstellen. $\diamondsuit$

Wie zu jedem linearen Optimierungsproblem lässt sich auch zu MF formal ein duales Problem aufstellen. Zu dessen überraschender Interpretation benötigen wir einen weiteren Begriff: Ein ***s*-*t*-Schnitt** ist eine Partition $(W, \overline{W})$ der Knotenmenge V in die Mengen W und $\overline{W}$, so dass $s \in W$ und $t \in \overline{W}$ gilt. Die **Kapazität eines Schnitts** ist dann definiert als

$$C(W, \overline{W}) = \sum_{\substack{(i,j) \in E \\ i \in W,\, j \in \overline{W}}} c_{ij}.$$

Beispiel 3.13 (Beispiel 3.12 - Fortsetzung 1).

Betrachten Sie erneut den Graphen aus Abbildung 3.24. Für den Schnitt $W = \{1, 2, 3\}$ und $\overline{W} = \{4, 5, 6\}$ ergibt sich eine Kapazität von $C(W, \overline{W}) = c_{24} + c_{34} + c_{35} = 8 + 10 + 14 = 32$. Der Schnitt $W = \{1, 2\}$ und $\overline{W} = \{3, 4, 5, 6\}$ liefert die Kapazität $C(W, \overline{W}) = c_{13} + c_{24} = 12 + 8 = 20$. $\diamondsuit$

Nun dualisieren wir das lineare Optimierungsproblem MF. Den Gleichheitsbedingungen ordnen wir die Dualvariablen π und den Kapazitätsbedingungen die Variablen γ zu. Dann erhalten wir

$$\begin{array}{llll} DMF: & \min \sum_{(i,j) \in E} \gamma_{ij} c_{ij} & & \\ & \text{s.t. } \pi_i - \pi_j + \gamma_{ij} & \geq 0 & (i,j) \in E \\ & -\pi_s + \pi_t & \geq 1 & \\ & \pi_i & \in \mathbb{R} & i \in V \\ & \gamma_{ij} & \geq 0 & (i,j) \in E. \end{array}$$

Der Zusammenhang von DMF und einem s-t-Schnitt wird in folgendem Satz deutlich.

Satz 3.9.

Jeder s-t-Schnitt induziert einen zulässigen Punkt von DMF mit Zielfunktionswert $C(W, \overline{W})$ *durch*

$$\gamma_{ij} = \begin{cases} 1, & \text{für } i,j \text{ mit } i \in W, j \in \overline{W}, \\ 0, & \text{sonst,} \end{cases}$$

$$\pi_i = \begin{cases} 0, & i \in W, \\ 1, & i \in \overline{W}. \end{cases}$$

Beweis. Es gibt vier Fälle zu überprüfen, da i und j jeweils in W oder $\overline{W}$ sein können. Man kann für jeden Fall die Zulässigkeit für DMF leicht nachweisen:

1. $i,j \in W:$ $\quad \pi_i - \pi_j + \gamma_{ij} = 0 - 0 + 0 \geq 0$
2. $i,j \in \overline{W}:$ $\quad \pi_i - \pi_j + \gamma_{ij} = 1 - 1 + 0 \geq 0$
3. $i \in W, j \in \overline{W}:$ $\quad \pi_i - \pi_j + \gamma_{ij} = 0 - 1 + 1 \geq 0$
4. $i \in \overline{W}, j \in W:$ $\quad \pi_i - \pi_j + \gamma_{ij} = 1 - 0 + 0 > 0$

Fall 4 ist der einzige Fall, in dem die Ungleichung strikt ist. Die Ungleichung

$$-\pi_s + \pi_t = 0 + 1 \geq 1$$

ist auch immer erfüllt. Der Zielfunktionswert ergibt sich als

$$\sum_{(i,j)\in E} \gamma_{ij} c_{ij} = \sum_{\substack{(i,j)\in E \\ i\in W, j\in\overline{W}}} c_{ij} = C(W, \overline{W}).$$

□

Hiermit erhalten wir die Hauptaussage dieses Abschnitts.

Satz 3.10. *(Max-Flow-Min-Cut-Theorem)*

a) Die Flussstärke w *eines s-t-Flusses ist immer kleiner oder gleich der Kapazität* $C(W, \overline{W})$ *eines s-t-Schnitts.*

b) Die maximale Flussstärke ist gleich der Kapazität des minimalen Schnitts.

c) Ein Fluss x *und ein Schnitt* $(W, \overline{W})$ *sind genau dann optimal, wenn gilt*

$$\begin{aligned} x_{ij} &= 0 \quad && \text{für} \quad (i,j) \in E \quad \text{mit} \quad i \in \overline{W},\ j \in W, \\ x_{ij} &= c_{ij} \quad && \text{für} \quad (i,j) \in E \quad \text{mit} \quad i \in W,\ j \in \overline{W}. \end{aligned}$$

Beweis. Teil a) des Satzes ergibt sich aus dem vorherigen Satz 3.9. Die Gleichheit von w und $C(W, \overline{W})$ in Teil b) ergibt sich dann als einfache Konsequenz des starken Dualitätssatzes, da sowohl MF als auch DMF zulässige Punkte besitzen und somit die Optimalwerte gleich sind. Hierzu sei angemerkt, dass sich durch Setzen von $\pi_s = 0$ aus der optimalen Lösung von DMF stets ein s-t-Schnitt ableiten lässt (dies ist erlaubt, da das Setzen von $\pi_s = 0$ dem Weglassen der redundanten Gleichung für Knoten s in MF entspricht). Aus $\pi_s = 0$ folgt $\pi_t = 1$ und die totale Unimodularität der Koeffizientenmatrix der linken Seite liefert $\pi_i \in \{0, 1\}$ für alle $i \in V$. Aufgrund der Annahme positiver Kapazitäten folgt, dass $\gamma_{ij} = 1$ genau dann gilt, wenn $\pi_i = 0$ und $\pi_j = 1$ ist. Somit liefern $S = \{i \in V | \pi_i = 0\}$ und $T = \{i \in V | \pi_i = 1\}$ einen s-t-Schnitt, dessen Kapazität der optimalen Lösung von DMF entspricht. Die Optimalitätsbedingungen aus Teil c) des Satzes garantieren, dass die Komplementaritätsbedingungen aus dem Satz vom komplementären Schlupf erfüllt sind: Wir haben gesehen, dass nur für $i \in \overline{W}$ und $j \in W$

$$\pi_i - \pi_j + \gamma_{ij} = 1 - 0 + 0 > 0$$

ist. Nur in diesem Fall gibt es einen positiven Schlupf und folglich muss die dem Fluss entsprechende primale Variable x_{ij} gleich 0 sein. Umgekehrt gilt für $i \in W$ und $j \in \overline{W}$ immer $\gamma_{ij} = 1$. Deshalb muss der Schlupf in der zugehörigen primalen Ungleichung $x_{ij} \leq c_{ij}$ gleich 0 sein. Somit gilt für diesen Fall $x_{ij} = c_{ij}$. □

Beispiel 3.14 (Beispiel 3.12 - Fortsetzung 2).

Zur Illustration der Aussagen aus Satz 3.10 widmen wir uns wieder dem Graphen aus Abbildung 3.24. Löst man das zu diesem Graphen gehörende lineare Problem MF mit A, c und d aus Beispiel 3.12, so erhält man die optimale Lösung $x_{12} = 8, x_{13} = 12, x_{24} = 8, x_{32} = 0, x_{34} = 3, x_{35} = 9, x_{46} = 11$ und $x_{56} = 9$. Die maximale Flussstärke beträgt 20. Abbildung 3.25 stellt die Situation dar. Die Kantenbewertungen folgen dem Schema x_{ij}/c_{ij}.

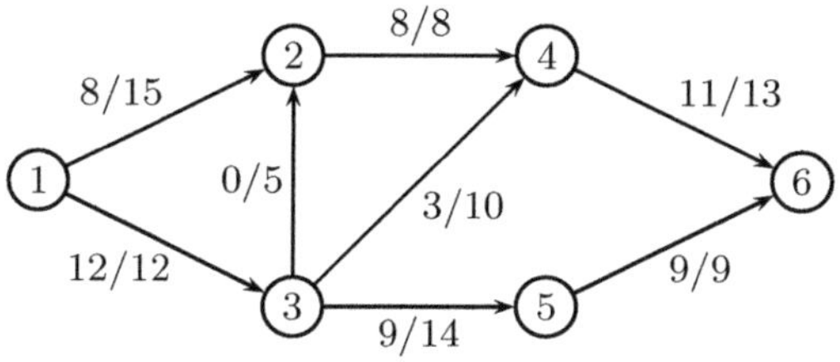

Abb. 3.25. Maximaler Fluss im Flussproblem des Beispiels.

Im vorangegangenen Beispiel 3.13 ergab sich für die 1-6-Schnitte $W = \{1, 2, 3\}$, $\overline{W} = \{4, 5, 6\}$ bzw. $W = \{1, 2\}$ und $\overline{W} = \{3, 4, 5, 6\}$ eine Kapazität von 32 bzw. 20. Überprüft man einen beliebigen weiteren 1-6-Schnitt, so besitzt dieser eine Kapazität von mindestens 20. Da die maximale Flussstärke eines 1-6-Flusses 20 beträgt, ist Teil a) von Satz 3.10 für beliebige 1-6-Schnitte erfüllt. Teil b) besagt, dass die maximale Flussstärke dem minimalen Schnitt entspricht. Dies ist in unserem Beispiel wegen $w = 20 = C(W, \overline{W})$ mit $W = \{1, 2\}$ und $\overline{W} = \{3, 4, 5, 6\}$ erfüllt. Teil c) von Satz 3.10 erlaubt die Konstruktion des minimalen Schnitts. Aus $x_{12} = 8 < c_{12}$ folgt, dass Knoten 1 und 2 beide in W oder $\overline{W}$ liegen. Analog folgt für die Knoten 3, 4, 5 und 6, dass sie alle in derselben Menge W oder $\overline{W}$ liegen müssen. Die Kante (3,2) enthält somit Knoten aus zwei verschiedenen Mengen. Wendet man das Optimalitätskriterium aus Teil c) von Satz 3.10 an, so folgt, dass $W = \{1, 2\}$ und $\overline{W} = \{3, 4, 5, 6\}$ sein muss. In der Tat stimmt die Kapazität dieses Schnitts mit der minimalen Kapazität aller Schnitte und der maximalen Flussstärke überein. ◊

4

Netzplantechnik

4.1 Einführung und grundlegende Definitionen

Die Planung und Durchführung komplexer Projekte, wie z.B. der Bau eines Gebäudes, die Entwicklung eines neuartigen Produkts oder die Planung einer Großveranstaltung, sind wesentliche Bestandteile des Projektmanagements. Da dieses mittlerweile in vielen Unternehmen eine zentrale Rolle spielt, wurde hierfür eine gesonderte Deutsche Industrienorm (DIN 69901) eingeführt.

Demnach versteht man unter einem **Projekt** ein zeiterforderndes Vorhaben mit festgelegter Zielsetzung. Die grundlegenden Elemente eines Projekts sind Ereignisse und Vorgänge: Als **Ereignis** bezeichnet man das Eintreten eines definierten Projektzustandes, als **Vorgang** bezeichnet man ein zeitbeanspruchendes Geschehen mit definierbarem Anfangs- und Endzeitpunkt. Somit stellt ein Ereignis einen Zeitpunkt dar, wohingegen ein Vorgang einer Zeitdauer entspricht. **Reihenfolge-** und **Anordnungsbeziehungen** setzen die Projektelemente miteinander in Beziehung. Das wichtigste Instrument zur Planung, Durchführung und Analyse eines Projekts ist die **Netzplantechnik**, deren Methoden und Vorgehensweisen Gegenstand dieses Kapitels sind.

Die einzelnen Phasen eines Projekts (Initiierung, Planung, Ausführung, Überwachung, Abschluss) werden stetig mit den Mitteln der Netzplantechnik unterstützt: Im Frühstadium eines Projekts werden zunächst die analysierenden Phasen der **Strukturplanung** und **Zeitplanung** durchlaufen, mit zunehmendem Projektfortschritt kommen die optimierenden Phasen der **Kapazitätsplanung** und **Kostenplanung** zum Einsatz. Abbildung 4.1 verdeutlicht die Zusammenhänge.

In **vorgangsorientierten Netzplänen** kommt den Vorgängen hinsichtlich Inhalt und Zeitdauer die zentrale Bedeutung zu, Ereignisse entsprechen lediglich Anfangs- oder Endzeitpunkten der Vorgänge.

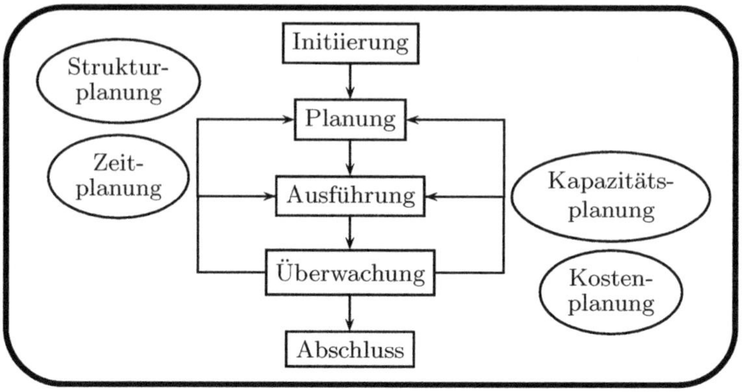

Abb. 4.1. Rolle der Netzplantechnik im Projektverlauf

Genauer kann man wie folgt unterteilen:

- **Vorgangspfeilnetzpläne** stellen Vorgänge durch Pfeile zwischen Knoten, die den Ereignissen entsprechen, dar. Wichtigster Vertreter ist CPM (Critical Path Method).
- **Vorgangsknotennetzpläne** stellen Vorgänge durch Knoten dar. Ereignisse werden nicht gesondert modelliert. Wichtigster Vertreter ist MPM (Metra Potential Method).

Jeder Vorgangsknotennetzplan kann in einen Vorgangspfeilnetzplan überführt werden und umgekehrt. Liegt der Fokus hingegen auf der Beschreibung der Ereignisse, so wendet man **ereignisorientierte Netzpläne** an. Hier hat sich nur eine Form etabliert:

- **Ereignisknotennetzpläne** stellen Ereignisse als Knoten und Vorgänge als Pfeile dar. Wichtigster Vertreter ist PERT (Program Evaluation and Review Technique).

Daneben lassen sich Netzplantechniken noch in deterministische und stochastische Methoden unterteilen. Bei **deterministischen Methoden** (z.B. CPM, MPM) sind alle Vorgänge samt ihrer Dauern deterministisch. **Stochastische Methoden** setzen stochastische Vorgangsdauern voraus. Eine weitere Unterteilung erfolgt danach, ob deterministisch alle Vorgänge auszuführen sind (z.B. PERT) oder ob Wahrscheinlichkeiten für die Ausführung eines Vorgangs bestehen (z.B. GERT (Graphical Evaluation and Review Technique)). Abbildung 4.2 fasst die Darstellungsarten von Netzplänen zusammen.

Nachfolgend werden die einzelnen Methoden der Netzplantechnik vorgestellt. Da die Struktur- und Zeitplanung sowohl für Vorgangspfeil- als auch für Vorgangsknotennetzpläne im Projektmanagement weit verbreitet ist, werden beide Methoden beschrieben. Zusätzlich wird auf stochastische Zeitplanung eingegangen. Die Kapazitätsplanung wird nur kurz erläutert, die Kostenplanung wird für Vorgangspfeilnetzpläne vorgestellt.

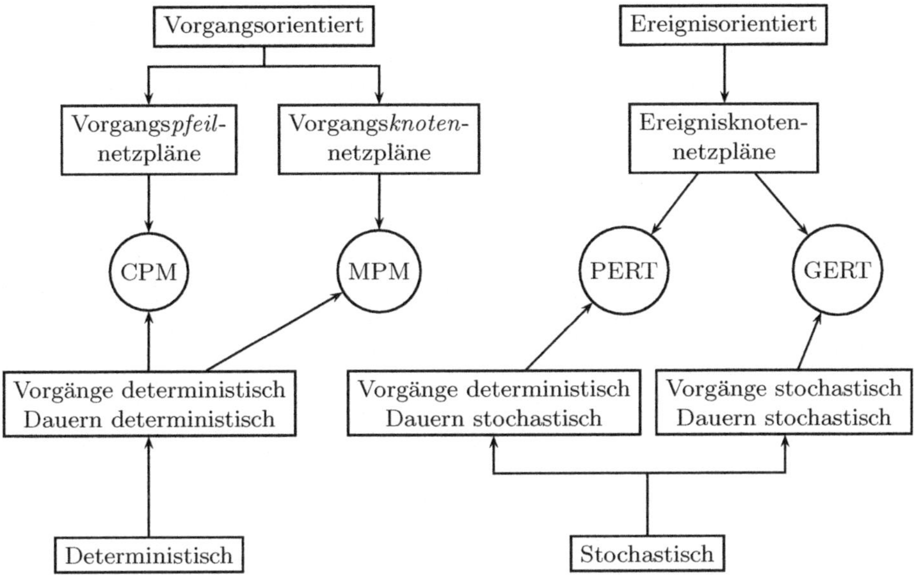

Abb. 4.2. Darstellungsarten von Netzplänen

4.2 Strukturplanung

Aufgabe der Strukturplanung ist die Ermittlung, Beschreibung und Darstellung aller Elemente eines Projekts (Ereignisse, Vorgänge und Anordnungsbeziehungen). Die ermittelten Informationen dienen als Grundlage für die sich anschließenden Phasen der Zeit-, Kapazitäts- und Kostenplanung.

Zur Durchführung der Strukturplanung werden zunächst alle Vorgänge des Projekts ermittelt und beschrieben. Ob Anfang und Ende eines Vorgangs durch den Eintritt von Ereignissen markiert werden, hängt von der gewählten Darstellungsart ab. Die Zusammenstellung aller Vorgänge erfolgt mit Hilfe einer **Vorgangsliste**. Diese nummeriert die Vorgänge, benennt sie und beschreibt sie hinsichtlich ihrer Dauern und direkten Vorgänger oder Nachfolger. Wird ein Vorgang mit Index p versehen, so bezeichne $V(p)$ die Menge der unmittelbar vorausgehenden Vorgänge (**Vorgänger**) und $N(p)$ die Menge der direkt nachfolgenden Vorgänge (**Nachfolger**) von Vorgang p. Aus der Vorgangsliste lässt sich eine grafische Darstellung des Projekts in Form eines **Netzplans** ableiten.

4.2.1 Vorgangspfeilnetzpläne

Gegeben sei eine Vorgangsliste. Dann lässt sich ein Netzplan mit den in ihr enthaltenen Informationen über die Anordnungsbeziehungen zwischen den Vorgängen erstellen. Dabei sind folgende Grundregeln zu beachten:

1. Jedem Vorgang wird ein Pfeil mit Anfangs- und Endknoten zugeordnet. Diese können als Start- und Endereignis i bzw. j des Vorgangs interpretiert werden. Die Pfeilbewertung d_{ij} entspricht der Vorgangsdauer. Zusätzlich kann der Pfeil mit dem Namen des Vorgangs versehen werden.

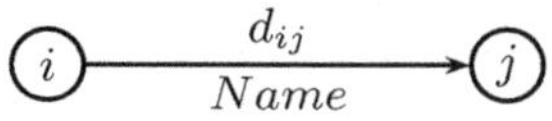

2. Ist die Beendigung mehrerer Vorgänge Voraussetzung für den Start eines Vorgangs, so ist dieser Vorgang von den vorhergehenden Vorgängen abhängig, und es müssen alle vorhergehenden Vorgänge im Anfangsknoten des zu startenden Vorgangs enden.

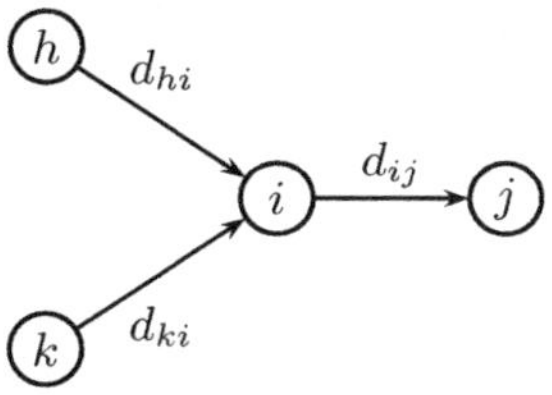

3. Können mehrere Vorgänge nach Beendigung eines Vorgangs starten, so beginnen alle diese im Endknoten des Vorgangs.

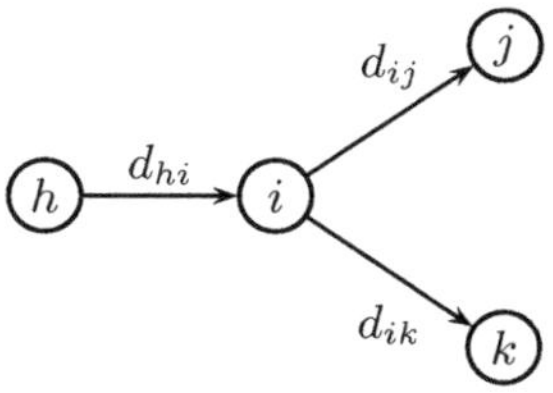

4. Kann ein Vorgang bereits nach teilweiser Durchführung eines vorhergehenden Vorgangs begonnen werden, so unterteile man diesen in zwei Teilvorgänge.

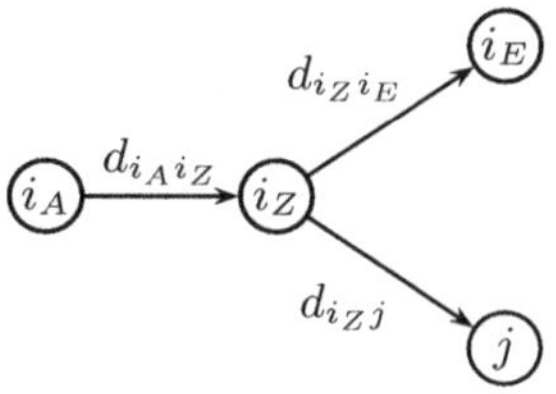

5. Zur richtigen Ablaufdarstellung werden bei Abhängigkeiten der Vorgängermenge einer Vorgangsmenge unter Umständen **Scheinvorgänge** mit Dauer 0 benötigt:
   - Scheinvorgänge sind dann erforderlich, wenn zwei Vorgangsmengen teilweise identische, aber auch teilweise verschiedene Vorgänger haben.
   - Haben alle Elemente einer Vorgangsmenge E dieselbe Vorgängermenge und ist die Nachfolgermenge dieser Vorgängermenge wiederum vollständig in E enthalten, so braucht man keinen Scheinvorgang.

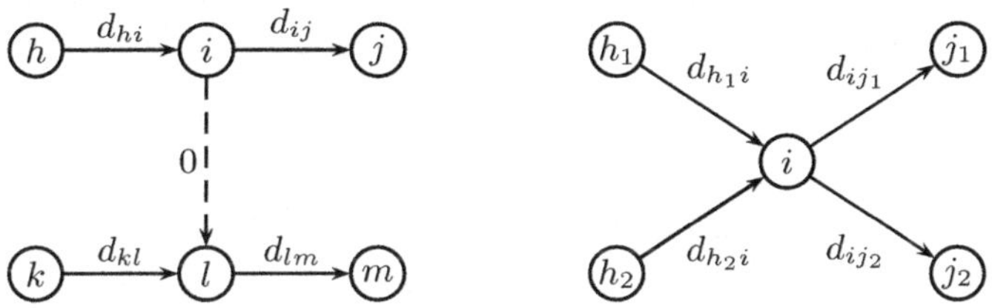

6. Gibt es einen minimalen Zeitabstand t zwischen dem Ende eines Vorgangs und dem Anfang eines nachfolgenden Vorgangs, so wird ein Scheinvorgang mit Dauer t eingeführt. Ein negativer Wert für t ist auch möglich.

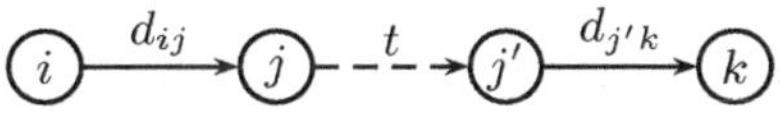

7. Ein Netzplan soll genau eine Quelle und genau eine Senke enthalten, dies kann durch Scheinvorgänge und eine fiktive Quelle bzw. Senke stets erreicht werden.

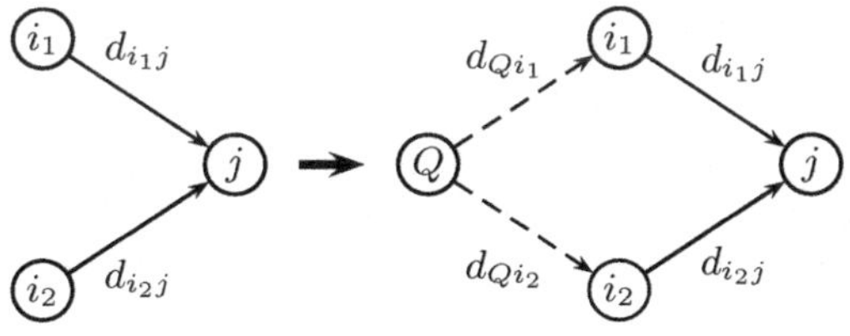

8. Ein Netzplan darf keinen Kreis enthalten.

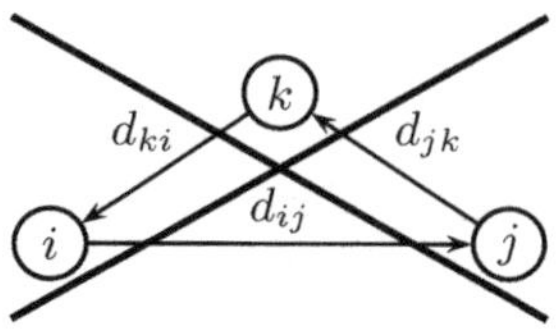

9. Parallele Pfeile sind ausgeschlossen, d.h. Vorgänge mit gemeinsamem Anfangs- und Endereignis müssen durch Scheinvorgänge nachgestellt werden.

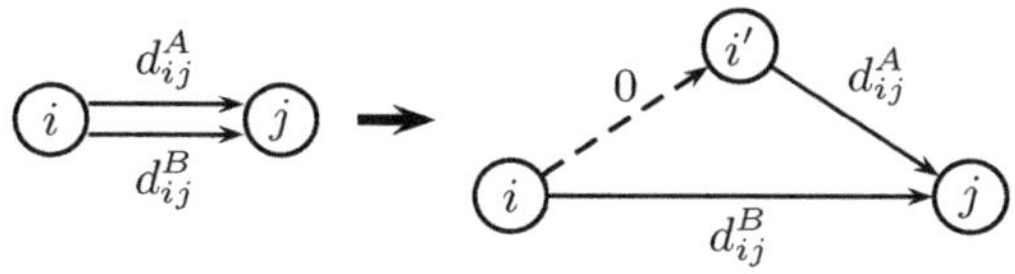

Beispiel 4.1 (Bau eines Hauses).

Betrachten Sie als Projekt den Bau eines Hauses. Hierfür seien Vorgangsliste (Vorgang, Dauer, Vorgänger) und minimale Abstände zwischen Vorgangsende und Anfang des Nachfolgevorgangs in Tabelle 4.1 gegeben. Dann lassen sich folgende Ereignisse als wesentliche Zeitpunkte der Bauphase bestimmen:

- Baubeginn: O,
- Baustelle eingerichtet: A,
- Bodenplatte betoniert: B,
- Wasseranschluss fertig gestellt: C,
- Maurerarbeiten Rohbau fertig gestellt: D,
- Dach gedeckt: E,
- Wasser- und Elektroinstallation abgeschlossen: F,
- Außenputz angebracht: G,
- Innenausbau abgeschlossen: H,
- Bezug des Hauses: I.

Diese Informationen lassen sich mit Hilfe von Scheinvorgängen und fiktiven Ereignissen Z_1, Z_2, Z_3 zu dem Vorgangspfeilnetzplan in Abbildung 4.3 verarbeiten. ◊

4.2.2 Vorgangsknotennetzpläne

Die in der Vorgangsliste verzeichneten Vorgänge und ihre Anordnungsbeziehungen werden in Vorgangsknotennetzplänen unter Berücksichtigung folgender Grundregeln zu Netzplänen verarbeitet. Dabei ist ersichtlich, dass in der Regel keine Scheinvorgänge benötigt werden. Zudem ist eine Berücksichtigung zeitlicher Abstände

i	**Vorgangsname**	d_i	$V(i)$	$t_{hi}\ (h \in V(i))$
1	V_1: Baustelle einrichten	2		
2	V_2: Bodenplatte betonieren	3	1	
3	V_3: Wasseranschluss	3	2	-2
4	V_4: Maurerarbeiten Rohbau	5	2	1
5	V_5: Dach	3	4	
6	V_6: Wasser- und Elektroinstallation	2	3 4	2 1
7	V_7: Isolierung und Außenputz	4	5 6	 1
8	V_8: Innenausbau	3	6	
9	V_9: Einrichtung	2	7 8	1

Tabelle 4.1. Vorgangsliste für den Bau des Hauses (t_{hi} entspricht dem minimalen Abstand zwischen dem Ende von Vorgang h und dem Anfang von Vorgang i, ein negativer Wert bedeutet, dass i bereits vor Ende von h beginnen kann).

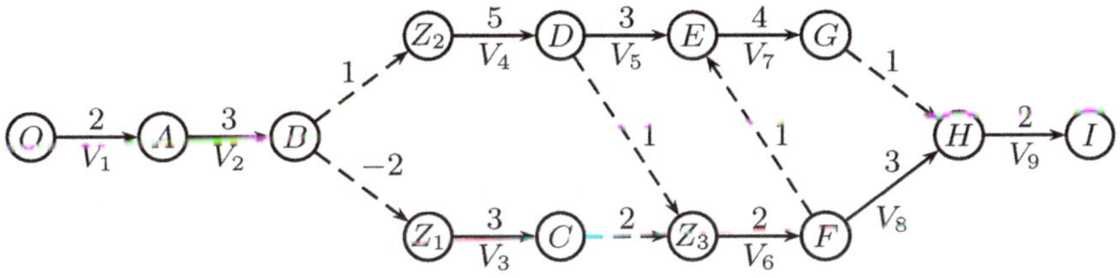

Abb. 4.3. Vorgangspfeilnetzplan für den Bau eines Hauses.

zwischen Vorgängen leicht möglich. Man beachte, dass die Indizierung sich nun auf Vorgänge bezieht.

1. Ein Vorgang wird als rechteckiger Knoten dargestellt und mit der Vorgangsdauer bewertet. Pfeile bilden direkte Anordnungsbeziehungen zwischen zwei Vorgängen ab. Die Pfeilbewertung drückt den Mindestabstand zwischen Ende des ersten und Anfang des zweiten Vorgangs aus.

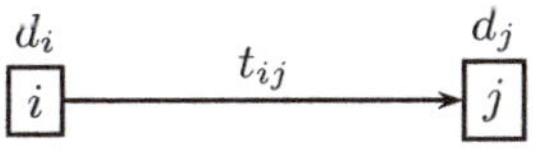

2. Für einen Vorgang verlaufen Pfeile von allen seinen direkten Vorgängern ausgehend zu ihm hinführend sowie von ihm ausgehend zu allen seinen direkten Nachfolgern.

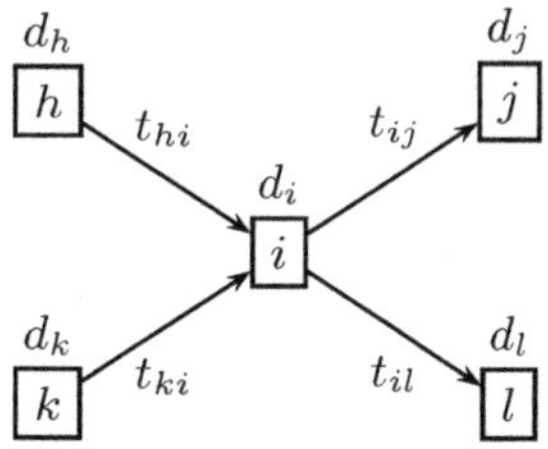

3. Kann ein Vorgang bereits nach teilweiser Durchführung eines vorhergehenden Vorgangs begonnen werden, so zerlege man den vorhergehenden Vorgang in zwei Teilvorgänge.

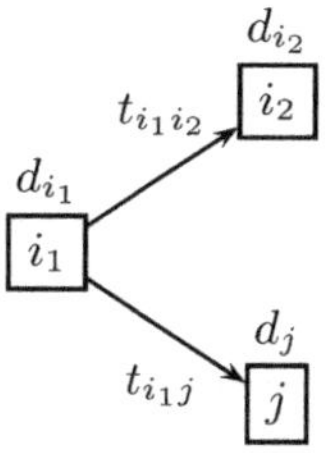

4. Ein Netzplan soll genau eine Quelle und genau eine Senke enthalten, dies kann durch einen Scheinvorgang stets erreicht werden.

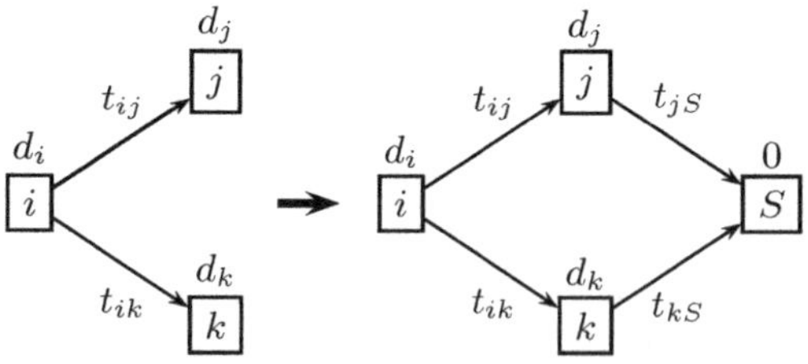

Die Pfeilbewertung in Form eines zeitlichen Mindestabstands als Ende-Anfang-Beziehung bezeichnet man auch als Mindestabstand bei **Normalfolge**. Daneben sind in der Praxis weitere Abstandsangaben geläufig. Eine Anfang-Anfang-Beziehung bezeichnet man als **Anfangsfolge**, eine Anfang-Ende-Beziehung heißt **Sprungfolge** und eine Ende-Ende-Beziehung wird **Endfolge** genannt.
Folgende Abstände können somit angegeben werden:

- Normalfolge: Mindestabstand t_{ij}, Höchstabstand $\bar{t}_{ij}$,
- Anfangsfolge: Mindestabstand t_{ij}^A, Höchstabstand $\bar{t}_{ij}^A$,
- Sprungfolge: Mindestabstand t_{ij}^S, Höchstabstand $\bar{t}_{ij}^S$,
- Endfolge: Mindestabstand t_{ij}^E, Höchstabstand $\bar{t}_{ij}^E$.

Alle Abstandsangaben können unter Verwendung der Vorgangsdauern und des Richtungssinns eines Pfeils ineinander überführt werden. Aus diesem Grund beschränken wir uns auf Netzpläne mit Mindestabständen bei Normalfolge. Für die anderen Abstandsangaben kann man folgende Beziehungen herleiten:

Gegeben	Transformation in Normalfolge
$\bar{t}_{ij}$	$t_{ji} = -\bar{t}_{ij} - d_i - d_j$
t_{ij}^A	$t_{ij} = t_{ij}^A - d_i$
$\bar{t}_{ij}^A$	$t_{ji} = -\bar{t}_{ij}^A - d_j$
t_{ij}^S	$t_{ij} = t_{ij}^S - d_i - d_j$
$\bar{t}_{ij}^S$	$t_{ji} = -\bar{t}_{ij}^S$
t_{ij}^E	$t_{ij} = t_{ij}^E - d_j$
$\bar{t}_{ij}^E$	$t_{ji} = -\bar{t}_{ij}^E - d_i$

Beispiel 4.2 (Beispiel 4.1 - Fortsetzung 1).

Zusätzlich zu den Minimalabständen zwischen dem Ende und Anfang eines Vorgangs werden nun auch Höchstabstände bei den Vorgängen 5 und 8 neu eingeführt. Gegeben sei somit dieselbe Vorgangsliste wie in Tabelle 4.1, wobei die zu den Vorgängen 5 und 8 gehörenden Zeilen erweitert werden:

i	**Vorgangsname**	d_i	$V(i)$	$t_{hi}\ (h \in V(i))$	$\bar{t}_{hi}\ (h \in V(i))$
5	V_5: Dach	3	4		3
8	V_8: Innenausbau	3	3 6		7

Tabelle 4.2. Erweiterungen der Vorgangsliste für den Bau eines Hauses.

Dann ergibt sich mit den Rechenregeln zur Transformation in Mindestabstände bei Normalfolge der Vorgangsknotennetzplan in nachfolgender Abbildung. Entsprechende Rückwärtskanten ergeben sich aufgrund dieser Transformationsregeln.

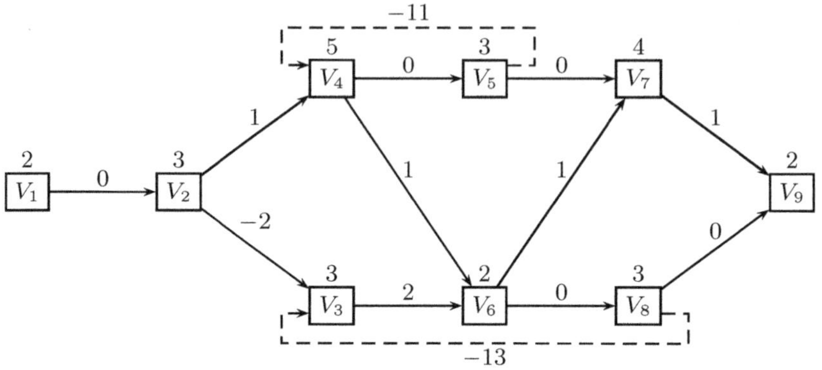

Abb. 4.4. Vorgangsknotennetzplan für den Bau eines Hauses.

◇

4.3 Zeitplanung

Basierend auf den Ergebnissen der Strukturplanung werden in der Zeitplanung Informationen über den zeitlichen Projektverlauf gewonnen. Hierbei sind folgende Größen interessant:

- **Frühestmöglicher Anfangszeitpunkt** eines Vorgangs (FAZ),
- **Frühestmöglicher Endzeitpunkt** eines Vorgangs (FEZ),
- **Spätestmöglicher Anfangszeitpunkt** eines Vorgangs (SAZ),
- **Spätestmöglicher Endzeitpunkt** eines Vorgangs (SEZ).

In der Regel setzt man den frühestmöglichen Endzeitpunkt des letzten Vorgangs eines Projekts gleich dem spätestmöglichen Endzeitpunkt dieses Vorgangs und bezeichnet diese Größe als **(Gesamt-)Projektdauer**.

Daneben ist es wichtig, für jeden Vorgang zu wissen, über welche Flexibilitätsreserven er verfügt. Hierzu dienen verschiedene Puffergrößen. **Pufferzeiten** sind Zeitreserven, die eine Verschiebung eines Vorgangs erlauben, ohne dass es zu einer Beeinflussung zeitlich angrenzender Vorgänge kommt. Die geläufigste Größe ist die **Gesamtpufferzeit** (GP). Sie gibt an, um wieviel ein Vorgang ohne Erhöhung der Projektdauer verschoben werden kann. Die **freie Pufferzeit** (FP) gibt diejenige Zeitspanne an, um die man einen Vorgang verschieben kann, so dass der frühestmögliche Beginn aller nachfolgenden Vorgänge unverändert bleibt. Die **freie Rückwärtspufferzeit** (FRP) gibt die Zeitdauer an, die verbleibt, wenn alle vorhergehenden Vorgänge zu ihrem spätesten Zeitpunkt terminieren. Die **unabhängige Pufferzeit** (UP) gibt den Zeitspielraum an, wenn alle vorherigen Vorgänge spätestmöglich enden und alle nachfolgenden Vorgänge frühestmöglich beginnen. Man beachte, dass stets $GP \geq FP \geq UP$ und $GP \geq FRP \geq UP$ gilt.

Ein Vorgang heißt **kritisch**, wenn er keine Gesamtpufferzeit besitzt. In diesem Fall fallen früheste und späteste Anfangs- sowie früheste und späteste Endzeitpunkte zusammen. Die Verschiebung eines kritischen Vorgangs verlängert die Gesamtprojektdauer in gleichem Umfang. Der längste Weg von der Quelle zur Senke heißt **kritischer Weg** des Netzplans. Alle auf ihm liegenden Vorgänge sind kritisch.

4.3.1 Vorgangspfeilnetzpläne

Bei Vorgangspfeilnetzplänen erhält man die zeitlichen Kenngrößen durch Einbeziehung der Eintrittszeiten der Ereignisse. Insgesamt hat man die folgenden Berechnungsschritte durchzuführen:

1. Berechnung frühester und spätester Eintrittszeitpunkte für die Ereignisse.
2. Berechnung frühestmöglicher und spätestmöglicher Anfangs- und Endzeitpunkte für die Vorgänge.
3. Berechnung von Pufferzeiten und Bestimmung kritischer Wege.

Berechnung frühester und spätester Eintrittszeitpunkte für die Ereignisse

Der früheste Eintrittszeitpunkt FZ_i eines Ereignisses i entspricht dem längsten Weg von der Quelle zu dem zu diesem Ereignis gehörenden Knoten. Der späteste Eintrittszeitpunkt SZ_i eines Ereignisses i entspricht dem längsten Weg von der Senke zum Knoten dieses Ereignisses, wobei die Pfeilrichtungen umgedreht werden und man den erhaltenen Wert von der Gesamtprojektdauer abzieht. Es ergibt sich in einem kreisfreien Netzplan mit Knoten $1, \ldots, n$ (Knoten 1 ist Quelle, Knoten n ist Senke) mit $FZ_1 := 0$ und $SZ_n := FZ_n$

$$FZ_i := \max\{FZ_j + d_{ji} | j \in V(i)\},$$

$$SZ_i := \min\{SZ_j - d_{ij} | j \in N(i)\}.$$

In CPM-Netzplänen trägt man die Eintrittszeitpunkte eines Ereignisses i oftmals in die Knoten ein:

Abb. 4.5. Schematische Darstellung eines Knotens in einem CPM-Netzplan.

Berechnung frühestmöglicher und spätestmöglicher Anfangs- und Endzeitpunkte für die Vorgänge

Mit den Eintrittszeitpunkten der Ereignisse erhält man die frühesten und spätesten Anfangs- und Endzeitpunkte der Vorgänge (i, j) mit Anfangsereignis i und Endereignis j.
Es gilt:

$$FAZ_{ij} := FZ_i$$
$$FEZ_{ij} := FZ_i + d_{ij}$$
$$SAZ_{ij} := SZ_j - d_{ij}$$
$$SEZ_{ij} := SZ_j$$

Berechnung von Pufferzeiten und Bestimmung kritischer Wege

Für die Pufferzeiten eines Vorgangs mit Startereignis i und Endereignis j erhält man:

$$GP_{ij} := SZ_j - FZ_i - d_{ij}$$
$$FP_{ij} := FZ_j - FZ_i - d_{ij}$$
$$FRP_{ij} := SZ_j - SZ_i - d_{ij}$$
$$UP_{ij} := \max\{0, FZ_j - SZ_i - d_{ij}\}$$

Beispiel 4.3 (Beispiel 4.1 - Fortsetzung 2).

Mit Hilfe der angegebenen Formeln für die Eintrittszeitpunkte der Ereignisse erhält man mit CPM folgenden Vorgangspfeilnetzplan für den Bau des Hauses:

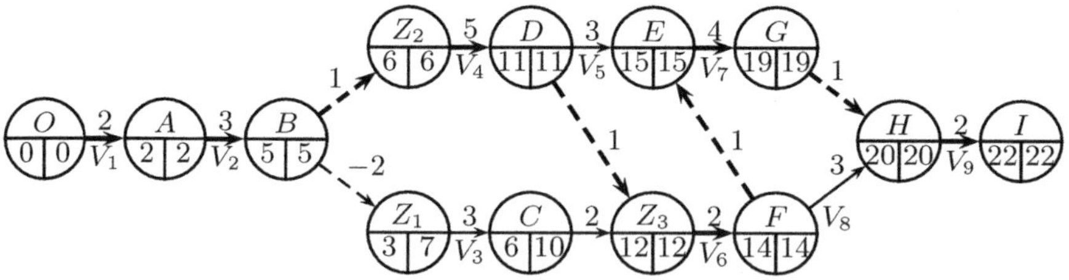

Abb. 4.6. CPM-Netzplan für den Bau eines Hauses.

Hieraus lassen sich durch Vorwärtsrechnung die frühestmöglichen Anfangs- bzw. Endzeiten und durch Rückwärtsrechnung die spätestmöglichen Anfangs- bzw. Endzeiten berechnen. Daneben kann man die Pufferzeiten der Vorgänge bestimmen.

	V_1	V_2	V_3	V_4	V_5	V_6	V_7	V_8	V_9
FAZ	0	2	3	6	11	12	15	14	20
FEZ	2	5	6	11	14	14	19	17	22
SEZ	2	5	10	11	15	14	19	20	22
SAZ	0	2	7	6	12	12	15	17	20
GP	0	0	4	0	1	0	0	3	0
FP	0	0	0	0	1	0	0	3	0
FRP	0	0	0	0	1	0	0	3	0
UP	0	0	0	0	1	0	0	3	0

Die kritischen Vorgänge V_1, V_2, V_4, V_6, V_7 und V_9 lassen sich zum fett gezeichneten kritischen Weg über die Ereignisse $O, A, B, Z_2, D, Z_3, F, E, G, H, I$ zusammensetzen. ◊

4.3.2 Vorgangsknotennetzpläne

Da in Vorgangsknotennetzplänen keine explizite Modellierung der Ereignisse erfolgt, erhält man die zeitbezogenen Kenngrößen durch die beiden folgenden aufeinander aufbauenden Berechnungsschritte.

1. Berechnung frühester und spätester Anfangs- und Endzeitpunkte für die Vorgänge.
2. Berechnung von Pufferzeiten und Bestimmung kritischer Wege.

Berechnung frühester und spätester Anfangs- und Endzeitpunkte für die Vorgänge

Für jeden Vorgang werden unter Verwendung seiner Dauer und den zeitlichen Mindestabständen zu seinen Nachfolgern der frühestmögliche und spätestmögliche Anfangs- sowie Endzeitpunkt bestimmt. Dabei hat man zu unterscheiden, ob der Netzplan kreisfrei ist oder ob er Kreise nichtpositiver Länge besitzt. Daneben betrachten wir zur Bestimmung der Zeiten auch noch eine allgemeine Formulierung als lineares Optimierungsproblem.

Kreisfreie Netzpläne

Besitzt ein Netzplan $G = (V, E)$ mit Knoten $1, \ldots, n$ keine Kreise, so kann man die in seiner Vorgangsliste angegebenen Vorgänge topologisch sortieren, d.h. für zwei beliebige Vorgänge $i, j \in V$, die über einen Pfeil $(i, j) \in E$ verbunden sind, gilt stets die Beziehung $i < j$. Daneben sei Knoten 1 die einzige Quelle und Knoten n die einzige Senke.

Die frühestmöglichen Anfangs- und Endzeitpunkte erhält man dann mit $FAZ_1 := 0$ durch Vorwärtsrechnung:

$$FAZ_i := \max\{FEZ_j + t_{ji} | j \in V(i)\}$$

$$FEZ_i := FAZ_i + d_i$$

Durch Fixierung von SEZ_n (z.B. $SEZ_n := FEZ_n$) erhält man in einer Rückwärtsrechnung die spätestmöglichen Anfangs- und Endzeitpunkte:

$$SAZ_i := SEZ_i - d_i$$

$$SEZ_i := \min\{SAZ_j - t_{ij} | j \in N(i)\}$$

Beispiel 4.4 (Beispiel 4.2 - Fortsetzung 1).

Vernachlässigt man im Vorgangsknotennetzplan aus Abbildung 4.4 die gestrichelten Pfeile, so berechnet man folgende Anfangs- und Endzeiten.

	V_1	V_2	V_3	V_4	V_5	V_6	V_7	V_8	V_9
FAZ	0	2	3	6	11	12	15	14	20
FEZ	2	5	6	11	14	14	19	17	22
SEZ	2	5	10	11	15	14	19	20	22
SAZ	0	2	7	6	12	12	15	17	20

Die Zeiten stimmen selbstverständlich mit denen aus Beispiel 4.3 für Vorgangspfeilnetzpläne überein. ◊

Netzpläne mit Kreisen nichtpositiver Länge

Die frühestmöglichen Anfangs- und Endzeitpunkte werden als längste Wege zwischen der Quelle des Netzplans und den entsprechenden Knoten der Vorgänge ermittelt, die spätestmöglichen Anfangs- und Endzeitpunkte werden als längste Wege zwischen den entsprechenden Knoten der Vorgänge und der Senke bestimmt. Hierzu verwendet man die auf den beiden folgenden Seiten wiedergegebenen Modifikationen des Breadth-First-Algorithmus aus Kapitel 3.2.1. Aufgrund der Suche nach *längsten* Wegen, muss nun vorausgesetzt werden, dass alle Kreise keine positive Länge haben.

Es sei angemerkt, dass ein Netzplan mit Kreis positiver Länge keine zulässige Lösung besitzt, da er nicht realisierbar ist. Ein Kreis positiver Länge ist vorhanden, wenn in den modifizierten Breadth-First-Algorithmen eine Wertänderung an einem Knoten mehr als n mal erfolgte.

Beispiel 4.5 (Beispiel 4.2 - Fortsetzung 2).

Für den vollständigen Vorgangsknotennetzplan aus Abbildung 4.4 erhält man mit Ausnahme des frühestmöglichen Anfangs- und Endzeitpunktes von Vorgang 3 ($FAZ_3 = 4$, $FEZ_3 = 7$) dieselben Anfangs- und Endzeitpunkte wie in Beispiel 4.4. ◊

Algorithmus 4.1: Breadth-First-Algorithmus für längste Wege von der Quelle

Input : Netzplan $G = (V, E, t, d)$ mit $V = \{1, 2, \ldots, n\}$, Quelle 1, Senke n, Knotenbewertungen d_i, Pfeilbewertungen t_{ij} ohne Kreis positiver Länge

```
begin
    Q_A := 1, Q_E := 1, FAZ(1) := 0, FEZ(1) := d_1, FAZ(i) := −∞ für alle i ≠ 1,
    beendet := false
    repeat
        forall j ∈ N(Q_A) do
            if FAZ(j) < FEZ(Q_A) + t_{Q_A j} then
                FAZ(j) := FEZ(Q_A) + t_{Q_A j}
                FEZ(j) := FAZ(j) + d_j
                if j ∉ Q then
                    S(Q_E) := j, Q_E := j
                end
            end
        end
        if Q_A ≠ Q_E then
            Q_A := S(Q_A)
        else
            beendet := true
        end
    until beendet
end
```

Output : $FAZ(i)$ und $FEZ(i)$ sind früheste Anfangs- bzw. Endzeitpunkte von Vorgang i

Lineare Optimierung

Zur Ermittlung der frühesten Anfangszeitpunkte der einzelnen Vorgänge kann man folgendes lineare Optimierungsproblem mit Variablen FAZ_i für alle $i = 1, \ldots, n$ aufstellen:

$$\begin{aligned}
&\min F(FAZ) = \sum_{i=1}^{n} FAZ_i \\
&\text{s.t.} \quad FAZ_j + d_j + t_{ji} \leq FAZ_i \qquad i = 2, \ldots, n, \quad j \in V(i) \\
&\qquad FAZ_1 = 0 \\
&\qquad FAZ_i \geq 0 \qquad i = 1, \ldots, n
\end{aligned}$$

Die frühesten Endzeitpunkte FEZ_i erhält man mit $FEZ_i := FAZ_i + d_i$.

Algorithmus 4.2: Breadth-First-Algorithmus für längste Wege zur Senke

Input : Netzplan $G = (V, E, t, d)$ mit $V = \{1, 2, \ldots, n\}$, Quelle 1, Senke n, Knotenbewertungen d_i, Pfeilbewertungen t_{ij} ohne Kreis positiver Länge

```
begin
    Q_A := n, Q_E := n, SEZ(n) := FEZ(n), SAZ(n) := SEZ(n) − d_n,
    SEZ(i) := ∞ für alle i ≠ n, beendet := false
    repeat
        forall j ∈ V(Q_A) do
            if SEZ(j) > SAZ(Q_A) − t_{jQ_A} then
                SEZ(j) := SAZ(Q_A) − t_{jQ_A}
                SAZ(j) := SEZ(j) − d_j
                if j ∉ Q then
                    S(Q_E) := j, Q_E := j
                end
            end
        end
        if Q_A ≠ Q_E then
            Q_A := S(Q_A)
        else
            beendet := true
        end
    until beendet
end
```

Output : $SAZ(i)$ und $SEZ(i)$ sind späteste Anfangs- bzw. Endzeitpunkte von Vorgang i

Zur Ermittlung der spätesten Endzeitpunkte der einzelnen Vorgänge kann man folgendes lineare Optimierungsproblem mit Variablen SEZ_i für alle $i = 1, \ldots, n$ aufstellen:

$$\begin{array}{llll} \min F(SEZ) = \sum_{i=1}^{n} SEZ_i & & & \\ \text{s.t.} \quad SEZ_j - d_j - t_{ij} & \geq SEZ_i & i = 1, \ldots, n-1, & j \in N(i) \\ \qquad SEZ_n & = FEZ_n & & \\ \qquad SEZ_i & \geq \ 0 & i = 1, \ldots, n & \end{array}$$

Die spätesten Anfangszeitpunkte SAZ_i erhält man mit $SAZ_i := SEZ_i - d_i$.

Berechnung von Pufferzeiten und Bestimmung kritischer Wege

In Vorgangsknotennetzplänen erhält man Pufferzeiten für Vorgang i wie folgt:

$$GP_i := SEZ_i - FAZ_i - d_i = SAZ_i - FAZ_i$$

$$FP_i := \min\{FAZ_j - t_{ij} | j \in N(i)\} - FEZ_i$$

$$FRP_i := SAZ_i - \max\{SEZ_j + t_{ji} | j \in V(i)\}$$

$$UP_i := \max\left\{0, \min\{FAZ_j - t_{ij} | j \in N(i)\} - \max\{SEZ_k + t_{ki} | k \in V(i)\} - d_i\right\}$$

Zur Darstellung der zeitlichen Informationen im Vorgangsknotennetzplan verwendet MPM folgende Darstellung:

i	d_i
FAZ_i	SAZ_i
FEZ_i	SEZ_i
GP_i	

Abb. 4.7. Schematische Darstellung eines Knotens im MPM-Netzplan.

Beispiel 4.6 (Beispiel 4.2 - Fortsetzung 3).

Für den vollständigen Netzplan aus Abbildung 4.4 ergeben sich folgende Pufferzeiten.

	V_1	V_2	V_3	V_4	V_5	V_6	V_7	V_8	V_9
GP_i	0	0	3	0	1	0	0	3	0
FP_i	0	0	3	0	1	0	0	3	0
FRP_i	0	0	0	0	1	0	0	3	0
UP_i	0	0	0	0	1	0	0	0	0

Tabelle 4.3. Pufferzeiten beim Bau eines Hauses.

Es ergibt sich nach MPM der Netzplan in Abbildung 4.8, der die Struktur- und Zeitplanung enthält. Der kritische Weg $(V_1, V_2, V_4, V_6, V_7, V_9)$ ist fett gezeichnet.

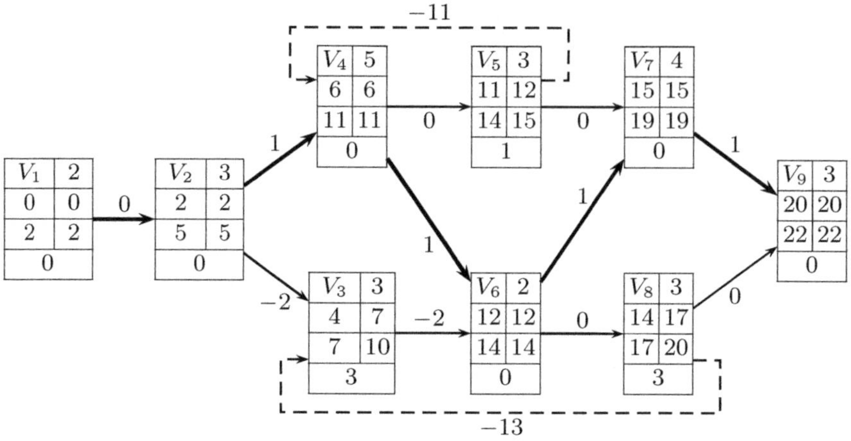

Abb. 4.8. MPM-Netzplan für den Bau eines Hauses.

◊

4.3.3 Stochastische Zeitplanung

Zum Abschluss dieses Abschnitts sollen noch kurz stochastische Ereignisknotennetzpläne betrachtet werden, da sich die exakten Vorgangsdauern der einzelnen Vorgänge oftmals nur schwer vorhersagen lassen.

Die Methode PERT berücksichtigt diese Unsicherheit über die Dauer d_i des Vorgangs i durch

- m_i: Schätzung der wahrscheinlichsten Dauer des Vorgangs,
- a_i: eine optimistische Schätzung der Dauer,
- b_i: eine pessimistische Schätzung der Dauer.

Hierzu interpretiert PERT die Dauer d_i als Realisation einer Zufallsvariablen D_i und passt die zugehörige Verteilung an die Parameter m_i, a_i und b_i an. Im Falle einer Dreiecksverteilung wählt man a_i als den kleinsten, b_i als den größten und m_i als den häufigsten Wert (Modus).

Für die mittlere Vorgangsdauer $\mu_i := E(D_i)$ ergibt sich dann die einfache Beziehung

$$\mu_i = \frac{a_i + m_i + b_i}{3}$$

und damit μ_i als arithmetisches Mittel der drei Schätzwerte. Für die Varianz $\sigma_i^2 := Var(D_i)$ gilt

$$\sigma_i^2 = \frac{(a_i - b_i)^2 - (m_i - a_i)(b_i - m_i)}{18} \; .$$

In der Regel geht PERT jedoch nicht von einer Dreiecksverteilung, sondern einer Beta-Verteilung aus mit a_i als kleinstem und b_i als größtem Wert. Die beiden noch fehlenden Formparameter α_i und β_i ergeben sich aus der Beziehung

$$m_i = \frac{a_i(\beta_i - 1) + b_i(\alpha_i - 1)}{\alpha_i + \beta_i - 2}$$

und einer zusätzlichen Annahme über die Varianz von D_i. Dieser Annahme liegt die Beobachtung zugrunde, dass bei den meisten Verteilungen mindestens 90% der Werte (im Falle der Normalverteilung sind es sogar 97,7%) innerhalb des zentralen 6σ-Bereichs liegen, also nur 5% unterhalb und 5% oberhalb. Daher approximiert man σ_i^2 durch $(b_i - a_i)^2/36$ und erhält dann in guter Näherung für μ_i die wiederum einfache Beziehung

$$\mu_i = \frac{a_i + 4m_i + b_i}{6} \ .$$

Man beachte jedoch die unterschiedliche Gewichtung der Schätzwerte gegenüber der Dreiecksverteilung.

Die Unsicherheit über die Vorgangsdauern überträgt sich auf die Projektdauer. Um auch die Projektdauer d als Realisation einer Zufallsvariablen D modellieren zu können, stellt PERT eine Reihe von mehr oder weniger realistischen Annahmen auf, die es erlauben,

$$D = \sum_{i \text{ entlang krit. Weg}} D_i$$

als Summe unabhängiger Zufallsvariablen D_i entlang eines kritischen Weges im zugehörigen CPM-Netzplan mit den (erwarteten) Vorgangsdauern μ_i darzustellen. Damit ist der zentrale Grenzwertsatz anwendbar und die Projektdauer D ist näherungsweise normalverteilt mit Mittelwert μ und Varianz σ^2, wobei sich μ als Summe der μ_i und σ^2 als Summe der σ_i^2 (unter Einbeziehung der Scheinvorgänge) entlang des kritischen Weges im zugehörigen CPM-Netzplan mit den (erwarteten) Vorgangsdauern μ_i ergeben.

Zur Berechnung ausgewählter Prozentpunkte der Verteilung von D nutzt man aus, dass $(D - \mu)/\sigma$ standard-normalverteilt ist, d.h.

$$P\Big(\frac{D-\mu}{\sigma} \leq x\Big) = \Phi(x) := \frac{1}{\sqrt{2\pi}} \int_{-\infty}^{x} e^{-\frac{1}{2}u^2} du \ , \quad x \in \mathbb{R}.$$

Die Verteilungsfunktion $\Phi(x)$ liegt in tabellierter Form vor (z.B. [23], [28]).

Unter diesen Annahmen kann schließlich die Wahrscheinlichkeit, dass die Projektdauer eine bestimmte vorgegebene Dauer d (sog. Deadline) einhält, bestimmt werden. Dabei gilt

$$P(D \leq d) = \Phi\Big(\frac{d-\mu}{\sigma}\Big) \ .$$

Beispiel 4.7 (Beispiel 4.1 - Fortsetzung 3).

Für den Bau eines Hauses seien die Schätzwerte m_i, a_i und b_i der Vorgänge $i = 1, \ldots, 9$ (zusammen mit den konstanten Dauern der Scheinvorgänge) gegeben. Hieraus errechnen sich die Erwartungswerte μ_i, die als Vorgangsdauern dem CPM-Netzplan zugrunde liegen, sowie die Varianzen σ_i^2. Alle Daten sind in Tabelle 4.4 aufgeführt.

Unter Berücksichtigung des kritischen Weges (vgl. Abb. 4.6) über die Ereignisse O, A, B, Z_2, D, Z_3, F, E, G, H, I folgt dann

i	**Vorgang**	a_i	m_i	b_i	μ_i	σ_i^2
1	Baustelle einrichten	1	2	3	2	$\frac{1}{9}$
2	Bodenplatte betonieren	2	$2\frac{1}{2}$	6	3	$\frac{4}{9}$
3	Wasseranschluss	2	3	4	3	$\frac{1}{9}$
4	Maurerarbeiten Rohbau	1	$5\frac{1}{2}$	7	5	1
5	Dach	$1\frac{1}{2}$	3	$4\frac{1}{2}$	3	$\frac{1}{4}$
6	Wasser- und Elektroinstallation	1	2	3	2	$\frac{1}{9}$
7	Isolierung und Außenputz	1	$4\frac{1}{2}$	5	4	$\frac{4}{9}$
8	Innenausbau	2	2	8	3	1
9	Einrichtung	2	2	2	2	0

Tabelle 4.4. Daten für die Berechnung der Verteilung der Projektdauer.

$$\mu = 2 + 3 + 1 + 5 + 1 + 2 + 1 + 4 + 1 + 2 = 22$$

und

$$\sigma^2 = \frac{1}{9} + \frac{4}{9} + 0 + \frac{9}{9} + 0 + \frac{1}{9} + 0 + \frac{4}{9} + 0 + \frac{0}{9} = \frac{19}{9}$$

und wir können die Projektdauer (näherungsweise) als normalverteilt mit Erwartungswert 22 und Varianz 19/9 annehmen.

Hieraus ergeben sich beispielsweise die folgenden Wahrscheinlichkeiten:

- Erwartete Projektdauer wird eingehalten:
$$P(D \leq 22) = \Phi\Big(\frac{22 - \mu}{\sigma}\Big) = \Phi(0) = 0.5.$$
- Projekt ist spätestens zum Zeitpunkt 24 beendet:
$$P(D \leq 24) = \Phi\Big(\frac{24 - \mu}{\sigma}\Big) = \Phi(1.3765) = 0.9157.$$
- Erwartete Projektdauer wird um mehr als eine Zeiteinheit überschritten:
$$P(D > 23) = 1 - \Phi\Big(\frac{23 - \mu}{\sigma}\Big) = 1 - \Phi(0.6882) = 0.2456.$$

◊

4.4 Kapazitätsplanung

In der Struktur- und Zeitplanung wurde davon ausgegangen, dass alle benötigten Ressourcen in unbeschränkter Kapazität vorliegen. Ist jedoch mindestens eine Ressource knapp, so können simultan geplante Vorgänge unter Umständen nur sequentiell ausgeführt werden. In diesem Fall sind zusätzliche Reihenfolgebeschränkungen einzuführen. Mit Methoden des Schedulings wird dann unter Ausnutzung der vorhandenen Pufferzeiten versucht, einen optimalen Ablaufplan zu erstellen, der die knappe Kapazität einer Ressource berücksichtigt. Gegebenenfalls kann die Ausführung der Vorgänge nur mit einer Verlängerung der Projektdauer umgesetzt werden. Weitere Details zu verschiedenen Scheduling-Verfahren findet man in [38].

4.5 Kostenplanung

Neben den bisherigen zeitlichen Überlegungen lassen sich im Rahmen der Netzplantechnik auch Kostenaspekte in der Kostenplanung berücksichtigen. Diese erläutern wir nur für Vorgangspfeilnetzpläne. Für Vorgangsknotennetzpläne ist eine analoge Vorgehensweise möglich. Hierzu unterscheidet man zwei Kostenarten.

Vorgangskosten setzen sich vornehmlich aus den variablen Kosten zusammen, die für die Ausführung der Vorgänge benötigt werden und ergeben sich als Summe der Kosten für jeden Vorgang. Die Kosten für einen Vorgang wiederum sind vorgangsdauerabhängig: Im Gegensatz zur bisherigen Betrachtung wird für einen Vorgang (i, j) nicht eine konstante Vorgangsdauer d_{ij}, sondern eine in gewissen Grenzen variable Vorgangsdauer angenommen, d.h $l_{ij} \leq d_{ij} \leq u_{ij}$. Typischerweise gehen mit fallender Vorgangsdauer (z.B. durch zusätzlichen Ressourceneinsatz wie Überstunden, leistungsfähigere Anlagen) höhere Bearbeitungskosten einher, wie folgende Abbildung zeigt.

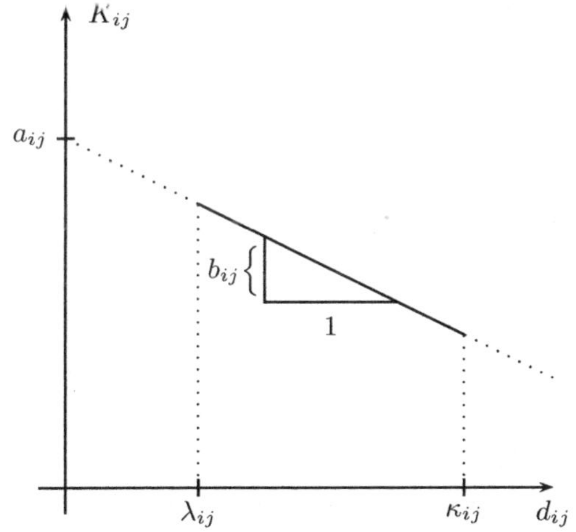

Abb. 4.9. Kosten eines Vorgangs in Abhängigkeit der Vorgangsdauer

Die Steigung b_{ij} der Kostenfunktion nennt man **Beschleunigungskosten** von Vorgang (i, j), da sie angibt, welche zusätzlichen Kosten bei Verringerung (also

Beschleunigung) der Vorgangsdauer um eine Zeiteinheit entstehen. Die Kosten für einen Vorgang (i,j) werden mit dem Ordinatenabschnitt $a_{ij} > 0$ somit linear zu

$$F_{V_{ij}} = a_{ij} - b_{ij}d_{ij}$$

mit $l_{ij} \leq d_{ij} \leq u_{ij}$ modelliert. Die Vorgangskosten ergeben sich dann insgesamt zu

$$F_V = \sum_{(i,j)\in E} F_{V_{ij}} = \sum_{(i,j)\in E} (a_{ij} - b_{ij}d_{ij}).$$

Projektkosten sind alle Kosten, die im Projektablauf unabhängig von den Vorgängen anfallen. Hierzu zählen z.B. projektdauerunabhängige Fixkosten oder projektdauerabhängige Opportunitätskosten, Mietkosten und Konventionalstrafen. Je schneller das Projekt beendet ist, desto niedriger sind diese Kosten. Aus diesem Grund werden die Projektkosten häufig als affine Funktion mit Fixkostenanteil f und zusätzlichen Kosten g je Zeiteinheit in Abhängigkeit von der Projektdauer D zu

$$F_P = f + gD$$

modelliert.

Wie folgendes Schaubild zeigt, hat man unter Kostengesichtspunkten die Summe beider Kostenarten zu berücksichtigen. Dabei sind die Vorgangskosten in verallgemeinerter Form mit konvexem Verlauf abgebildet.

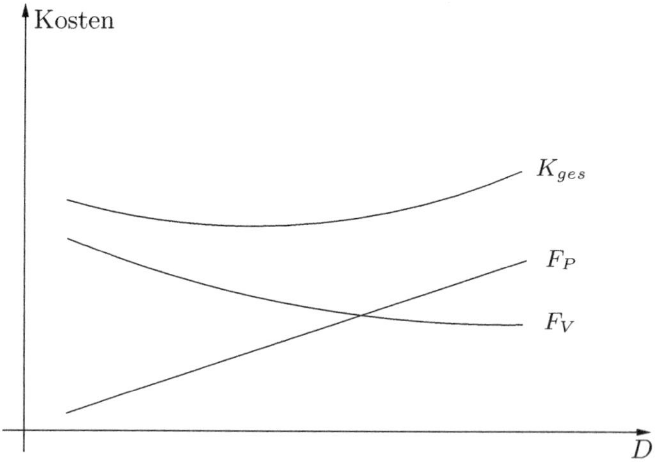

Abb. 4.10. Gesamtkosten eines Projekts

Möchte man für gegebene Projektdauer die minimalen Gesamtkosten bestimmen, so sind hierfür die Vorgangskosten zu minimieren. Man erhält folgendes lineare Optimierungsproblem:

$$\begin{aligned}
\min \quad & F(FZ,d) = \sum_{(i,j)\in E} (a_{ij} - b_{ij}d_{ij}) \\
\text{s.t.} \quad & -FZ_i + FZ_j - d_{ij} \geq 0 && (i,j) \in E \\
& -FZ_1 + FZ_n = D \\
& l_{ij} \leq d_{ij} \leq u_{ij} && (i,j) \in E \\
& FZ_i,\ d_{ij} \geq 0 && i \in V, (i,j) \in E.
\end{aligned}$$

Lässt man eine variable Gesamtprojektdauer D zu, so müssen zusätzlich auch die Projektkosten berücksichtigt werden:

$$\begin{aligned}
\min \quad & F(FZ,d,D) = \sum_{(i,j)\in E} (a_{ij} - b_{ij}d_{ij}) + f + gD \\
\text{s.t.} \quad & -FZ_i + FZ_j - d_{ij} \geq 0 && (i,j) \in E \\
& -FZ_1 + FZ_n = D \\
& l_{ij} \leq d_{ij} \leq u_{ij} && (i,j) \in E \\
& FZ_i,\ d_{ij},\ D \geq 0 && i \in V,\ (i,j) \in E.
\end{aligned}$$

Beispiel 4.8 (Beispiel 4.1 - Fortsetzung 4).

Betrachten Sie erneut den Bau eines Hauses. Mit den Vorgängen werden nun Kosten assoziiert (s. Tab. 4.5). Die Kosten aller Vorgänge mit konstanter Dauer betragen 12 500 €. Die Dauern d_{Z_2D} und d_{EG} der Vorgänge 4 und 7, die Gesamtprojektdauer D sowie die frühesten Ereigniszeitpunkte aller Ereignisse gehen als Variablen in das lineare Optimierungsproblem ein.

Mit Fixkosten $f = 40\,000$ € und Opportunitätskosten $g = 3\,000$ € erhält man:

$$\begin{aligned}
\min \quad & 12\,500 + 5\,000 + 3\,000(5 - d_{Z_2D}) + 4\,000 + 2\,000(4 - d_{EG}) \\
& +40\,000 + 3\,000D \\
\text{s.t.} \quad & -FZ_O + FZ_A - 2 \geq 0 && -FZ_B + FZ_{Z_1} + 2 \geq 0 \\
& -FZ_A + FZ_B - 3 \geq 0 && -FZ_B + FZ_{Z_2} - 1 \geq 0 \\
& -FZ_{Z_1} + FZ_C - 3 \geq 0 && -FZ_C + FZ_{Z_3} - 2 \geq 0 \\
& -FZ_{Z_2} + FZ_D - d_{Z_2D} \geq 0 && -FZ_D + FZ_{Z_3} - 1 \geq 0 \\
& -FZ_D + FZ_E - 3 \geq 0 && -FZ_F + FZ_E - 1 \geq 0 \\
& -FZ_{Z_3} + FZ_F - 2 \geq 0 && -FZ_G + FZ_H - 1 \geq 0 \\
& -FZ_E + FZ_G - d_{EG} \geq 0 && -FZ_O + FZ_H = D \\
& -FZ_F + FZ_H - 3 \geq 0 && 4 \leq d_{Z_2D} \leq 6 \\
& -FZ_H + FZ_I - 2 \geq 0 && 3 \leq d_{EG} \leq 5 \\
& FZ_O, FZ_A, FZ_B, \ldots, FZ_I, d_{Z_2D}, d_{EG}, D \geq 0.
\end{aligned}$$

$Nr.$	i	j	**Vorgangsname**	$[l_{ij}, u_{ij}]$	Kosten in €
1	O	A	V_1: Baustelle einrichten	[2,2]	4 000
2	A	B	V_2: Bodenplatte betonieren	[3,3]	2 000
3	Z_1	C	V_3: Wasseranschluss	[3,3]	1 000
4	Z_2	D	V_4: Maurerarbeiten Rohbau	[4,6]	$5\,000 + 3\,000(5 - d_{Z_2D})$
5	D	E	V_5: Dach	[3,3]	1 500
6	Z_3	F	V_6: Wasser- und Elektroinstallation	[2,2]	1 000
7	E	G	V_7: Isolierung und Außenputz	[3,5]	$4\,000 + 2\,000(4 - d_{EG})$
8	F	H	V_8: Innenausbau	[3,3]	1 000
9	H	I	V_9: Einrichtung	[2,2]	2 000
10	B	Z_1	V_{10}: Scheinvorgang	[-2,-2]	0
11	B	Z_2	V_{11}: Scheinvorgang	[1,1]	0
12	C	Z_3	V_{12}: Scheinvorgang	[2,2]	0
13	D	Z_3	V_{13}: Scheinvorgang	[1,1]	0
14	F	E	V_{14}: Scheinvorgang	[1,1]	0
15	G	H	V_{15}: Scheinvorgang	[1,1]	0

Tabelle 4.5. Vorgangsliste mit Kosten für den Bau eines Hauses.

Löst man dieses lineare Optimierungsproblem, so ergibt sich eine Gesamtprojektdauer von 23 Zeiteinheiten und die minimalen Kosten belaufen sich auf 121 500 €. Die Entscheidungsvariablen d_{Z_2D} bzw. d_{EG} haben die Werte 6 bzw. 3 und sind somit bei ihrer größt- bzw. kleinstmöglichen Vorgangsdauer. $\diamond$

5

Ganzzahlige Optimierung

5.1 Einführung und Beispiele

In Kapitel 1 und 2 haben wir uns im Rahmen der linearen Optimierung mit Problemstellungen beschäftigt, bei denen die Entscheidungsvariablen beliebige reelle Werte annehmen konnten, sofern sie alle Nebenbedingungen erfüllten. In vielen praktischen Problemstellungen wird jedoch gefordert, dass die Variablen nur ganzzahlige, natürliche oder binäre Werte annehmen. Die **ganzzahlige (lineare) Optimierung** (engl.: integer (linear) programming) beschäftigt sich mit der Optimierung linearer Zielfunktionen über einer Menge, die durch lineare Gleichungen und Ungleichungen eingeschränkt ist. Dürfen alle Variablen nur ganzzahlige Werte annehmen, so spricht man von **(rein-)ganzzahliger Optimierung** (engl.: integer programming); treten sowohl ganzzahlige als auch kontinuierliche Variablen auf, so spricht man von **gemischt-ganzzahliger Optimierung** (engl.: mixed integer programming). Das (rein-)ganzzahlige (lineare) Optimierungsproblem lautet in seiner allgemeinen Form

$$P_0: \qquad \max c^\mathsf{T} x \quad \text{s.t.} \quad Ax \leq b, \quad x \in \mathbb{Z}^n$$

mit $c \in \mathbb{R}^n$, $b \in \mathbb{R}^m$ und der (m, n)-Matrix A. Ohne Beschränkung der Allgemeinheit nimmt man oft $x_i \in \mathbb{N}_0$ oder $x_i \in \{0, 1\}$ für $i = 1, \ldots, n$ an.

Da die zulässige Menge eine endliche oder abzählbar unendliche diskrete Struktur besitzt, spricht man auch von kombinatorischen Optimierungsproblemen. Wir gehen im Folgenden zusätzlich davon aus, dass sich der zulässige Bereich als eine nichtleere und endliche Menge von Punkten darstellen lässt. Hierdurch ist die Existenz mindestens eines optimalen Punktes gesichert.

Die folgenden Beispiele verdeutlichen die praktische Bedeutung der ganzzahligen Optimierung in vielen Anwendungsgebieten. Danach werden wir sehen, dass ganzzahlige Variablen als Hilfsmittel zur Modellierung logischer Verknüpfungen und Mengenbeziehungen herangezogen werden können. Zwar befinden sich bei der ganzzahligen Optimierung alle zulässigen Punkte - genau wie bei der linearen Optimierung - innerhalb eines konvexen Polyeders, jedoch lässt sich die zulässige Menge nicht als Schnitt endlich vieler Halbräume beschreiben. Deshalb sind ganzzahlige Probleme wesentlich schwerer zu lösen als lineare Probleme. Die Komplexitätstheorie liefert Möglichkeiten zur Beschreibung der Schwierigkeit eines Problems. Zur Lösung ganzzahliger Probleme werden in diesem Kapitel als exakte Lösungsverfahren das Branch & Bound- sowie das Schnittebenenverfahren vorgestellt. Heuristiken zur näherungsweisen Lösung schwieriger Probleme werden in Kapitel 6 beschrieben.

Beispiel 5.1.

Gegeben sei das folgende ganzzahlige lineare Optimierungsproblem:

$$\begin{aligned} \max \quad & x_1 + x_2 \\ \text{s.t.} \quad & 0.011x_1 + x_2 \le 1.01 \\ & 0.011x_1 - x_2 \le 0.021 \\ & x_1, x_2 \in \mathbb{N}_0. \end{aligned}$$

Wie Abbildung 5.1 zeigt, besteht der zulässige Bereich dieses ganzzahligen Problems nur aus den drei Punkten $(0,0)$, $(1,0)$ und $(0,1)$. Die optimalen Punkte sind folglich $(0,1)$ und $(1,0)$ mit dem Zielfunktionswert 1. Ersetzt man die Ganzzahligkeitsbedingungen für x_1, x_2 durch die Nichtnegativitätsbedingungen $x_1, x_2 \ge 0$, so bezeichnet man das entstehende Problem als **LP-Relaxierung** des ganzzahligen Problems. In Abbildung 5.1 ist die zulässige Menge der LP-Relaxierung grau gekennzeichnet; löst man die LP-Relaxierung, so erhält man (z.B. mit dem Simplex-Algorithmus) als optimalen Punkt $(5.95455, 0.445)$ mit dem optimalen Wert 6.3995.

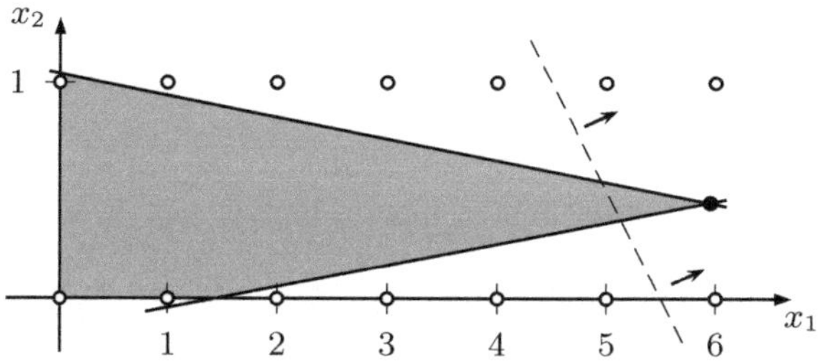

Abb. 5.1. Die Lösung des ganzzahligen Problems unterscheidet sich erheblich von der des kontinuierlichen Problems.

Man sieht leicht, dass der optimale Wert der LP-Relaxierung durch geeignete Wahl der Koeffizienten der Nebenbedingungen beliebig hoch werden kann; der optimale Wert des ganzzahligen Problems bleibt unabhängig hiervon jedoch immer gleich. Weiter erkennt man, dass der optimale Punkt eines ganzzahligen Problems im Unterschied zu einem linearen Problem im Allgemeinen nicht einem Eckpunkt entsprechen muss. Der naive Vorschlag, ein ganzzahliges Programm durch Lösen der LP-Relaxierung und anschließendes Runden zu lösen, muss ebenfalls verworfen werden: Durch Runden würde man den Punkt $(6, 0)$ erhalten; dieser Punkt ist nicht einmal zulässig. ◊

Beispiel 5.2 (Rucksackproblem).

Ein Spediteur möchte die Güter aus Tabelle 5.1 mit seinem Kleintransporter transportieren. Da dessen Kapazität mit 300 kg nicht für alle Güter reicht, steht der Spediteur vor der Aufgabe, diejenigen Güter auszuwählen, die bei Einhaltung der Gewichtsrestriktion einen möglichst hohen Gewinn erzielen.

Gegenstand	Gewicht	Gewinn
Waschmaschine (1)	70 kg	83 €
Trockner (2)	60 kg	69 €
Kühlschrank (3)	100 kg	43 €
Spülmaschine (4)	125 kg	98 €
Ofen (5)	105 kg	89 €
Induktionskochfeld (6)	40 kg	56 €

Tabelle 5.1. Beispieldaten für das Rucksackproblem.

Das Problem lässt sich mit den Entscheidungsvariablen

$$x_i = \begin{cases} 1, & \text{wenn Gut } i \text{ transportiert wird,} \\ 0, & \text{sonst,} \end{cases} \qquad i = 1, \ldots, 6,$$

zu

$$\begin{aligned} \max \quad & 83x_1 + 69x_2 + 43x_3 + 98x_4 + 89x_5 + 56x_6 \\ \text{s.t.} \quad & 70x_1 + 60x_2 + 100x_3 + 125x_4 + 105x_5 + 40x_6 \leq 300 \\ & x_1, \ldots, x_6 \in \{0, 1\} \end{aligned}$$

formulieren.

Dieses Problem stellt eine Instanz des **Rucksackproblems** (engl.: knapsack problem) dar. Dieses ist ein grundlegendes ganzzahliges Optimierungsproblem, das als Teilaufgabe komplexerer Modelle auftritt. Es besteht darin, aus einer Menge von Objekten, die jeweils ein Gewicht und einen Nutzenwert besitzen, diejenige Teilmenge auszuwählen, deren Gesamtgewicht eine vorgegebene Gewichtsschranke (Kapazität) nicht überschreitet und dabei den größtmöglichen Nutzenwert (Summe der Nutzenwerte der ausgewählten Objekte) erreicht: Ordnet man den n Objekten die Gewichte $w_i \geq 0$ und Nutzenwerte $u_i \geq 0$ $(i = 1, \ldots, n)$ zu, so erhält man unter Verwendung der binären Entscheidungsvariablen

$$x_i = \begin{cases} 1, & \text{wenn Objekt } i \text{ eingepackt wird,} \\ 0, & \text{sonst,} \end{cases} \qquad i = 1, \ldots, n,$$

für ein maximales Gesamtgewicht von C Gewichtseinheiten das ganzzahlige Problem

$$\begin{aligned} \max \quad & \sum_{i=1}^{n} u_i x_i \\ \text{s.t.} \quad & \sum_{i=1}^{n} w_i x_i \leq C \\ & x_1, \ldots, x_n \in \{0, 1\}. \end{aligned}$$

Das Rucksackproblem lässt sich in naheliegender Weise von binären auf ganzzahlige Entscheidungsvariablen mit Wertebereich $\mathbb{N}_0$ erweitern. Da das Problem nur eine Nebenbedingung besitzt, eignet es sich zur Ableitung weiterer Ungleichungen, die den zulässigen Bereich weiter einschränken ([45]). ◇

Beispiel 5.3 (Das Traveling Salesman Problem).

In Abschnitt 3.4.2 haben wir bereits das Traveling Salesman Problem kennengelernt: Ein Handlungsreisender soll n vorgegebene Orte in derjenigen Reihenfolge besuchen, die die kürzeste Gesamtstrecke bedeutet. Zudem soll er wieder zum Ausgangspunkt zurückkehren (vgl. Abb. 5.2). In diesem Beispiel zeigen wir, dass sich das graphentheoretische Problem der Bestimmung eines kürzesten Hamiltonschen Kreises auch als ganzzahliges Optimierungsproblem formulieren lässt.

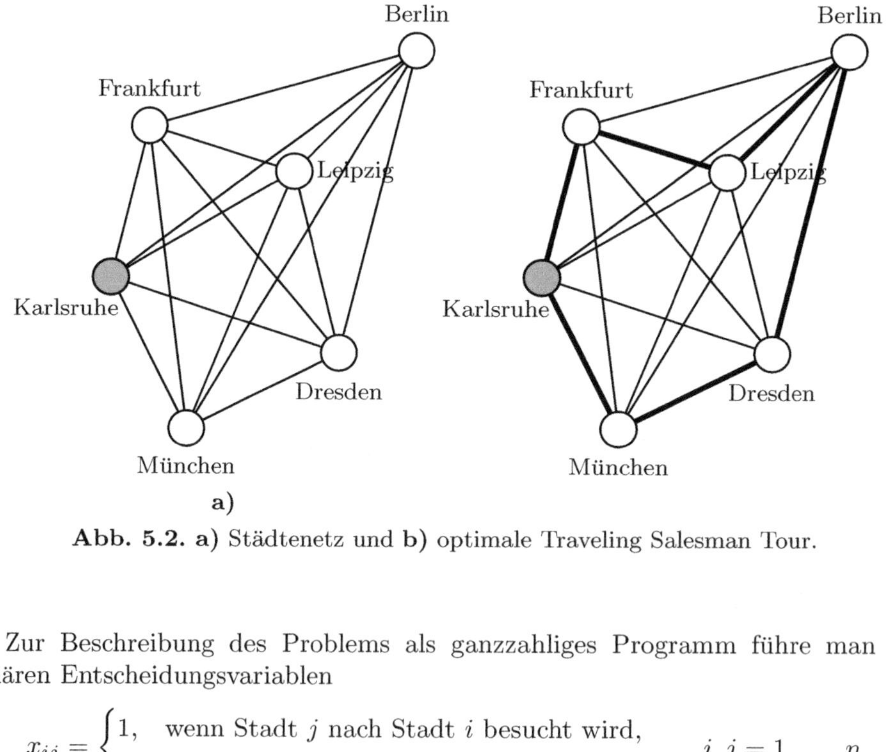

Abb. 5.2. **a)** Städtenetz und **b)** optimale Traveling Salesman Tour.

Zur Beschreibung des Problems als ganzzahliges Programm führe man die binären Entscheidungsvariablen

$$x_{ij} = \begin{cases} 1, & \text{wenn Stadt } j \text{ nach Stadt } i \text{ besucht wird,} \\ 0, & \text{sonst,} \end{cases} \qquad i, j = 1, \ldots, n$$

ein. Offensichtlich besitzt in einer Tour jede der n Städte einen vorhergehenden und einen nachfolgenden Ort. Deshalb muss (in einer Formulierung, die den Richtungssinn der Rundreise berücksichtigt) für jede Stadt $i = 1, \ldots, n$

$$\sum_{\substack{j=1,\ldots,n \\ j\neq i}} x_{ij} = 1 \text{ und } \sum_{\substack{j=1,\ldots,n \\ j\neq i}} x_{ji} = 1$$

gelten.

Abbildung 5.3 zeigt, dass diese Nebenbedingungen jedoch nicht ausreichen, um zulässige Rundreisen zu erzeugen, da damit auch Variablenbelegungen entstehen können, die mehrere unverbundene Kreise beschreiben.

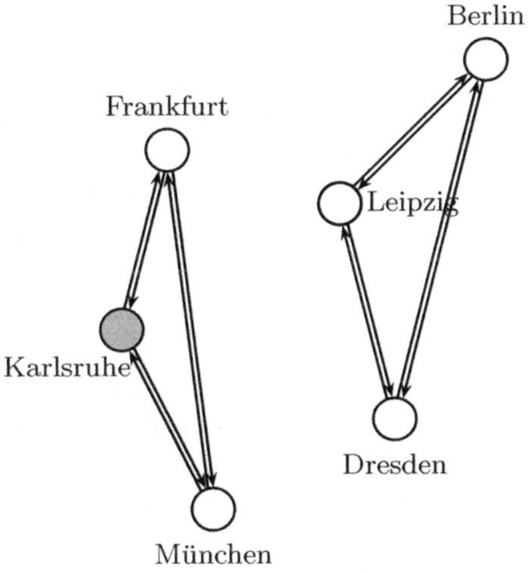

Abb. 5.3. Beispiele für Kurzzyklen beim Traveling Salesman Problem.

Um sicherzustellen, dass keine Kurzzyklen auftreten, werden sogenannte **Kurzzyklusungleichungen** (engl.: subtour elimination constraints) eingeführt. Diese besagen, dass jede echte Teilmenge S aller Städte durch höchstens $|S|-1$ Kanten untereinander verbunden sein darf. Wäre S durch $|S|$ Kanten untereinander verbunden, so würde es sich um einen Kurzzyklus handeln. Somit muss zusätzlich für alle $S \subseteq \{1,\ldots,n\}$ mit $2 \leq |S| \leq \frac{n}{2}$

$$\sum_{i\in S}\sum_{j\in S} x_{ij} \leq |S|-1$$

gefordert werden. Die Kurzzyklusungleichungen müssen nur für die Teilmengen S von $\{1,\ldots,n\}$ mit $|S| \leq \frac{n}{2}$ betrachtet werden, da in einem zulässigen Punkt eine kurzzyklenfreie Menge S einen Kurzzyklus in $\{1,\ldots,n\}\backslash S$ ebenfalls ausschließt.

Bezeichnet d_{ij} die Entfernung der Städte i und j, so erhält man die vollständige Formulierung des Traveling Salesman Problems:

$$\begin{array}{llll}
\min & \sum_{i=1}^{n}\sum_{j=1}^{n} d_{ij}x_{ij} & & \\
\text{s.t.} & \sum_{\substack{j=1,\ldots,n \\ j\neq i}} x_{ij} = & 1 & \text{für } i=1,\ldots,n \\
& \sum_{\substack{j=1,\ldots,n \\ j\neq i}} x_{ji} = & 1 & \text{für } i=1,\ldots,n \\
& \sum_{i\in S}\sum_{j\in S} x_{ij} \leq |S|-1 & & \text{für } 2 \leq |S| \leq \frac{n}{2} \\
& x_{ij} \in & \{0,1\} & \text{für } i,j=1,\ldots,n.
\end{array}$$

Es sei angemerkt, dass diese Formulierung bereits für mittlere n prohibitiven Rechenaufwand verursacht, da $\binom{n}{2} + \ldots + \binom{n}{\lfloor n/2 \rfloor}$ Kurzzyklusbedingungen zu formulieren sind. Für $n = 50$ wären dies mehr als eine Billiarde Ungleichungen. ◊

Beispiel 5.4 (Quadratisches Zuordnungsproblem).

Um die Überlebenschancen von Notfallpatienten in der Notaufnahme eines Krankenhauses zu erhöhen, ist eine möglichst kurze Behandlungszeit erforderlich. Aus diesem Grund sollte die Raumaufteilung eine möglichst kurze Transportzeit ermöglichen. In Abbildung 5.4 ist zur Veranschaulichung das Raumlayout einer Notaufnahme zu sehen. In den drei freien Räumen sind nun die Funktionsstellen Röntgen, OP und Labor so unterzubringen, dass die insgesamt benötigte Wegzeit minimal wird.

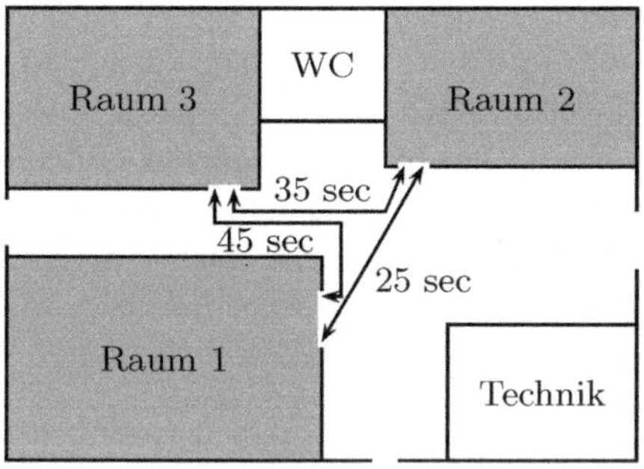

Abb. 5.4. Raumlayout einer Notaufnahme-Station.

Die Vorteilhaftigkeit einer Zuordnung der Funktionsstellen zu den Räumen ist abhängig von der Wechselhäufigkeit zwischen den einzelnen Funktionsstellen: Durchschnittlich müssen pro Tag von allen Personen 400 Wege zwischen Röntgen und OP, 250 Wege zwischen Röntgen und Labor sowie 350 Wege zwischen Labor und OP zurückgelegt werden. Abbildung 5.5 und Tabelle 5.2 zeigen zwei beispielhafte Zuordnungen sowie die daraus resultierenden Kosten.

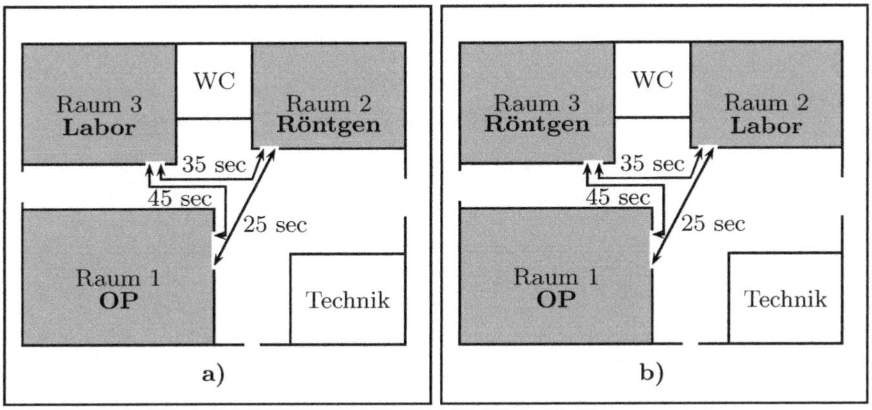

Abb. 5.5. Zwei mögliche Zuordnungen von Funktionsstellen zu Räumen.

	Zuordnung **a)**	Zuordnung **b)**
Röntgen / OP	400·25 sec = 10 000 sec	400·45 sec = 18 000 sec
Röntgen / Labor	250·35 sec = 8 750 sec	250·35 sec = 8 750 sec
Labor / OP	350·45 sec = 15 750 sec	350·25 sec = 8 750 sec
Gesamt	34 500 sec	35 500 sec

Tabelle 5.2. Benötigte Gesamtzeit für die Zuordnungen aus Abbildung 5.5.

Das geschilderte Problem lässt sich allgemein für eine beliebige Anzahl n an Funktionsstellen (oder anderen zuordnungsfähigen Einrichtungen, wie z.B. Maschinen) und Räumen (oder anderen zuordnungsfähigen Orten, wie z.B. Plätzen) in systematischer Weise durch ein ganzzahliges Problem mit quadratischer Zielfunktion lösen: Hierzu seien

$$x_{ir} = \begin{cases} 1, & \text{wenn Funktionsstelle } i \text{ Raum } r \text{ zugeordnet wird,} \\ 0, & \text{sonst,} \end{cases} \qquad i, r = 1, \ldots, n$$

binäre Entscheidungsvariablen. Da jeder Funktionsstelle genau ein Raum zugeordnet wird und umgekehrt dasselbe gilt, sind die Zuordnungsbedingungen

$$\sum_{r=1}^{n} x_{ir} = 1 \text{ für } i = 1, \ldots, n \quad \text{und} \quad \sum_{i=1}^{n} x_{ir} = 1 \text{ für } r = 1, \ldots, n$$

zu formulieren. Die Zielfunktion setzt die Weghäufigkeit zwischen zwei Funktionsstellen mit der aus der Zuordnung resultierenden Wegstrecke zwischen den Räumen, denen die Funktionsstellen zugeordnet wurden, in Beziehung: Gilt $x_{ir} = x_{js} = 1$ für die Funktionsstellen i, j und die Räume r, s, so ist die Häufigkeit f_{ij} zwischen i und j mit der Dauer d_{rs} zwischen r und s zu multiplizieren und zur Zielfunktion zu addieren. Insgesamt erhält man das quadratische Zuordnungsproblem

$$\begin{array}{llll} \min & \sum_{i=1}^{n}\sum_{r=1}^{n}\sum_{\substack{j=1\\ j\neq i}}^{n}\sum_{\substack{s=1\\ s\neq r}}^{n} f_{ij}d_{rs}x_{ir}x_{js} & & \\ \text{s.t.} & \sum_{i=1}^{n} x_{ir} = & 1 & \text{für } r=1,\ldots,n \\ & \sum_{r=1}^{n} x_{ir} = & 1 & \text{für } i=1,\ldots,n \\ & x_{ir} \in & \{0,1\} & \text{für } i,r=1,\ldots,n. \end{array}$$

◊

Die Beispiele zeigen, dass sich die ganzzahlige Optimierung als Modellierungsgrundlage für kombinatorische Probleme eignet. Neben den in den Beispielen beschriebenen Auswahl-, Reihenfolge- und Zuordnungsproblemen finden sich viele Anwendungen auch für Gruppierungsprobleme. Ein weiteres Einsatzgebiet der ganzzahligen Optimierung sind die sich aus der Ganzzahligkeit der Variablen ergebenden Modellierungsmöglichkeiten.

5.2 Modellierung mit ganzzahligen Variablen

Die Forderung der Ganzzahligkeit von Entscheidungsvariablen erlaubt in vielen Anwendungen eine wesentlich realitätsnähere Modellierung, da für die Werte der Variablen aus praktischen Gründen nur ganzzahlige Werte in Frage kommen: Beispielsweise würde es keinen Sinn ergeben, 3.7 Flugzeuge herzustellen oder 9.3 Menschen zu beschäftigen. Daneben ergeben sich aus der Ganzzahligkeit der Variablen neue Modellierungsmöglichkeiten:

- Logische Verknüpfungen
- Mengenbeziehungen
- Alternative Nebenbedingungen

5.2.1 Logische Verknüpfungen

Zur Modellierung logischer Zusammenhänge eignen sich Binärvariablen, da sie anzeigen können, ob eine bestimmte Aussage wahr ($x = 1$) oder falsch ($x = 0$) ist. Gleichermaßen stehen Binärvariablen für eine Ja/Nein-Entscheidung.

Gegeben seien zunächst zwei Aussagen A_1 und A_2 sowie die Binärvariablen x_1 und x_2 mit

$$x_i = \begin{cases} 1, & \text{wenn Aussage } A_i \text{ wahr ist,} \\ 0, & \text{sonst,} \end{cases} \qquad i = 1, 2.$$

Die verschiedenen **logischen Verknüpfungen** lassen sich dann gemäß Tabelle 5.3 darstellen.

Aussage	Logische Verknüpfung
A_1 oder A_2 ist wahr	$x_1 + x_2 \geq 1$
A_1 und A_2 sind wahr	$x_1 + x_2 = 2$
Weder A_1 noch A_2 sind wahr	$x_1 + x_2 = 0$
Wenn A_1 wahr ist, dann ist auch A_2 wahr	$x_1 \leq x_2$
A_1 ist genau dann wahr, wenn A_2 wahr ist	$x_1 = x_2$
A_1 ist genau dann wahr, wenn A_2 nicht wahr ist	$x_1 = 1 - x_2$

Tabelle 5.3. Logische Verknüpfungen zweier Binärvariablen.

Lässt man beliebig viele Aussagen $A_1, \ldots, A_n$ zu und setzt

$$x_i = \begin{cases} 1, & \text{wenn Aussage } A_i \text{ wahr ist,} \\ 0, & \text{sonst,} \end{cases} \qquad i = 1, \ldots, n,$$

so können mit obigen Regeln mehrere Aussagen zusammengesetzt werden.

Beispiel 5.5 (Set Covering Problem).

Auf dem Universitätscampus in Abbildung 5.6 sollen Notfalltelefone eingerichtet werden. In jeder Hauptstraße muss an mindestens einem Straßenende ein Telefon vorhanden sein, und die Gesamtanzahl der Telefone soll minimiert werden.

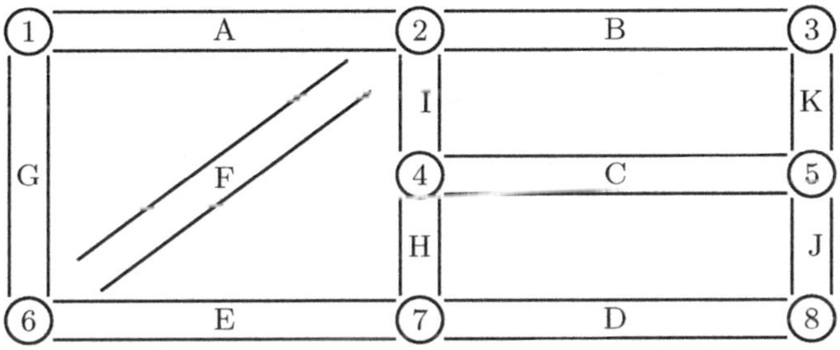

Abb. 5.6. Straßenkarte eines Campus: Die Zahlen entsprechen den Straßenenden, an denen Telefone installiert werden können, Buchstaben entsprechen Straßen.

Mit den binären Entscheidungsvariablen

$$x_i = \begin{cases} 1, & \text{wenn an Platz } i \text{ ein Telefon errichtet wird} \\ 0, & \text{sonst,} \end{cases} \qquad i = 1, \ldots, 8$$

muss für jede Straße sichergestellt werden, dass mindestens eines der beiden Straßenenden ein Telefon erhält; für Straße A resultiert z.B. die Nebenbedingung $x_1 + x_2 \geq 1$. Für die anderen Straßen sind analoge Nebenbedingungen zu formulieren. Man erhält das ganzzahlige Programm

$$
\begin{array}{lllllllllll}
\min & x_1 + x_2 + x_3 + x_4 + x_5 + x_6 + x_7 + x_8 & & \\
\text{s.t.} & x_1 + x_2 & \geq & 1 \\
& x_1 + x_6 & \geq & 1 \\
& x_2 + x_3 & \geq & 1 \\
& x_2 + x_4 & \geq & 1 \\
& x_2 + x_6 & \geq & 1 \\
& x_3 + x_5 & \geq & 1 \\
& x_4 + x_5 & \geq & 1 \\
& x_4 + x_7 & \geq & 1 \\
& x_5 + x_8 & \geq & 1 \\
& x_6 + x_7 & \geq & 1 \\
& x_7 + x_8 & \geq & 1 \\
& x_1, \ldots, x_8 & \in & \{0, 1\}.
\end{array}
$$

◊

Beispiel 5.6 (Investitionsplanung).

Für die nächsten drei Jahre betrachtet ein Unternehmen fünf Projekte. Tabelle 5.4 gibt für jedes Jahr die Investitionskosten und das verfügbare Kapital sowie den Projektgewinn an.

	Kostenaufwand (Mio. €) in Jahr			
Projekt	1	2	3	Gewinn (Mio. €)
P_1	5	1	8	20
P_2	4	7	10	40
P_3	3	9	2	20
P_4	7	4	1	15
P_5	8	6	10	30
Kapital (Mio. €)	25	25	25	

Tabelle 5.4. Daten zur Investitionsentscheidung.

Aufgrund von Wechselwirkungen zwischen den Projekten sind zudem folgende Beschränkungen zu berücksichtigen:

- P_3 und P_4 können nur zusammen oder gar nicht angenommen werden.
- Da P_4 und P_5 dieselben Ressourcen benötigen, kann höchstens eines der beiden Projekte ausgewählt werden.
- P_3 baut auf P_5 auf.
- Da P_1 und P_4 prestigeträchtig sind, soll in mindestens eines der beiden Projekte investiert werden.

Zur Auswahl eines gewinnmaximalen Projektmixes werden die binären Entscheidungsvariablen

$$x_i = \begin{cases} 1, & \text{wenn in Projekt } P_i \text{ investiert wird,} \\ 0, & \text{sonst,} \end{cases} \qquad i = 1, \ldots, 5$$

definiert. Die Kapitalrestriktion für das erste Jahr ergibt sich z.B. zu $5x_1 + 4x_2 + 3x_3 + 7x_4 + 8x_5 \leq 25$ und ist für die Folgejahre analog zu formulieren. Zur Modellierung der Projektabhängigkeiten lassen sich die Entscheidungsvariablen zueinander in Beziehung setzen. Z.B. darf P_3 nur angenommen werden, wenn P_5 angenommen wird; mit anderen Worten: Wenn P_5 nicht angenommen wird, dann darf auch nicht P_3 angenommen werden. Dies bedeutet $1 - x_5 \leq 1 - x_3$ bzw. $x_3 - x_5 \leq 0$.

Analog behandelt man die anderen Projektbeziehungen und erhält

$$\begin{array}{llllllll}
\max & 20x_1 + & 40x_2 + & 20x_3 + & 15x_4 + & 30x_5 & & \\
\text{s.t.} & 5x_1 + & 4x_2 + & 3x_3 + & 7x_4 + & 8x_5 & \leq & 25 \\
 & x_1 + & 7x_2 + & 9x_3 + & 4x_4 + & 6x_5 & \leq & 25 \\
 & 8x_1 + & 10x_2 + & 2x_3 + & x_4 + & 10x_5 & \leq & 25 \\
 & & & x_3 - & x_4 & & = & 0 \\
 & & & & x_4 + & x_5 & \leq & 1 \\
 & & & x_3 & - & x_5 & \leq & 0 \\
 & x_1 & & + & x_4 & & \geq & 1 \\
 & & & & x_1, \ldots, & x_5 & \in & \{0,1\}.
\end{array}$$

◇

5.2.2 Mengenbeziehungen

Eng mit der Modellierung logischer Zusammenhänge geht die Modellierung von **Mengenbeziehungen** einher. Hierzu sei $y \in \{0, 1\}$ eine Indikatorvariable, die angibt, ob eine bestimmte Aussage wahr ist. Beispielsweise kann y anzeigen, ob in einer bestimmten Periode produziert wird oder nicht. In der Praxis sind Ja/Nein-Entscheidungen oft mit mengenbezogenen Konsequenzen verbunden: Wird in einer bestimmten Periode produziert, so möchte man als nächstes natürlich wissen, wie viel produziert wird. Hierzu führt man nun eine Mengenvariable x ein. Der Wertebereich von x ist von der Problemstellung abhängig. Häufig verwendet wird $x \geq 0$ (z.B. für das Produktionsvolumen einer Flüssigkeit) oder $x \in \mathbb{N}_0$ (z.B. für die Herstellung von Fertigeinheiten).

Stehen x und y in logischem Zusammenhang, so wäre es nicht sinnvoll, wenn $y = 0$ und $x > 0$ gleichzeitig gelten würde. Aus diesem Grund muss für $y = 0$ stets $x = 0$ sein. Die Nebenbedingung $x \leq y$ würde dies zusichern. Allerdings würde hieraus folgen, dass x sich nur im Intervall $[0, 1]$ aufhalten kann, da $y \in \{0, 1\}$ ist. Um x für den Fall $y = 1$ beliebige Werte zukommen zu lassen, führt man deshalb eine hinreichend große Zahl M (engl.: Big M) ein und erweitert die Nebenbedingung zu $x \leq My$. Nun ist weiterhin $x = 0$, wenn $y = 0$ ist, und zusätzlich kann $x \in [0, M]$ sein, wenn $y = 1$ ist. In Anwendungen sollte M so groß wie nötig und so klein wie möglich gewählt werden: M stellt also eine obere Schranke für x dar. Im Produktionsbeispiel wäre die kleinste obere Schranke die maximale Produktionsmenge.

Eine alternative Modellierungsmöglichkeit, die auf die Einführung von M verzichtet, ist die Gleichung $(1 - y) \cdot x = 0$. Im Rahmen der ganzzahligen linearen Optimierung ist hier der wesentliche Nachteil, dass die Kopplung von x und y nichtlinear ist.

Beispiel 5.7 (Flugzeugbau).

Ein spezialisierter Kleinflugzeughersteller erhält Auftragsanfragen von drei Kunden. Die maximale Anzahl an Flugzeugen, die ein Kunde nachfragt, sowie die mit der Produktion eines Flugzeugs verbundenen Kosten, Erlöse und Produktionskapazitäten sind in Tabelle 5.5 verzeichnet. Aufgrund der beschränkten Produktionskapazität des Flugzeugbauers muss darüber entschieden werden, ob der Auftrag eines Kunden angenommen wird und wenn ja, wie viele Flugzeuge für den jeweiligen Kunden hergestellt werden sollen. Der Hersteller möchte seinen Gewinn maximieren.

	Kunde		
	1	2	3
Anlaufkosten in Mio. €	3	2	1
Verkaufserlös in Mio. €	2	3	0.8
Kapazitätsverbrauch pro Flugzeug in %	20	40	20
Maximale Flugzeuganzahl	3	2	5

Tabelle 5.5. Daten zur Auftragsannahme von Flugzeugbestellungen.

Die Problemstellung lässt sich als ganzzahliges Programm formulieren. Hierzu gebe $x_i \in \mathbb{N}_0$ für $i = 1, 2, 3$ die Anzahl der Flugzeuge an, die für Kunde i produziert werden. Um anzuzeigen, ob eine bestimmte Kundenbestellung überhaupt bearbeitet wird, benötigt man zudem die Binärvariable

$$y_i = \begin{cases} 1, & \text{wenn für Kunde } i \text{ produziert wird,} \\ 0, & \text{sonst,} \end{cases} \qquad i = 1, 2, 3.$$

Um auszuschließen, dass $x_i > 0$ ist, wenn $y_i = 0$ gilt, werden beide Variablen unter Verwendung einer hinreichend großen Zahl M zueinander in Beziehung gesetzt: Die Nebenbedingung $x_i \leq My_i$ zwingt x_i auf 0, sofern $y_i = 0$ ist. Eine naheliegende Wahl für M stellt z.B. das Maximum der maximalen Flugzeuganzahlen der Kundenbestellungen dar, d.h. $M = \max\{3, 2, 5\} = 5$. Das zulässige Polyeder könnte man noch stärker einschränken, indem man die Wahl von M von den einzelnen

Nebenbedingungen abhängig macht; in diesem Fall wäre $x_i \leq M(i)y_i$ für $i = 1, 2, 3$ mit $M(1) = 3, M(2) = 2$ und $M(3) = 5$ eine zusätzliche Verschärfung. Daneben muss die maximale Produktionskapazität von 100% berücksichtigt werden: $0.2x_1 + 0.4x_2 + 0.2x_3 \leq 1$. Im Falle der Produktion eines bestimmten Flugzeugtyps fallen einmalige Anlaufkosten an. Insgesamt erhält man

$$
\begin{array}{lrcl}
\max & 2x_1 + 3x_2 + 0.8x_3 - 3y_1 - 2y_2 - y_3 & & \\
\text{s.t.} & x_1 - 3y_1 & \leq & 0 \\
& x_2 - 2y_2 & \leq & 0 \\
& x_3 - 5y_3 & \leq & 0 \\
& 0.2x_1 + 0.4x_2 + 0.2x_3 & \leq & 1 \\
& x_1, x_2, x_3 & \in & \mathbb{N}_0 \\
& y_1, y_2, y_3 & \in & \{0, 1\}.
\end{array}
$$

◊

5.2.3 Alternative Nebenbedingungen

Die zulässige Menge eines linearen Problems ist durch eine Menge von Nebenbedingungen definiert, die alle gleichzeitig erfüllt sein müssen. In einigen Fällen wird jedoch eine Modellierung eines „Entweder-Oder"-Zusammenhangs gefordert: Ein zulässiger Punkt soll dann genau eine von zwei **alternativen Nebenbedingungen** erfüllen. Abbildung 5.7 zeigt z.B. eine zulässige Menge, die aus allen Punkten besteht, die entweder $x_2 \leq x_1$ oder $x_2 \geq x_1 + 1$ erfüllen.

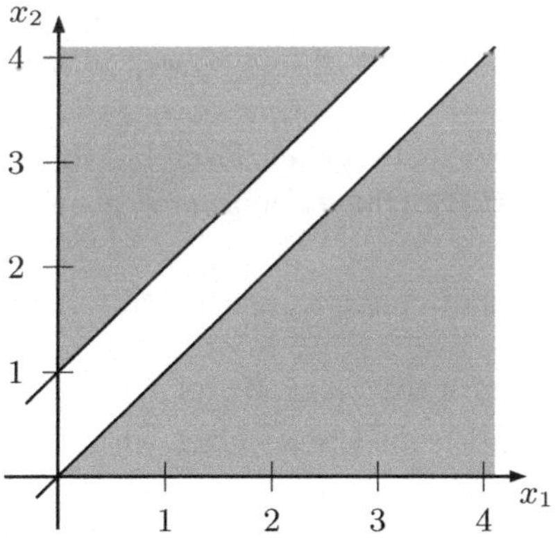

Abb. 5.7. Nicht-konvexe zulässige Menge.

Um dennoch eine Optimierung auf dieser nicht-konvexen zulässigen Menge durchzuführen, können wir eine binäre Indikatorvaribale y einführen, die formal eine Fallunterscheidung vollzieht:

$$y = \begin{cases} 1, & \text{wenn } x_2 \leq x_1, \\ 0, & \text{sonst.} \end{cases}$$

Durch Einführung einer hinreichend großen Zahl M ist man dann in der Lage, die zulässige Menge durch zwei gleichzeitig geltende Nebenbedingungen zu formulieren. Der Trick besteht darin, diejenige der beiden ursprünglichen Nebenbedingungen, die in einem zulässigen Punkt nicht erfüllt war, durch einen von M und y abhängigen Term zu einer erfüllten Nebenbedingung zu machen: $x_2 \geq x_1 + 1$ wird in $My + x_2 \geq x_1 + 1$ umgewandelt, und $x_2 \leq x_1$ wird in $-M(1-y) + x_2 \leq x_1$ umgewandelt. Es sei angemerkt, dass auf diese Weise ein lineares Problem in ein gemischt-ganzzahliges Problem transformiert wird.

Beispiel 5.8 (Reihenfolgeoptimierung).

Ein Unternehmen will drei verschiedene Aufträge auf einer Maschine bearbeiten und muss entscheiden, in welcher Reihenfolge die Aufträge ausgeführt werden sollen, damit die aus Verspätungen resultierenden Kosten minimiert werden. Tabelle 5.6 enthält die benötigten Daten.

Auftrag j	Auftragsdauer p_j (Tage)	Fälligkeitsdatum d_j (Tage)	Kosten bei Verspätung (€ / Tag)
1	5	25	19
2	20	22	12
3	15	35	34

Tabelle 5.6. Daten zur Auftragsreihenfolgebestimmung.

Die Variable $x_i \in \mathbb{N}_0$ gebe den Tag an, an dem die Produktion von Auftrag i für $i = 1, 2, 3$ gestartet wird. Betrachtet man zwei Aufträge i und j, so muss man sicherstellen, dass diese nicht gleichzeitig bearbeitet werden, d.h. entweder $x_i \geq x_j + p_j$ (Auftrag i nach Auftrag j) oder $x_j \geq x_i + p_i$ (Auftrag j nach Auftrag i).

Die alternativen Nebenbedingungen lassen sich mit den binären Variablen

$$y_{ij} = \begin{cases} 1, & \text{wenn } i \text{ vor } j \text{ bearbeitet wird,} \\ 0, & \text{wenn } j \text{ vor } i \text{ bearbeitet wird,} \end{cases} \qquad i, j = 1, 2, 3$$

in die gleichzeitig geltenden Nebenbedingungen $My_{ij} + x_i \geq x_j + p_j$ und $M(1 - y_{ij}) + x_j \geq x_i + p_i$ modifizieren. Dabei muss M so groß gewählt werden, dass keine weitere Einschränkung entsteht.

Für die Nebenbedingungen zur Modellierung des Fälligkeitsdatums d_i werden Hilfsvariablen s_i eingeführt. Man erhält für Auftrag i ($i = 1, 2, 3$) die Bedingung $x_i + p_i \leq d_i + s_i$. Wenn $s_i = 0$ ist, wird Auftrag i rechtzeitig fertig; für $s_i > 0$ muss Strafe gezahlt werden.

Es ergibt sich

$$
\begin{array}{lrrrrrrrrl}
\min & 19s_1 + 12s_2 + 34s_3 \\
\text{s.t.} & x_1 - & x_2 & & + My_{12} & & & & & \geq 20 \\
& -x_1 + & x_2 & & - My_{12} & & & & & \geq 5 - M \\
& x_1 & - & x_3 & & + My_{13} & & & & \geq 15 \\
& -x_1 & + & x_3 & & - My_{13} & & & & \geq 5 - M \\
& & x_2 - & x_3 & & & + My_{23} & & & \geq 15 \\
& - & x_2 + & x_3 & & & - My_{23} & & & \geq 20 - M \\
& x_1 & & & - & s_1 & & & & \leq 20 \\
& & x_2 & & & - & s_2 & & & \leq 2 \\
& & & x_3 & & & - & s_3 & & \leq 20 \\
& & & & & & x_1, x_2, x_3, s_1, s_2, s_3 & & & \in \mathbb{N}_0 \\
& & & & & & y_{12}, y_{13}, y_{23} & & & \in \{0, 1\}.
\end{array}
$$

◊

5.3 Komplexitätstheorie

Neben der Bestimmung von optimalem Punkt und Wert eines Optimierungsproblems ist man im Operations Research auch an dem hierzu benötigten Aufwand interessiert. Die Komplexitätstheorie beschäftigt sich mit dem Ressourcenverbrauch von Algorithmen ([17]). Interessierende Ressourcen sind meist die Zeit und der Speicherbedarf, den ein Algorithmus benötigt. Im Folgenden beschäftigen wir uns mit der Zeitkomplexität von Algorithmen.

5.3.1 Probleme und Algorithmen

Ein **Problem** stellt zunächst eine beliebige allgemeine Fragestellung dar, an deren Lösung man interessiert ist. Eine **Probleminstanz** enthält dann alle **Eingabedaten**, die zur Lösung eines Problems nötig sind. Somit lässt sich ein Problem als eine Menge von Probleminstanzen beschreiben. Das Verfahren zur Lösung eines Problems bezeichnet man als **Algorithmus**. Ein Algorithmus besteht somit aus einer Folge von Rechenschritten, die für jede Probleminstanz die gesuchte Antwort liefert. Wesentliche Eigenschaften von Algorithmen sind **Endlichkeit, Beschreib- und Durchführbarkeit** sowie **Eindeutigkeit** in der Reihenfolge der Rechenschritte. Die Anzahl der durchzuführenden Rechenschritte wird dann mit dem Begriff der Komplexität in Beziehung gesetzt.

5.3.2 Rechenaufwand von Algorithmen

Der Rechenaufwand eines Algorithmus wird anhand der **elementaren Rechenschritte**, die im Algorithmus auszuführen sind, bestimmt. Beispiele für elementare Rechenschritte sind die Grundrechenarten (Addition, Subtraktion, Multiplikation, Division), Vergleiche und Sprünge oder elementare Speicheroperationen. Einem elementaren Rechenschritt kommt somit bei der Berechnung der Zeitkomplexität die Rolle einer Zeiteinheit zu.

Die Anzahl der Rechenschritte hängt von der Probleminstanz und insbesondere von der Größe der zu lösenden Instanz ab. Beispielsweise lässt sich ein Traveling Salesman Problem durch die Anzahl der Städte beschreiben, ein Rucksackproblem durch die Anzahl der Gegenstände. Zur Vereinfachung nehmen wir an, dass die **Problemgröße** nur durch einen Parameter n beschrieben wird. In manchen Fällen macht man die Problemgröße auch von den Eingabedaten insgesamt abhängig. Hiermit wird eine Betrachtung des schlechtesten Falls möglich.

Zur weiteren Beschreibung der Komplexität eines Algorithmus benötigt man einige Definitionen: Der **Rechenaufwand** oder die **Zeitkomplexität** $T_A(n)$ eines Algorithmus A zur Lösung eines Problems ist die maximale Anzahl elementarer Rechenschritte, die A zur Bearbeitung einer beliebigen Probleminstanz der Größe von höchstens n benötigt. Sei $g(n) : \mathbb{N} \to \mathbb{R}_+$. Ein Algorithmus A hat die Komplexität oder die (Größen-) Ordnung $O(g(n))$, wenn zwei Konstanten $c, n_0 \in \mathbb{R}_+$ existieren, so dass für $n \geq n_0$ die Ungleichung $T_A(n) \leq c \cdot g(n)$ erfüllt ist (s. Abb. 5.8). Einen Algorithmus A nennt man **polynomial** oder **effektiv**, wenn $T_A(n) = O(g(n))$ und $g(n)$ ein Polynom ist, ansonsten nennt man A **exponentiell**.

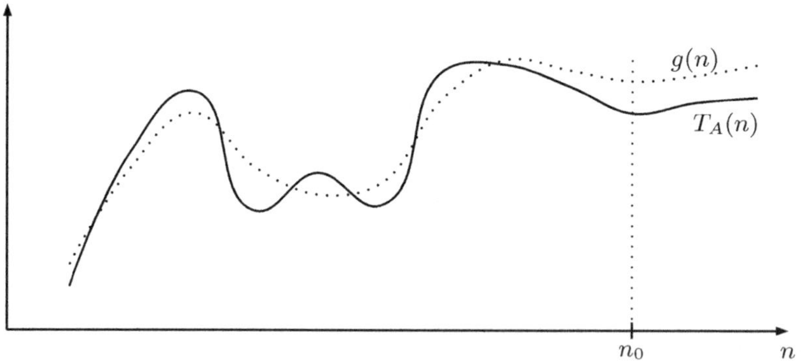

Abb. 5.8. Für große n wird das Verhalten der Zeitkomplexität durch $g(n)$ bestimmt.

Beispiel 5.9.

Ein Algorithmus A brauche zur Lösung eines Problems der Größe n genau n^2+n+2 Elementarschritte. Die Ungleichung $n^2+n+2 \leq c \cdot n^2$ lässt sich für $n \neq 0$ äquivalent zu $1 + \frac{1}{n} + \frac{2}{n^2} \leq c$ umformen und ist für $c = 2$, $n \geq 2 = n_0$ erfüllt. Folglich ist A polynomial mit Komplexität $O(n^2)$. ◊

Tabelle 5.7 gibt einen Überblick über verschiedene Größenordnungen der Rechenzeiten in Abhängigkeit der Problemgröße. Dabei wird unterstellt, dass die Ausführungszeit eines elementaren Rechenschritts 10^{-6} Sekunden beträgt.

	Problemgröße n			
Komplexität	10	20	100	1000
$O(n)$	0.00001 sec	0.00002 sec	0.0001 sec	0.001 sec
$O(n \log n)$	0.00001 sec	0.00009 sec	0.0007 sec	0.01 sec
$O(n^2)$	0.0001 sec	0.0004 sec	0.01 sec	1 sec
$O(n^3)$	0.001 sec	0.008 sec	1 sec	16.66 min
$O(n^5)$	0.1 sec	3.2 sec	2.77 h	31.7 Jahre
$O(2^n)$	0.001 sec	1 sec	$4 \cdot 10^{16}$ Jahre	-
$O(3^n)$	0.059 sec	58 min	-	-
$O(n!)$	3.63 sec	77 146 Jahre	$3 \cdot 10^{144}$ Jahre	-

Tabelle 5.7. Rechenzeiten für verschiedene Komplexitäten.

Offensichtlich ist in Tabelle 5.7 ein Algorithmus jeder Größenordnung mit Ausnahme der polynomialen Algorithmen bereits für $n = 100$ nicht in der Lage, in angemessener Zeit eine Lösung zu bestimmen. Dieses Problem kann auch nicht durch schnellere Rechenmaschinen behoben werden (s. Tab. 5.8).

Komplexität	Ausgangs-geschwindigkeit	100 mal schneller	1000 mal schneller
$O(n)$	n_1	$100n_1$	$1000n_1$
$O(n^2)$	n_2	$10n_2$	$31.6n_2$
$O(n^3)$	n_3	$4.64n_3$	$10n_3$
$O(n^5)$	n_4	$2.5n_4$	$3.98n_4$
$O(2^n)$	n_5	$n_5 + 6.64$	$n_5 + 9.97$
$O(3^n)$	n_6	$n_6 + 4.19$	$n_6 + 6.29$

Tabelle 5.8. Größe von in einer Stunde lösbaren Problemen.

5.3.3 Optimierungs- und Entscheidungsprobleme

Optimierungsprobleme sind Probleme, bei denen jeder zulässige Punkt x einen zugeordneten Zielfunktionswert $f(x)$ besitzt und man denjenigen zulässigen Punkt sucht, der den bestmöglichen Zielfunktionswert liefert. Zur weiteren Einteilung der Menge aller Probleme benötigen wir noch den Begriff des Entscheidungsproblems, da man jedem Optimierungsproblem ein Entscheidungsproblem zuordnen kann.

Bei einem **Entscheidungsproblem** wird die Frage gestellt, ob es einen Punkt mit Zielfunktionswert höchstens k (bzw. mindestens k) gibt. Ist ein Optimierungsproblem in polynomialer Zeit lösbar, so kann offensichtlich auch das zugeordnete Entscheidungsproblem in polynomialer Zeit gelöst werden. In diesem Sinne sind Entscheidungsprobleme nicht schwieriger als Optimierungsprobleme.

Die Instanzen eines Optimierungsproblems lassen sich formal durch ein Paar $(\mathbb{M}, f)$ darstellen. Dabei sind $\mathbb{M}$ die Menge der zulässigen Punkte und f die Zielfunktion. Gesucht ist ein $x_0 \in \mathbb{M}$ mit $f(x_0) = \min\{f(x)|x \in \mathbb{M}\}$ (bzw. $f(x_0) = \max\{f(x)|x \in \mathbb{M}\}$). Die Instanzen eines Entscheidungsproblems bestehen aus einem Paar $(\mathbb{M}, f)$ und einem Wert $k \in \mathbb{N}$. Die mit Ja oder Nein zu beantwortende Frage lautet: Existiert ein $x \in \mathbb{M}$ mit $f(x) \leq k$ (bzw. $f(x) \geq k$)?

Beispiel 5.10.

a) Die Menge aller Traveling Salesman Probleme stellt Beispiele für Optimierungsprobleme dar.
b) Beispiele für Entscheidungsprobleme sind durch die Menge aller Knapsack-Probleme gegeben, wobei jeder Instanz ein $k \in \mathbb{N}$ zugeordnet ist, das eine untere Schranke für den zu erreichenden Zielfunktionswert darstellt. ◊

5.3.4 Die Klassen $\mathcal{P}$, $\mathcal{NP}$ und $\mathcal{NP}$-vollständig

Die unterschiedlichen Rechenaufwände erlauben eine Einteilung aller Probleme in **Komplexitätsklassen**: $\mathcal{P}$ ist die Menge aller Entscheidungsprobleme, für die ein polynomialer Lösungsalgorithmus existiert. Diese Probleme werden im Allgemeinen als „leicht" bezeichnet. $\mathcal{NP}$ ist die Menge aller nicht-deterministisch polynomial lösbaren Entscheidungsprobleme. Ein Entscheidungsproblem heißt **nicht-deterministisch polynomial lösbar**, wenn ein (geratener) Ja-Input in polynomialer Zeit als ein solcher nachgewiesen werden kann. Offensichtlich gilt $\mathcal{P} \subseteq \mathcal{NP}$. Ob $\mathcal{P} = \mathcal{NP}$ gilt, konnte bis heute weder bewiesen noch widerlegt werden. Allerdings lässt sich aufgrund des aktuellen Standes der Forschung $\mathcal{P} \neq \mathcal{NP}$ vermuten. Somit ist fraglich, ob für eine Vielzahl der Probleme aus $\mathcal{NP}$ jemals ein effizienter Algorithmus gefunden werden kann.

Beispiel 5.11.

a) Das Entscheidungsproblem, das zum Problem „Bestimmung eines kürzesten Weges in einem gerichteten Graphen" gehört, ist ein Element von $\mathcal{NP}$. Die Begründung hierfür liegt darin, dass für eine gegebene Lösung, also einen Weg, durch einfaches Aufaddieren der Kantenlängen des Weges in polynomialer Zeit geprüft werden kann, ob die Länge des Weges kürzer als k ist.
b) Das zum binären Rucksackproblem gehörende Entscheidungsproblem ist ein Element von $\mathcal{NP}$, da für eine bekannte Lösung des Problems der Zielfunktionswert durch Einsetzen in die Zielfunktion in polynomialer Zeit bestimmt werden kann. ◊

Ein Entscheidungsproblem P_1 heißt (polynomialzeit-) **reduzierbar** auf ein Entscheidungsproblem P_2 ($P_1 \leq_{pol} P_2$), wenn es einen in der Inputlänge von P_1 polynomialen Algorithmus gibt, der jede Instanz von P_1 in eine Instanz von P_2 transformiert, so dass genau dann ein Ja-Input für P_1 vorliegt, wenn die transformierte Instanz einem Ja-Input für P_2 entspricht. In diesem Fall ist P_2 schwerer zu lösen als P_1, da ein polynomialer Algorithmus für P_2 auch einen polynomialen Algorithmus für P_1 induziert. Ein polynomialer Algorithmus für P_1 hingegen löst P_2 im Allgemeinen nicht.

Ein Problem P_0 liegt in der Klasse **$\mathcal{NP}$-vollständig**, wenn das Problem P_0 zu $\mathcal{NP}$ gehört und jedes Problem aus $\mathcal{NP}$ auf P_0 reduziert werden kann. Die Probleme aus der Klasse $\mathcal{NP}$-vollständig sind die schwersten Probleme aus $\mathcal{NP}$, und bis heute ist für kein Problem dieser Klasse ein polynomialer Algorithmus bekannt. Würde allerdings für eines dieser Probleme ein polynomialer Algorithmus gefunden werden, so gälte $\mathcal{P} = \mathcal{NP}$.

Ein Optimierungsproblem P heißt **$\mathcal{NP}$-schwer**, wenn das zugehörige Entscheidungsproblem in der Klasse $\mathcal{NP}$-vollständig liegt.

Im Allgemeinen sind ganzzahlige lineare Programme, wie wir sie in diesem Kapitel behandeln, $\mathcal{NP}$-schwer (z.B. Traveling Salesman Probleme oder Rucksackprobleme). Es gibt aber einige Ausnahmen (z.B. das allgemeine Transportproblem), bei denen durch eine spezielle Struktur eine Lösung in polynomialer Zeit möglich ist.

Beispiel 5.12 (Reduktion).

Zunächst betrachten wir das N-Median Problem aus dem Bereich der Standortplanung, bei dem N Standorte so auf einem Graphen platziert werden sollen, dass die Summe der Entfernungen zu allen Knoten des Graphen minimal wird. Gegeben sei hierzu ein ungerichteter bewerteter Graph $G = [V, E]$ und $N \in \mathbb{N}$ mit $N \leq |V|$. Weiterhin sei die Bewertung für alle Kanten gleich 1. Gesucht ist $X \subseteq V$ mit $|X| = N$, so dass $f(X) = \sum_{i=1}^{|V|} d(X, v_i)$ minimiert wird. Dabei gilt $d(X, v_i) = \min_{x \in X} d(x, v_i)$, und $d(x, v_i)$ ist die Entfernung von Knoten x zu Knoten v_i. Abbildung 5.9 zeigt ein beispielhaftes Problem für $N = 3$. Für $X = \{1, 5, 7\}$ ergibt sich ein Zielfunktionswert $f(X) = 5$, für $X = \{5, 6, 7\}$ erhält man $f(X) = 7$, und $X = \{1, 3, 5\}$ führt zu $f(X) = 4$.

Das Dominating Set Problem kann verwendet werden, um auf die Komplexität des N-Median Problems zu schließen. Gegeben sei ein ungerichteter bewerteter Graph $G = [V, E]$ und $k \in \mathbb{N}$ mit $k \leq |V|$. Weiterhin sei die Bewertung für alle Kanten gleich 1. Gibt es $V_k \subseteq V$ mit $|V_k| = k$, mit der Eigenschaft, dass für alle $v \in V \backslash V_k$ ein $w \in V_k$ existiert, so dass $e = [v, w] \in E$ ist? V_k bezeichnet man in diesem Fall als Dominating Set von V. Das Dominating Set Problem ist ein Element der Klasse $\mathcal{NP}$-vollständig. In Abbildung 5.9 erfüllt für $k = 3$ die Menge $V_3 = \{1, 4, 5\}$ die Eigenschaften eines Dominating Sets. Gleiches gilt für $k = 2$ und $V_2 = \{2, 7\}$.

Wir zeigen nun, dass sich das Dominating Set Problem polynomial auf das zum N-Median Problem gehörende Entscheidungsproblem reduzieren lässt: Sei

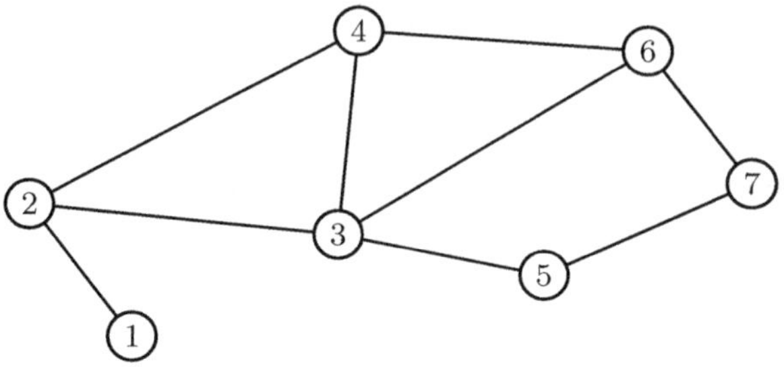

Abb. 5.9. Veranschaulichung des N-Median- und Dominating Set-Problems.

$G = [V, E]$ ein ungerichteter Graph und $N \in \mathbb{N}$ mit $N \leq |V|$. Weiterhin sei die Bewertung für alle Kanten gleich 1. Dann gilt für alle $X \subseteq V$ mit $|X| = N$, dass $f(X) = \sum_{i=1}^{|V|} d(X, v_i) \geq |V| - N$ ist. Weiterhin gilt $f(X) = |V| - N$ genau dann, wenn $d(X, v_i) = 1$ für alle $v_i \in V \backslash X$ ist. Dies ist äquivalent dazu, dass X ein Dominating Set für V ist.

Aus den obigen Aussagen folgt nun: Löst man das N-Median Problem und erhält man dabei den Zielfunktionswert $|V| - N$, so lässt sich ein Dominating Set für V finden, ansonsten nicht. Damit lässt sich das Dominating Set Problem auf das zum N-Median Problem gehörende Entscheidungsproblem reduzieren. Folglich ist das N-Median Problem $\mathcal{NP}$-schwer. $\diamond$

5.4 Verfahren zur Lösung von ganzzahligen Problemen

In diesem Abschnitt lernen wir exakte Verfahren zur Lösung von (gemischt-) ganzzahligen Problemen kennen. Mit ihrer Hilfe lassen sich ganzzahlige Probleme in endlich vielen Schritten lösen. In ungünstigen Fällen wird allerdings exponentieller Rechenaufwand benötigt. Daher muss bei großen oder komplexen Problemen auf andere Methoden zurückgegriffen werden, z.B. auf heuristische Lösungsverfahren (vgl. Kap. 6).

Für ein (gemischt-) ganzzahliges Problem P_0 eignet sich die grundsätzliche Vorgehensweise in Algorithmus 5.1. Die Bestimmung der speziellen Nebenbedingungen im letzten Schritt des Algorithmus stellt den rechentechnisch aufwändigsten Schritt bei der Lösung ganzzahliger Probleme dar. Die Erzeugung einer wirksamen Nebenbedingung im Sinne einer Einschränkung der zulässigen Menge entscheidet letztlich darüber, ob es mit den heute zur Verfügung stehenden Rechenmaschinen gelingt, das Problem zu lösen oder nicht.

Algorithmus 5.1: Generischer Algorithmus zur Lösung eines gemischt-ganzzahligen Problems

---

Input : Gemischt-ganzzahliges Problem P_0

begin
- Relaxiere P_0, indem die Ganzzahligkeitsbedingungen gestrichen werden und erhalte das Problem P_0':
  - Binärvariablen $x \in \{0, 1\}$ werden durch $0 \leq x \leq 1$ ersetzt
  - Ganzzahlige Variablen $x \in \mathbb{N}_0$ werden durch $x \geq 0$ ersetzt
- Löse P_0', um den kontinuierlich optimalen Punkt zu erhalten
- Erzeuge, ausgehend vom kontinuierlich optimalen Punkt, schrittweise spezielle Nebenbedingungen für P_0' und füge sie zu P_0' hinzu, so dass Extrempunkte des zulässigen Bereichs von P_0' gefunden werden können, die die Ganzzahligkeitsbedingungen erfüllen

end

Output : Optimaler Punkt und optimaler Wert von P_0

Wir stellen die folgenden beiden Verfahren genauer vor:

- Branch & Bound Verfahren,
- Cutting Plane Verfahren.

5.4.1 Das Branch & Bound Verfahren

Ein grundlegendes Verfahren zur Lösung ganzzahliger Optimierungsprobleme ist das **Branch & Bound Verfahren**, das auf die Arbeiten von Dakin zurückgeht ([6] und ferner [31]). Dessen Prinzip stützt sich zum einen auf die schrittweise Zerlegung der zulässigen Menge (engl.: Branching) und zum anderen auf die Bestimmung von Schranken für den optimalen Zielfunktionswert auf den einzelnen Teilen der zulässigen Menge (engl.: Bounding). Daneben werden im Verlauf des Verfahrens Teile der zulässigen Menge, von denen man weiß, dass sie keinen optimalen Punkt enthalten können, von einer weiteren Untersuchung ausgeschlossen. Diesen Vorgang bezeichnet man als Auslotung (engl.: Pruning). Im Folgenden werden die einzelnen Bestandteile des Branch & Bound Verfahrens für Maximierungsprobleme vorgestellt und zueinander in Beziehung gesetzt. Für Minimierungsprobleme gelten analoge Überlegungen.

Branching

Der Vorgang des **Branchings** beschreibt das Aufteilen eines Problems P_0 in mehrere Teilprobleme. Man sagt auch, dass P_0 in die Teilprobleme $P_1, \ldots, P_k$ verzweigt wird. Eine naheliegende Anforderung ist, dass die zulässigen Bereiche $\mathbb{M}(P_1), \ldots, \mathbb{M}(P_k)$ der Teilprobleme eine Partition des zulässigen Bereichs des Ausgangsproblems $\mathbb{M}(P_0)$ bilden, d.h. $\mathbb{M}(P_0) = \bigcup_{i=1}^{k} \mathbb{M}(P_i)$ und $\mathbb{M}(P_i) \cap \mathbb{M}(P_j) = \emptyset$ für alle $i \neq j$ mit $i, j = 1, \ldots, k$. In gleicher Weise lässt sich im Weiteren jedes der Teilprobleme als neues Ausgangsproblem auffassen und seinerseits verzweigen. Damit ergibt sich dann ein Lösungsbaum (s. Abb. 5.10), der alle Teilprobleme enthält. Man hofft, durch das Verzweigen der ursprünglichen Problemstellung mehrere Teilprobleme zu erzeugen, die leichter zu lösen sind als das Ausgangsproblem. Das Branching ist zunächst ein allgemeiner Prozess, der nach beliebigen Kriterien erfolgen kann. Führt man spezielle Regeln für das Verzweigen eines Problems ein, so erhält man spezielle Varianten des Branch & Bound Verfahrens.

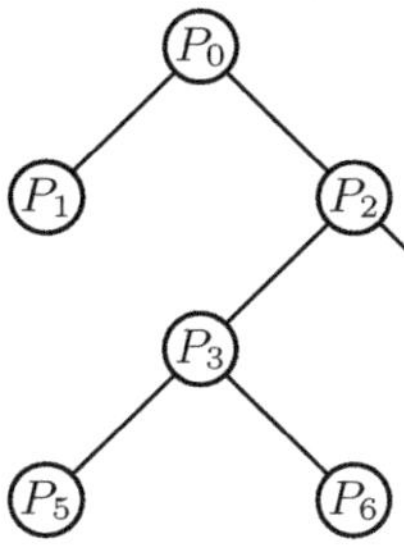

Abb. 5.10. Lösungsbaum im Branch & Bound Verfahren.

Bounding

Mit Hilfe des **Bounding**-Prinzips können Teilprobleme identifiziert werden, deren zulässiger Bereich keinen Optimalpunkt des Ausgangsproblems enthält. Die Identifikation derartiger Probleme beruht auf dem Vergleich von Schranken für den optimalen Wert des Problems. Wir verwalten stets eine für alle Teilprobleme gültige (globale) untere Schranke F^l für den optimalen Zielfunktionswert und eine für ein spezielles Teilproblem P_i gültige (lokale) obere Schranke F_i^u für den optimalen Zielfunktionswert. Gilt $F_i^u \leq F^l$, so kann F^l durch Auswertung der Zielfunktion an Punkten aus $\mathbb{M}(P_i)$ nicht verbessert werden, und eine weitere Verzweigung wäre sinnlos. F^l setzt man zu Beginn des Verfahrens auf $-\infty$ oder auf den Zielfunktionswert eines zulässigen Punktes; findet man während des Verfahrens einen zulässigen Punkt mit größerem Zielfunktionswert als F^l, so aktualisiert man F^l auf diesen Wert. Als obere Schranke F_i^u für P_i wählt man meist den Optimalwert einer Relaxierung P_i' von P_i, d.h. eines Problems mit $\mathbb{M}(P_i) \subseteq \mathbb{M}(P_i')$. Wie im Einführungsbeispiel dieses Kapitels erläutert, setzt man oft die LP-Relaxierung ein, bei der man die Ganzzahligkeitsbedingungen durch die entsprechenden Nichtnegativitätsbedingungen ersetzt. Für das Traveling Salesman Problem stellt das Weglassen der Kurzzyklusbedingungen ebenfalls eine Relaxierung dar.

Auslotung

Zur **Auslotung** eines Problems P_i betrachtet man die Gestalt seines zulässigen Bereichs sowie die Beziehung zwischen unterer Schranke F^l und oberer Schranke F_i^u. Demnach muss ein Problem nicht weiter verzweigt werden, sobald einer der drei folgenden Fälle eintritt:

Fall 1: Es gilt $\mathbb{M}(P_i') = \emptyset$.
Da der zulässige Bereich der Relaxierung P_i' von P_i leer ist, besitzen weder P_i' noch P_i zulässige Punkte.

Fall 2: Es gilt $F_i^u \leq F^l$.
Da der optimale Wert von P_i nicht größer als der beste bislang gefundene Wert ist, braucht man in $\mathbb{M}(P_i)$ nicht nach optimalen Punkten von P_0 zu suchen.

Fall 3: Es gilt $F_i^u > F^l$ und der optimale Punkt x_i' der Relaxierung P_i' von P_i ist zulässig für P_0.
Da der optimale Punkt von P_i auf $\mathbb{M}(P_i)$ bestimmt werden konnte, braucht P_i nicht weiter betrachtet zu werden; setze $F^l := F_i^u$ und speichere den bislang besten gefundenen Punkt $x^* := x_i'$.

Trifft für ein Problem P_i einer der drei genannten Fälle zu, so bezeichnet man P_i als ausgelotet.

Durch Kombination der drei Komponenten Branching, Bounding und Auslotung erhält man das allgemeine Branch & Bound Verfahren in Algorithmus 5.2. Dabei stellt L eine Liste nicht ausgeloteter Probleme dar, die im weiteren Verfahrensablauf zu berücksichtigen sind. Eine naheliegende Branching-Regel für ein Problem P_i lautet: Wähle eine ganzzahlige Variable x_j, deren Wert im optimalen Punkt der Relaxierung P_i' von P_i nicht ganzzahlig ist und bilde die beiden Teilprobleme P_i^1 und P_i^2, die aus P_i durch Hinzufügen der Nebenbedingungen $x_j \leq \lfloor x_j^* \rfloor$ bzw. $x_j \geq \lfloor x_j^* \rfloor + 1$ entstehen. Dabei ist x_j^* der optimale Wert für x_j in P_i' und $\lfloor x_j^* \rfloor$ die größte ganze Zahl kleiner oder gleich x_j^*. Es sei angemerkt, dass x^* im Schritt des Auslotens gesetzt wird.

Schließlich weisen wir darauf hin, dass zur Lösung von Teilproblemen der Einsatz des dualen Simplex-Algorithmus oftmals lohnenswert ist: Die in den Knoten des Branch & Bound Baums betrachteten Probleme entstehen jeweils durch Hinzunahme einer Nebenbedingung, durch die die alte Basislösung primal unzulässig wird. Der primale Simplex-Algorithmus müsste in diesem Fall von vorne starten, wohingegen der duale Simplex-Algorithmus von der alten Basis starten und in wenigen Austauschschritten eine (primal und dual) optimale Lösung bestimmen kann. Die Nutzung derartiger „Warmstarts“ führt vor allem bei großen Problemen zu deutlichen Laufzeitverbesserungen.

Algorithmus 5.2: Allgemeines Branch & Bound Verfahren

Input : Ganzzahliges Problem P_0

begin
  $L := \{P_0\}$
  while $L \neq \emptyset$ **do**
    Wähle $\overline{P} \in L$ und löse die Relaxierung $\overline{P}'$ von $\overline{P}$
    if $\overline{P}$ *ist ausgelotet* **then**
      $L := L \backslash \{\overline{P}\}$
      if $\overline{P}$ *ist ausgelotet durch Fall 3* **then**
        Setze x^* auf einen optimalen Punkt und F^l auf den optimalen Wert von $\overline{P}'$
      end
    else
      Verzweige $\overline{P}$ und füge entstehende Teilprobleme zu L hinzu
      if $\overline{P}$ *ist vollständig verzweigt* **then**
        $L := L \backslash \{\overline{P}\}$
      end
    end
  end
end

Output : Optimaler Punkt x^* und optimaler Wert F^l von P_0

Beispiel 5.13.

Gegeben sei das ganzzahlige Problem

$$\begin{aligned} P_0: \quad & \max && 5x_1 + 2x_2 \\ & \text{s.t.} && 6x_1 + 2x_2 \leq 27 \\ &&& 4x_1 + 4x_2 \leq 23 \\ &&& x_1, x_2 \in \mathbb{N}_0. \end{aligned}$$

Da der Ursprung zulässig für P_0 ist, wird zu Beginn $F^l = 0$ gesetzt.

- Betrachtung von P_0:

  Die Relaxierung P_0' von P_0 erhält man, indem man die Ganzzahligkeitsbedingungen durch Nichtnegativitätsbedingungen ersetzt:

$$\begin{aligned} P_0': \quad & \max && 5x_1 + 2x_2 \\ & \text{s.t.} && 6x_1 + 2x_2 \leq 27 \\ &&& 4x_1 + 4x_2 \leq 23 \\ &&& x_1, x_2 \geq 0. \end{aligned}$$

  Der optimale Punkt von P_0' ist $x_1 = \frac{31}{8} = 3.875, x_2 = \frac{15}{8} = 1.875$ mit Zielfunktionswert $F_0^u = \frac{185}{8} = 23.125$ und kann z.B. mit dem Simplex-Algorithmus bestimmt werden. Folglich muss P_0 verzweigt werden. Die Verzweigung erfolgt durch Hinzunahme der Bedingungen $x_1 \leq 3$ und $x_1 \geq 4$ (s. Abb. 5.11 a)). Man erhält P_1 und P_2:

$$\begin{array}{llrcl} P_1: & \max & 5x_1 + 2x_2 & & \\ & \text{s.t.} & 6x_1 + 2x_2 & \leq & 27 \\ & & 4x_1 + 4x_2 & \leq & 23 \\ & & x_1 & \leq & 3 \\ & & & & x_1, x_2 \in \mathbb{N}_0, \end{array} \qquad \begin{array}{llrcl} P_2: & \max & 5x_1 + 2x_2 & & \\ & \text{s.t.} & 6x_1 + 2x_2 & \leq & 27 \\ & & 4x_1 + 4x_2 & \leq & 23 \\ & & x_1 & \geq & 4 \\ & & & & x_1, x_2 \in \mathbb{N}_0. \end{array}$$

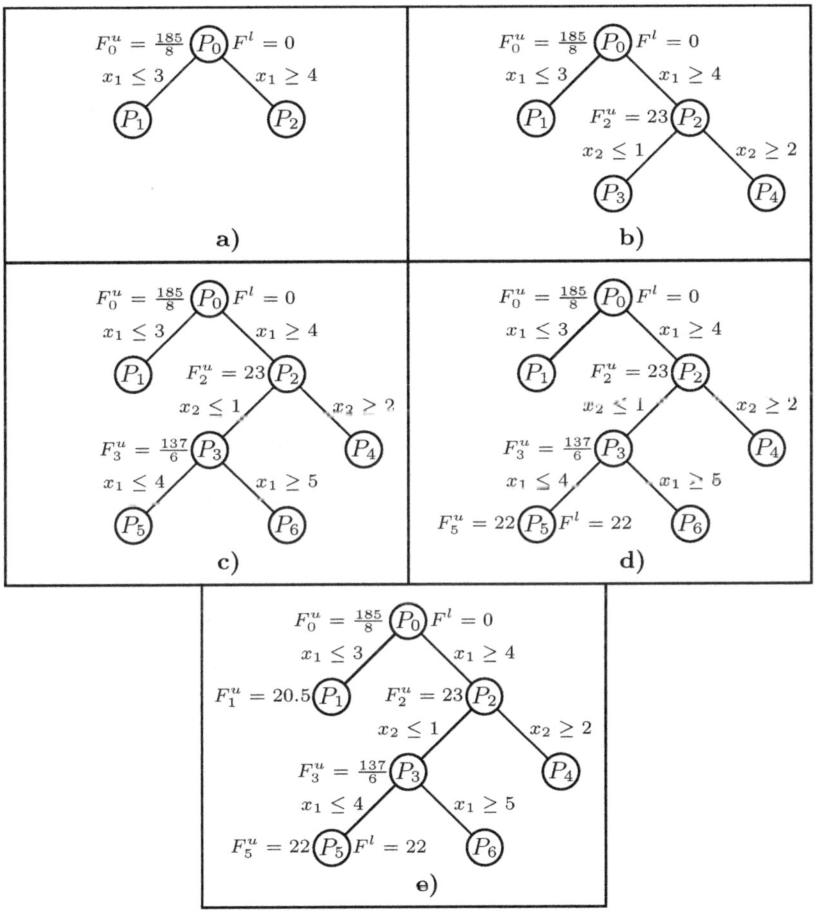

Abb. 5.11. Lösungsbaum im Branch & Bound Verfahren für Beispiel 5.13.

- Betrachtung von P_2:

  Die Relaxierung P_2' von P_2

$$\begin{array}{llrl} P_2': & \max & 5x_1 + 2x_2 & \\ & \text{s.t.} & 6x_1 + 2x_2 & \leq 27 \\ & & 4x_1 + 4x_2 & \leq 23 \\ & & x_1 \quad\quad & \geq 4 \\ & & x_1, x_2 & \geq 0 \end{array}$$

  hat den optimalen Punkt $x_1 = 4, x_2 = 1.5$ mit Zielfunktionswert $F_2^u = 23$. Folglich muss P_2 verzweigt werden. Die Verzweigung erfolgt durch Hinzunahme der Bedingungen $x_2 \leq 1$ und $x_2 \geq 2$ (s. Abb. 5.11 b)). Man erhält P_3 und P_4:

$$\begin{array}{llrl} P_3: & \max & 5x_1 + 2x_2 & \\ & \text{s.t.} & 6x_1 + 2x_2 & \leq 27 \\ & & 4x_1 + 4x_2 & \leq 23 \\ & & x_1 \quad\quad & \geq 4 \\ & & x_2 & \leq 1 \\ & & x_1, x_2 & \in \mathbb{N}_0, \end{array} \qquad \begin{array}{llrl} P_4: & \max & 5x_1 + 2x_2 & \\ & \text{s.t.} & 6x_1 + 2x_2 & \leq 27 \\ & & 4x_1 + 4x_2 & \leq 23 \\ & & x_1 \quad\quad & \geq 4 \\ & & x_2 & \geq 2 \\ & & x_1, x_2 & \in \mathbb{N}_0. \end{array}$$

- Betrachtung von P_3:

  Die Relaxierung P_3' von P_3

$$\begin{array}{llrl} P_3': & \max & 5x_1 + 2x_2 & \\ & \text{s.t.} & 6x_1 + 2x_2 & \leq 27 \\ & & 4x_1 + 4x_2 & \leq 23 \\ & & x_1 \quad\quad & \geq 4 \\ & & x_2 & \leq 1 \\ & & x_1, x_2 & \geq 0 \end{array}$$

  hat den optimalen Punkt $x_1 = \frac{25}{6} \approx 4.167, x_2 = 1$ mit Zielfunktionswert $F_3^u = \frac{137}{6} \approx 22.833$. Folglich muss P_3 verzweigt werden. Die Verzweigung erfolgt durch Hinzunahme der Bedingungen $x_1 \leq 4$ und $x_1 \geq 5$ (s. Abb. 5.11 c)). Man erhält P_5 und P_6:

$$P_5: \quad \begin{aligned} \max \quad & 5x_1 + 2x_2 \\ \text{s.t.} \quad & 6x_1 + 2x_2 \leq 27 \\ & 4x_1 + 4x_2 \leq 23 \\ & x_1 \geq 4 \\ & x_2 \leq 1 \\ & x_1 \leq 4 \\ & x_1, x_2 \in \mathbb{N}_0, \end{aligned} \qquad P_6: \quad \begin{aligned} \max \quad & 5x_1 + 2x_2 \\ \text{s.t.} \quad & 6x_1 + 2x_2 \leq 27 \\ & 4x_1 + 4x_2 \leq 23 \\ & x_1 \geq 4 \\ & x_2 \leq 1 \\ & x_1 \geq 5 \\ & x_1, x_2 \in \mathbb{N}_0. \end{aligned}$$

- Betrachtung von P_5:

  Die Relaxierung P_5' von P_5

$$P_5': \quad \begin{aligned} \max \quad & 5x_1 + 2x_2 \\ \text{s.t.} \quad & 6x_1 + 2x_2 \leq 27 \\ & 4x_1 + 4x_2 \leq 23 \\ & x_1 \geq 4 \\ & x_2 \leq 1 \\ & x_1 \leq 4 \\ & x_1, x_2 \geq 0 \end{aligned}$$

  hat den optimalen Punkt $x_1 = 4, x_2 = 1$ mit Zielfunktionswert $F_5^u = 22$. Die Lösung ist ganzzahlig, somit ist P_5 ausgelotet und $x^* = (4,1)^\mathsf{T}$. Die untere Schranke wird zu $F^l = F_5^u = 22$ aktualisiert (s. Abb. 5.11 d)).

- Betrachtung von P_6:

  Da $x_1 \geq 5$, $x_2 \geq 0$ und $6x_1 + 2x_2 \leq 27$ nicht gleichzeitig eingehalten werden können, besitzt P_6 keine zulässige Lösung und ist somit ausgelotet. Der Lösungsbaum bleibt unverändert.

- Betrachtung von P_4:

  Da $x_1 \geq 4$, $x_2 \geq 2$ und $6x_1 + 2x_2 \leq 27$ nicht gleichzeitig eingehalten werden können, besitzt P_4 keine zulässige Lösung und ist somit ausgelotet. Der Lösungsbaum bleibt unverändert.

- Betrachtung von P_1:

  Die Relaxierung P_1' von P_1

$$P_1': \quad \begin{aligned} \max \quad & 5x_1 + 2x_2 \\ \text{s.t.} \quad & 6x_1 + 2x_2 \leq 27 \\ & 4x_1 + 4x_2 \leq 23 \\ & x_1 \leq 3 \\ & x_1, x_2 \geq 0 \end{aligned}$$

hat den optimalen Punkt $x_1 = 3, x_2 = 2.75$ mit Zielfunktionswert $F_1^u = 20.5$. Wegen $F_1^u = 20.5 \leq 22 = F^l$ ist P_1 ausgelotet (s. Abb. 5.11 e)).

Damit sind alle Teilprobleme ausgelotet und das Verfahren wird abgebrochen. Der optimale Punkt von P_0 ist $x_1^* = 4, x_2^* = 1$ mit Zielfunktionswert 22. $\diamondsuit$

Auswahlregeln im Branch & Bound Verfahren

Das Branch & Bound Verfahren aus Algorithmus 5.2 stellt ein allgemeines Prinzip zur Lösung ganzzahliger Probleme dar. Konkrete Implementierungen müssen bezüglich der Auswahl des nächsten zu untersuchenden Teilproblems und des Verzweigungsvorgangs genauer spezifiziert werden.

Im Folgenden sei angenommen, dass ein ganzzahliges Maximierungsproblem P_0 gegeben ist, und L bezeichne die Liste der noch nicht betrachteten Teilprobleme. Zur Initialisierung setze $L := \{P_0\}$. Zur Auswahl des nächsten Teilproblems erläutern wir die beiden folgenden Regeln:

- Last In - First Out (LIFO),
- Maximum Upper Bound.

Last In - First Out (LIFO)

Das zuletzt in die Liste aufgenommene Problem wird zuerst untersucht (**Depth First Search**). Dieses Vorgehen hat den Vorteil, dass man meist ziemlich schnell einen zulässigen Punkt für das Ausgangsproblem erreicht und sich wenige Teilprobleme in der Kandidatenliste befinden. Dies ist vor allem in rechenintensiven Anwendungen von großer Bedeutung. Die LIFO-Regel kann auf unterschiedliche Weise implementiert werden: Bei der **reinen Tiefensuche** (s. Alg. 5.3) bildet man vom betrachteten Problem ausgehend nur ein neues Teilproblem und betrachtet dieses im nächsten Schritt. Bei der **Tiefensuche mit vollständiger Verzweigung** (s. Alg. 5.4) wird ein Problem vollständig in Teilprobleme aufgeteilt und kann somit selbst aus L gestrichen werden. Welches der Teilprobleme als nächstes gewählt wird, muss wiederum über eine zusätzliche Auswahlregel gesteuert werden, z.B. Auswahl des Teilproblems mit dem größten Zielfunktionswert.

Maximum Upper Bound (MUB)

Diese Regel wählt im Sinne einer Greedy-Vorstellung immer dasjenige Problem aus der Liste L, das die größte obere Schranke F_i^u besitzt (**Breadth First Search**). Leider befinden sich dadurch meistens relativ viele Probleme in der Kandidatenliste. Falls man nur an einem möglichst guten zulässigen Punkt interessiert ist, bietet sich dieses Verfahren an, da der erste gefundene Punkt meist recht gut ist. Das Vorgehen ist in Algorithmus 5.5 zusammengefasst.

Die Auswahl einer passenden Regel orientiert sich stark am zugrunde liegenden Problem. Die beiden vorgestellten Auswahlregeln können darüber hinaus auch beliebig kombiniert werden. Dadurch lässt sich gegebenenfalls schneller ein optimaler Punkt finden.

Algorithmus 5.3: Branch & Bound Verfahren mit LIFO (1)

```
Input   : Ganzzahliges Problem P_0
begin
    L := {P_0}
    while L ≠ ∅ do
        Wähle P̄ ∈ L als dasjenige Problem in L, das zuletzt zu L hinzugenommen
        wurde und löse die Relaxierung P̄' von P̄
        if P̄ ist ausgelotet then
            L := L\{P̄}
            if P̄ ist ausgelotet durch Fall 3 then
                Setze x* auf einen optimalen Punkt und F^l auf den optimalen Wert
                von P̄'
            end
        else
            Verzweige P̄, erzeuge dabei nur ein zusätzliches Teilproblem und füge
            das entstehende Teilproblem zu L hinzu
            if P̄ ist vollständig verzweigt then
                L := L\{P̄}
            end
        end
    end
end
Output  : Optimaler Punkt x* und optimaler Wert F^l von P_0
```

Eine weitere Auswahlmöglichkeit besteht in der Art der Verzweigung, d.h. welche der Variablen mit nicht ganzzahligem Wert ausgewählt werden soll. Eine naheliegende Wahl stellt diejenige Variable mit dem kleinsten oder dem größten nichtganzzahligen Anteil dar.

5.4.2 Das Schnittebenenverfahren von Gomory

Die Klasse der **Schnittebenenverfahren** (engl.: cutting plane methods) zur Lösung ganzzahliger Probleme wurde als Alternative zu den Branch & Bound Verfahren entwickelt und lässt sich auf Probleme der Form

$$P_0: \qquad \max c^{\mathsf{T}}x \quad \text{s.t.} \quad Ax \leq b, \quad x \in \mathbb{Z}^n$$

mit $c \in \mathbb{Z}^n$, $b \in \mathbb{Z}^m$ und der (m, n)-Matrix A mit ganzzahligen Einträgen anwenden. Ihr grundsätzlicher Ablauf lässt sich wie folgt skizzieren: Zunächst wird eine Relaxierung (meist LP-Relaxierung) des ursprünglichen Problems gebildet und gelöst. Anschließend wird die zulässige Menge der Relaxierung schrittweise durch Hinzunahme neuer Nebenbedingungen (Schnittebenen) solange weiter eingeschränkt, bis eine ganzzahlige Lösung gefunden wird. Die neuen Nebenbedingungen stellen zusätzliche Ungleichungen dar, die von allen zulässigen Punkten des ganzzahligen

Algorithmus 5.4: Branch & Bound Verfahren mit LIFO (2)

Input : Ganzzahliges Problem P_0

begin
  $L := \{P_0\}$
  while $L \neq \emptyset$ **do**
    Wähle $\overline{P} \in L$ als dasjenige Problem in L, das zuletzt zu L hinzugenommen wurde und löse die Relaxierung $\overline{P}'$ von $\overline{P}$
    if $\overline{P}$ *ist ausgelotet* **then**
      $L := L \backslash \{\overline{P}\}$
      if $\overline{P}$ *ist ausgelotet durch Fall 3* **then**
        Setze x^* auf einen optimalen Punkt und F^l auf den optimalen Wert von $\overline{P}'$
      end
    else
      Verzweige $\overline{P}$ vollständig in Teilprobleme $\overline{P}_1, \ldots, \overline{P}_k$, füge die entstehenden Teilprobleme zu L hinzu und setze $L := L \backslash \{\overline{P}\}$
    end
  end
end

Output : Optimaler Punkt x^* und optimaler Wert F^l von P_0

Problems erfüllt werden, nicht aber von der aktuellen Lösung der Relaxierung. Diese wird somit von der weiteren Betrachtung ausgeschlossen.

Schnittebenenverfahren existieren sowohl für allgemeine ganzzahlige Probleme (z.B. Schnittebenenverfahren von Gomory) oder für spezielle Problemstellungen (z.B. Schnittebenenverfahren für Traveling Salesman Probleme). In diesem Abschnitt werden wir die allgemeine Form eines Gomory Cuts für ganzzahlige Probleme herleiten. Zunächst besprechen wir hierzu ein Beispiel.

Beispiel 5.14.

Gegeben sei das folgende ganzzahlige Problem (vgl. Abb. 5.12):

$$\begin{aligned} \max \quad & 4x_1 + 5x_2 \\ \text{s.t.} \quad & 3x_1 + 5x_2 \leq 20 \\ & x_1 + 4x_2 \leq 12 \\ & x_1 \qquad\quad \leq 4 \\ & x_1, x_2 \in \mathbb{N}_0. \end{aligned}$$

Zuerst übertragen wir dieses Problem in die aus der linearen Optimierung bekannte kanonische Form, behalten aber die Ganzzahligkeitsbedingungen bei. Entstehende Schlupfvariablen sind aufgrund der Ganzzahligkeit der Einträge der Koeffizientenmatrix und der rechten Seite ebenfalls ganzzahlig:

Algorithmus 5.5: Branch & Bound Verfahren mit MUB

```
Input   : Ganzzahliges Problem P_0
begin
    L := {P_0}
    while L ≠ ∅ do
        Löse die linearen Relaxierungen aller Probleme in L und wähle P̄ ∈ L mit
        größter oberer Schranke F^u
        if P̄ ist ausgelotet then
            L := L\{P̄}
            if P̄ ist ausgelotet durch Fall 3 then
                Setze x* auf einen optimalen Punkt und F^l auf den optimalen Wert
                von P̄'
            end
        else
            Verzweige P̄ und füge entstehende Teilprobleme zu L hinzu
            if P̄ ist vollständig verzweigt then
                L := L\{P̄}
            end
        end
    end
end
Output  : Optimaler Punkt x* und optimaler Wert F^l von P_0
```

$$
\begin{array}{rrcl}
\max & 4x_1 + 5x_2 & & \\
\text{s.t.} & 3x_1 + 5x_2 + x_3 & = & 20 \\
& x_1 + 4x_2 \qquad + x_4 & = & 12 \\
& x_1 \qquad\qquad + x_5 & = & 4 \\
& x_1, x_2, x_3, x_4, x_5 & \in & \mathbb{N}_0.
\end{array}
$$

Die Lösung der LP-Relaxierung des Ausgangsproblems ergibt folgendes Optimaltableau, dessen Lösung $x_1 = 4, x_2 = \frac{8}{5}$ nicht ganzzahlig ist.

	x_3	x_5	
z	1	1	24
x_1	0	1	4
x_2	$\frac{1}{5}$	$-\frac{3}{5}$	$\frac{8}{5}$
x_4	$-\frac{4}{5}$	$\frac{7}{5}$	$\frac{8}{5}$

Aufgrund der Ganzzahligkeit der Variablen lässt sich durch logische Überlegungen aus jeder Zeile des Optimaltableaus (auch aus der Zielfunktionszeile), die über eine nicht ganzzahlige rechte Seite verfügt, eine Schnittebene herleiten:

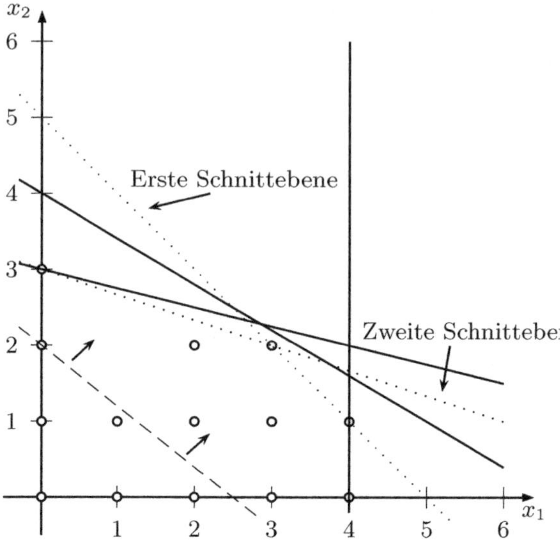

Abb. 5.12. Veranschaulichung des Problems aus Beispiel 5.14. Eingeführte Schnittebenen sind gepunktet eingezeichnet.

- Herleitung einer Schnittebene aus der x_2-Zeile:

  Die Gleichung $x_2 + \frac{1}{5}x_3 - \frac{3}{5}x_5 = \frac{8}{5}$ schreiben wir künstlich so auf, dass alle nicht ganzzahligen Werte in ihren ganzzahligen und nicht ganzzahligen Anteil aufgesplittet werden. Dabei muss der nicht ganzzahlige Anteil immer positiv sein[1]. Wir erhalten $x_2 + (0 + \frac{1}{5})x_3 + (-1 + \frac{2}{5})x_5 = 1 + \frac{3}{5}$. Bringen wir alle ganzzahligen Komponenten auf die linke und alle nicht ganzzahligen Komponenten auf die rechte Seite der Gleichung, so erhalten wir $x_2 - x_5 - 1 = -\frac{1}{5}x_3 - \frac{2}{5}x_5 + \frac{3}{5}$. Wegen $x_3, x_5 \geq 0$ gilt $-\frac{1}{5}x_3 - \frac{2}{5}x_5 + \frac{3}{5} \leq \frac{3}{5}$. Da die linke Seite $x_2 - x_5 - 1$ als Summe ganzer Zahlen selbst ganzzahlig ist und außerdem $x_2 - x_5 - 1 = -\frac{1}{5}x_3 - \frac{2}{5}x_5 + \frac{3}{5} \leq \frac{3}{5} < 1$ gilt, kann man $-\frac{1}{5}x_3 - \frac{2}{5}x_5 + \frac{3}{5} \leq 0$ bzw. $-\frac{1}{5}x_3 - \frac{2}{5}x_5 \leq -\frac{3}{5}$ folgern.

- Herleitung einer Schnittebene aus der x_4-Zeile:

  Ein analoges Vorgehen für $x_4 - \frac{4}{5}x_3 + \frac{7}{5}x_5 = \frac{8}{5}$ liefert zunächst die Aufteilung in $x_4 + (-1 + \frac{1}{5})x_3 + (1 + \frac{2}{5})x_5 = 1 + \frac{3}{5}$. Sortiert man die Komponenten dieser Gleichung, so ergibt sich $x_4 - x_3 + x_5 - 1 = -\frac{1}{5}x_3 - \frac{2}{5}x_5 + \frac{3}{5}$. Da $x_3, x_5 \geq 0$ und $x_4 - x_3 + x_5 - 1$ ganzzahlig ist, gilt $-\frac{1}{5}x_3 - \frac{2}{5}x_5 + \frac{3}{5} \leq 0$ bzw. $-\frac{1}{5}x_3 - \frac{2}{5}x_5 \leq -\frac{3}{5}$.

Zur Verdeutlichung der Vorgehensweise wurden aus allen Zeilen des Tableaus mit nicht ganzzahliger rechter Seite Schnittebenen bestimmt. Für die Ausführung eines Schnittebenenverfahrens genügt zunächst die Herleitung einer Schnittebene. Diese wird dann zu der Formulierung des Ausgangsproblems hinzugefügt. Im Anschluss wird wieder eine Relaxierung gebildet und gelöst. Aus praktischer Sicht

[1] Für eine nicht ganzzahlige Zahl a gilt somit $a = \lfloor a \rfloor + (a - \lfloor a \rfloor)$. Z.B. ist $\frac{15}{4} = 3 + \frac{3}{4}$ oder $-\frac{21}{8} = -3 + \frac{3}{8}$.

ist es am einfachsten, die neue Ungleichung zum zuvor erhaltenen Optimaltableau hinzuzufügen und eine Reoptimierung durchzuführen.

Wir wählen die soeben bestimmte Schnittebene $-\frac{1}{5}x_3 - \frac{2}{5}x_5 \leq -\frac{3}{5}$ und formen sie durch Einführung einer Schlupfvariablen $s_1 \in \mathbb{N}_0$ zu $-\frac{1}{5}x_3 - \frac{2}{5}x_5 + s_1 = -\frac{3}{5}$ um. Da wir nur Relaxierungen betrachten, ergibt das Hinzufügen zu obigem Tableau:

	x_3	x_5	
z	1	1	24
x_1	0	1	4
x_2	$\frac{1}{5}$	$-\frac{3}{5}$	$\frac{8}{5}$
x_4	$-\frac{4}{5}$	$\frac{7}{5}$	$\frac{8}{5}$
s_1	$-\frac{1}{5}$	$-\frac{2}{5}$	$-\frac{3}{5}$

Da x_3 und x_5 als Nichtbasisvariablen allerdings gleich 0 sind, ist das resultierende Tableau unzulässig. Somit bietet sich zur Reoptimierung der duale Simplex-Algorithmus an, und man erhält als Optimaltableau

	x_4	s_1	
z	$\frac{1}{3}$	$\frac{11}{3}$	$\frac{67}{3}$
x_1	$-\frac{1}{3}$	$\frac{4}{3}$	$\frac{8}{3}$
x_2	$\frac{1}{3}$	$-\frac{1}{3}$	$\frac{7}{3}$
x_3	$-\frac{2}{3}$	$-\frac{7}{3}$	$\frac{1}{3}$
x_5	$\frac{1}{3}$	$-\frac{4}{3}$	$\frac{4}{3}$

Die erhaltene Lösung $x_1 = \frac{8}{3}, x_2 = \frac{7}{3}$ ist nicht ganzzahlig, und es muss eine weitere Schnittebene aus einer Zeile mit nicht ganzzahliger rechter Seite hergeleitet werden.

- Herleitung einer Schnittebene aus der x_1-Zeile:

  Die Ungleichung $x_1 - \frac{1}{3}x_4 + \frac{4}{3}s_1 \leq \frac{8}{3}$ wird zunächst in $x_1 + (-1+\frac{2}{3})x_4 + (1+\frac{1}{3})s_1 = 2 + \frac{2}{3}$ aufgeteilt. Sortieren ergibt $x_1 - x_4 + s_1 - 2 = -\frac{2}{3}x_4 - \frac{1}{3}s_1 + \frac{2}{3}$. Da $x_4, s_1 \geq 0$ ist, gilt $-\frac{2}{3}x_4 - \frac{1}{3}s_1 + \frac{2}{3} \leq 0$ bzw. $-\frac{2}{3}x_4 - \frac{1}{3}s_1 \leq -\frac{2}{3}$.

Wir fügen die Schnittebene $-\frac{2}{3}x_4 - \frac{1}{3}s_1 + s_2 = -\frac{2}{3}$ mit $s_2 \in \mathbb{N}_0$ zum letzten Tableau hinzu und führen eine Reoptimierung durch. Nachfolgend sind hierzu das Start- und Optimaltableau gezeigt.

	x_4	s_1	
z	$\frac{1}{3}$	$\frac{11}{3}$	$\frac{67}{3}$
x_1	$-\frac{1}{3}$	$\frac{4}{3}$	$\frac{8}{3}$
x_2	$\frac{1}{3}$	$-\frac{1}{3}$	$\frac{7}{3}$
x_3	$-\frac{2}{3}$	$-\frac{7}{3}$	$\frac{1}{3}$
x_5	$\frac{1}{3}$	$-\frac{4}{3}$	$\frac{4}{3}$
s_2	$-\frac{2}{3}$	$-\frac{1}{3}$	$-\frac{2}{3}$

	s_2	s_1	
z	$\frac{1}{2}$	$\frac{7}{2}$	22
x_1	$-\frac{1}{2}$	$\frac{3}{2}$	3
x_2	$\frac{1}{2}$	$-\frac{1}{2}$	2
x_3	-1	-2	1
x_5	$\frac{1}{2}$	$-\frac{3}{2}$	1
x_4	$-\frac{3}{2}$	$\frac{1}{2}$	1

Die optimale Lösung des Ausgangsproblems ist folglich $x_1^* = 3$, $x_2^* = 2$ mit Zielfunktionswert 22.

Abschließend zeigen wir noch, wie man die Schnittebenen mit Hilfe der Strukturvariablen darstellen kann: Es gilt

$$\begin{aligned} 3x_1 + 5x_2 + x_3 &= 20 \Leftrightarrow x_3 = 20 - 3x_1 - 5x_2, \\ x_1 + 4x_2 + x_4 &= 12 \Leftrightarrow x_4 = 12 - x_1 - 4x_2, \\ x_1 + x_5 &= 4 \Leftrightarrow x_5 = 4 - x_1. \end{aligned}$$

Damit ergibt sich für die erste eingesetzte Schnittebene

$$-\frac{1}{5}x_3 - \frac{2}{5}x_5 \leq -\frac{3}{5} \Leftrightarrow -\frac{1}{5}(20 - 3x_1 - 5x_2) - \frac{2}{5}(4 - x_1) \leq -\frac{3}{5} \Leftrightarrow x_2 \leq 5 - x_1.$$

Für die zweite verwendete Schnittebene erhält man analog

$$-\frac{2}{3}x_4 - \frac{1}{3}s_1 \leq -\frac{2}{3} \Leftrightarrow -\frac{2}{3}(12 - x_1 - 4x_2) - \frac{1}{3}s_1 \leq -\frac{2}{3} \Leftrightarrow x_2 \leq 3 - \frac{1}{3}x_1.$$

◊

Das im vorangegangenen Beispiel beschriebene Vorgehen zur Lösung eines ganzzahligen Programms durch die Ableitung von Schnittebenen entspricht dem ersten von Gomory im Jahre 1958 entwickelten Schnittebenenverfahren ([22]). Aus diesem Grund bezeichnet man die so gebildeten Schnittebenen auch als **Gomory Cuts**. Wir erläutern ihre Ableitung nun für den allgemeinen Fall.

Bei einem rein ganzzahligen linearen Programm, bei dem die kontinuierliche Optimallösung nicht ganzzahlig ist, existiert immer eine Zeile k der Form $x_k + \sum_{i \in NBV} a_{ki}x_i = b_k$ mit nicht ganzzahliger rechter Seite b_k, wobei NBV die Indexmenge der Nichtbasisvariablen im optimalen Simplex-Tableau darstellt. Mit $a_{ki} = \lfloor a_{ki} \rfloor + (a_{ki} - \lfloor a_{ki} \rfloor)$ für alle $i \in NBV$ und $b_k = \lfloor b_k \rfloor + (b_k - \lfloor b_k \rfloor)$ erhält man dann für jeden zulässigen Punkt von P_0 die Gleichung

$$x_k + \sum_{i \in NBV} \lfloor a_{ki} \rfloor x_i - \lfloor b_k \rfloor = - \sum_{i \in NBV} (a_{ki} - \lfloor a_{ki} \rfloor)x_i + (b_k - \lfloor b_k \rfloor).$$

Wegen $x_i \geq 0$ für $i \in NBV$ gilt nun

$$-\sum_{i \in NBV} (a_{ki} - \lfloor a_{ki} \rfloor) x_i + (b_k - \lfloor b_k \rfloor) \leq b_k - \lfloor b_k \rfloor.$$

Da aber x_k und x_i für alle $i \in NBV$ ganzzahlig sind, kann der Term

$$x_k + \sum_{i \in NBV} \lfloor a_{ki} \rfloor x_i - \lfloor b_k \rfloor$$

nur ganzzahlige Werte annehmen. Wegen $0 \leq b_k - \lfloor b_k \rfloor < 1$ gilt also sogar

$$-\sum_{i \in NBV} (a_{ki} - \lfloor a_{ki} \rfloor) x_i + (b_k - \lfloor b_k \rfloor) \leq 0.$$

Damit ergibt sich die allgemeine Form eines Gomory Cuts

$$-\sum_{i \in NBV} (a_{ki} - \lfloor a_{ki} \rfloor) x_i \leq -(b_k - \lfloor b_k \rfloor).$$

Aufgrund der Herleitung erfüllt jeder zulässige Punkt von P_0 diese Ungleichung. Für den zum Simplex-Tableau gehörigen optimalen Punkt x^* gilt allerdings

$$x_i^* = 0, \quad i \in NBV,$$

was zusammen mit der Nicht-Ganzzahligkeit von b_k auf

$$-\sum_{i \in NBV} (a_{ki} - \lfloor a_{ki} \rfloor) x_i^* = 0 > -(b_k - \lfloor b_k \rfloor)$$

führt. Der Punkt x^* erfüllt die Ungleichung des Gomory Cut also (wie gewünscht) nicht.

Man erhält das **Schnittebenenverfahren von Gomory** gemäß Algorithmus 5.6. Mit ihm lässt sich eine Lösung für (rein-) ganzzahlige lineare Programme in einer endlichen Anzahl von Iterationen bestimmen. Allerdings kann die Anzahl der benötigten Iterationen sehr groß sein.

Enthält ein ganzzahliges lineares Programm eine oder mehrere Nebenbedingungen mit nicht ganzzahligen Koeffizienten, so müssen diese vor Verfahrensbeginn erst in rein ganzzahlige Nebenbedingungen umgewandelt werden, um die Ganzzahligkeit der Schlupfvariablen zu gewährleisten. Bei rationalen Koeffizienten kann die gesamte Nebenbedingung mit einem entsprechenden Faktor multipliziert werden, so dass nicht ganzzahlige Anteile verschwinden, z.B. wird $\frac{1}{2}x_1 + \frac{3}{4}x_2 \leq \frac{1}{2}$ zu $2x_1 + 3x_2 \leq 2$.

Algorithmus 5.6: Schnittebenenverfahren von Gomory

Input : Ganzzahliges Problem P_0

begin
- Löse die LP-Relaxierung P_0' von P_0
- Ist der optimale Punkt ganzzahlig, so setze x^* auf diesen Punkt

while *Lösung nicht ganzzahlig und zulässiger Punkt vorhanden* **do**
  - Bestimme eine Zeile im aktuellen Optimaltableau mit nicht ganzzahliger rechter Seite
  - Leite den zugehörigen Gomory Cut her
  - Füge den Gomory Cut zum aktuellen Optimaltableau hinzu
  - Bestimme einen zulässigen bzw. optimalen Punkt des neuen Tableaus durch Reoptimierung mit dem dualen Simplex-Verfahren
  - Ist der optimale Punkt ganzzahlig, so setze x^* auf diesen Punkt

end

end

Output : Optimaler Punkt x^* und optimaler Wert von P_0

5.4.3 Das Branch & Cut Verfahren

Abschließend geben wir einen Ausblick auf die Klasse der **Branch & Cut Verfahren**. Hierunter versteht man ein Branch & Bound Verfahren, das in jedem Knoten des Lösungsbaumes versucht, zusätzliche Schnittebenen, sogenannte **gültige Ungleichungen** (engl.: valid inequalities), einzuführen. Hierunter versteht man eine Ungleichung, die für alle zulässigen Lösungen von P_0 erfüllt ist. Gültige Ungleichungen können z.B. Gomory Cuts sein. Häufiger liegen jedoch für bestimmte Problemstellungen spezifische Klassen gültiger Ungleichungen vor. Ein Branch & Cut Algorithmus geht in einer Iteration des übergeordneten Branch & Bound Ablaufs nach Algorithmus 5.7 vor. Die Regeln zum Ausloten und Verzweigen sind dieselben wie bei Branch & Bound Verfahren. Für eine detailliertere Darstellung verweisen wir auf [34] und [45].

Algorithmus 5.7: Branch & Cut für Branch & Bound-Teilproblem

Input : Zu betrachtendes Teilproblem P_i von P_0

begin
- Löse die LP-Relaxierung von P_i

while *es gibt eine gültige Ungleichung, die die kontinuierliche Optimallösung ausschließt* **do**
  - Füge die gültige Ungleichung zu P_i hinzu
  - Löse erneut die LP-Relaxierung des erweiterten Problems P_i

end

end

Output : Einschränkung von P_i durch gültige Ungleichungen

6

Heuristiken

Wie wir in Kapitel 5 gesehen haben, ist die Lösung eines ganzzahligen linearen Problems eine $\mathcal{NP}$–schwere Aufgabe, so dass die vorgestellten exakten Verfahren im Allgemeinen einen exponentiellen Rechenaufwand besitzen. Aus diesem Grund greift man in vielen Anwendungen auf Heuristiken zurück, wenn der mit der Anwendung exakter Verfahren verbundene Rechenaufwand zu groß wird. Heuristiken sind demnach Verfahren zur Bestimmung eines guten, aber nicht notwendigerweise optimalen zulässigen Punktes eines Problems bei akzeptablem Aufwand. „Gut“ bedeutet in diesem Zusammenhang, dass der Zielfunktionswert des Punktes möglichst nahe am Optimalwert liegen soll. Der wesentliche Vorteil von Heuristiken liegt in ihrer meist polynomialen und damit relativ schnellen Rechengeschwindigkeit.

Zwar kann man im Allgemeinen keine Garantie für die Güte der erhaltenen Lösung geben, doch folgen Heuristiken plausiblen und erfolgversprechenden Vorgehensregeln. Aus diesem Grund ist die Akzeptanz von Heuristiken unter Praxisanwendern relativ hoch, da sie leicht verständlich sind und weniger hohe Ansprüche an mathematische Kenntnisse des Benutzers stellen.

Heuristische Verfahren lassen sich in die folgenden Klassen einteilen:

- **Konstruktionsheuristiken** (oder Eröffnungsverfahren) finden für ein gegebenes Problem einen ersten zulässigen Punkt,
- **Verbesserungsheuristiken** gehen von dem Vorhandensein eines zulässigen Punktes aus und versuchen, diesen zu verbessern,
- **Heuristiken zur Bestimmung von Schranken** suchen nicht unbedingt nach konkreten Lösungen für eine Problemstellung, sondern bestimmen obere und untere Schranken für den optimalen Zielfunktionswert.

6.1 Konstruktionsheuristiken

Konstruktionsheuristiken werden meist als Vorstufe für den Einsatz von Verbesserungsheuristiken oder exakten Verfahren verwendet. Nichtsdestoweniger wünscht man sich von ihnen einen möglichst guten ersten zulässigen Punkt, um den Rechenaufwand nachfolgender Schritte gering zu halten.

Zur Bestimmung eines ersten zulässigen Punktes lernen wir drei Arten von Konstruktionsheuristiken kennen:

- Zufällige Bestimmung eines zulässigen Punktes,
- Greedy-Verfahren,
- Vorausschauende Verfahren.

6.1.1 Zufällige Bestimmung eines zulässigen Punktes

Bei dieser Methode werden den einzelnen Variablen zufällige Werte zugeordnet. Dabei muss darauf geachtet werden, dass die erzeugte Lösung zulässig ist. Diese Vorgehensweise erlaubt eine einfache und schnelle Bestimmung eines zulässigen Punktes (z.B. beim Rucksackproblem oder dem Traveling Salesman Problem). Ein entscheidender Nachteil ist jedoch, dass der gefundene Punkt meist weit vom optimalen Punkt entfernt liegt.

6.1.2 Greedy-Verfahren

Bei den **Greedy-Verfahren** (oder myopischen Verfahren) werden den einzelnen Variablen nacheinander Werte zugewiesen, wobei in jedem Schritt eine größtmögliche Verbesserung des Zielfunktionswertes angestrebt wird. Dabei muss wiederum darauf geachtet werden, dass der entstehende Punkt zulässig bleibt. Ein zulässiger Punkt kann meistens recht schnell gefunden werden, und für einige Problemtypen liefert das Greedy-Verfahren sogar die exakte Lösung (z.B. der Kruskal-Algorithmus zur Bestimmung minimal spannender Bäume aus Abschnitt 3.3.1). Allerdings können auch nach dem Greedy-Prinzip ermittelte zulässige Punkte eine beliebig schlechte Güte besitzen.

Beispiel 6.1 (Verfahren des nächsten Nachbarn für das Traveling Salesman Problem).

Gegeben sei ein symmetrisches Traveling Salesman Problem, d.h. eine Probleminstanz mit symmetrischer (n, n)-Entfernungsmatrix D für die Distanzen zwischen den n Städten. Wir nehmen ohne Weiteres an, dass die Elemente von D die Dreiecksungleichung erfüllen, d.h. $d_{ik} \leq d_{ij} + d_{jk}$ für alle $i, j, k = 1, \ldots, n$. Eine naheliegende Greedy-Vorgehensweise zur Bestimmung einer Rundreise ist das Verfahren des nächsten Nachbarn. Dieses besitzt eine Komplexität von $O(n^2)$ und ist in Algorithmus 6.1 angegeben.

Algorithmus 6.1: Verfahren des nächsten Nachbarn für das Traveling Salesman Problem

Input : Symmetrisches Traveling Salesman Problem mit n Städten und Distanzmatrix D

begin
  Wähle $s_1 = s_{n+1} \in \{1, \ldots, n\}$ beliebig als Start und Ziel der Rundreise
  for $i := 2$ **to** n **do**
    Bestimme s_i als diejenige Stadt, die am nächsten an s_{i-1} liegt und noch nicht in der Rundreise enthalten ist
  end
end

Output : Rundreise $(s_1, \ldots, s_n, s_1)$

Sind beispielsweise für $n = 5$ die Städte von 1 bis 5 durchnummeriert mit

$$D = \begin{pmatrix} 0 & 3 & 5 & 8 & 4 \\ 3 & 0 & 7 & 5 & 2 \\ 5 & 7 & 0 & 10 & 8 \\ 8 & 5 & 10 & 0 & 7 \\ 4 & 2 & 8 & 7 & 0 \end{pmatrix}$$

und startet man in $s_1 = 1 = s_{n+1}$, so erhält man den Lösungsablauf in Tabelle 6.1 mit einer Rundreiselänge von 27. Die optimale Rundreise ist 26 Entfernungseinheiten lang.

Iteration	Vorläufige Rundreise
1	(1, 2, 1)
2	(1, 2, 5, 1)
3	(1, 2, 5, 4, 1)
4	(1, 2, 5, 4, 3, 1)

Tabelle 6.1. Verfahrensablauf im Verfahren des nächsten Nachbarn für das Traveling Salesman Problem

◇

Beispiel 6.2 (Greedy-Heuristik für das Rucksackproblem).

Gegeben sei das binäre Rucksackproblem

$$\begin{aligned} \max \quad & \sum_{i=1}^{n} u_i x_i \\ \text{s.t.} \quad & \sum_{i=1}^{n} w_i x_i \leq C \\ & x_1, \ldots, x_n \in \{0, 1\}. \end{aligned}$$

Ein Greedy-Verfahren sortiert die n Gegenstände zunächst (durch Änderung der Indizierung) nach absteigendem normierten Nutzen (d.h. Nutzen pro Gewichtseinheit), so dass $\frac{u_1}{w_1} \geq \frac{u_2}{w_2} \geq \ldots \geq \frac{u_n}{w_n}$ gilt. Anschließend werden die Gegenstände in der erhaltenen Reihenfolge eingepackt, sofern sie noch in den Rucksack passen. Damit lässt sich ein Verfahrensablauf mit Komplexität $O(n)$ bei gegebener Sortierung angeben (s. Alg. 6.2).

Algorithmus 6.2: Greedy-Verfahren für das Rucksackproblem

Input : Rucksackproblem mit n nach normiertem Nutzen sortierten Gegenständen

```
begin
    Setze x_1 := x_2 := ... := x_n := 0, C* := 0
    for i := 1 to n do
        if C* + w_i ≤ C then
            Setze x_i := 1 und C* := C* + w_i
        end
    end
end
```

Output : Zulässiger Punkt x des Rucksackproblems

Liegt beispielsweise das Rucksackproblem

$$\begin{aligned} \max \quad & 3x_1 + 6x_2 + 3x_3 + 4x_4 + 2x_5 \\ \text{s.t.} \quad & x_1 + 4x_2 + 2x_3 + 3x_4 + 2x_5 \leq 8 \\ & x_1, \ldots, x_5 \in \{0, 1\} \end{aligned}$$

vor, so erhält man den Lösungsablauf in Tabelle 6.2 mit einem Zielfunktionswert von 12. Der maximal mögliche Nutzen wäre 13.

Iteration	Veränderung der Variablenbelegung
1	$x_1 = 1$ / $C^* = 1$
2	$x_2 = 1$ / $C^* = 5$
3	$x_3 = 1$ / $C^* = 7$
4	Keine Veränderung
5	Keine Veränderung

Tabelle 6.2. Verfahrensablauf im Greedy-Verfahren für das Rucksackproblem

◊

6.1.3 Vorausschauende Verfahren

Auch diese Verfahren weisen den einzelnen Variablen Werte zu. Allerdings wird nun in jedem Schritt abgeschätzt, welche Auswirkungen eine Variablenfixierung auf die nachfolgenden Schritte haben würde. Die erzielten heuristischen Lösungen sind oft schon recht gut, so dass ein nachfolgendes exaktes Verfahren oder eine Verbesserungsheuristik in der Regel schnell zum Ziel kommt. Jedoch ist der Rechenaufwand dieser Ansätze meistens deutlich höher als z.B. bei Greedy–Verfahren. Die Approximationsmethode von Vogel zur Bestimmung einer Startecke im Transportproblem aus Abschnitt 2.4 stellt ein Beispiel für eine vorausschauende Heuristik dar. Das folgende Beispiel zeigt eine vorausschauende Heuristik für das Traveling Salesman Problem.

Beispiel 6.3 (Verfahren des sukzessiven Einfügens für das Traveling Salesman Problem).

Das Verfahren des sukzessiven Einfügens baut die Rundreise schrittweise auf und prüft dabei in jedem Iterationsschritt, an welcher Stelle der bisherigen Rundreise die nächste Stadt eingefügt werden soll. In diesem Sinne wird vorausschauend die Auswirkung der Einfügeoperationen auf den Zielfunktionswert abgeschätzt. Der Ablauf in Algorithmus 6.3 besitzt Komplexität $O(n^2)$.

Algorithmus 6.3: Verfahren des sukzessiven Einfügens für das Traveling Salesman Problem

Input : Symmetrisches Traveling Salesman Problem mit n Städten und Distanzmatrix D

begin
  Wähle zwei Städte s_1 und s_2, die am weitesten voneinander entfernt liegen und setze $S := (s_1, s_2, s_1)$
  for $i := 3$ **to** n **do**
    - Bestimme s_i als diejenige Stadt, deren kleinste Entfernung zu einer Stadt in S am größten ist
    - Füge s_i so in S ein, dass die Länge von S am wenigsten zunimmt
  end
end

Output : Rundreise S

Als Zahlenbeispiel benutzen wir das Problem aus Beispiel 6.1. Die am weitesten entfernten Städte sind $s_1 = 3$ und $s_2 = 4$, so dass wir zunächst $S = (3, 4, 3)$ setzen. Der weitere Ablauf ergibt sich gemäß Tabelle 6.3 und führt zum optimalen Zielfunktionswert von 26.

Iteration	Ausgewählter Knoten	Einfügetest	Länge
1	$s_3 = 5$	**(3, 5, 4, 3)**	25
		(3, 4, 5, 3)	25
2	$s_4 = 1$	**(3, 1, 5, 4, 3)**	26
		(3, 5, 1, 4, 3)	29
		(3, 5, 4, 1, 3)	28
3	$s_5 = 2$	(3, 2, 1, 5, 4, 3)	31
		(3, 1, 2, 5, 4, 3)	27
		(3, 1, 5, 2, 4, 3)	26
		(3, 1, 5, 4, 2, 3)	28

Tabelle 6.3. Verfahrensablauf im Verfahren des sukzessiven Einfügens für das Traveling Salesman Problem. Die beste Rundreise nach jeder Iteration ist fett gekennzeichnet.

◊

Zusätzlich zu den genannten Verfahren wurde eine Vielzahl weiterer Ansätze entwickelt, die auf einer Kombination der einzelnen Ideen aufbauen.

6.2 Verbesserungsheuristiken

Im Gegensatz zu Konstruktionsheuristiken setzen **Verbesserungsheuristiken** stets das Vorhandensein eines zulässigen Punktes voraus. Dieser kann z.B. in einem ersten Schritt mit einer Konstruktionsheuristik bestimmt worden sein. Ausgehend davon bestimmen sie eine Folge von zulässigen Punkten, mit dem Ziel, das Optimum möglichst gut zu approximieren. Alle der vorgestellten Verfahren versuchen, die Verbesserung aufgrund lokaler Veränderungen zu erzielen. Folgende Verbesserungsheuristiken werden behandelt:

- Lokale Suchverfahren,
- Metaheuristiken.

6.2.1 Lokale Suchverfahren

Bei **lokalen Suchverfahren** (engl.: local search methods) wird die Folge von zulässigen Punkten $x_0, x_1 \ldots, x_n$ ausgehend von einem zulässigen Startpunkt durch Fortschreiten von einem Punkt x_i zu einem Punkt x_{i+1} aus dessen Nachbarschaft $N(x_i)$ bestimmt (s. Abb. 6.1). Das Verfahren endet, sobald ein vordefiniertes Abbruchkriterium eintritt, und die beste bis dahin gefundene Lösung wird ausgegeben.

Unter der (mathematischen) **Nachbarschaft** $N(x)$ eines zulässigen Punktes x für ein Optimierungsproblem P versteht man alle *zulässigen* Punkte von P, die durch die einmalige Anwendung einer bestimmten Transformationsvorschrift auf x entstehen können. Somit wird der allgemeine Begriff der Nachbarschaft erst durch Spezifikation einer Transformationsvorschrift konkretisiert. Beispiele für Transformationsvorschriften eines zulässigen Punktes x sind die Veränderung in genau einem Element (z.B. einer Koordinate), die Vertauschung von einzelnen Elementen oder die Verschiebung von einzelnen Elementen.

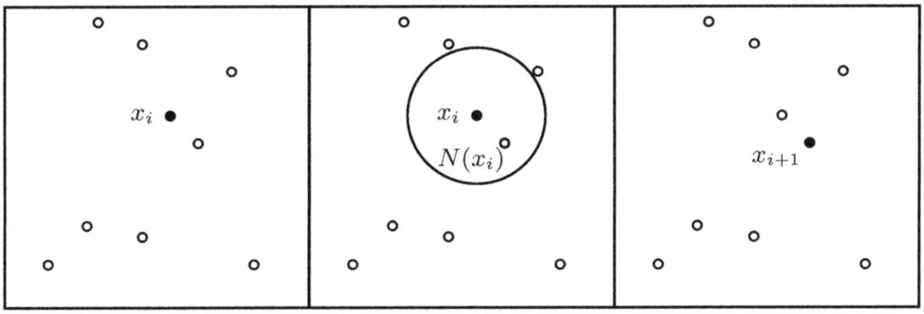

Abb. 6.1. Auswahl des Folgenglieds x_{i+1} aus der Nachbarschaft $N(x_i)$ eines zulässigen Punktes x_i.

Beispiel 6.4 (Nachbarschaft im Rucksackproblem).

Wir betrachten das Rucksackproblem aus Beispiel 6.2 mit dem zulässigen Punkt $x = (1, 0, 1, 1, 0)^\mathsf{T}$. Wendet man nun die Transformationsvorschrift „Veränderung an genau einer Stelle“ an, so ergibt sich als Nachbarschaft von x die Menge $N(x) = \{(0, 0, 1, 1, 0)^\mathsf{T}, (1, 0, 0, 1, 0)^\mathsf{T}, (1, 0, 1, 0, 0)^\mathsf{T}, (1, 0, 1, 1, 1)^\mathsf{T}\}$. Der unzulässige Punkt $(1, 1, 1, 1, 0)^\mathsf{T}$ gehört nicht zu $N(x)$. ◊

Bezüglich der Untersuchungsreihenfolge der Nachbarpunkte aus $N(x)$ lassen sich stochastische von deterministischen Methoden unterscheiden: Bei stochastischen Methoden wird die Reihenfolge zufällig bestimmt, so dass mit derselben Startlösung bei wiederholter Ausführung des Verfahrens in der Regel unterschiedliche heuristische Lösungen erzeugt werden; deterministische Methoden hingegen legen die Reihenfolge systematisch fest und führen beim selben Ausgangspunkt immer zur gleichen heuristischen Lösung.

Zur Auswahl von Nachbarpunkten sind vor allem die First Fit–Strategie, die den ersten Punkt, der besser als der aktuelle Punkt ist, auswählt, und die Best Fit-Strategie, die erst alle Punkte der Nachbarschaft untersucht und dann den besten gefundenen Punkt auswählt, gebräuchlich.

Das Verfahren bricht ab, wenn ein bestimmtes Abbruchkriterium erfüllt ist. Dieses hängt stark vom verwendeten Verfahren ab. Bei reinen Verbesserungsverfahren bricht man ab, sobald in einer Nachbarschaft kein besserer Punkt gefunden wird.

Zwar wird die Lösung in einem lokalen Optimalpunkt bezüglich der gewählten Nachbarschaftsstruktur angenommen, jedoch kann dieser einen deutlich schlechteren Zielfunktionswert besitzen als das globale Optimum (s. Abb. 6.2). Deshalb werden in Implementierungen des lokalen Suchverfahrens zum Verlassen lokaler Optimalpunkte bisweilen auch Punkte zugelassen, die den Zielfunktionswert zwischenzeitlich verschlechtern. In solchen Fällen wird das Abbruchkriterium über andere Parameter geregelt (z.B. maximale Anzahl von untersuchten Lösungen).

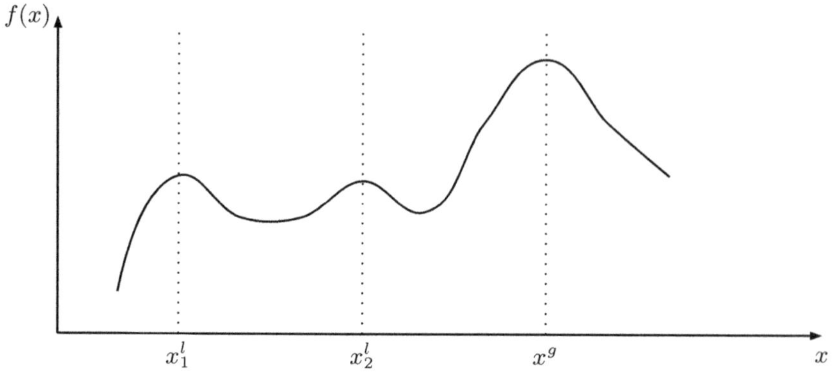

Abb. 6.2. Der Zielfunktionswert in den lokalen Maximalpunkten x_1^l und x_2^l kann weit vom global optimalen Wert in x^g entfernt sein.

Beispiel 6.5 (2-opt-Verfahren für das Traveling Salesman Problem).

Das 2-opt-Verfahren für symmetrische Traveling Salesman Probleme ist eine Verbesserungsheuristik, die die Idee der lokalen Suche in ihrer Transformationsvorschrift umsetzt: Bei einer gegebenen Rundreise werden systematisch alle Vertauschungsmöglichkeiten, bei denen die Endpunkte zweier Kanten aus der Rundreise miteinander getauscht werden, untersucht (s. Abb. 6.3). Erhält man dabei eine bessere Rundreise, so wird das Verfahren bei der neuen Lösung fortgesetzt. Das Verfahren bricht ab, sobald bei der letzten Überprüfung aller paarweisen Vertauschungen keine Verbesserung erzielt werden kann. Algorithmus 6.4 fasst das 2-opt-Verfahren zusammen. Die Komplexität eines Iterationsschrittes liegt bei $O(n^2)$.

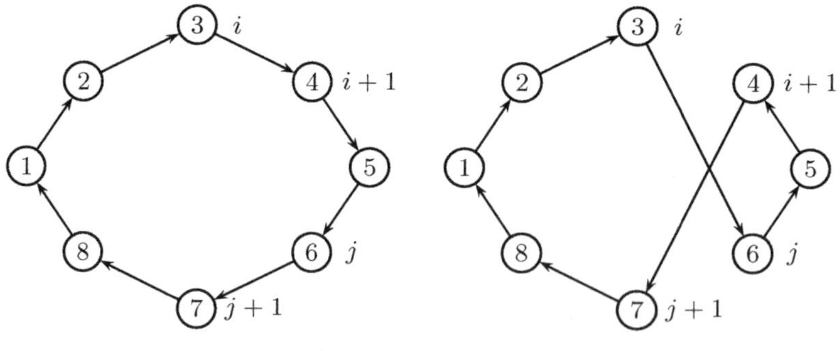

Abb. 6.3. Durch Vertauschung der Endpunkte der Kanten $(i, i+1)$ und $(j, j+1)$ entsteht eine neue Rundreise mit Kanten (i, j) und $(i+1, j+1)$; Kanten zwischen $i+1$ und j ändern ihre Richtung.

Für die Daten aus Beispiel 6.1 sei $S = (1, 2, 5, 4, 3, 1)$ eine (durch das Greedy-Verfahren) gegebene zulässige Rundreise mit Länge 27. Tabelle 6.4 zeigt den weite-

Algorithmus 6.4: 2-opt-Verfahren für das Traveling Salesman Problem

Input : Symmetrisches Traveling Salesman Problem mit n Städten, Distanzmatrix D und zulässige Rundreise $(s_1, s_2, \ldots, s_n, s_1)$

begin
  repeat
    verbesserung_moeglich := *false*
    for $i := 1$ **to** $n - 2$ **do**
      for $j := i + 2$ **to** n **do**
        $\Delta := d_{s_i s_j} + d_{s_{i+1} s_{j+1}} - d_{s_i s_{i+1}} - d_{s_j s_{j+1}}$
        if $\Delta < 0$ **then**
          - $S := (s_1, \ldots, s_i, s_j, s_{j-1}, \ldots, s_{i+1}, s_{j+1}, \ldots, s_n, s_1)$
          - *verbesserung_moeglich* := *true*
          - Gehe zur nächsten Iteration der repeat-Schleife
        end
      end
    end
  until *verbesserung_moeglich* = *false*;
end

Output : Rundreise S

ren Lösungsablauf des 2-opt-Verfahrens. Die erhaltene Rundreise $S = (1, 5, 2, 4, 3, 1)$ mit Länge 26 ist optimal.

Iteration	i	j	Δ	Rundreise
1	1	3	$4 + 5 - 3 - 7 = -1$	(1, 5, 2, 4, 3, 1)
2	1	3	$3 + 7 - 4 - 5 = 1$	Keine Veränderung
	1	4	$8 + 8 - 10 - 4 = 2$	Keine Veränderung
	1	5	$5 + 4 - 4 - 5 = 0$	Keine Veränderung
	2	4	$7 + 7 - 2 - 10 = 2$	Keine Veränderung
	2	5	$8 + 3 - 2 - 5 = 4$	Keine Veränderung
	3	5	$7 + 8 - 5 - 5 = 5$	Keine Veränderung

Tabelle 6.4. Verfahrensablauf im 2-opt-Verfahren für das Traveling Salesman Problem.

◊

6.2.2 Metaheuristiken

Eine **Metaheuristik** ist ein allgemeines problemunspezifisches heuristisches Verfahren, dessen Grundprinzip auf eine Vielzahl von Problemen angewendet werden kann. Viele Metaheuristiken bauen auf Ideen der lokalen Suche auf. Wir besprechen die folgenden vier Vertreter dieser Klasse:

- Simulated Annealing,
- Tabu Search,
- Variable Neighborhood Search,
- genetische Algorithmen.

Simulated Annealing

Das stochastische Suchverfahren des **Simulated Annealing** (deutsch: simuliertes Abkühlen) bildet einen werkstoffkundlichen Abkühlungsprozess, wie er etwa beim Glühen auftritt, nach ([27]). Dort sorgt eine langsame Abkühlung nach Erhitzen eines Metalls dafür, dass den Atomen ausreichend Zeit für eine stabile Kristallbildung bleibt. Der erreichte Zustand entspricht einem energetischen Minimalzustand, nahe am Optimum. Übertragen auf Optimierungsprobleme entspricht der Kontrollparameter Temperatur einer Wahrscheinlichkeit p, mit der sich ein Zwischenergebnis der Optimierung auch verschlechtern darf. Im Gegensatz zur lokalen Suche kann ein lokales Optimum somit wieder verlassen werden. Man betrachtet in Anlehnung an die physische Analogie Simulated Annealing Verfahren meist für Minimierungsprobleme (s. Abb. 6.4).

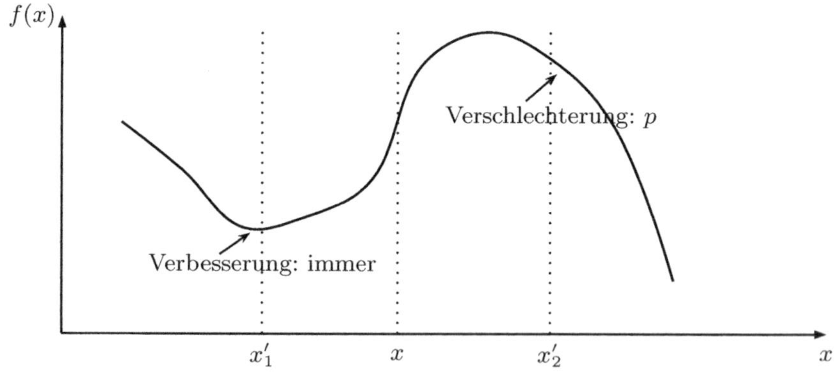

Abb. 6.4. Beim Simulated Annealing werden Verbesserungen immer berücksichtigt, Verschlechterungen werden mit Wahrscheinlichkeit p akzeptiert.

In jeder Iteration des Verfahrensablaufs wird ein Nachbarpunkt $x' \in N(x)$ zufällig bestimmt. Ist x' besser als der momentan beste Punkt x, so wird mit x' fortgesetzt. Ist x' schlechter als x, so wird mit einer zu spezifizierenden Wahrscheinlichkeit p mit x' fortgesetzt; x muss weiterhin als bester bislang gefundener Punkt gespeichert werden. Die Wahrscheinlichkeit hängt vom Ausmaß der Verschlechterung ab und wird im Laufe des Verfahrens durch einen Temperaturparameter T dem Wert 0 angenähert. Wenn $T < T_0$ für eine Minimaltemperatur T_0 ist, wird das Verfahren abgebrochen.

Algorithmus 6.5 gibt das allgemeine Vorgehen der Simulated Annealing Metaheuristik für Minimierungsprobleme wieder. Zur Wahl von x' kann ein Zufallszahlengenerator verwendet werden.

Algorithmus 6.5: Simulated Annealing

Input : Zulässiger Punkt x, Ausgangstemperatur $T > 0$, Minimaltemperatur T_0, Abkühlungsrate $r \in (0,1)$, $L \in \mathbb{N}$ für die Anzahl der Iterationen bei unveränderter Temperatur

begin
  while $T \geq T_0$ **do**
    for $i := 1$ **to** L **do**
      - Bestimme $x' \in N(x)$ zufällig
      - $\Delta := f(x) - f(x')$
      if $\Delta \geq 0$ **then**
        $x := x'$
      else
        $x := x'$ mit Wahrscheinlichkeit $p := \exp(-\frac{\Delta}{T})$
      end
    end
    $T := rT$
  end
end

Output : Bester gefundener zulässiger Punkt x

Tabu Search

Beim **Tabu Search Verfahren** (deutsch: Tabu-Suche) wird in jeder Iteration die Nachbarschaft $N(x)$ des aktuellen Punktes x komplett durchsucht ([20]). Hiervon wird der beste Punkt, auch wenn er schlechter als x ist, in jedem Falle ausgewählt. Um nicht immer dieselben Lösungen zu erhalten, wird daneben eine **Tabu-Liste** geführt, deren Lösungen nicht ausgewählt werden dürfen. Die Elemente der Tabu-Liste erfüllen sogenannte Tabu-Eigenschaften, die das Durchlaufen von Zyklen zu verhindern versuchen. Dieses Vorgehen ist sinnvoll, da auf diese Weise temporär Punkte ausgeschlossen werden können, die nicht weit genug vom lokalen Optimum wegführen und erneut aufgesucht würden. Bei der Tabu-Suche handelt es sich somit um ein beschränktes Suchverfahren mit einem abgestuften Gedächtnis.

Algorithmus 6.6 stellt die allgemeine Vorgehensweise von Tabu Search dar. Als Abbruchkriterium verwendet man oft das Erreichen einer maximalen Anzahl an Iterationen ohne Verbesserung.

Algorithmus 6.6: Tabu Search

Input : Zulässiger Punkt x, Menge an Tabu-Eigenschaften, Abbruchkriterium

begin
  while *Abbruchkriterium nicht erfüllt* **do**
    - Bestimme den Zielfunktionswert aller Elemente $x' \in N(x)$
    - Wähle x als dasjenige $x' \in N(x)$ mit dem besten Zielfunktionswert, das keine Tabu-Eigenschaft erfüllt
    - Aktualisiere die Tabu-Liste
  end
end

Output : Bester gefundener zulässiger Punkt x

Beispiel 6.6 (Tabu Search für das Rucksackproblem).

Wir verbessern den in Beispiel 6.2 gefundenen Punkt $x = (1, 1, 1, 0, 0)^\mathsf{T}$ mittels Tabu Search. Die Nachbarschaft $N(x)$ von x definieren wir als Menge aller zulässigen Punkte, die sich von x in genau einer Komponente unterscheiden. In die Tabu-Liste nehmen wir nach einer Iteration immer diejenigen Punkte auf, die den alten Eintrag der veränderten Komponente besitzen. Die Gedächtnislänge der Tabu-Liste sei durch zwei Iterationen bestimmt. Der Lösungsablauf ist in Tabelle 6.5 dargestellt. Dabei bedeutet q_i für $i \in \{0, 1\}$, dass in der $q-$ten Komponente der Eintrag i tabu ist.

Iteration	Bester Punkt	Tabu-Liste	Zielfunktionswert
1	$(1,1,1,0,0)^\mathsf{T}$		12
2	$(0,1,1,0,0)^\mathsf{T}$	1_1	9
3	$(0,1,1,0,1)^\mathsf{T}$	1_1, 5_0	11
4	$(0,1,0,0,1)^\mathsf{T}$	5_0, 3_1	8
5	$(1,1,0,0,1)^\mathsf{T}$	3_1, 1_0	11
6	$(1,1,0,0,0)^\mathsf{T}$	1_0, 5_1	9
7	$(1,1,0,1,0)^\mathsf{T}$	5_1, 4_0	13

Tabelle 6.5. Verfahrensablauf von Tabu Search für das Rucksackproblem.

◊

Variable Neighborhood Search

Bei der auf dem lokalen Suchverfahren basierenden Metaheuristik **Variable Neighborhood Search** wird nicht nur eine Nachbarschaft, sondern eine Reihe von Nachbarschaften $N_1, \ldots, N_K$ betrachtet ([33]). Für gewöhnlich sind die Nachbarschaften ineinander verschachtelt, so dass $N_k \subseteq N_{k+1}$ gilt. Die Durchsuchung der verschiedenen Nachbarschaftsstrukturen erfolgt von „innen nach außen", d.h. beginnend mit $k = 1$. Für jede Nachbarschaft findet dann eine Optimierung mit Hilfe lokaler Suchverfahren statt. Wird ein besserer Punkt gefunden, so wird die Suche in der „innersten" Nachbarschaft des neuen Punktes fortgesetzt (vgl. Alg. 6.7 für Minimierungsprobleme).

Beispiel 6.7 (Variable Neighborhood Search für das Traveling Salesman Problem).

Für ein symmetrisches Traveling Salesman Problem definieren wir $\mathbb{M}$ als die Menge aller zulässigen Rundreisen. Daneben führen wir eine Funktion $\rho : \mathbb{M} \times \mathbb{M} \to \mathbb{N}_0$ ein, für die $\rho(x_1, x_2) = k$ genau dann gilt, wenn sich $x_1, x_2 \in \mathbb{M}$ in genau k Verbindungen unterscheiden. Man kann zeigen, dass ρ eine Metrik auf $\mathbb{M}$ ist. Es ist z.B. $\rho(x_1, x_2) = 2$ für $x_1 = (1, 3, 5, 4, 2, 1)$ und $x_2 = (1, 2, 5, 4, 3, 1)$, da beide Rundreisen die Verbindungen (1, 3), (1, 2) und (4, 5) enthalten. Hiermit kann man die k-te Nachbarschaft $N_k(x)$ einer zulässigen Lösung $x \in \mathbb{M}$ als $N_k(x) := \{x' | \rho(x, x') = k, x' \in \mathbb{M}\}$ definieren. Als lokales Suchverfahren kann beispielsweise das 2-opt-Verfahren angewendet werden. ◊

Algorithmus 6.7: Variable Neighborhood Search

Input : Zulässiger Punkt x, Nachbarschaftsstrukturen N_k für $k = 1, \ldots, K$, Abbruchkriterium

begin
  while *Abbruchkriterium nicht erfüllt* **do**
    $k := 1$
    while $k \leq K$ **do**
      - Bestimme $x' \in N_k(x)$ zufällig
      - Wende lokale Suche auf x' an und finde x'' als besten Punkt
      if $f(x'') < f(x)$ **then**
        $x := x'', k := 1$
      else
        $k := k + 1$
      end
    end
  end
end

Output : Bester gefundener zulässiger Punkt x

Genetische Algorithmen

Als letzte Metaheuristik sprechen wir kurz die Klasse der **genetischen Algorithmen** an und verweisen auf [21]. Ihre Grundidee leitet sich aus der biologischen Evolutionstheorie ab: Wiederholt werden verschiedene Lösungsvorschläge generiert, verändert, kombiniert und selektiert, so dass diese Lösungsvorschläge den gestellten Anforderungen immer besser entsprechen.

Genetische Algorithmen basieren auf der Erzeugung von **Populationen** (Mengen) von Punkten. Durch eine zu spezifizierende **Kreuzungsoperation** können aus vorhandenen Punkten neue Punkte erzeugt werden. Daneben erlaubt eine **Mutationsoperation** eine leichte Veränderung eines neuen erhaltenen Punktes. Mittels einer **Selektionsoperation** werden dann besonders „fitte" Individuen (d.h. gute Punkte) übernommen.

Beispiel 6.8 (Bestandteile eines genetischen Algorithmus für das Rucksackproblem).

Beim Rucksackproblem aus Beispiel 6.2 könnte die Operation des Kreuzens folgendermaßen definiert sein: Kombiniere die ersten beiden Komponenten eines zulässigen Punktes mit den restlichen Komponenten eines anderen zulässigen Punktes und umgekehrt. Für $x_1 = (0,0,1,1,0)^\mathsf{T}$ und $x_2 = (1,0,1,0,1)^\mathsf{T}$ erhält man so z.B. $x_1' = (0,0,1,0,1)^\mathsf{T}$ und $x_2' = (1,0,1,1,0)^\mathsf{T}$. Eine Mutation könnte aus der Veränderung einer Komponente bestehen. So erhält man z.B. aus x_1' einen neuen Punkt $x_1'' = (0,0,1,1,1)^\mathsf{T}$. Bei Erhalt eines neuen Punktes ist stets darauf zu achten, dass dieser zulässig ist. ◇

6.3 Güte von Heuristiken

Eine Methode zur Bestimmung der **Güte einer Heuristik** ist die sogenannte **Worst-Case-Analyse** ([34]). Sei hierzu ein Optimierungsproblem gegeben, das für jede Instanz I aus der Menge aller möglichen Probleminstanzen $\mathcal{I}$ betrachtet wird, und dessen Optimalwert wir mit $z(I)$ bezeichnen:

$$P_I: \qquad \max c_I(x) \quad \text{s.t.} \quad x \in \mathbb{M}_I.$$

Weiter sei eine Heuristik H gegeben, mit der sich für jede Instanz $I \in \mathcal{I}$ ein zulässiger Punkt mit Zielfunktionswert $z_H(I)$ finden lässt. Eine Worst-Case-Analyse bestimmt nun die maximale Abweichung zwischen $z(I)$ und $z_H(I)$ für alle $I \in \mathcal{I}$.

Zur Messung der Abweichung gibt es zwei Alternativen:

- Absolute Abweichung: $z(I) - z_H(I)$
- Relative Abweichung: $\frac{z(I)-z_H(I)}{z(I)}$

Da die absolute Abweichung durch Skalierung beliebig groß werden kann, besitzt sie nur eine beschränkte Aussagekraft. In der Praxis verwendet man daher hauptsächlich die relative Abweichung.

Gegeben sei ein Maximierungsproblem P_I mit $c_I(x) \geq 0$ für alle $x \in \mathbb{M}_I$ und $I \in \mathcal{I}$. Man sagt, dass die Heuristik H die **Gütegarantie** r_H hat, wenn

$$r_H = \inf_{I \in \mathcal{I}} \{r(I) \mid z_H(I) = r(I) \cdot z(I)\}$$

ist. Äquivalent hierzu kann man

$$r_H = \sup\{r \mid z_H(I) \geq r \cdot z(I) \text{ für alle } I \in \mathcal{I}\}$$

definieren, um nicht mehr $r(I)$ schreiben zu müssen. Darüber hinaus bezeichnet man $\varepsilon_H = 1 - r_H$ als größtmöglichen relativen Fehler. Aus der Definition von r_H folgt $0 \leq r_H \leq 1$, und die Heuristik H garantiert einen Punkt, dessen Zielfunktionswert mindestens $r_H \cdot 100\%$ des optimalen Wertes beträgt.[1]

Wie lässt sich eine derartige Gütegarantie r_H für eine Heuristik H bestimmen? Nehmen wir an, es sei eine **duale Heuristik** DH (d.h. ein Verfahren zur Lösung des assoziierten dualen Problems) verfügbar, mit deren Hilfe sich eine obere Schranke $z_{DH}(I) \geq z(I)$ für alle Instanzen $I \in \mathcal{I}$ bestimmen lässt. Setzt man

$$r_{DH} := \sup\{r \mid z_H(I) \geq r \cdot z_{DH}(I) \text{ für alle } I \in \mathcal{I}\},$$

so ergibt sich aus den Definitionen von r_H und r_{DH}, dass $r_H \geq r_{DH}$ ist. Existiert darüber hinaus eine Instanz $I' \in \mathcal{I}$ mit den Eigenschaften $z_H(I') = r_{DH} \cdot z_{DH}(I')$ und $z_{DH}(I') = z(I')$, dann gilt sogar $r_H = r_{DH}$.

Beispiel 6.9 (Güte einer Maximum Weight Matching Heuristik).

Wir erinnern zunächst daran, dass man unter einem Matching in einem ungerichteten bewerteten Graph $G = [V, E, c]$ eine Teilmenge $M \subseteq E$ versteht, für die der Teilgraph $G(M) = [V, M]$ von G die folgende Eigenschaft besitzt: $deg(v) \leq 1$ für alle $v \in V$ (s. Abschnitt 3.4.1). Das Gewicht $c(M)$ eines Matchings M ist durch $c(M) := \sum_{[i,j] \in M} c_{ij}$ definiert. Das Maximum Weight Matching Problem besteht darin, ein Matching mit maximalem Gewicht zu bestimmen.

Für einen ungerichteten Graphen G mit n Knoten und m Kanten bezeichnet man die Matrix $A = (a_{ij})$ für $i = 1, \ldots, n$ und $j = 1, \ldots, m$ mit Einträgen

$$a_{ij} = \begin{cases} 1, & \text{falls Knoten } i \text{ mit Kante } j \text{ inzidiert} \\ 0, & \text{sonst} \end{cases}$$

als Inzidenzmatrix von G.

Das Maximum Weight Matching Problem lässt sich dann mit Entscheidungsvariablen

[1] Bei Minimierungsproblemen ist $r_H = \sup\{r \mid \frac{1}{r} \cdot z(I) \geq z_H(I) \text{ für alle } I \in \mathcal{I}\}$. Dabei gilt ebenfalls $0 \leq r_H \leq 1$, und die Heuristik H garantiert eine Lösung, deren Zielfunktionswert maximal $\frac{1}{r_H} \cdot 100\%$ des optimalen Wertes beträgt.

$$x_{ij} = \begin{cases} 1, & \text{wenn Kante } [i,j] \text{ zum Matching gehört,} \\ 0, & \text{sonst,} \end{cases} \qquad [i,j] \in E$$

als ganzzahliges Optimierungsproblem formulieren:

$$\begin{aligned} \max \quad & \sum_{[i,j]\in E} c_{ij}x_{ij} \\ \text{s.t.} \quad & Ax \leq 1^n \\ & x \in \{0,1\}^m. \end{aligned}$$

Eine Greedy-Heuristik H (s. Alg. 6.8) sortiert die Kanten zunächst nach absteigendem Gewicht, d.h. $c(e_1) \geq c(e_2) \geq \ldots \geq c(e_m)$, und geht dann ähnlich wie der Kruskal-Algorithmus (Alg. 3.4) vor. Allerdings ist der gefundene Punkt in der Regel nicht optimal.

Algorithmus 6.8: Greedy-Heuristik für das Maximum Weight Matching Problem

Input : Graph $G = [V, E, c]$ mit nach absteigendem Gewicht sortierten Kanten, d.h. $c(e_1) \geq c(e_2) \geq \ldots \geq c(e_m)$

```
begin
    M := ∅, c(M) := 0
    for j := 1 to m do
        if M ∪ {e_j} ist ein Matching then
            M := M ∪ {e_j}, c(M) := c(M) + c(e_j)
        end
    end
end
```

Output : Schwerstes gefundenes Matching M

Zur Ableitung einer Güte-Garantie für H ziehen wir das duale Problem der LP-Relaxierung des Maximum Weight Matching Problems heran:

$$\begin{aligned} \min \quad & \sum_{i\in V} u_i \\ \text{s.t.} \quad & u_i + u_j \geq c_{ij} \quad && \text{für } [i,j] \in E \\ & u_i \geq 0 && \text{für } i \in V. \end{aligned}$$

Aus dem schwachen Dualitätssatz der linearen Optimierung wissen wir, dass der Zielfunktionswert jedes zulässigen Punktes des dualen Problems eine obere Schranke für den Optimalwert des zugehörigen primalen Problems darstellt. Man kann zeigen, dass u^{DH} mit

$$u_i^{DH} = \begin{cases} c_{ij}, & \text{wenn } [i,j] \in M \\ 0, & \text{sonst} \end{cases}$$

stets zulässig für das duale Problem ist, wenn M das mit Algorithmus 6.8 bestimmte Matching ist. Folglich erhält man eine duale Heuristik, indem man Algorithmus 6.8 anwendet, u_i^{DH} bestimmt und hierzu den Zielfunktionswert berechnet.

Zur Bestimmung von r_{DH} und r_H überlegt man sich, dass

$$z_{DH} = \sum_{i \in V} u_i = 2 \sum_{[i,j] \in M} c_{ij} \quad \text{und} \quad z_H = \sum_{[i,j] \in M} c_{ij} \leq z \leq z_{DH}$$

gilt und somit $r_H \geq r_{DH} = \frac{1}{2}$ ist.

Angenommen, das Greedy-Verfahren wähle für den Graphen in Abbildung 6.5 zuerst $e = [2,3]$, dann gilt $M = \{[2,3]\}$ und $u^{DH} = (0,1,1,0)^\mathsf{T}$. Folglich ist $z_{DH} = z = 2$, $z_H = \frac{1}{2} z_{DH}$ und $r_H = r_{DH} = \frac{1}{2}$.

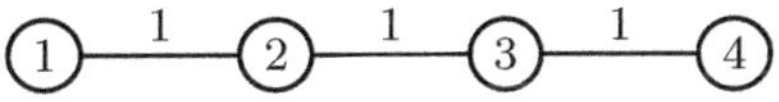

Abb. 6.5. Die Güte der Greedy-Heuristik entspricht der Güte der dualen Heuristik.

◊

6.4 Verfahren zur Bestimmung oberer Schranken

Das Hauptaugenmerk der im Folgenden besprochenen Verfahren liegt nicht mehr in der Bestimmung eines zulässigen Punktes für ein gegebenes Problem, sondern lediglich in der Bestimmung oberer bzw. unterer Schranken für den optimalen Zielfunktionswert. Die so ermittelten Schranken können dann dazu eingesetzt werden, exakte Verfahren (z.B. Branch & Bound Verfahren) oder heuristische Verfahren (z.B. Lagrange–Relaxierungen mit anschließender Konstruktionsheuristik) zu entwickeln und zu verbessern. Dabei führen gute Schranken oft schneller zu einem Ergebnis, z.B. durch schnellere Auslotung einzelner Teilprobleme bei Branch & Bound Algorithmen. Eine häufig verwendete Vorgehensweise zur Bestimmung oberer Schranken ist durch das Lösen einer Relaxierung des Problems gegeben.

Für zwei gegebene Probleme

$$P: \qquad \max c(x) \quad \text{s.t.} \quad x \in X$$

und

$$RP: \qquad \max f(x) \quad \text{s.t.} \quad x \in T$$

bezeichnet man RP genau dann als **Relaxierung** von P, wenn $X \subseteq T$ und $f(x) \geq c(x)$ für alle $x \in X$ gilt. Daraus ergibt sich sofort, dass für den optimalen Zielfunktionswert z von P bzw. z_R von RP die Beziehung $z_R \geq z$ gilt, wenn RP eine Relaxierung von P ist. Weiter kann man folgern, dass in diesem Fall P keinen zulässigen Punkt besitzt, sofern RP unzulässig ist, und dass ein für RP optimaler Punkt x^* mit $x^* \in X$ und $f(x^*) = c(x^*)$ auch ein optimaler Punkt für P ist.

6.4.1 LP-Relaxierungen

Die in Beispiel 5.1 eingeführte LP-Relaxierung wird häufig für allgemeine ganzzahlige Probleme ohne spezielle Struktur eingesetzt. Für ein ganzzahliges Problem P erhält man die allgemeine Form P_{LP} der LP-Relaxierung, indem man die Ganzzahligkeitsbedingungen durch entsprechende kontinuierliche Bedingungen ersetzt:

$$P: \qquad \max c^\mathsf{T} x \quad \text{s.t.} \quad Ax \leq b, \quad x \in \mathbb{Z}^n,$$

wird zu

$$P_{LP}: \qquad \max c^\mathsf{T} x \quad \text{s.t.} \quad Ax \leq b, \quad x \in \mathbb{R}^n$$

mit $c \in \mathbb{R}^n, b \in \mathbb{R}^m$ und der (m,n)-Matrix A. Der optimale Zielfunktionswert z_{LP} von P_{LP} liefert eine obere Schranke für den Zielfunktionswert von P. Wenn zusätzlich alle Koeffizienten der Zielfunktion ganzzahlig sind, kann diese obere Schranke auf $\lfloor z_{LP} \rfloor$ verbessert werden.

Beispiel 6.10.

Gegeben sei ein ganzzahliges Programm P und seine LP-Relaxierung P_{LP}:

$$\begin{array}{llr} P: & \max & x_1 \\ & \text{s.t.} & -2x_1 + 2x_2 \leq \ 3 \\ & & 2x_1 + 2x_2 \leq \ 7 \\ & & x_1, x_2 \in \mathbb{N}_0 \end{array} \qquad \begin{array}{llr} P_{LP}: & \max & x_1 \\ & \text{s.t.} & -2x_1 + 2x_2 \leq 3 \\ & & 2x_1 + 2x_2 \leq 7 \\ & & x_1, x_2 \geq 0. \end{array}$$

Löst man die Relaxierung mit dem Simplex-Algorithmus, so erhält man eine erste obere Schranke $z_{LP} = 3.5$. Diese lässt sich aufgrund der ganzzahligen Zielfunktionskoeffizienten zu $z_{LP}^v = \lfloor 3.5 \rfloor = 3$ verbessern und entspricht dem optimalen Zielfunktionswert. ◊

6.4.2 Lagrange-Relaxierungen

Wir gehen im Folgenden davon aus, dass das zu lösende Problem in der Form

$$P: \qquad \max c^\mathsf{T} x \quad \text{s.t.} \quad Ax \leq b, \ Dx \leq d, \quad x \in \mathbb{N}_0^n$$

gegeben ist, wobei D über p Zeilen verfügt und $d \in \mathbb{R}^p$ gilt. Weiter setzen wir voraus, dass das hiermit in Verbindung stehende Problem

$$\max c^\mathsf{T} x \quad \text{s.t.} \quad Ax \leq b, \quad x \in \mathbb{N}_0^n$$

leicht zu lösen ist.

Ein Beispiel für eine solche Beziehung zwischen zwei Problemen stellt das Traveling Salesman Problem in Verbindung mit dem zugehörigen Problem ohne Kurzzyklenbedingungen dar.

Das ganzzahlige Problem

$$P_{LR}(u): \qquad \max c^{\mathsf{T}}x + u^{\mathsf{T}}(d - Dx) \quad \text{s.t.} \quad Ax \leq b, \quad x \in \mathbb{N}_0^n$$

mit $u \geq 0$ nennt man **Lagrange-Relaxierung** von P bezüglich $u = (u_1, \ldots, u_p)^{\mathsf{T}}$. Die einzelnen Komponenten $u_1, \ldots, u_p$ von u bezeichnet man als **Lagrange-Multiplikatoren** (vgl. Abschnitt 7.3). Das Problem $P_{LR}(u)$ stellt offensichtlich eine Relaxierung von P dar. Für den optimalen Zielfunktionswert $z_{LR}(u)$ von $P_{LR}(u)$ gilt dann $z_{LR}(u) \geq z_P$ für alle $u \geq 0$, d.h. $z_{LR}(u)$ ist eine obere Schranke für den optimalen Zielfunktionswert z_P von P.

Um die beste, d.h. kleinste, obere Schranke für P zu finden, muss das sogenannte **Lagrange-Dual**

$$LD: \qquad \min z_{LR}(u) \quad \text{s.t.} \quad u \geq 0$$

gelöst werden. Für den optimalen Zielfunktionswert w_{LD} von LD gilt somit $w_{LD} \geq c^{\mathsf{T}}x$ für alle in P zulässigen Punkte x.

Das nächste ausführliche Beispiel zeigt am Traveling Salesman Problem den Einsatz der Lagrange-Relaxierung.

Beispiel 6.11 (Lagrange-Relaxierung für das Traveling Salesman Problem).

Zunächst überlegen wir uns eine alternative Formulierung des symmetrischen Traveling Salesman Problems auf einem ungerichteten Graphen $G = [V, E, d]$. In diesem ist jede Rundreise zugleich ein 1-Baum von G (s. Abb. 6.6 a)), umgekehrt ist aber nicht jeder 1-Baum von G zugleich eine zulässige Rundreise (s. Abb. 6.6 b)).

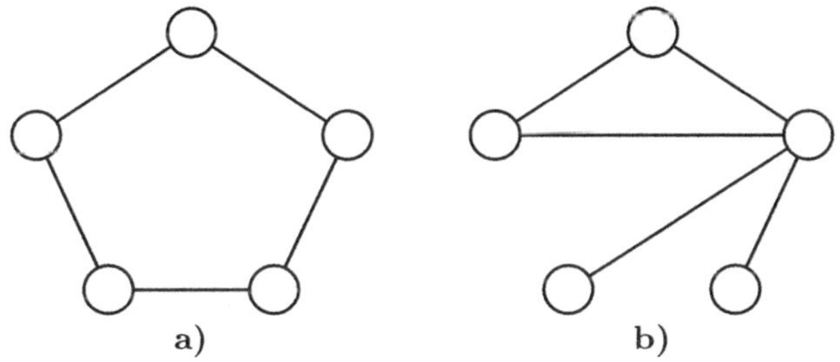

Abb. 6.6. a)1-Baum und Rundreise, **b)** 1-Baum aber keine Rundreise.

Um ein ganzzahliges Problem aufstellen zu können, definieren wir die Entscheidungsvariablen

$$x_{ij} = \begin{cases} 1, & \text{wenn } i \text{ und } j \text{ miteinander verbunden sind,} \\ 0, & \text{sonst,} \end{cases} \qquad [i,j] \in E.$$

Da jede Rundreise auch ein 1–Baum ist, kann man diese Variablen auch wie folgt interpretieren:

$$x_{ij} = \begin{cases} 1, & \text{wenn der 1-Baum die Kante } [i,j] \text{ enthält,} \\ 0, & \text{sonst,} \end{cases} \qquad [i,j] \in E.$$

Berücksichtigt man, dass ein 1-Baum, in dem jeder Knoten genau den Grad 2 hat, eine Rundreise darstellt, so erhält man für das Traveling Salesman Problem folgende mathematische Formulierung:

$$\begin{aligned} \min \quad & \sum_{i=1}^{n-1} \sum_{j=i+1}^{n} d_{ij} x_{ij} \\ \text{s.t.} \quad & x \text{ stellt einen 1-Baum dar} \\ & \sum_{h=1}^{i-1} x_{ih} + \sum_{j=i+1}^{n} x_{ij} = 2 \qquad i = 1, \ldots, n. \end{aligned}$$

Relaxiert man nun die zweite Nebenbedingung, so erhält man eine Lagrange-Relaxierung[2] bezüglich der Lagrange-Multiplikatoren $u_1, \ldots, u_n \in \mathbb{R}$:

$$\begin{aligned} \min \quad & \sum_{i=1}^{n-1} \sum_{j=i+1}^{n} d_{ij} x_{ij} + \sum_{i=1}^{n} u_i \Big(\sum_{h=1}^{i-1} x_{ih} + \sum_{j=i+1}^{n} x_{ij} - 2 \Big) \\ \text{s.t.} \quad & x \text{ stellt einen 1-Baum dar} \end{aligned}$$

Um die Lagrange-Relaxierung zu lösen, formen wir die Zielfunktion zu

$$F_{LR}(x) = \sum_{i=1}^{n-1} \sum_{j=i+1}^{n} (d_{ij} + u_i + u_j) x_{ij} - 2 \sum_{i=1}^{n} u_i$$

um. Damit lässt sich das Lagrange-Problem als 1–Baum–Problem für den Graphen G mit der Kantenbewertung $d'_{ij} := d_{ij} + u_i + u_j$ lösen. Subtrahiert man vom Wert des minimalen 1–Baumes zweimal die Summe der u_i, so erhält man den optimalen Zielfunktionswert für die Lagrange-Relaxierung.

Zur Bestimmung der besten unteren Grenzen lässt sich somit das folgende Lagrange-Dual definieren:

$$\begin{aligned} \max \quad & \phi(u) = \min \Big\{ \sum_{i=1}^{n-1} \sum_{j=i+1}^{n} (d_{ij} + u_i + u_j) x_{ij} | x \text{ ist 1-Baum} \Big\} - 2 \sum_{i=1}^{n} u_i \\ \text{s.t.} \quad & u \in \mathbb{R}^n \end{aligned}$$

Die Funktion $\phi(u)$, die im Lagrange-Dual maximiert wird, ist nicht mehr linear, sondern nur noch stückweise linear und konkav. Aus diesem Grund lassen sich die bislang vorgestellten Techniken nicht zur Lösung des Problems einsetzen. Eine Möglichkeit, diese Probleme zu lösen, ist die sogenannte Subgradienten-Optimierung, bei der der optimale Wert durch einen iterativen Prozess angenähert

[2] Wird bei einer Lagrange-Relaxierung eine Gleichung und nicht eine Ungleichung relaxiert, so unterliegen die Lagrange-Multiplikatoren keiner Vorzeichenbeschränkung.

wird: Beginnend mit $u^0 = (u_1^0, \ldots, u_n^0)^\mathsf{T}$ (z.B. $u^0 = 0$) wird eine Folge von Lagrange-Multiplikatoren $u^1, u^2, \ldots$ entwickelt. Dabei wird die Beziehung

$$u^{j+1} := u^j + \delta_j \cdot (g(T(u^j)) - 2)$$

eingesetzt; $T(u^j)$ ist ein minimaler 1-Baum (Lösung der Lagrange-Relaxierung bezüglich u^j), $g(T) \in \mathbb{N}_0^n$ entspricht dem Vektor der Knotengrade des 1-Baums T und $\delta_j \geq 0$ ist eine nichtnegative Zahl.

Für jedes $u^j \quad (j = 1, 2, 3, \ldots)$ wird also die Lagrange-Relaxierung gelöst und die beste untere Schranke aktualisiert. Damit $\phi(u)$ gegen das Maximum ϕ konvergiert, müssen lediglich die beiden Voraussetzungen

$$\delta_j \to 0 \quad \text{und} \quad \sum_{j=0}^{\infty} \delta_j = \infty$$

erfüllt sein. Gute Ergebnisse erhält man auch mit

$$\delta_j := \frac{\gamma \cdot (F^u - \phi(u^j))}{\sum\limits_{i=1}^{n} \Big(g_i(T(u^j)) - 2\Big)^2},$$

wobei F^u der Länge der besten bisher bekannten Rundreise entspricht und $\gamma \in (0, 2]$ eine Konstante ist. Zur Verbesserung des Konvergenzverhaltens wird empfohlen, mit $\gamma = 2$ zu beginnen und den Wert über $2n$ Iterationen unverändert zu lassen. Danach halbiert man den Wert von γ und die Anzahl der Iterationen, in denen der Wert unverändert bleibt.

Das resultierende Verfahren in Algorithmus 6.9 wurde von Smith und Thompson in [42] entwickelt und wird deshalb auch als **Ascent-Methode von Smith und Thompson** bezeichnet (s. auch [9]).

Bei numerischen Untersuchungen hat sich die Wahl der Parameter $\alpha = 0.01$, $\beta = 0.1$, $it_{min} = \lfloor \frac{n}{8} \rfloor$ und

$$\tau = \begin{cases} 0.999, & \text{bei ganzzahligen Kantenbewertungen,} \\ 0, & \text{sonst,} \end{cases}$$

bewährt.

Mit Hilfe des beschriebenen Verfahrens lässt sich ein speziell an das symmetrische Traveling Salesman Problem angepasster Branch & Bound Algorithmus konstruieren ([9]). $\diamondsuit$

Weitere Informationen über den Einsatz von Lagrange-Relaxierungen für ganzzahlige Probleme findet man in [19].

Algorithmus 6.9: Ascent-Methode von Smith und Thompson für das Traveling Salesman Problem

Input : Graph $G = [V, E, d]$, Länge F^u einer zulässigen Rundreise, aktuell beste untere Schranke F^l, minimale Schrittlänge α, minimale Erhöhung β, minimaler Schrankenabstand τ, $\gamma = 2$, Anzahl it bzw. minimale Anzahl it_{min} Iterationen mit unverändertem γ

begin
$j := 0$
repeat
- $j := j + 1$
- Bestimme minimalen 1-Baum $T(u)$

if $\phi(u) > F^l$ **then**
$u^* := u, F^l := \phi(u)$
end
-
$$\delta := \frac{\gamma \cdot (F^u - \phi(u))}{\sum_{i=1}^{n} \Big(g_i(T(u)) - 2\Big)^2},$$
- $u_i := u_i + \delta \cdot (g(T(u_i)) - 2)$ für $i = 1, \ldots, n$

if $j = it$ **then**
$\gamma := \frac{\gamma}{2}, it := \max\{\frac{it}{2}, it_{min}\}, j := 0$
end
until $T(u^*)$ *ist Rundreise oder* $\delta < \alpha$ *oder* $F^u - F^l < \tau$ *oder* $it = it_{min}$ *und innerhalb* $4it_{min}$ *Iterationen keine Erhöhung von* F^l *um mind.* β;
end

Output : Optimale Rundreise oder untere Schranke F^l

7

Nichtlineare Optimierung

7.1 Einführung und Beispiele

Während in linearen Optimierungsproblemen die Zielfunktion und alle Nebenbedingungen durch lineare Funktionen modelliert werden, treten in vielen praktischen Anwendungen Nichtlinearitäten auf, durch die eine Darstellung als lineares Optimierungsproblem unmöglich wird. Beispielsweise entsteht beim Goal Programming (Abschnitt 2.3.4) bei Wahl der Abstandsfunktion mit $q = 2$ eine nichtlineare Zielfunktion, und auch das quadratische Zuordnungsproblem (Beispiel 5.4) besitzt eine nichtlineare Zielfunktion. Das letztere Beispiel unterscheidet sich von der in Kapitel 1 betrachteten linearen Optimierung sogar nicht nur durch das Auftreten von Nichtlinearitäten, sondern auch durch die Anwesenheit ganzzahliger Variablen. Für solche nichtlinearen ganzzahligen Optimierungsprobleme existieren nur in speziellen Fällen effiziente Lösungsansätze, so dass wir sie im Folgenden nicht weiter betrachten werden und auf die weiterführende Literatur verweisen ([13, 34]). Gegenstand des Kapitels 7 sind stattdessen *nichtlineare kontinuierliche* Optimierungsprobleme. Vertiefende Literaturstellen zu diesem Gebiet sind beispielsweise [1, 3, 18, 25, 26, 35].

Nichtlineare Probleme treten oft schon dann in natürlicher Weise auf, wenn durch lineare Optimierungsprobleme modellierte Anwendungen praxisnäher beschrieben werden. Beispielsweise besitzen Kostenfunktionen selten die lineare Struktur, wie sie unter anderem in den Transportproblemen aus Abschnitt 2.4 vorausgesetzt werden. Etwa treten bei der realistischeren Annahme ertragsgesetzlicher Kostenfunktionen sogenannte Bündelungseffekte auf, durch die sich der Transport größerer Mengen über wenige Transportwege gegenüber dem Transport kleinerer Mengen über viele Transportwege als kostengünstiger erweist.

Die folgenden Beispiele zeigen einige weitere Zusammenhänge auf, in denen nichtlineare kontinuierliche Optimierungsprobleme auftreten.

Beispiel 7.1 (Lineare Regression mit Geraden).

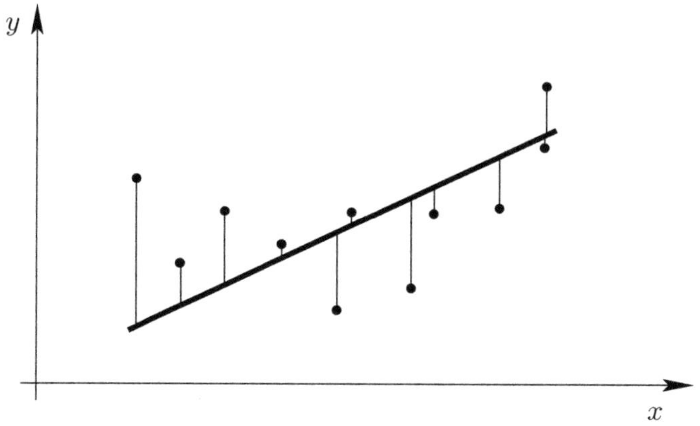

Abb. 7.1. Datenpunkte mit approximierender Gerade und Abweichungen

Zu N Datenpunkten $(x_1, y_1), \ldots, (x_N, y_N) \in \mathbb{R}^2$ sei diejenige Gerade gesucht, die die Punkte am besten approximiert (vgl. Abb. 7.1). Bis auf „senkrechte" Geraden, d.h. solche, die parallel zur $y-$Achse verlaufen, lässt sich jede Gerade in $\mathbb{R}^2$ als Graph einer linearen Funktion $\ell(x) = ax + b$ mit $a, b \in \mathbb{R}$ beschreiben. Die Suche nach der besten Gerade wird dadurch zur Suche nach den besten Koeffizienten a und b.

Um zu quantifizieren, wann eine Gerade die Daten „gut" bzw. „am besten" approximiert, setzt man zu gegebenen a und b die $x-$Komponenten der Datenpunkte in die Funktion ℓ ein und vergleicht das Ergebnis jeweils mit der zugehörigen $y-$Komponente. Dadurch entsteht der Vektor der Abweichungen (auch **Fehlervektor** genannt)

$$\delta(a, b) \;=\; (ax_1 + b - y_1, \ldots, ax_N + b - y_N)^\intercal.$$

Wünschenswert ist eine Wahl von (a, b) so, dass gleichzeitig jeder Eintrag des Vektors $\delta(a, b)$ nahe bei null liegt. Da eine direkte Modellierung dieses Wunsches auf ein Mehrzielproblem führen würde, macht man sich stattdessen zunutze, dass die Einträge eines Vektors genau dann nahe bei null liegen, wenn eine Norm des Vektors nahe bei null liegt (wegen der Definitheit und Stetigkeit jeder Norm, vgl. Abschnitt A.2). Da Normen stets nichtnegative Werte annehmen, lässt sich das Ausgangsproblem als Minimierung des Ausdrucks $\|\delta(a, b)\|$ über die Koeffizienten a und b formulieren. Die gängigste Wahl der Norm ist hierbei die euklidische Norm $\|\cdot\| = \|\cdot\|_2$.

Wir erhalten damit das nichtlineare Optimierungsproblem

$$\min_{(a,b)\in\mathbb{R}^2} \|\delta(a,b)\|_2 = \sqrt{\sum_{i=1}^{N}(ax_i + b - y_i)^2}.$$

Analog kann man vorgehen, wenn die $x-$Komponenten der Daten in $\mathbb{R}^n$ liegen und die $y-$Komponenten in $\mathbb{R}^m$. Die Approximation erfolgt dann durch eine Funktion $\ell(x) = Ax + b$ mit einer $(m,n)-$Matrix A und $b \in \mathbb{R}^m$. ◊

Beispiel 7.1 zeigt, dass bei nichtlinearen Optimierungsproblemen zu einer sinnvollen Formulierung nicht notwendigerweise Nebenbedingungen erforderlich sind. Die Koeffizienten a und b sind noch nicht einmal durch eine Nichtnegativitätsbedingung beschränkt. Man spricht dann von **unrestringierter Optimierung** (engl.: unconstrained optimization). Im Gegensatz dazu benötigen lineare Optimierungsprobleme stets Restriktionen, um sinnvoll gestellt zu sein.

Beispiel 7.2 (Lineare Regression mit Polynomen).

Häufig lassen Datenpunkte sich nicht gut durch Geraden approximieren, da die zugrundeliegenden Zusammenhänge nichtlinear sind. Ein typisches Beispiel ist die Bestimmung der Kennlinie eines Bauteils durch Einzelmessungen und anschließender Approximation durch ein Polynom (vgl. Abb. 7.2).

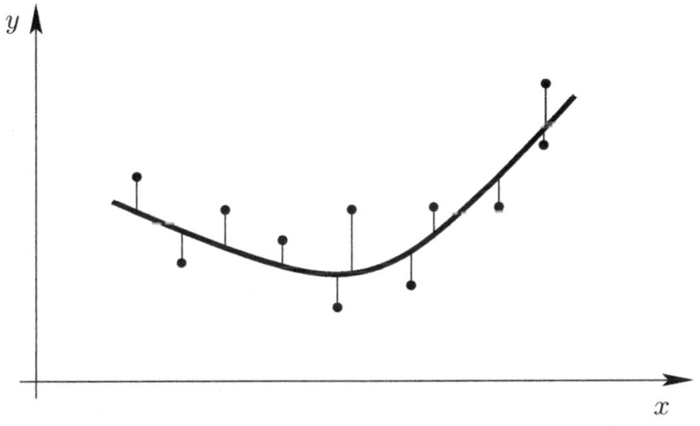

Abb. 7.2. Datenpunkte mit approximierendem Polynom und Abweichungen

Sucht man also zu N Datenpunkten $(x_1, y_1), \ldots, (x_N, y_N) \in \mathbb{R}^2$ das bestapproximierende Polynom vom Höchstgrad k, d.h. ein Polynom der Form $p(x) = \sum_{j=0}^{k} a_j x^j$, so minimiert man analog zu Beispiel 7.1 eine Norm des Vektors der Abweichungen

$$\delta(a_0, \ldots, a_k) = \left(\sum_{j=0}^{k} a_j x_1^j - y_1, \ldots, \sum_{j=0}^{k} a_j x_N^j - y_N\right)^{\mathsf{T}}.$$

Bemerkenswerterweise sind Polynome mit $k \geq 2$ zwar nichtlinear in x, für festes x aber *linear* in den Koeffizienten $a_0, ..., a_k$. Damit ist auch der Vektor $\delta(a_0, \ldots, a_k)$ linear in den Entscheidungsvariablen des Minimierungsproblems. Auch bei der Regression mit Polynomen spricht man daher von *linearer Regression.* Die Zielfunktion des zu lösenden Optimierungsproblems

$$\min_{(a_0,\ldots,a_k)\in\mathbb{R}^{k+1}} \|\delta(a_0,\ldots,a_k)\|_2$$

ist allerdings wie in Beispiel 7.1 nichtlinear. ◊

Beispiel 7.3 (Nichtlineare Regression).

Nichtlineare Regressionsprobleme entstehen dann, wenn die anzupassende Funktion nichtlinear *in ihren Parametern* ist. Ein Beispiel ist die Regression durch eine Exponentialfunktion der Form $a\exp(bx)$ mit Parametern $a, b \in \mathbb{R}$. Der Vektor der Abweichungen

$$\delta(a,b) \;=\; (a\exp(bx_1) - y_1, \ldots, a\exp(bx_N) - y_N)^\mathsf{T}$$

ist dann eine nichtlineare Funktion in (a, b). ◊

Beispiel 7.4 (Gewinnmaximierung im Polypol).

In einem Polypol sei es für einen Produzenten möglich, sein Produkt zum Preis p abzusetzen. Bei Produktion der Menge x erzielt er damit den Erlös $E(x) = px$. Gleichzeitig fallen Kosten in der Höhe $K(x)$ an, wobei wir eine nichtlineare (z.B. ertragsgesetzliche) Kostenfunktion K annehmen. Der Produzent sucht die gewinnmaximale Produktionsmenge, also den optimalen Punkt von

$$\max_x G(x) = E(x) - K(x).$$

Aus der Schulmathematik ist bekannt, dass am Maximalpunkt der Funktion G ihre erste Ableitung verschwindet, dass also $G'(x) = 0$ gilt. Es folgt

$$0 \;=\; G'(x) \;=\; E'(x) - K'(x) \;=\; p - K'(x),$$

also gilt im Optimalpunkt x^* die Beziehung $p = K'(x^*)$. Da die erste Ableitung der Kostenfunktion auch als **Grenzkostenfunktion** bezeichnet wird, ist diese Gleichung als **Preis-Grenzkosten-Regel** bekannt. ◊

Die Herleitung der Preis-Grenzkosten-Regel in Beispiel 7.4 erscheint zunächst zwar sinnvoll, weist allerdings eine Reihe von Lücken auf:

- die Grenzkostenfunktion K' existiert nur für differenzierbare Kostenfunktionen K, also beispielsweise nicht für stückweise lineare K,
- ein Punkt x^* mit $G'(x^*) = 0$ könnte auch ein *Minimal*punkt der Gewinnfunktion sein,
- die Funktion G könnte mehrere (lokale) Maximalpunkte besitzen, von denen nur einer der global beste Maximalpunkt ist,

- die Berücksichtigung der Nichtnegativitätsbedingung $x \geq 0$ wäre hier sinnvoll, wurde aber unterschlagen.

In den Abschnitten 7.2 und 7.3 werden wir uns der Klärung solcher Fragen ausführlich widmen.

Beispiel 7.5 (Gewinnmaximierung im Monopol).

Ein Monopolist kann im Gegensatz zur Situation in Beispiel 7.4 zur Gewinnmaximierung nicht nur seine Produktionsmenge x optimal wählen, sondern gleichzeitig auch den Preis p. In der Erlösfunktion $E(x,p) = px$ ist also p nicht mehr fest gegeben, sondern eine Entscheidungsvariable. Zu maximieren ist dann die von x und p abhängige Gewinnfunktion $G(x,p) = E(x,p) - K(x)$.

Allerdings muss der Monopolist berücksichtigen, dass er am Markt nur gewisse Kombinationen von Absatzmenge x und Preis p anbieten kann, da diese einer **Preis-Absatz-Funktion** unterworfen sind, etwa in der Form $p = P(x)$. Der Monopolist sucht also einen optimalen Punkt (x^*, p^*) des Problems

$$\max_{x,p} G(x,p) = px - K(x) \quad \text{s.t.} \quad p = P(x), \; x, p \geq 0.$$

In einfachen Fällen kann die Preis-Absatz-Funktion als linear angesetzt werden, realistischer sind allerdings häufig eine nichtlineare Funktion P oder ein implizit gegebener Zusammenhang von x und p der Form $P(x,p) = 0$. $\diamondsuit$

Beispiel 7.5 illustriert das Auftreten einer nichtlinearen Zielfunktion in Kombination mit einer nichtlinearen Restriktion. Mit solchen **restringierten Optimierungsproblemen** (engl.: constrained optimization problems) befasst sich Abschnitt 7.3.

Beispiel 7.6 (Projektion auf eine Menge).

Gesucht sei der Abstand eines Punktes $z \in \mathbb{R}^n$ zu einer Menge $\mathbb{M} \subseteq \mathbb{R}^n$ sowie ein Punkt $\bar{x}$ in $\mathbb{M}$, der am nächsten an z liegt (s. Abb. 7.3).

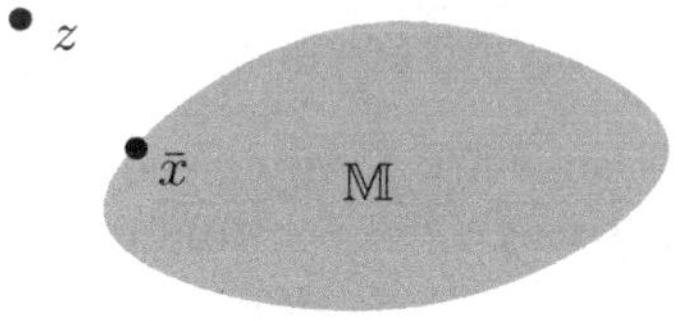

Abb. 7.3. Projektion auf eine Menge

Die Formulierung als Optimierungsproblem lautet

$$P: \quad \min_{x \in \mathbb{R}^n} \|x - z\|_2 \quad \text{s.t.} \quad x \in \mathbb{M},$$

wobei in Abbildung 7.3 der Fall $n = 2$ illustriert ist. Der optimale Punkt $\bar{x}$ heißt **Projektion** von z auf $\mathbb{M}$.

Ein Beispiel für einen nicht eindeutigen optimalen Punkt im Projektionsproblem ist in Abbildung 7.4 gegeben. Hier besitzen sowohl $\bar{x}$ als auch $\tilde{x}$ unter allen Punkten der Menge $\mathbb{M}$ minimalen Abstand von z, die Projektion von z auf $\mathbb{M}$ besteht also aus zwei verschiedenen Punkten.

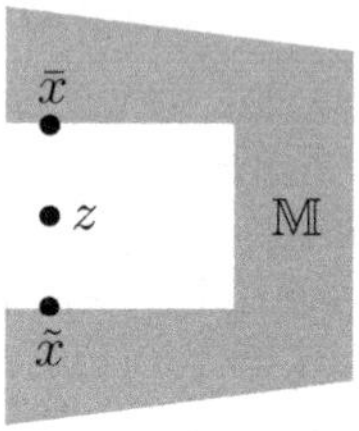

Abb. 7.4. Nichteindeutiger optimaler Punkt

Verschiebt man in Abbildung 7.4 den Punkt z in Richtung $\bar{x}$, so wird $\bar{x}$ eindeutiger Minimalpunkt (s. Abb. 7.5).

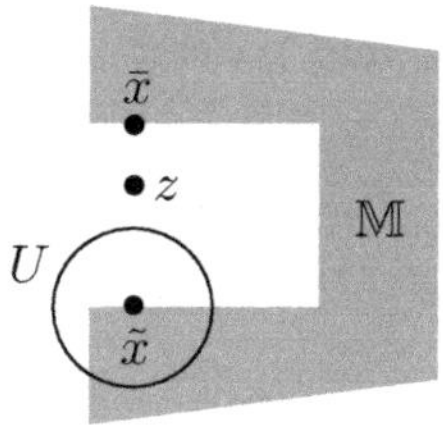

Abb. 7.5. Lokaler und globaler Minimalpunkt

Der Punkt $\tilde{x}$ behält allerdings die Eigenschaft, dass es in einer hinreichend kleinen Umgebung U um $\tilde{x}$ keine Punkte in $\mathbb{M}$ gibt, die näher an z liegen als $\tilde{x}$. ◇

Die Beobachtung aus Beispiel 7.6 motiviert die folgende Unterscheidung von Optimalpunkten. Als **Umgebung** U eines Punktes $\bar{x}$ bezeichnet man dabei eine offene Menge, die $\bar{x}$ als Element enthält, wobei man sich unter U stets eine offene Kugel $\{x \in \mathbb{R}^n | \; \|x - \bar{x}\|_2 < r\}$ mit Mittelpunkt $\bar{x}$ und Radius $r > 0$ vorstellen darf. Zu einer Zielfunktion $f : \mathbb{R}^n \to \mathbb{R}$ und einer Menge $\mathbb{M} \subseteq \mathbb{R}^n$ von zulässigen Punkten heißt $\bar{x} \in \mathbb{M}$ **lokaler Minimalpunkt** von f auf $\mathbb{M}$, falls eine Umgebung U von $\bar{x}$ mit

$$f(x) \geq f(\bar{x}) \quad \text{für alle} \quad x \in U \cap \mathbb{M}$$

existiert.

Im Gegensatz dazu heißt $\bar{x} \in \mathbb{M}$ **globaler Minimalpunkt** von f auf $\mathbb{M}$, falls

$$f(x) \geq f(\bar{x}) \quad \text{für alle} \quad x \in \mathbb{M}$$

gilt. Die zugehörigen Werte der Zielfunktion heißen **lokaler Minimalwert** bzw. **globaler Minimalwert**. Für den Fall $n = 1$ sind diese Konzepte in Abbildung 7.6 skizziert.

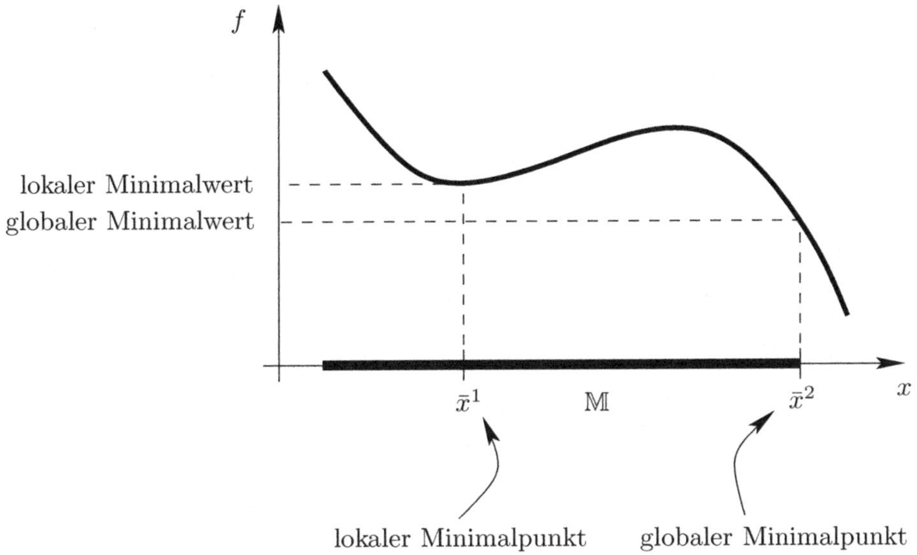

Abb. 7.6. Lokale und globale Minima

Man überlegt sich leicht, dass jeder globale Minimalpunkt auch lokaler Minimalpunkt ist. Lokale und globale *Maximal*punkte sind analog definiert. Da die Maximalpunkte von f genau die Minimalpunkte von $-f$ sind (s. Abb. 7.7), genügt es, entweder nur Minimierungs- oder nur Maximierungsprobleme zu betrachten. Aus in Abschnitt 7.2.4 geschilderten Gründen entscheiden wir uns für die Minimierungsprobleme. Wie schon aus der linearen Optimierung bekannt ist, ändern sich bei der Maximierung von f durch Minimierung der Funktion $-f$ zwar die Optimal*punkte* nicht (und zwar weder die globalen noch die lokalen), der Optimal*wert* wechselt jedoch sein Vorzeichen. Für ihn gilt die Beziehung $\max_{x \in \mathbb{M}} f(x) = -\min_{x \in \mathbb{M}}(-f(x))$, wie ebenfalls aus Abbildung 7.7 ersichtlich ist.

7.2 Unrestringierte nichtlineare Optimierung

Nichtlineare Optimierungsprobleme ohne Restriktionen besitzen die Form

$$P: \qquad \min f(x)$$

mit einer Funktion $f : \mathbb{R}^n \to \mathbb{R}$. Die folgenden Argumente werden Eigenschaften der Gradienten von f ausnutzen (vgl. Abschnitt A.6), so dass wir die Funktion f als mindestens stetig differenzierbar voraussetzen.

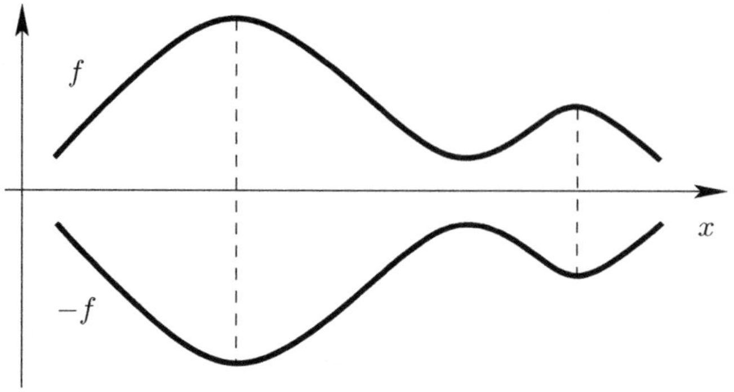

Abb. 7.7. Maximierung von f durch Minimierung von $-f$

7.2.1 Optimalitätsbedingung erster Ordnung

Um zu klären, welche Bedingungen die Funktion f an einem Minimalpunkt erfüllen muss, geht man nach folgendem Ausschlussprinzip vor: Wenn man den Punkt $\bar{x} \in \mathbb{R}^n$ entlang einer Richtung $d \in \mathbb{R}^n$ verlassen kann, während die Funktionswerte fallen, dann kommt $\bar{x}$ offensichtlich nicht als Minimalpunkt in Frage.

Die Punkte, die man beim Verlassen von $\bar{x}$ entlang d besucht, lassen sich per Punktrichtungsform einer Geraden als $\bar{x} + td$ mit Skalaren $t \geq 0$ beschreiben. Die zugehörigen Funktionswerte von f lauten dann

$$\varphi_d(t) \;=\; f(\bar{x} + td).$$

Die Funktion φ_d wird auch als **eindimensionale Einschränkung** von f bezeichnet, da sie bei gegebenen Vektoren $\bar{x}$ und d nur noch von der eindimensionalen Variable t abhängt. Als Verknüpfung der differenzierbaren Funktion f mit der linearen Funktion $\bar{x} + td$ ist die Funktion φ_d differenzierbar. Ihre Ableitung $\varphi_d'(0)$ gibt an, mit welcher Steigung die Funktionswerte von f sich ändern, wenn man $\bar{x}$ in Richtung d verlässt. Für den als **Richtungsableitung** von f an $\bar{x}$ in Richtung d bezeichneten Ausdruck $\varphi_d'(0)$ liefert die Kettenregel eine einfache Darstellung als Skalarprodukt, nämlich $\varphi_d'(0) = \langle \nabla f(\bar{x}), d \rangle$.

Da die Länge eines Richtungsvektors irrelevant ist, werden wir im Folgenden nur normierte Richtungen benutzen, also $\|d\|_2 = 1$ voraussetzen.

Lemma 7.1.

Gegeben seien eine stetig differenzierbare Funktion $f : \mathbb{R}^n \to \mathbb{R}$ und ein Punkt $\bar{x} \in \mathbb{R}^n$ mit $\nabla f(\bar{x}) \neq 0$. Dann zeigt $\nabla f(\bar{x})$ in die Richtung des steilsten Anstiegs von f, und $-\nabla f(\bar{x})$ in die Richtung des steilsten Abstiegs.

Beweis. Nach der Cauchy-Schwarz-Ungleichung gilt für jede Richtung $d \in \mathbb{R}^n$

$$-\|\nabla f(\bar{x})\|_2 \cdot \|d\|_2 \;\leq\; \langle \nabla f(\bar{x}), d \rangle \;\leq\; \|\nabla f(\bar{x})\|_2 \cdot \|d\|_2\,,$$

woraus mit $\|d\|_2 = 1$ die Abschätzungen

$$-\|\nabla f(\bar{x})\|_2 \;\leq\; \langle \nabla f(\bar{x}), d\rangle \;\leq\; \|\nabla f(\bar{x})\|_2$$

für die Richtungsableitung folgen. Man macht sich leicht klar, dass im Falle $\nabla f(\bar{x}) \neq 0$ die Unterschranke für die Wahl $d = -\nabla f(\bar{x})/\|\nabla f(\bar{x})\|_2$ angenommen wird, und die Oberschranke für $d = \nabla f(\bar{x})/\|\nabla f(\bar{x})\|_2$. Dies bedeutet, dass unter allen Richtungsvektoren d die Wahl $d = \nabla f(\bar{x})/\|\nabla f(\bar{x})\|_2$ zum steilsten Anstieg der Funktionswerte führt, wenn man $\bar{x}$ entlang dieser Richtung verlässt. Die Steigung der Funktion entlang dieser Richtung beträgt gerade $\|\nabla f(\bar{x})\|_2$. Analoges gilt für $d = -\nabla f(\bar{x})/\|\nabla f(\bar{x})\|_2$. □

Nach Lemma 7.1 kann $\bar{x}$ im Falle $\nabla f(\bar{x}) \neq 0$ kein lokaler und folglich auch kein globaler Minimalpunkt sein, weil man $\bar{x}$ entlang der Richtung $d = -\nabla f(\bar{x})/\|\nabla f(\bar{x})\|_2$ mit fallenden Funktionswerten verlassen kann. Da analog der Vektor $\nabla f(\bar{x})$ in die Richtung des steilsten Anstiegs zeigt, ist $\bar{x}$ auch weder lokaler noch globaler Maximalpunkt.

Damit ist klar, dass man lokale und globale Minimalpunkte nur an Stellen suchen muss, an denen der Gradient von f verschwindet. Jeden Punkt $\bar{x} \in \mathbb{R}^n$ mit $\nabla f(\bar{x}) = 0$ nennt man **kritischen Punkt** von f. Unsere obigen Überlegungen beweisen mit dieser Terminologie den folgenden Satz.

Satz 7.2 (Fermat'sche Regel).

Der Punkt $\bar{x} \in \mathbb{R}^n$ sei ein lokaler Minimalpunkt von f. Dann ist $\bar{x}$ ein kritischer Punkt von f.

Die Fermat'sche Regel wird als **Optimalitätsbedingung erster Ordnung** bezeichnet, da sie von ersten Ableitungen der Funktion f Gebrauch macht.

Beispiel 7.7 (Beispiel 7.4 - Fortsetzung 1).

Die in Beispiel 7.4 hergeleitete Preis-Grenzkosten-Regel ist gerade die Kritische-Punkt-Gleichung für die Gewinnfunktion $G(x) = px - K(x)$, wenn K als stetig differenzierbar vorausgesetzt wird. Da jeder lokale Maximalpunkt von G ein lokaler Minimalpunkt von $-G$ ist, erfüllt nach Satz 7.2 jeder lokale Maximalpunkt $\bar{x}$ von G die Gleichung $-G'(\bar{x}) = 0$ und damit auch $G'(\bar{x}) = 0$. Es ist also korrekt, dass insbesondere jeder globale Maximalpunkt von G der Preis-Grenzkosten-Regel genügt. ◇

Die direkte Anwendung von Satz 7.2 auf die Regressionsbeispiele aus Abschnitt 7.1 scheitert zunächst daran, dass deren Zielfunktionen nicht stetig differenzierbar sind. Dies liegt in der Nichtdifferenzierbarkeit der Funktion $x \mapsto \|x\|_2$ im Nullpunkt begründet. Dieses Problem lässt sich mittels eines einfachen Tricks beheben, der auf folgendem Resultat beruht.

Lemma 7.3.

Zu einer Funktion $f : \mathbb{R}^n \to Y$ mit $Y \subseteq \mathbb{R}$ sei $\psi : Y \to \mathbb{R}$ eine streng monoton wachsende Funktion. Dann besitzen die Funktionen $x \mapsto f(x)$ und $x \mapsto \psi(f(x))$ dieselben lokalen bzw. globalen Minimalpunkte.

Beweis. Es sei $\bar{x}$ ein globaler Minimalpunkt von f. Aus der Ungleichung $f(x) \geq f(\bar{x})$ für alle $x \in \mathbb{R}^n$ folgt mit der Monotonie von ψ die Ungleichung $\psi(f(x)) \geq \psi(f(\bar{x}))$ für alle $x \in \mathbb{R}^n$, weshalb $\bar{x}$ auch globaler Minimalpunkt von $x \mapsto \psi(f(x))$ ist. Für die umgekehrte Richtung benutzt man, dass eine streng monoton wachsende Funktion eine ebenfalls streng monoton wachsende Umkehrfunktion besitzt. Der Beweis für die Identität der lokalen Minimalpunkte verläuft analog. □

Lemma 7.3 lässt sich beispielsweise immer dann anwenden, wenn eine Zielfunktion der Form $f(x) = \|F(x)\|_2$ mit einer stetig differenzierbaren Funktion $F : \mathbb{R}^n \to \mathbb{R}^m$ vorliegt. Wegen der Nichtnegativität von Normen ist der Bildbereich von f dann $Y = \{y \in \mathbb{R} |\ y \geq 0\}$, und auf dieser Menge ist die Funktion $\psi(y) = y^2$ streng monoton wachsend. Nach Lemma 7.3 besitzen f und die Funktion $x \mapsto f^2(x) = \|F(x)\|_2^2 = F(x)^\intercal F(x)$ dieselben Minimalpunkte, wobei f^2 im Gegensatz zu f stetig differenzierbar ist. Die Produktregel liefert als Formel für den Gradienten

$$\nabla f^2(x) \;=\; 2\big(\nabla F_1(x), \ldots, \nabla F_m(x)\big) F(x).$$

Aus dem Minimal*wert* von f^2 muss man abschließend die Wurzel ziehen (d.h. die Umkehrfunktion von ψ anwenden), um den Minimalwert von f zu erhalten.

Beispiel 7.8 (Beispiel 7.1 - Fortsetzung 1).

Anwendung von Lemma 7.3 auf das unrestringierte Minimierungsproblem der linearen Regression mit Geraden in Beispiel 7.1 liefert das äquivalente und stetig differenzierbare Optimierungsproblem

$$\min_{(a,b)\in\mathbb{R}^2} \delta(a,b)^\intercal \delta(a,b) \;=\; \sum_{i=1}^{N} (ax_i + b - y_i)^2.$$

Aus offensichtlichen Gründen wird diese Formulierung als **Kleinste-Quadrate-Problem** (engl.: least squares problem) bezeichnet. Nach Satz 7.2 kommen als Minimalpunkte nur kritische Punkte der Zielfunktion in Frage. Mit $x = (x_1, \ldots, x_N)^\intercal$, $y = (y_1, \ldots, y_N)^\intercal$ und dem Einservektor $e = (1, \ldots, 1)^\intercal$ gilt

$$\delta(a,b) \;=\; (x,e)\begin{pmatrix} a \\ b \end{pmatrix} - y, \qquad \big(\nabla\delta_1(a,b), \ldots, \nabla\delta_N(a,b)\big) \;=\; (x,e)^\intercal,$$

und die kritischen Punkte bestimmen sich demnach als Lösungen $(a,b)^\intercal$ des linearen Gleichungssystems

$$\begin{aligned} 0 &= \big(\nabla\delta_1(a,b), \ldots, \nabla\delta_N(a,b)\big)\delta(a,b) \\ &= (x,e)^\intercal \left((x,e)\begin{pmatrix} a \\ b \end{pmatrix} - y\right) \;=\; (x,e)^\intercal (x,e)\begin{pmatrix} a \\ b \end{pmatrix} - (x,e)^\intercal y. \end{aligned}$$

Diese Kritische-Punkt-Gleichung wird bei Kleinste-Quadrate-Problemen auch **Normalengleichung** genannt. Sie ist genau dann eindeutig lösbar, wenn die $(2,2)$-Matrix $(x,e)^\intercal(x,e)$ invertierbar ist. Mit Mitteln der Linearen Algebra lässt sich zeigen, dass dies genau dann der Fall ist, wenn die Matrix (x,e) den (vollen)

Rang 2 besitzt (vgl. Abschnitt A.4). Dies ist wiederum genau dann richtig, wenn mindestens zwei Einträge des Vektors x voneinander verschieden sind, grob gesagt also unter der sehr schwachen Voraussetzung, dass zwei Datenpunkte (x_i, y_i) mit verschiedenen Stützstellen x_i existieren. Unter dieser Voraussetzung lautet der eindeutige kritische Punkt

$$\begin{pmatrix} a^* \\ b^* \end{pmatrix} = \left((x,e)^\top (x,e)\right)^{-1} (x,e)^\top y.$$

Diese Formel lässt sich weiter umformen, worauf wir hier verzichten. Es ist zwar naheliegend, dass (a^*, b^*) auch globaler Minimalpunkt des Kleinste-Quadrate-Problems ist, die Begründung hierfür kann allerdings erst in Abschnitt 7.2.4 gegeben werden. ◊

Beispiel 7.9 (Beispiel 7.2 - Fortsetzung 1).

Völlig analog zum Vorgehen in Beispiel 7.8 erhält man für die lineare Regression mit Polynomen aus Beispiel 7.2 die Kritische-Punkt-Gleichung

$$0 = V^\top V \begin{pmatrix} a_0 \\ \vdots \\ a_k \end{pmatrix} - V^\top y,$$

wobei die Vektoren $(x_i^0, x_i^1, \ldots, x_i^k)$, $i = 1, \ldots, N$, die Zeilen der sogenannten **Vandermonde-Matrix** V bilden. Mit Methoden der Linearen Algebra kann man zeigen, dass dieses lineare Gleichungssystem für $k < N$ eindeutig lösbar ist, sofern mindestens $k+1$ Stützstellen x_i paarweise verschieden sind. ◊

Beispiel 7.10 (Beispiel 7.3 - Fortsetzung 1).

Im nichtlinearen Regressionsproblem aus Beispiel 7.3 entsteht als Kritische-Punkt-Gleichung das in (a, b) nichtlineare Gleichungssystem

$$0 = \begin{pmatrix} \exp(bx_1), & \ldots, & \exp(bx_N) \\ ab\exp(bx_1), & \ldots, & ab\exp(bx_N) \end{pmatrix} \begin{pmatrix} a\exp(bx_1) - y_1 \\ \vdots \\ a\exp(bx_N) - y_N \end{pmatrix}.$$

Anstatt zu versuchen, dieses System analytisch zu lösen, bieten sich in diesem Fall die in Abschnitt 7.2.3 dargestellten numerischen Verfahren zur Approximation eines kritischen Punktes an. ◊

Die Fermat'sche Regel aus Satz 7.2 ist eine sogenannte *notwendige* Optimalitätsbedingung erster Ordnung, da sie besagt, dass ein lokaler Minimalpunkt von f notwendigerweise kritischer Punkt ist. Dass die Eigenschaft, ein kritischer Punkt zu sein, nicht *hinreichend* für Minimalität ist, zeigen die Funktionen $f_1(x) = -x_1^2 - x_2^2$ und $f_2(x) = x_1^2 - x_2^2$. Für beide Funktionen ist $\bar{x} = 0$ ein kritischer Punkt, aber x ist kein lokaler Minimalpunkt. In der Tat liefert beispielsweise die Richtung $d = (0,1)^\top$ für die eindimensionale Einschränkung beider Funktionen

$$\varphi_d(t) = f_i(\bar{x} + td) = f_i(0,t) = -t^2, \qquad i = 1, 2,$$

so dass man $\bar{x} = 0$ in diese Richtung verlassen kann, während die Funktionswerte fallen. Für f_1 ist dies sogar in jeder beliebigen Richtung der Fall, da f_1 an $\bar{x} = 0$ offensichtlich einen Maximalpunkt besitzt. Bei f_2 wachsen hingegen in Richtung $d = (1, 0)^\intercal$ die Funktionswerte an. In diesem Fall spricht man von einem **Sattelpunkt** von f_2.

Damit ist klar, dass kritische Punkte lediglich *Kandidaten* für Minimalpunkte von f sind, aber auch beispielsweise Maximal- oder Sattelpunkten entsprechen können. Algorithmus 7.1 beschreibt ein auf dieser Beobachtung basierendes konzeptionelles Verfahren zur Minimierung mit Hilfe kritischer Punkte.

Algorithmus 7.1: Konzeptioneller Algorithmus zur unrestringierten nichtlinearen Minimierung mit Informationen erster Ordnung

---

Input : Lösbares unrestringiertes stetig differenzierbares Optimierungsproblem P.

begin
- Bestimme alle kritischen Punkte von f, d.h. die Lösungsmenge $K = \{x^1, x^2, \ldots\}$ der Gleichung $\nabla f(x) = 0$.
- Bestimme den Minimalpunkt x^* von f in K.

end

Output : Globaler Minimalpunkt x^* von f über $\mathbb{R}^n$

Algorithmus 7.1 besitzt drei Nachteile, die seine Anwendung auf praktische Probleme behindern. Zunächst muss die Lösbarkeit des Problems P a priori bekannt sein. Beispielsweise besitzt die Funktion $f(x) = x^3/3 - x$ genau die beiden kritischen Punkte $x^1 = -1$ und $x^2 = 1$, wobei x^2 den kleineren Funktionswert besitzt und damit den Output von Algorithmus 7.1 bildet. Allerdings ist f auf $\mathbb{R}$ nicht nach unten beschränkt und besitzt damit keinen globalen Minimalpunkt. Diese Unlösbarkeit kann von Algorithmus 7.1 nicht identifiziert werden.

Der zweite Nachteil von Algorithmus 7.1 besteht darin, dass er *alle* kritischen Punkte bestimmen muss. Bei einer nichtlinearen Kritische-Punkt-Gleichung wie in Beispiel 7.10 ist aber selten klar, wie alle Lösungen bestimmt werden können. Falls kritische Punkte übersehen werden, besteht die Gefahr, dass der Output von Algorithmus 7.1 kein globaler Minimalpunkt ist.

Als dritter Nachteil ist anzuführen, dass bei komplizierten Funktionen f wie in Beispiel 7.10 schon die Berechnung eines einzigen kritischen Punktes sehr aufwändig sein kann.

7.2.2 Optimalitätsbedingungen zweiter Ordnung

Ob ein kritischer Punkt Minimal-, Maximal- oder Sattelpunkt ist, wird geometrisch durch das Krümmungsverhalten der untersuchten Funktion bestimmt, welches für zweimal stetig differenzierbare Funktionen wiederum in deren Hessematrix codiert ist (vgl. Abschnitt A.6). Um die Kandidatenmenge für globale Minimalpunkte weiter einzuschränken, dehnt man das in Abschnitt 7.2.1 eingeführte Ausschlussprinzip auf Informationen *zweiter* Ordnung aus, nämlich auf die Hessematrix. Mit Mitteln der Analysis lässt sich zeigen, dass von einem kritischen Punkt $\bar{x}$ aus für jede Richtung d mit $d^\intercal D^2 f(\bar{x})d < 0$ die Funktionswerte entlang $\bar{x} + td$ $(t \geq 0)$ fallen, so dass ein solcher kritischer Punkt kein lokaler Minimalpunkt sein kann. Im Umkehrschluss muss an einem lokalen Minimalpunkt für jede Richtung $d \in \mathbb{R}^n$ die Ungleichung $d^\intercal D^2 f(\bar{x})d \geq 0$ gelten. Dies bedeutet gerade, dass die Hessematrix $D^2 f(\bar{x})$ positiv semidefinit sein muss (vgl. Abschnitt A.4), was im folgenden Satz festgehalten ist.

Satz 7.4 (Notwendige Optimalitätsbedingung zweiter Ordnung).

Der Punkt $\bar{x} \in \mathbb{R}^n$ sei ein lokaler Minimalpunkt von f. Dann gilt $\nabla f(\bar{x}) = 0$, und $D^2 f(\bar{x})$ ist positiv semidefinit.

Die Hessematrizen von $f_1(x) = -x_1^2 - x_2^2$ und $f_2(x) = x_1^2 - x_2^2$ am kritischen Punkt $\bar{x} = 0$ lauten

$$D^2 f_1(0) = \begin{pmatrix} -2 & 0 \\ 0 & -2 \end{pmatrix} \quad \text{und} \quad D^2 f_2(0) = \begin{pmatrix} 2 & 0 \\ 0 & -2 \end{pmatrix}.$$

Da sie negative Eigenwerte besitzen, ist keine der beiden Matrizen positiv semidefinit (vgl. Abschnitt A.7), nach Satz 7.4 kann $\bar{x} = 0$ also weder lokaler Minimalpunkt von f_1 noch von f_2 sein.

Die entsprechende Verfeinerung von Algorithmus 7.1 mit Informationen zweiter Ordnung ist in Algorithmus 7.2 angegeben. Die drei Hauptnachteile von Algorithmus 7.1, nämlich die fehlende Identifizierung der Unlösbarkeit des Optimierungsproblems, die Notwendigkeit, die Kandidatenmenge K komplett zu berechnen, sowie die Schwierigkeit, überhaupt kritische Punkte zu bestimmen, werden auch durch Algorithmus 7.2 nicht ausgeräumt. Sein Vorteil gegenüber Algorithmus 7.1 ist die üblicherweise erheblich kleinere Menge K.

Algorithmus 7.2: Konzeptioneller Algorithmus zur unrestringierten nichtlinearen Minimierung mit Informationen zweiter Ordnung

Input : Lösbares unrestringiertes zweimal stetig differenzierbares Optimierungsproblem P.

begin

- Bestimme alle kritischen Punkte mit positiv semidefiniter Hessematrix von f, d.h. die Lösungsmenge $K = \{x^1, x^2, \ldots\}$ der beiden Bedingungen $\nabla f(x) = 0$ und $D^2 f(x)$ positiv semidefinit.
- Bestimme den Minimalpunkt x^* von f in K.

end

Output : Globaler Minimalpunkt x^* von f über $\mathbb{R}^n$

Leider sind lokale Minimalpunkte durch Satz 7.4 nach wie vor nicht charakterisiert. Beispielsweise besitzt jede der beiden Funktionen $f_3(x) = x_1^2 + x_2^4$ und $f_4(x) = x_1^2 - x_2^4$ an $\bar{x} = 0$ einen kritischen Punkt sowie die positiv semidefinite Hessematrix

$$D^2 f_3(0) = D^2 f_4(0) = \begin{pmatrix} 2 & 0 \\ 0 & 0 \end{pmatrix}.$$

Allerdings besitzt nur f_3 an $\bar{x} = 0$ einen lokalen Minimalpunkt, während f_4 dort einen Sattelpunkt aufweist. Es gilt jedoch die folgende *hinreichende* Optimalitätsbedingung.

Satz 7.5 (Hinreichende Optimalitätsbedingung zweiter Ordnung).

Für $\bar{x} \in \mathbb{R}^n$ gelte $\nabla f(\bar{x}) = 0$, und $D^2 f(\bar{x})$ sei positiv definit. Dann ist $\bar{x}$ ein lokaler Minimalpunkt von f.

Damit ist beispielsweise klar, dass $f_5(x) = x_1^2 + x_2^2$ an $\bar{x} = 0$ einen lokalen Minimalpunkt besitzt, weil $\nabla f_5(0) = 0$ gilt und $D^2 f_5(0)$ nur strikt positive Eigenwerte hat.

Das Problem bei der obigen Untersuchung der Funktionen f_3 und f_4 liegt aus Sicht von Satz 7.5 darin, dass ihre Hessematrizen am kritischen Punkt $\bar{x} = 0$ nur positiv semidefinit, aber nicht positiv definit sind. Alle Eigenwerte der Hessematrizen sind also nichtnegativ, aber nicht alle sind positiv. Aus der Linearen Algebra ist bekannt, dass die daraus folgende Existenz verschwindender Eigenwerte mit der Singularität einer Matrix gleichbedeutend ist. Im degenerierten Fall einer singulären Hessematrix wie $D^2 f_3(0) = D^2 f_4(0)$ lässt sich wie gesehen keine Aussage zur lokalen Minimalität ableiten. Man konzentriert sich daher häufig auf den „Normalfall" kritischer Punkte mit *nicht singulärer* Hessematrix und bezeichnet diese kritischen Punkte als **nichtdegeneriert**.

Für nichtdegenerierte kritische Punkte kann kein Eigenwert der Hessematrix verschwinden, was drei Möglichkeiten für die Vorzeichenverteilung der Eigenwerte impliziert:

- Für $\bar{x}$ gilt $\nabla f(\bar{x}) = 0$, und alle Eigenwerte von $D^2 f(\bar{x})$ sind positiv. Dann ist $\bar{x}$ nach Satz 7.5 ein lokaler Minimalpunkt von f.
- Für $\bar{x}$ gilt $\nabla f(\bar{x}) = 0$, und alle Eigenwerte von $D^2 f(\bar{x})$ sind negativ. Dann ist $\bar{x}$ nach Anwendung von Satz 7.5 auf die Minimierung von $-f$ ein lokaler Maximalpunkt von f.
- Für $\bar{x}$ gilt $\nabla f(\bar{x}) = 0$, und $D^2 f(\bar{x})$ besitzt sowohl positive als auch negative Eigenwerte. Dann ist $\bar{x}$ ein nichtdegenerierter Sattelpunkt von f.

Der dritte der obigen Fälle kann für $n = 1$ nicht auftreten, so dass die nichtdegenerierten kritischen Punkte einer eindimensionalen Funktion $f : \mathbb{R} \to \mathbb{R}$ entweder lokalen Minimal- oder Maximalpunkten entsprechen. Die in der Schulmathematik häufig als „Sattelpunkt" bezeichnete Situation $f'(\bar{x}) = f''(\bar{x}) = 0$ besitzt keine Entsprechung zum Sattelpunkt in höheren Dimensionen, da die Hessematrix $f''(\bar{x})$ singulär ist.

Beispiel 7.11 (Beispiel 7.4 - Fortsetzung 2).

Der in Beispiel 7.4 hergeleiteten Preis-Grenzkosten-Regel liegt die Maximierung der Gewinnfunktion $G(x) = px - K(x)$ zugrunde. Wie in Beispiel 7.7 gesehen, lautet die zugehörige Kritische-Punkt-Gleichung $0 = G'(x) = p - K'(x)$, stimmt also mit der Preis-Grenzkosten-Regel überein. Zur Anwendung von Satz 7.4 betrachtet man wieder das zugehörige Minimierungsproblem für $-G$ und stellt fest, dass unter der Voraussetzung einer zweimal stetig differenzierbaren Kostenfunktion K an einem lokalen Minimalpunkt x^* von $-G$ nicht nur die Preis-Grenzkostenregel, sondern auch die Bedingung $-G''(x^*) \geq 0$ gelten muss, also $0 \geq G''(x^*) = -K''(x^*)$. Lösungen x^* der Preis-Grenzkostenregel mit $K''(x^*) < 0$ scheiden demnach als Maximalpunkte von G aus. Andererseits ist es nach Satz 7.5 für einen die Preis-Grenzkostenregel erfüllenden Punkt x^* mit $K''(x^*) > 0$ sicher, dass er lokaler Maximalpunkt von G ist. ◊

Beispiel 7.12 (Beispiel 7.1 - Fortsetzung 2).

Für die Zielfunktion des in Beispiel 7.8 betrachteten Kleinste-Quadrate-Problems zur linearen Regression mit Geraden erhält man als Gradient und Hessematrix

$$\nabla\big(\delta(a,b)^\intercal\delta(a,b)\big) \;=\; 2(x,e)^\intercal(x,e)\begin{pmatrix}a\\b\end{pmatrix} - 2(x,e)^\intercal y$$

sowie

$$D^2\big(\delta(a,b)^\intercal\delta(a,b)\big) \;=\; 2(x,e)^\intercal(x,e).$$

Die Matrix $2(x,e)^\intercal(x,e)$ ist positiv semidefinit, da für jede Matrix A das Produkt $A^\intercal A$ positiv semidefinit ist. Dies folgt aus

$$d^\intercal(A^\intercal A)d \;=\; (d^\intercal A^\intercal)(Ad) \;=\; (Ad)^\intercal(Ad) \;=\; \|Ad\|_2^2 \;\geq\; 0$$

für alle $d \in \mathbb{R}^n$. Wenn A außerdem vollen Spaltenrang hat, kann Ad nur für $d = 0$ verschwinden, so dass $A^\intercal A$ dann sogar positiv definit ist. Unter der bereits in Beispiel 7.8 gestellten Voraussetzung, dass mindestens zwei Einträge des Vektors x voneinander verschieden sind, besitzt die Matrix (x,e) den vollen Spaltenrang 2, so dass also $D^2\big(\delta(a,b)^\intercal\delta(a,b)\big)$ für jede Wahl von (a,b) positiv definit ist. Insbesondere ist der in Beispiel 7.8 berechnete kritische Punkt (a^*,b^*) nach Satz 7.5 ein lokaler Minimalpunkt des Kleinste-Quadrate-Problems. ◊

7.2.3 Numerische Verfahren

Da die konzeptionellen Algorithmen 7.1 und 7.2 aus den oben diskutierten Gründen nur begrenzt praxistauglich sind, geht man zu numerischen Lösungsverfahren über. Numerische Verfahren der nichtlinearen Optimierung unterscheiden sich von den Algorithmen etwa der linearen Optimierung oder der Graphentheorie grundsätzlich dadurch, dass sie einen kritischen Punkt nicht exakt berechnen, sondern nur bis auf eine gewisse Toleranz approximieren. Damit beheben sie den dritten oben genannten Nachteil der konzeptionellen Algorithmen, nämlich die grundsätzliche

Schwierigkeit der Berechnung eines kritischen Punkts, setzen aber nach wie vor die Lösbarkeit des Optimierungsproblems voraus. Zudem berechnen sie nur einen einzigen kritischen Punkt, so dass keine Gewähr dafür besteht, einen globalen Minimalpunkt zu identifizieren.

Zur unrestringierten Minimierung einer Funktion $f : \mathbb{R}^n \to \mathbb{R}$ konstruieren numerische Verfahren ausgehend von einem Startpunkt $x^0 \in \mathbb{R}^n$ eine *Folge* von Iterationspunkten x^ν, $\nu \in \mathbb{N}$, die gegen einen Lösungspunkt konvergiert. Da man numerisch nicht den tatsächlichen Grenzübergang abwarten kann, bricht man die Bildung der Iterierten ab, wenn sie in einem gewissem Sinne „nahe genug" an einer Lösung liegen. Dies wird üblicherweise durch einen vom Anwender vorgegebenen Toleranzparameter $\varepsilon > 0$ gesteuert.

Im Folgenden werden zwei grundlegende Verfahren der nichtlinearen Optimierung vorgestellt: das Gradientenverfahren und das Newtonverfahren.

Gradientenverfahren

Das Gradientenverfahren nutzt die geometrischen Eigenschaften des Gradienten einer stetig differenzierbaren Funktion aus (vgl. Abschnitt A.6). Zu einem vom Anwender vorgegebenen Startpunkt $x^0 \in \mathbb{R}^n$ sowie einer Toleranz $\varepsilon > 0$ prüft das Verfahren zunächst, ob x^0 zufällig bereits ein *fast* kritischer Punkt ist: Es bricht ab, falls $\|\nabla f(x^0)\| < \varepsilon$ gilt. In diesem Falle liegt $\nabla f(x^0)$ so nahe am Nullvektor, dass man x^0 als Approximation eines kritischen Punktes akzeptiert.

Falls das Abbruchkriterium verletzt ist, nutzt das Gradientenverfahren aus, dass $-\nabla f(x^0)$ in die Richtung des steilsten Abstiegs von f zeigt (vgl. Lemma 7.1). Zur Minimierung von f liegt es nahe, von x^0 aus einen Schritt in die Richtung $d^0 = -\nabla f(x^0)$ zu unternehmen, also einen Punkt $x^0 + td^0$ mit passender **Schrittweite** (engl.: step length) $t = t^0 > 0$ bestimmen. Letztere wird durch eine **Schrittweitensteuerung** ermittelt, die wir im Anschluss an das Gradientenverfahren beschreiben werden. Man setzt dann $x^1 = x^0 + t^0 d^0$, prüft wieder $\|\nabla f(x^1)\| < \varepsilon$, und so fort. Das vollständige Verfahren ist in Algorithmus 7.3 angegeben.

Das Gradientenverfahren ist auch unter der Bezeichnung **Cauchy-Verfahren** bekannt, und ferner aufgrund seiner geometrischen Grundidee als **Verfahren des steilsten Abstiegs**. Zur Funktions*maximierung* wählt man $d^0 = \nabla f(x^0)$ und spricht vom **Verfahren des steilsten Anstiegs**.

Unter schwachen Voraussetzungen bricht das Gradientenverfahren nach endlich vielen Schritten ab. Wegen des sogenannten **Zigzagging-Effekts** ([35]) kann dies allerdings sehr lange dauern, so dass man in der Praxis häufig nur mit groben Toleranzen ε arbeiten kann.

Da das Gradientenverfahren in jedem Iterationsschritt den Funktionswert von f reduziert, ist es sehr unwahrscheinlich, dass der von Algorithmus 7.3 erzeugte Punkt einen lokalen *Maximal*punkt approximiert. Auch die Approximation von Sattelpunkten ist aus geometrischen Gründen unwahrscheinlich, so dass das Gradientenverfahren üblicherweise einen lokalen Minimalpunkt annähert.

Algorithmus 7.3: Gradientenverfahren zur unrestringierten nichtlinearen Minimierung

Input : Lösbares unrestringiertes stetig differenzierbares Optimierungsproblem P.

begin
- Wähle einen Startpunkt x^0, eine Toleranz $\varepsilon > 0$, und setze $\nu = 0$.

while $\|\nabla f(x^\nu)\| \geq \varepsilon$ **do**
- Setze $d^\nu = -\nabla f(x^\nu)$.
- Bestimme t^ν durch eine Schrittweitensteuerung.
- Setze $x^{\nu+1} = x^\nu + t^\nu d^\nu$.
- Ersetze ν durch $\nu + 1$.

end

end

Output : Approximation x^ν eines kritischen Punktes von f

Schrittweitensteuerung

Zu einem gegebenen Punkt $\bar{x} \in \mathbb{R}^n$ und einer Suchrichtung $d \in \mathbb{R}^n$ bestimmen Schrittweitensteuerungen einen Skalar $t > 0$ so, dass der neue Funktionswert $f(\bar{x} + td)$ zum einen den alten Funktionswert $f(\bar{x})$ möglichst stark reduziert, dies zum anderen aber nicht zu aufwändig umzusetzen ist. Eine aufwändige Möglichkeit mit maximaler Reduktion des Funktionswertes besteht darin, die eindimensionale Einschränkung $\varphi_d(t) = f(\bar{x} + td)$ über $t \geq 0$ global zu minimieren. Zwar ist dieses Hilfs-Optimierungsproblem nur eindimensional, aber selbst seine *lokale* Lösung ist üblicherweise zu aufwändig, um sie in jedem Schritt eines Iterationsverfahrens wie Algorithmus 7.3 auszuführen.

Man gibt sich stattdessen damit zufrieden, eine Schrittweite t zu bestimmen, die einen *Mindestabstieg* in den Funktionswerten garantiert, ohne zu aufwändig zu sein, und spricht von **inexakter eindimensionaler Minimierung**. Sehr beliebt ist dafür die sogenannte **Armijo-Regel**, die wir im Folgenden vorstellen.

Zu einem Punkt $\bar{x}$ und einer Suchrichtung d erfülle die Richtungsableitung $\varphi_d'(0) = \langle \nabla f(\bar{x}), d\rangle < 0$, so dass f von $\bar{x}$ aus entlang d garantiert fällt. In Abbildung 7.8 ist eine Funktion $\varphi_d(t)$ gemeinsam mit ihrer Tangente $\varphi_d(0) + t\varphi_d'(0)$ im Nullpunkt angegeben. Die Grundidee der Armijo-Regel besteht darin, diese Tangente „ein wenig nach oben zu drehen“, was man mit Hilfe eines Parameters $\sigma \in (0, 1)$ realisieren kann, mit dem die (negative) Tangentensteigung multipliziert wird. Die „nach oben gedrehte Tangente“ besitzt dann die Funktionsvorschrift $\varphi_d(0) + t\sigma\varphi_d'(0)$. Aus Abbildung 7.8 ist ersichtlich, dass dann eine Schrittweite $\bar{t} > 0$ existiert, so dass für alle $t \in (0, \bar{t})$ die Werte der eindimensionalen Einschränkung $\varphi_d(t)$ unter der „nach oben gedrehten Tangente“ liegen, dass also für diese t die Ungleichung $\varphi_d(t) \leq \varphi_d(0) + t\sigma\varphi_d'(0)$ gilt.

Ersetzt man in dieser Ungleichung φ_d durch seine Definition, so ist sie gleichbedeutend mit

$$f(\bar{x} + td) \;\leq\; f(\bar{x}) + t\sigma\langle \nabla f(\bar{x}), d\rangle.$$

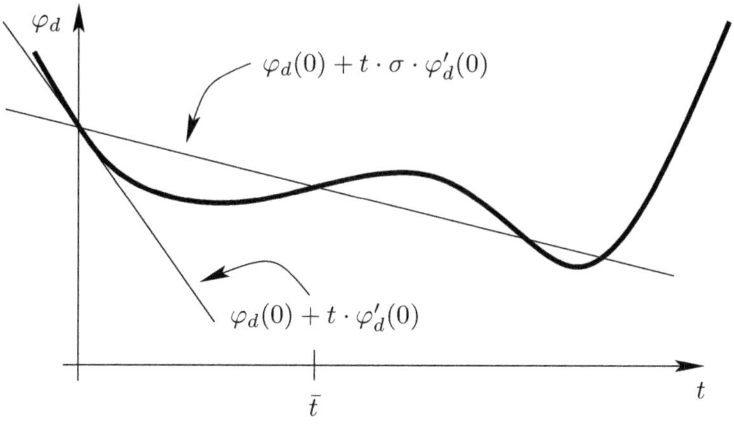

Abb. 7.8. Armijo-Regel

Mit einem diese Ungleichung erfüllenden t gilt für den im Funktionswert erzielten Abstieg

$$f(\bar{x}) - f(\bar{x} + td) \;\geq\; -t\sigma\langle \nabla f(\bar{x}), d\rangle \;>\; 0,$$

so dass ein Mindestabstieg garantiert ist.

Es bleibt die Frage, wie man ein solches t effizient bestimmen kann. Da die Ungleichung für genügend kleine t mit Sicherheit erfüllt ist, bietet sich folgendes einfache Vorgehen an: Teste die Ungleichung zunächst mit $t = 1$. Falls sie erfüllt ist, akzeptiere $t = 1$ als Schrittweite, ansonsten verkleinere t etwa durch Halbierung, teste die Ungleichung erneut, und so fort. Das vollständige Verfahren ist in Algorithmus 7.4 angegeben. In der Praxis haben sich für die dort benutzten Parameter die Wahlen $\sigma \in [0.01, 0.2]$ und $\rho = 0.5$ bewährt. Die Armijo-Regel zur inexakten eindimensionalen *Maximierung* setzt $\langle \nabla f(\bar{x}), d\rangle > 0$ voraus und iteriert, solange $f(\bar{x} + t^k d) \;>\; f(\bar{x}) + t^k\sigma\langle \nabla f(\bar{x}), d\rangle$ gilt.

Algorithmus 7.4: Armijo-Regel zur inexakten eindimensionalen Minimierung

---

Input : Eine stetig differenzierbare Funktion $f : \mathbb{R}^n \to \mathbb{R}$ sowie $\bar{x}, d \in \mathbb{R}^n$ mit $\langle \nabla f(\bar{x}), d\rangle < 0$ und Parameter $\sigma, \rho \in (0, 1)$.

begin
- Setze $t^0 = 1$ und $k = 0$.

while $f(\bar{x} + t^k d) \;>\; f(\bar{x}) + t^k\sigma\langle \nabla f(\bar{x}), d\rangle$ **do**
- Setze $t^{k+1} = \rho t^k$.
- Ersetze k durch $k + 1$.

end

end

Output : Schrittweite t^k mit Mindestabstieg in f.

Newtonverfahren

Das Newtonverfahren ist zunächst ein Verfahren zur Nullstellensuche: Zu lösen sei $g(x) = 0$ mit einer stetig differenzierbaren Funktion $g : \mathbb{R}^n \to \mathbb{R}^n$. Dazu wähle einen Startpunkt $x^0 \in \mathbb{R}^n$ und eine Toleranz $\varepsilon > 0$. Für $\|g(x^0)\| < \varepsilon$ bricht das Verfahren ab, denn x^0 kann als Approximation einer Nullstelle akzeptiert werden.

Ansonsten wird g um x^0 *linearisiert* (vgl. Abschnitt A.8) und das linearisierte Problem gelöst. Für den Fall $n = 1$ ist das Vorgehen in Abbildung 7.9 illustriert. Linearisieren von g bedeutet, dass die Tangente an g in x^0 berechnet wird, d.h g

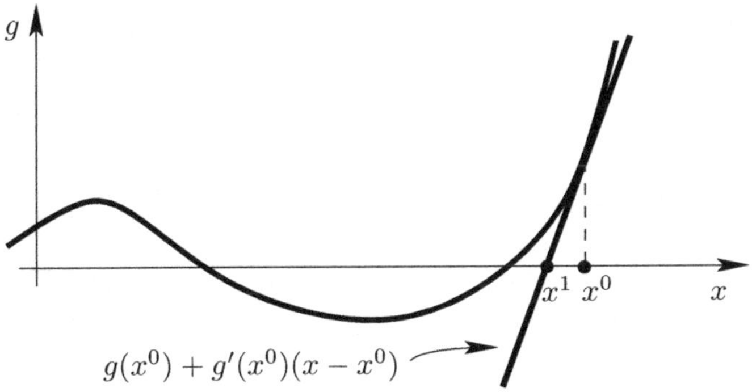

Abb. 7.9. Newtonverfahren zur Nullstellensuche

wird durch die Funktion $g(x^0) + g'(x^0)(x - x^0)$ approximiert. Lösen der Linearisierung bedeutet, dass eine Nullstelle der Tangente ermittelt wird: Aus

$$0 = g(x^0) + g'(x^0)(x - x^0)$$

erhält man als neue Iterierte den Punkt

$$x^1 = x^0 - \frac{g(x^0)}{g'(x^0)}.$$

Dazu muss natürlich $g'(x^0) \neq 0$ gelten.

Für allgemeines n bedeutet die Nullstellensuche für die Linearisierung das Lösen der Gleichung

$$0 = g(x^0) + Dg(x^0)(x - x^0)$$

mit der Jacobimatrix $Dg(x^0)$ (vgl. Abschnitt A.6), woraus

$$x^1 = x^0 - (Dg(x^0))^{-1} g(x^0)$$

folgt. Dazu muss $Dg(x^0)$ invertierbar sein. Für $\|g(x^1)\| < \varepsilon$ stoppt das Verfahren, ansonsten wird g um x^1 linearisiert, und so fort.

*Optimierungs*probleme löst man per Newtonverfahren, indem man einen kritischen Punkt sucht, d.h. das Nullstellenproblem $g(x) := \nabla f(x) = 0$ mit dem

Newtonverfahren löst. Die Funktion f muss dazu zweimal stetig differenzierbar sein. In Iteration ν gilt dann

$$x^{\nu+1} = x^\nu - (D^2 f(x^\nu))^{-1} \nabla f(x^\nu).$$

Den Vektor $d^\nu = -(D^2 f(x^\nu))^{-1} \nabla f(x^\nu)$ kann man als Suchrichtung auffassen, entlang der f von x^ν aus reduziert werden soll (im Gradientenverfahren gilt stattdessen $d^\nu = -\nabla f(x^\nu)$). Es bietet sich daher an, zusätzlich noch per Schrittweitensteuerung ein $t^\nu > 0$ zu bestimmen und $x^{\nu+1} = x^\nu + t^\nu d^\nu$ zu setzen. Man spricht dann vom **gedämpften Newtonverfahren**.

Da zur Berechnung von d^ν nach der Formel $-(D^2 f(x^\nu))^{-1} \nabla f(x^\nu)$ die Berechnung einer Matrixinversen erforderlich wäre, bestimmt man die Suchrichtung numerisch effizienter als Lösung des linearen Gleichungssystems $D^2 f(x^\nu) d = -\nabla f(x^\nu)$. Das vollständige Verfahren ist in Algorithmus 7.5 angegeben.

Algorithmus 7.5: Gedämpftes Newtonverfahren zur unrestringierten nichtlinearen Optimierung

Input : Lösbares unrestringiertes zweimal stetig differenzierbares Optimierungsproblem P.

begin
- Wähle einen Startpunkt x^0, eine Toleranz $\varepsilon > 0$, und setze $\nu = 0$.

while $\|\nabla f(x^\nu)\| \geq \varepsilon$ **do**
- Bestimme d^ν als Lösung von $D^2 f(x^\nu) d = -\nabla f(x^\nu)$.
- Bestimme t^ν durch eine Schrittweitensteuerung.
- Setze $x^{\nu+1} = x^\nu + t^\nu d^\nu$.
- Ersetze ν durch $\nu + 1$.

end

end

Output : Approximation x^ν eines kritischen Punktes von f

Die Konvergenz des gedämpften Newtonverfahrens ist unter schwachen Voraussetzungen sehr schnell, falls x^0 hinreichend nahe an einem lokalen Minimalpunkt liegt. Nachteile des Newtonverfahrens sind:

- Man weiß üblicherweise nicht, ob x^0 nahe genug an einem Minimalpunkt liegt.
- $D^2 f(x^\nu)$ ist nicht notwendigerweise invertierbar (d.h. das Gleichungssystem $D^2 f(x^\nu) d = -\nabla f(x^\nu)$ ist nicht notwendigerweise lösbar).
- d^ν ist nicht unbedingt eine Abstiegsrichtung, approximiert werden also *beliebige* kritische Punkte.
- Da Schrittweitensteuerungen für Minimierungsprobleme als Suchrichtungen d^ν Abstiegsrichtungen im Punkt x^ν voraussetzen, funktionieren diese wiederum nur, wenn x^ν hinreichend nahe an einem lokalen Minimalpunkt liegt.

Es existieren eine Reihe von Ansätzen, um die Vorteile von Gradienten- und Newtonverfahren zu kombinieren und dabei die Nachteile auszuschließen. Dazu zählen unter anderem die sogenannten Quasi-Newton- und die Trust-Region-Verfahren, die sich als praxistaugliche Verfahren der unrestringierten nichtlinearen Optimierung erwiesen haben ([1, 3, 35]).

7.2.4 Konvexe Optimierung

Für stetig differenzierbare konvexe Funktionen (vgl. Abschnitt A.9) wird der Zusammenhang zwischen kritischen Punkten und Minimalpunkten erheblich übersichtlicher als im allgemeinen nichtkonvexen Fall. Dies liegt an der C^1–Charakterisierung der Konvexität einer stetig differenzierbaren Funktion: f ist genau dann konvex auf $\mathbb{R}^n$, wenn der Graph von f *oberhalb* der Graphen aller Linearisierungen von f verläuft:

$$\forall\, x, y \in \mathbb{R}^n : \quad f(x) \;\geq\; f(y) + \langle \nabla f(y), x - y \rangle.$$

Wählt man in dieser Ungleichung als y einen kritischen Punkt von f, so folgt

$$\forall\, x \in \mathbb{R}^n : \quad f(x) \;\geq\; f(y) + 0,$$

was gerade bedeutet, dass y ein globaler Minimalpunkt von f ist. Damit ist jeder kritische Punkt von f notwendigerweise globaler Minimalpunkt von f. Nach der Fermat'schen Regel (Satz 7.2) ist außerdem jeder lokale Minimalpunkt von f kritischer Punkt, also auch jeder globale Minimalpunkt. Damit haben wir den folgenden Satz hergeleitet.

Satz 7.6 (Charakterisierung globaler Minimalpunkte).

Die Funktion $f : \mathbb{R}^n \to \mathbb{R}$ sei stetig differenzierbar und konvex. Dann sind die kritischen Punkte von f genau die globalen Minimalpunkte von f.

Satz 7.6 impliziert insbesondere, dass stetig differenzierbare konvexe Funktionen keine „echt“ lokalen Minimalpunkte besitzen können, denn jeder lokale Minimalpunkt ist kritischer Punkt und damit auch globaler Minimalpunkt.

Als numerische Konsequenz aus Satz 7.6 folgt, dass jedes Optimierungsverfahren, das kritische Punkte identifizieren kann, für stetig differenzierbare konvexe Probleme auch globale Minimalpunkte identifiziert. Insbesondere lassen sich das Gradienten- und das Newtonverfahren daher zur globalen Minimierung hinreichend glatter konvexer Funktionen einsetzen.

Eine weitere Konsequenz aus Satz 7.6 besteht darin, dass ein stetig differenzierbares konvexes Problem garantiert lösbar ist, sofern es einen kritischen Punkt besitzt.

Für *zweimal* stetig differenzierbare Funktionen gibt es eine einfache Möglichkeit, ihre Konvexität zu überprüfen. Nach der C^2–Charakterisierung von Konvexität ist eine solche Funktion f genau dann konvex auf $\mathbb{R}^n$, wenn ihre Hessematrix $D^2 f(x)$ für alle $x \in \mathbb{R}^n$ positiv semidefinit ist.

Beispiel 7.13 (Beispiel 7.1 - Fortsetzung 3).

Wie in Beispiel 7.12 gesehen, ist die Hessematrix

$$D^2\big(\delta(a,b)^\intercal\delta(a,b)\big) \;=\; 2(x,e)^\intercal(x,e).$$

der Zielfunktion des Kleinste-Quadrate-Problems zur linearen Regression mit Geraden sogar ohne weitere (Rang-)Voraussetzungen für jedes $(a,b) \in \mathbb{R}^2$ positiv semidefinit. Nach der C^2−Charakterisierung von Konvexität ist die Funktion $\delta(a,b)^\intercal\delta(a,b)$ also konvex auf $\mathbb{R}^2$. Satz 7.6 liefert somit, dass der in Beispiel 7.8 berechnete kritische Punkt

$$\begin{pmatrix} a^* \\ b^* \end{pmatrix} \;=\; \big((x,e)^\intercal(x,e)\big)^{-1}(x,e)^\intercal y$$

globaler Minimalpunkt des Kleinste-Quadrate-Problems ist. Der zugehörige Minimalwert lautet $\delta(a^*,b^*)^\intercal\delta(a^*,b^*)$ mit

$$\delta(a^*,b^*) \;=\; (x,e)\big((x,e)^\intercal(x,e)\big)^{-1}(x,e)^\intercal y - y.$$

Minimalpunkt und -wert des in Beispiel 7.1 zunächst betrachteten nichtdifferenzierbaren Regressionsproblems sind damit

$$\begin{pmatrix} a^* \\ b^* \end{pmatrix} \;=\; \big((x,e)^\intercal(x,e)\big)^{-1}(x,e)^\intercal y$$

und

$$\|\delta(a^*,b^*)\|_2 \;=\; \left\|(x,e)\big((x,e)^\intercal(x,e)\big)^{-1}(x,e)^\intercal y - y\right\|_2 .$$

Die Höhe dieses Minimalwertes wird häufig zur Modellvalidierung herangezogen. ◊

Analog ist eine zweimal stetig differenzierbare Funktion f genau dann *konkav*, wenn ihre Hessematrix überall *negativ* semidefinit ist. Die Anwendung von Satz 7.6 auf die Minimierung von $-f$ ergibt, dass die kritischen Punkte einer stetig differenzierbaren konkaven Funktion genau die globalen Maximalpunkte sind.

Wir halten fest, dass die Minimierung konvexer Funktionen sowie die Maximierung konkaver Funktionen erheblich einfacher ist, als die Optimierung allgemeiner nichtlinearer Funktionen.

Wir beenden diesen Abschnitt mit einer Aussage über die Menge der Minimalpunkte einer konvexen Funktion (vgl. Satz 1.8).

Satz 7.7 (Konvexität der Minimalpunktmenge).

Die Funktion $f : \mathbb{R}^n \to \mathbb{R}$ sei konvex. Dann bildet die Menge der globalen Minimalpunkte von f eine konvexe Menge.

Beweis. Falls die Funktion f keine globalen Minimalpunkte besitzt, ist diese Menge leer und damit konvex. Auch im Falle eines eindeutigen globalen Minimalpunkts ist die Behauptung offensichtlich wahr, so dass noch der Fall mehrerer globaler Minimalpunkte zu untersuchen ist.

Für die konvexe Funktion f ist jede untere Niveaumenge $f^c_\leq = \{x \in \mathbb{R}^n |\ f(x) \leq c\}$ mit $c \in \mathbb{R}$ eine konvexe Menge (vgl. Abschnitt A.9). Setze $c = f(x^*)$ für einen beliebigen globalen Minimalpunkt x^*. Dann stimmt die Menge $f^c_\leq$ mit der Menge aller globalen Minimalpunkte $f^c_= = \{x \in \mathbb{R}^n |\ f(x) = c\}$ überein, da Punkte x mit $f(x) < c$ per Definition von x^* nicht existieren. Aus der Konvexität der Menge $f^c_\leq$ folgt die Behauptung. □

Der Beweis von Satz 7.7 zeigt, dass die *Minimierung* einer Funktion wesentlich mit Betrachtungen ihrer *unteren* Niveaumengen verbunden ist. Analog steht die *Maximierung* mit *oberen* Niveaumengen in Beziehung. Wir haben außerdem ausgenutzt, dass untere Niveaumengen konvexer Funktionen konvexe Mengen sind. Analog sind obere Niveaumengen konkaver Funktionen konvexe Mengen.

Der Grund für die Betrachtung von Minimierungsproblemen in der nichtlinearen Optimierung ist schlicht die übersichtlichere Terminologie im Fall konvexer Probleme, da man sowohl in Bezug auf Funktionen als auch in Bezug auf Mengen nur „Konvexität" benutzen muss, während bei der Maximierung zusätzlich der Begriff „Konkavität" auftritt. Letztendlich beruht die Betrachtung von Minimierungs- anstelle von Maximierungsproblemen also darauf, welche Funktionen man als „konvex" und welche als „konkav" bezeichnet. Dass diese Bezeichnungen nicht *vertauscht* sind, hat keine inhaltlichen, sondern rein historische Gründe.

7.3 Restringierte nichtlineare Optimierung

Restringierte nichtlineare Optimierungsprobleme haben die Form

$$P: \qquad \min f(x) \quad \text{s.t.} \quad g_i(x) \leq 0,\ i \in I, \\ h_j(x) = 0,\ j \in J$$

mit einer Zielfunktion $f: \mathbb{R}^n \to \mathbb{R}$, durch die Funktionen g_i, $i \in I$, beschriebenen Ungleichungsrestriktionen sowie durch die Funktionen h_j, $j \in J$, beschriebenen Gleichungsrestriktionen. Die Indexmengen seien dabei explizit als $I = \{1, \ldots, p\}$ und $J = \{1, \ldots, q\}$ gegeben ($p, q \in \mathbb{N}_0$). Dabei sei $p = 0$ gleichbedeutend mit $I = \emptyset$ sowie $q = 0$ mit $J = \emptyset$.

Da q Gleichungen im $\mathbb{R}^n$ unter schwachen Voraussetzungen eine $(n-q)$–dimensionale Menge beschreiben, werden wir im Folgenden stets $q < n$ voraussetzen. Beispiel 7.5 illustriert dies mit $n = 2$, $p = 0$ und $q = 1$. Die zulässige Menge besitzt dort die Dimension $n - q = 1$ (vgl. auch Bsp. 7.15).

7.3.1 Optimalitätsbedingungen erster Ordnung

Da die Fermat'sche Regel aus Satz 7.2 die Grundlage aller numerischen Verfahren der unrestringierten Optimierung bildet, ist man auch für restringierte Minimierungsprobleme an einer notwendigen Optimalitätsbedingung erster Ordnung interessiert. Dass diese an einem Minimalpunkt $\bar{x}$ von P im Allgemeinen nicht $\nabla f(\bar{x}) = 0$ lautet, ist aus Abbildung 7.6 ersichtlich, in der am globalen Minimalpunkt $f'(\bar{x}^2) < 0$ gilt.

Linearisierbarkeit

Eine grundlegende Idee zur Herleitung passender Optimalitätsbedingungen besteht in der *Linearisierung* des Optimierungsproblems. Um diese Konstruktion zu verdeutlichen, ist in Abbildung 7.10 eine durch drei nichtlineare Ungleichungen beschriebene Menge $\mathbb{M}$ dargestellt, über die eine nichtlineare Zielfunktion f minimiert wird, deren Höhenlinien und unrestringierter Minimalpunkt ebenfalls eingezeichnet sind. Optimalpunkt des Problems ist offenbar $\bar{x}$. Bei der Linearisierung des Optimierungsproblems um $\bar{x}$ werden alle beteiligten Funktionen um $\bar{x}$ linearisiert (vgl. Abschnitt A.8) und dann das entstehende *lineare Optimierungsproblem* betrachtet:

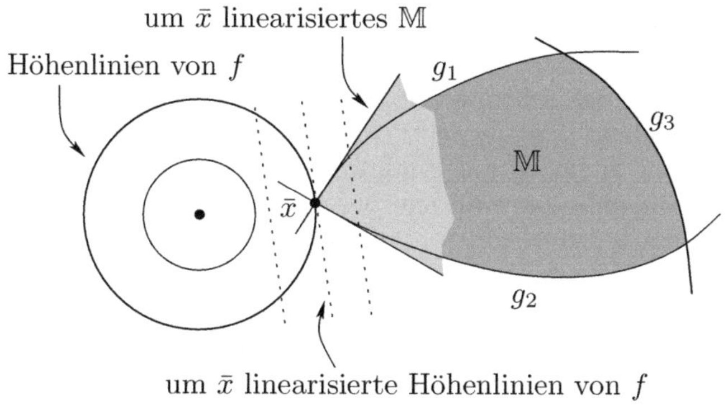

Abb. 7.10. Optimierungsproblem mit seiner Linearisierung um $\bar{x}$

- $f(x)$ wird durch die Funktion $f(\bar{x}) + \langle \nabla f(\bar{x}), x - \bar{x}\rangle$ ersetzt, deren Höhenlinie am Punkt $\bar{x}$ tangential zur Höhenlinie von f durch $\bar{x}$ verläuft,
- jede Ungleichungsrestriktion $g_i(x) \leq 0$ wird durch $g_i(\bar{x}) + \langle \nabla g_i(\bar{x}), x - \bar{x}\rangle \leq 0$ ersetzt, was zur ebenfalls in Abbildung 7.10 eingezeichneten Linearisierung der Menge $\mathbb{M}$ um den Punkt $\bar{x}$ führt.

Die entscheidende Beobachtung im Beispiel aus Abbildung 7.10 besteht darin, dass $\bar{x}$ *auch* Minimalpunkt des linearisierten Problems ist. Für ein allgemeines Problem P lautet diese Linearisierung um $\bar{x} \in \mathbb{M}$

$$\min_x \; f(\bar{x}) + \langle \nabla f(\bar{x}), x - \bar{x}\rangle \quad \text{s.t.} \quad \begin{aligned} g_i(\bar{x}) + \langle \nabla g_i(\bar{x}), x - \bar{x}\rangle &\leq 0, \; i \in I, \\ h_j(\bar{x}) + \langle \nabla h_j(\bar{x}), x - \bar{x}\rangle &= 0, \; j \in J. \end{aligned}$$

Da der konstante Term $f(\bar{x})$ in der Zielfunktion keinen Einfluss auf optimale Punkte besitzt, unterschlagen wir ihn im Folgenden. Ebenso gilt $h_j(\bar{x}) = 0$ für alle $j \in J$, da $\bar{x} \in \mathbb{M}$ vorausgesetzt ist. Schließlich stellt man fest, dass die Entscheidungsvariable x stets durch den Term $x - \bar{x}$ in das Problem eingeht, so dass wir abkürzend noch $d = x - \bar{x}$ setzen und im Folgenden über $d \in \mathbb{R}^n$ minimieren. Dadurch entsteht das lineare Optimierungsproblem

$$LP: \quad \min_d \langle \nabla f(\bar{x}), d \rangle \quad \text{s.t.} \quad \langle \nabla g_i(\bar{x}), d \rangle \le -g_i(\bar{x}),\ i \in I,$$
$$\langle \nabla h_j(\bar{x}), d \rangle = 0,\ j \in J.$$

Die Minimalität von $\bar{x}$ für das linearisierte Problem ist damit gleichbedeutend, dass $\bar{d} = 0$ Minimalpunkt von LP ist. Da wir bislang nur an einem Beispiel gesehen haben, dass für einen Minimalpunkt $\bar{x}$ von P der Vektor $\bar{d} = 0$ auch Minimalpunkt von LP ist, nennen wir P um $\bar{x}$ **linearisierbar**, wenn dies tatsächlich der Fall ist. Später werden wir sehen, dass (schwache) Voraussetzungen nötig sind, um die Linearisierbarkeit eines Optimierungsproblems zu gewährleisten.

Karush-Kuhn-Tucker-Bedingungen

Die Charakterisierung der Optimalität von $\bar{d} = 0$ für LP mit Hilfe des in Abschnitt 1.8 eingeführten *Dualproblems* wird im Folgenden die gewünschte Optimalitätsbedingung für P liefern. Als Dualproblem von LP erhält man mit den Techniken aus Abschnitt 1.8

$$D: \quad \max_{\lambda,\mu} \sum_{i=1}^p \lambda_i g_i(\bar{x}) \quad \text{s.t.} \quad \sum_{i=1}^p \lambda_i \nabla g_i(\bar{x}) + \sum_{j=1}^q \mu_j \nabla h_j(\bar{x}) = -\nabla f(\bar{x}),$$
$$\lambda \ge 0,$$

wobei die zu Ungleichungen gehörenden Dualvariablen y_i durch $-\lambda_i$ ersetzt sind, und die zu Gleichungen gehörenden Dualvariablen y_j durch $-\mu_j$. Bezeichnen wir die zulässigen Mengen von LP und D mit $\mathbb{M}_{LP}$ bzw. $\mathbb{M}_D$, so sind nach Korollar 1.19 und Satz 1.20 genau dann $\bar{d}$ für LP und $(\bar{\lambda}, \bar{\mu})$ für D optimal, wenn die Bedingungen

$$\bar{d} \in \mathbb{M}_{LP}, \quad (\bar{\lambda}, \bar{\mu}) \in \mathbb{M}_D, \quad \langle \nabla f(\bar{x}), \bar{d} \rangle = \sum_{i=1}^p \bar{\lambda}_i g_i(\bar{x})$$

gelten. Für den uns interessierenden Vektor $\bar{d} = 0$ gilt in der Tat $\bar{d} \in \mathbb{M}_{LP}$, weil $\bar{x} \in \mathbb{M}_P$ die Relation $g_i(\bar{x}) \le 0$ für alle $i \in I$ impliziert. Der Punkt $\bar{d} = 0$ ist also genau dann ein Optimalpunkt von LP, wenn $\bar{\lambda} \in \mathbb{R}^p$ und $\bar{\mu} \in \mathbb{R}^q$ mit

$$(\bar{\lambda}, \bar{\mu}) \in \mathbb{M}_D, \quad \langle \nabla f(\bar{x}), 0 \rangle = \sum_{i=1}^p \bar{\lambda}_i g_i(\bar{x})$$

existieren. Explizit ausgeschrieben erfüllen $\bar{x}$, $\bar{\lambda}$ und $\bar{\mu}$ also das System von Gleichungen und Ungleichungen

$$\nabla f(x) + \sum_{i=1}^p \lambda_i \nabla g_i(x) + \sum_{j=1}^q \mu_j \nabla h_j(x) = 0, \tag{7.1}$$
$$\lambda \ge 0, \tag{7.2}$$
$$\sum_{i=1}^p \lambda_i g_i(x) = 0. \tag{7.3}$$

Wenn man die Linearisierbarkeit von P um $\bar{x}$ vorausgesetzt, müssen damit notwendigerweise $\bar{\lambda}$ und $\bar{\mu}$ existieren, so dass das System (7.1)-(7.3) erfüllt ist. Dadurch lässt sich das System als notwendige Optimalitätsbedingung erster Ordnung auffassen, aus der sich (wie im Fall der Fermat'schen Regel für unrestringierte Probleme) Kandidaten für lokale Minimalpunkte ermitteln lassen sollten.

Die Umsetzung dieses Ansatzes scheitert zunächst daran, dass in dem System (7.1)-(7.3) zwar die $n + p + q$ Unbekannten x, λ und μ auftreten, diese aber nur den $n + 1$ Gleichungen in (7.1) und (7.3) unterworfen sind. Zur eindeutigen Festlegung eines Punktes $(\bar{x}, \bar{\lambda}, \bar{\mu})$ trägt die Ungleichung (7.2) nichts bei, so dass noch $p + q - 1$ Gleichungen fehlen, damit man (zumindest unter schwachen Voraussetzungen) erwarten kann, dass (7.1)-(7.3) einzelne Lösungspunkte besitzt (anstelle eines Kontinuums von Lösungen).

Die fehlenden Gleichungen findet man wie folgt: Da ein Optimalpunkt $\bar{x}$ insbesondere in $\mathbb{M}$ liegen muss, gelten für ihn die zusätzlichen p Ungleichungen und q Gleichungen

$$g_i(x) \leq 0, \ i \in I, \qquad h_j(x) = 0, \ j \in J.$$

Außerdem lässt sich die einzelne Gleichung (7.3) mit Hilfe des folgenden Lemmas in p unabhängige Gleichungen aufspalten.

Lemma 7.8.

Für $x \in \mathbb{R}^n$ und $\lambda \in \mathbb{R}^p$ gelte $g_i(x) \leq 0$, $i \in I$, und $\lambda_i \geq 0$, $i \in I$. Dann sind die Bedingungen

$$\sum_{i=1}^{p} \lambda_i g_i(x) \ = \ 0 \qquad \textit{und} \qquad \lambda_i g_i(x) \ = \ 0, \ i \in I$$

zueinander äquivalent.

Beweis. Dass die erste aus der zweiten Bedingung folgt, ist klar. Für die umgekehrte Richtung stellt man fest, dass eine Summe den Wert null hat, deren Summanden $\lambda_i g_i(x)$ unter den Voraussetzungen des Lemmas sämtlich nichtpositiv sind. Dann kann aber keiner der Summanden strikt negativ sein, denn das Verschwinden der Summe würde die Existenz mindestens eines positiven Summanden voraussetzen. Da letzteres ausgeschlossen ist, müssen alle Summanden null sein, was gerade die zweite Bedingung ist. □

Wir sind hierdurch in der Lage, ein System von Gleichungen und Ungleichungen aufzustellen, in dem die Anzahl der Unbekannten mit der Anzahl der Gleichungen übereinstimmt:

$$\nabla f(x) + \sum_{i=1}^{p} \lambda_i \nabla g_i(x) + \sum_{j=1}^{q} \mu_j \nabla h_j(x) = 0, \tag{7.4}$$

$$\lambda_i \geq 0, \ i \in I \tag{7.5}$$

$$g_i(x) \leq 0, \ i \in I \tag{7.6}$$

$$\lambda_i g_i(x) = 0, \ i \in I \tag{7.7}$$

$$h_j(x) = 0, \ j \in J. \tag{7.8}$$

Das System (7.4)-(7.8) bezeichnet man auch als **Karush-Kuhn-Tucker-Bedingungen** (**KKT-Bedingungen**) von P. Für *unrestringierte* Optimierungsprobleme, also solche mit $p = q = 0$, wird es zu $\nabla f(x) = 0$ und verallgemeinert damit die notwendige Optimalitätsbedingung erster Ordnung aus der Fermat'schen Regel. Für *Maximierungs*probleme gelten die Karush-Kuhn-Tucker-Bedingungen in analoger Weise, wobei der Summand $\nabla f(x)$ in (7.4) durch $-\nabla f(x)$ ersetzt wird.

Lagrange-Bedingung

Für ein rein gleichungsrestringiertes Problem P, also für $p = 0$, werden die KKT-Bedingungen zu

$$\nabla f(x) + \sum_{j=1}^{q} \mu_j \nabla h_j(x) = 0, \tag{7.9}$$

$$h_j(x) = 0, \; j \in J, \tag{7.10}$$

also zu einem reinen System von $n + q$ Gleichungen für die $n + q$ Unbekannten x und μ. Das System (7.9), (7.10) geht auf *Joseph Louis Lagrange* zurück. Die Dualvariablen μ_j, $j \in J$, werden daher auch **Lagrange-Multiplikatoren** genannt. Im allgemeinen Fall des Systems (7.4)-(7.8) bezeichnet man die Dualvariablen λ_i, $i \in I$, und μ_j, $j \in J$, hingegen als **Karush-Kuhn-Tucker-Multiplikatoren**.

Durch Einführung der sogenannten **Lagrangefunktion** (engl.: Lagrangian)

$$L(x, \mu) \;=\; f(x) + \sum_{j=1}^{q} \mu_j h_j(x)$$

sieht man, dass die Bedingungen (7.9), (7.10) sich qualitativ nur unwesentlich von der notwendigen Optimalitätsbedingung im unrestringierten Fall unterscheiden: Der Gradient der Lagrangefunktion nach x lautet

$$\nabla_x L(x, \mu) \;=\; \nabla f(x) + \sum_{j=1}^{q} \mu_j \nabla h_j(x),$$

und die partielle Ableitung von L nach einem Multiplikator μ_j ist $h_j(x)$. Der Gradient von L nach sämtlichen Variablen ist also

$$\nabla L(x, \mu) \;=\; \begin{pmatrix} \nabla f(x) + \sum_{j=1}^{q} \mu_j \nabla h_j(x) \\ h_1(x) \\ \vdots \\ h_q(x) \end{pmatrix}$$

und stimmt daher mit den linken Seiten des Systems (7.9), (7.10) überein. Damit ist (7.9), (7.10) gleichbedeutend mit der **Lagrange-Bedingung** $\nabla L(x, \mu) = 0$, unterscheidet sich von der Bedingung $\nabla f(x) = 0$ im unrestringierten Fall also nur dadurch, dass Nullstellen des Gradienten einer Funktion von $n+q$ Variablen anstelle von Nullstellen des Gradienten einer Funktion von n Variablen zu ermitteln sind.

Komplementaritätsbedingung

Der komplizierende Unterschied zwischen dem reinen Gleichungssystem (7.9), (7.10) und dem System (7.4)-(7.8) besteht im Auftreten der Bedingung

$$\lambda_i \geq 0, \quad g_i(x) \leq 0, \quad \lambda_i g_i(x) = 0$$

für jedes $i \in I$. Eine solche Bedingung heißt **Komplementaritätsbedingung**. Die p Komplementaritätsbedingungen in (7.4)-(7.8) sorgen dafür, dass die numerische Behandlung von Optimierungsproblemen mit Ungleichungsrestriktionen erheblich aufwändiger ist als die von Problemen ohne Ungleichungsrestriktionen. Andererseits ermöglichen sie eine Umformulierung der KKT-Bedingungen, die zur schriftlichen Berechnung ihrer Lösungen meist günstiger ist.

Dazu unterscheiden wir, ob eine Ungleichung g_i an einem zulässigen Punkt x mit Gleichheit $g_i(x) = 0$ oder mit strikter Ungleichheit $g_i(x) < 0$ erfüllt ist. Im ersten Fall nennt man g_i an x **aktiv**, im zweiten Fall **inaktiv**. Beispielsweise sind in Abbildung 7.10 die Ungleichungen g_1 und g_2 an $\bar{x}$ aktiv, während g_3 an $\bar{x}$ inaktiv ist. Aus Abbildung 7.10 ist ferner ersichtlich, dass die inaktive Ungleichung zur Linearisierung um $\bar{x}$ keinen Beitrag liefert. Auch allgemein lässt sich zeigen, dass zur Linearisierung von $\mathbb{M}$ nur die *aktiven* Ungleichungen herangezogen werden müssen. Im KKT-System sollte sich dies dadurch widerspiegeln, dass man inaktive Ungleichungen dort streichen kann. Hierfür sorgen in der Tat gerade die Komplementaritätsbedingungen.

Mit der **Menge der aktiven Indizes** (kurz auch **aktive Indexmenge** genannt)

$$I_0(x) \ = \ \{i \in I \mid g_i(x) = 0\}$$

an einem Punkt $x \in \mathbb{M}$ liefern die Komplementaritätsbedingungen für jedes $i \notin I_0(x)$ die Bedingung $\lambda_i = 0$, da Inaktivität von g_i bedeutet, dass der zweite Faktor in der Gleichung $\lambda_i g_i(x) = 0$ nicht null ist. Für alle $i \in I_0(x)$ liefert die Komplementaritätsbedingung neben $\lambda_i \geq 0$ hingegen keine weitere Einschränkung an λ_i, weil der zweite Faktor in der Gleichung $\lambda_i g_i(x) = 0$ bereits verschwindet. Dadurch lässt sich das System (7.4)-(7.8) äquivalent umformulieren zu

$$\nabla f(x) + \sum_{i \in I_0(x)} \lambda_i \nabla g_i(x) + \sum_{j=1}^{q} \mu_j \nabla h_j(x) = 0, \tag{7.11}$$

$$\lambda_i \geq 0, \ i \in I_0(x), \tag{7.12}$$

$$g_i(x) = 0, \ i \in I_0(x), \tag{7.13}$$

$$g_i(x) < 0, \ i \notin I_0(x), \tag{7.14}$$

$$h_j(x) = 0, \ j \in J. \tag{7.15}$$

Zur Unterscheidung bezeichnen wir im Folgenden das ursprüngliche System (7.4)-(7.8) als **Karush-Kuhn-Tucker-Bedingungen mit Komplementaritätsbedingungen** und das umformulierte System (7.11)-(7.15) als **Karush-Kuhn-Tucker-Bedingungen mit aktiven Indexmengen**.

Ein Punkt $\bar{x}$, der mit Multiplikatoren $\bar{\lambda} \in \mathbb{R}^p$ und $\bar{\mu} \in \mathbb{R}^q$ die Karush-Kuhn-Tucker-Bedingungen erfüllt, wird **Karush-Kuhn-Tucker-Punkt** (**KKT-Punkt**) von P genannt. Dazu ist es natürlich gleichgültig, ob man die KKT-Bedingungen mit Komplementaritätsbedingungen (7.4)-(7.8) oder die KKT-Bedingungen mit aktiven Indexmengen (7.11)-(7.15) benutzt. Im zweiten Fall treten die Multiplikatoren λ_i, $i \notin I_0(\bar{x})$, nicht im System auf und werden zu $\bar{\lambda}_i = 0$ definiert.

Constraint Qualifications

Um endgültig das Analogon zur Fermat'schen Regel in der restringierten Optimierung angeben zu können, ist noch zu klären, wann P um einen Punkt $\bar{x}$ linearisierbar ist. Abbildung 7.11 illustriert eine Situation, in der die Linearisierbarkeit von P um $\bar{x}$ scheitert. Da $\mathbb{M}$ an $\bar{x}$ in dem Sinne eine „Spitze" besitzt, dass die durch g_1 und g_2 definierten Randstücke von $\mathbb{M}$ dort zueinander tangential verlaufen, entsteht als Linearisierung von $\mathbb{M}$ die eingezeichnete Gerade. Auf ihr ist $\bar{x}$ allerdings *kein* Minimalpunkt der um $\bar{x}$ linearisierten Zielfunktion.

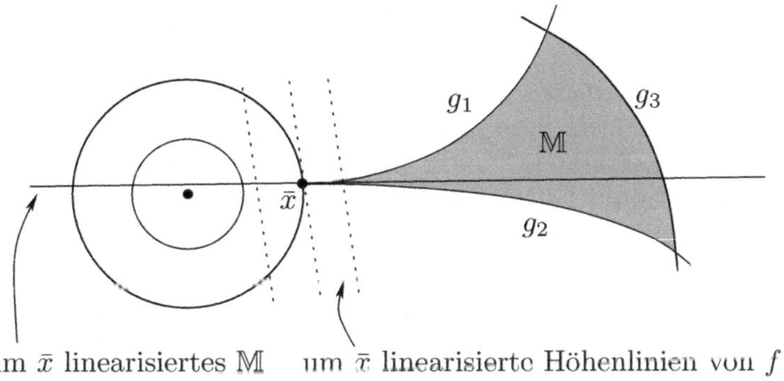

Abb. 7.11. Um $\bar{x}$ nicht linearisierbares Optimierungsproblem

Die Tangentialität der Randstücke lässt sich äquivalent mit Hilfe der Gradienten der beteiligten Funktionen ausdrücken, wenn man berücksichtigt, dass Gradienten senkrecht auf Höhenlinien stehen (vgl. Abschnitt A.6). Da etwa das von g_1 definierte Randstück von $\mathbb{M}$ ein Teil der Höhenlinie $(g_1)^0_=$ ist, steht $\nabla g_1(\bar{x})$ in $\bar{x}$ senkrecht auf dem Rand von $\mathbb{M}$. Weil außerdem jeder Gradient in die Richtung des steilsten Anstiegs seiner zugrundeliegenden Funktion zeigt (Lemma 7.1), muss $\nabla g_1(\bar{x})$ außerdem *aus* $\mathbb{M}$ *heraus* zeigen. Abbildung 7.12 illustriert dies für die beiden obigen Fälle. Die äquivalente Eigenschaft der Gradienten an einer „Spitze" besteht offensichtlich darin, dass sie in genau entgegengesetzte Richtungen zeigen, also insbesondere linear abhängig sind. Im Falle des linearisierbaren Optimierungsproblems sind die beiden Gradienten hingegen linear unabhängig.

Allgemein lässt sich zeigen, dass die lineare Unabhängigkeit der Gradienten der an $\bar{x}$ aktiven Restriktionen die Linearisierbarkeit von P an $\bar{x}$ nach sich zieht. Zu

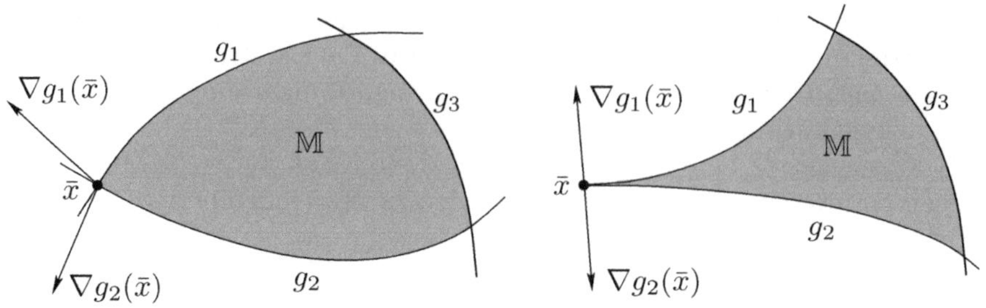

Abb. 7.12. Linearisierbarkeit und Gradienten

den Restriktionen zählen natürlich auch die Gleichungen, die per Definition *immer* aktiv sind. Man sagt, an $\bar{x} \in \mathbb{M}$ gelte die **Lineare-Unabhängigkeits-Bedingung** (LUB, engl.: linear independence constraint qualification, LICQ), wenn die Vektoren

$$\nabla g_i(\bar{x}),\ i \in I_0(\bar{x}), \quad \nabla h_j(\bar{x}),\ j \in J$$

linear unabhängig sind. Nicht nur unter LUB ist P an $\bar{x}$ linearisierbar, sondern auch unter diversen schwächeren Bedingungen, die im Allgemeinen aber schwieriger zu überprüfen sind. Allen diesen Bedingungen ist gemein, dass sie nur Eigenschaften der zulässigen Menge $\mathbb{M}$ fordern, aber keine Voraussetzungen über die Zielfunktion f treffen. Daher fasst man sie unter dem Oberbegriff **Constraint Qualifications** zusammen. Obwohl LUB sich abschwächen lässt, ist diese Bedingung selbst schon sehr schwach, da sie in einem gewissen topologischen Sinne für „fast alle" Optimierungsprobleme an jedem zulässigen Punkt erfüllt ist ([26]).

Wir halten ferner fest, dass die LUB neben „Spitzen" der zulässigen Menge einige weitere Situationen ausschließt. Da mehr als n Vektoren im $\mathbb{R}^n$ stets linear abhängig sind, können unter LUB an einem Punkt $\bar{x}$ beispielsweise maximal n Restriktionen aktiv sein, d.h. es gilt $|I_0(\bar{x})| + q \leq n$.

Die Verallgemeinerung der Fermat'schen Regel (Satz 7.2) auf den restringierten Fall lautet nach dieser Vorbereitung wie folgt:

Satz 7.9 (Satz von Karush-Kuhn-Tucker).

Der Punkt $\bar{x} \in \mathbb{R}^n$ sei ein lokaler Minimalpunkt von P, und an $\bar{x}$ gelte LUB. Dann ist $\bar{x}$ Karush-Kuhn-Tucker-Punkt von P.

Beispiel 7.14 (Beispiel 7.4 - Fortsetzung 3).

Bei der in Beispiel 7.4 hergeleiteten Preis-Grenzkosten-Regel wurde die Nichtnegativitätsbedingung $x \geq 0$ unterschlagen. Man kann sich daher fragen, ob am Randpunkt $\bar{x} = 0$ der zulässigen Menge ein nicht durch die Preis-Grenzkosten-Regel abgedeckter weiterer lokaler Maximalpunkt auftritt. Dazu beschreiben wir die zulässige Menge als $\mathbb{M} = \{x \in \mathbb{R} | \, g_1(x) \leq 0\}$ mit $g_1(x) = -x$. Die Ungleichung $g_1(x) \leq 0$ ist genau an $\bar{x} = 0$ aktiv und besitzt dort den Gradienten $\nabla g_1(0) = g_1'(0) = -1$.

Die LUB ist somit an $\bar{x} = 0$ erfüllt. Wir zeigen im Folgenden, dass $\bar{x} = 0$ unter einer natürlichen Voraussetzung kein KKT-Punkt ist, nach Satz 7.9 also kein lokaler Maximalpunkt der Gewinnfunktion sein kann.

In der Tat gilt nach den KKT-Bedingungen mit aktiver Indexmenge $I_0(0) = \{1\}$

$$0 \;=\; -G'(0) + \lambda_1 g_1'(0) \;=\; -G'(0) - \lambda_1, \quad \lambda_1 \geq 0.$$

Daraus folgt $G'(0) \leq 0$, so dass der Gewinn bei Aufnahme der Produktion zunächst fallen würde. Dieses unrealistische Szenario lässt sich offensichtlich durch die Annahme $K'(0) < p$ ausschließen. ◊

Korollar 7.10 (Lagrange-Bedingung).

Für $p = 0$ sei $\bar{x} \in \mathbb{R}^n$ ein lokaler Minimalpunkt von P, und an $\bar{x}$ gelte LUB. Dann erfüllt $\bar{x}$ die Lagrange-Bedingung $\nabla L(\bar{x}, \bar{\mu}) = 0$ mit einem Vektor $\bar{\mu} \in \mathbb{R}^q$.

Die LUB für rein gleichungsrestringierte Probleme ($p = 0$) fordert offensichtlich die lineare Unabhängigkeit der Vektoren $\nabla h_j(\bar{x})$, $j \in J$. Wir unterstreichen, dass die Umformulierung einer Gleichungsrestriktion $h_j(x) = 0$ in zwei Ungleichungsrestriktionen $h_j(x) \leq 0$ und $-h_j(x) \leq 0$ an jeder Nullstelle $\bar{x}$ von h_j zur Aktivität beider Ungleichungen und den *linear abhängigen* Gradienten $\nabla h_j(\bar{x})$ und $-\nabla h_j(\bar{x})$ führt. Die Umformulierung von Gleichungs- durch zwei Ungleichungsrestriktionen führt also *immer* zur Verletzung der LUB und ist daher weder aus theoretischer noch aus numerischer Sicht empfehlenswert. Diese Einschränkung gilt allerdings *nicht* für lineare Optimierungsprobleme, da deren Linearisierbarkeit ohnehin gegeben ist und die Verletzung von LUB keine negativen Auswirkungen nach sich zieht.

Wir sind mit Satz 7.9 in der Lage, analog zu Algorithmus 7.1 den konzeptionellen Algorithmus 7.6 zur restringierten nichtlinearen Minimierung anzugeben. Er nutzt folgende äquivalente Umformulierung der Aussage von Satz 7.9: An jedem lokalen Minimalpunkt $\bar{x}$ von P ist *entweder* LUB verletzt *oder* LUB ist erfüllt und gleichzeitig ist $\bar{x}$ KKT-Punkt.

Algorithmus 7.6: Konzeptioneller Algorithmus zur restringierten nichtlinearen Minimierung mit Informationen erster Ordnung

---

Input : Lösbares restringiertes stetig differenzierbares Optimierungsproblem P.

begin
- Bestimme die Menge LA der Punkte in $\mathbb{M}$, an denen LUB verletzt ist.
- Bestimme unter den Punkten in $\mathbb{M}$, an denen LUB erfüllt ist, die Menge KKT aller KKT-Punkte.
- Bestimme den Minimalpunkt x^* von f in $LA \cup KKT$.

end

Output : Globaler Minimalpunkt x^* von P

Analog zum unrestringierten Fall lassen sich auch für restringierte nichtlineare Optimierungsprobleme notwendige und hinreichende Optimalitätsbedingungen *zweiter* Ordnung angeben, auf deren Diskussion wir hier allerdings verzichten und auf die vertiefende Literatur (etwa [1, 3, 26, 35]) verweisen. Stattdessen befassen wir uns im Folgenden mit der in Algorithmus 7.6 vorausgesetzten Lösbarkeit von P.

Lösbarkeit

Während die *Optimalitätsbedingungen* für P bei restringierten Optimierungsproblemen aufwändiger werden als im unrestringierten Fall, lässt sich unter Restriktionen ein oft leicht überprüfbares hinreichendes Kriterium für die *Lösbarkeit* von P angeben, wozu wir Satz 1.2 noch einmal wiederholen.

Satz 7.11 (Satz von Weierstraß).

Die Zielfunktion f sei stetig, und die zulässige Menge $\mathbb{M}$ sei nichtleer und kompakt. Dann besitzt P (mindestens) einen globalen Minimalpunkt und einen globalen Maximalpunkt.

Hierbei heißt die Menge $\mathbb{M}$ **kompakt**, wenn sie beschränkt und abgeschlossen ist. **Beschränktheit** von $\mathbb{M}$ bedeutet, dass $\mathbb{M}$ in einer hinreichend großen Kugel enthalten ist: $\mathbb{M} \subseteq \{x \in \mathbb{R}^n | \; \|x\|_2 \leq R\}$ mit $R > 0$. **Abgeschlossenheit** von $\mathbb{M}$ bedeutet, dass der Grenzwert jeder konvergenten Folge von Punkten aus $\mathbb{M}$ ebenfalls in $\mathbb{M}$ liegt.

Aus der in Algorithmus 7.6 vorausgesetzten stetigen Differenzierbarkeit aller definierenden Funktionen von P folgt nicht nur die Stetigkeit von f, sondern auch die Abgeschlossenheit von $\mathbb{M}$. Zur Lösbarkeit von P im Rahmen von Algorithmus 7.6 ist nach Satz 7.11 also nur zu überprüfen, ob $\mathbb{M}$ Elemente enthält, und ob $\mathbb{M}$ beschränkt ist.

Beispiel 7.15 (Beispiel 7.5 - Fortsetzung 1).

Wir betrachten die in Beispiel 7.5 beschriebene Situation eines Monopolisten, der einen optimalen Punkt (x^*, p^*) des Problems

$$\max_{x,p} G(x,p) = px - K(x) \quad \text{s.t.} \quad P(x,p) = 0, \; x,p \geq 0$$

sucht. Die Kosten- und Preis-Absatz-Funktionen seien dabei als

$$\begin{aligned} K(x) &= \frac{1}{9}(x-12)^3 + 200 \\ P(x,p) &= \frac{1}{12}(x-12)^3 + p \end{aligned}$$

gegeben. Die zulässige Menge $\mathbb{M} = \{(x,p) \in \mathbb{R}^2 | \; P(x,p) = 0, \; x,p \geq 0\}$ ist in Abbildung 7.13 skizziert.

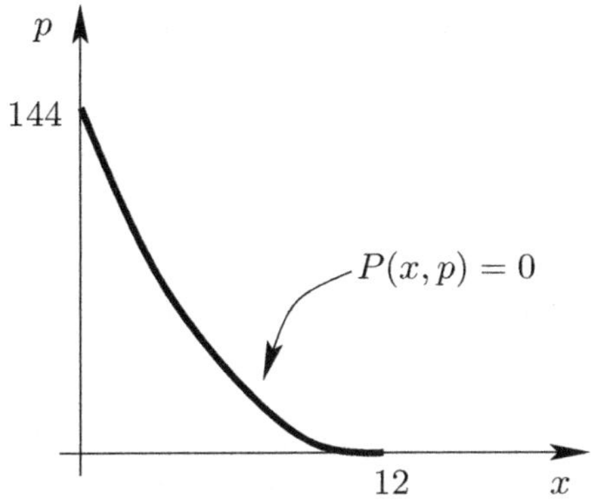

Abb. 7.13. Zulässige Menge in Beispiel 7.15

Im Folgenden führen wir Algorithmus 7.6 aus, um einen globalen Maximalpunkt zu bestimmen. Das vorliegende Problem wird offensichtlich durch stetig differenzierbare Funktionen beschrieben. Zur Lösbarkeit ist nach Satz 7.11 zu zeigen, dass $\mathbb{M}$ nichtleer und beschränkt ist. Wegen $(x, p) = (12, 0) \in \mathbb{M}$ gilt ersteres. Die Beschränktheit ist aus Abbildung 7.13 klar und lässt sich formal wie folgt beweisen: Für alle $(x, p) \in \mathbb{M}$ gilt

$$0 \;=\; \frac{1}{12}(x-12)^3 + p \;\geq\; \frac{1}{12}(x-12)^3,$$

woraus mit der Monotonie von x^3 die Abschätzung $x \leq 12$ folgt. Auflösen der Preis-Absatz-Bedingung nach x liefert für alle $(x, p) \in \mathbb{M}$

$$0 \;=\; x + \sqrt[3]{12p} - 12 \;\geq\; \sqrt[3]{12p} - 12,$$

woraus mit der Monotonie von $\sqrt[3]{p}$ die Abschätzung $p \leq 144$ folgt. Insgesamt gilt $\mathbb{M} \subseteq [0, 12] \times [0, 144]$ und ist damit beschränkt. Nach Satz 7.11 ist die Existenz eines globalen Maximalpunkts also gesichert.

Zur Untersuchung der LUB setzen wir $g_1(x, p) = -x$, $g_2(x, p) = -p$ und erhalten die Gradienten

$$\nabla g_1(x,p) \;=\; \begin{pmatrix} -1 \\ 0 \end{pmatrix}, \quad \nabla g_2(x,p) \;=\; \begin{pmatrix} 0 \\ -1 \end{pmatrix}, \quad \nabla P(x,p) \;=\; \begin{pmatrix} \frac{1}{4}(x-12)^2 \\ 1 \end{pmatrix}.$$

Im Folgenden unterscheiden wir die Elemente von $\mathbb{M}$ anhand ihrer aktiven Indexmengen.

1. Fall: $I_0(x, p) = \emptyset$. Es ist die lineare Unabhängigkeit von $\nabla P(x, p)$ zu zeigen. Wegen seines zweiten Eintrags ist dieser Vektor für kein (x, p) der Nullvektor, also ist LUB erfüllt.

2. Fall: $I_0(x, p) = \{1\}$. Unter den zulässigen Punkten erfüllt nur $(x, p) = (0, 144)$ die Bedingung $x = 0$. Die Vektoren

$$\nabla g_1(0,144) \;=\; \begin{pmatrix} -1 \\ 0 \end{pmatrix} \quad \text{und} \quad \nabla P(0,144) \;=\; \begin{pmatrix} 36 \\ 1 \end{pmatrix}$$

sind linear unabhängig, also ist LUB erfüllt.

3. Fall: $I_0(x,p) = \{2\}$. Unter den zulässigen Punkten erfüllt nur $(x,p) = (12,0)$ die Bedingung $p = 0$. Die Vektoren

$$\nabla g_2(12,0) \;=\; \begin{pmatrix} 0 \\ -1 \end{pmatrix} \quad \text{und} \quad \nabla P(12,0) \;=\; \begin{pmatrix} 0 \\ 1 \end{pmatrix}$$

sind linear *abhängig*, also ist LUB verletzt.

4. Fall: $I_0(x,p) = \{1,2\}$. Da die Bedingungen $x = 0$, $p = 0$ und $P(x,p) = 0$ nicht gleichzeitig erfüllbar sind, ist dieser Fall ausgeschlossen.

Damit ist gezeigt, dass LUB an allen Punkten $(x,p) \in \mathbb{M}$ bis auf $(x,p) = (12,0)$ erfüllt ist. In Algorithmus 7.6 gilt also $LA = \{(12,0)\}$.

Unter den Punkten aus $\mathbb{M}$, die LUB erfüllen, bestimmen wir im nächsten Schritt die KKT-Punkte. In die KKT-Bedingungen mit aktiven Indexmengen geht der Gradient der Zielfunktion

$$\nabla G(x,p) \;=\; \begin{pmatrix} p - K'(x) \\ x \end{pmatrix} \;=\; \begin{pmatrix} p - \frac{1}{3}(x-12)^2 \\ x \end{pmatrix}$$

mit negativem Vorzeichen ein.

1. Fall: $I_0(x,p) = \emptyset$. Das System

$$\begin{aligned} \begin{pmatrix} \frac{1}{3}(x-12)^2 - p \\ -x \end{pmatrix} + \mu \begin{pmatrix} \frac{1}{4}(x-12)^2 \\ 1 \end{pmatrix} &= 0 \\ -x &< 0 \\ -p &< 0 \\ \frac{1}{12}(x-12)^3 + p &= 0 \end{aligned}$$

liefert $\mu = x$ und damit

$$\frac{1}{3}(x-12)^2 + \frac{1}{4}x(x-12)^2 \;=\; p \;=\; -\frac{1}{12}(x-12)^3,$$

woraus sich x berechnen lässt. Dabei ist zu berücksichtigen, dass $x = 12$ wegen $p > 0$ ausgeschlossen ist, man also durch $(x-12)^2$ dividieren darf. Es folgt $x = 2$ und hieraus $p = 250/3$. Da der Punkt $(x,p) = (2, 250/3)$ auch die Ungleichungen $-x < 0$, $-p < 0$ erfüllt, ist er KKT-Punkt.

2. Fall: $I_0(x,p) = \{1\}$. Das System

$$\begin{aligned} \begin{pmatrix} \frac{1}{3}(x-12)^2 - p \\ -x \end{pmatrix} + \lambda_1 \begin{pmatrix} -1 \\ 0 \end{pmatrix} + \mu \begin{pmatrix} \frac{1}{4}(x-12)^2 \\ 1 \end{pmatrix} &= 0 \\ \lambda_1 &\geq 0 \\ -x &= 0 \\ -p &< 0 \\ \frac{1}{12}(x-12)^3 + p &= 0 \end{aligned}$$

liefert zunächst $(x,p) = (0,144)$, daher

$$\begin{pmatrix} -96 \\ 0 \end{pmatrix} + \lambda_1 \begin{pmatrix} -1 \\ 0 \end{pmatrix} + \mu \begin{pmatrix} 36 \\ 1 \end{pmatrix} = 0$$

und schließlich $\mu = 0$ sowie $\lambda_1 = -96$. Letzteres widerspricht der Bedingung $\lambda_1 \geq 0$, so dass in diesem Fall kein KKT-Punkt vorliegt.

3. Fall: $I_0(x,p) = \{2\}$. Wie oben gesehen, ist LUB verletzt, so dass dieser Fall nicht untersucht wird.

4. Fall: $I_0(x,p) = \{1,2\}$. Wie bereits gesehen, ist dieser Fall ausgeschlossen.

Es folgt $KKT = \{(2, 250/3)\}$.

Abschließend ist der Maximalpunkt von $G(x,p) = px - \frac{1}{9}(x-12)^3 - 200$ auf der Menge $LA \cup KKT = \{(12,0), (2, 250/3)\}$ zu bestimmen. Wegen $G(12,0) = -200$ und $G(2, 250/3) = 77\frac{7}{9}$ ist $(x^*, p^*) = (2, 250/3)$ der globale Maximalpunkt. ◊

7.3.2 Konvexe Optimierung

Wie im unrestringierten Fall sind auch im restringierten Fall konvexe Optimierungsprobleme erheblich einfacher zu handhaben als nichtkonvexe Probleme. Dabei heißt ein Optimierungsproblem P **konvex**, wenn die Funktionen f und g_i, $i \in I$, konvex und die Funktionen h_j, $j \in J$, *linear* sind. Unter diesen Voraussetzungen an die Restriktionsfunktionen g_i und h_j lässt sich insbesondere zeigen, dass die zulässige Menge

$$\mathbb{M} = \{x \in \mathbb{R}^n |\ g_i(x) \leq 0,\ i \in I,\ h_j(x) = 0,\ j \in J\}$$

konvex ist. Die Voraussetzung der Linearität der Gleichungsrestriktionen ist dazu wesentlich, denn beispielsweise ist die Funktion $h(x) = x_1^2 + x_2^2 - 1$ zwar konvex, ihre Höhenlinie $h^0_=$ beschreibt aber den *Rand* der Einheitskreisscheibe, also eine nichtkonvexe Menge. Für Ungleichungen ist diese Einschränkung nicht nötig, wie das Beispiel der konvexen Funktion $g(x) = x_1^2 + x_2^2 - 1$ illustriert, deren untere Niveaumenge $g^0_\leq$ die konvexe Einheitskreisscheibe ist.

Eine erste wesentliche Vereinfachung gegenüber dem nichtkonvexen Fall ergibt sich bei der Constraint Qualification, unter der ein lokaler Minimalpunkt KKT-Punkt ist. Dazu unterscheiden wir die linearen von den „echt konvexen" Ungleichungsrestriktionen und setzen

$$I_{\text{nlin}} = \{i \in I |\ g_i \text{ ist nichtlinear}\}.$$

Die Menge $\mathbb{M}$ erfüllt die **Slaterbedingung**, wenn ein Punkt $x^* \in \mathbb{M}$ mit

$$g_i(x^*) < 0,\ i \in I_{\text{nlin}},$$

existiert. Ein solcher Punkt x^* heißt **Slaterpunkt** von $\mathbb{M}$. In Abwesenheit von Gleichungsrestriktionen ($q = 0$) und falls alle Ungleichungsrestriktionen echt konvex sind ($I = I_{\text{nlin}}$) erfüllt $\mathbb{M}$ also genau dann die Slaterbedingung, wenn $\mathbb{M}$ ein Element x^* enthält, an dem keine Ungleichung aktiv ist. Beispielsweise erfüllt die Menge $\mathbb{M}$ aus Abbildung 7.10 die Slaterbedingung. Wesentliche Unterschiede zur

LUB bestehen darin, dass die Slaterbedingung hinsichtlich der Ungleichungen nicht Gradienten, sondern nur Funktionswerte betrachtet, und dass die Slaterbedingung nicht (lokal) an einem einzelnen Punkt $\bar{x} \in \mathbb{M}$ aufgestellt wird, sondern (global) für die gesamte Menge $\mathbb{M}$. Insbesondere braucht der Slaterpunkt x^* nicht mit einem Kandidaten $\bar{x}$ für einen lokalen Minimalpunkt übereinzustimmen.

Satz 7.12 (Satz von Karush-Kuhn-Tucker für konvexe Probleme).

Der Punkt $\bar{x} \in \mathbb{R}^n$ sei lokaler Minimalpunkt des konvexen und stetig differenzierbaren Problems P, und $\mathbb{M}$ erfülle die Slaterbedingung. Dann ist $\bar{x}$ Karush-Kuhn-Tucker-Punkt von P.

Im unrestringierten Fall hatten wir mit Hilfe der C^1–Charakterisierung von Konvexität gesehen, dass kritische Punkte immer auch globale Minimalpunkte sind. Analoges gilt im restringierten Fall:

Satz 7.13 (Hinreichende Optimalitätsbedingung).

Der Punkt $\bar{x}$ sei Karush-Kuhn-Tucker-Punkt eines konvexen und stetig differenzierbaren Problems P. Dann ist $\bar{x}$ globaler Minimalpunkt von P.

Beweis. Zum KKT-Punkt $\bar{x}$ existieren Multiplikatoren $\bar{\lambda} \in \mathbb{R}^p$ und $\bar{\mu} \in \mathbb{R}^q$, so dass die Bedingungen (7.4)-(7.8) erfüllt sind. Mit der Lagrangefunktion

$$L(x, \lambda, \mu) \;=\; f(x) + \sum_{i=1}^{p} \lambda_i g_i(x) + \sum_{j=1}^{q} \mu_j h_j(x)$$

folgt aus (7.7) und (7.8) zunächst $f(\bar{x}) = L(\bar{x}, \bar{\lambda}, \bar{\mu})$. Für jeden anderen Punkt $x \in \mathbb{M}$ liefert (7.5) die Abschätzung $f(x) \geq L(x, \bar{\lambda}, \bar{\mu})$. Ferner ist $L(x, \bar{\lambda}, \bar{\mu})$ für feste $\bar{\lambda}$ und $\bar{\mu}$ eine in x konvexe und stetig differenzierbare Funktion. Die C^1–Charakterisierung der Konvexität von L in x liefert damit für alle $x \in \mathbb{M}$

$$f(x) - f(\bar{x}) \;\geq\; L(x, \bar{\lambda}, \bar{\mu}) - L(\bar{x}, \bar{\lambda}, \bar{\mu}) \;\geq\; \langle \nabla_x L(\bar{x}, \bar{\lambda}, \bar{\mu}), x - \bar{x} \rangle \;=\; 0,$$

wobei die letzte Gleichheit folgt, weil nach (7.4) $\nabla_x L(\bar{x}, \bar{\lambda}, \bar{\mu}) = 0$ gilt. Damit ist $f(x) \geq f(\bar{x})$ für alle $x \in \mathbb{M}$ gezeigt, also die Behauptung. □

Bemerkenswerterweise braucht die Slaterbedingung in Satz 7.13 nicht vorausgesetzt zu werden.

Korollar 7.14 (Charakterisierung globaler Minimalpunkte).

Das Problem P sei konvex und stetig differenzierbar, und die Menge $\mathbb{M}$ erfülle die Slaterbedingung. Dann sind die Karush-Kuhn-Tucker-Punkte von P genau die globalen Minimalpunkte von P.

Insbesondere ist es unter der Slaterbedingung wie im unrestringierten Fall ausgeschlossen, dass f „echte“ lokale Minimalpunkte auf $\mathbb{M}$ besitzt. Tatsächlich lässt sich dies auch ohne Voraussetzung der Slaterbedingung zeigen, worauf wir hier aber verzichten.

Analog zu Satz 7.7 ist auch im restringierten Fall die Menge der globalen Minimalpunkte eines konvexen Problems P selbst konvex.

Beispiel 7.16 (Beispiel 7.6 - Fortsetzung 1).

Wir spezifizieren das in Beispiel 7.6 vorgestellte Projektionsproblem P durch die Wahlen $n = 2$, $z = (-2,1)^\intercal$ und $\mathbb{M} = \{x \in \mathbb{R}^2 |\ g_1(x) \leq 0,\ g_2(x) \leq 0\}$ mit $g_1(x) = x_1^2 + x_2^2 - 1$ und $g_2(x) = -x_2$. Abbildung 7.14 illustriert die geometrische Situation.

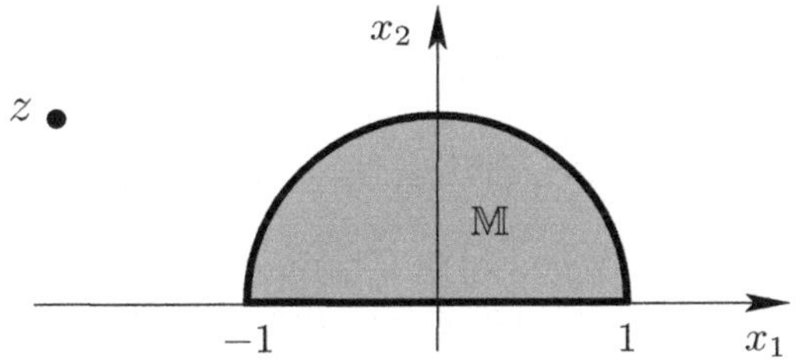

Abb. 7.14. Das Projektionsproblem aus Beispiel 7.16

Durch Quadrieren der Zielfunktion erhalten wir das nach Lemma 7.3 zu P äquivalente Problem

$$Q: \quad \min f(x) = x^\intercal x - 2\begin{pmatrix}-2\\1\end{pmatrix}^\intercal x + 5 \quad \text{s.t.} \quad \begin{aligned} g_1(x) &= x_1^2 + x_2^2 - 1 \ \leq 0 \\ g_2(x) &= -x_2 \ \leq 0, \end{aligned}$$

in dem f, g_1 und g_2 stetig differenzierbar sind.

Zur Lösung von Q wäre es grundsätzlich möglich, Algorithmus 7.6 zu bemühen und analog zu Beispiel 7.15 vorzugehen. Insbesondere lässt sich leicht formal nachweisen, dass $\mathbb{M}$ nichtleer und beschränkt ist. Ferner erfüllen alle Elemente von $\mathbb{M}$ die LUB, so dass in Algorithmus 7.6 die Kandidatenmenge LA leer ist.

Etwa mit Hilfe der C^2–Charakterisierung von Konvexität sieht man andererseits, dass f, g_1 und g_2 sogar *konvexe* Funktionen sind, es sich bei Q also um ein konvexes stetig differenzierbares Optimierungsproblem handelt. Nach Satz 7.13 ist also *ohne jegliche Voraussetzung* wie Lösbarkeit von Q oder Constraint Qualifications jeder KKT-Punkt von Q ein globaler Minimalpunkt. Aufgrund der übersichtlichen geometrischen Situation ist zu vermuten, dass im Lösungspunkt $I_0(x^*) = \{1\}$ gilt. Falls sich bewahrheitet, dass in diesem Fall ein KKT-Punkt existiert, brauchen die anderen drei Fälle aktiver Indexmengen nicht weiter untersucht zu werden.

Im Falle $I_0(x) = \{1\}$ benötigen wir die Gradienten

$$\nabla f(x) = 2\left(x - \begin{pmatrix}-2\\1\end{pmatrix}\right) \quad \text{und} \quad \nabla g_1(x) = 2x,$$

mit denen das KKT-System die folgende Gestalt erhält:

$$\begin{aligned} 2\left(x - \begin{pmatrix}-2\\1\end{pmatrix}\right) + \lambda_1 2x &= 0 \\ \lambda_1 &\geq 0 \\ x_1^2 + x_2^2 - 1 &= 0 \\ -x_2 &< 0. \end{aligned}$$

Aus der ersten Gleichung folgt $(1+\lambda_1)x_1 = -2$ und $(1+\lambda_1)x_2 = 1$. Um die zweite Gleichung zu nutzen, quadrieren und addieren wir die beiden letzteren Gleichungen und erhalten

$$5 \;=\; (-2)^2 + 1^2 \;=\; (1+\lambda_1)^2 x_1^2 + (1+\lambda_1)^2 x_2^2 \;=\; (1+\lambda_1)^2(x_1^2 + x_1^2) \;=\; (1+\lambda_1)^2,$$

woraus $\lambda_1 = \pm\sqrt{5} - 1$ folgt. Wegen $\lambda_1 \geq 0$ kommt dabei nur $\lambda_1 = \sqrt{5} - 1$ in Frage. Aus $(1+\lambda_1)x_1 = -2$ und $(1+\lambda_1)x_2 = 1$ folgt die Lösung

$$x^* \;=\; \frac{1}{\sqrt{5}}\begin{pmatrix}-2\\1\end{pmatrix},$$

die auch die Ungleichung $-x_2 < 0$ des KKT-Systems erfüllt. Dieser Punkt ist also KKT-Punkt von Q und nach Satz 7.13 folglich globaler Minimalpunkt von Q. Insbesondere brauchen wir keine weiteren Fallunterscheidungen bezüglich der Menge aktiver Indizes durchzuführen.

Nach Lemma 7.3 ist x^* auch globaler Minimalpunkt von P, also die Projektion von z auf $\mathbb{M}$. Der zugehörige Abstand (der Optimalwert von P) lautet

$$\|x^* - z\|_2 \;=\; \left\|\frac{1}{\sqrt{5}}\begin{pmatrix}-2\\1\end{pmatrix} - \begin{pmatrix}-2\\1\end{pmatrix}\right\|_2 \;=\; \left(1 - \frac{1}{\sqrt{5}}\right)\left\|\begin{pmatrix}-2\\1\end{pmatrix}\right\|_2 \;=\; \sqrt{5} - 1.$$

◊

Wir unterstreichen, dass das in Beispiel 7.16 vorgestellte Vorgehen, den *ersten* gefundenen KKT-Punkt als Optimalpunkt zu akzeptieren, auf *konvexe* Optimierungsprobleme beschränkt ist. Diese Strategie führt häufig zum Erfolg, kann allerdings daran scheitern, dass sich keine KKT-Punkte finden lassen. Dieses wiederum kann entweder daran liegen, dass das Optimierungsproblem keinen globalen Optimalpunkt besitzt, oder dass die Slaterbedingung verletzt ist.

Abschließend sei darauf hingewiesen, dass jedes lineare Optimierungsproblem natürlich insbesondere ein konvexes Optimierungsproblem ist, so dass alle Ergebnisse über konvexe Optimierungsprobleme auch auf die lineare Optimierung Anwendung finden. Die Version des Satzes von Karush-Kuhn-Tucker für lineare Optimierungsprobleme vereinfacht sich dabei weiter, da die Linearisierbarkeit eines linearen Problems ohnehin gegeben ist. Ohne jegliche Constraint Qualification ist also jeder Minimalpunkt eines linearen Optimierungsproblems KKT-Punkt. Korollar 7.14 besagt damit für lineare Optimierungsprobleme, dass die Menge der globalen Minimalpunkte genau aus den KKT-Punkten besteht. Tatsächlich sieht man durch explizite Ausformulierung der KKT-Bedingungen eines linearen Optimierungsproblems, dass sowohl der primale Simplex-Algorithmus aus Abschnitt 1.6 als auch der duale Simplex-Algorithmus aus Abschnitt 1.9 im Falle der Lösbarkeit genau dann abbrechen, wenn sie einen KKT-Punkt identifiziert haben.

7.3.3 Numerische Verfahren

Die gängigen Verfahren zur numerischen Lösung restringierter nichtlinearer Optimierungsprobleme lassen sich grob in die folgenden drei Klassen einteilen:

- Approximation durch lineare Optimierungsprobleme und Lösung der Hilfsprobleme mit dem Simplex-Algorithmus,
- Approximation durch unrestringierte nichtlineare Optimierungsprobleme und Lösung der Hilfsprobleme mit den Verfahren aus Abschnitt 7.2.3,
- Lösung der Karush-Kuhn-Tucker-Bedingungen.

Eine Approximation durch *lineare* Optimierungsprobleme erweist sich nur für *konvexe* nichtlineare Probleme als sinnvoll. Zwei grundlegende Vertreter dieses Ansatzes sind das **Schnittebenenverfahren von Kelley** und das **Verfahren von Frank-Wolfe**. Das **Straftermverfahren** und das **Barriereverfahren** bilden zwei wichtige Vertreter der Approximation auch *nichtkonvexer* Probleme durch unrestringierte Probleme. Eine Umformulierung des Barriereverfahrens wird uns schließlich auf einen zentralen Lösungsansatz für die Karush-Kuhn-Tucker-Bedingungen führen, die sogenannten **primal-dualen Innere-Punkte-Methoden**. Weitere Ansätze zur Lösung der Karush-Kuhn-Tucker-Bedingungen sind die sogenannten **SQP-Verfahren** und das **Verfahren von Lemke**, für die wir auf die weiterführende Literatur verweisen ([3, 35]).

Wie im unrestringierten Fall setzen die numerischen Verfahren die Lösbarkeit des vorliegenden Optimierungsproblems voraus und berechnen nur einen einzigen Kandidaten für einen Optimalpunkt.

Schnittebenenverfahren von Kelley

Das **Schnittebenenverfahren von Kelley** bedient sich ähnlicher Ideen wie das in Abschnitt 5.4.2 behandelte Schnittebenenverfahren von Gomory. Während letzteres die Lösung linearer ganzzahliger Optimierungsprobleme ermöglicht, approximiert das Schnittebenenverfahren von Kelley einen Optimalpunkt des nichtlinearen kontinuierlichen Problems

$$P: \quad \min c^{\mathsf{T}} x \quad \text{s.t.} \quad g_i(x) \leq 0,\ i \in I \\ \qquad\qquad\qquad\qquad Ax \leq b$$

mit stetig differenzierbaren konvexen Funktionen g_i, $i \in I$, Vektoren $c \in \mathbb{R}^n$, $b \in \mathbb{R}^m$ und der (m,n)−Matrix A.

Wir stellen zunächst fest, dass sich jedes stetig differenzierbare konvexe Optimierungsproblem in diese Form bringen lässt, denn

- falls die Zielfunktion f nichtlinear konvex ist, lässt sie sich mit Hilfe der sogenannten **Epigraph-Umformulierung** in die Nebenbedingungen verschieben: P ist äquivalent zu

$$P_{epi}: \quad \min_{x,z} z \quad \text{s.t.} \quad \begin{aligned} f(x) &\leq z \\ g_i(x) &\leq 0, \; i \in I \\ Ax &\leq b \end{aligned}$$

  in dem Sinne, dass zu jedem Optimalpunkt x^* von P mit Optimalwert z^* das Paar (x^*, z^*) Optimalpunkt von P_{epi} ist, und dass zu jedem Optimalpunkt (x^*, z^*) von P_{epi} der Vektor x^* Optimalpunkt von P ist (und z^* der Optimalwert). Die Zielfunktion von P_{epi} ist offensichtlich linear in der neuen Entscheidungsvariable (x,z), und durch die Setzung $g_0(x,z) = f(x) - z$ erhält P_{epi} die gewünschte Form. Eine ähnliche Konstruktion haben wir auch beim Aufstellen des Simplex-Tableaus in Abschnitt 1.6.1 und beim Goal Programming (Abschnitt 2.3.4) genutzt.
- falls Gleichungsnebenbedingungen vorliegen, sind diese linear und dürfen daher trotz der dann entstehenden Verletzung der LUB als jeweils zwei lineare Ungleichungen geschrieben werden.

Eine Grundidee des Schnittebenenverfahrens von Kelley besteht in der Linearisierung der nichtlinearen Ungleichungsrestriktionen. Die Trennung zwischen linearen und nichtlinear konvexen Ungleichungen ist aus dieser Sicht naheliegend, da lineare Restriktionen nicht mehr linearisiert zu werden brauchen. Entsprechend definieren wir

$$K \;=\; \{x \in \mathbb{R}^n \mid g_i(x) \leq 0, \; i \in I\}$$

und

$$L \;=\; \{x \in \mathbb{R}^n \mid Ax \leq b\},$$

so dass die zulässige Menge $\mathbb{M} = K \cap L$ erfüllt. Im weiteren sei $\mathbb{M} \neq \emptyset$ und beschränkt, so dass P nach Satz 7.11 einen globalen Minimalpunkt besitzt.

Grundidee des Verfahrens ist es, $\mathbb{M}$ durch lineare Ungleichungen *von außen* zu approximieren und diese Approximation sukzessive zu verbessern. Da L ohnehin schon durch lineare Ungleichungen beschrieben ist, bezieht die Approximation sich nur auf K.

Bestimme dazu zunächst ein **konvexes Polyeder** (d.h. eine durch lineare Ungleichungen beschriebene Menge) B mit $K \subseteq B$ und setze $\mathbb{M}^0 := B \cap L$. Dann ist $\mathbb{M}^0$ ein konvexes Polyeder mit $\mathbb{M} \subseteq \mathbb{M}^0$. Wegen der Beschränktheit von $\mathbb{M}$ lässt sich B so wählen, dass $\mathbb{M}^0$ ein **konvexes Polytop** wird, d.h. ein nichtleeres und beschränktes konvexes Polyeder.

Beispiel 7.17.

Zu lösen sei das Problem

$$P: \quad \min x_2 \quad \text{s.t.} \quad \begin{aligned} x_1^2 + x_2^2 &\leq 1 \\ x_2 &\geq e^{x_1} \\ x_1 &\leq -\frac{1}{2} \\ x_2 &\geq x_1 \,. \end{aligned}$$

In diesem Problem gilt

$$\begin{aligned} c &= \begin{pmatrix} 0 \\ 1 \end{pmatrix}, \\ g_1(x) &= x_1^2 + x_2^2 - 1, \\ g_2(x) &= e^{x_1} - x_2, \\ A &= \begin{pmatrix} 1 & 0 \\ 1 & -1 \end{pmatrix}, \\ b &= \begin{pmatrix} -\frac{1}{2} \\ 0 \end{pmatrix}, \\ K &= \left\{ x \in \mathbb{R}^2 | \ x_1^2 + x_2^2 \leq 1, \ x_2 \geq e^{x_1} \right\}, \\ L &= \left\{ x \in \mathbb{R}^2 | \ x_1 \leq -\frac{1}{2}, \ x_2 \geq x_1 \right\}. \end{aligned}$$

Die zulässige Menge von P ist in Abbildung 7.15 dargestellt.

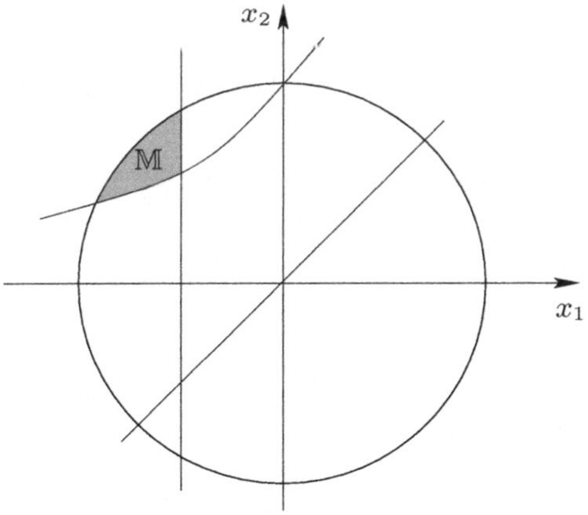

Abb. 7.15. Zulässige Menge $\mathbb{M}$ in Beispiel 7.17

B darf eine sehr grobe Approximation von K sein. Einfachheitshalber wählt man dafür häufig einen Quader (auch **Box** genannt). Auch ohne geometrische Anschauung der Menge K lässt sich solch eine Box oft formal konstruieren. Im vorliegenden Fall kann man wie folgt vorgehen: Aus $x \in K$ folgt $1 \geq x_1^2 + x_2^2 \geq x_1^2$ und damit $x_1 \in [-1, 1]$. Analog erhält man $x_2 \in [-1, 1]$ und schließlich $K \subseteq B := [-1, 1]^2$. Es folgt

$$\mathbb{M}^0 = B \cap L = \left\{ x \in [-1, 1]^2 \,\middle|\, x_1 \leq -\frac{1}{2},\ x_2 \geq x_1 \right\}.$$

Abbildung 7.16 zeigt die Menge $\mathbb{M}^0$.

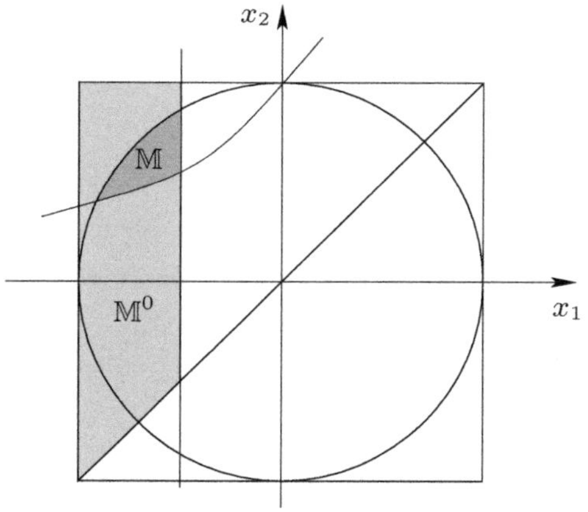

Abb. 7.16. Startmenge $\mathbb{M}^0$ in Beispiel 7.17

◊

Das Hilfsproblem

$$LP^0: \quad \min c^\intercal x \quad \text{s.t.} \quad x \in \mathbb{M}^0$$

lässt sich zum Beispiel mit dem Simplex-Algorithmus lösen. Der Punkt x^0 sei ein Minimalpunkt von LP^0. Wegen

$$c^\intercal x \geq c^\intercal x^0 \quad \text{für alle } x \in \mathbb{M}^0$$

und $\mathbb{M} \subseteq \mathbb{M}^0$ folgt daraus

$$c^\intercal x \geq c^\intercal x^0 \quad \text{für alle } x \in \mathbb{M}.$$

Falls also x^0 in $\mathbb{M}$ liegt, dann löst x^0 auch P. In Beispiel 7.17 erhält man als Optimalpunkt von LP^0

$$x^0 = \begin{pmatrix} -1 \\ -1 \end{pmatrix} \notin \mathbb{M},$$

also ist x^0 nicht Optimalpunkt von P.

Im Fall $x^0 \notin \mathbb{M}$ muss wegen $\mathbb{M}^0 \subseteq L$ (mindestens) eine der Ungleichungen in K verletzt sein, d.h. es gilt $\max_{i \in I} g_i(x^0) > 0$. Wähle im nächsten Schritt die (oder eine der) am meisten verletzten Ungleichungen, also ein $k \in I$ mit $g_k(x^0) = \max_{i \in I} g_i(x^0)$. In Beispiel 7.17 gilt $g_1(x^0) = 1$ und $g_2(x^0) = \frac{1}{e} + 1$, also $k = 2$.

Die *Linearisierung* der gewählten Ungleichungsfunktion g_k um den Punkt x^0 lautet $g_k(x^0) + \langle \nabla g_k(x^0), x - x^0 \rangle$ (vgl. Abschnitt A.8). Fügt man die zugehörige lineare Ungleichung der alten approximierenden Menge $\mathbb{M}^0$ hinzu, so entsteht die Menge

$$\mathbb{M}^1 = \mathbb{M}^0 \cap \{x \in \mathbb{R}^n |\ g_k(x^0) + \langle \nabla g_k(x^0), x - x^0 \rangle \leq 0\}.$$

Die neue Menge $\mathbb{M}^1$ besitzt drei wichtige Eigenschaften:

- Wegen $g_k(x^0) + \langle \nabla g_k(x^0), x^0 - x^0 \rangle = g_k(x^0) > 0$ gilt $x^0 \notin \mathbb{M}^1$, die alte Lösung x^0 wird also *weggeschnitten* und kann in späteren Schritten nicht noch einmal auftreten,
- Aufgrund der C^1–Charakterisierung von Konvexität gilt für alle $x \in \mathbb{M}$
$$g_k(x^0) + \langle \nabla g_k(x^0), x - x^0 \rangle \leq g_k(x) \leq 0$$
und damit $\mathbb{M} \subseteq \mathbb{M}^1$,
- $\mathbb{M}^1$ ist wieder ein Polytop.

Insgesamt schneidet die neue lineare Ungleichung derart einen Teil des Polytops $\mathbb{M}^0$ ab, dass zwar die unerwünschte Lösung x^0 unzulässig wird, alle Elemente der originalen zulässigen Menge $\mathbb{M}$ aber unberührt bleiben. Dies ist die Grundidee jedes Schnittebenenverfahrens und findet sich auch beim Verfahren von Gomory (Abschnitt 5.4.2) wieder.

Beispiel 7.18 (Beispiel 7.17 - Fortsetzung 1).

In Beispiel 7.17 erhält man die neue Ungleichung für $\mathbb{M}^1$ wie folgt:

$$\begin{aligned} 0 \geq g_2(x^0) + \langle \nabla g_2(x^0), x - x^0 \rangle &= \frac{1}{e} + 1 + \left(\frac{1}{e}, -1\right) \begin{pmatrix} x_1 + 1 \\ x_2 + 1 \end{pmatrix} \\ &= \frac{x_1}{e} - x_2 + \frac{2}{e}. \end{aligned}$$

Abbildung 7.17 stellt die Menge $\mathbb{M}^1$ dar.

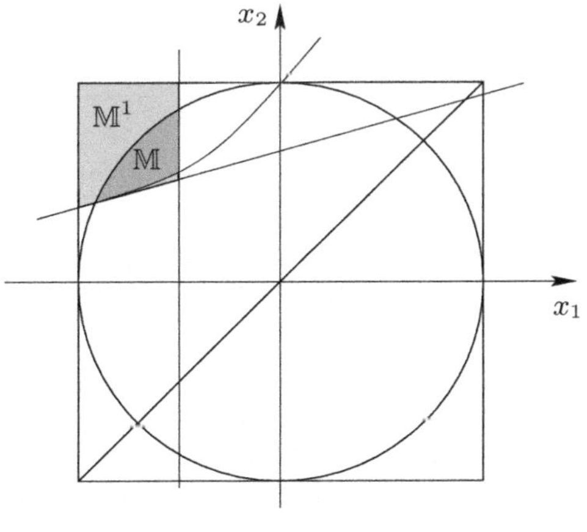

Abb. 7.17. Menge $\mathbb{M}^1$ in Beispiel 7.17

◇

Löst man im nächsten Schritt

$$LP^1: \quad \min c^\mathsf{T} x \quad \text{s.t.} \quad x \in \mathbb{M}^1$$

und so fort, kann man zunächst darauf hoffen, dass nach einigen Iterationen die Lösung x^ν eines Hilfsproblems LP^ν in $\mathbb{M}$ liegt und damit auch das Problem P löst. Da x^ν üblicherweise ein Randpunkt von M^ν ist, kann man aufgrund der äußeren Approximationseigenschaft $\mathbb{M}^\nu \supsetneq \mathbb{M}$ allerdings nicht erwarten, dass für irgendein endliches ν der Punkt x^ν tatsächlich in $\mathbb{M}$ liegt. Stattdessen ist dies nur im Grenzübergang $\nu \to \infty$ der Fall. Das Abbruchkriterium relaxiert man daher zu $\max_{i\in I} g_i(x^\nu) < \varepsilon$ mit einer Toleranz $\varepsilon > 0$, akzeptiert also „fast zulässige“ Punkte. Das vollständige Verfahren ist in Algorithmus 7.7 angegeben. Es terminiert nach endlich vielen Schritten ([3]).

Algorithmus 7.7: Schnittebenenverfahren von Kelley

Input : Lösbares stetig differenzierbares konvexes Minimierungsproblem P mit linearer Zielfunktion und $\mathbb{M} = K \cap L$.

begin

- Wähle ein konvexes Polyeder B mit $K \subseteq B$, so dass $\mathbb{M}^0 := B \cap L$ konvexes Polytop ist.
- Bestimme einen Minimalpunkt x^0 von

$$LP^0: \quad \min c^\mathsf{T} x \quad \text{s.t.} \quad x \in \mathbb{M}^0.$$

- Wähle eine Toleranz $\varepsilon > 0$, und setze $\nu = 0$.

while $\max_{i\in I} g_i(x^\nu) \geq \varepsilon$ **do**

- Wähle ein $k \in I$ mit $g_k(x^\nu) = \max_{i\in I} g_i(x^\nu)$.
- Setze

$$\mathbb{M}^{\nu+1} = \mathbb{M}^\nu \cap \{x \in \mathbb{R}^n |\ g_k(x^\nu) + \langle \nabla g_k(x^\nu), x - x^\nu \rangle \leq 0\}.$$

- Ersetze ν durch $\nu + 1$.
- Bestimme einen Minimalpunkt x^ν von

$$LP^\nu: \quad \min c^\mathsf{T} x \quad \text{s.t.} \quad x \in \mathbb{M}^\nu.$$

end

end

Output : Approximation x^ν eines globalen Minimalpunkts von P

Da insbesondere für den Index ν, mit dem Algorithmus 7.7 abbricht, die Inklusion $\mathbb{M} \subseteq \mathbb{M}^\nu$ gilt, bildet der Wert $c^\mathsf{T} x^\nu$ eine Unterschranke für den Optimalwert v von P. Kombiniert man das Schnittebenenverfahren von Kelley also mit einer Methode, die zulässige Punkte $y^\nu \in \mathbb{M}$ generiert, so lassen sich Einschließungen der Form $c^\mathsf{T} x^\nu \leq v \leq c^\mathsf{T} y^\nu$ für den Optimalwert v erzeugen.

Ein für die Praxis häufig entscheidender Nachteil des Schnittebenenverfahrens von Kelley besteht allerdings darin, dass die erzeugte Approximation x^ν des globalen Minimalpunkts von P zwar eine gute Unterschranke für v liefert, der Punkt x^ν aber unzulässig und damit in vielen Anwendungen unbrauchbar ist. Das folgende Verfahren besitzt diesen Nachteil nicht.

Verfahren von Frank-Wolfe

Das **Verfahren von Frank-Wolfe** basiert auf einer grundlegend anderen Idee als das Schnittebenenverfahren von Kelley. Es erzeugt eine Folge von *zulässigen* Iterierten x^ν, bis x^ν eine *Optimalitätsbedingung* (ε-genau) erfüllt ist.

Gegeben sei das Problem

$$P: \quad \min f(x) \quad \text{s.t.} \quad x \in \mathbb{M}$$

mit stetig differenzierbarer konvexer Zielfunktion f sowie konvexer, nichtleerer und kompakter zulässiger Menge $\mathbb{M}$. Während diese Voraussetzungen unter anderem die Lösbarkeit von P implizieren, werden wir weitere Voraussetzungen an f und $\mathbb{M}$ im Laufe der Herleitung stellen. Das Verfahren basiert auf folgendem Resultat.

Lemma 7.15 (Primale hinreichende Optimalitätsbedingung).
Gegeben seien eine stetig differenzierbare konvexe Funktion $f : \mathbb{R}^n \to \mathbb{R}$ sowie ein Punkt $\bar{x} \in \mathbb{R}^n$ mit

a) $\bar{x} \in \mathbb{M}$,
b) Für alle $x \in \mathbb{M}$ gilt $\langle \nabla f(\bar{x}), x - \bar{x} \rangle \geq 0$.

Dann ist $\bar{x}$ globaler Minimalpunkt von P.

Beweis. Für alle $x \in \mathbb{M}$ gilt nach der C^1–Charakterisierung von Konvexität

$$f(x) \;\geq\; f(\bar{x}) + \langle \nabla f(\bar{x}), x - \bar{x} \rangle \;\geq\; f(\bar{x}).$$

□

Um Lemma 7.15 numerisch einsetzen zu können, muss man die Bedingung b) überprüfen können, die die Gültigkeit *unendlich vieler* Ungleichungen fordert. Sie ist äquivalent zu der Forderung

$$\min_{x \in \mathbb{M}} \langle \nabla f(\bar{x}), x - \bar{x} \rangle \geq 0.$$

Zum Nachweis von Bedingung b) ist also der Minimalwert von

$$Q(\bar{x}): \quad \min_x \langle \nabla f(\bar{x}), x - \bar{x} \rangle \quad \text{s.t.} \quad x \in \mathbb{M}$$

zu bestimmen und auf Nichtnegativität zu überprüfen. Das Verfahren von Frank-Wolfe ist nur dann numerisch sinnvoll, wenn sich $Q(\bar{x})$ effizient lösen lässt. Immerhin besitzt $Q(\bar{x})$ eine lineare Zielfunktion und eine konvexe zulässige Menge, so dass sich $Q(\bar{x})$ prinzipiell durch Anwendung des Schnittebenenverfahrens von

Kelley lösen ließe. Da Hilfsprobleme des Typs $Q(\bar{x})$ allerdings in jedem Iterationsschritt des Verfahrens von Frank-Wolfe auftreten werden, wäre dieses Vorgehen äußerst ineffizient. Dies wird später auf weitere Voraussetzungen an $\mathbb{M}$ führen.

Die Idee des numerischen Verfahrens besteht darin, zunächst einen Startpunkt $x^0 \in \mathbb{M}$ zu wählen und den Minimalwert v^0 von $Q^0 := Q(x^0)$ zu bestimmen. Falls $v^0 \geq 0$ gilt, kann man abbrechen, denn nach Lemma 7.15 ist x^0 globaler Minimalpunkt von P.

Da dieser Fall eher unwahrscheinlich ist, besteht die entscheidende Frage darin, wie man im Fall $v^0 < 0$ weiter vorgeht. Dazu sei zum Minimal*wert* v^0 auch ein Minimal*punkt* y^0 von Q^0 bestimmt. Mit der Suchrichtung $d^0 := y^0 - x^0$ gilt dann

- die Funktionswerte von f fallen von x^0 aus entlang der Richtung d^0, denn für die Richtungsableitung von f an x^0 in Richtung d^0 gilt

$$\varphi'_{d^0}(0) \;=\; \langle \nabla f(x^0), d^0 \rangle \;=\; \langle \nabla f(x^0), y^0 - x^0 \rangle \;=\; v^0 \;<\; 0,$$

  und
- für alle Schrittweiten $t \in [0, 1]$ liegt der Punkt

$$x^0 + td^0 \;=\; x^0 + t(y^0 - x^0) \;=\; (1 - t)x^0 + ty^0$$

  wegen $x^0, y^0 \in \mathbb{M}$, $t \in [0, 1]$ und aufgrund der Konvexität von $\mathbb{M}$ ebenfalls in $\mathbb{M}$.

Einen zulässigen Punkt mit kleinerem Zielfunktionswert findet man also auf jeden Fall in der Form $x^0 + td^0$ mit einem passenden (d.h. nicht zu großen) $t \in [0, 1]$.

Zur *Schrittweitensteuerung* wählt man, sofern dies numerisch effizient möglich ist, t^0 als Minimalpunkt von $f(x^0 + td^0)$ auf $[0, 1]$, sucht also nach einem globalen Minimalpunkt des eindimensionalen Minimierungsproblems

$$S(x^0, d^0): \quad \min_t \; f(x^0 + td^0) \quad \text{s.t.} \quad 0 \leq t \leq 1.$$

Obwohl $S(x^0, d^0)$ eine nur eindimensionale Entscheidungsvariable, eine konvexe Zielfunktion sowie lineare Nebenbedingungen besitzt, kann die Berechnung eines globalen Minimalpunktes sehr aufwändig sein. In diesem Fall gibt man sich mit der inexakten eindimensionalen Minimierung etwa per Armijo-Regel (Algorithmus 7.4) zufrieden.

Im nächsten Schritt setzen wir als neue Iterierte $x^1 := x^0 + t^0 d^0$, lösen Q^1 und so fort. Das Abbruchkriterium muss wieder relaxiert werden. Das vollständige Verfahren ist in Algorithmus 7.8 angegeben. Unter schwachen Zusatzvoraussetzungen lässt sich zeigen, dass das Abbruchkriterium nach endlich vielen Schritten erfüllt ist ([1]).

Abbildung 7.18 zeigt die ersten zwei Iterationen von Algorithmus 7.8 an einem Beispiel.

Um Algorithmus 7.8 numerisch einsetzen zu können, müssen die Hilfsprobleme Q^ν und $S(x^\nu, d^\nu)$ effizient lösbar sein. Hinsichtlich Q^ν sind dazu beispielsweise folgende Voraussetzungen geeignet:

Algorithmus 7.8: Verfahren von Frank-Wolfe

Input : Lösbares stetig differenzierbares konvexes Minimierungsproblem P.

begin

- Wähle einen Startpunkt $x^0 \in \mathbb{M}$, eine Toleranz $\varepsilon > 0$, und setze $\nu = 0$.
- Bestimme einen Minimalpunkt y^0 und den Minimalwert v^0 von

$$Q^0 : \quad \min_x \langle \nabla f(x^0), x - x^0 \rangle \quad \text{s.t.} \quad x \in \mathbb{M}.$$

while $v^\nu \leq -\varepsilon$ **do**

- Setze $d^\nu = y^\nu - x^\nu$.
- Wähle t^ν als (ggf. inexakten) Minimalpunkt von

$$S(x^\nu, d^\nu) : \quad \min_t f(x^\nu + td^\nu) \quad \text{s.t.} \quad 0 \leq t \leq 1.$$

- Setze $x^{\nu+1} = x^\nu + t^\nu d^\nu$.
- Ersetze ν durch $\nu + 1$.
- Bestimme einen Minimalpunkt y^ν und den Minimalwert v^ν von

$$Q^\nu : \quad \min_x \langle \nabla f(x^\nu), x - x^\nu \rangle \quad \text{s.t.} \quad x \in \mathbb{M}.$$

end

end

Output : Approximation x^ν eines globalen Minimalpunkts von P

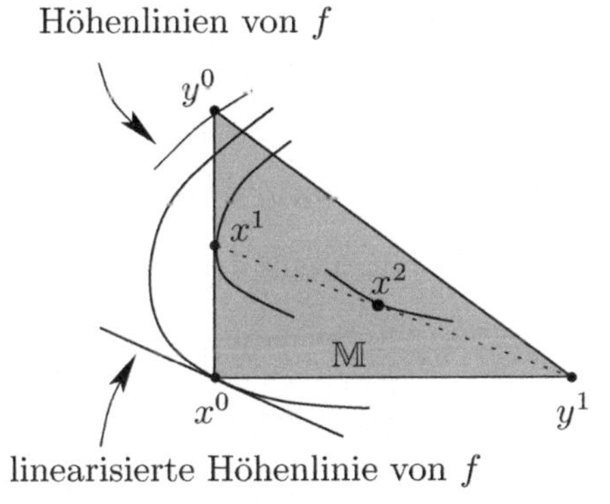

Abb. 7.18. Beispiel für das Verfahren von Frank-Wolfe

- Falls $\mathbb{M}$ ein Polytop ist, dann ist Q^ν ein lineares Optimierungsproblem und damit etwa per Simplex-Algorithmus lösbar.
- Falls $\mathbb{M}$ eine Kugel ist, dann lässt sich y^ν sogar in geschlossener Form berechnen.

Die aus dem Problem $S(x^\nu, d^\nu)$ resultierende Schrittweite t^ν ist als globaler Minimalpunkt in geschlossener Form berechenbar, falls f nicht nur konvex, sondern auch quadratisch ist. Das Verfahren von Frank-Wolfe wurde aus diesen Gründen im Jahre 1956 ursprünglich für *konvex-quadratische Zielfunktionen mit linearen Nebenbedingungen* formuliert.

Straftermverfahren

Straftermverfahren (engl.: penalty methods) lassen sich auf beliebige restringierte Optimierungsprobleme

$$P: \qquad \min f(x) \quad \text{s.t.} \quad \begin{aligned} g_i(x) &\le 0,\ i \in I,\\ h_j(x) &= 0,\ j \in J \end{aligned}$$

anwenden, wobei wir die stetige Differenzierbarkeit aller auftretenden Funktionen voraussetzen. *Nicht* gefordert wird hingegen die Konvexität von P.

Die Grundidee von Straftermverfahren besteht darin, die Minimierung der Zielfunktion f über $x \in \mathbb{R}^n$ und die Zulässigkeitsbedingung $x \in \mathbb{M}$ als zwei unabhängige Ziele aufzufassen. Dazu stellt man ein weiteres Optimierungsproblem auf, dessen optimale Punkte gerade die Menge $\mathbb{M}$ bilden. Dies gelingt durch Einführung einer **Straftermfunktion** (engl.: penalty function) $\alpha : \mathbb{R}^n \to \mathbb{R}$ mit den Eigenschaften

$$\begin{aligned} \forall\, x \in \mathbb{M}: &\quad \alpha(x) = 0\ ,\\ \forall\, x \in \mathbb{R}^n \setminus \mathbb{M}: &\quad \alpha(x) > 0. \end{aligned}$$

Die Funktion α versieht also unzulässige Punkte x mit einer positiven „Strafe“ und die zulässigen Punkte x mit dem Wert null, so dass die Menge der globalen Minimalpunkte von α genau aus $\mathbb{M}$ besteht.

Zur Konstruktion von Straftermfunktionen führt man für die Ungleichungsrestriktionen den Ausdruck

$$g_i^+(x) \ := \ \max\{0, g_i(x)\}\ ,\ i \in I,$$

ein, mit dem $x \in \mathbb{M}$ genau dann gilt, wenn der Vektor

$$(g_1^+(x), ..., g_p^+(x), h_1(x), ..., h_q(x))$$

verschwindet. Aufgrund der Definitheit jeder Norm ist demnach

$$\alpha(x) \ := \ \|(g_1^+(x), ..., g_p^+(x), h_1(x), ..., h_q(x))\|$$

eine Straftermfunktion für $\mathbb{M}$. Um eine stetig differenzierbare Straftermfunktion zu erhalten, wählt man dabei häufig die euklidische Norm und quadriert sie (analog zum Vorgehen in Bsp. 7.8), bildet also

$$\alpha(x) \ = \ \sum_{i \in I} (g_i^+(x))^2 + \sum_{j \in J} (h_j(x))^2.$$

Für stetig differenzierbare Funktionen g_i lässt sich dabei in der Tat zeigen, dass die Ausdrücke $(g_i^+(x))^2$, $i \in I$, ebenfalls stetig differenzierbar sind. Für die Funktion $g(x) = x$ ist dies in Abbildung 7.19 illustriert. Die Funktion $\max\{0, x\}^2$ aus

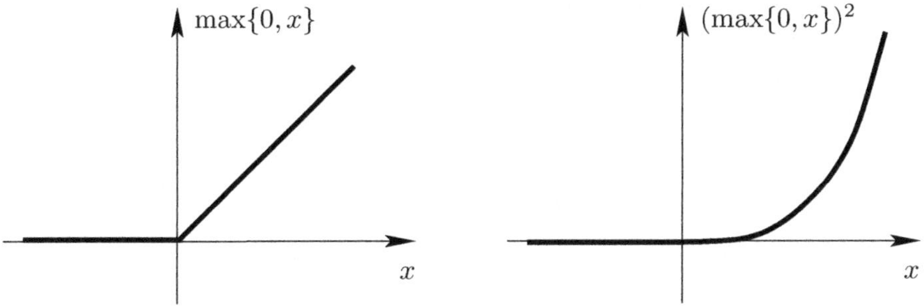

Abb. 7.19. Glattheit der Straftermfunktion

Abbildung 7.19 ist offensichtlich gerade die Straftermfunktion $\alpha(x)$ der zulässigen Menge $\mathbb{M} = \{x \in \mathbb{R} | \, x \leq 0\}$.

Diese Konstruktion ermöglicht es, das *restringierte* Problem P mit *einer* Zielfunktion in ein *unrestringiertes* multikriterielles Problem mit *zwei* Zielfunktionen umzuschreiben (vgl. Abschnitt 2.3):

$$\min_{x \in \mathbb{R}^n} \begin{pmatrix} f(x) \\ \alpha(x) \end{pmatrix}.$$

Zur numerischen Behandlung dieses multikriteriellen Problems gibt es verschiedene Möglichkeiten, von denen der in Abschnitt 2.3.3 vorgestellte Skalarisierungsansatz gerade dem Straftermverfahren entspricht. Die Suche nach dominierenden Punkten x führt auf die in den 1990er Jahren eingeführten und numerisch sehr robusten **Filterverfahren**, für die wir auf [35] verweisen.

Der Skalarisierungsansatz liefert im wesentlichen das unrestringierte Problem

$$P(t): \qquad \min \, f(x) + t\,\alpha(x)$$

mit einem Skalar $t \geq 0$, wobei man darauf verzichtet, dass sich die Gewichte der beiden Zielfunktionen zu eins addieren. Der Parameter t wird **Straftermparameter** genannt.

Für festes t ist die Zielfunktion von $P(t)$ stetig differenzierbar, so dass man mit den Verfahren aus Abschnitt 7.2.3 numerisch nach Minimalpunkten von $P(t)$ suchen kann. Je größer der Wert von t gewählt wird, desto mehr fällt der Strafterm ins Gewicht, so dass man zumindest im Grenzübergang $t \to \infty$ erwarten kann, als Minimalpunkt von $P(t)$ einen zulässigen Punkt von P zu finden.

Beispiel 7.19.

Der globale Minimalpunkt des Problems

$$P: \qquad \min \, -x \quad \text{s.t.} \quad x \leq 0$$

lautet offenbar $\bar{x} = 0$. Als Straftermfunktion erhält man $\alpha(x) = \max\{0, x\}^2$ und damit das Straftermproblem

$$P(t): \qquad \min -x + t \max\{0, x\}^2.$$

Der Verlauf der Zielfunktion von $P(t)$ für wachsende Werte von t ist in Abbildung 7.20 dargestellt. Die globalen Minimalpunkte $x(t)$ der Probleme $P(t)$ konver-

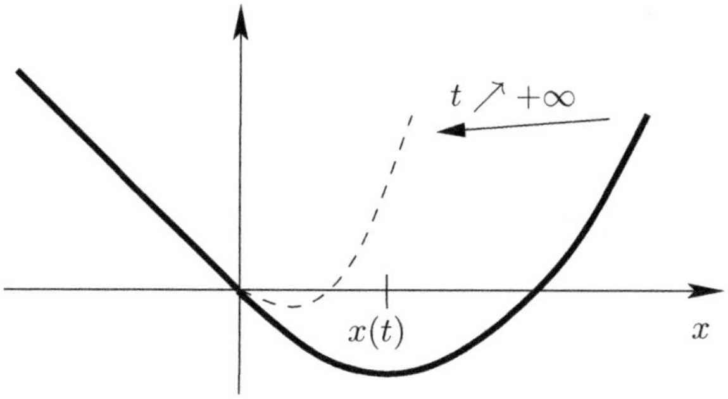

Abb. 7.20. Zielfunktionen in Beispiel 7.19

gieren offensichtlich gegen den globalen Minimalpunkt $\bar{x} = 0$ von P. Allerdings ist für endliches $t > 0$ kein Minimalpunkt von $P(t)$ zulässiger Punkt von P. ◊

In der Tat lässt sich unter schwachen Voraussetzungen zeigen, dass für $t \nearrow \infty$ globale Minimalpunkte von $P(t)$ gegen einen globalen Minimalpunkt von P konvergieren ([3]). Wie beim Schnittebenenverfahren von Kelley besteht ein entscheidender Nachteil von Straftermverfahren allerdings darin, dass die Punkte $x(t)$ für P üblicherweise *unzulässig* sind. Eine mögliche Umsetzung des Straftermverfahrens ist in Algorithmus 7.9 angegeben. Das Abbruchkriterium nutzt aus, dass man $\alpha(x)$ als „Maß" der Unzulässigkeit von x auffassen kann, und dass für $\nu \to \infty$ nicht nur $\alpha(x^\nu)$ sondern sogar $t^\nu \alpha(x^\nu)$ gegen null strebt ([3]).

Algorithmus 7.9 ist in dem Sinne konzeptionell, dass die Verfahren aus Abschnitt 7.2.3 ohne weitere Voraussetzungen nicht globale Minimalpunkte der Hilfsprobleme $P(t^\nu)$ identifizieren können. Selbst wenn dies möglich ist, wird die numerische Behandlung der Probleme $P(t^\nu)$ für wachsende t^ν zunehmend schwieriger, da die Straftermfunktion α dann am Rand von $\mathbb{M}$ eine immer stärkere Krümmung aufweist. Wird eine gewisse Schranke für t^ν überschritten, ist die theoretisch glatte Zielfunktion von $P(t^\nu)$ numerisch nicht mehr von einer am Rand von $\mathbb{M}$ nichtglatten Funktion unterscheidbar, so dass die Verfahren aus Abschnitt 7.2.3 gegebenenfalls nicht mehr funktionieren.

Wir weisen darauf hin, dass die Big-M-Methode zur linearen Optimierung aus Abschnitt 1.7.2 ebenfalls ein Straftermverfahren ist, wobei der Straftermparameter dort M genannt wird. Nach Lemma 1.15 braucht allerdings M nicht gegen unendlich zu streben, um durch Lösung des Straftermproblems einen optimalen Punkt des Originalproblems zu finden, sondern M muss dafür nur eine gewisse Schranke $\overline{M}$ übersteigen. Dies liegt im wesentlichen daran, dass die Straftermfunktion in Abschnitt 1.7.2 nicht mit Hilfe der euklidischen Norm, sondern mit der ℓ_1–Norm

Algorithmus 7.9: Straftermverfahren

Input : Lösbares stetig differenzierbares Minimierungsproblem P.

begin

- Wähle einen Parameter $t^0 > 0$, einen Startpunkt $x^0 \in \mathbb{R}^n$, eine Toleranz $\varepsilon > 0$, einen Faktor $\rho > 1$, und setze $\nu = 0$.

repeat

- Bestimme vom Startpunkt x^ν aus einen globalen Minimalpunkt $x^{\nu+1}$ von

$$P(t^\nu): \qquad \min f(x) + t^\nu\, \alpha(x)$$

- Ersetze t^ν durch $\rho\, t^\nu$.
- Ersetze ν durch $\nu + 1$.

until $t^\nu \alpha(x^\nu) < \varepsilon$;

end

Output : Approximation x^ν eines globalen Minimalpunkts von P

gebildet wird. Solche sogenannten **exakten Straftermverfahren** führen für allgemeine nichtlineare Optimierungsprobleme zu nichtdifferenzierbaren Zielfunktionen, auf die die Verfahren aus Abschnitt 7.2.3 nicht angewendet werden können. In Spezialfällen wie dem der linearen Optimierung in Abschnitt 1.7.2 ist jedoch eine Umformulierung möglich, die die numerische Behandelbarkeit sichert.

Für die sogenannten **Multiplikatorenverfahren** (engl.: multiplier methods, augmented Lagrangian methods), die die Vorteile von glatten Straftermfunktionen und exakten Straftermverfahren verbinden, verweisen wir auf [1, 3, 26, 35].

Barriereverfahren

Barriereverfahren (engl.: barrier methods) behandeln wie die Straftermverfahren stetig differenzierbare restringierte Minimierungsprobleme P ohne Konvexitätsvoraussetzung. Da das Augenmerk der Barriereverfahren darauf liegt, die Ungleichungsrestriktionen von P umzuformulieren, konzentrieren wir uns im Folgenden auf den Fall ohne Gleichungen, d.h. $J = \emptyset$. Im Fall $J \neq \emptyset$ reduziert der Barriereansatz das Problem P zumindest auf ein Problem mit $I = \emptyset$, auf das man etwa Verfahren anwenden kann, die auf der Lagrangebedingung (vgl. Abschnitt 7.3.1) basieren.

Zum Problem

$$P: \qquad \min f(x) \quad \text{s.t.} \quad g_i(x) \leq 0,\ i \in I,$$

sei

$$\mathbb{M}_< \;:=\; \{\, x \in \mathbb{R}^n \,|\, g_i(x) < 0,\ i \in I \,\} \;\neq\; \emptyset,$$

so dass die aus der konvexen Optimierung bekannte Slaterbedingung erfüllt ist.

Grundidee von Barriereverfahren ist es, P durch ein Problem zu ersetzen, bei dem die Ungleichungsrestriktionen *nicht aktiv* werden können.

Dies erreicht man durch Errichtung einer „Barriere" am Rand von $\mathbb{M}$ und setzt es durch die Einführung einer **Barrierefunktion** β um. Im Gegensatz zu einer Straftermfunktion bestraft eine Barrierefunktion bereits zulässige Punkte, die „zu nahe" am Rand $\partial\mathbb{M}$ von $\mathbb{M}$ liegen. Für Randpunkte x von $\mathbb{M}$ soll theoretisch $\beta(x) = +\infty$ gelten, was sich allerdings mit einer reellwertigen Funktion β nicht darstellen lässt. Da unter schwachen Voraussetzungen (wie die Gültigkeit von LUB an jedem $x \in \mathbb{M}$) der Rand von $\mathbb{M}$ mit der Menge $\mathbb{M} \setminus \mathbb{M}_<$ übereinstimmt, lässt sich dies aber wie folgt modellieren: Eine Barrierefunktion wird nur auf der Menge $\mathbb{M}_<$ definiert, und für alle Folgen von gegen $\partial\mathbb{M}$ strebenden Punkten aus $\mathbb{M}_<$, also $x^\nu \in \mathbb{M}_<$ mit $\lim_{\nu\to\infty} x^\nu = x^* \in \partial\mathbb{M}$, sollen die Werte $\beta(x^\nu)$ gegen unendlich gehen, d.h. es gelte $\lim_{\nu\to\infty} \beta(x^\nu) = +\infty$.

Beispielsweise lautet für $\mathbb{M} = \{x \in \mathbb{R} | \, x \leq 0\}$ die Menge $\mathbb{M}_< = \{x \in \mathbb{R} | \, x < 0\}$, und die Funktion $\beta(x) = -\ln(-x)$ ist eine Barrierefunktion (s. Abb. 7.21). Abbildung 7.21 illustriert ferner, dass eine Barrierefunktion im Gegensatz zu einer Straftermfunktion auch negative Werte annehmen darf. Ein weiterer Unterschied besteht darin, dass eine Barrierefunktion auf unzulässigen Punkten nicht definiert zu sein braucht.

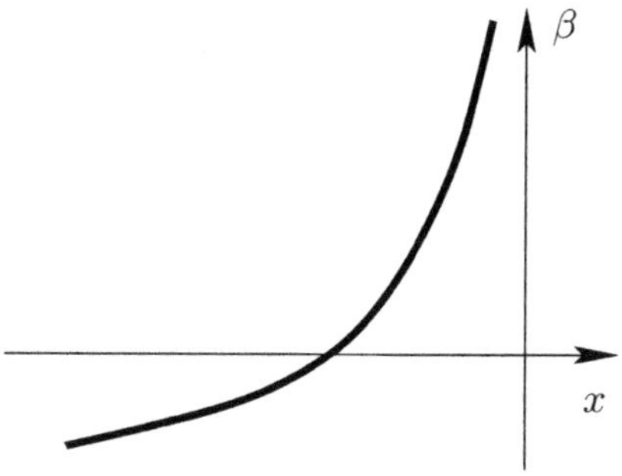

Abb. 7.21. Logarithmische Barrierefunktion β

Für allgemeine zulässige Mengen $\mathbb{M}$ (mit $J = \emptyset$) ist eine mögliche Barrierefunktion stets durch

$$\beta(x) \;=\; -\sum_{i\in I} \ln(-g_i(x))$$

gegeben. In Abgrenzung zu anderen Barrierefunktionen heißt sie (Frisch's) **logarithmische Barrierefunktion**. Im Folgenden werden wir unter β stets die logarithmische Barrierefunktion verstehen.

Ähnlich wie beim Straftermansatz addiert man ein skalares Vielfaches der Barrierefunktion auf die originale Zielfunktion f und betrachtet das Problem

$$P(t): \qquad \min\, f(x) + t\,\beta(x) \quad \text{s.t.} \quad x \in \mathbb{M}$$

mit $t \geq 0$. Der Parameter t wird **Barriereparameter** genannt.

Für festes t ist die Zielfunktion von $P(t)$ auf $\mathbb{M}_<$ stetig differenzierbar, so dass man mit den Verfahren aus Abschnitt 7.2.3 numerisch nach Minimalstellen von $P(t)$ suchen kann. Dabei ist darauf zu achten, dass die Iterierten nicht die Menge $\mathbb{M}_<$ verlassen, was man etwa durch die Wahl hinreichend kleiner Schrittweiten bei der eindimensionalen Minimierung (etwa per Modifikation der Armijoregel) erreichen kann. Aus diesem Grund wurde das Problem $P(t)$ oben explizit mit einer Restriktion versehen.

Je *kleiner* der Wert von t gewählt wird, desto weniger fällt der Barriereterm an Punkten $x \in \mathbb{M}_<$ ins Gewicht, so dass man im Grenzübergang $t \to 0$ erwarten kann, als Minimalpunkt von $P(t)$ einen Randpunkt von $\mathbb{M}$ zu finden.

Beispiel 7.20 (Beispiel 7.19 - Fortsetzung 1).

Für das in Beispiel 7.19 betrachtete Problem

$$P: \qquad \min -x \quad \text{s.t.} \quad x \leq 0$$

lauten die Barrierefunktion $\beta(x) = -\ln(-x)$ und das Barriereproblem

$$P(t): \qquad \min -x - t\ln(-x).$$

Der Verlauf der Zielfunktion von $P(t)$ für fallende Werte von t ist in Abbildung 7.22 dargestellt. Die globalen Minimalpunkte $x(t)$ der Probleme $P(t)$ konvergieren of-

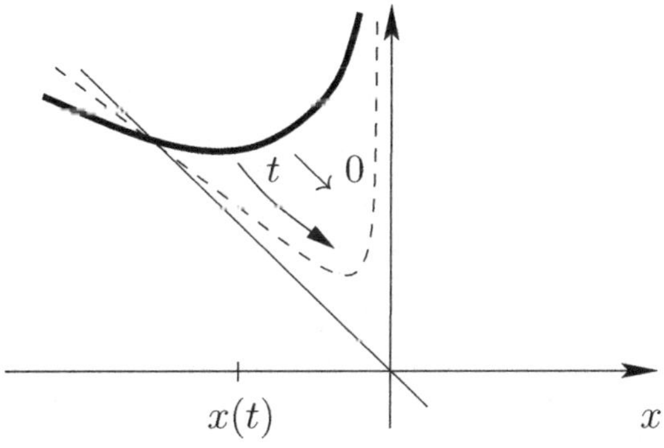

Abb. 7.22. Zielfunktionen in Beispiel 7.20

fensichtlich gegen den globalen Minimalpunkt $\bar{x} = 0$ von P, und im Gegensatz zum Straftermverfahren liegt $x(t)$ für alle $t > 0$ nicht nur in $\mathbb{M}$, sondern sogar in $\mathbb{M}_<$.$\diamond$

Wie bei Straftermverfahren lässt sich unter schwachen Voraussetzungen zeigen, dass globale Minimalpunkte $x(t)$ von $P(t)$ für $t \searrow 0$ stets gegen einen globalen Minimalpunkt von P konvergieren ([3]). Da die Punkte $x(t)$ für $t > 0$ Elemente von $\mathbb{M}_<$ sind, liegen sie im topologischen Inneren der Menge $\mathbb{M}$. Das Barriereverfahren wird daher auch als **Innere-Punkte-Methode** bezeichnet.

In Abgrenzung zu dem im nächsten Abschnitt vorgestellten Verfahren, das auch Dualvariablen benutzt, spricht man genauer von einer *primalen* Innere-Punkte-Methode. Eine mögliche Umsetzung des Barriereverfahrens ist in Algorithmus 7.10 angegeben. Das Abbruchkriterium nutzt aus, dass die globalen Minimalpunkte $x(t)$ die Bedingung $\lim_{t \searrow 0} t\beta(x(t)) = 0$ erfüllen.

Algorithmus 7.10: Barriereverfahren

Input : Lösbares stetig differenzierbares Minimierungsproblem P mit $J = \emptyset$ und $\mathbb{M}_< \neq \emptyset$.

begin
- Wähle einen Parameter $t^0 > 0$, einen Startpunkt $x^0 \in \mathbb{M}_<$, eine Toleranz $\varepsilon > 0$, einen Faktor $\rho \in (0, 1)$, und setze $\nu = 0$.

repeat
- Bestimme vom Startpunkt x^ν aus einen globalen Minimalpunkt $x^{\nu+1}$ von

$$P(t^\nu) : \qquad \min f(x) + t^\nu\, \beta(x) \quad \text{s.t.} \quad x \in \mathbb{M}$$

- Ersetze t^ν durch $\rho\, t^\nu$.
- Ersetze ν durch $\nu + 1$.

until $|t^\nu \beta(x^\nu)| < \varepsilon$;

end

Output : Approximation x^ν eines globalen Minimalpunkts von P

Wie Algorithmus 7.9 ist auch Algorithmus 7.10 in dem Sinne konzeptionell, dass die Verfahren aus Abschnitt 7.2.3 ohne weitere Voraussetzungen nicht globale Minimalpunkte der Hilfsprobleme $P(t^\nu)$ identifizieren können. Analog wird auch die numerische Behandlung der Probleme $P(t^\nu)$ für fallende t^ν zunehmend schwieriger, da die Barrierefunktion β dann am Rand von $\mathbb{M}$ eine immer stärkere Krümmung aufweist.

In Vorbereitung des nächsten Verfahrens betrachten wir die Anwendung des Barriereverfahrens auf konvexe Probleme, d.h. die Funktionen f und g_i, $i \in I$, seien nicht nur stetig differenzierbar, sondern auch konvex. Dann ist auch das Problem $P(t)$ für jedes $t > 0$ konvex und besitzt sogar einen *eindeutigen* globalen Minimalpunkt $x(t)$. Die Menge

$$C_P \;=\; \{x(t)|\ t \in (0, +\infty)\}$$

heißt **primaler zentraler Pfad** von P. Abbildung 7.23 illustriert primale zentrale Pfade für zwei lineare Optimierungsprobleme.

Für den theoretischen Wert $t = +\infty$ spielt die originale Zielfunktion von P keine Rolle, und in Abbildung 7.23 liegt $x(+\infty)$ in gewissem Sinne in einem „Zentrum“ der zulässigen Menge. Im Fall der Minimierung von x_1 über $\mathbb{M}$ liegt eindeutige Lösbarkeit vor, und der primale zentrale Pfad endet für $t = 0$ im Minimalpunkt

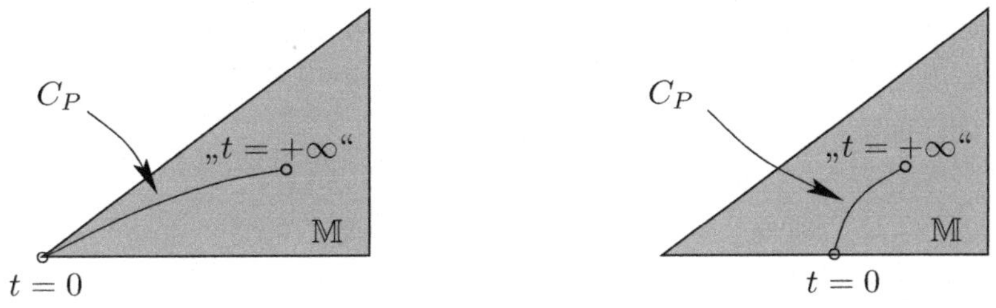

$\min x_1$ s.t. $x \in \mathbb{M}$ $\qquad$ $\min x_2$ s.t. $x \in \mathbb{M}$

Abb. 7.23. Primale zentrale Pfade

des Originalproblems. Im Fall der Minimierung von x_2 über $\mathbb{M}$ ist eine gesamte Kante der zulässigen Menge optimal. Es lässt sich zeigen, dass der primale zentrale Pfad dann in einem „Zentrum“ der Menge der Optimalpunkte endet ([25]).

Primal-duale Innere-Punkte-Methoden

Die beim Barriereverfahren auftretenden numerischen Probleme durch die starke Krümmung der Barrierefunktion β am Rand von $\mathbb{M}$ für $t \searrow 0$ spiegeln sich auch im Optimalitätskriterium wider: Für ein konvexes und stetig differenzierbares Problem P ist der eindeutige globale Minimalpunkt $x(t)$ von $P(t)$ für $t > 0$ nach Satz 7.6 dadurch charakterisiert, dass er kritischer Punkt von $P(t)$ ist. Er löst also die Gleichung

$$
\begin{aligned}
0 = \nabla_x \left(f(x) - t \sum_{i \in I} \ln(-g_i(x)) \right) &= \nabla f(x) - t \sum_{i \in I} \frac{1}{-g_i(x)} (-\nabla g_i(x)) \\
&= \nabla f(x) + \sum_{i \in I} \left(- \frac{t}{g_i(x)} \right) \nabla g_i(x).
\end{aligned}
$$

Falls die Punkte $x(t)$ für $t \searrow 0$ gegen den Rand von $\mathbb{M}$ konvergieren, wird im Grenzübergang mindestens eine Ungleichung aktiv. Mit einem $i \in I$ gilt also $g_i(x(t)) \to 0$, und damit ist der Koeffizient $-\frac{t}{g_i(x(t))}$ des entsprechenden Summanden im Grenzübergang „vom Typ $\frac{0}{0}$“, aus numerischer Sicht also „schlecht konditioniert“.

Als Ausweg macht man sich die Ähnlichkeit der obigen Optimalitätsbedingung zur KKT-Bedingung zu nutze und setzt für alle $t > 0$

$$
\lambda_i(t) \; := \; -\frac{t}{g_i(x(t))}, \; i \in I.
$$

Wegen $x(t) \in \mathbb{M}_<$ gilt $g_i(x(t)) < 0$ für alle $i \in I$, und wegen $t > 0$ folgt daraus $\lambda_i(t) > 0$. Also ist $x(t)$ genau dann Minimalpunkt von $P(t)$, wenn ein $\lambda(t)$ existiert, so dass $(x(t), \lambda(t))$ das folgende System von Gleichungen und Ungleichungen löst, wobei die definierende Gleichung für λ_i mit $g_i(x)$ multipliziert wurde:

$$\begin{aligned}\nabla f(x) + \sum_{i\in I} \lambda_i \nabla g_i(x) &= 0\\ \lambda_i\, g_i(x) &= -t\\ \lambda_i &> 0\\ g_i(x) &< 0, \quad i \in I.\end{aligned}$$

Dies ist gerade das KKT-System von P mit durch $-t$ „gestörten" Gleichungen $\lambda_i g_i(x) = 0$, $i \in I$, und strikten Ungleichungen. Seine Lösung $(x(t), \lambda(t))$ ist für alle $t > 0$ eindeutig, $x(t)$ ist „primal innerer Punkt", und $\lambda(t)$ ist „dual innerer Punkt", weil $\lambda(t)$ nicht am Rand der durch $\lambda \geq 0$ beschriebenen Menge liegt. Die Menge

$$C_{PD} \;=\; \{(x(t), \lambda(t))|\; t \in (0, +\infty)\}$$

heißt **primal-dualer zentraler Pfad** von P.

Für $t \searrow 0$ geht das gestörte in das ungestörte KKT-System über, so dass bei Konvergenz $(x(t), \lambda(t)) \to (x^*, \lambda^*)$ der Punkt x^* ein KKT-Punkt von P mit Multiplikator λ^* ist. Entscheidender numerischer Vorteil gegenüber dem Barriereverfahren ist, dass hier im Grenzübergang $t \searrow 0$ keine numerischen Probleme auftreten. Entsprechend lösen **primal-duale Innere-Punkte-Methoden** (engl.: primal dual interior point methods) nicht das Barriereproblem $P(t)$, sondern direkt die entstehenden gestörten KKT-Bedingungen. Im Grenzübergang $t \searrow 0$ erhalten sie eine Lösung des originalen KKT-Systems. Da P als konvex vorausgesetzt ist, identifizieren primal-duale Innere-Punkte-Methoden nach Satz 7.13 sogar globale Minimalpunkte.

Wir halten fest, dass diese Herleitung der primal-dualen Innere-Punkte-Methoden entscheidend davon abhängt, dass man im Barriereproblem die *logarithmische* Barrierefunktion benutzt. Eine alternative Herleitung motiviert diese Methoden dadurch, dass man die komplizierenden Komplementaritätsbedingungen im KKT-System durch die Störung mit $-t$ „glätten" und damit numerisch leichter handhabbar machen kann. Aus dieser Sicht ist es sehr überraschend, dass das gestörte KKT-System wieder die Optimalitätsbedingung erster Ordnung eines Optimierungsproblems darstellt, nämlich des zugehörigen Barriereproblems.

Geschickte Implementierungen von primal-dualen Innere-Punkte-Methoden lösen die gestörten KKT-Systeme für große t nur grob, werden aber für fallende Werte von t immer exakter. Außerdem bestimmen die Verfahren selbst die Anpassung von t, anstatt t wie in Algorithmus 7.10 stets mit einer Konstante $\rho \in (0, 1)$ zu multiplizieren. Dies kann so effizient geschehen, dass der Rechenaufwand zur Identifizierung eines ε-genauen Minimalpunkts selbst im worst case nur polynomial in der Problemdimension anwächst.

Da dies insbesondere für lineare Optimierungsprobleme gilt, sind primal-duale Innere-Punkte-Methoden in dieser Hinsicht dem Simplex-Algorithmus überlegen, der im worst case exponentiellen Rechenaufwand besitzt. Insbesondere existiert für lineare Optimierungsprobleme mit der primal-dualen Innere-Punkte-Methode ein polynomialer Lösungsalgorithmus, so dass die lineare Optimierung in der Komplexitätsklasse $\mathcal{P}$ liegt (vgl. Abschnitt 5.3.4). Bei hochdimensionalen Problemen lässt sich diese Überlegenheit tatsächlich auch numerisch beobachten, so dass kommerzielle Softwarepakete große lineare Optimierungsprobleme meist nicht per Simplex-Algorithmus lösen, sondern mit primal-dualen Innere-Punkte-Methoden.

Zu beachten ist dabei, dass wie in Abbildung 7.23 auch die primal-dualen zentralen Pfade im Falle nichteindeutiger Lösbarkeit für $t = 0$ in „Zentren" der Mengen primal bzw. dual optimaler Punkte enden. Dies kann unerwünscht sein, etwa wenn man unter totaler Unimodularität und ganzzahligen rechten Seiten der Restriktionen eines linearen Optimierungsproblems (s. Abschnitt 2.4.5) benutzen möchte, dass jede zulässige Basislösung nur ganzzahlige Einträge besitzt. Dass man eine Ganzzahligkeitsbedingung an die Entscheidungsvariablen dann nicht zu modellieren braucht, gilt nur, wenn ein Lösungsverfahren als Optimalpunkt eine zulässige Basislösung liefert. Für den Simplex-Algorithmus ist dies zwar richtig, für primal-duale Innere-Punkte-Verfahren im Fall nichteindeutiger primaler Optimalpunktmengen allerdings *nicht*.

Beispiel 7.21 (Beispiel 1.1 - Fortsetzung 3).

In Beispiel 2.25 hatten wir gesehen, dass im wesentlichen aufgrund von totaler Unimodularität jede Basislösung des Schichtplanproblems aus Beispiel 1.1 nur ganzzahlige Einträge besitzt. Aus Beispiel 1.7 wissen wir außerdem, dass die Optimalpunktmenge $\mathbb{M}^*$ mindestens die Punkte $(2,2,5,0,2,0)^\intercal$ und $(1,3,4,1,1,1)^\intercal$ enthält. Diese entsprechen zulässigen Basislösungen und können durch Anwendung des Simplex-Algorithmus identifiziert werden.

Nach Satz 1.8 ist $\mathbb{M}^*$ im vorliegenden Fall ein konvexes Polyeder, das mehr als einen Punkt enthält. Bei Anwendung einer primal-dualen Innere-Punkte-Methode ist also ein Optimalpunkt zu erwarten, der keine ganzzahligen Einträge besitzt. In der Tat liefert eine solche Methode etwa den nicht ganzzahligen Optimalpunkt $(0.9441, 3.0559, 3.9441, 1.0559, 0.9441, 1.0559)^\intercal$. ◊

8

Dynamische Optimierung

8.1 Einführung

Mehrstufige Entscheidungsprobleme begegnen uns im Alltag ständig. Sie treten immer dann auf, wenn eine zu treffende Entscheidung neben unmittelbaren Auswirkungen auch Konsequenzen auf zukünftige Entscheidungen haben kann. Wir haben es also nicht mit isoliert zu betrachtenden Entscheidungen zu tun, sondern mit einer Folge von Entscheidungen, die in einem engen Zusammenhang stehen. Das folgende einfache Beispiel verdeutlicht die Problematik: Ein Langstreckenläufer, der sich zum Ziel gesetzt hat, eine Meisterschaft zu erringen, wird dieses Ziel verfehlen, wenn er sich taktisch falsch verhält. Geht er das Rennen zu schnell an, so wird er das Tempo nicht durchhalten können und in der Endphase des Rennens zurückfallen. Geht er umgekehrt das Rennen zu langsam an und wird der Abstand zur Spitzengruppe zu groß, so wird er den Rückstand nicht mehr aufholen können. Er wird sich daher die Strecke gedanklich in Abschnitte einteilen und in jedem Abschnitt sein Laufverhalten auf das der Konkurrenten um den Titel und seine Leistungsfähigkeit abstimmen.

Die dynamische Optimierung ist ein rekursives Verfahren zur Lösung mehrstufiger Entscheidungsprobleme. Streng genommen ist sie eine Lösungstechnik, die auf ein konkretes Problem, das sich in Teilprobleme zerlegen lässt, angepasst wird. Verknüpft sind diese Teilprobleme über eine Struktur, die es erlaubt, die Teilprobleme rekursiv zu lösen und die gefundenen Teillösungen zu einer Gesamtlösung zusammenzusetzen. Die folgenden Beispiele dienen der Verdeutlichung. Die Vorgehensweise orientiert sich allein an der Anschauung. Eine formale Überprüfung und Rechtfertigung wird in den nachfolgenden Abschnitten vorgenommen.

Beispiel 8.1 (Ein Kürzeste-Wege-Problem).

Gesucht ist die kürzeste Verbindung zwischen den Orten A und L in dem in Abbildung 8.1 dargestellten Wegenetz.

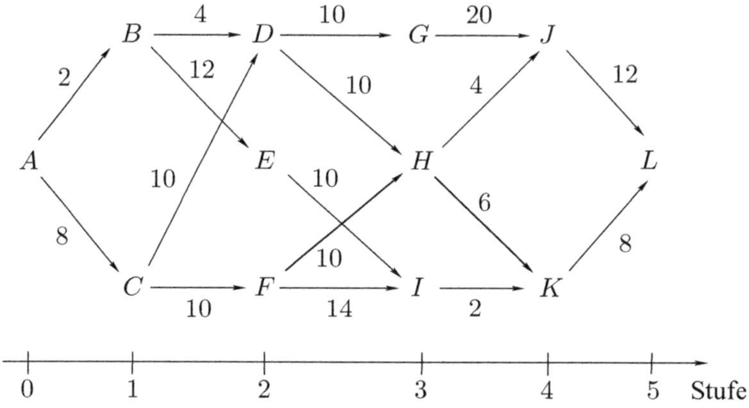

Abb. 8.1. Wegenetz zu Beispiel 8.1

Der Weg von A nach L lässt sich, unabhängig von den tatsächlich angefahrenen Orten, in fünf Teilstrecken (direkte Verbindungen) zerlegen. Die zugehörigen Orte als Anfangs- oder Zielorte der Teilstrecken lauten A (Stufe 0), B und C (Stufe 1), D, E und F (Stufe 2), G, H und I (Stufe 3), J und K (Stufe 4) und schließlich L (Stufe 5).

Den Bewertungen der Pfeile entnehmen wir die Entfernungen der Teilstrecken. Um die kürzeste Verbindung zwischen den Orten A und L zu bestimmen, unterstellen wir zunächst, dass wir bereits einen Ort der Stufe n erreicht haben und, ausgehend von diesem Ort s, den kürzesten Restweg nach L suchen, dessen Länge wir mit $V_n(s)$ bezeichnen wollen. Für $n = 0$ und somit für den Anfangsort $s = A$ geht dann der kürzeste Restweg $V_0(A)$ in die gesuchte kürzeste Verbindung zwischen den Orten A und L über.

Die direkte Verbindung zwischen den Orten J und K der Stufe 4 und dem Zielort L ergibt unmittelbar $V_4(J) = 12$ bzw. $V_4(K) = 8$.

Auf der Stufe 3 betrachten wir zunächst die Orte G und I. Sie haben nur jeweils eine direkte Verbindung zu einem Ort der Stufe 4. Hieraus folgt

$$
\begin{aligned}
V_3(G) &= 20 + V_4(J) = 32 \\
V_3(I) &= \ \ 2 + V_4(K) = 10.
\end{aligned}
$$

Die kürzeste Entfernung von H nach L ist sicher die, die sich als Minimum der beiden Entfernungen $4 + V_4(J)$ und $6 + V_4(K)$ ergibt. Wir erhalten somit

$$V_3(H) = \min\{4 + V_4(J),\ 6 + V_4(K)\} = \min\{16, 14\} = 14.$$

Verfährt man auf den Stufen $n = 2$, 1 und 0 analog, vergleicht also die Restwege, die sich zusammensetzen aus der direkten Verbindung zu einem Ort der Stufe $n+1$ und dem sich anschließenden kürzesten Restweg ab Stufe $n + 1$, so erhält man

$$\begin{aligned}
V_2(D) &= \min\{10 + V_3(G),\ 10 + V_3(H)\} = \min\{42, 24\} = 24 \\
V_2(E) &= 10 + V_3(I) = 20 \\
V_2(F) &= \min\{10 + V_3(H),\ 14 + V_3(I)\} = \min\{24, 24\} = 24 \\
V_1(B) &= \min\{\ 4 + V_2(D),\ 12 + V_2(E)\} = \min\{28, 32\} = 28 \\
V_1(C) &= \min\{10 + V_2(D),\ 10 + V_2(F)\} = \min\{34, 34\} = 34
\end{aligned}$$

und schließlich

$$V_0(A) = \min\{2 + V_1(B),\ 8 + V_1(C)\} = \min\{30, 42\} = 30.$$

Die kürzeste Verbindung zwischen den Orten A und L hat somit die Länge 30. Den zugehörigen Weg A–B–D–H–K–L erhält man, indem man rekursiv, beginnend mit der Stufe 0, die Orte bestimmt, für die das jeweilige Minimum angenommen wird. Der Nachfolgeort des Anfangsortes A ist somit der Ort B (ein Weg über den Ort C hätte die Mindestlänge 42). Der Ort B auf der Stufe 1 wiederum hat den Nachfolgeort D, usw.

Ein Nachfolgeort bei der Bestimmung des kürzesten Weges muss nicht eindeutig sein. Im Ort C gibt es zwei Nachfolgeorte. Das bedeutet, dass es mehrere kürzeste Wege geben kann. Alle kürzesten Wege stimmen aber bezüglich der Entfernung überein. ◇

Die Stufen eines dynamischen Optimierungsproblems repräsentieren häufig Zeitpunkte, zu denen Entscheidungen getroffen werden und ergeben sich so auf natürliche Weise. Sie können aber auch, wie das folgende Beispiel zeigt, Bestandteil einer künstlichen Zerlegung des Problems sein.

Beispiel 8.2 (Ein Aufteilungsproblem).

Ein Investor verfügt über 30 Geldeinheiten (GE), die er in vier Projekte investieren kann. Die Höhe der Investitionen sowie die erwarteten Gewinne sind in Tabelle 8.1 zusammengefasst.

Er ist an einer Auswahl der Projekte interessiert, die den Gesamtgewinn (als Summe der Einzelgewinne) maximiert.

Um eine optimale Auswahl der Projekte mit Hilfe der dynamischen Optimierung vornehmen zu können, gehen wir von der Vorstellung aus, sukzessive über

Projekt	Investition	Gewinn
1	12	7
2	6	4
3	21	10
4	8	5

Tabelle 8.1. Daten zu Beispiel 8.2

die Auswahl der Projekte zu entscheiden. Hierzu führen wir zunächst die Stufen $n = 0, 1, 2, 3$ ein und bezeichnen mit $V_n(s)$ den maximalen Gewinn, der mit den Projekten $n + 1, n + 2, \ldots, 4$ in Abhängigkeit vom Restkapital $s \in \{0, \ldots, 30\}$ zu erzielen ist.

Auf der Stufe 3 muss der Investor über das Projekt 4 entscheiden. Verfügt er über das Restkapital s, so kann er im Falle $s \geq 8$ das Projekt noch erwerben, im Falle $s < 8$ nicht mehr. Hieraus folgt

$$V_3(s) = \begin{cases} 0 & \text{für } s < 8 \\ 5 & \text{für } s \geq 8. \end{cases}$$

Auf der Stufe 2 muss er über das Projekt 3 (unter Berücksichtigung des Projektes 4) entscheiden. Verfügt er über ein Restkapital $s \geq 21$, so kann er 21 GE für den Erwerb des Projektes 3 einsetzen und die ihm noch verbleibenden $s - 21$ GE für den Erwerb des Projektes 4 heranziehen. Er kann aber auch auf das Projekt 3 verzichten und das gesamte Kapital s für Projekt 4 zurückstellen. Im Falle $s < 21$ kann er nur noch in das Projekt 4 investieren. Hieraus folgt

$$V_2(s) = \begin{cases} V_3(s) & \text{für } s < 21 \\ \max\{10 + V_3(s - 21),\ V_3(s)\} & \text{für } s \geq 21. \end{cases}$$

Entsprechend erhält man auf der Stufe 1 für die Auswahl des Projektes 2

$$V_1(s) = \begin{cases} V_2(s) & \text{für } s < 6 \\ \max\{4 + V_2(s - 6),\ V_2(s)\} & \text{für } s \geq 6 \end{cases}$$

und schließlich auf der Stufe 0 für die Auswahl des Projektes 1

$$V_0(s) = \begin{cases} V_1(s) & \text{für } s < 12 \\ \max\{7 + V_1(s - 12),\ V_1(s)\} & \text{für } s \geq 12. \end{cases}$$

Sieht man einmal von dem festen Anfangskapital $s = 30$ ab, so macht die Auswertung des Rekursionsschemas die rekursive Berechnung aller Funktionswerte $V_3(s)$, $V_2(s)$, $V_1(s)$ und $V_0(s)$ erforderlich. Diese sind in Tabelle 8.2 aufgeführt.

s	$V_3(s)$	$V_2(s)$	$V_1(s)$	$V_0(s)$
$0 \leq s \leq 5$	0	0	0	0
$6 \leq s \leq 7$	0	0	4	4
$8 \leq s \leq 11$	5	5	5	5
$12 \leq s \leq 13$	5	5	5	7
$14 \leq s \leq 17$	5	5	9	9
$18 \leq s \leq 19$	5	5	9	11
$20 \leq s \leq 20$	5	5	9	12
$21 \leq s \leq 25$	5	10	10	12
$26 \leq s \leq 26$	5	10	10	16
$27 \leq s \leq 28$	5	10	14	16
$29 \leq s \leq 30$	5	15	15	16

Tabelle 8.2. Die Funktionen $V_0, \ldots, V_3$ in Beispiel 8.2

Aus ihr entnehmen wir den maximalen Gesamtgewinn $V_0(30) = 16$. Die zugehörigen Projekte ergeben sich, beginnend mit der Stufe 0 (Projekt 1), rekursiv aus den Maximalpunkten der rechten Seiten der Funktionen $V_0(s), \ldots, V_3(s)$:

$$\begin{aligned}
&V_0(30) = \max\{7 + V_1(18),\ V_1(30)\} = \max\{16, 15\} : \ \text{(Projekt 1 auswählen)}\\
&V_1(18) = \max\{4 + V_2(12),\ V_2(18)\} = \max\{9, 5\} : \ \text{(Projekt 2 auswählen)}\\
&V_2(12) = V_3(12) = 5 : \ \text{(Projekt 3 nicht auswählen)}\\
&V_3(12) = 5 : \ \text{(Projekt 4 auswählen).}
\end{aligned}$$

Der Investor wird somit die Projekte 1, 2 und 4 auswählen, was ihm einen Gesamtgewinn von 16 GE (bei einer Investition von 26 GE) garantiert. ◊

In den bisherigen Beispielen konnte davon ausgegangen werden, dass sich der Zustand (Ort, Restkapital) der Stufe $n + 1$ eindeutig aus dem Zustand der Stufe n und der dort gewählten Aktion (Nachfolgeort, Auswahlentscheidung) ergibt. Man spricht in diesem Zusammenhang auch von einem **deterministischen dynamischen Optimierungsproblem**.

In dem folgenden Beispiel, einer einfachen Anwendung der **stochastischen dynamischen Optimierung**, ergeben sich die nachfolgenden Zustände nicht mehr eindeutig, sondern lassen sich nur mit bestimmten Wahrscheinlichkeiten vorhersagen.

Beispiel 8.3 (Ein Stopp-Problem).

Einem Hausbesitzer verbleiben für den Verkauf seines Hauses noch 10 Wochen. In dieser Zeit möchte er das Haus bestmöglich verkaufen. Er inseriert wöchentlich in einer regionalen Zeitung und geht davon aus, dass er in der n-ten Woche ein Angebot (in 1000 €) der Höhe $x_n \in \{300, 350, 400, 450\}$ mit Wahrscheinlichkeit $q(x_n)$ erhält, wobei gilt

x_n	300	350	400	450
$q(x_n)$	0.2	0.3	0.4	0.1

Solange das Haus noch nicht verkauft ist, entscheidet er wöchentlich, ob er das aktuelle Angebot akzeptieren soll oder nicht. Dabei unterstellen wir, dass er auf ein einmal abgelehntes Angebot zu keinem späteren Zeitpunkt mehr zurückkommen kann.

Er geht nun intuitiv so vor: Liegt in der n-ten Woche ein Angebot der Höhe x_n vor, so wird er es akzeptieren, wenn es „hinreichend hoch" ist; andernfalls wird er es ablehnen und auf ein besseres Angebot in den noch verbleibenden Wochen hoffen. Dieses erhoffte bessere Angebot ist ihm jedoch zum gegenwärtigen Zeitpunkt nicht oder zumindest nur unvollständig bekannt. Er kann daher dieses erhoffte bessere Angebot lediglich als einen Erwartungswert auffassen, also als ein gewichtetes Mittel der möglichen Angebote über die noch verbleibenden Wochen.

Der zeitliche Rahmen von 10 Wochen für den Verkauf des Hauses verbietet ihm ein Warten auf den maximal erzielbaren Erlös von 450 und ergibt den eigentlichen Zielkonflikt, dem er ausgesetzt ist.

Um sicherzustellen, dass das Haus tatsächlich verkauft wird, treffen wir die Annahme, dass der Wert des Hauses nach 10 Wochen, also nach Ablauf des Verkaufszeitraums, den Wert Null annimmt. Dies drücken wir formal durch eine terminale Gewinnfunktion $V_{10}(s) = 0$, $s \in \mathcal{S} = \{300, 350, 400, 450\}$, aus.

Sei $V_{n-1}(s_{n-1})$ der maximale Verkaufserlös, den er aufgrund des Angebots $s_{n-1} \in \mathcal{S}$ der n-ten Woche und den noch ausstehenden Angeboten der verbleibenden Wochen erwarten kann.

Für $n < 10$ lässt sich $V_n(s)$ rekursiv berechnen. Steht das Haus in der letzten Woche noch zum Verkauf an, so wird der Hausbesitzer das aktuelle Angebot akzeptieren, da es für ihn die letzte Möglichkeit ist, einen positiven Erlös zu erzielen. Somit ist $V_9(s) = s$ für $s \in \mathcal{S}$. In den Vorwochen wird er abwägen zwischen Akzeptieren (Erlös s) und Abwarten (erwarteter Erlös $\sum_{s' \in \mathcal{S}} q(s')V_{n+1}(s')$ in den noch verbleibenden Wochen).

Schließlich ergibt sich (unter Berücksichtigung der terminalen Gewinnfunktion $V_{10} \equiv 0$) für $n < 10$ und alle $s \in \mathcal{S}$

$$V_n(s) = \max \left\{ s, \sum_{s' \in \mathcal{S}} q(s')V_{n+1}(s') \right\}.$$

Die zugehörigen Funktionswerte sind in Tabelle 8.3 zusammengefasst. Die hervorgehobenen Zahlen geben das jeweils niedrigste Angebot an, das akzeptiert wird. Somit akzeptiert der Hausbesitzer in den ersten sechs Wochen nur den maximal erzielbaren Erlös von 450000 €, schraubt in den nächsten drei Wochen seinen Anspruch auf 400000 € zurück und akzeptiert schließlich in der letzten Woche jedes Angebot.

	s (in 1000 €)			
	300	350	400	450
$V_9(s)$	300.0	350.0	400.0	450.0
$V_8(s)$	370.0	370.0	400.0	450.0
$V_7(s)$	390.0	390.0	400.0	450.0
$V_6(s)$	400.0	400.0	400.0	450.0
$V_5(s)$	405.0	405.0	405.0	450.0
$V_4(s)$	409.5	409.5	409.5	450.0
$V_3(s)$	413.6	413.6	413.6	450.0
$V_2(s)$	417.2	417.2	417.2	450.0
$V_1(s)$	420.5	420.5	420.5	450.0
$V_0(s)$	423.4	423.4	423.4	450.0

Tabelle 8.3. Die Funktionen $V_0, \ldots, V_9$ in Beispiel 8.3

◊

8.2 Deterministische dynamische Optimierung

8.2.1 Das Basismodell

Unter einem **endlich-stufigen deterministischen dynamischen Optimierungsproblem** verstehen wir ein Tupel $(N, \mathcal{S}, \mathcal{A}, z, r, V_N)$, wobei die einzelnen Größen die folgende Bedeutung haben:

(i) $N \in \mathbb{N}$, der **Planungshorizont**, legt die Anzahl der Stufen fest ($n = 0, 1, \ldots, N$).
(ii) $\mathcal{S}$, der **Zustandsraum**, ist eine abzählbare Menge. Die nichtleeren Teilmengen $\mathcal{S}_0 = \{s_0\}, \mathcal{S}_1, \ldots, \mathcal{S}_N$ sind die Zustandsmengen der Stufen $0, 1, \ldots, N$.
(iii) $\mathcal{A}$, der **Aktionenraum**, ist eine abzählbare Menge. Die nichtleeren endlichen Teilmengen $\mathcal{A}_n(s)$, $s \in \mathcal{S}_n$, sind die vom Zustand s und der Stufe $n < N$ abhängigen Mengen zulässiger Aktionen. Außerdem sei

$$\mathcal{D}_n := \{(s, a) \in \mathcal{S}_n \times \mathcal{A} \mid a \in \mathcal{A}_n(s)\}.$$

(iv) $z_n : \mathcal{D}_n \to \mathcal{S}_{n+1}$, die **Zustandstransformation**, ist eine Funktion, die jedem Zustand $s \in \mathcal{S}_n$ und jeder zulässigen Aktion $a \in \mathcal{A}_n(s)$ den neuen Zustand $s' = z_n(s, a) \in \mathcal{S}_{n+1}$ zuordnet ($n < N$).
(v) $r_n : \mathcal{D}_n \to \mathbb{R}$, die **einstufige Gewinnfunktion**, ist eine Funktion, die den einstufigen Gewinn $r_n(s, a)$ im Zustand $s \in \mathcal{S}_n$ bei Wahl der Aktion $a \in \mathcal{A}_n(s)$ angibt ($n < N$).
(vi) $V_N : \mathcal{S}_N \to \mathbb{R}$, die **terminale Gewinnfunktion**, ist eine Funktion, die auf Stufe N den terminalen Gewinn $V_N(s)$ im Zustand $s \in \mathcal{S}_N$ angibt.

Abbildung 8.2 illustriert, wie Zustände eines endlich-stufigen deterministischen dynamischen Optimierungsproblems miteinander verknüpft sein können.

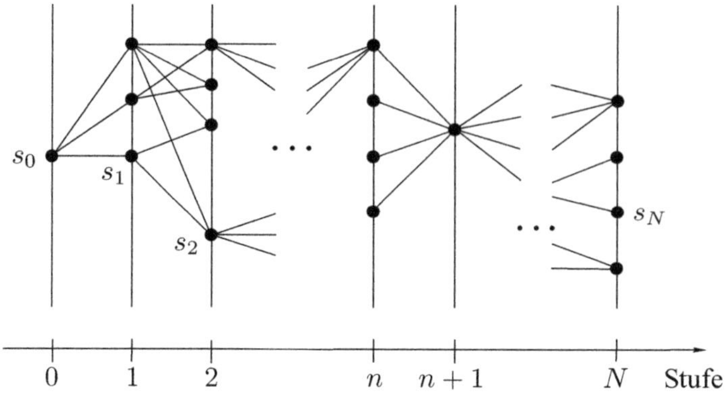

Abb. 8.2. Beispiel für die Zustände eines dynamischen Optimierungsproblems

Die Stufen $n = 0, 1, ..., N$ eines dynamischen Optimierungsproblems kann man häufig als diskrete Zeitpunkte interpretieren, zu denen ein System beobachtet wird. Befindet sich ein solches System zum Zeitpunkt $n < N$ im Zustand s, so wählt der Beobachter eine zulässige Aktion $a \in \mathcal{A}_n(s)$. Verbunden mit dem Zustand s und der Wahl der Aktion a ist ein einstufiger Gewinn $r_n(s, a)$, und das System geht über in den Zustand $s' = z_n(s, a)$ zum Zeitpunkt $n + 1$ (vgl. Abb. 8.3).

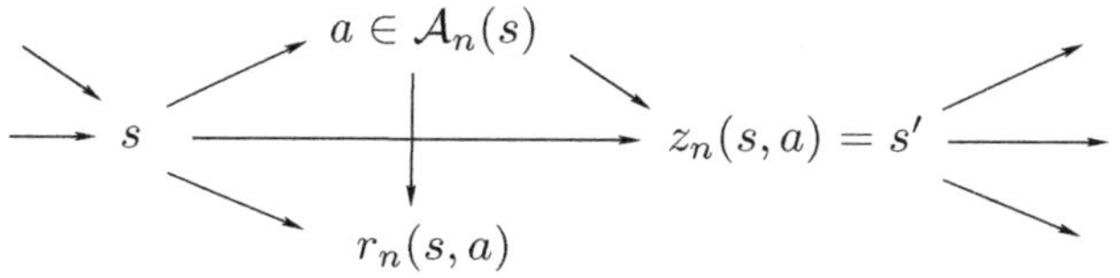

Abb. 8.3. Übergänge in einem dynamischen Optimierungsproblem

Am Ende des Planungszeitraumes, also zum Zeitpunkt $n = N$, fällt ein terminaler Gewinn $V_N(s)$ in Abhängigkeit vom Zustand $s \in \mathcal{S}_N$ an. Wenn die Zugehörigkeit eines Zustands s oder einer Aktion a zur Stufe n im Folgenden nicht unmittelbar klar ist, oder wenn wir uns auf fest gewählte Zustände oder Aktionen in Stufe n beziehen, werden wir sie zur Verdeutlichung mit s_n bzw. a_n bezeichnen.

Als **Strategie** oder **Politik** $\delta = (a_0, a_1, \ldots, a_{N-1})$ bezeichnen wir eine Folge zulässiger Aktionen $a_0 \in \mathcal{A}_0(s_0)$, $a_1 \in \mathcal{A}_1(s_1)$, $\ldots$, $a_{N-1} \in \mathcal{A}_{N-1}(s_{N-1})$, wobei die Zustände $s_1 = z_0(s_0, a_0)$, $\ldots$, $s_N = z_{N-1}(s_{N-1}, a_{N-1})$ sich rekursiv aus den Zuständen und Aktionen der Vorstufen ergeben. Die Menge aller Strategien wird im Folgenden mit Δ bezeichnet.

8.2.2 Das Optimalitätskriterium

Bei Anwendung einer Strategie $\delta = (a_0, a_1, \ldots, a_{N-1})$ ergibt sich der Gesamtgewinn

$$R_\delta(s_0) := \sum_{n=0}^{N-1} r_n(s_n, a_n) + V_N(s_N).$$

Eine Strategie δ^* heißt **optimal**, falls $R_{\delta^*}(s_0) \geq R_\delta(s_0)$ für alle $\delta \in \Delta$ gilt. Man überprüft leicht, dass die Menge Δ endlich ist, da der Anfangszustand s_0 fest ist und neben dem Planungshorizont auch die Mengen zulässiger Aktionen endlich sind. Somit existiert stets eine optimale Strategie.

Die Berechnung des **maximalen Gesamtgewinns**

$$V_0(s_0) := \max\{R_\delta(s_0) \mid \delta \in \Delta\}$$

und die Ermittlung einer optimalen Strategie δ^* lassen sich auf die Lösung einer Funktionalgleichung, der sogenannten **Optimalitätsgleichung**, auch **Bellmansche Funktionalgleichung** genannt, zurückführen.

Zur Herleitung benötigen wir noch den maximalen Gewinn ab Stufe n in Abhängigkeit vom Zustand $s_n \in \mathcal{S}_n$, also

$$V_n(s_n) := \max\left\{\sum_{t=n}^{N-1} r_t(s_t, a_t) + V_N(s_N) \mid a_n \in \mathcal{A}_n(s_n), \ldots, a_{N-1} \in \mathcal{A}_{N-1}(s_{N-1})\right\}.$$

Dabei ist $s_{n+1} = z_n(s_n, a_n), \ \ldots, \ s_N = z_{N-1}(s_{N-1}, a_{N-1})$. Die Funktionen $V_0, \ldots, V_N$ bezeichnet man auch als **Wertfunktionen**.

8.2.3 Die Optimalitätsgleichung

Wir erhalten nun das zentrale Ergebnis dieses Abschnitts.

Satz 8.1. *(Optimalitätsgleichung)*

(i) Für $n = 0, \ldots, N-1$ und alle $s_n \in \mathcal{S}_n$ gilt

$$V_n(s_n) = \max_{a \in \mathcal{A}_n(s_n)} \{r_n(s_n, a) + V_{n+1}(z_n(s_n, a))\}. \tag{8.1}$$

(ii) Definiert man aus den die rechte Seite von (8.1) maximierenden Aktionen rekursiv eine Aktionenfolge $a_0^*, a_1^*, \ldots, a_{N-1}^*$ gemäß

$$r_0(s_0, a_0^*) + V_1(z_0(s_0, a_0^*)) = \max\{r_0(s_0, a) + V_1(z_0(s_0, a)) \mid a \in \mathcal{A}_0(s_0)\}$$

und für $n = 1, 2, \ldots, N-1$, $s_n = z_{n-1}(s_{n-1}, a_{n-1}^*)$ gemäß

$$r_n(s_n, a_n^*) + V_{n+1}(z_n(s_n, a_n^*)) = \max\{r_n(s_n, a) + V_{n+1}(z_n(s_n, a)) \mid a \in \mathcal{A}_n(s_n)\},$$

so ist die zugehörige Strategie $\delta^* = (a_0^*, \ldots, a_{N-1}^*)$ optimal.

Beweis. (i) Sei $n \in \{0, \dots, N-1\}$, $s_n \in \mathcal{S}_n$. Da Δ endlich ist, existiert eine ab Stufe n optimale Aktionenfolge $(a_n^*, \dots, a_{N-1}^*)$ und eine zugehörige Zustandsfolge $s_n^* = s_n$, $s_{n+1}^* = z_n(s_n^*, a_n^*), \dots, s_N^* = z_{N-1}(s_{N-1}^*, a_{N-1}^*)$ mit

$$\begin{aligned} V_n(s_n) &= \sum_{t=n}^{N-1} r_t(s_t^*, a_t^*) + V_N(s_N^*) \\ &= r_n(s_n, a_n^*) + \sum_{t=n+1}^{N-1} r_t(s_t^*, a_t^*) + V_N(s_N^*), \end{aligned}$$

und wir erhalten die Abschätzung

$$\begin{aligned} V_n(s_n) &\leq r_n(s_n, a_n^*) + V_{n+1}(z_n(s_n, a_n^*)) \\ &\leq \max\{r_n(s_n, a) + V_{n+1}(z_n(s_n, a)) \mid a \in \mathcal{A}_n(s_n)\}. \end{aligned}$$

Umgekehrt sei a_n^{**} eine Aktion im Zustand $s_n^{**} = s_n$, die die rechte Seite in (8.1) maximiert, und $(a_{n+1}^{**}, \dots, a_{N-1}^{**})$ eine ab der Stufe $n+1$ optimale Aktionenfolge für den Anfangszustand $s_{n+1}^{**} = z_n(s_n, a_n^{**})$. Dann gilt

$$\begin{aligned} V_n(s_n) &\geq \sum_{t=n}^{N-1} r_t(s_t^{**}, a_t^{**}) + V_N(s_N^{**}) \\ &= r_n(s_n, a_n^{**}) + \sum_{t=n+1}^{N-1} r_t(s_t^{**}, a_t^{**}) + V_N(s_N^{**}) \\ &= r_n(s_n, a_n^{**}) + V_{n+1}(z_n(s_n, a_n^{**})) \\ &= \max\{r_n(s_n, a) + V_{n+1}(z_n(s_n, a)) \mid a \in \mathcal{A}_n(s_n)\}. \end{aligned}$$

Behauptung (i) folgt nun aus beiden Ungleichungen.

(ii) Summiert man $V_0, V_1, \dots, V_{N-1}$ auf, so folgt aus (i) und den Eigenschaften der Aktionen $a_0^*, a_1^*, \dots, a_{N-1}^*$ zunächst

$$\sum_{n=0}^{N-1} V_n(s_n) = \sum_{n=0}^{N-1} \{r_n(s_n, a_n^*) + V_{n+1}(z_n(s_n, a_n^*))\}$$

und damit

$$V_0(s_0) = \sum_{n=0}^{N-1} r_n(s_n, a_n^*) + V_N(s_N).$$

Folglich ist $\delta^* = (a_0^*, a_1^*, \dots, a_{N-1}^*)$ optimal. □

8.2.4 Wertiteration

Nach Satz 8.1 lässt sich die Berechnung des maximalen Gesamtgewinns $V_0(s_0)$ und die Ermittlung einer optimalen Strategie δ^* auf das Lösen einer Funktionalgleichung, der Optimalitätsgleichung, zurückführen. Die effiziente Lösung der Optimalitätsgleichung im Hinblick auf die Rechenzeit und den Speicherbedarf gehört daher zu den zentralen Aufgaben der dynamischen Optimierung. Der Satz könnte rechentechnisch beispielsweise wie in Algorithmus 8.1 umgesetzt werden.

Algorithmus 8.1: Wertiteration für das endlich-stufige deterministische dynamische Optimierungsproblem

---

Input : Endlich-stufiges deterministisches dynamisches Optimierungsproblem

begin
- Setze $v'(s) = V_N(s)$ für alle $s \in \mathcal{S}_N$.

for $n = N - 1$ **to** 0 **do**
- Setze $v(s) = v'(s)$ für alle $s \in \mathcal{S}_{n+1}$.
- Für alle $s \in \mathcal{S}_n$ berechne

$$v'(s) = \max_{a \in \mathcal{A}_n(s)} \{r_n(s,a) + v(z_n(s,a))\}$$

und einen Maximalpunkt $a^* =: f_n^*(s)$.

end
- Setze $V_0(s_0) = v'(s_0)$.
- Setze $\delta^* = (a_0^*, a_1^*, \dots, a_{N-1}^*)$ mit $a_0^* = f_0^*(s_0)$ und $a_n^* = f_n^*(s_n)$ für $n = 1, \dots, N-1$, wobei $s_n = z_{n-1}(s_{n-1}, a_{n-1}^*)$.

end

Output : Optimale Strategie δ^* und maximaler Gesamtgewinn $V_0(s_0)$

Durch Rückwärtsrechnung berechnet man in Algorithmus 8.1 zunächst die Wertfunktionen $V_{N-1}, \dots, V_0$. Da $V_{N-1}, \dots, V_1$ nur für jeweils einen Iterationsschritt benötigt werden und in die anschließende Vorwärtsrechnung nicht mehr eingehen, können sie überschrieben werden. Man benötigt somit nur eine neue Wertfunktion v' (Stufe n) und eine alte Wertfunktion v (Stufe $n+1$), kommt also mit zwei Wertfunktionen aus.

Will man die Berechnung von Hand vornehmen, so ist es sinnvoll, dies in einer Tabellenform durchzuführen. Hierzu greifen wir noch einmal Beispiel 8.1 auf. Insbesondere nehmen wir eine Reduktion auf das Basismodell der deterministischen dynamischen Optimierung vor und verifizieren die mit heuristischen Überlegungen bereits erzielte Lösung.

Beispiel 8.4 (Beispiel 8.1 - Fortsetzung 1).

Wir ordnen den Orten $A, B, \dots, L$ die Zustände $1, 2, \dots, 12$ zu und wählen als Aktionen die Zustände der direkten Nachfolgeorte. Da unserem Basismodell ein Maximierungsproblem zugrunde liegt, fassen wir die einstufigen Gewinne als die negativen Entfernungen der benachbarten Orte auf. Somit erhalten wir das folgende dynamische Optimierungsproblem mit

(i) Planungshorizont

$$N = 5 \quad (n = 0, 1, \ldots, 5)$$

(ii) Zustandsraum

$$\mathcal{S}_0 = \{1\} = \{A\}$$
$$\mathcal{S}_1 = \{2, 3\} = \{B, C\}$$
$$\mathcal{S}_2 = \{4, 5, 6\} = \{D, E, F\}$$
$$\mathcal{S}_3 = \{7, 8, 9\} = \{G, H, I\}$$
$$\mathcal{S}_4 = \{10, 11\} = \{J, K\}$$
$$\mathcal{S}_5 = \{12\} = \{L\}$$

(iii) Aktionenraum

$$\mathcal{A}_0(1) = \{2, 3\} = \{B, C\}$$
$$\mathcal{A}_1(2) = \{4, 5\} = \{D, E\}$$
$$\vdots$$
$$\mathcal{A}_4(11) = \{12\} = \{L\}$$

(iv) Zustandstransformation

$$z_n(s_n, a_n) = a_n$$

(v) einstufige Gewinnfunktion

$$r_0(1, 2) = -2$$
$$r_0(1, 3) = -8$$
$$\vdots$$
$$r_4(10, 12) = -12$$
$$r_4(11, 12) = -8$$

(vi) terminale Gewinnfunktion

$$V_5(12) = 0$$

Ausgehend vom terminalen Gewinn $V_5(s_5) = V_5(12) = 0$ empfiehlt es sich, für jede Stufe eine Tabelle anzulegen, in diese Tabelle für jeden Zustand in Abhängigkeit von den zulässigen Aktionen die Werte der rechten Seite der Optimalitätsgleichung aufzunehmen und die sich aus der Auswertung ergebende Wertfunktion sowie die zugehörigen Maximalpunkte zu notieren. Der letzten Tabelle kann man dann $V_0(s_0)$ unmittelbar entnehmen und eine optimale Strategie durch Vorwärtsrechnung aus den bereitgestellten Daten leicht ermitteln.

Der maximale Gesamtgewinn $V_0(1)$ ist somit -30, was einer kürzesten Entfernung von 30 entspricht. Die optimale Strategie, d.h. der Weg mit minimaler Länge, ergibt sich rekursiv aus $a_0^* = 2$, $s_1 = 2$, $a_1^* = 4$, $s_2 = 4$, $a_2^* = 8$, $s_3 = 8$, $a_3^* = 11$, $s_4 = 11$, $a_4^* = 12$, was schließlich dem bereits ermittelten Weg A–B–D–H–K–L entspricht.

s_4	$r_4(s_4,a_4)+V_5(z_4(s_4,a_4))$	$V_4(s_4)$	a_4^*
	$a_4=12$		
10	-12	-12	12
11	-8	-8	12

s_3	$r_3(s_3,a_3)+V_4(z_3(s_3,a_3))$		$V_3(s_3)$	a_3^*
	$a_3=10$	$a_3=11$		
7	-32		-32	10
8	-16	-14	-14	11
9		-10	-10	11

s_2	$r_2(s_2,a_2)+V_3(z_2(s_2,a_2))$			$V_2(s_2)$	a_2^*
	$a_2=7$	$a_2=8$	$a_2=9$		
4	-42	-24		-24	8
5			-20	-20	9
6		-24	-24	-24	8 oder 9

s_1	$r_1(s_1,a_1)+V_2(z_1(s_1,a_1))$			$V_1(s_1)$	a_1^*
	$a_1=4$	$a_1=5$	$a_1=6$		
2	-28	-32		-28	4
3	-34		-34	-34	4 oder 6

s_0	$r_0(s_0,a_0)+V_1(z_0(s_0,a_0))$		$V_0(s_0)$	a_0^*
	$a_0=2$	$a_0=3$		
1	-30	-42	-30	2

◇

8.2.5 Anwendungsbereiche

Die bisherigen Beispiele zeigen bereits, dass die dynamische Optimierung eine sehr flexible Lösungstechnik ist, die sich auf die unterschiedlichsten Problemstellungen anwenden lässt. Voraussetzung für eine Anwendung ist lediglich, dass sich das Problem in Teilprobleme zerlegen lässt mit einer stufenweisen Abarbeitungsmöglichkeit. Eine solche Zerlegung ist bei dynamischen Entscheidungsproblemen in natürlicher Weise gegeben und kann darüber hinaus auch bei statischen Entscheidungsproblemen als alternativer Lösungsansatz (vgl. Bsp. 8.2) gezielt eingesetzt werden.

Den Vorteilen einer einfachen Darstellung, die sich in der Regel auf die Aufstellung der Optimalitätsgleichung beschränkt, und einer einfachen Rechenvorschrift steht der Nachteil eines erhöhten Rechen- und Speicheraufwandes gegenüber, der aus der Bereithaltung einer Vielzahl von Informationen bei der Behandlung und Verknüpfung der Teilprobleme entsteht.

Zu den klassischen Anwendungen deterministischer dynamischer Optimierungsprobleme gehören die Berechnung kürzester Wege in einem Netzwerk (vgl. Bsp. 8.1), die Berechnung längster Wege im Rahmen der Zeitplanung innerhalb der Netzplantechnik (vgl. Kap. 4), die optimale Aufteilung von Ressourcen (als Verallgemeinerung von Beispiel 8.2) sowie die Losgrößenplanung im Rahmen der Materialbereitstellungsplanung, auf die wir in dem folgenden Beispiel 8.5 eingehen werden.

Beispiel 8.5 (Ein Losgrößenproblem).

Die Bedarfsmengen $x_0, \ldots, x_{N-1}$ eines Gutes seien über einen Planungszeitraum von N Perioden bekannt und jeweils am Ende der Periode bereitzustellen. Fehlmengen seien nicht zulässig. In Periode n, $n = 0, ..., N-1$, können a_n Einheiten des Gutes hergestellt werden. Diese stehen am Ende der Periode zur Verfügung. Verbunden mit der Herstellung sind Kosten der Höhe $c(a_n)$. Nicht unmittelbar benötigte Einheiten des Gutes können gelagert werden. Die Lagerkosten $l(s_n)$ in der Periode n ergeben sich aus dem Lagerbestand s_n zu Beginn der Periode. Zu Beginn der ersten Periode sei der Lagerbestand Null, ebenso am Ende der letzten Periode (d.h. $s_0 = s_N = 0$).

Die Erstellung eines Produktionsplanes mit minimalen Gesamtkosten und damit die optimale Festlegung der Produktionsmengen $a_0, a_1, \ldots, a_{N-1}$ lässt sich zurückführen auf ein dynamisches Optimierungsproblem mit

(i) $N \in \mathbb{N}$.
(ii) $\mathcal{S} = \mathbb{N}_0$, $\mathcal{S}_0 = \{0\}$, $\mathcal{S}_1 = \mathcal{S}_2 = \cdots = \mathcal{S}_{N-1} = \mathcal{S}$, $\mathcal{S}_N = \{0\}$.
(iii) $\mathcal{A} = \mathbb{N}_0$, $\mathcal{A}_n(s_n) = \{x_n - s_n,\ x_n + x_{n+1} - s_n, \ldots, x_n + \cdots + x_{N-1} - s_n\}$.
In Periode n muss soviel produziert werden, dass der Bedarf x_n am Ende der Periode erfüllt werden kann; aber höchstens soviel, dass am Ende der letzten Periode kein Restbestand bleibt.
(iv) $z_n(s_n, a_n) = s_n + a_n - x_n$.
(v) $r_n(s_n, a_n) = -\{l(s_n) + c(a_n)\}$, $s_n \in \mathcal{S}_n$, $a_n \in \mathcal{A}_n(s_n)$.
(vi) $V_N(0) = 0$.

Mit $G_n := -V_n$, den minimalen Gesamtkosten in den Perioden $n, n+1, \ldots, N-1$, geht die Optimalitätsgleichung (8.1) über in

$$G_n(s_n) = \min_{a_n \in \mathcal{A}_n(s_n)} \{l(s_n) + c(a_n) + G_{n+1}(s_n + a_n - x_n)\}.$$

Durch Rückwärtsrechnung ergeben sich dann die minimalen Gesamtkosten $G_0(0)$ und durch anschließende Vorwärtsrechnung die optimalen Produktionsmengen $a_0, \ldots, a_{N-1}$.

Die spezielle Struktur des Problems ermöglicht es uns, über numerische Werte hinausgehende Ergebnisse zu erzielen. Sind die Lager- und Fertigungskosten konkave Funktionen, so kann man zeigen ([7, Ch. 5, Th. 1]), dass für einen optimalen Produktionsplan die Strukturaussage

$$s_n a_n = 0 \tag{8.2}$$

für $n = 0, 1, \ldots, N-1$ gilt. Das bedeutet, dass in Periode n nur im Falle eines leeren Lagers ($s_n = 0$) produziert wird und dann nur eine der Mengen $x_n, x_n + x_{n+1}, \ldots, x_n + \cdots + x_{N-1}$. Diese zusätzliche Struktur der optimalen Produktionsmengen können wir auch bei deren Berechnung ausnutzen. Insbesondere können wir (ohne Beschränkung der Allgemeinheit) alle Produktionspläne außer Acht lassen, die nicht von der oben genannten Form sind, was wiederum zu einer erheblichen Einsparung an Rechenzeit und Speicherbedarf führt. Dies kann beispielsweise geschehen durch Formulierung als Kürzeste-Wege-Problem mit der Optimalitätsgleichung

$$\widehat{G}_i = \min\{\widehat{c}_{ij} + \widehat{G}_j \mid i < j \leq N\} \quad (\widehat{G}_N = 0),$$

wobei

$$\widehat{G}_i := \text{minimale Kosten zur Fertigung und Lagerung der Bedarfsmengen in den Perioden } i, \ldots, N-1,$$

$$\widehat{c}_{ij} := l(0) + c\left(\sum_{k=i}^{j-1} x_k\right) + \sum_{m=i+1}^{j-1} l\left(\sum_{k=m}^{j-1} x_k\right).$$

Diese Aussage ist jedoch nicht beliebig übertragbar. Sie verliert beispielsweise ihre Gültigkeit, falls eine Lager- oder Produktionsbeschränkung vorliegt oder auch falls Fehlmengen zulässig sind.

Sind die Fertigungs- und Lagerkosten konvexe Funktionen, so gilt die folgende, wenn auch schwächere Strukturaussage ([7, Ch. 5, Th. 3]): Sei $a_0, \ldots, a_{N-1}$ ein optimaler Produktionsplan bei gegebenen Bedarfsmengen $x_0, \ldots, x_{N-1}$. Erhöht man eine Bedarfsmenge um 1, so kommt als neuer optimaler Produktionsplan lediglich ein Produktionsplan $a'_0, \ldots, a'_{N-1}$ in Frage mit $a'_n = a_n + 1$ für ein $n \in \{0, \ldots, N-1\}$ und $a'_n = a_n$ sonst. ◊

In Beispiel 8.5 begegnen uns erstmals optimale Strategien, die wir nicht nur über Zahlenwerte beschreiben können (vgl. (8.2)), sondern über theoretisch herleitbare Strukturen. Die Herleitung solcher Strukturaussagen, die sich durch konsequente Übertragung der Struktur der Input-Größen auf die Output-Größen ergibt, ist in doppelter Hinsicht von Interesse: Für das bessere Verständnis des ökonomischen oder technischen Problems sowie die Reduktion des Rechen- und Speicheraufwandes. Detailliert werden wir uns im Rahmen der stochastischen dynamischen Optimierung und insbesondere im Zusammenhang mit Stopp-Problemen (vgl. Bsp. 8.3), Ersetzungs-, Lagerhaltungs- und Kassenhaltungsproblemen mit der Optimalität einfach strukturierter Strategien befassen.

8.3 Stochastische dynamische Optimierung

8.3.1 Das Basismodell

Bei der Anwendung deterministischer dynamischer Optimierungsprobleme unterstellt man, dass mit dem Zustand s_n und der Aktion a_n der Nachfolgezustand s_{n+1}

feststeht. Diese Annahme ist jedoch für viele Anwendungen zu einschränkend. Eine natürliche Verallgemeinerung des deterministischen Ansatzes erhält man, indem man zulässt, dass der neue Zustand s_{n+1} neben dem alten Zustand s_n und der gewählten Aktion a_n noch vom Zufall abhängen darf. Dieser nur unvollständig bekannte Einfluss auf den neuen Zustand wird durch eine Zufallsvariable modelliert. Insbesondere wird angenommen, dass sich der neue Zustand s_{n+1} als Realisation einer Zufallsvariablen I_{n+1} ergibt, deren Verteilung vom Zustand s_n und der gewählten Aktion a_n der Vorstufe abhängt. An die Stelle der Zustandstransformation $s_{n+1} = z_n(s_n, a_n)$ des deterministischen Modells tritt dann beim stochastischen Modell eine Menge von Übergangswahrscheinlichkeiten $p_n(s_n, a_n, s')$, $s' \in \mathcal{S}_{n+1}$, die man als **Übergangsgesetz** bezeichnet.

Unter einem **endlich-stufigen stochastischen dynamischen Optimierungsproblem** verstehen wir ein Tupel $(N, \mathcal{S}, \mathcal{A}, p, r, V_N)$, wobei die einzelnen Größen die folgende Bedeutung haben:

(i) $N \in \mathbb{N}$, der **Planungshorizont**, legt die Anzahl der Stufen fest ($n = 0, 1, \ldots, N$).
(ii) $\mathcal{S}$, der **Zustandsraum**, ist eine abzählbare Menge. Die nichtleeren Teilmengen $\mathcal{S}_0 = \{s_0\}$, $\mathcal{S}_1, \ldots, \mathcal{S}_N$ sind die Zustandsmengen der Stufen $0, 1, \ldots, N$.
(iii) $\mathcal{A}$, der **Aktionenraum**, ist eine abzählbare Menge. Die nichtleeren endlichen Teilmengen $\mathcal{A}_n(s)$, $s \in \mathcal{S}_n$, $n < N$, sind die vom Zustand und der Stufe abhängigen Mengen zulässiger Aktionen. Außerdem sei $\mathcal{D}_n := \{(s, a) \in \mathcal{S}_n \times \mathcal{A} \mid a \in \mathcal{A}_n(s)\}$ für $n < N$.
(iv) p ist das **Übergangsgesetz**. Für alle $n < N$ und alle $(s, a) \in \mathcal{D}_n$ ist $p_n(s, a, \cdot)$ eine Wahrscheinlichkeitsfunktion auf $\mathcal{S}_{n+1}$. Die Zahl $p_n(s, a, s')$ legt die Wahrscheinlichkeit fest, mit der der Zustand $s' \in \mathcal{S}_{n+1}$ angenommen wird.
(v) $r_n : \mathcal{D}_n \to \mathbb{R}$, die **einstufige Gewinnfunktion**, ist eine Funktion, die den einstufigen Gewinn $r_n(s, a)$ im Zustand $s \in \mathcal{S}_n$ bei Wahl der Aktion $a \in \mathcal{A}_n(s)$ angibt ($n < N$).
(vi) $V_N : \mathcal{S}_N \to \mathbb{R}$, die **terminale Gewinnfunktion**, ist eine Funktion, die auf Stufe N den terminalen Gewinn $V_N(s)$ im Zustand $s \in \mathcal{S}_N$ festlegt.

Die Stufen kann man (wie schon beim deterministischen Modell) häufig als diskrete Zeitpunkte interpretieren, zu denen ein System beobachtet wird. Befindet sich ein solches System zum Zeitpunkt $n < N$ im Zustand $s \in \mathcal{S}_n$, so wählt der Beobachter eine zulässige Aktion $a \in \mathcal{A}_n(s)$. Mit dem Zustand s und der Wahl der Aktion a ist ein einstufiger Gewinn $r_n(s, a)$ verbunden, und das System geht in einen Zustand $s' \in \mathcal{S}_{n+1}$ zum Zeitpunkt $n + 1$ mit Wahrscheinlichkeit $p_n(s, a, s')$ über (vgl. Abb. 8.4).

Zum Zeitpunkt N, also am Ende des Planungszeitraumes, fällt ein terminaler Gewinn $V_N(s)$ in Abhängigkeit vom Zustand $s \in \mathcal{S}_N$ an.

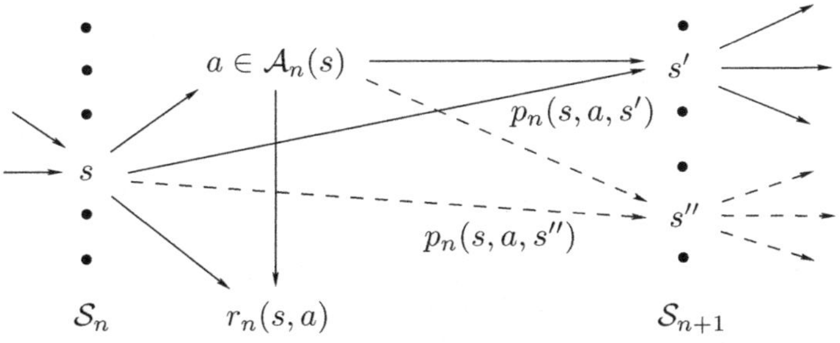

Abb. 8.4. Übergänge in einem stochastischen dynamischen Optimierungsproblem

Unser Ziel ist es, den Gesamtgewinn zu maximieren. Im Gegensatz zum deterministischen Modell ist der Gesamtgewinn jedoch keine deterministische Größe, sondern eine Zufallsvariable. Daher ist es erforderlich, unsere Zielsetzung zu modifizieren und zu präzisieren. Hierzu müssen wir zunächst den Begriff der Strategie erweitern.

Eine Funktion $f_n : \mathcal{S}_n \to \mathcal{A}$ mit $f_n(s) \in \mathcal{A}_n(s)$, die auf der Stufe $n < N$ jedem Zustand $s \in \mathcal{S}_n$ eine zulässige Aktion $a = f_n(s)$ zuordnet, bezeichnet man als **Entscheidungsfunktion** und eine Folge $\delta = (f_0, \ldots, f_{N-1})$ von Entscheidungsfunktionen als **Strategie** oder **Politik**. Die Menge aller Strategien bezeichnen wir im Folgenden mit Δ.

Durch die Erweiterung unseres Strategiebegriffes können wir dem Entscheidungsträger vorab für jede mögliche Zustandsfolge, die sich einstellen kann, die zu wählenden Aktionen vorgeben.

8.3.2 Das Optimalitätskriterium

In Abhängigkeit vom Anfangszustand s_0, einer Strategie $\delta = (f_0, \ldots, f_{N-1})$ und einer Realisation $(s_1, \ldots, s_N)$ der Zustände ergibt sich der Gesamtgewinn zu

$$R_{s_0\delta}(s_1, \ldots, s_N) := \sum_{n=0}^{N-1} r_n(s_n, f_n(s_n)) + V_N(s_N).$$

Da die Zustände $s_1, \ldots, s_N$ zum Zeitpunkt $n = 0$ noch unbekannt sind, und man dennoch die Strategien vergleichen möchte, um eine optimale zu finden, geht man zu dem gewichteten Mittel

$$\overline{R}_\delta(s_0) := \sum_{s_1 \in \mathcal{S}_1} \cdots \sum_{s_N \in \mathcal{S}_N} R_{s_0\delta}(s_1, \ldots, s_N) P_{s_0\delta}(I_1 = s_1, \ldots, I_N = s_N)$$

der realisierbaren Gesamtgewinne $R_{s_0\delta}(s_1, \ldots, s_N)$ über.

Die Gewichte

$$P_{s_0\delta}(I_1 = s_1, \dots, I_N = s_N) = p_0(s_0, f_0(s_0), s_1)p_1(s_1, f_1(s_1), s_2) \\ \dots p_{N-1}(s_{N-1}, f_{N-1}(s_{N-1}), s_N)$$

ergeben sich als Produkt der Übergangswahrscheinlichkeiten und repräsentieren die Wahrscheinlichkeiten, mit denen die Realisationen $(s_1, \dots, s_N)$ eintreten.

Fasst man die Zustände $s_1, \dots, s_N$ als Realisationen der Zufallsvariablen $I_1, \dots, I_N$ auf, so ist auch der Gesamtgewinn $R_{s_0\delta}(I_1, \dots, I_N)$ eine Zufallsvariable, und man kann

$$\overline{R}_\delta(s_0) = E_{s_0\delta}[R_{s_0\delta}(I_1, \dots, I_N)]$$

auch als den Erwartungswert von $R_{s_0\delta}(I_1, \dots, I_N)$ interpretieren. Demzufolge bezeichnet man $\overline{R}_\delta(s_0)$ auch als den **erwarteten Gesamtgewinn** bei Anwendung der Strategie δ und Anfangszustand s_0.

Eine Strategie δ^* heißt **optimal**, falls $\overline{R}_{\delta^*}(s_0) \geq \overline{R}_\delta(s_0)$ für alle $\delta \in \Delta$ gilt.

Der **maximale erwartete Gesamtgewinn** ist gegeben durch

$$V_0(s_0) := \sup\{\overline{R}_\delta(s_0) \mid \delta \in \Delta\}.$$

Die Berechnung des maximalen erwarteten Gesamtgewinns $V_0(s_0)$ und die Ermittlung einer optimalen Strategie δ^* lassen sich wie schon beim deterministischen Modell auf die Lösung einer Funktionalgleichung, der **Optimalitätsgleichung**, zurückführen. Zur Herleitung der Optimalitätsgleichung benötigen wir noch einige Bezeichnungen und Annahmen.

Zunächst erhält man auf analoge Weise den erwarteten Gesamtgewinn

$$\overline{R}_{n\delta}(s_n) := \sum_{s_{n+1} \in \mathcal{S}_{n+1}} \cdots \sum_{s_N \in \mathcal{S}_N} R_{s_n\delta}(s_{n+1}, \dots, s_N) P_{s_n\delta}(s_{n+1}, \dots, s_N)$$

auf den Stufen $n, n+1, ..., N$ in Abhängigkeit vom Zustand s_n auf der Stufe n und Anwendung der Strategie $\delta = (f_0, \dots, f_{N-1})$, wobei

$$R_{s_n\delta}(s_{n+1}, \dots, s_N) := \sum_{t=n}^{N-1} r_t(s_t, f_t(s_t)) + V_N(s_N)$$

$$P_{s_n\delta}(s_{n+1}, \dots, s_N) := p_n(s_n, f_n(s_n), s_{n+1}) \cdots p_{N-1}(s_{N-1}, f_{N-1}(s_{N-1}), s_N).$$

Der maximale erwartete Gesamtgewinn auf den Stufen $n, n+1, \dots, N$ ist dann gegeben durch

$$V_n(s) := \sup\{\overline{R}_{n\delta}(s) \mid \delta \in \Delta\}, \quad s \in \mathcal{S}_n. \tag{8.3}$$

Die Funktionen $V_0, \dots, V_N$ bezeichnen wir wieder als **Wertfunktionen**.

Unter Heranziehung der bekannten Rechenregeln für Erwartungswerte erhält man zudem für alle $n < N$, $s \in \mathcal{S}_n$, $\delta = (f_0, \ldots, f_{N-1}) \in \Delta$ die wichtige Rekursionsbeziehung

$$\overline{R}_{n\delta}(s) = r_n(s, f_n(s)) + \sum_{s' \in \mathcal{S}_{n+1}} p_n(s, f_n(s), s')\overline{R}_{n+1,\delta}(s') \tag{8.4}$$

mit $\overline{R}_{N\delta}(s) := V_N(s)$, $s \in \mathcal{S}_N$.

In den obigen Ausführungen haben wir stillschweigend unterstellt, dass die Funktionen $\overline{R}_{0\delta}, \overline{R}_{1\delta}, \ldots, \overline{R}_{N-1,\delta}$ wohldefiniert sind. Bei endlichem Zustandsraum trifft dies auch zu. Ist $\mathcal{S}$ abzählbar unendlich, so treten in der Definition von $\overline{R}_{n\delta}(s)$ unendliche Reihen auf, die zu unbestimmten Ausdrücken führen können. Wir gehen daher stets von der folgenden Annahme aus.

Generalvoraussetzung:

Für alle $n < N$, $s \in \mathcal{S}_n$ und alle $\delta \in \Delta$ ist $\overline{R}_{n\delta}(s) \in \mathbb{R}$.

Die Generalvoraussetzung ist erfüllt, falls $\mathcal{S}$ endlich ist. Sie ist auch erfüllt, wenn die einstufigen Gewinnfunktionen $r_0, r_1, \ldots, r_{N-1}$ und die terminale Gewinnfunktion V_N beschränkt sind. Sind diese unbeschränkt, so lassen sich hinreichende Bedingungen für die Gültigkeit der Generalvoraussetzung angeben:

Existieren beispielsweise eine Funktion $b : \mathcal{S} \to (0, +\infty)$ und eine Konstante $\alpha > 0$, für die die Ungleichungen

- $|r_n(s,a)| \leq b(s), \quad (s,a) \in \mathcal{D}_n,\ n < N$
- $|V_N(s)| \leq b(s), \quad s \in \mathcal{S}_N$
- $\sum_{s' \in \mathcal{S}_{n+1}} p_n(s,a,s')b(s') \leq \alpha b(s), \quad (s,a) \in \mathcal{D}_n,\ n < N$

erfüllt sind, so erhält man unmittelbar die Abschätzung

$$|\overline{R}_{n\delta}(s)| \leq \left\{1 + \alpha + \cdots + \alpha^{N-n}\right\} b(s) < \infty, \qquad \delta \in \Delta,\ s \in \mathcal{S}_n,\ n < N$$

und damit eine hinreichende Bedingung für die Generalvoraussetzung.

8.3.3 Die Optimalitätsgleichung

Wir kommen nun zu der zentralen Aussage dieses Abschnitts.

Satz 8.2. *(Optimalitätsgleichung)*

(i) Für $n = 0, \ldots, N-1$ und alle $s \in \mathcal{S}_n$ gilt

$$V_n(s) = \max_{a \in \mathcal{A}_n(s)} \{r_n(s,a) + \sum_{s' \in \mathcal{S}_{n+1}} p_n(s,a,s')V_{n+1}(s')\}. \tag{8.5}$$

(ii) Jede aus den die rechte Seite von (8.5) maximierenden Aktionen $f_n^*(s)$ gebildete Strategie $\delta^* = (f_0^*, \ldots, f_{N-1}^*)$ ist optimal.

Beweis. a) Sei zunächst $n = N-1$. Nach (8.3) und (8.4) gilt für alle $s \in \mathcal{S}_{N-1}$

$$\begin{aligned} V_{N-1}(s) &= \sup\{\overline{R}_{N-1,\delta}(s) \mid \delta = (f_0,\dots,f_{N-1}) \in \Delta\} \\ &= \max\{r_{N-1}(s,a) + \sum_{s' \in \mathcal{S}_N} p_{N-1}(s,a,s')V_N(s') \mid a \in \mathcal{A}_{N-1}(s)\}. \end{aligned} \tag{8.6}$$

Hieraus folgt (i) für $n = N-1$. Da die Mengen $\mathcal{A}_{N-1}(s)$, $s \in \mathcal{S}_{N-1}$, endlich sind, existiert eine Entscheidungsfunktion f_{N-1}^*, für die die rechten Seiten in (8.6) ihr Maximum annehmen. Somit gilt

$$V_{N-1}(s) = \overline{R}_{N-1,\delta^*}(s), \quad s \in \mathcal{S}_{N-1} \tag{8.7}$$

für alle Strategien $\delta^* = (f_0,\dots,f_{N-2},f_{N-1}^*)$.

b) Sei nun $n = N-2$. Mit (8.3) und (8.4) folgt zunächst für alle $s \in \mathcal{S}_{N-2}$

$$\begin{aligned} V_{N-2}(s) &= \sup\{\overline{R}_{N-2,\delta}(s) \mid \delta = (f_0,\dots,f_{N-1}) \in \Delta\} \\ &= \sup\{r_{N-2}(s,f_{N-2}(s)) + \sum_{s' \in \mathcal{S}_{N-1}} p_{N-2}(s,f_{N-2}(s),s')\overline{R}_{N-1,\delta}(s') \mid \delta \in \Delta\} \\ &\le \sup\{r_{N-2}(s,f_{N-2}(s)) + \sum_{s' \in \mathcal{S}_{N-1}} p_{N-2}(s,f_{N-2}(s),s')V_{N-1}(s') \mid \delta \in \Delta\} \\ &= \max\{r_{N-2}(s,a) + \sum_{s' \in \mathcal{S}_{N-1}} p_{N-2}(s,a,s')V_{N-1}(s') \mid a \in \mathcal{A}_{N-2}(s)\}. \end{aligned} \tag{8.8}$$

Sei nun f_{N-2}^* eine aus den Maximalpunkten von (8.8) gebildete Entscheidungsfunktion. Dann gilt

$$\begin{aligned} V_{N-2}(s) &\le r_{N-2}(s,f_{N-2}^*(s)) + \sum_{s' \in \mathcal{S}_{N-1}} p_{N-2}(s,f_{N-2}^*(s),s')V_{N-1}(s') \\ &= \overline{R}_{N-2,\delta^*}(s) \end{aligned}$$

für alle $\delta^* = (f_0,\dots,f_{N-3},f_{N-2}^*,f_{N-1}^*)$. Zusammen mit (8.3), (8.4) und (8.7) gilt andererseits

$$\begin{aligned} V_{N-2}(s) &= \sup\{\overline{R}_{N-2,\delta}(s) \mid \delta \in \Delta\} \\ &\geq \overline{R}_{N-2,\delta^*}(s) \\ &= r_{N-2}(s, f_{N-2}^*(s)) + \sum_{s' \in \mathcal{S}_{N-1}} p_{N-2}(s, f_{N-2}^*(s), s')\overline{R}_{N-1,\delta^*}(s') \\ &= r_{N-2}(s, f_{N-2}^*(s)) + \sum_{s' \in \mathcal{S}_{N-1}} p_{N-2}(s, f_{N-2}^*(s), s')V_{N-1}(s') \\ &= \max\{r_{N-2}(s, a) + \sum_{s' \in \mathcal{S}_{N-1}} p_{N-2}(s, a, s')V_{N-1}(s') \mid a \in \mathcal{A}_{N-2}(s)\}. \end{aligned}$$

Aus beiden Ungleichungen folgt (i) für $n = N-2$ sowie $V_{N-2}(s) = \overline{R}_{N-2,\delta^*}(s)$ für alle $\delta^* = (f_0, \ldots, f_{N-3}, f_{N-2}^*, f_{N-1}^*)$.

c) Für $n = N-3, N-4, \ldots, 0$ verfährt man analog. □

8.3.4 Wertiteration

Nach Satz 8.2 lässt sich die Berechnung des maximalen Gesamtgewinns $V_0(s_0)$ und die Ermittlung einer optimalen Strategie δ^* auf das Lösen einer Funktionalgleichung, der Optimalitätsgleichung, zurückführen. Die effiziente Lösung der Optimalitätsgleichung im Hinblick auf die Rechenzeit und den Speicherbedarf gehört daher auch bei der stochastischen dynamischen Optimierung zu den zentralen Aufgaben. Der Satz könnte rechentechnisch beispielsweise wie in Algorithmus 8.2 umgesetzt werden.

Durch Rückwärtsrechnung berechnet man in Algorithmus 8.2 die Wertfunktionen $V_{N-1}, \ldots, V_0$. Diese werden wie beim deterministischen Modell nur für jeweils einen Iterationsschritt benötigt und können überschrieben werden. Daher benötigen wir insbesondere im Hinblick auf den Speicherplatzbedarf nur zwei Wertfunktionen, eine alte Wertfunktion v und eine neue Wertfunktion v'. Die Entscheidungsfunktionen $f_0^*, \ldots, f_{N-1}^*$ müssen jedoch vollständig vorliegen, da die Aktionen für alle Realisationen $(s_0, \ldots, s_{N-1})$ bereitgestellt werden müssen.

In strukturierten Problemen kommt man jedoch häufig mit einem geringeren Speicherplatzbedarf aus. Liegt beispielsweise eine optimale Strategie $\delta^* = (f_0^*, \ldots, f_{N-1}^*)$ mit $f_n^*(s) = 1$ für $s \geq s_n^*$ und $f_n^*(s) = 0$ für $s < s_n^*$ und geeignete $s_0^*, \ldots, s_{N-1}^* \in \mathbb{R}$ vor, so muss man lediglich $s_0^*, \ldots, s_{N-1}^*$ bereitstellen. Eine solche Strategie tritt beim Hausverkaufproblem auf (vgl. Bsp. 8.6). Weitere typische Anwendungen werden in Abschnitt 8.3.7 vorgestellt.

Algorithmus 8.2: Wertiteration für das endlich-stufige stochastische dynamische Optimierungsproblem

Input : Endlich-stufiges stochastisches dynamisches Optimierungsproblem

begin
- Setze $v'(s) = V_N(s)$ für alle $s \in \mathcal{S}_N$.

for $n = N-1$ **to** 0 **do**
- Setze $v(s) = v'(s)$ für alle $s \in \mathcal{S}_{n+1}$.
- Für alle $s \in \mathcal{S}_n$ berechne

$$v'(s) = \max_{a \in \mathcal{A}_n(s)} \{r_n(s,a) + \sum_{s' \in \mathcal{S}_{n+1}} p_n(s,a,s')v(s')\},$$

und bestimme eine Entscheidungsfunktion f_n^* aus Maximalpunkten $f_n^*(s) \in \mathcal{A}_n(s)$.

end
- Setze $V_0(s_0) = v'(s_0)$.
- Setze $\delta^* = (f_0^*, \ldots, f_{N-1}^*)$.

end

Output : Optimale Strategie δ^* und maximaler erwarteter Gesamtgewinn $V_0(s_0)$

Bei großem Planungshorizont bietet es sich an, die Wertiteration mit einer Extrapolation zu verbinden, die auf jeder Stufe untere und obere Schranken für die noch nicht berechneten Wertfunktionen liefert. Sei $\mathcal{S}_n = \mathcal{S}$, $n \leq N$. Dann gilt für alle $1 \leq m \leq n < N$ und alle $s \in \mathcal{S}$

$$\begin{aligned} V_n(s) + m \cdot \inf_{s' \in \mathcal{S}} \{V_n(s') - V_{n+1}(s')\} &\leq V_{n-m}(s) \\ &\leq V_n(s) + m \cdot \sup_{s' \in \mathcal{S}} \{V_n(s') - V_{n+1}(s')\} \end{aligned}$$

und für die mit der optimalen Entscheidungsfunktion f_n^* der letzten Iterationsstufe fortgesetzte Strategie $\delta^{**} = (f_n^*, \ldots, f_n^*, f_{n+1}^*, \ldots, f_{N-1}^*)$

$$\overline{R}_{\delta^{**}}(s) \geq V_n(s) + m \cdot \inf_{s' \in \mathcal{S}} \{V_n(s') - V_{n+1}(s')\}, \qquad s \in \mathcal{S}.$$

Beide Resultate ergeben sich aus der Theorie der Markovschen Entscheidungsprozesse. Sogenannte Turnpike-Theoreme liefern zudem hinreichende Bedingungen, ab welcher Iterationsstufe n (bei gegebenem Planungshorizont N) die Entscheidungsfunktionen $f_0^*, \ldots, f_n^*$ identisch sind ([39, Th. 6.8.1]).

Die Wertiteration in Verbindung mit einer Extraplolation kann man auch auffassen als sukzessive Approximation der Wertfunktionen $V_0, \ldots, V_{N-1}$. Daher ist es naheliegend, alternativ eine sukzessive Approximation der optimalen Strategie vorzunehmen. Dies führt auf die sogenannte Politikiteration und lässt sich (u.a.) durch Lösen eines linearen Programms realisieren.

8.3.5 Lösung mittels linearer Optimierung

Zur Lösung der Optimalitätsgleichung (8.5) ziehen wir das folgende lineare Optimierungsproblem heran:

$$\min \sum_{n=0}^{N} \sum_{s \in \mathcal{S}_n} w_{n,s} \quad \text{s.t.} \tag{8.9}$$

$$w_{n,s} - \sum_{s' \in \mathcal{S}_{n+1}} p_n(s,a,s') w_{n+1,s'} \geq r_n(s,a), \qquad n < N,\ s \in \mathcal{S}_n,\ a \in \mathcal{A}_n(s)$$

$$w_{N,s} \geq V_N(s), \qquad s \in \mathcal{S}_N\,.$$

Man überprüft leicht, dass $V_0, \ldots, V_N$ ein zulässiger Punkt ist. Monotonieaussagen, wie sie von Markovschen Entscheidungsprozessen her bekannt sind ([39]), ergeben weiter, dass $V_0, \ldots, V_N$ der komponentenweise kleinste zulässige Punkt ist. Auf diese Weise erhält man $V_0(s) = w^*_{0,s}$, $s \in \mathcal{S}_0$, als Lösung von (8.9).

Die noch fehlende optimale Strategie $\delta^* = (f_0^*, \ldots, f_{N-1}^*)$ ergibt sich zusammen mit dem Satz vom komplementären Schlupf aus allen Aktionen, deren zugehörige Schlupfvariable den Wert Null annimmt. Ein Beweis lässt sich mit Hilfe des dualen Problems führen, in dem jede Basislösung einer Strategie entspricht. Als Abfallprodukt erhält man zudem, dass die Berücksichtigung randomisierter Entscheidungen keinen Einfluss auf V_0 hat.

Da das deterministische Modell der Dynamischen Optimierung ein Spezialfall des stochastischen Modells (mit $p_n(s,a,s') = 1$ für $s' = z_n(s,a)$ und 0 sonst) ist, lassen sich sowohl die (im letzten Abschnitt betrachtete) Extrapolation als auch die lineare Optimierung unmittelbar auf das deterministische Modell anwenden.

8.3.6 Ein Kontrollmodell

Vielen dynamischen Optimierungsproblemen liegt eine exogene Einflussgröße zugrunde, die im wesentlichen das Übergangsgesetz bestimmt. Ein Beispiel einer solchen exogenen Einflussgröße ist die Nachfrage nach dem Gut in einem Ein-Produkt-Lager, die in der Regel vom Lagerbestand und der Bestellmenge unabhängig ist.

In dem folgenden Spezialfall unseres Basismodells, einem sogenannten **Kontrollmodell**, gehen wir von einer exogenen Einflussgröße aus, die sich durch eine Folge $Y_0, Y_1, \ldots, Y_{N-1}$ unabhängiger Zufallsvariablen beschreiben lässt. Die zugehörigen Wahrscheinlichkeitsfunktionen $q_n(x) = P(Y_n = x)$, $x \in \mathcal{X}_n$, können von der Stufe n abhängen, sind jedoch unabhängig von den realisierten Zuständen und Aktionen.

Die exogene Einflussgröße sei der einzige stochastische Anteil am Übergangsgesetz. Insbesondere ergebe sich der Zustand $s_{n+1} = g_n(s_n, a_n, x_n) \in \mathcal{S}_{n+1}$ der Stufe $n+1$ in Abhängigkeit vom Zustand $s_n \in \mathcal{S}_n$, der Aktion $a_n \in \mathcal{A}_n(s_n)$ und der Realisation $x_n \in \mathcal{X}_n$ der exogenen Einflussgröße als Funktionswert einer Übergangsfunktion $g_n : \mathcal{D}_n \times \mathcal{X}_n \to \mathcal{S}_{n+1}$.

Unter dem **Kontrollmodell** verstehen wir ein Tupel $(N, \mathcal{S}, \mathcal{A}, \mathcal{X}, q, g, r, V_N)$, wobei die einzelnen Größen die folgende Bedeutung haben:

(i) N, $\mathcal{S}$, $\mathcal{A}$, r und V_N stimmen mit dem Basismodell überein.
(ii) Der Wertebereich $\mathcal{X}$ der exogenen Einflussgröße ist eine abzählbare Menge. Die nichtleeren Teilmengen $\mathcal{X}_0, \mathcal{X}_1, \ldots, \mathcal{X}_{N-1}$ sind die Wertebereiche der exogenen Größe auf den Stufen $0, \ldots, N-1$.
(iii) Die Wahrscheinlichkeitsfunktion $q_n : \mathcal{X}_n \to [0,1]$ ist die Verteilung der exogenen Einflussgröße auf der Stufe $n < N$.
(iv) Die Übergangsfunktion $g_n : \mathcal{D}_n \times \mathcal{X}_n \to \mathcal{S}_{n+1}$ legt den Übergang von (s_n, a_n) nach $s_{n+1} = g_n(s_n, a_n, x_n)$ in Abhängigkeit von der Realisation x_n der exogenen Einflussgröße auf der Stufe $n < N$ fest.

Das Kontrollmodell lässt sich durch Wahl von

$$p_n(s,a,s') = \sum_{\{x \in \mathcal{X}_n | g_n(s,a,x)=s'\}} q_n(x), \quad (s,a) \in \mathcal{D}_n, \; s' \in \mathcal{S}_{n+1}, \; n < N$$

unmittelbar auf das Basismodell zurückführen. Die spezielle Struktur des Kontrollmodells geht in die Optimalitätsgleichung ein und kann sowohl bei deren numerischer Berechnung als auch der Herleitung von Strukturen optimaler Strategien ausgenutzt werden. Sie lautet:

$$V_n(s) = \max_{a \in \mathcal{A}_n(s)} \{r_n(s,a) + \sum_{x \in \mathcal{X}_n} q_n(x) V_{n+1}(g_n(s,a,x))\}. \tag{8.10}$$

Außerdem behält Satz 8.2(ii) Gültigkeit.

8.3.7 Optimalität strukturierter Strategien

Die Optimalitätsgleichung stellt, wie wir bereits gesehen haben, ein rekursives Verfahren bereit, mit dessen Hilfe der maximale erwartete Gesamtgewinn und eine optimale Strategie numerisch bestimmt werden können. Oftmals ist es jedoch wünschenswert, über numerische Werte hinaus gehende Informationen über die Output-Größen zu erhalten. Diese Informationen ergeben sich häufig unter zusätzlichen, in der Regel natürlichen Annahmen an die Inputgrößen und sollen im Folgenden exemplarisch untersucht werden. Mathematische Hilfsmittel sind Monotonieeigenschaften der einstufigen Gewinnfunktionen und/oder des Übergangsgesetzes, die sich auf die Wertfunktionen und schließlich auf eine optimale Strategie übertragen.

Es ist zu erwarten, dass sich der Hausbesitzer aus Beispiel 8.3 in jeder Woche ein Verkaufslimit setzt. Übertrifft das aktuelle Angebot dieses Limit, so wird er es annehmen; andernfalls wird er noch eine weitere Woche warten und neu entscheiden. Mit zunehmender Dauer vergeblicher Suche nach einem Käufer wird er das Verkaufslimit schrittweise senken. Die numerischen Werte haben diese Verkaufsstrategie bereits bestätigt und die optimalen Limits geliefert. Den noch ausstehenden

Beweis der Optimalität dieser Verkaufsstrategie nehmen wir in dem folgenden Beispiel vor, in dem wir von einem etwas allgemeineren Sachverhalt als in Beispiel 8.3 ausgehen.

Beispiel 8.6 (Ein Stopp-Problem).

Ein Hausbesitzer, der sein Haus verkaufen möchte, erhält zu den Zeitpunkten $n = 0, 1, \ldots, N-1$ ein Angebot der Höhe x_n, das er als Realisation einer Zufallsvariablen Y_n mit Werten in $\{0, \ldots, M\}$ auffassen kann. Die Zufallsvariablen $Y_0, \ldots, Y_{N-1}$ seien unabhängig und identisch verteilt mit der Wahrscheinlichkeitsfunktion $P(Y_n = x) = q(x)$ für $x \in \{0, \ldots, M\}$.

Nimmt er das zum Zeitpunkt n vorliegende Angebot x_n an, so erhält er den Verkaufserlös x_n, und das Entscheidungsproblem ist abgeschlossen. Lehnt er das Angebot ab, so entstehen ihm Kosten der Höhe c. Außerdem kann er (wie schon in Beispiel 8.3) auf das Angebot zu keinem späteren Zeitpunkt mehr zurückgreifen.

Das Verkaufsproblem lässt sich durch ein Kontrollmodell wie folgt beschreiben:

(i) $N \in \mathbb{N}$ $(n = 0, 1, \ldots, N)$.

(ii) $\mathcal{S} = \mathcal{S}_n = \{0, \ldots, M, \infty\}$, $n \leq N$. Die Zahl $s_n \in \{0, \ldots, M\}$ bezeichnet die Höhe des zum Zeitpunkt n vorliegenden Angebotes, und $s_n = \infty$ ist ein zusätzlicher Zustand, der für den bereits vollzogenen Verkauf des Hauses steht.

(iii) $\mathcal{A} = \mathcal{A}_n(s) = \{0, 1\}$, $n < N$, $s \in \mathcal{S}$. Die Aktion $a = 0$ steht für Ablehnung des vorliegenden Angebotes, die Aktion $a = 1$ für Annahme. Für $s = \infty$ sind Aktionen ohne inhaltliche Bedeutung.

(iv) $\mathcal{X} = \mathcal{X}_n = \{0, \ldots, M\}$.

(v) $q_n(x) = q(x)$, $x \in \mathcal{X}$.

(vi)

$$g_n(s, a, x) = \begin{cases} x & s \leq M \text{ und } a = 0 \\ \infty & \text{sonst.} \end{cases}$$

(vii)

$$r_n(s, a) = \begin{cases} -c & s \leq M \text{ und } a = 0 \\ s & s \leq M \text{ und } a = 1 \\ 0 & \text{sonst.} \end{cases}$$

(viii) $V_N(s) = 0$ für alle $s \in \mathcal{S}$.

Unter Berücksichtigung von $V_n(\infty) = 0$ für alle $n \leq N$ lässt sich die Optimalitätsgleichung (8.10) für $s \leq M$ und $n < N$ reduzieren auf

$$V_n(s) = \max\left\{ s, \quad -c + \sum_{x=0}^{M} q(x) V_{n+1}(x) \right\}.$$

Dabei steht der erste Ausdruck in der geschweiften Klammer für Annehmen ($a = 1$), der zweite für Ablehnen ($a = 0$). Sei nun

$$s_n^* = -c + \sum_{x=0}^{M} q(x) V_{n+1}(x)$$

für $n < N$. Dann ist die aus den Entscheidungsfunktionen

$$f_n^*(s) = \begin{cases} 1 & \text{für } s \geq s_n^* \\ 0 & \text{für } s < s_n^* \end{cases}$$

mit $n < N$ gebildete Strategie $\delta^* = (f_0^*, \dots, f_{N-1}^*)$ nach Satz 8.2 optimal.

Die Strategie bestätigt die Erwartung: Ein „gutes“ Angebot wird angenommen, bei einem „schlechten“ Angebot wird weiter gewartet. Präzisiert wird ein „gutes“ Angebot durch s_n^*.

Der folgende Satz enthält neben einer einfachen Vorschrift zur Berechnung der Verkaufslimits auch deren bereits mehrfach angesprochene Monotonie.

Satz 8.3.

(i) Die Konstanten $s_0^*, s_1^*, \dots, s_{N-1}^*$ lassen sich rekursiv berechnen gemäß

$$s_n^* = \begin{cases} -c & \textit{für } n = N-1 \\ -c + \sum_{x=0}^{M} q(x) \max\{x, s_{n+1}^*\} & \textit{für } n < N-1 \end{cases}$$

(ii) Es gilt $s_0^* \geq s_1^* \geq \dots \geq s_{N-1}^*$.

Beweis. Der Beweis von (i) folgt durch vollständige Induktion von $n+1$ nach n. Wegen $V_N(s) = 0$ für alle s ist $V_{N-1}(s) = \max\{s, -c\} = \max\{s, s_{N-1}^*\}$ für $s \leq M$. Daher gelte $V_{n+1}(s) = \max\{s, s_{n+1}^*\}$, $s \leq M$, für ein n mit $n+1 \leq N-1$. Dann ist

$$V_n(s) = \max\left\{s, \ -c + \sum_{x=0}^{M} q(x) \max\{x, s_{n+1}^*\}\right\} = \max\{s, s_n^*\}$$

für $s \leq M$. Somit gilt (i). Die Aussagen in (ii) folgen aus

$$s_n^* = \sum_{x=0}^{M} q(x) \max\{x, s_{n+1}^*\} \geq \sum_{x=0}^{M} q(x) s_{n+1}^* = s_{n+1}^*.$$

□

Beispiel 8.7 (Ein weiteres Stopp-Problem).

Ein Investor habe die Option für den Kauf einer Aktie in Höhe von c Geldeinheiten. Das Optionsrecht kann er zu den Zeitpunkten $n = 0, \ldots, N-1$ ausüben. Der Börsenkurs I_n der Aktie zum Zeitpunkt n ergebe sich zu $I_n = s_0 + Y_0 + Y_1 + \cdots + Y_{n-1}$. Dabei seien $Y_0, Y_1, Y_2, \ldots$ unabhängige, identisch verteilte Zufallsvariable mit der Verteilung $P(Y = x) = q(x)$ für $x \in \mathbb{Z}$.

Um eine Kaufstrategie zu ermitteln, für die der erwartete Gewinn maximal wird, reduzieren wir das Problem auf ein Kontrollmodell mit:

(i) $N \in \mathbb{N}$ $(n = 0, 1, \ldots, N)$.
(ii) $\mathcal{S} = \mathcal{S}_n = \mathbb{Z} \cup \{\infty\}$, $n \leq N$. Die Zahl $s_n < \infty$ bezeichnet den Kaufpreis zum Zeitpunkt n, und $s_n = \infty$ ist ein zusätzlicher Zustand, der für den bereits vollzogenen Kauf steht.
(iii) $\mathcal{A} = \mathcal{A}_n(s) = \{0, 1\}$ wird mit den Aktionen „nicht ausüben“ und „ausüben“ identifiziert, $n < N$ und $s \in \mathcal{S}$.
(iv) $\mathcal{X} = \mathcal{X}_n = \mathbb{Z}$.
(v) $q_n(x) = q(x)$, $x \in \mathcal{X}$.
(vi)

$$g_n(s, a, x) = \begin{cases} s + x & \text{für } s < \infty \text{ und } a = 0 \\ \infty & \text{sonst.} \end{cases}$$

(vii)

$$r_n(s, a) = \begin{cases} s - c & \text{für } s < \infty \text{ und } a = 1 \\ 0 & \text{sonst.} \end{cases}$$

(viii) $V_N(s) = 0$ für alle $s \in \mathcal{S}$.

Berücksichtigt man, dass $V_n(\infty) = 0$ für alle $n \leq N$ gilt, so lässt sich die Optimalitätsgleichung (8.10) für $s \in \mathbb{Z}$ vereinfachen zu

$$V_n(s) = \max\{s - c,\ J_n(s)\},$$

wobei

$$J_n(s) := \sum_{x \in \mathbb{Z}} q(x) V_{n+1}(s + x).$$

Der erste Ausdruck $s - c$ in der geschweiften Klammer lässt sich interpretieren als der erzielbare Gewinn bei Ausübung des Optionsrechtes $(a = 1)$, und $J_n(s)$ als der erwartete Gewinn bei einer späteren Ausübung des Optionsrechtes $(a = 0)$. Man wird erwarten, dass das Optionsrecht nur bei einem „hohen“ Aktienkurs ausgeübt wird. Im Folgenden werden wir diese Erwartung bestätigen und die Limits festlegen.

Vorbereitend zeigen wir das folgende Resultat.

Satz 8.4.

Für alle $n < N$ und alle $s \in \mathbb{Z}$ gilt

(i) $0 \leq J_n(s+1) - J_n(s) \leq 1$.
(ii) $0 \leq V_n(s+1) - V_n(s) \leq 1$.

Beweis. Die Behauptungen (i) und (ii) lassen sich durch vollständige Induktion von $n+1$ nach n verifizieren. Wegen $V_N(s) = 0$ für alle s gilt zunächst $J_{N-1}(s) = 0$ für alle s und $V_{N-1}(s) = \max\{s - c,\ 0\}$, $s \in \mathbb{Z}$. Sie seien daher richtig für ein $n + 1 < N$. Da $q(x)$ eine Wahrscheinlichkeitsfunktion ist, erhalten wir

$$0 \leq J_n(s+1) - J_n(s) = \sum_{x \in \mathbb{Z}} q(x) \left\{V_{n+1}(s+1+x) - V_{n+1}(s+x)\right\} \leq 1$$

und somit (i) für n. Ferner ist

$$\begin{aligned} V_n(s+1) - V_n(s) &= \max\{s+1-c,\ J_n(s+1)\} - \max\{s-c,\ J_n(s)\} \\ &\leq \max\{1,\ J_n(s+1) - J_n(s)\} \\ &\leq 1 \end{aligned}$$

und entsprechend

$$\begin{aligned} V_n(s+1) - V_n(s) &= \max\{s+1-c,\ J_n(s+1)\} - \max\{s-c,\ J_n(s)\} \\ &\geq \min\{1,\ J_n(s+1) - J_n(s)\} \\ &\geq 0. \end{aligned}$$

Somit gilt (ii) für n, und es folgen schließlich die Behauptungen (i) und (ii) für alle n. □

Satz 8.4 impliziert, dass $J_n(s)$ langsamer in s wächst als $(s - c)$. Seien nun $\mathcal{M}_n := \{s \mid s - c \geq J_n(s)\}$ und

$$s_n^* := \begin{cases} \min \mathcal{M}_n, & \mathcal{M}_n \neq \emptyset \\ \infty, & \mathcal{M}_n = \emptyset. \end{cases}$$

Dann ist die aus den Entscheidungsfunktionen

$$f_n^*(s) = \begin{cases} 1 & \text{für } s \geq s_n^* \\ 0 & \text{für } s < s_n^* \end{cases}$$

gebildete Strategie $\delta^* = (f_0^*, \ldots, f_{N-1}^*)$ nach Satz 8.2 optimal. Die Monotonie der Limits erhält man in Analogie zu Beispiel 8.6. Somit ist es optimal, bei einem Kurs von mindestens s_n^* das Optionsrecht zum Zeitpunkt n auszuüben. Vorausgesetzt wird natürlich, dass es nicht schon vorher ausgeübt wurde. $\diamondsuit$

Beispiel 8.8 (Ein Ersetzungsmodell).

Der Zustand einer Maschine lasse sich durch eine der Zahlen $0, \ldots, M$ mit $M \in \mathbb{N}$ beschreiben. Eine neue Maschine sei im Zustand 0. Die Maschine unterliege einem Verschleiß, der eine Verschlechterung (Anwachsen) des Zustandes bewirke.

Die Maschine werde zu den Zeitpunkten $n = 0, ..., N-1$ inspiziert. In Abhängigkeit vom beobachteten Zustand $s_n \in \{0, \ldots, M\}$ werde eine der beiden folgenden Entscheidungen getroffen: Die Maschine nicht zu ersetzen (Aktion $a_n = 0$) oder die Maschine durch eine neue zu ersetzen (Aktion $a_n = 1$). Die neue Maschine sei unmittelbar verfügbar.

Zu berücksichtigen seien Betriebskosten der Höhe $c(z_n)$ in Abhängigkeit vom Zustand $z_n = (1 - a_n)s_n$ der Maschine unmittelbar nach der Entscheidung über die Ersetzung und im Falle einer Ersetzung zusätzlich Ersetzungskosten der Höhe k.

Eine Verschlechterung des Zustandes der Maschine zwischen den Zeitpunkten n und $n + 1$ von z_n nach s_{n+1} ergebe sich mit Wahrscheinlichkeit $\widehat{q}(z_n, s_{n+1})$.

Eine Ersetzungsstrategie, die die erwarteten Gesamtkosten minimiert, lässt sich mit Hilfe des Basismodells erhalten. Dabei sind:

(i) $N \in \mathbb{N}$ $(n = 0, 1, \ldots, N)$.

(ii) $\mathcal{S} = \mathcal{S}_n = \{0, \ldots, M\}$, $n \leq N$. Der Wert s_n bezeichnet den Zustand (Verschleiß) der Maschine.

(iii) $\mathcal{A} = \mathcal{A}_n(s) = \{0, 1\}$ symbolisiert die Aktionen „nicht ersetzen“ $(a = 0)$ bzw. „ersetzen“ $(a = 1)$, $n < N$, $s \in \mathcal{S}$.

(iv)

$$p_n(s, a, s') = \begin{cases} \widehat{q}(s, s') & \text{für } a = 0 \\ \widehat{q}(0, s') & \text{für } a = 1 \end{cases}$$

und $s, s' \in \mathcal{S}$. Dabei gilt $\widehat{q}(s, s') \geq 0$ und $\sum_{s' \in \mathcal{S}} \widehat{q}(s, s') = 1$.

(v)

$$r_n(s, a) = \begin{cases} -c(s) & \text{für } a = 0 \\ -k - c(0) & \text{für } a = 1 \end{cases}$$

und $s \in \mathcal{S}$. Das negative Vorzeichen resultiert aus der Darstellung der Kosten als negative Gewinne.

(vi) $V_N(s) \in \mathbb{R}$, $s \in \mathcal{S}$, ist der Restwert der Maschine.

Die zugehörige Optimalitätsgleichung (8.5) lautet

$$V_n(s) = \max\Bigg\{-c(s) + \sum_{s'=0}^{M} \widehat{q}(s,s')V_{n+1}(s'), \\ - k - c(0) + \sum_{s'=0}^{M} \widehat{q}(0,s')V_{n+1}(s')\Bigg\}. \tag{8.11}$$

Es ist natürlicher, die erwarteten Gesamtkosten $G_n(s) := -V_n(s)$, $n \le N$, $s \in \mathcal{S}$, zu betrachten. Zusammen mit

$$J_n(s) := c(s) + \sum_{s'=0}^{M} \widehat{q}(s,s')G_{n+1}(s')$$

geht dann die Optimalitätsgleichung (8.11) über in

$$G_n(s) = \min\{J_n(s),\ k + J_n(0)\}.$$

Der erste Term der geschweiften Klammer enthält die Folgekosten bei Nicht-Ersetzung, der zweite die bei Ersetzung der Maschine.

Gewöhnlich wird man die Maschine eine gewisse Zeit nutzen und dann durch eine neue ersetzen. Diese Vorstellung lässt sich unter den folgenden Annahmen (A1) bis (A3) an die Betriebskosten $c(s)$, den Restwert $V_N(s)$ und die Übergangswahrscheinlichkeiten $\widehat{q}(s,s')$ verifizieren und quantifizieren.

Annahmen:

Für alle $s < M$ gilt

(A1) $c(s) \le c(s+1)$.

(A2) $V_N(s) \ge V_N(s+1)$.

(A3) $\sum_{s'=i}^{M} \widehat{q}(s,s') \le \sum_{s'=i}^{M} \widehat{q}(s+1,s')$ für $i = 0,\ldots,M$.

Die Annahmen (A1) und (A2) besagen, dass eine Verschlechterung des Zustandes der Maschine zu einer Erhöhung der Betriebskosten bzw. Verminderung des Restwertes führt. Annahme (A3) besagt, dass sich der Zustand der Maschine systematisch verschlechtert. Insbesondere ist die Wahrscheinlichkeit, in einen „schlechten" Zustand $s_{n+1} \in \{s', s'+1, \ldots, M\}$ ($s' \in \mathcal{S}$ beliebig) zu gelangen, monoton wachsend in s_n.

Lemma 8.5.

Sei $v : \{0, \dots, M\} \to \mathbb{R}$ eine beliebige, monoton wachsende Funktion. Ist Annahme (A3) erfüllt, so gilt

$$\sum_{s'=0}^{M} \widehat{q}(s, s')v(s') \le \sum_{s'=0}^{M} \widehat{q}(s+1, s')v(s')$$

für alle $s < M$.

Beweis. Unter Ausnutzung von (A3) und der Monotonie von v erhält man unmittelbar

$$\begin{aligned}
\sum_{s'=0}^{M} \widehat{q}(s, s')v(s') &= \sum_{s'=0}^{M} \widehat{q}(s, s')v(0) + \sum_{s'=1}^{M} \widehat{q}(s, s')[v(1) - v(0)] \\
&\quad + \dots + \sum_{s'=M}^{M} \widehat{q}(s, s')[v(M) - v(M-1)] \\
&= v(0) + \sum_{s'=1}^{M} [v(s') - v(s'-1)] \sum_{s''=s'}^{M} \widehat{q}(s, s'') \\
&\le v(0) + \sum_{s'=1}^{M} [v(s') - v(s'-1)] \sum_{s''=s'}^{M} \widehat{q}(s+1, s'') \\
&= \sum_{s'=0}^{M} \widehat{q}(s+1, s')v(s')
\end{aligned}$$

und damit die Behauptung. □

Mit (A1), (A2) und Lemma 8.5 erhalten wir die benötigte Monotonie von J_n.

Satz 8.6.

Sind die Annahmen (A1), (A2) und (A3) erfüllt, so gilt für alle $n < N$ und $s < M$

(i) $J_n(s) \le J_n(s+1)$.
(ii) $G_n(s) \le G_n(s+1)$.

Beweis. Der Beweis wird durch vollständige Induktion von $n+1$ nach n geführt. Zunächst folgen aus $G_N = -V_N$, den Annahmen (A1) und (A2) sowie Lemma 8.5 die Behauptungen (i) und (ii) für $n+1 = N$. Treffen daher die Behauptungen für ein $n+1 \le N$ zu, so folgt (i) für n unmittelbar aus (A1), der Monotonie von G_{n+1} (nach Induktionsannahme) und Lemma 8.5. Behauptung (ii) ergibt sich dann aus der Monotonie von J_n und

$$G_n(s) = \min\{J_n(s),\ k + J_n(0)\} \le \min\{J_n(s+1),\ k + J_n(0)\} = G_n(s+1).$$

Somit gelten die Ungleichungen (i) und (ii) für alle $n < N$ und alle $s < M$. □

Seien nun $\mathcal{M}_n := \{s \mid J_n(s) \geq k + J_n(0)\}$ und

$$s_n^* := \begin{cases} \min \mathcal{M}_n, & \mathcal{M}_n \neq \emptyset \\ \infty, & \mathcal{M}_n = \emptyset \end{cases}.$$

Dann folgt mit Satz 8.6(i), dass die aus den Entscheidungsfunktionen

$$f_n^*(s) = \begin{cases} 1 & \text{für } s \geq s_n^* \\ 0 & \text{für } s < s_n^* \end{cases}$$

gebildete Strategie δ^* nach Satz 8.2 optimal ist. Somit erweist es sich als optimal, die Maschine zu dem Zeitpunkt n zu ersetzen, zu dem der Verschleiß s_n erstmals die Eingriffsgrenze s_n^* erreicht oder überschritten hat. ◊

Beispiel 8.9 (Ein Lagerhaltungsproblem).

Ein Ein-Produkt Lager werde zu den Zeitpunkten $n = 0, 1, \ldots, N-1$ inspiziert und in Abhängigkeit vom Lagerbestand s_n eine Entscheidung über eine Bestellung und die eventuelle Bestellmenge $b_n \geq 0$ getroffen. Eine Bestellung sei unmittelbar im Lager verfügbar. Daher bezeichne $a_n = s_n + b_n$ den Lagerbestand zum Zeitpunkt n unmittelbar nach der Bestellentscheidung.

Die Nachfrage x_n nach dem Gut zwischen den Zeitpunkten n und $n+1$ ergebe sich als Realisation einer diskreten Zufallsvariablen Y_n. Die Zufallsvariablen $Y_0, Y_1, \ldots, Y_{N-1}$ seien unabhängig und identisch verteilt mit $P(Y = x) = q(x)$, $x \in \mathbb{N}_0$, und endlichem Erwartungswert.

In Abhängigkeit von s_n, a_n und x_n ergebe sich der Lagerbestand s_{n+1} zum Zeitpunkt $n+1$ gemäß $s_{n+1} = a_n - x_n$; nicht durch das Lager gedeckter Bedarf wird also vorgemerkt. Wir unterstellen ein beschränktes Lager. Somit ist $s_n \leq a_n \leq M \in \mathbb{N}$. Ein negativer Bestand s_n entspricht einer Vormerkung, die mit der nächsten Bestellung ausgeglichen wird.

Verbunden mit der Bestellung und Lagerung des Gutes seien mengenproportionale Bestellkosten $c \cdot b_n \geq 0$. Außerdem seien Lager- und Fehlmengenkosten $l(a_n - x_n) \geq 0$ zu berücksichtigen und zwar in Abhängigkeit vom Lager- bzw. Fehlmengenbestand $a_n - x_n$ am Ende der Bestellperiode. Der Einfachheit halber sei

$$l(s) = \begin{cases} l_1 \cdot s & \text{für } s \geq 0 \\ -l_2 \cdot s & \text{für } s < 0 \end{cases}$$

mit $l_2 > l_1 \geq 0$.

Die minimalen erwarteten Gesamtkosten sowie eine optimale Bestellpolitik lassen sich mit Hilfe des folgenden Kontrollmodells finden:

(i) $N \in \mathbb{N}$ $(n = 0, 1, \ldots, N)$.

(ii) $\mathcal{S}_n = \mathcal{S} = \{\ldots, -1, 0, 1 \ldots, M\}$, $n \leq N$. Dabei bezeichnet s_n den Lagerbestand zum Zeitpunkt n unmittelbar vor der Bestellentscheidung.

(iii) $\mathcal{A}_n(s) = \mathcal{A}(s) = \{s, s+1, \ldots, M\}$, $n < N$, $s \in \mathcal{S}$. Die Zahl a_n mit $a_n \geq s_n$ bezeichnet den Lagerbestand zum Zeitpunkt n unmittelbar nach der Bestellentscheidung.

(iv) $\mathcal{X}_n = \mathcal{X} = \mathbb{N}_0$, $n < N$.

(v) $g_n(s, a, x) = a - x$ für $n < N$, $s \in \mathcal{S}$, $a \in \mathcal{A}(s)$ und $x \in \mathcal{X}$.

(vi) $q_n(x) = q(x)$ für $n < N$ und $x \in \mathcal{X}$.

(vii) $r_n(s, a) = -c(a - s) - \sum_{x \in \mathcal{X}} q(x) l(a - x)$ für $n < N$, $s \in \mathcal{S}$ und $a \in \mathcal{A}(s)$.

(viii) $V_N(s) = 0$ für alle $s \in \mathcal{S}$.

Ausgangspunkt der Strukturuntersuchungen ist wieder die Optimalitätsgleichung. Sie lautet

$$\begin{aligned} V_n(s) = \max \Bigg\{ & -c(a-s) - \sum_{x=0}^{\infty} q(x) l(a-x) \\ & + \sum_{x=0}^{\infty} q(x) V_{n+1}(a-x) \mid s \leq a \leq M \Bigg\} \end{aligned} \tag{8.12}$$

oder unter Berücksichtigung von $G_n(s) := -V_n(s) + cs$

$$G_n(s) = \min \{ J_n(a) \mid s \leq a \leq M \} \tag{8.13}$$

mit $\mu := cE[Y_n] = c \sum_{x=0}^{\infty} x q(x)$ und

$$J_n(a) := \mu + \sum_{x=0}^{\infty} q(x) l(a-x) + \sum_{x=0}^{\infty} q(x) G_{n+1}(a-x).$$

Der Übergang von V_n zu G_n hat lediglich einen Einfluss auf die Wertfunktionen, nicht aber auf die Optimalität einer Strategie, denn diejenigen Aktionen, die Maximalpunkte von (8.12) sind, sind auch Minimalpunkte von (8.13) und umgekehrt. Daher konzentrieren sich die folgenden Überlegungen auf die einfacher zu handhabende Optimalitätsgleichung (8.13).

Lemma 8.7.

Sei $v : \mathcal{S} \to \mathbb{R}$ eine konvexe Funktion. Dann sind auch $w_1, w_2 : \mathcal{S} \to \mathbb{R}$

$$w_1(s) := \sum_{x \in \mathcal{X}} q(x) v(s-x) \quad \textit{und} \quad w_2(s) := \min\{v(a) \mid a \geq s\}$$

konvex.

Beweis. Die Konvexität von v ist äquivalent zu der Eigenschaft, dass $g(s) := v(s+1) - v(s)$, $s < M$, monoton wachsend in s ist. Um die Konvexität von w_1 und w_2 zu erhalten, zeigen wir nun, dass auch die $h_j(s) := w_j(s+1) - w_j(s)$, $j \in \{1, 2\}$, monoton wachsend in s sind. Die Monotonie von $h_1(s)$ in s folgt nun unmittelbar aus

$$h_1(s+1) - h_1(s) = \sum_{x \in \mathcal{X}} q(x)[g(s+1-x) - g(s-x)] \geq 0.$$

Ist v monoton wachsend bzw. fallend, so ist $w_2(s) = v(s)$ bzw. $w_2(s) = v(M)$. In diesen Fällen ist w_2 konvex. Anderenfalls existiert ein $s^* \in \mathcal{S}$ mit $v(s^*) \leq v(s)$ für alle $s \in \mathcal{S}$. Durch Fallunterscheidung erhält man dann

$$h_2(s+1) - h_2(s) = \begin{cases} v(s^*) - v(s^*) - v(s^*) + v(s^*) & \text{für } s \leq s^* - 2 \\ v(s^*+1) - v(s^*) - v(s^*) + v(s^*) & \text{für } s = s^* - 1 \\ v(s^*+2) - v(s^*+1) & \\ \qquad -v(s^*+1) + v(s^*+1) & \text{für } s \geq s^* \end{cases}$$

$$\geq 0,$$

und damit die Konvexität von w_2. □

Durch vollständige Induktion von $n+1$ nach n ergibt sich mit Hilfe von Lemma 8.7 unmittelbar

Satz 8.8.

Für alle $n < N$ gilt

(i) $J_n(a)$ ist konvex in a.
(ii) $G_n(s)$ ist konvex in s.

Aus den Sätzen 8.8 und 8.2 sowie $J_n(a) \to \infty$ für $a \to -\infty$ folgt die angestrebte Strukturaussage, die Existenz einer optimalen Strategie $\delta^* = (f_0^*, \ldots, f_{N-1}^*)$ mit

$$f_n^*(s) = \begin{cases} s & \text{für } s \geq S_n^* \\ S_n^* & \text{für } s < S_n^* \end{cases}$$

und geeigneten Parametern $S_0^*, S_1^*, \ldots, S_{N-1}^* \in \mathcal{S}$. Die optimale Lagerhaltungspolitik sieht somit vor, $S_0^*, S_1^*, \ldots, S_{N-1}^*$ Einheiten des Gutes bereitzuhalten und die nachgefragten Einheiten unmittelbar zu ersetzen.

Entscheidend für die Struktur dieser Bestellpolitik ist, dass keine Fixkosten bei einer Bestellung anfallen. Treten zusätzlich Fixkosten der Höhe k pro Bestellung auf, so lässt sich unter einem schwächeren Konvexitätsbegriff, der **k-Konvexität**, die Optimalität einer (s, S)- Bestellpolitik zeigen, d. h. einer Strategie $\delta^* = (f_0^*, \ldots, f_{N-1}^*)$ der Form

$$f_n^*(s) = \begin{cases} s & \text{für } s \geq s_n^* \\ S_n^* & \text{für } s < s_n^* \end{cases}$$

mit $s_n^*, S_n^* \in \mathcal{S}$, $s_n^* \leq S_n^*$. In diesem Falle wird eine Bestellung nur dann vorgenommen, wenn der Lagerbestand unter der kritischen Größe s_n^* liegt. Die Bestellung sieht dann eine Anhebung des Lagerbestandes auf S_n^* vor. ◊

Beispiel 8.10 (Ein Kassenhaltungsproblem).

Ein Unternehmen beobachte im Rahmen der Kassendisposition die Zahlungsein- und -ausgänge. Das Zahlungssaldo x_n zum Zeitpunkt n ergebe sich als Realisation einer Zufallsvariablen Y_n. Die Zufallsvariablen $Y_0, Y_1, \ldots, Y_{N-1}$ seien unabhängig und identisch verteilt mit $P(Y = x) = q(x)$, $x \in \mathbb{Z}$, und $\sum_{x \in \mathbb{Z}} q(x)|x| < \infty$.

Ziel des Unternehmens sei es, den Kassenbestand durch Geldtransfers zwischen Kasse und Geldanlage so zu steuern, dass der erwartete Gesamtbetrag an Transfer- und Opportunitätskosten minimal wird.

Sei s_n bzw. a_n der Kassenbestand zum Zeitpunkt n unmittelbar vor bzw. nach dem Geldtransfer. Um eine möglichst einfache Transferstrategie zu erhalten, unterstellen wir mengenproportionale Transferkosten

$$c(a-s) = \begin{cases} c_1 \cdot (a-s) & \text{für } a \geq s \\ c_2 \cdot (s-a) & \text{für } a < s \end{cases}$$

für geeignete Zahlen $c_1, c_2 > 0$.

Ferner berücksichtigen wir Opportunitätskosten $l_1 > 0$ bzw. $l_2 > 0$ pro Geldeinheit für positive bzw. negative Kassenbestände. Grundlage der Opportunitätskosten sei der Kassenbestand $a_n - x_n$ am Ende der Periode. Hieraus ergeben sich zum Zeitpunkt n die einstufigen Opportunitätskosten

$$h(a_n) = \sum_{x \leq a_n} q(x) l_1 (a_n - x) + \sum_{x > a_n} q(x) l_2 (x - a_n).$$

Das Kassenhaltungsproblem führt auf ein Kontrollmodell mit

(i) $N \in \mathbb{N}$ $(n = 0, 1, \ldots, N)$.
(ii) $\mathcal{S}_n = \mathcal{S} = \mathbb{Z}$, $n \leq N$.
(iii) $\mathcal{A}_n(s) = \mathcal{A} = \mathbb{Z}$, $n < N$, $s \in \mathcal{S}$.
(iv) $\mathcal{X}_n = \mathcal{X} = \mathbb{Z}$, $n < N$.
(v) $q_n(x) = q(x)$, $n < N$, $x \in \mathcal{X}$.
(vi) $g_n(s, a, x) = a - x$, $n < N$, $s \in \mathcal{S}$, $a \in \mathcal{A}$.
(vii) $r_n(s, a) = -c(a - s) - h(a)$.
(viii) $V_N(s) = 0$ für alle $s \in \mathcal{S}$.

Ausgangspunkt der Strukturuntersuchungen ist wieder die Optimalitätsgleichung, die mit $G_n(s) := -V_n(s)$, $s \in \mathcal{S}$, dargestellt werden kann in der Form

$$G_n(s) = \min\left\{-c_1 s + \min_{a \geq s}\{J_n(a) + c_1 a\},\ c_2 s + \min_{a < s}\{J_n(a) - c_2 a\}\right\}, \tag{8.14}$$

wobei der erste (zweite) Term für Geldaufnahme (Geldanlage) steht und

$$J_n(a) := h(a) + \sum_{x \in \mathbb{Z}} q(x) G_{n+1}(a - x)$$

gilt.

Satz 8.9.

Für alle $n < N$ gilt

(i) $J_n(a)$ ist konvex in a.
(ii) Es existieren $s_n^* \in \mathbb{Z} \cup \{-\infty\}$, $t_n^* \in \mathbb{Z} \cup \{+\infty\}$ mit $s_n^* \leq t_n^*$ und

$$G_n(s) = \begin{cases} c_1(s_n^* - s) + J_n(s_n^*) & \textit{für } s \leq s_n^* \\ J_n(s) & \textit{für } s_n^* < s < t_n^* \\ c_2(s - t_n^*) + J_n(t_n^*) & \textit{für } s \geq t_n^*. \end{cases}$$

(iii) $G_n(s)$ ist konvex in s.

Beweis. Der Beweis wird durch vollständige Induktion geführt. Wir geben nur den Induktionsschritt an.

Für eine beliebige reellwertige Funktion v auf $\mathbb{Z}$ sei $\tilde{v}(s) := v(s+1) - v(s)$.

(i) Mit $G_{n+1}(s)$ und $h(a)$ ist auch $J_n(a)$ konvex (vgl. den Beweis zu Lemma 8.7). Somit gilt (i) für n.

(ii) Nach (i) ist $J_{1n}(a) := J_n(a) + c_1 a$ konvex in a. Wegen $h(a) \to \infty$ und $G_{n+1}(s) \geq 0$, $s \in \mathcal{S}$, folgt $J_{1n}(a) \to \infty$ für $a \to \infty$. Somit existiert ein $s_n^* \in \mathbb{Z}$ mit $J_{1n}(s_n^*) \leq J_{1n}(a)$ für alle $a \in \mathbb{Z}$, oder $J_{1n}(a)$ ist monoton wachsend in a. In diesem Fall ist $s_n^* = -\infty$.

Sei ferner $J_{2n}(a) := J_n(a) - c_2 a$. Entsprechend erhält man ein $t_n^* \in \mathbb{Z}$ mit $J_{2n}(t_n^*) \leq J_{2n}(a)$ für alle $a \in \mathbb{Z}$, oder $J_{2n}(a)$ ist monoton fallend in a und damit $t_n^* = +\infty$.

Sei nun $a \geq t_n^*$. Dann ist $\tilde{J}_{2n}(a) \geq 0$ und folglich auch $a \geq s_n^*$, denn es ist $\tilde{J}_{1n}(a) = \tilde{J}_n(a) + c_1 = \tilde{J}_{2n}(a) + c_2 + c_1 \geq 0$. Somit ist $t_n^* \geq s_n^*$, und (ii) ergibt sich für n aus (8.14).

(iii) Aus (8.14) folgt zunächst $-c_1 \leq \tilde{G}_n(s) \leq c_2$ für alle $s \in \mathcal{S}$. Nach (ii) ist außerdem

$$\tilde{G}_n(s) = \begin{cases} -c_1 & \text{für } s < s_n^* \\ \tilde{J}_n(s) & \text{für } s_n^* \leq s < t_n^* \\ c_2 & \text{für } t_n^* \leq s. \end{cases}$$

Nutzt man ferner aus, dass $\tilde{J}_n(s)$ nach (i) monoton in s ist, so folgt schließlich die Monotonie von $\tilde{G}_n(s)$ in s und damit die Konvexität von G_n. □

Aus den Sätzen 8.2 und 8.9 folgt nun unmittelbar die Existenz einer optimalen Strategie $\delta^* = (f_0^*, \dots, f_{N-1}^*)$ mit

$$f_n^*(s) = \begin{cases} s_n^* & \text{für } s \le s_n^* \\ s & \text{für } s_n^* < s < t_n^* \\ t_n^* & \text{für } t_n^* \le s \end{cases}$$

für geeignete $s_n^* \in \mathbb{Z} \cup \{-\infty\}$, $t_n^* \in \mathbb{Z} \cup \{+\infty\}$ mit $s_n^* \le t_n^*$. Somit ist es optimal, zum Zeitpunkt n den Kassenbestand s im Falle $s_n^* < s < t_n^*$ unverändert zu lassen, im Falle $s \ge t_n^*$ auf t_n^* zu reduzieren und im Falle $s \le s_n^*$ auf s_n^* zu erhöhen. $\diamondsuit$

Die Existenz einer optimalen Strategie δ^*, die in einer Teilmenge $\Pi \subseteq \Delta$ strukturierter Strategien liegt, ist in mehrfacher Hinsicht von Interesse: Sie trägt zum besseren Verständnis des Problems bei, erhöht die Akzeptanz des Verfahrens bei Anwendern und führt nicht zuletzt zu einer Reduktion des Rechen- und Speicheraufwandes bei der Lösung der Optimalitätsgleichung. Betrachten wir noch einmal die Beispiele 8.6 bis 8.8. Auf die Reduktion des Speicherplatzbedarfs sind wir bereits in Abschnitt 8.3.4 eingegangen. Auch die Berechnung der Wertfunktionen V_n vereinfacht sich. Gilt nämlich für einen Zustand $s \in \mathcal{S}_n$ beispielsweise $f_n(s) = 1$, so trifft dies auch für alle Zustände $s' > s$ zu, und Aktion $a = 0$ braucht für diese Zustände s' nicht in Betracht gezogen zu werden. Entsprechendes gilt im Falle $f_n(s) = 0$ für alle Zustände $s' < s$.

Der Nachweis der Optimalität einfach strukturierter Strategien wird einen Schwerpunkt zukünftiger Forschungsaktivitäten im Rahmen der dynamischen Optimierung bilden. Die Ergebnisse dieses Abschnitts geben einen Hinweis auf die Vorgehensweise. Sie zeigen aber auch die Notwendigkeit auf, die bestehenden Monotoniekonzepte weiter zu vervollkommnen, um auch bei komplexeren Zusammenhängen den Nachweis von Strukturen erbringen zu können.

8.4 Verallgemeinerungen

Die in den Abschnitten 8.2 und 8.3 vorgestellten Modelle und Lösungsansätze stellen die Basis Markovscher Entscheidungsmodelle dar und wurden in unterschiedlichen Richtungen modifiziert und verallgemeinert. Hierzu zählen

a) ein unendlicher Planungshorizont,
b) ein überabzählbarer Zustands- und/oder Aktionenraum,
c) zufällige Entscheidungszeitpunkte bei stetigem Zeitparameter,
d) unvollständig beobachtbare Zustände,
e) ein unvollständig bekanntes Übergangsgesetz (Bayes-Modelle),
f) ein stochastisch variierendes, Übergangsgesetz,
g) unterschiedliche Optimalitätskriterien.

Die Aufzählung deutet bereits die Modellvielfalt an. Durch Einbeziehung relevanter Informationen in die Zustände gelingt es jedoch, die Modellvielfalt wieder einzugrenzen, um so auf die grundlegenden Existenzaussagen (Optimalitätsgleichung, Existenz optimaler Strategien, Wertiteration) zurückgreifen zu können. Für numerische Berechnungen ist diese Reduktion nur bedingt hilfreich. Effiziente Algorithmen werden nach wie vor die konsequente Ausnutzung der Struktur erforderlich machen.

9

Wartesysteme

9.1 Einführung

Ein Wartesystem besteht aus Kunden, die zu zufälligen Zeitpunkten an einer Bedienungsstation eintreffen, um Bedienung nachsuchen und nach Abschluss der Bedienung die Station wieder verlassen. Elementare Beispiele eines Wartesystems sind Kunden, die an einem Fahrkartenschalter eintreffen, eine Fahrkarte kaufen und anschließend den Fahrkartenschalter wieder verlassen oder Maschinen, die bei Ausfall von einem freien Mechaniker zu reparieren sind (vgl. Bsp. 9.1).

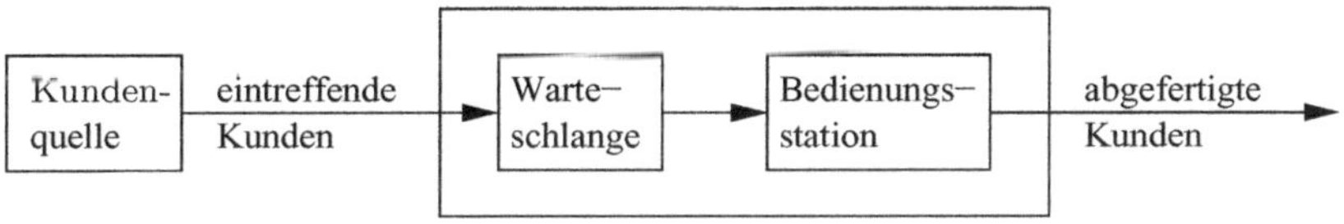

Abb. 9.1. Aufbau eines Wartesystems

Bereits diese elementaren Beispiele lassen die Fülle an Spezialfällen erahnen, die bei der Modellierung eines Wartesystems auftreten können. Da es keinen geschlossenen Lösungsansatz gibt, hat man schon sehr früh begonnen, Wartesysteme zu klassifizieren und mit Hilfe einer einheitlichen Notation vergleichbar zu machen.

So versteht man beispielsweise unter einem $M/M/1-$Wartesystem eine Bedienungsstation mit einem Schalter, an der Kunden in exponentialverteilten Zeitabständen eintreffen, sich in die Warteschlange einreihen, nach Abfertigung der vorher eingetroffenen Kunden in exponentialverteilter Zeit bedient werden und anschließend die Bedienungsstation wieder verlassen. Dabei steht das erste „M“ für die exponentialverteilte Zwischenankunftszeit (Dauer zwischen zwei aufeinanderfolgenden Ankünften), das zweite „M“ für die exponentialverteilte Bedienungszeit und die „1“ für die Anzahl der Schalter.

Die Klassifikation basiert auf einer Charakterisierung der Kundenquelle, der Warteschlange und der Bedienungsstation mit folgenden Unterscheidungsmerkmalen:

- Kundenquelle
  - Ergiebigkeit (Anzahl potentieller Kunden; endlich/unendlich),
  - Generierung der Kunden (Modellierung der Zwischenankunftszeiten),
  - Art der Ankünfte (einzeln/in Gruppen),
- Warteschlange
  - Kapazität des Wartesystems (Anzahl der Warteplätze; endlich/unendlich),
  - Warteschlangendisziplin (Bedienungsreihenfolge, z.B. FIFO (first in first out)),
- Bedienungsstation
  - Anzahl der Schalter,
  - Modellierung der Bedienungszeiten,
  - Abfertigung (einzeln/in Gruppen).

Diese Unterscheidungsmerkmale finden Eingang in eine auf Kendall zurückgehende Notation $A/B/c$ (Kurzform) oder $A/B/c/K/m$ (erweiterte Form), wobei

A : Verteilung der Zwischenankunftszeiten,
B : Verteilung der Bedienungszeiten,
c : Anzahl der Schalter,
K : Kapazität des Systems (Anzahl Warteplätze + Anzahl Schalter),
m : Ergiebigkeit der Kundenquelle.

Die Symbole A und B stehen für

M : exponentialverteilt,
D : konstant,
E_k : Erlang-verteilt (mit k Phasen),
G : beliebig verteilt.

Kommen wir zurück zu unserem Fahrgast, der noch eine Fahrkarte benötigt. Natürlich möchte er einen freien Schalter bei seiner Ankunft vorfinden, andererseits muss man auch dem Bahnunternehmen zugestehen, über Einsparungsmöglichkeiten nachzudenken. Das wirft die Frage nach Kenngrößen eines Wartesystems auf. Häufig genannte Kenngrößen sind

- Anzahl wartender Kunden,
- Auslastung der Bedienungsstation,
- Verweildauer eines Kunden im System,
- Wartezeit eines Kunden.

Wie lassen sich diese Kenngrößen berechnen?

Ausgangspunkt der Analyse von Wartesystemen ist eine Beschreibung des zeitlichen Ablaufs in einem Wartesystem. Hierzu bezeichne $X(t)$ die Anzahl der Kunden, die sich zum Zeitpunkt t im System befinden. $X(t)$ ist eine Zufallsvariable, da sowohl die (Zwischen-)Ankunftszeiten der Kunden als auch deren Bedienungszeiten zufällig sind.

Eine Gesamtheit $\{X(t),\ t \geq 0\}$ von Zufallsvariablen $X(t)$ bezeichnet man als **stochastischen Prozess** und die Menge I der Werte, die die Zufallsvariablen $X(t)$ annehmen können, als zugehörigen **Zustandsraum**.

Mit Hilfe des stochastischen Prozesses $\{X(t),\ t \geq 0\}$ ist es somit möglich, die zeitliche Entwicklung der Anzahl der Kunden im System zu beschreiben (und, wie wir noch sehen werden, darauf aufbauende Kenngrößen wie z.B. die durchschnittliche Wartezeit eines Kunden zu ermitteln).

Ein wesentliches Unterscheidungsmerkmal stochastischer Prozesse ist der Grad der Abhängigkeit der Zufallsvariablen $X(t)$. Ein stochastischer Prozess $\{X(t),\ t \geq 0\}$ mit rechtsstetigen Realisationen und abzählbarem Zustandsraum I heißt homogener **Markov-Prozess** (oder auch nur Markov-Prozess oder Markov-Kette in stetiger Zeit), falls die folgenden (zur Markov-Eigenschaft äquivalenten) Annahmen erfüllt sind:

(i) Die Aufenthaltsdauern in den Zuständen $i \in I$ sind α_i–exponentialverteilt $(0 \leq \alpha_i < \infty)$.
(ii) Verlässt der Prozess den Zustand i, so wird (unabhängig von der Aufenthaltsdauer) der Zustand j $(j \neq i)$ mit Wahrscheinlichkeit q_{ij} angenommen $(0 \leq q_{ij} \leq 1,\ \sum_{j \neq i} q_{ij} = 1)$.

Ein Markov-Prozess hält sich somit eine exponentialverteilte Zeitdauer in einem Zustand i auf und wechselt dann, unabhängig von der Aufenthaltsdauer in i, in einen Nachfolgezustand $j \neq i$. Der Parameter der exponentialverteilten Aufenthaltsdauer darf vom Zustand abhängen. Dabei ist zu berücksichtigen, dass die Parametermenge der Exponentialverteilung um $\alpha = 0$ erweitert wird mit der Interpretation, dass im Falle $\alpha = 0$ der Zustand nicht mehr verlassen wird. Abb. 9.2 enthält eine mögliche Realisation des Markov-Prozesses mit den Zeitpunkten $T_1, T_2, \ldots$ der Zustandsänderungen und den Aufenthaltsdauern $D_1, D_2, \ldots$ in den einzelnen Zuständen.

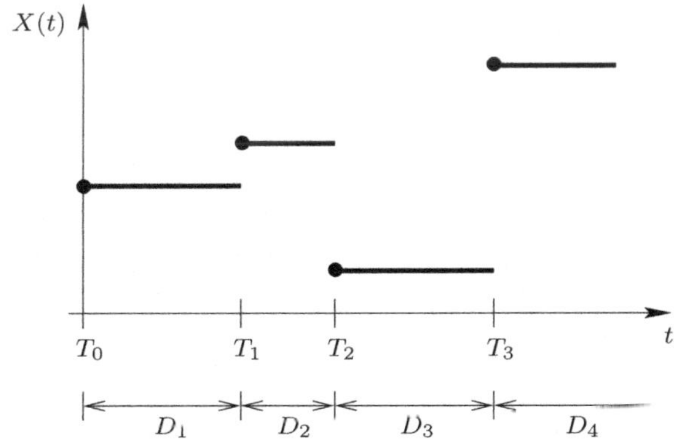

Abb. 9.2. Eine mögliche Realisation des Markov-Prozesses

Die zeitliche Entwicklung eines Markov-Prozesses kann man sich auch als fortwährende Wettläufe konkurrierender Aktivitäten mit exponentialverteilten Dauern vorstellen. So findet beispielsweise in einem $M/M/1-$System ständig ein Wettlauf zwischen der Ankunft des nächsten Kunden und dem Ende der laufenden Bedienung statt. Immer dann wenn ein solcher Wettlauf entschieden ist, findet eine Zustandsänderung statt, und es beginnt ein neuer Wettlauf. Unter Einbeziehung der Eigenschaften exponentialverteilter Zufallsvariablen (vgl. Satz 9.3) ist es dann auf elegante Weise möglich, die Parameter α_i und q_{ij} über die Dauern und Ausgänge der Wettläufe zu bestimmen, und zwar als Funktionen der Parameter der beteiligten exponentialverteilten Aktivitäten. In Abschnitt 9.3 gehen wir auf diese anwendungsbezogene Festlegung der Parameter α_i und q_{ij} näher ein.

Da die Zustandswahrscheinlichkeiten $\pi_j(t) := P(X(t) = j)$, $j \in I$ für einen festen Zeitpunkt $t \geq 0$ nur sehr aufwändig (d.h. durch Lösen eines Differentialgleichungssystems) zu berechnen sind, geht man gewöhnlich zum asymptotischen Verhalten des Prozesses über, d.h. man zieht (im Falle der Existenz) die Grenzwahrscheinlichkeiten

$$\pi_j = \lim_{t\to\infty} \pi_j(t), \qquad j \in I,$$

zur Approximation von $X(t)$ für „große" t heran. Auf diese Weise reduziert sich der Rechenaufwand auf das Lösen eines linearen Gleichungssystems und ist somit leicht umzusetzen (vgl. Satz 9.1).

Basierend auf dem asymptotischen Verhalten (man spricht auch von einem System im **stationären Zustand**) lassen sich dann die interessierenden Kenngrößen auf der Grundlage der **Grenzverteilung** $\pi = (\pi_j,\ j \in I)$ bestimmen. Hierzu zählen

L : durchschnittliche Anzahl der Kunden im System,
L_q: durchschnittliche Anzahl wartender Kunden,
W: durchschnittliche Verweildauer eines Kunden im System,
W_q: durchschnittliche Wartezeit eines Kunden.

Beispielsweise erhält man

$$L = \sum_{i=0}^{\infty} i\pi_i.$$

Den Kehrwert λ der mittleren Zwischenankunftszeit (also der mittleren Dauer zwischen zwei aufeinanderfolgenden Ankünften) bezeichnet man als **Ankunftsrate** und den Kehrwert μ der mittleren Bedienungszeit als **Bedienrate**. Ist die Zwischenankunftszeit exponentialverteilt mit Parameter λ, so ist bekanntlich die mittlere Zwischenankunftszeit $1/\lambda$, und die Ankunftsrate λ stimmt mit dem Parameter der Exponentialverteilung überein. Entsprechendes gilt für die Bedienrate μ.

Bei Systemen mit endlich vielen Warteplätzen tritt zwangsläufig nicht jeder ankommende Kunde in das System ein (vgl. Bsp. 9.3). Wir müssen daher unterscheiden zwischen der Ankunftsrate λ und der **Eintrittsrate** (effektiven Ankunftsrate) $\tilde{\lambda}$, die als Kehrwert der mittleren Dauer zwischen zwei Systemeintritten definiert ist.

In Beispiel 9.3 gehen wir im Rahmen eines $M/M/1/K$–Wartesystems exemplarisch auf die Berechnung von $\tilde{\lambda}$ ein. Wird jedoch, was für die meisten Anwendungen zutrifft, kein ankommender Kunde abgewiesen, so stimmen λ und $\tilde{\lambda}$ überein.

Die **Formel von Little** stellt einen wichtigen Zusammenhang zwischen den Basisgrößen eines Wartesystems dar:

$$L = \tilde{\lambda} \cdot W, \qquad L_q = \tilde{\lambda} \cdot W_q.$$

Sie gilt unter sehr allgemeinen Voraussetzungen (und kann in den folgenden Anwendungen als gültig angenommen werden).

Eine einfache Möglichkeit, die Formel von Little zu veranschaulichen, besteht darin, die auftretenden Zufallsvariablen auf ihre Erwartungswerte zu reduzieren. Dann treten $\tilde{\lambda}t$ Kunden bis zum Zeitpunkt t in das System ein. Aufgrund der konstanten Verweildauer W haben diejenigen Kunden, die bis zum Zeitpunkt $t-W$ eingetreten sind, das System bereits wieder verlassen. Somit befinden sich zum Zeitpunkt t noch $L = \tilde{\lambda}t - \tilde{\lambda}(t - W) = \tilde{\lambda}W$ Kunden im System.

9.2 Berechnung der Grenzverteilung

Wir haben bereits gesehen, dass sich das Übergangsverhalten des Markov-Prozesses durch die Parameter α_i der exponentialverteilten Aufenthaltsdauern und der Übergangswahrscheinlichkeiten q_{ij} beschreiben lässt. Die auf die folgende Weise gebildete Matrix $B = (b_{ij})$,

$$b_{ij} = \begin{cases} -\alpha_i & \text{für } i = j, \\ \alpha_i q_{ij} & \text{für } i \neq j, \end{cases}$$

heißt **Generator** des Markov-Prozesses und die Elemente b_{ij}, $i \neq j$, von B bezeichnet man als **Übergangsraten** des Markov-Prozesses.

Eine übersichtliche und im Hinblick auf die Anwendungen äußerst nützliche Darstellung der Übergangsraten erhält man mit Hilfe eines **Übergangsgraphen**.

Jeder Knoten (Punkt) des Graphen stellt einen Zustand des Markov-Prozesses dar, jeder Pfeil einen Übergang mit positiver Rate. Die Bewertung des Pfeils ergibt sich aus dem Wert der zugehörigen Übergangsrate. Die Diagonalelemente von B gehen in den Übergangsgraph nicht ein. Sie ergeben sich wegen $-b_{ii} = \sum_{j \neq i} b_{ij}$ als Summe der negativen Bewertungen der vom Knoten i wegführenden Pfeile.

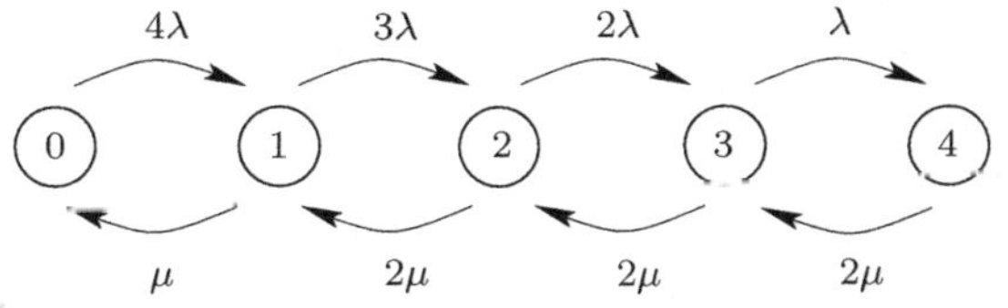

Abb. 9.3. Übergangsgraph des Repairmen-Problems ($n = 4$, $k = 2$)

Abb. 9.3 enthält den Übergangsgraphen eines Markov-Prozesses (Spezialfall des Repairmen Problems, auf das wir noch näher eingehen werden) mit Zustandsraum $I = \{0, 1, \ldots, 4\}$ und Generator

$$B = \begin{pmatrix} -4\lambda & 4\lambda & 0 & 0 & 0 \\ \mu & -3\lambda-\mu & 3\lambda & 0 & 0 \\ 0 & 2\mu & -2\lambda-2\mu & 2\lambda & 0 \\ 0 & 0 & 2\mu & -\lambda-2\mu & \lambda \\ 0 & 0 & 0 & 2\mu & -2\mu \end{pmatrix}.$$

Ein Markov-Prozess $\{X(t),\ t \geq 0\}$ heißt **irreduzibel**, wenn im Übergangsgraph jeder Zustand i mit jedem Zustand j durch einen direkten Pfeil oder eine Pfeilfolge verbunden ist. Dies trifft beispielsweise beim Repairmen-Problem aus Abb. 9.3 zu. Entfernt man jedoch einen der Pfeile, so ist der resultierende Markov-Prozess nicht mehr irreduzibel; beispielsweise impliziert das Entfernen des Pfeils von Knoten 4 nach Knoten 3, dass Zustand 0 von Zustand 4 nicht mehr erreichbar ist.

Satz 9.1.

Sei $\{X(t),\ t \geq 0\}$ ein irreduzibler Markov-Prozess mit endlichem Zustandsraum. Dann gilt, unabhängig vom Anfangszustand, für alle $j \in I$

$$\lim_{t\to\infty} P(X(t) = j) = \pi_j > 0.$$

Die π_j, $j \in I$, ergeben sich als eindeutige Lösung des Gleichungssystems

$$\begin{aligned} u_j \sum_{k\neq j} b_{jk} &= \sum_{k\neq j} u_k b_{kj} \\ u_i \geq 0,\ \sum_{i\in I} u_i &= 1. \end{aligned} \tag{9.1}$$

Satz 9.2.

Sei $\{X(t),\ t \geq 0\}$ ein irreduzibler Markov-Prozess mit abzählbarem Zustandsraum. Dann bleibt entweder die Aussage des Satzes 9.1 erhalten oder es gilt $\lim_{t\to\infty} P(X(t) = j) = 0$ für alle $j \in I$.

Eine Verteilung, die Lösung des linearen Gleichungssystems (9.1) ist, bezeichnet man als **stationäre Verteilung**.

Unter den Voraussetzungen des Satzes 9.1 ist die Grenzverteilung π eine stationäre Verteilung und damit Lösung eines Gleichungssystems. Darüber hinaus ist die Lösung eindeutig, d.h. es existiert genau eine stationäre Verteilung, und diese stimmt mit π überein. Daher verwenden wir im Folgenden die Begriffe Grenzverteilung und stationäre Verteilung synonym.

Gleichungssystem (9.1) lässt sich mit Hilfe des Übergangsgraphen bequem aufstellen: Der Koeffizient von u_j auf der linken Seite der Gleichung ergibt sich aus der Summe der Bewertungen der von j wegführenden Pfeile; der Koeffizient von u_k

auf der rechten Seite der Gleichung j ergibt sich als Bewertung des vom Knoten k zum Knoten j hinführenden Pfeils.

Das Repairmen-Problem (mit $n = 4$ und $k = 2$) dient wieder der Veranschaulichung. Dem Übergangsgraph in Abb. 9.3 entnimmt man, dass $\{X(t),\ t \geq 0\}$ irreduzibel ist. Nach Satz 9.1 existiert dann die Grenzverteilung π. Sie ergibt sich als eindeutige Lösung des Gleichungssystems

$$\begin{aligned}
4\lambda u_0 &= \mu u_1 \\
(3\lambda + \mu)u_1 &= 4\lambda u_0 + 2\mu u_2 \\
(2\lambda + 2\mu)u_2 &= 3\lambda u_1 + 2\mu u_3 \\
(\lambda + 2\mu)u_3 &= 2\lambda u_2 + 2\mu u_4 \\
2\mu u_4 &= \lambda u_3
\end{aligned}$$

zusammen mit der Nichtnegativitätsbedingung $u_i \geq 0,\ i \in I$, und der Normierungsbedingung $\sum_{i \in I} u_i = 1$.

9.3 Festlegung der Parameter α_i und q_{ij}

Eine Zustandsänderung eines Markov-Prozesses lässt sich als Ergebnis eines Wettlaufs miteinander konkurrierender Aktivitäten mit exponentialverteilten Dauern darstellen. Betrachtet man beispielsweise ein $M/M/1-$Wartesystem, so erfolgt ein Übergang vom Zustand i (Anzahl der Kunden im System) in den Zustand $i - 1$, wenn die laufende Bedienung vor Ankunft des nächsten Kunden abgeschlossen ist. Es konkurrieren also miteinander die (exponentialverteilte) Bedienungszeit und die (exponentialverteilte) Zwischenankunftszeit, und die kürzere der beiden Dauern gibt den Ausschlag für einen Übergang von i nach $i - 1$ oder von i nach $i + 1$. Nach jeder Zustandsänderung beginnt der Wettlauf von vorn. Dabei konkurrieren die Restdauern der noch nicht abgeschlossenen Aktivitäten mit der Dauer einer eventuell neu hinzugekommenen Aktivität.

Da diese konkurrierenden Dauern exponentialverteilt sind, haben die jeweiligen Restdauern dieselbe Verteilung wie die Gesamtdauer. Zur Überprüfung sei T eine exponentialverteilte Zufallsvariable mit Parameter α. Dann ist $P(T > t) = e^{-\alpha t}$, $t \geq 0$, und wir erhalten unter Berücksichtigung der Rechenregeln für bedingte Wahrscheinlichkeiten für alle $s, t \geq 0$

$$\begin{aligned}
P(T > s + t \mid T > s) &= \frac{P(T > s + t, T > s)}{P(T > s)} \\
&= \frac{P(T > s + t)}{P(T > s)} = \frac{e^{-\alpha(s+t)}}{e^{-\alpha s}} = e^{-\alpha t}
\end{aligned}$$

und damit die zu überprüfende Behauptung: $P(T > s + t \mid T > s) = P(T > t)$. Dieses fehlende Gedächtnis zeichnet die Exponentialverteilung aus. Sie ist die einzige stetige Verteilung mit dieser Eigenschaft.

Bezogen auf das $M/M/1-$Wartesystem bedeutet es, dass die Restwartezeit auf einen Kunden dieselbe Verteilung hat wie die Gesamtwartezeit oder weniger formal ausgedrückt: Die bisherige Wartezeit auf einen Kunden hat keinen Einfluss auf restliche Wartezeit. Entsprechendes gilt für die Bedienungszeit eines Kunden.

Das fehlende Gedächtnis wiederum erlaubt es uns, nach jeder Zustandsänderung die Vorgeschichte zu vergessen und das System mit dem aktuellen Zustand neu zu starten. Satz 9.3 stellt formal den Zusammenhang zum Markov-Prozess her und kann unmittelbar auf n konkurrierende Aktivitäten übertragen werden.

Satz 9.3.

Seien T_1 und T_2 unabhängige, exponentialverteilte Zufallsvariable mit den Parametern α_1 bzw. α_2. Dann gilt

(i) Die Zufallsvariable $T = \min\{T_1, T_2\}$ ist $(\alpha_1 + \alpha_2)-$exponentialverteilt.
(ii) $P(T_1 > T_2) = \dfrac{\alpha_2}{(\alpha_1 + \alpha_2)}$.
(iii) Die Ereignisse $\{T > t\}$ und $\{T_1 > T_2\}$ sind unabhängig.

Beweis. (i) Unter Berücksichtigung der Unabhängigkeit von T_1 und T_2 erhalten wir für alle $t \geq 0$

$$\begin{aligned} P(T > t) &= P(T_1 > t, T_2 > t) \\ &= P(T_1 > t)P(T_2 > t) = e^{-\alpha_1 t} e^{-\alpha_2 t} = e^{-(\alpha_1 + \alpha_2)t}. \end{aligned}$$

Damit ist T $(\alpha_1 + \alpha_2)-$exponentialverteilt.

(ii) Bedingt man bezüglich der möglichen Werte von T_2 und nutzt die Unabhängigkeit von T_1 und T_2 aus, so folgt

$$\begin{aligned} P(T_1 > T_2) &= \int_0^\infty P(T_1 > T_2 \mid T_2 = t)\alpha_2 e^{-\alpha_2 t} dt \\ &= \int_0^\infty P(T_1 > t)\alpha_2 e^{-\alpha_2 t} dt \\ &= \frac{\alpha_2}{(\alpha_1 + \alpha_2)} \int_0^\infty (\alpha_1 + \alpha_2) e^{-(\alpha_1 + \alpha_2)t} dt \\ &= \frac{\alpha_2}{(\alpha_1 + \alpha_2)}, \end{aligned}$$

wobei die Erweiterung um $(\alpha_1 + \alpha_2)$ vorgenommen wurde, um über die Normierungsbedingung einer Dichte den Wert des Integrals auf bequeme Weise zu bestimmen. Somit gilt (ii).

(iii) Die Unabhängigkeit der Ereignisse $\{T > t\}$ und $\{T_1 > T_2\}$ folgt durch Bedingen von T_2 nach u, der Unabhängigkeit von T_1 und T_2 sowie der Beobachtung, dass t als Minimum der Realisationen von T_1 und T_2 kleiner oder gleich u ist.

$$\begin{aligned} P(T > t, T_1 > T_2) &= \int_t^\infty P(T_1 > t, T_1 > u)\alpha_2 e^{-\alpha_2 u} du \\ &= \frac{\alpha_2}{(\alpha_1 + \alpha_2)} \int_t^\infty (\alpha_1 + \alpha_2) e^{-(\alpha_1+\alpha_2)u} du \\ &= \frac{\alpha_2}{(\alpha_1 + \alpha_2)} e^{-(\alpha_1+\alpha_2)t} \\ &= P(T_1 > T_2) P(T > t). \end{aligned}$$

□

Anhand des folgenden Beispiels veranschaulichen wir nun, wie aus Teil (i) des Satzes die α_i folgen, aus Teil (ii) die q_{ij} und aus Teil (iii) die Unabhängigkeit der Übergänge von den Aufenthaltsdauern.

Beispiel 9.1 (Repairmen-Problem).

Für n Maschinen stehen $k < n$ Mechaniker zur Verfügung. Fällt eine Maschine aus, so wird die Reparatur von einem der noch freien Mechaniker übernommen oder bis zum Freiwerden eines Mechanikers zurückgestellt.

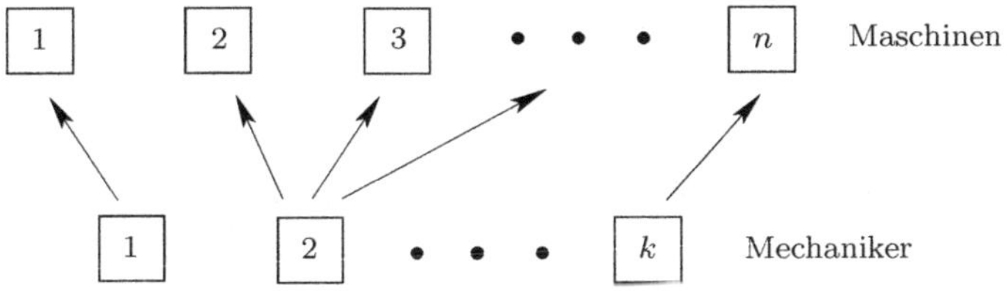

Abb. 9.4. Aufbau des Repairmen-Problems

Die Zeit, die eine Maschine störungsfrei arbeitet, sei λ−exponentialverteilt; die Reparaturzeit einer Maschine sei μ−exponentialverteilt. Die einzelnen Dauern seien unabhängig.

Es bezeichne $X(t)$ die Anzahl der zum Zeitpunkt t ausgefallenen Maschinen. Dann ist $\{X(t),\ t \geq 0\}$ ein stochastischer Prozess mit Zustandsraum $I = \{0, \ldots, n\}$, der die einen Markov-Prozess charakterisierenden Eigenschaften (i) und (ii) besitzt:

(a) Die Aufenthaltsdauer im Zustand i ergibt sich als Minimum

$$T = \min\{A_1, \ldots, A_{n-i}, R_1, \ldots, R_{\min\{i,k\}}\}$$

der λ−exponentialverteilten (Rest-)Dauern der Arbeitszeiten $A_1, \ldots, A_{n-i}$ der intakten Maschinen sowie der μ−exponentialverteilten (Rest-)Reparaturdauern $R_1, \ldots, R_{\min\{i,k\}}$ der ausgefallenen Maschinen. Nach Satz 9.3 (i) ist T exponentialverteilt mit Parameter

$$\alpha_i := (n-i)\lambda + \min\{i,k\}\mu.$$

(b) Der Prozess geht vom Zustand i in den Zustand $i+1$ über, falls

$$T_R := \min\{R_1, \ldots, R_{\min\{i,k\}}\} > \min\{A_1, \ldots, A_{n-i}\} =: T_A.$$

Da T_R und T_A exponentialverteilt sind mit Parameter $\min\{i,k\}\mu$ bzw. $(n-i)\lambda$, folgt zusammen mit Satz 9.3 (ii)

$$P(T_R > T_A) = \frac{(n-i)\lambda}{\min\{i,k\}\mu + (n-i)\lambda} =: q_{i,i+1}.$$

Ein Übergang vom Zustand i in den Zustand $i-1$ erfolgt mit Wahrscheinlichkeit

$$P(T_R < T_A) = \frac{\min\{i,k\}\mu}{(n-i)\lambda + \min\{i,k\}\mu} =: q_{i,i-1}.$$

(c) Die Übergangswahrscheinlichkeiten sind nach Satz 9.3 (iii) von den Aufenthaltsdauern unabhängig.

Mit Hilfe der α_i und q_{ij} erhalten wir für $i \neq j$ unmittelbar die für die Grenzverteilung benötigten Übergangsraten

$$b_{ij} = \alpha_i q_{ij} = \begin{cases} (n-i)\lambda & \text{für } i < n,\ j = i+1, \\ \min\{i,k\}\mu & \text{für } i > 0,\ j = i-1, \end{cases}$$

und $b_{ij} = 0$ für $|i-j| > 1$. Abb. 9.5 enthält den zugehörigen Übergangsgraph.

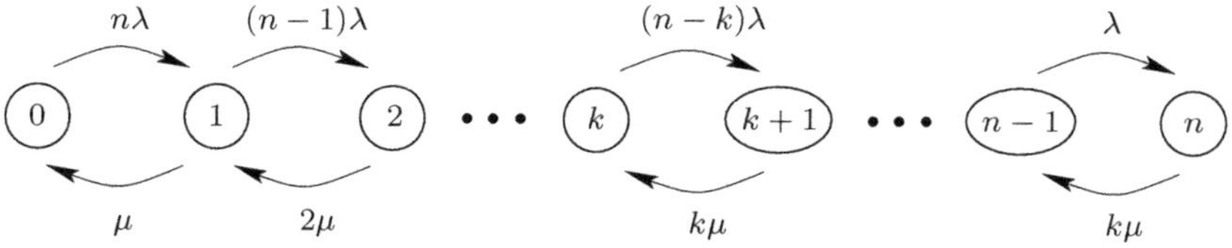

Abb. 9.5. Übergangsgraph des Repairmen-Problems

Wir haben bereits gesehen, dass bei Vorliegen des Übergangsgraphen das Gleichungssystem zur Berechnung der Grenzverteilung auf besonders anschauliche Weise aufgestellt werden kann. Wünschenswert wäre demzufolge noch ein weniger formales Vorgehen bei der Erstellung des Übergangsgraphen, auf das wir nun eingehen wollen:

(1) Die Zustände $0, 1, \ldots, n$ werden als Knoten in einen Graphen eingetragen.
(2) Jeder direkte Übergang von einem Zustand i in einen Zustand j wird durch einen Pfeil von Knoten i nach Knoten j gekennzeichnet.
(3) Die Bewertung der Pfeile ergibt sich aus den Übergangsraten, die wir exemplarisch ermitteln wollen:

(a) Im Zustand 0 haben wir n intakte Maschinen. Somit erfolgt eine Zustandsänderung von 0 nach 1 zu dem Zeitpunkt, zu dem die erste Maschine ausfällt. Die Dauer ergibt sich damit als Minimum von n $\lambda-$exponentialverteilten Dauern, die nach Satz 9.3 $n\lambda-$exponentialverteilt ist. Damit liegt die Bewertung des Pfeils von 0 nach 1 mit $n\lambda$ fest.
(b) Im Zustand 1 haben wir $(n-1)$ intakte Maschinen und 1 Maschine in Reparatur. Ein Übergang von 1 nach 2 wird bewirkt durch den Ausfall einer weiteren Maschine. Die Rate, mit der das geschieht, ist $(n-1)\lambda$. Umgekehrt wird ein Übergang von 1 nach 0 bewirkt durch den Abschluss einer Reparatur. Die Rate, mit der das geschieht, ist μ.
(c) In einem Zustand $k < i < n$ haben wir $(n-i)$ intakte Maschinen und k Maschinen in Reparatur (die übrigen $i-k$ Maschinen warten auf Reparatur bis einer der k Mechaniker frei wird). Ein weiterer Ausfall, also Übergang von i nach $i+1$ erfolgt mit der Rate $(n-i)\lambda$; ein Übergang von i nach $i-1$ mit der Rate $k\mu$.

Für den Spezialfall $n=4$, $k=2$ haben wir bereits das Gleichungssystem zur Berechnung der stationären Verteilung aufgestellt. Basierend auf der stationären Verteilung π lassen sich nun eine Reihe von Kenngrößen des Systems angeben wie

(1) durchschnittliche Anzahl ausgefallener Maschinen

$$\rho_1 := \sum_{i=1}^{n} i\pi_i = \pi_1 + 2\pi_2 + 3\pi_3 + 4\pi_4,$$

(2) Auslastungsgrad der Mechaniker

$$\rho_2 := \frac{1}{k}\left(\sum_{i=1}^{k} i\pi_i + \sum_{i=k+1}^{n} k\pi_i\right) = \frac{1}{2}\pi_1 + \pi_2 + \pi_3 + \pi_4,$$

(3) Wahrscheinlichkeit, mit der die Reparatur einer ausgefallenen Maschine nicht unmittelbar begonnen werden kann

$$\rho_3 := \sum_{i=k+1}^{n} \pi_i = \pi_3 + \pi_4.$$

Ist beispielsweise die mittlere Intaktzeit $1/\lambda$ einer Maschine fünfmal so lang wie die mittlere Reparaturzeit $1/\mu$, ist also $\lambda/\mu = 0.2$, so folgt: $\rho_1 = 0.690$, $\rho_2 = 0.331$, $\rho_3 = 0.025$. ◊

9.4 Geburts- und Todesprozesse

Sind (wie in Beispiel 9.1) Übergänge nur zu einem benachbarten Zustand möglich, ist also

$$b_{i,i+1} = \lambda_i$$
$$b_{i,i-1} = \mu_i$$

(mit $\mu_0 = 0$) und $b_{ij} = 0$ für $|j - i| > 1$, so spricht man auch von einem **Geburts- und Todesprozess**. λ_i bezeichnet man als **Geburtsrate** im Zustand i und μ_i als **Todesrate**.

Der Übergangsgraph eines Geburts- und Todesprozesses ist in Abb. 9.6 dargestellt.

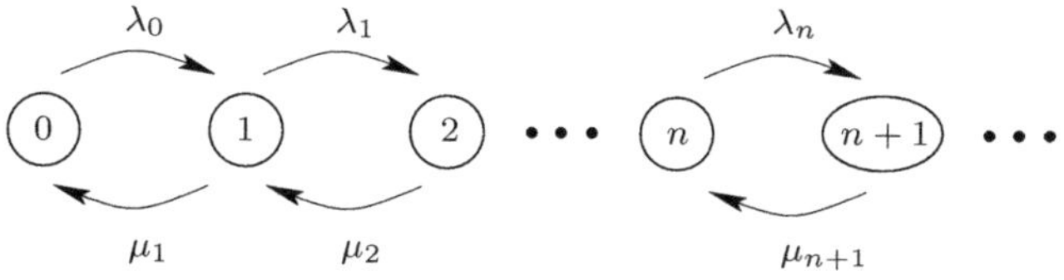

Abb. 9.6. Übergangsgraph eines Geburts- und Todesprozesses

Geburts- und Todesprozesse treten in vielen Anwendungen auf, so etwa in einer Reihe von Wartesystemen. Ihre separate Behandlung resultiert vor allem aus der Tatsache, dass im Falle der Existenz der stationären Verteilung π eine Formel zu ihrer rekursiven Berechnung angegeben werden kann. Auch die Frage nach der Existenz kann mit Hilfe dieser Formel beantwortet werden: Ist $\pi_0 > 0$, so existiert eine stationäre Verteilung, andernfalls (d.h. im Falle $\pi_0 = 0$) existiert keine stationäre Verteilung.

Zur Herleitung der Formel entnimmt man zunächst dem Übergangsgraphen das zu lösende Gleichungssystem zur Berechnung der stationären Verteilung und formt es um in

$$\begin{aligned}
\lambda_0\pi_0 &= \mu_1\pi_1 \\
\lambda_1\pi_1 &= \mu_2\pi_2 + (\lambda_0\pi_0 - \mu_1\pi_1) = \mu_2\pi_2 \\
\lambda_2\pi_2 &= \mu_3\pi_3 + (\lambda_1\pi_1 - \mu_2\pi_2) = \mu_3\pi_3 \\
\lambda_3\pi_3 &= \mu_4\pi_4 + (\lambda_2\pi_2 - \mu_3\pi_3) = \mu_4\pi_4 \\
&\vdots
\end{aligned}$$

In Abhängigkeit von π_0 erhält man dann

$$\begin{aligned}
\pi_1 &= \frac{\lambda_0}{\mu_1}\pi_0 \\
\pi_2 &= \frac{\lambda_1}{\mu_2}\pi_1 = \frac{\lambda_1\lambda_0}{\mu_2\mu_1}\pi_0 \\
&\vdots \\
\pi_j &= \frac{\lambda_{j-1}\lambda_{j-2}\ldots\lambda_0}{\mu_j\mu_{j-1}\ldots\mu_1}\pi_0 \\
&\vdots
\end{aligned}$$

und unter Berücksichtigung der Normierungsbedingung ($\sum \pi_j = 1$) durch Aufsummieren der linken und rechten Seite des Gleichungssystems

$$1 - \pi_0 = \left[\frac{\lambda_0}{\mu_1} + \frac{\lambda_1\lambda_0}{\mu_2\mu_1} + \ldots\right]\pi_0,$$

was im Falle $\pi_0 > 0$ unmittelbar auf die stationäre Verteilung führt:

$$\pi_0 = \left[1 + \sum_{n=1}^{\infty} \frac{\lambda_{n-1}\lambda_{n-2}\ldots\lambda_0}{\mu_n\mu_{n-1}\ldots\mu_1}\right]^{-1} \tag{9.2}$$

und für $j \in \mathbb{N}$

$$\pi_j = \frac{\lambda_{j-1}\lambda_{j-2}\ldots\lambda_0}{\mu_j\mu_{j-1}\ldots\mu_1}\left[1 + \sum_{n=1}^{\infty} \frac{\lambda_{n-1}\lambda_{n-2}\ldots\lambda_0}{\mu_n\mu_{n-1}\ldots\mu_1}\right]^{-1}. \tag{9.3}$$

Ist $\pi_0 = 0$, so existiert keine Grenzverteilung. In diesem Fall sind die Kenngrößen L, L_q, W_q und W weder definiert noch sinnvoll. Ist beispielsweise in einem $M/M/c-$System die mittlere Bedienungszeit länger als die mittlere Dauer zwischen zwei Kundenankünften, so wird die Warteschlange immer länger und die Anzahl der wartenden Kunden geht gegen unendlich. Entsprechendes gilt auch für die Warte- und Verweilzeiten im System. Wir kommen auf diesen Aspekt in den folgenden Beispielen zurück.

9.5 Wartesysteme, die auf einem Geburts- und Todesprozess basieren

Beispiel 9.2 ($M/M/c-$ Wartesystem).

Es liege ein $M/M/c-$ Wartesystem mit $\lambda-$exponentialverteilten Zwischenankunftszeiten und $\mu-$exponentialverteilten Bedienungszeiten vor.

Sei $X(t)$ die Anzahl der Kunden im System zum Zeitpunkt t. Dann lässt sich $\{X(t),\ t \geq 0\}$ beschreiben durch einen Geburts- und Todesprozess mit Zustandsraum $I = \mathbb{N}_0$ und Übergangsraten $\lambda_i = \lambda$ und $\mu_i = \min\{i, c\}\mu$ für $i \in \mathbb{N}_0$.

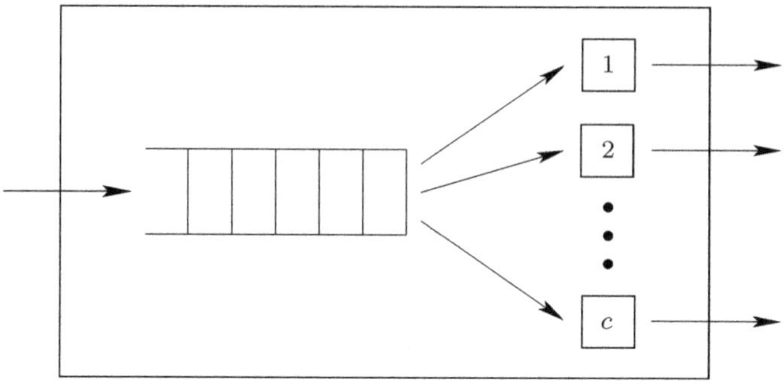

Abb. 9.7. Aufbau eines $M/M/c$ - Wartesystems

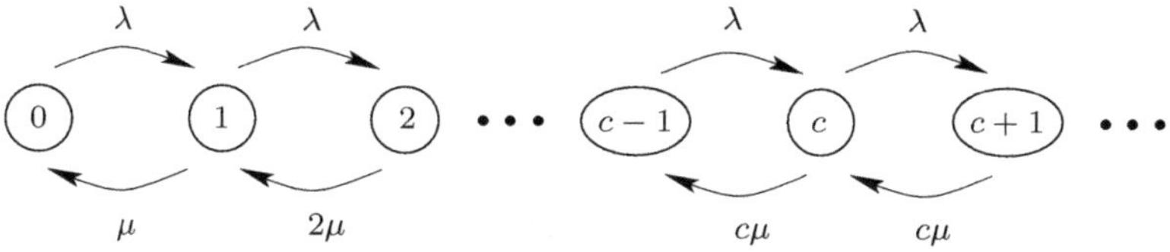

Abb. 9.8. Übergangsgraph des $M/M/c$ - Wartesystems

Ist die **Verkehrsintensität** $\rho := \lambda/(c\mu) < 1$, kommen also im Mittel weniger Kunden an als bedient werden können, so ist die Summe in (9.2) endlich, und $\{X(t),\ t \geq 0\}$ besitzt nach Satz 9.2 eine stationäre Verteilung π.

(a) Im Falle $c = 1$ erhalten wir mit (9.2), (9.3) und den Eigenschaften der geometrischen Reihe

$$\pi_i = \left(\frac{\lambda}{\mu}\right)^i \left(1 - \frac{\lambda}{\mu}\right) = \rho^i(1-\rho), \quad i \in \mathbb{N}_0$$

und auf der Grundlage der stationären Verteilung π die Kenngrößen

$$L = \sum_{i=0}^{\infty} i\pi_i = (1-\rho)\rho \sum_{i=1}^{\infty} i\rho^{i-1} = \frac{\rho}{1-\rho}$$

$$L_q = \sum_{i=1}^{\infty} (i-1)\pi_i = L - (1-\pi_0) = \frac{\rho^2}{1-\rho}.$$

Zusammen mit $\tilde{\lambda} = \lambda$ (es werden keine ankommenden Kunden abgewiesen) und der Formel von Little folgen weiter

$$W_q = L_q/\lambda = L/\mu$$

$$W = L/\lambda.$$

Die direkte Berechnung von W_q und W ist trickreicher. Sind i Kunden bei Eintreffen eines Kunden im System, so ist die Wartezeit T des eintreffenden Kunden darstellbar als Summe $T = T_1 + \ldots + T_i$ der $\mu-$exponentialverteilten Bedienungszeiten dieser i vor ihm eingetroffenen Kunden. Somit ist $E(T) = \sum_{j=1}^{i} E(T_j) = i/\mu$ und es folgt

$$W_q = \sum_{i=0}^{\infty} \frac{i}{\mu}\pi_i = \frac{L}{\mu}.$$

Die mittlere Verweildauer W setzt sich dann aus der mittleren Wartezeit W_q und der mittleren Bedienungszeit $1/\mu$ zusammen;

$$W = W_q + 1/\mu = (L+1)/\mu = L/\lambda.$$

(b) Sei nun $c > 1$. Dann führen dieselben Argumente auf die stationäre Verteilung

$$\pi_0 = \left[\sum_{i=0}^{c-1} \frac{(\lambda/\mu)^i}{i!} + \frac{(\lambda/\mu)^c}{c!} \cdot \frac{1}{1-\rho}\right]^{-1}$$

$$\pi_i = \begin{cases} \dfrac{(\lambda/\mu)^i}{i!}\pi_0 & i = 1, \ldots, c-1, \\ \dfrac{(\lambda/\mu)^c}{c!}\rho^{i-c}\pi_0 & i = c, c+1, \ldots \end{cases}$$

und die Kenngrößen

$$L_q = \sum_{i=c}^{\infty} (i-c)\pi_i = \frac{(\lambda/\mu)^c}{c!} \cdot \frac{\rho\pi_0}{(1-\rho)^2}$$

$$W_q = L_q/\lambda \qquad \text{(Formel von Little)}$$

$$W = W_q + \frac{1}{\mu} = \frac{1}{\lambda}\left(L_q + \frac{\lambda}{\mu}\right)$$

$$L = \lambda W = L_q + \frac{\lambda}{\mu} \qquad \text{(Formel von Little).}$$

Ist die Verkehrsintensität $\rho > 1$ und damit $1/(c\mu) > 1/\lambda$, so kommen im Mittel mehr Kunden an, als bedient werden können. Die Warteschlange wird immer länger, und damit ist auch anschaulich klar, dass keine stationäre Verteilung existieren kann.

Ist $\rho = 1$ und damit $1/(c\mu) = 1/\lambda$, so kommen im Mittel genau so viele Kunden an wie auch bedient werden können. Es herrscht vollkommene Zufälligkeit. Formal lässt sich zeigen, dass auch in diesem Fall keine stationäre Verteilung existiert ($\pi \equiv 0$). ◊

Beispiel 9.3 ($M/M/1/K-$ Wartesystem).

Es liege ein $M/M/1/K-$Wartesystem mit $\lambda-$exponentialverteilten Zwischenankunftszeiten und $\mu-$ exponentialverteilten Bedienungszeiten vor. Im Gegensatz zum $M/M/1-$Wartesystem wird ein Kunde abgewiesen, der bei seiner Ankunft alle (d.h. $K-1$) Warteplätze besetzt vorfindet.

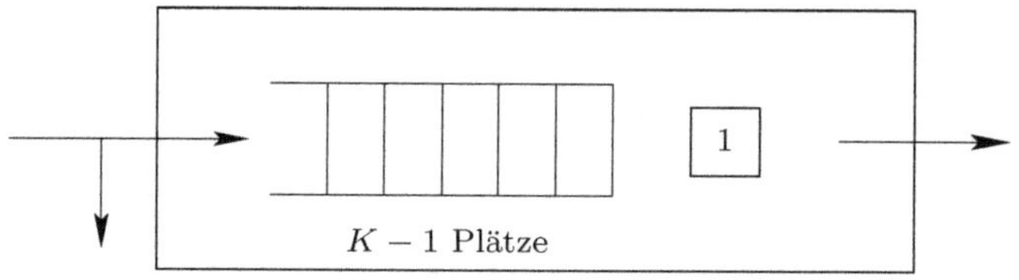

Abb. 9.9. Aufbau eines $M/M/1/K-$Wartesystems

Sei $X(t)$ die Anzahl der Kunden im System zum Zeitpunkt t. Dann lässt sich $\{X(t),\ t \geq 0\}$ beschreiben durch einen Geburts- und Todesprozess mit Zustandsraum $I = \{0, \ldots, K\}$ und Übergangsraten

$$\lambda_i = \begin{cases} \lambda & \text{falls } i < K, \\ 0 & \text{falls } i = K \end{cases}$$

$$\mu_i = \begin{cases} \mu & \text{falls } 1 \leq i \leq K, \\ 0 & \text{falls } i = 0. \end{cases}$$

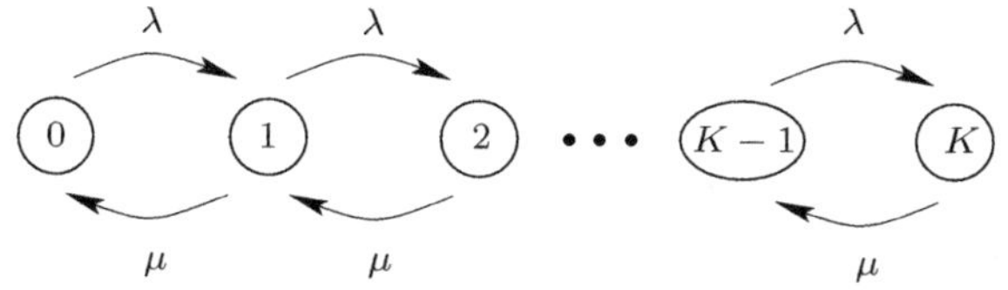

Abb. 9.10. Übergangsgraph des $M/M/1/K-$Wartesystem

Sei $\rho := \lambda/\mu$. Da I endlich ist, existiert für alle $\rho > 0$ eine stationäre Verteilung.

$$\pi_i = \begin{cases} \dfrac{(1-\rho)\rho^i}{1-\rho^{K+1}} & \text{für } \rho \neq 1 \\[2ex] \dfrac{1}{K+1} & \text{für } \rho = 1. \end{cases}$$

Hieraus ergeben sich die Kenngrößen

$$L = \sum_{i=0}^{K} i\pi_i = \begin{cases} \dfrac{\rho}{1-\rho} - \dfrac{(K+1)\rho^{K+1}}{1-\rho^{K+1}} & \text{für } \rho \neq 1, \\[2ex] \dfrac{K}{2} & \text{für } \rho = 1, \end{cases}$$

$$L_q = \sum_{i=1}^{K} (i-1)\pi_i = L - (1 - \pi_0).$$

Jeder eintreffende Kunde, der bereits K Kunden im System vorfindet, wird abgewiesen. Das macht eine Unterscheidung zwischen der Ankunftsrate λ und der Eintrittsrate

$$\tilde{\lambda} = \lambda(1 - \pi_K)$$

erforderlich: Findet ein ankommender Kunde einen freien Platz vor (Wahrscheinlichkeit $1-\pi_K$), so wird er akzeptiert, andernfalls (Wahrscheinlichkeit π_K) abgewiesen. Damit zerfällt der Prozess der eintreffenden Kunden (Ankunftsrate λ) in zwei Teilprozesse, den Teilprozess der akzeptierten Kunden (Ankunftsrate $\lambda(1 - \pi_K)$) und den Teilprozess der abgewiesenen Kunden (Ankunftsrate $\lambda\pi_K$). Formal ergibt sich diese Aussage aus dem Zerlegungssatz für Poisson-Prozesse (vgl. Satz 9.5).

Zusammen mit der Formel von Little folgt dann

$$W = L/\tilde{\lambda}.$$

Zur direkten Berechnung von W sei $\tilde{\pi}_i$ für $i = 0, \ldots, K-1$ die Wahrscheinlichkeit, dass ein nicht abgewiesener Kunde im System i Kunden vorfindet, also

$$\tilde{\pi}_i = P(X = i \mid X \leq K-1) = \frac{P(X = i, X \leq K-1)}{P(X \leq K-1)} = \frac{\pi_i}{1 - \pi_K}.$$

Zusammen mit der mittleren Bedienungszeit $1/\mu$ eines Kunden folgt dann unmittelbar

$$W = \sum_{i=0}^{K-1} \frac{i+1}{\mu}\tilde{\pi}_i = \sum_{i=0}^{K-1} \frac{i+1}{\mu}\frac{\pi_i}{1-\pi_K} = \frac{1}{\mu(1-\pi_K)}(L - K\pi_K + 1 - \pi_K) = \frac{L}{\tilde{\lambda}}.$$

◊

9.6 Poisson-Prozesse

Sei $N(t)$ die Häufigkeit, mit der ein bestimmtes, zufälliges Ereignis (z.B. Ankunft eines Kunden, Ende einer Bedienung) bis zu einem Zeitpunkt t eingetreten ist. Dann kann man $\{N(t),\ t \geq 0\}$ als einen Zählprozess auffassen. Tritt dieses zufällige Ereignis in unabhängigen, $\alpha-$exponentialverteilten Zeitabständen ein, so bezeichnet man diesen Zählprozess $\{N(t),\ t \geq 0\}$ als (homogenen) **Poisson-Prozess** mit Parameter (Intensität) α.

Poisson-Prozesse haben zwei Eigenschaften mit zentraler Bedeutung für die Analyse von Wartesystemen und insbesondere Warteschlangennetzwerken.

(1) Durch **Überlagerung** von zwei unabhängigen Poisson-Prozessen $\{N_1(t),\ t \geq 0\}$ und $\{N_2(t),\ t \geq 0\}$ mit den Parametern α_1 und α_2 entsteht ein neuer Poisson-Prozess $\{N(t),\ t \geq 0\}$ mit Parameter $\alpha = \alpha_1 + \alpha_2$. Abb. 9.11 dient der Veranschaulichung. Hierzu sind die Eintrittszeitpunkte des Ereignisses als (zufällige) Punkte auf $\mathbb{R}_+$ dargestellt. Diese Überlagerung führt somit zu redu-

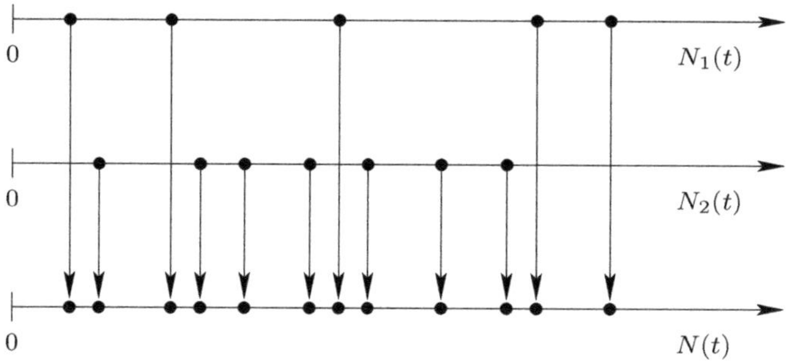

Abb. 9.11. Überlagerung von zwei unabhängigen Poisson-Prozessen

zierten, aber nach wie vor exponentialverteilten Zwischeneintrittszeiten.

(2) Eine **Zerlegung** eines Poisson-Prozesses liegt vor, wenn ein eingetretenes Ereignis nur mit Wahrscheinlichkeit p gezählt wird (und mit Wahrscheinlichkeit $1 - p$ nicht). Auf diese Weise zerfällt der Poisson-Prozess in zwei unabhängige Teilprozesse $\{N_1(t),\ t \geq 0\}$ (der gezählten) und $\{N_2(t),\ t \geq 0\}$ (der nicht gezählten Ereignisse) mit den Parametern αp und $\alpha(1 - p)$. Eine Zerlegung wird auch als ***p*-Verdünnung** bezeichnet.

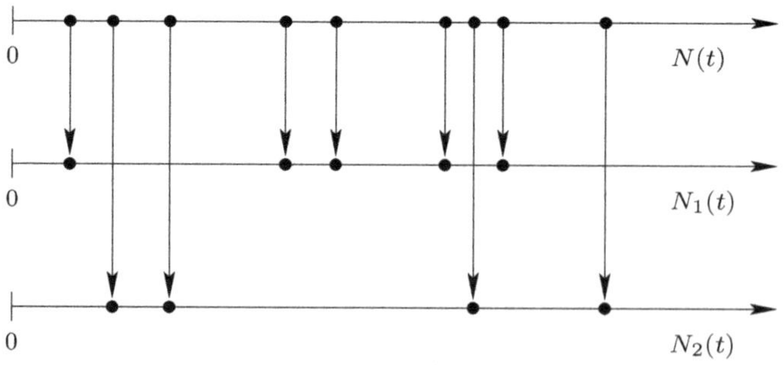

Abb. 9.12. Verdünnung eines Poisson-Prozesses

Abb. 9.12 verdeutlicht die Situation. Die Eintrittszeitpunkte des Ereignisses und deren Aufteilung sind wieder als (zufällige) Punkte auf $\mathbb{R}_+$ dargestellt. Überraschend ist die *Unabhängigkeit* der Teilprozesse.

Eine formale Überprüfung wird in den beiden folgenden Sätzen vorgenommen.

Satz 9.4.

Seien $\{N_1(t),\ t \geq 0\}$ *und* $\{N_2(t),\ t \geq 0\}$ *unabhängige Poisson-Prozesse mit Parameter* α_1 *bzw.* α_2. *Dann ist der stochastische Prozess* $\{N(t),\ t \geq 0\}$ *mit* $N(t) = N_1(t) + N_2(t)$, $t \geq 0$, *ein Poisson-Prozess mit Parameter* $\alpha = \alpha_1 + \alpha_2$.

Satz 9.5.

Sei $\{N(t),\ t \geq 0\}$ *ein Poisson-Prozess mit Parameter* α *und sei* $Y_1, Y_2, \ldots$ *eine von* $\{N(t),\ t \geq 0\}$ *unabhängige Folge von Zufallsvariablen mit* $P(Y_k = 1) = p$ *und* $P(Y_k = 0) = 1 - p$ *für ein* $p \in (0, 1)$. *Dann sind* $\{N_1(t),\ t \geq 0\}$ *und* $\{N_2(t),\ t \geq 0\}$ *mit*

$$N_1(t) = \sum_{k=1}^{N(t)} Y_k, \qquad t \geq 0$$

$$N_2(t) = \sum_{k=1}^{N(t)} (1 - Y_k), \qquad t \geq 0$$

unabhängige Poisson-Prozesse mit den Parametern αp *und* $\alpha(1 - p)$.

Das Ergebnis von Satz 9.5 ist zunächst überraschend: *ein* Prozess zerfällt in *zwei unabhängige* Teilprozesse. Die Unabhängigkeit kann man jedoch auf die zufällige Zuordnung der Ereignisse zurückführen.

9.7 Jackson-Netzwerke

Häufig treten Wartesysteme nicht isoliert, sondern vernetzt auf. Wir sprechen dann von Warteschlangennetzwerken. Diese haben eine Reihe interessanter Eigenschaften, die sich bereits an dem folgenden einfachen Beispiel veranschaulichen lassen.

Beispiel 9.4 (Tandem-System).

An einer Bedienungsstation treffen Kunden mit exponentialverteilten Zwischenankunftszeiten (Parameter λ) ein. Sie reihen sich in die Warteschlange vor Schalter 1 ein und warten auf Bedienung. Nach Abschluss der Bedienung der vor ihnen eingetroffenen Kunden werden sie in exponentialverteilter Zeit (Parameter μ_1) bedient. Nach Abschluss der Bedienung reihen sie sich in die Warteschlange vor Schalter 2 ein, warten dort auf Bedienung und verlassen schließlich nach Abschluss der exponentialverteilten Bedienungszeit (Parameter μ_2) Schalter 2, um sich anschließend (Wahrscheinlichkeit p) erneut in die Warteschlange vor Schalter 1 einzureihen oder das System endgültig (Wahrscheinlichkeit $1-p$) zu verlassen. Abb. 9.13 veranschaulicht die Situation.

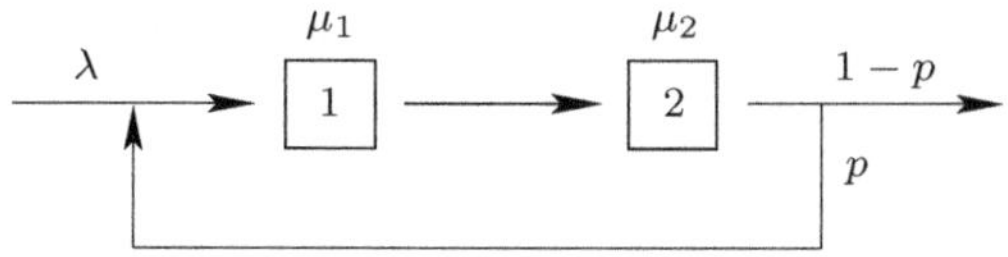

Abb. 9.13. Aufbau eines Tandem-Wartesystems

Sei $X(t) = (i_1, i_2)$ die Anzahl der Kunden im System zum Zeitpunkt t (mit i_1 Kunden an Schalter 1 und i_2 Kunden an Schalter 2).

$\{X(t),\ t \geq 0\}$ ist ein stochastischer Prozess mit Zustandsraum $I = \mathbb{N}_0 \times \mathbb{N}_0$, der zunächst durch die exponentialverteilten Zwischenankunftszeiten der neu ankommenden Kunden und die exponentialverteilten Bedienungszeiten gesteuert wird. Hinzu kommt, dass sich ein Kunde, dessen Bedienung an Schalter 2 abgeschlossen ist, mit Wahrscheinlichkeit $p < 1$ wieder in die Warteschlange vor Schalter 1 einreiht und mit Wahrscheinlichkeit $q = 1-p > 0$ das System verlässt. Unterstellen wir zunächst, dass die Abgänge an Schalter 2 einen Poisson-Prozess bilden, so zerfällt dieser Poisson-Prozess nach Satz 9.5 in zwei Teilprozesse: einen Poisson-Prozess der Kunden, die wieder zu Schalter 1 zurückkehren und einen Poisson-Prozess der Kunden, die das System endgültig verlassen. Damit haben wir es an Schalter 1 mit einer Überlagerung von zwei Poisson-Prozessen zu tun, die nach Satz 9.4 wiederum einen Poisson-Prozess bilden und damit die Gesamtankunftsrate an Schalter 1 festlegen.

Im stationären Gleichgewicht (vgl. z.B. [40, Cor. 5.6.2]) bilden die Abgänge an Schalter 1 einen Poisson-Prozess und damit auch die Zugänge an Schalter 2. Mit demselben Argument folgt dann, dass auch die Abgänge an Schalter 2 einen Poisson-Prozess bilden. Auf diese Weise schließt sich unsere Argumentationskette.

$\{X(t),\ t \geq 0\}$ ist somit ein Markov-Prozess mit Zustandsraum $I = \mathbb{N}_0 \times \mathbb{N}_0$ und Übergangsraten

$$b_{ij} = \begin{cases} \lambda & \text{für } j = (i_1+1, i_2) \\ \mu_1 \delta(i_1) & \text{für } j = (i_1-1, i_2+1) \\ \mu_2 p \delta(i_2) & \text{für } j = (i_1+1, i_2-1) \\ \mu_2 q \delta(i_2) & \text{für } j = (i_1, i_2-1) \\ -(\lambda + \mu_1\delta(i_1) + \mu_2\delta(i_2)) & \text{für } j = i \\ 0 & \text{sonst,} \end{cases}$$

wobei $\delta(0) = 0$ und $\delta(x) = 1$ für $x > 0$. Der zugehörige Übergangsgraph ist in Abb. 9.14 dargestellt.

Gilt $\rho_k = \lambda/(q\mu_k) < 1$ für $k = 1, 2$, so hat Gleichungssystem (9.1) eine eindeutige Lösung:

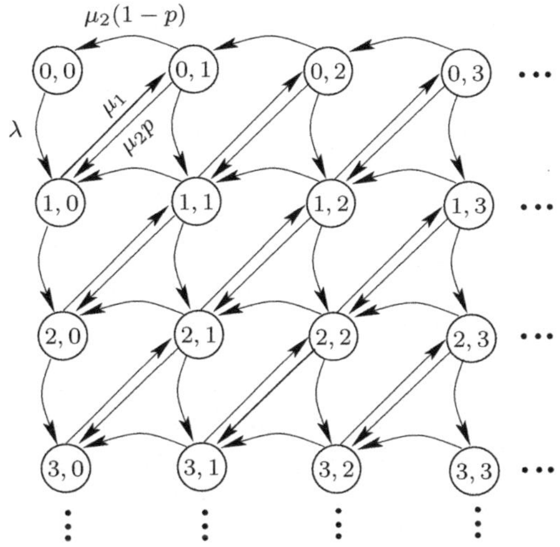

Abb. 9.14. Der Übergangsgraph des Tandem-Systems

$$\pi_{(i_1,i_2)} = \pi_{i_1}^{(1)} \pi_{i_2}^{(2)}, \quad (i_1, i_2) \in I,$$

wobei

$$\pi_{i_k}^{(k)} = (1 - \rho_k)\rho_k^n, \qquad n \in \mathbb{N}_0, \ k = 1, 2.$$

Hieraus folgt, dass das Tandem-System in zwei *unabhängige*, $M/M/1$–Systeme mit den Verkehrsintensitäten ρ_1 und ρ_2 zerfällt.

Überraschend ist insbesondere die Unabhängigkeit der beiden Teilsysteme. Man beachte jedoch, dass diese Aussage nur im stationären Gleichgewicht gilt.

Unter Ausnutzung der Unabhängigkeit der Teilsysteme und unserer Kenntnis über $M/M/1$–Systeme lässt sich nun unmittelbar die durchschnittliche Anzahl $L = L_1 + L_2$ der Kunden im System angeben.

$$\begin{aligned}
L &= \sum_{i_1=0}^{\infty} \sum_{i_2=0}^{\infty} (i_1 + i_2) \pi_{i_1}^{(1)} \pi_{i_2}^{(2)} \\
&= \sum_{i_1=0}^{\infty} i_1 \pi_{i_1}^{(1)} + \sum_{i_2=0}^{\infty} i_2 \pi_{i_2}^{(2)} \\
&= \sum_{k=1}^{2} \frac{\lambda}{\mu_k q - \lambda} \\
&= \sum_{k=1}^{2} \frac{\rho_k}{1 - \rho_k}.
\end{aligned}$$

Zusammen mit der Formel von Little folgt dann für die durchschnittliche Verweilzeit eines Kunden

$$W = L/\lambda = \sum_{k=1}^{2} \frac{1}{\mu_k q - \lambda}.$$

◇

Die Ergebnisse des Beispiels 9.4 lassen sich auf ein **Jackson-Netzwerk** übertragen. Hierunter versteht man eine Bedienungsstation, die aus m vernetzten $M/M/1-$Wartesystemen besteht:

An Knoten $k = 1, \dots, m$ treffen Kunden in λ_k-exponentialverteilten Zeitabständen von außerhalb ein. Nach Abschluss der Bedienung (μ_k-exponentialverteilt) reihen sie sich in die Warteschlange vor Schalter ℓ mit Wahrscheinlichkeit $p_{k\ell}$ ein oder verlassen das System (Wahrscheinlichkeit $q_k = 1 - \sum_{\ell=1}^{m} p_{k\ell}$).

Sei γ_k die **Gesamtankunftsrate** an Knoten k. Sie setzt sich zusammen aus der **externen Ankunftsrate** λ_k und den **internen Ankunftsraten** $\gamma_\ell p_{\ell k}$ von den Knoten $\ell = 1, \dots, m$ und ergibt sich als Lösung des Gleichungssystems (sog. **Verkehrsgleichungen**)

$$\gamma_k = \lambda_k + \sum_{\ell=1}^{m} \gamma_\ell p_{\ell k}, \qquad k = 1, \dots, m \tag{9.4}$$

unter den Nebenbedingungen $p_{\ell k} \geq 0$ und $q_k \geq 0$ für $\ell, k = 1, \dots, m$. Abb. 9.15 veranschaulicht noch einmal die Situation an einem Knoten des Netzwerks.

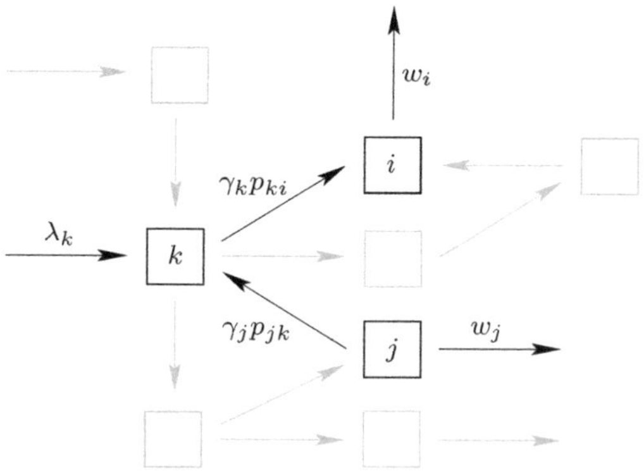

Abb. 9.15. Netzwerk-Ausschnitt mit den Knoten i, j und k

Ein Jackson-Netzwerk heißt **offen**, wenn $\lambda_k > 0$ oder $q_k > 0$ für mindestens einen Knoten k gilt.

Satz 9.6.

Gegeben sei ein offenes Jackson-Netzwerk mit $\gamma_k/\mu_k < 1$ *für* $k = 1, \ldots, m$. *Besitzen die Verkehrsgleichungen eine eindeutige Lösung, so existiert eine stationäre Verteilung* π, *und diese hat die sogenannte* ***Produktform***

$$\pi_{(i_1,\ldots,i_m)} = \prod_{k=1}^{m} \left(\frac{\gamma_k}{\mu_k}\right)^{i_k} \left(1 - \frac{\gamma_k}{\mu_k}\right), \quad (i_1, \ldots, i_m) \in I.$$

Einen Beweis dieser fundamentalen Aussage findet man z.B. in [41, Theorem 1.14].

Die Produktform ist für potentielle Anwendungen von unschätzbarem Wert. Durch sie zerfällt das Netzwerk in unabhängige, leicht zu handhabende Bausteine ($M/M/1-$Systeme), die über die Verkehrsgleichungen auf einfache Weise zusammengeführt werden können.

Liegt also eine Lösung $\gamma_1, \ldots, \gamma_m$ der Verkehrsgleichungen (9.4) vor und gilt $\gamma_k/\mu_k < 1$ für $k = 1, \ldots, m$, so folgt aus Satz 9.6 für die durchschnittliche Anzahl L der Kunden im System:

$$\begin{aligned} L &= \sum_{i_1=0}^{\infty} \cdots \sum_{i_m=0}^{\infty} (i_1 + \ldots + i_m)\pi_{(i_1,\ldots,i_m)} \\ &= \sum_{k=1}^{m} \frac{\gamma_k}{\mu_k - \gamma_k} \end{aligned}$$

und zusammen mit der Formel von Little für die durchschnittliche Verweildauer W im System:

$$W = \frac{L}{\sum_{k=1}^{m} \lambda_k} .$$

Beispiel 9.5 (Beispiel 9.4 - Fortsetzung 1).

Nach Voraussetzung ist $p < 1$. Damit haben die Verkehrsgleichungen (9.4)

$$\begin{aligned} \gamma_1 &= \lambda + \gamma_2 p \\ \gamma_2 &= \gamma_1 \end{aligned}$$

die eindeutige Lösung $\gamma_1 = \gamma_2 = \lambda/q > 0$.

Ist $\gamma_k/\mu_k = \lambda/q\mu_k < 1$ für $k = 1, 2$, so besitzt das Tandem-System nach Satz 9.6 eine stationäre Verteilung

$$\pi_{(i_1,i_2)} = \prod_{k=1}^{2} (\frac{\gamma_k}{\mu_k})^{i_k} (1 - \frac{\gamma_k}{\mu_k}), \quad (i_1, i_2) \in I,$$

in Produktform.

Für die Kenngrößen L und W ergibt sich dann

$$L = \sum_{k=1}^{2} \frac{\gamma_k}{\mu_k - \gamma_k} = \sum_{k=1}^{2} \frac{\lambda}{(1-p)\mu_k - \lambda}$$

sowie

$$W = \frac{L}{\sum_{k=1}^{2} \lambda_k} = \frac{L}{\lambda}.$$

Hieraus folgen beispielsweise für $\lambda = 4$, $\mu_1 = 10$, $\mu_2 = 20$ und $p = 0.5$ die Gesamtankunftsraten $\gamma_1 = \gamma_2 = 8$ als Lösung des Gleichungssystems

$$\begin{aligned} \gamma_1 &= 4 + 0.5\gamma_2 \\ \gamma_2 &= \gamma_1, \end{aligned}$$

die durchschnittliche Anzahl $L = 14/3$ der Kunden im System

$$L = \frac{\gamma_1}{\mu_1 - \gamma_1} + \frac{\gamma_2}{\mu_2 - \gamma_2} = \frac{14}{3}$$

und schließlich aus

$$W = \frac{L}{\lambda + 0} = \frac{7}{6}$$

eine durchschnittliche Verweildauer eines Kunden im System von 7/6 Zeiteinheiten.

◊

Ein Jackson-Netzwerk mit $\lambda_k = 0$ und $q_k = 0$ für alle k heißt **geschlossen**. Es besteht damit aus einer festen Anzahl m von Kunden, die das System zyklisch durchlaufen. Für geschlossene Jackson-Netzwerke lassen sich analoge Formeln angeben.

A

Anhang

Dieser Anhang entwickelt und illustriert grundsätzliche mathematische Ideen, die zum Verständnis des Buches vorausgesetzt werden. Er versteht sich weniger als Nachschlagewerk, sondern als Kurzeinführung in die wesentlichen Konzepte.

A.1 In der Bäckerei

In mathematischen Modellen des Operations Research treten häufig multivariate Funktionen auf, also Funktionen, die von mehr als einer Variable abhängen. Als Beispiel betrachten wir einen Produktionsprozess, der vier Inputs in drei Outputs verwandelt. Etwas spezieller untersuchen wir im Folgenden *die Herstellung drei verschiedener Teige aus Mehl, Butter, Zucker und Eiern.* Tabelle A.1 gibt die Mengen der vier Zutaten an, die für jeden Teig erforderlich sind.

	Mehl [g]	Butter [g]	Zucker [g]	Eier [#]
Mürbeteig	250	125	65	1
Biskuit-Teig	200	0	150	3
Rührteig	125	125	125	2

Tabelle A.1. Daten zur Teigproduktion

Wir interessieren uns im Folgenden für die Gesamtmengen der nötigen Zutaten, wenn vorgegebene Mengen der drei Teige produziert werden sollen. Um dies zu modellieren, führen wir folgende Bezeichnungen ein:

x_1: produzierte Einheiten von Mürbeteig,
x_2: produzierte Einheiten von Biskuit-Teig,
x_3: produzierte Einheiten von Rührteig.

Aus der Tabelle geht hervor, dass beispielsweise die Gesamtmenge an Mehl zur Produktion von x_1, x_2 und x_3 durch

$$M = 250x_1 + 200x_2 + 125x_3$$

gegeben ist. Offenbar hängt M von den drei Variablen x_1, x_2 und x_3 ab. Diese Abhängigkeit schreibt man explizit auch wie folgt:

$$M(x_1, x_2, x_3) = 250x_1 + 200x_2 + 125x_3 .$$

Da bei jeder Wahl der drei Variablenwerte die Zahl $M(x_1, x_2, x_3)$ durch diese Formel eindeutig bestimmt wird, ist M eine **Funktion** dieser Variablen. Würde die Funktion M nur von einer Variable abhängen (z.B. produzierte Einheiten von Mürbeteig), dann hieße sie **univariat**. Im vorliegenden Fall der Abhängigkeit von mehreren Variablen nennt man sie hingegen **multivariat**.

In mathematischen Modellen ist es hilfreich, Mengen anzugeben, aus denen die Werte der Variablen gewählt werden, sowie Mengen, in die diese Variablen durch Funktionen abgebildet werden. Eine Standardmenge zur Wahl der Werte einer eindimensionalen Variable oder eindimensionaler Funktionswerte sind die reellen Zahlen $\mathbb{R}$. Falls bestimmte Eigenschaften von Variablen oder Funktionswerten wichtig für das Modell sind, kann man die Menge der reellen Zahlen durch entsprechende Bedingungen verkleinern. Wenn Werte beispielsweise nur ganzzahlig sein können, ersetzt man $\mathbb{R}$ durch die Menge $\mathbb{Z}$ der ganzen Zahlen.

In unserem Beispiel aus der Bäckerei kann jede der drei Variablen x_1, x_2 und x_3 als reell modelliert werden, d.h.

$$x_j \in \mathbb{R}, \ j = 1, 2, 3.$$

Häufig ist es bequem, die einzelnen Variablen nicht separat zu behandeln, sondern das Tripel (x_1, x_2, x_3) als Punkt im dreidimensionalen Raum $\mathbb{R}^3$ aufzufassen. Dadurch kann man beispielsweise sagen, dass die obige Funktion M von $\mathbb{R}^3$ nach $\mathbb{R}$ abbildet. Es ist wichtig zu unterscheiden, dass M zwar multivariat ist, aber der dreidimensionalen Variable nur einen *ein*dimensionalen Wert zuordnet. Funktionen mit dieser Eigenschaft heißen **reellwertig**. Mathematische Modelle des Operations Research benutzen sehr häufig multivariate reellwertige Funktionen.

Die Funktionen für die Gesamtmengen von Butter, Zucker und Eiern,

$$\begin{aligned} B(x_1, x_2, x_3) &= 125x_1 + 125x_3 , \\ Z(x_1, x_2, x_3) &= 65x_1 + 150x_2 + 125x_3 , \\ E(x_1, x_2, x_3) &= x_1 + 3x_2 + 2x_3 , \end{aligned}$$

sind natürlich ebenfalls multivariat und reellwertig.

Zur bequemeren grafischen Illustration lassen wir zwischenzeitlich den Rührteig unter den Tisch fallen, d.h. aus Mehl, Butter, Zucker und Eiern werden nur Mürbe- und Biskuit-Teig produziert. Im Modell benötigen wir dann nur die Variablen x_1 und x_2, während x_3 auf null gesetzt und ignoriert wird.

Die Zutaten-Funktionen werden dadurch zu

$$\begin{aligned} M(x_1, x_2) &= 250x_1 + 200x_2\,, \\ B(x_1, x_2) &= 125x_1\,, \\ Z(x_1, x_2) &= 65x_1 + 150x_2\,, \\ E(x_1, x_2) &= x_1 + 3x_2\,. \end{aligned}$$

Abbildungen A.1 und A.2 zeigen die Graphen der Funktionen M beziehungsweise B. Beachten Sie, dass diese Graphen Objekte im $\mathbb{R}^3$ sind, da die Funktionen von $\mathbb{R}^2$ nach $\mathbb{R}$ abbilden. Erwähnenswert ist außerdem, dass B als eine Funktion von x_1 und x_2 angesehen werden kann, obwohl sie von der Variable x_2 gar nicht abhängt (in welcher speziellen Eigenschaft des Graphen von B spiegelt sich diese Unabhängigkeit wider?). Die auf den Graphen eingezeichneten Linien stehen für „Höhenlinien" der Funktionen, also Punkte auf den Graphen mit gleichem Funktionswert. Eine genauere Betrachtung dieses Konzepts erfolgt in Abschnitt A.5.

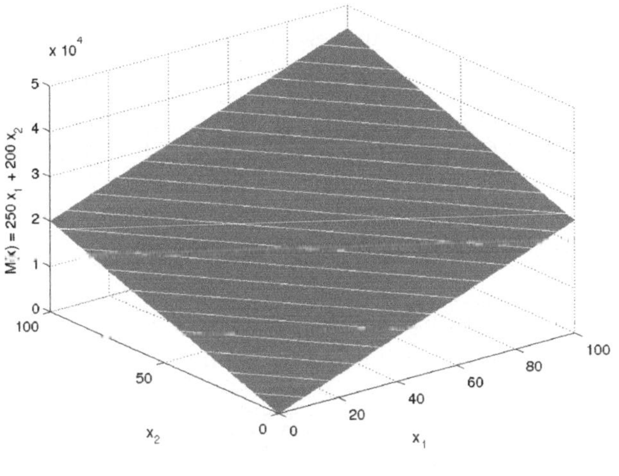

Abb. A.1. Gesamtmenge an Mehl

A.2 Vektoren, innere Produkte und lineare Funktionen

Ab jetzt betrachten wir wieder alle drei Teigsorten, also auch den Rührteig. Das Tripel (x_1, x_2, x_3) heißt **Vektor** im $\mathbb{R}^3$. Einfachheitshalber benutzt man häufig die abkürzende Notation $x = (x_1, x_2, x_3)$. Genau genommen wird es hilfreich sein, Vektoren immer als Spaltenvektoren aufzufassen, d.h. ab jetzt schreiben wir zumeist

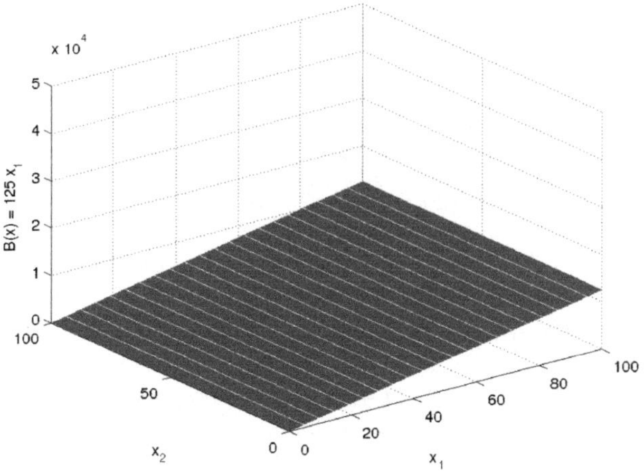

Abb. A.2. Gesamtmenge an Butter

$x = \begin{pmatrix} x_1 \\ x_2 \\ x_3 \end{pmatrix}$. Allgemeiner besitzt ein Vektor a im n−dimensionalen Raum $\mathbb{R}^n$ die Komponenten $a_1, a_2, ..., a_n$ und wird explizit als $a = \begin{pmatrix} a_1 \\ \vdots \\ a_n \end{pmatrix}$ geschrieben.

Für zwei Vektoren a und b in $\mathbb{R}^n$ ist ihr **inneres Produkt** (auch **Skalarprodukt** genannt) definiert als

$$\langle a, b \rangle \;=\; a_1 \cdot b_1 + a_2 \cdot b_2 + ... + a_n \cdot b_n \,.$$

Mit der üblichen abkürzenden Notation für Summen kann man auch

$$\langle a, b \rangle \;=\; \sum_{j=1}^{n} a_j \cdot b_j$$

schreiben. Beachten Sie, dass die Reihenfolge von a und b für die Berechnung des inneren Produktes irrelevant ist, d.h. es gilt die Identität $\langle a, b \rangle = \langle b, a \rangle$.

Alle obigen Zutaten-Funktionen M, B, Z und E lassen sich mit Hilfe innerer Produkte von Vektoren schreiben. Beispielsweise gilt

$$M(x) \;=\; \langle a_M \, , \, x \rangle$$

mit dem Vektor $a_M = \begin{pmatrix} 250 \\ 200 \\ 125 \end{pmatrix}$.

Nach der Einführung von Vektornotationen ist es häufig hilfreich, sich zu überlegen, was sie im trivialen Fall $n = 1$ bedeuten, d.h. für Vektoren der Dimension eins, auch bekannt als **Skalare**. Für $n = 1$ reduziert sich das innere Produkt von a und b offenbar zum Produkt der beiden Skalare a und b. Falls einer von ihnen eine Variable ist, erhalten wir

$$\langle a, x\rangle = a \cdot x,$$

also einen in der Variable x *linearen* Term mit konstantem Koeffizienten a.

Analog ist im allgemeinen Fall $n \geq 1$ der Term

$$\langle a, x\rangle = \sum_{j=1}^{n} a_j \cdot x_j$$

linear im Variablenvektor x mit einem Vektor konstanter Koeffizienten a. In der Tat lässt sich *jede* lineare Funktion L von $\mathbb{R}^n$ nach $\mathbb{R}$ in der Form

$$L(x) = \langle a_L \,, x\rangle$$

mit einem passenden Vektor $a_L \in \mathbb{R}^n$ schreiben.

Dies bedeutet insbesondere, dass alle unsere Zutatenfunktionen M, B, Z und E lineare Funktionen von $\mathbb{R}^3$ nach $\mathbb{R}$ sind:

$$\begin{aligned} M(x) &= \langle a_M \,, x\rangle, \\ B(x) &= \langle a_B \,, x\rangle, \\ Z(x) &= \langle a_Z \,, x\rangle, \\ E(x) &= \langle a_E \,, x\rangle \end{aligned}$$

mit $a_M = \begin{pmatrix} 250 \\ 200 \\ 125 \end{pmatrix}$, $a_B = \begin{pmatrix} 125 \\ 0 \\ 125 \end{pmatrix}$, $a_Z = \begin{pmatrix} 65 \\ 150 \\ 125 \end{pmatrix}$, und $a_E = \begin{pmatrix} 1 \\ 3 \\ 2 \end{pmatrix}$.

Eine Funktion der Form

$$\langle a, x\rangle + b = \sum_{j=1}^{n} a_j \cdot x_j + b$$

mit einem konstanten Summanden $b \in \mathbb{R}$ wird **affin-linear** genannt, wenn man die Anwesenheit von b unterstreichen möchte, ansonsten nennt man sie ebenfalls **linear**.

Aus der Definition des inneren Produktes ist klar, dass $\langle a, a\rangle$ für $a \in \mathbb{R}^n$ nie negativ sein kann (warum?), so dass man aus $\langle a, a\rangle$ die Wurzel ziehen darf. Die Zahl

$$\|a\|_2 = \sqrt{\langle a, a\rangle}$$

heißt **euklidische Norm**, ℓ_2–**Norm** oder **Länge** von a. Mit Hilfe des Satzes von Pythagoras sieht man, dass $\|a\|_2$ tatsächlich gerade die Länge der Verbindungsstrecke zwischen dem Nullpunkt im $\mathbb{R}^n$ und dem Punkt a ist.

In Anwendungen stellt sich heraus, dass die wesentlichen Eigenschaften der euklidischen Norm die folgenden sind: Für alle $a, b \in \mathbb{R}^n$ und $\lambda \in \mathbb{R}$ gilt

- $\|a\|_2 = 0$ ist genau für $a = 0$ erfüllt (Definitheit),
- $\|\lambda \cdot a\|_2 = |\lambda| \cdot \|a\|_2$ (absolute Homogenität),
- $\|a + b\|_2 \leq \|a\|_2 + \|b\|_2$ (Dreiecksungleichung).

Diese drei Eigenschaften heißen **Normaxiome**. Jede Funktion $\|\cdot\| : \mathbb{R}^n \to \mathbb{R}$, die die Normaxiome erfüllt, heißt **Norm** auf $\mathbb{R}^n$. Aus den Normaxiomen folgt insbesondere die Stetigkeit jeder Norm. Wichtige Beispiele neben der euklidischen Norm sind die **Maximum-Norm** (oder **ℓ_∞–Norm**)

$$\|a\|_\infty = \max_{j=1,\ldots,n} |a_j|$$

und die **ℓ_1–Norm**

$$\|a\|_1 = \sum_{j=1}^{n} |a_j|.$$

Aus den Normaxiomen folgt übrigens für jede Norm und alle $a \in \mathbb{R}^n$ die Nichtnegativität $\|a\| \geq 0$ (versuchen Sie, dies zu beweisen).

Mit Hilfe einer Norm $\|\cdot\|$ lässt sich für zwei Punkte $a, b \in \mathbb{R}^n$ stets ihr Abstand als $\|a - b\|$ definieren. Die Funktion $d(a, b) = \|a - b\|$ wird **Metrik** genannt. In Abhängigkeit von der Wahl der Norm entstehen unterschiedliche Metriken, etwa die **euklidische Metrik** aus der euklidischen Norm oder die **Manhattan-Metrik** aus der ℓ_1–Norm.

A.3 Lineare Gleichungen und lineare Ungleichungen

Nehmen wir ab jetzt an, dass die Bäckerei nur über begrenzte Vorräte der Zutaten verfügt: 10 kg Mehl, 2,5 kg Butter, 20 kg Zucker und 120 Eier. Zur einfacheren Illustration lassen wir nochmals den Rührteig fallen. Für das verbrauchte Mehl erhalten wir dann

$$250x_1 + 200x_2 = 10000$$

(warum steht auf der rechten Seite 10000, und nicht 10?). Da die linke Seite dieser Gleichung linear in x ist, nennt man sie **lineare Gleichung** für x. Offensichtlich beschränkt diese Gleichung die möglichen Produktionsmengen der Teige x_1 und x_2. Beispielsweise ist es nicht möglich, genau eine Einheit jedes Teigs herzustellen. Andererseits existieren viele Möglichkeiten zulässiger Kombinationen von x_1 und x_2, zum Beispiel $x = (40, 0)$, $x = (0, 50)$ und $x = (20, 25)$. In der Tat gibt es unendlich viele solcher zulässigen Kombinationen, die allerdings nicht frei in der gesamten Menge $\mathbb{R}^2$ der Werte von $x = \begin{pmatrix} x_1 \\ x_2 \end{pmatrix}$ variieren können, sondern nur in einer *ein*dimensionalen Teilmenge von $\mathbb{R}^2$. Da die Gleichung linear ist, gilt dies auch für die durch sie beschriebene Menge, d.h. die Lösungsmenge der Gleichung ist eine Gerade in $\mathbb{R}^2$.

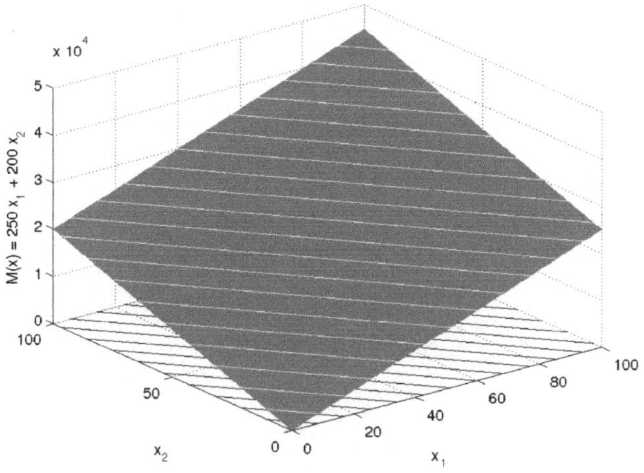

Abb. A.3. Gesamtmenge an Mehl mit Höhenlinien

Diese Gerade kann man auch als eine der Höhenlinien von M auffassen, nämlich die Menge der Punkte x, für die M den Wert 10000 annimmt.

Es ist von nun an wichtig, dass die Höhenlinien einer Funktion M tatsächlich nicht *auf* dem Graphen von M verlaufen. Stattdessen ist jede Höhenlinie eine Teilmenge des zweidimensionalen Raums der Variablen, auf dem M definiert ist. Wie wir oben gesehen hatten, verläuft eine der Höhenlinien aus Abbildung A.3 durch die Punkte $(40, 0)$ und $(0, 50)$. Eine explizite Formel dieser Gerade erhält man natürlich durch Auflösen nach x_2 in der Gleichung

$$250x_1 + 200x_2 = 10000,$$

also

$$x_2 = 50 - \frac{250}{200}x_1 .$$

Nimmt man die Beschränkung an Butter hinzu, erhält man als eine zweite lineare Gleichung

$$125x_1 = 2500.$$

Sie hat keinen Einfluss auf die Menge x_2, weil Butter für Biskuit-Teig nicht benötigt wird. Eine Gerade in $\mathbb{R}^2$ definiert die Gleichung aber trotzdem, siehe Abbildung A.4. Offensichtlich ist es die Gerade der Punkte $x = \begin{pmatrix} x_1 \\ x_2 \end{pmatrix}$ mit $x_1 = 20$.

Gleichzeitig gelten beide linearen Gleichungen genau für die Punkte in der *Schnittmenge* der beiden Geraden, also in genau einem Punkt, der leicht zu $(20, 25)$ berechnet werden kann.

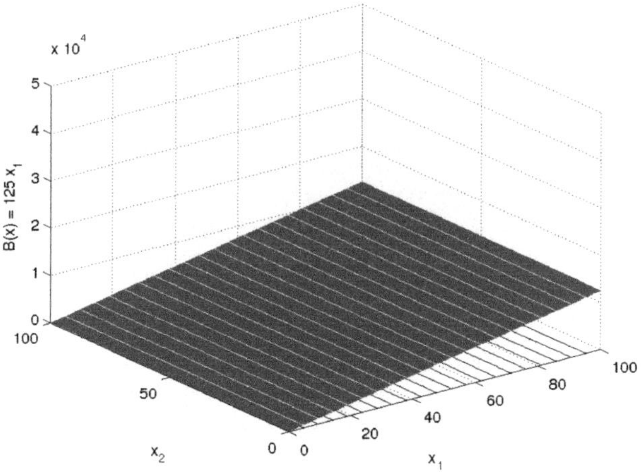

Abb. A.4. Gesamtmenge an Butter mit Höhenlinien

Unglücklicherweise müssen noch mehr als diese beiden Gleichungen gelten, nämlich die Restriktionen an Zucker

$$65x_1 + 150x_2 \;=\; 20000$$

und an die Eier

$$x_1 + 3x_2 \;=\; 120.$$

Beide sind in dem berechneten Punkt $(20, 25)$ nicht erfüllt. Geometrisch definieren die beiden Restriktionen zwei weitere Geraden in $\mathbb{R}^2$, und die insgesamt vier Geraden besitzen keinen gemeinsamen Schnittpunkt. Abbildung A.5 zeigt dies für die drei Gleichungen an Mehl, Butter und Eier.

Dies bedeutet, dass das System linearer Gleichungen

$$\begin{aligned} 250x_1 + 200x_2 &= 10000 \\ 125x_1 &= 2500 \\ 65x_1 + 150x_2 &= 20000 \\ x_1 + 3x_2 &= 120 \end{aligned}$$

unlösbar ist.

Bevor wir uns überlegen, wie wir dieses Problem beheben, führen wir den Rührteig wieder ein. Dadurch wird der Raum der Variablen wieder dreidimensional. Die lineare Gleichung für Mehl

$$250x_1 + 200x_2 + 125x_3 \;=\; 10000$$

definiert jetzt eine *Ebene* im $\mathbb{R}^3$. Die Buttergleichung

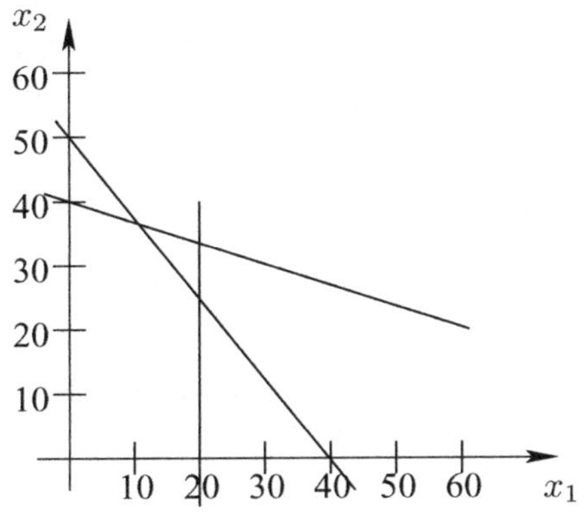

Abb. A.5. Die Gleichungen für Mehl, Butter und Eier

$$125x_1 + 125x_3 = 2500$$

definiert eine weitere Ebene, so dass die Menge der Punkte, die beide Gleichungen erfüllen, *ein*dimensional ist. Es handelt sich natürlich um die Gerade, die als Schnittmenge der beiden Ebenen auftritt.

Es ist eine wichtige Beobachtung, dass jede Gleichungsbedingung die Anzahl der Freiheitsgrade um eins reduziert. Die ursprünglich drei Freiheitsgrade für x werden durch eine einzelne Gleichung zu zwei Freiheitsgraden reduziert, da eine Ebene ein zweidimensionales Objekt ist. Zwei Gleichungen reduzieren die Anzahl der Freiheitsgrade auf eins, da eine Gerade ein eindimensionales Objekt ist.

Wenn wir als dritte Restriktion die Zuckergleichung

$$65x_1 + 150x_2 + 125x_3 = 20000$$

berücksichtigen, werden die drei Freiheitsgrade auf null Freiheitsgrade reduziert: Alle drei Gleichungen gelten gleichzeitig genau in der Schnittmenge der drei entsprechenden Ebenen in $\mathbb{R}^3$, also in einem einzelnen Punkt.

Leider gilt außerdem nach wie vor als viertes die Eiergleichung

$$x_1 + 3x_2 + 2x_3 = 120,$$

deren entsprechende Ebene nicht den soeben bestimmten einzelnen Punkt enthält. Daher hat das System der vier Gleichungen auch bei einer dreidimensionalen Variable *keine Lösung.*

Beachten Sie, dass obige Daumenregel in jeder Dimension anwendbar ist. Wenn man beispielsweise mit 17 unabhängigen Variablen beginnt, die zwölf Gleichungen unterliegen, dann bleiben „normalerweise“ fünf Freiheitsgrade übrig, 17 Gleichungen bestimmen einen einzelnen Punkt, und mehr als 17 Gleichungen haben keine gemeinsame Lösung.

Eine natürliche Möglichkeit, das Problem der Unlösbarkeit zu umgehen, besteht in der Beobachtung, dass man gegebenenfalls nicht *sämtliche* Bestände verbrauchen muss. Tatsächlich dienen sie lediglich als *Oberschranken* für die insgesamt verbrauchten Ressourcen. Für Mehl bedeutet dies

$$250x_1 + 200x_2 + 125x_3 \leq 10000,$$

so dass wir also die lineare Gleichung durch eine **lineare Ungleichung** ersetzen.

Im Folgenden lassen wir wieder den Rührteig fallen, so dass die Mehlungleichung zu

$$250x_1 + 200x_2 \leq 10000$$

wird. Diese Ungleichung beschränkt die möglichen Wahlen von x, aber bei weitem nicht so stark wie die lineare Gleichung. Beispielsweise ist es nunmehr möglich, genau eine Einheit jeden Teigs zu produzieren. Andererseits ist es nach wie vor ausgeschlossen, „zu viel“ zu produzieren, etwa mit der Wahl $x = (100, 100)$.

Geometrisch liegen die die Ungleichung erfüllenden Punkte auf einer Seite der Geraden, die die Lösungsmenge der zugehörigen Gleichung darstellt, wie in Abbildung A.6 skizziert. Um zu bestimmen, *welche* Seite der Gerade die Lösungsmenge

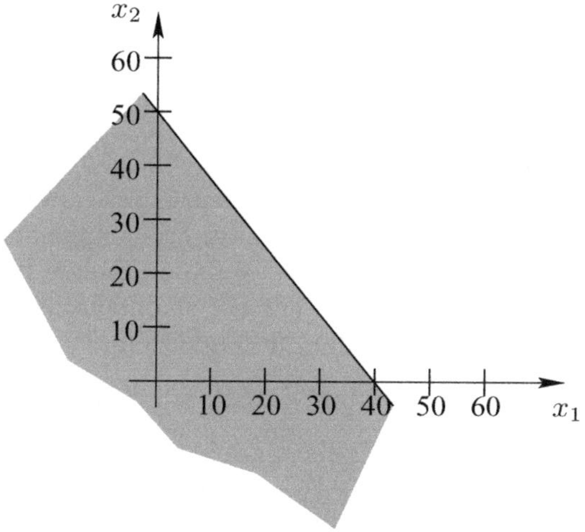

Abb. A.6. Die Mehlungleichung

einer linearen Ungleichung beschreibt, reicht es, die Ungleichung für einen möglichst einfachen Punkt zu überprüfen, üblicherweise den Nullpunkt. Im vorliegenden Fall ist die Ungleichung an $x = (0, 0)$ erfüllt. Also beschreibt die Ungleichung die Menge südwestlich der Gerade.

Eine durch eine lineare Ungleichung in $\mathbb{R}^2$ beschriebene Menge nennt man **Halbebene**. Ein wesentlicher Unterschied zu einer linearen Gleichung ist, dass eine lineare Ungleichung die Anzahl der Freiheitsgrade *nicht* reduziert. Stattdessen definiert sie eine „volldimensionale“ Menge des zugrunde liegenden Variablenraums.

Zieht man zusätzlich die Butterungleichung

$$125x_1 \leq 2500$$

in Betracht, ist geometrisch die erste Halbebene mit einer zweiten Halbebene zu schneiden, was nach wie vor eine volldimensionale Menge ist (s. Abb. A.7).

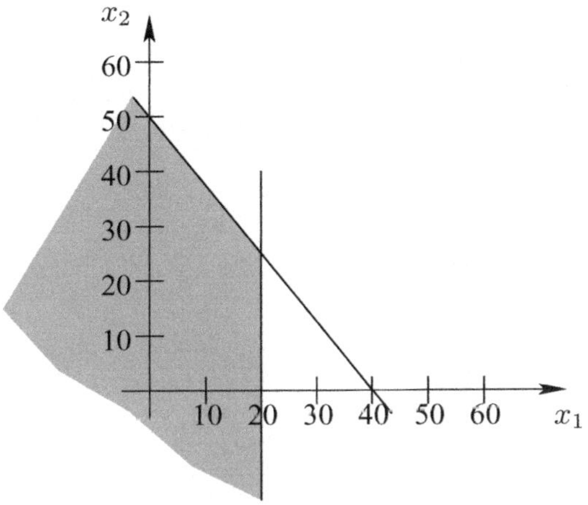

Abb. A.7. Die Ungleichungen für Mehl und Butter

Nachdem weiterhin die beiden Ungleichungen für Zucker und Eier berücksichtigt werden, entsteht eine als Schnittmenge von vier Halbebenen definierte Menge in $\mathbb{R}^2$, wie sie in Abbildung A.8 dargestellt ist. Hier stellt sich heraus, dass wegen der

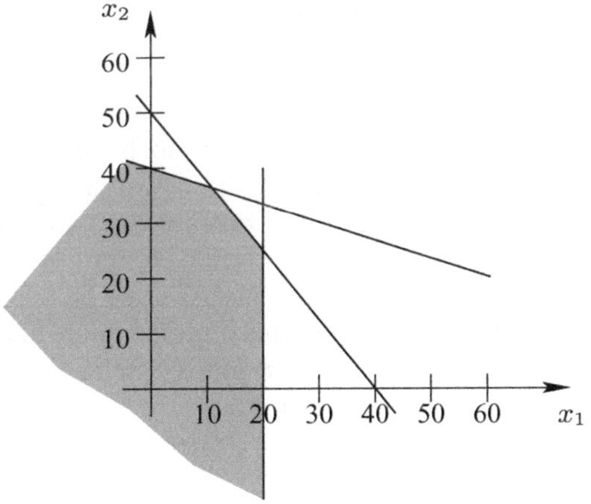

Abb. A.8. Die Ungleichungen an alle vier Zutaten

großen Zuckervorräte die zugehörige Restriktion die Menge der zulässigen Punkte gar nicht beeinflusst. Eine solche Nebenbedingung heißt **redundant**.

Da negative Teigmengen sinnlos sind, fügt man dem mathematischen Modell schließlich sogenannte **Nichtnegativitätsbedingungen**

$$x_1 \geq 0, \quad x_2 \geq 0$$

hinzu, was zu der in Abbildung A.9 illustrierten Menge führt. Beachten Sie, dass die letzteren Nebenbedingungen *nicht* „Positivitätsbedingungen" heißen, da sie nicht nur Positivität, sondern auch das Verschwinden der Variablenwerte erlauben.

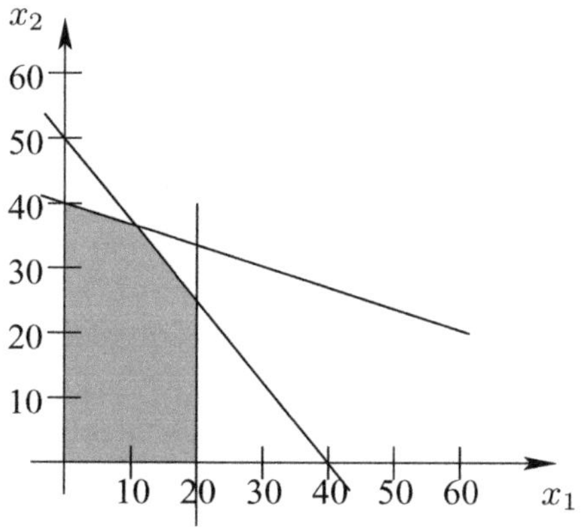

Abb. A.9. Zusätzliche Nichtnegativitätsbedingungen

Im Gegensatz zur Beschreibung durch lineare Gleichungen ist die Menge der zulässigen Punkte in Abbildung A.9 nicht leer. Als Preis dafür ist es nicht mehr ganz einfach, diese Lösungsmenge explizit anzugeben.

Da bei der Wahl zulässiger Punkte zwei Freiheitsgrade zur Verfügung stehen, kann man unter den zulässigen Punkten sogar noch eine optimale Wahl treffen. Ein typisches Problem des Operations Research besteht zum Beispiel darin, eine gewinnmaximale Kombination der Produktionsmengen von Mürbeteig und Biskuit-Teig zu bestimmen, wenn sie in Bäckereiprodukten zum Preis von c_1 beziehungsweise c_2 verkauft werden können (vgl. Bsp. 1.5).

In Anwesenheit von Rührteig definieren die einzelnen linearen Ungleichungen vier **Halbräume** im $\mathbb{R}^3$, die wieder miteinander geschnitten werden müssen. Die Nichtnegativitätsbedingungen werden dann zu

$$x_1 \geq 0, \quad x_2 \geq 0, \quad x_3 \geq 0.$$

A.4 Matrizen

Die oben aufgestellten Systeme linearer Gleichungen und linearer Ungleichungen (mit Rührteig) haben die Form

$$\begin{aligned} 250x_1 + 200x_2 + 125x_3 &= 10000 \\ 125x_1 + 125x_3 &= 5000 \\ 65x_1 + 150x_2 + 125x_3 &= 20000 \\ x_1 + 3x_2 + 2x_3 &= 120 \end{aligned}$$

und

$$\begin{aligned} 250x_1 + 200x_2 + 125x_3 &\leq 10000 \\ 125x_1 + 125x_3 &\leq 5000 \\ 65x_1 + 150x_2 + 125x_3 &\leq 20000 \\ x_1 + 3x_2 + 2x_3 &\leq 120. \end{aligned}$$

Wir hatten in Abschnitt A.2 bereits die Vektoren der konstanten Koeffizienten

$$a_M = \begin{pmatrix} 250 \\ 200 \\ 125 \end{pmatrix}, \quad a_B = \begin{pmatrix} 125 \\ 0 \\ 125 \end{pmatrix}, \quad a_Z = \begin{pmatrix} 65 \\ 150 \\ 125 \end{pmatrix} \quad \text{und} \quad a_E = \begin{pmatrix} 1 \\ 3 \\ 2 \end{pmatrix}$$

definiert. Da auch die rechten Seiten der Systeme Konstanten sind, setzen wir außerdem

$$\begin{aligned} b_M &= 10000 \\ b_B &= 5000 \\ b_Z &= 20000 \\ b_E &= 120. \end{aligned}$$

Mit Hilfe von Skalarprodukten können wir die Systeme als

$$\begin{aligned} \langle a_M\,, x\rangle &= b_M \\ \langle a_B\,, x\rangle &= b_B \\ \langle a_Z\,, x\rangle &= b_Z \\ \langle a_E\,, x\rangle &= b_E \end{aligned} \qquad \text{und} \qquad \begin{aligned} \langle a_M\,, x\rangle &\leq b_M \\ \langle a_B\,, x\rangle &\leq b_B \\ \langle a_Z\,, x\rangle &\leq b_Z \\ \langle a_E\,, x\rangle &\leq b_E \end{aligned}$$

schreiben.

In einem nächsten Schritt zur Verkürzung der Schreibweise der Systeme erscheint es sinnvoll, den jeweils viermal auftretenden Vektor x „auszuklammern". Dies ist in einfacher Weise durch das Konzept der Matrix-Vektor-Multiplikation möglich.

In der Tat formen die konstanten Koeffizienten der Systeme die Matrix

$$A = \begin{pmatrix} 250 & 200 & 125 \\ 125 & 0 & 125 \\ 65 & 150 & 125 \\ 1 & 3 & 2 \end{pmatrix}$$

(vergleichen Sie dies mit Tabelle A.1), also ein rechteckiges Schema mit vier Zeilen und drei Spalten. Allgemeiner bezeichnet man eine Matrix mit m Zeilen und n Spalten als (m, n)–**Matrix**. Eine Matrix mit $m = n$ heißt **quadratisch**.

Üblicherweise bezeichnet man den Matrixeintrag in Zeile i und Spalte j einer Matrix A mit a_{ij} . Eine allgemeine (m, n)–Matrix hat also die Form

$$A = \begin{pmatrix} a_{11} & a_{12} & \dots & a_{1n} \\ a_{21} & a_{22} & \dots & a_{2n} \\ \vdots & \vdots & \ddots & \vdots \\ a_{m1} & a_{m2} & \dots & a_{mn} \end{pmatrix}$$

und wird kurz auch mit $A = (a_{ij})$ bezeichnet. Solch eine (m, n)–Matrix kann man mit einem Vektor x der Dimension n gemäß folgender Vorschrift von rechts multiplizieren: Ax ist der Spaltenvektor der Skalarprodukte der Zeilen von A mit x. Explizit ausgeschrieben bedeutet dies

$$Ax = \begin{pmatrix} \sum_{j=1}^{n} a_{1j}x_j \\ \sum_{j=1}^{n} a_{2j}x_j \\ \vdots \\ \sum_{j=1}^{n} a_{mj}x_j \end{pmatrix} = \begin{pmatrix} a_{11}x_1 + \dots + a_{1n}x_n \\ a_{21}x_1 + \dots + a_{2n}x_n \\ \vdots \\ a_{m1}x_1 + \dots + a_{mn}x_n \end{pmatrix}.$$

Mit der Bäckereimatrix A und einem dreidimensionalen Vektor x liefert diese Regel als Ax gerade die linken Seiten der obigen Systeme. Durch die Definition des Vektors der rechten Seiten

$$b = \begin{pmatrix} b_M \\ b_B \\ b_Z \\ b_E \end{pmatrix}$$

steht uns die extreme Kurznotation $Ax = b$ beziehungsweise $Ax \leq b$ für die obigen Systeme von Gleichungen und Ungleichungen zur Verfügung.

Beachten Sie, dass die Gleichheits- und Ungleichheitszeichen zwischen linker und rechter Seite der obigen Systeme „komponentenweise“ benutzt werden. Für das Gleichheitszeichen ist dabei keine Verwirrung möglich, weil zwei Vektoren per Definition genau dann übereinstimmen, wenn ihre sämtlichen Komponenten übereinstimmen. Im Falle des Ungleichheitszeichen sollte allerdings angemerkt werden, dass es im Allgemeinen *nicht* möglich ist, zwei Vektoren durch eine Ungleichung zu vergleichen (vgl. auch Abb. 2.5), sondern dass Ungleichungen zunächst nur zwischen Skalaren definiert sind. Daher halten wir explizit fest, dass für zwei Vektoren a und b der Dimension n die Ungleichung $a \leq b$ definitionsgemäß $a_j \leq b_j$ für alle $j = 1, ..., n$ bedeutet, dass die Ungleichung also komponentenweise aufzufassen ist.

Abgesehen von der sehr kompakten Schreibweise eröffnet das Matrix-Vektor-Produkt außerdem eine *duale Sicht* auf die Bedeutung der linken Seiten der Systeme. Schreiben wir nämlich

$$Ax = \begin{pmatrix} a_{11}x_1 + ... + a_{1n}x_n \\ \vdots \\ a_{m1}x_1 + ... + a_{mn}x_n \end{pmatrix} = \begin{pmatrix} a_{11} \\ \vdots \\ a_{m1} \end{pmatrix} x_1 + ... + \begin{pmatrix} a_{1n} \\ \vdots \\ a_{mn} \end{pmatrix} x_n,$$

so wird klar, dass Ax nicht nur ein Spaltenvektor von Skalarprodukten ist, sondern auch als *Linearkombination der Spalten von A* interpretiert werden kann, wobei die Einträge des Vektors x als Koeffizienten fungieren.

Hieraus folgt beispielsweise direkt, dass ein Gleichungssystem $Ax = b$ genau dann lösbar ist, wenn der Vektor b sich als Linearkombination der Spalten von A schreiben lässt.

Die Menge aller Linearkombinationen der Spalten von A,

$$\{Ax|\ x \in \mathbb{R}^n\},$$

heißt **Bild** (engl.: range) von A. Man sagt auch, dass diese Menge von den Spalten von A **aufgespannt** wird. Da die Spalten einer $(m, n)-$Matrix A m Einträge besitzen, ist das Bild von A eine Menge in $\mathbb{R}^m$. Das Bild der Bäckereimatrix liegt demnach in $\mathbb{R}^4$. Tatsächlich ist es eine echte Teilmenge von $\mathbb{R}^4$, da es von nur drei Vektoren,

$$\begin{pmatrix} 250 \\ 125 \\ 65 \\ 1 \end{pmatrix}, \quad \begin{pmatrix} 200 \\ 0 \\ 150 \\ 3 \end{pmatrix} \quad \text{und} \quad \begin{pmatrix} 125 \\ 125 \\ 125 \\ 2 \end{pmatrix},$$

aufgespannt wird. Linearkombinationen dreier Vektoren können natürlich nur ein höchstens dreidimensionales Objekt erzeugen. Sie können sogar ein Objekt noch kleinerer Dimension aufspannen, wenn nämlich einer der drei Vektoren bereits eine Linearkombination der anderen beiden ist. Dann trägt die Anwesenheit dieses Vektor nichts zu dem aufgespannten Objekt bei, und das entsprechende Bild der Matrix ist dann höchstens zweidimensional. Bei der Bäckereimatrix ist dies allerdings nicht der Fall.

Um diese Idee zu formalisieren, nennt man Vektoren $a^1, ..., a^n \in \mathbb{R}^m$ **linear unabhängig** wenn die Gleichung

$$\sum_{j=1}^{n} x_j\, a^j = 0$$

nur mit $x_1 = x_2 = ... = x_n = 0$ lösbar ist. Andernfalls heißen die Vektoren **linear abhängig**. Es ist leicht zu sehen, dass bei linear abhängigen Vektoren mindestens einer als Linearkombination der anderen geschrieben werden kann. Eine nützliche Beobachtung ist ferner, dass n Vektoren in $\mathbb{R}^m$ mit $n > m$ immer linear abhängig sind.

Für $n \leq m$ sind Vektoren „normalerweise" linear unabhängig. Bei den Spalten der Bäckereimatrix spiegelt sich dies darin wider, dass es einiger Anstrengung bedarf, die Koeffizienten so abzuändern, dass eine der Spalten sich als Linearkombination der anderen beiden schreiben lässt (probieren Sie es selbst!).

Wenn also die Spalten von A linear unabhängig sind, hat das Bild von A die Dimension n. Beispielsweise ist das Bild der Bäckereimatrix eine dreidimensionale Teilmenge des $\mathbb{R}^4$. Linear unabhängige Vektoren, die einen linearen Raum (wie das Bild einer Matrix oder auch den $\mathbb{R}^n$) aufspannen, nennt man eine **Basis** dieses Raumes.

Die Dimension des Bildes von A nennt man **Rang** (engl.: rank) von A. Ein Satz der Linearen Algebra besagt, dass man den Rang genauso gut als Dimension der von den *Zeilen* von A aufgespannten Menge bestimmen kann. Der Rang einer $(m,n)-$Matrix A kann also höchstens $\min\{m,n\}$ betragen.

Der maximale Rang einer $(n,n)-$Matrix A, also einer quadratischen Matrix, ist n. Eine quadratische Matrix A mit Rang n nennt man auch **nichtsingulär** (oder auch **regulär** oder **von vollem Rang**), andernfalls heißt sie **singulär**. Da die Spalten einer quadratischen Matrix „normalerweise" linear unabhängig sind, ist eine quadratische Matrix „normalerweise" nichtsingulär.

Für jede nichtsinguläre Matrix A kann man stets die **inverse Matrix** A^{-1} konstruieren, mit deren Hilfe sich der Vektor x aus der Gleichung $Ax = b$ in der Form $x = A^{-1}b$ isolieren lässt. Daher heißen nichtsinguläre Matrizen auch **invertierbar**.

Jeder quadratischen Matrix A kann man eine reelle Zahl $\det(A)$ zuordnen, die **Determinante** von A genannt wird. Geometrisch ist $|\det(A)|$ das $n-$dimensionale Volumen des sogenannten Parallelepipeds, das von den Spalten $a^1, ..., a^n$ von A aufgespannt wird. Das Parallelepiped besteht aus allen Linearkombinationen $\sum_{j=1}^{n} x_j\, a^j$ der Spalten von A mit Koeffizienten x_j, die nur Werte zwischen null und eins annehmen dürfen.

Eine grundlegende Anwendung von Determinanten besteht darin, dass die Gleichung $\det(A) = 0$ genau die singulären Matrizen A charakterisiert.

Ein weiteres nützliches Konzept ist das **Transponierte** der Matrix A,

$$A^\mathsf{T} = \begin{pmatrix} a_{11} & a_{21} & \cdots & a_{m1} \\ a_{12} & a_{22} & \cdots & a_{m2} \\ \vdots & \vdots & \ddots & \vdots \\ a_{1n} & a_{2n} & \cdots & a_{mn} \end{pmatrix}.$$

Beispielsweise ist das Transponierte der Bäckereimatrix von A die Matrix aus Tabelle A.1. Eine quadratische Matrix A, die sich beim Transponieren nicht verändert, die also $A^\mathsf{T} = A$ erfüllt, heißt **symmetrisch**.

Da ein Vektor $a = \begin{pmatrix} a_1 \\ \vdots \\ a_m \end{pmatrix}$ als $(m, 1)-$Matrix aufgefasst werden kann, lässt sich das Konzept der Transposition auch auf Vektoren anwenden:

$$a^\intercal \;=\; (a_1, ..., a_m).$$

Zum Beispiel kann man damit die Bäckereimatrix in Kurzform als

$$A \;=\; \begin{pmatrix} a_M^\intercal \\ a_B^\intercal \\ a_Z^\intercal \\ a_E^\intercal \end{pmatrix}$$

schreiben.

Mit der Regel der Matrix-Vektor-Multiplikation erhält man für zwei Vektoren $a, b \in \mathbb{R}^m$

$$a^\intercal b \;=\; \sum_{i=1}^{m} a_i\, b_i\,.$$

Dies ist gerade die Definition des Skalarprodukts von a und b, so dass dieses häufig auch als $a^\intercal b$ anstelle von $\langle a, b\rangle$ geschrieben wird. Wie oben erwähnt, gilt die Identität $a^\intercal b = b^\intercal a$.

Mit diesem Konzept ist es auch möglich, eine $(m, n)-$Matrix A von links mit einem Vektor $y \in \mathbb{R}^m$ zu multiplizieren. Bezeichnen $a^1, ..., a^n$ die Spalten von A, so gilt

$$y^\intercal A \;=\; (y^\intercal a^1, ..., y^\intercal a^n),$$

also ist $y^\intercal A$ der Zeilenvektor der Skalarprodukte von y mit den Spalten von A.

Abschließend ist es möglich, eine Matrix A gleichzeitig von links und rechts mit Vektoren $y \in \mathbb{R}^m$ und $x \in \mathbb{R}^n$ zu multiplizieren:

$$y^\intercal Ax \;=\; \sum_{j=1}^{n} x_j\, y^\intercal a^j$$

(wie lässt sich dies mit Hilfe der Zeilen von A anstelle der Spalten umformulieren?). Beachten Sie, dass Ax ein Spaltenvektor der Dimension m ist, $y^\intercal A$ ein Zeilenvektor der Dimension n und $y^\intercal Ax$ ein Skalar. Da in einem Skalarprodukt die Reihenfolge der Vektoren irrelevant ist, folgt die Identität $y^\intercal Ax = x^\intercal A^\intercal y$.

Die folgenden Begriffe für symmetrische $(n, n)-$Matrizen A sind bei Fragen des Operations Research von besonderer Relevanz (vgl. Abschnitt A.9): A heißt **positiv semidefinit** falls $x^\intercal Ax \geq 0$ für alle $x \in \mathbb{R}^n$ gilt, und A heißt **negativ semidefinit** falls $x^\intercal Ax \leq 0$ für alle $x \in \mathbb{R}^n$ gilt.

A.5 Niveaumengen und untere Niveaumengen

In den vorangegangenen Abschnitten traten an verschiedenen Stellen Höhenlinien linearer Funktionen auf sowie Mengen, die mit Hilfe von Ungleichungen an lineare Funktionen definiert waren. Dies ist analog auch für nichtlineare Funktionen sinnvoll und Inhalt des vorliegenden Abschnitts.

Im Folgenden bezeichne f eine Funktion von $\mathbb{R}^n$ nach $\mathbb{R}$. Wir werden für $n = 2$ die nichtlineare Funktion $q(x) = x_1^2 + x_2^2$ als begleitendes Beispiel betrachten.

Offensichtlich kann eine Funktion f an verschiedenen Argumenten x denselben Funktionswert besitzen. Beispielsweise gilt $q(1, 0) = q(0, 1) = 1$. Oft interessiert man sich für die Menge *aller* Argumente mit gleichem Funktionswert. Bezeichnet man den festen Funktionswert mit c, so heißt diese Menge **Niveaumenge** (engl.: level set) von f zum Niveau c:

$$f_=^c \;:=\; \{\; x \in \mathbb{R}^n |\; f(x) = c \;\}.$$

Beachten Sie, dass eine Niveaumenge $f_=^c$ durch *eine* Gleichungsbedingung an n Variablen definiert ist, so dass sie „normalerweise" eine Menge der Dimension $n-1$ darstellt. Insbesondere sind Niveaumengen von Funktionen von $\mathbb{R}^2$ nach $\mathbb{R}$ eindimensional. Niveaumengen werden für $n = 2$ daher auch **Höhenlinien** (engl.: contour lines, level curves) genannt.

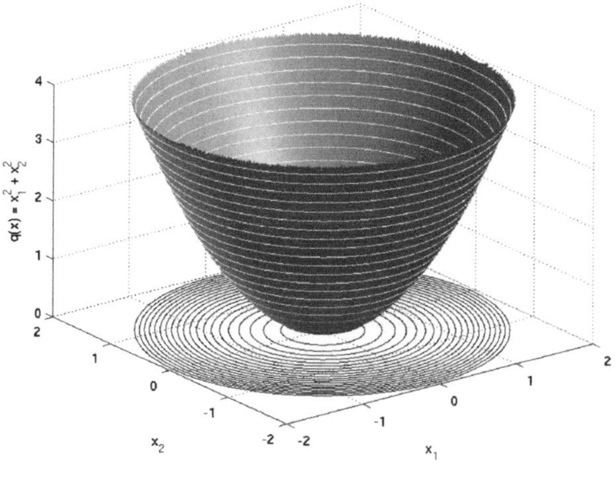

Abb. A.10. Eine nichtlineare Funktion mit ihren Höhenlinien

Abbildung A.10 zeigt den Graph der Funktion q mit diversen Höhenlinien. Wie bereits erwähnt ist es wichtig, dass diese Linien *nicht* Kurven *auf* dem Graphen sind, sondern im Raum $\mathbb{R}^2$ der Argumente verlaufen. Zum Beispiel gilt

$$q_=^1 \;=\; \{\; x \in \mathbb{R}^2 |\; x_1^2 + x_2^2 = 1 \;\},$$

was gerade der Einheitskreis in $\mathbb{R}^2$ ist. Niveaumengen nichtlinearer Funktionen können ohne weiteres auch leer sein, wie $q^c_=$ für jede Wahl $c < 0$ zeigt.

In der Praxis nutzt man Höhenlinien häufig, um Funktionen von $\mathbb{R}^2$ nach $\mathbb{R}$ zu skizzieren, ohne ihren dreidimensionalen Graphen zeichnen zu müssen. Beispielsweise sind in Landkarten Linien gleicher Höhe über Normalnull eingezeichnet (Isohypsen), Wetterkarten zeigen Linien gleichen Luftdrucks (Isobaren), und beim Problem der optimalen Faktorallokation betrachtet man die Lage von Produktionsisoquanten zu Isokostenlinien.

Im Operations Research treten Niveaumengen in natürlicher Weise als Mengen auf, die mit Hilfe von Gleichungsbedingungen definiert sind. In diesem Fall ist man meist nur an einem festen Funktionswert von f interessiert, den man häufig ohne Beschränkung der Allgemeinheit auf $c = 0$ setzt, d.h. man betrachtet Niveaumengen der Form $f^0_=$ (wie hat man im Falle $c \neq 0$ vorzugehen?).

Durch *Un*gleichungen beschriebene Mengen kann man hingegen immer als sogenannte **untere Niveaumengen** (engl.: lower level sets) schreiben, also als Mengen der Form

$$f^c_\leq \ := \ \{ \ x \in \mathbb{R}^n | \ f(x) \leq c \ \}$$

oder auch (ohne Beschränkung der Allgemeinheit) $f^0_\leq$. Zum Beispiel beschreibt $q^1_\leq$ die Einheitskreis*scheibe* im $\mathbb{R}^2$, im Gegensatz zum Einheitskreis $q^1_=$. Da Ungleichungen „normalerweise“ nicht die Dimension des zugrunde liegenden Raums reduzieren, sind untere Niveaumengen dann $n-$dimensionale Objekte.

Offensichtlich ist $f^c_=$ immer eine Teilmenge von $f^c_\leq$, und „normalerweise“ ist $f^c_=$ in der Tat gerade der Rand der Menge $f^c_\leq$ (versuchen Sie aber Beispiele zu finden, in denen dies falsch ist!).

A.6 Gradienten, Jacobi- und Hessematrizen

Eine Funktion f von $\mathbb{R}^n$ nach $\mathbb{R}$ heißt **stetig differenzierbar**, wenn f differenzierbar nach jedem Argument x_i ist (während die anderen Argumente festgehalten werden), und wenn die resultierenden **partiellen Ableitungen**

$$\frac{\partial f(x)}{\partial x_i}$$

stetige Funktionen sind. Beispielsweise für $q(x) = x_1^2 + x_2^2$ gilt

$$\frac{\partial q(x)}{\partial x_1} \ = \ 2x_1 \quad \text{und} \quad \frac{\partial q(x)}{\partial x_2} \ = \ 2x_2 \, ,$$

so dass q stetig differenzierbar ist.

Für eine stetig differenzierbare Funktion f nennt man den Spaltenvektor der partiellen Ableitungen

$$\nabla f(x) \ = \ \begin{pmatrix} \frac{\partial f(x)}{\partial x_1} \\ \vdots \\ \frac{\partial f(x)}{\partial x_n} \end{pmatrix}$$

Gradient von f an x. Mit obigen Berechnungen gilt zum Beispiel $\nabla q(x) = 2x$.

Beachten Sie, dass der Gradient von f ein Objekt in $\mathbb{R}^n$ ist. Da dies auch für Niveaumengen von f der Fall ist, kann man versuchen, beide Konzepte in Verbindung zu bringen. Der für das Operations Research entscheidende Zusammenhang ist der folgende (vgl. Abb. A.11): für $x \in \mathbb{R}^n$ sei der Funktionswert $f(x)$ mit c bezeichnet. Betrachte die Niveaumenge $f^c_=$ (die x enthält) und den Gradienten $\nabla f(x)$. Falls $\nabla f(x)$ nicht der Nullvektor ist, zeigt $\nabla f(x)$ in eine Richtung, die senkrecht auf $f^c_=$ steht. Grob kann man also sagen, dass *Gradienten senkrecht auf Niveaumengen stehen*, oder auch dass *Gradienten Normalenvektoren von Niveaumengen sind.*

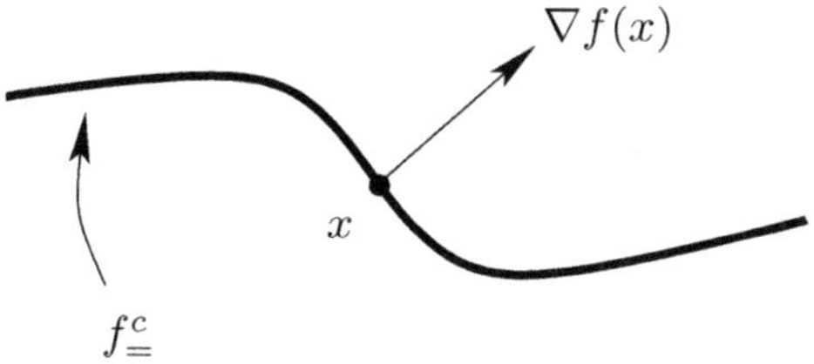

Abb. A.11. Gradienten stehen senkrecht auf Niveaumengen

Da eine Niveaumenge typischerweise die Dimension $n - 1$ besitzt, bilden die Richtungen, die an einem Punkt x der Niveaumenge senkrecht auf ihr stehen, eine Gerade. Damit ist die Richtung des Gradienten auf zwei Möglichkeiten eingeschränkt. Die tatsächliche Richtung ist wie folgt eindeutig bestimmt: Gradienten stehen nicht nur senkrecht auf Höhenlinien, sondern *Gradienten zeigen in die Richtung des steilsten Anstiegs von f* (vgl. Lemma 7.1). Bewegt man sich von x in die Richtung, in die $\nabla f(x)$ zeigt, erreicht man demnach Niveaumengen mit höheren Niveaus als c. Daher sagt man auch, dass $\nabla f(x)$ eine **äußere Normale** der *unteren* Niveaumenge $f^c_\leq$ ist.

Bislang haben wir die *Richtung* interpretiert, in die $\nabla f(x)$ zeigt. Für diese Eigenschaften ist die *Länge* $||\nabla f(x)||_2$ irrelevant. Allerdings hat auch sie eine natürliche Bedeutung: Sie stimmt gerade mit dem Wert der Steigung von f im Punkt x überein, wenn man sich in Richtung $\nabla f(x)$ von x wegbewegt.

Falls f eine lineare Funktion ist, beispielsweise $f(x) = a^\mathsf{T} x$, kann man leicht sehen, dass der Gradient von f in x gerade a ist. Insbesondere hängt $\nabla f(x) = a$ nicht vom Argument x ab. Vor dem Hintergrund der obigen Überlegungen folgt, dass bei einer linearen Funktion weder die Richtung des steilsten Anstiegs noch der Anstieg in diese Richtung vom Argument x abhängen. Dies ist auch geometrisch einleuchtend.

Häufig ist der Bildbereich von f nicht nur eindimensional, sondern f ordnet den n „Inputs" $x_1, \ldots, x_n$ gleichzeitig m „Outputs" $f_1(x), \ldots, f_m(x)$ zu. Eine solche Funktion f von $\mathbb{R}^n$ nach $\mathbb{R}^m$ ist stetig differenzierbar, wenn jede ihrer Komponenten $f_j(x)$, $j = 1, \ldots, m$, eine stetig differenzierbare Funktion von $\mathbb{R}^n$ nach $\mathbb{R}^1$ ist. Die erste Ableitung von f bildet man durch Untereinanderschreiben der Gradienten (in

Zeilenform) der Komponenten $f_j(x)$: Die (m, n)–Matrix

$$Df(x) = \begin{pmatrix} \nabla f_1(x)^\mathsf{T} \\ \vdots \\ \nabla f_m(x)^\mathsf{T} \end{pmatrix}$$

heißt **Jacobimatrix** (engl.: Jacobian) von f.

Während der Gradient ∇f und die Jacobimatrix Df als Verallgemeinerungen der Ableitung $f'(x)$ vom eindimensionalen zum höherdimensionalen Fall dienen, ist man bei nichtlinearen Funktionen häufig auch an einer Verallgemeinerung der zweiten Ableitung $f''(x)$ interessiert. Dies liegt darin begründet, dass zweite Ableitungen Informationen über die *Krümmung* von f enthalten. Beispielsweise lässt sich mit Hilfe der zweiten Ableitungen entscheiden, ob eine Funktion konvex ist (s. Abschnitt A.9).

Man führt die zweite Ableitung einer Funktion f von $\mathbb{R}^n$ nach $\mathbb{R}^1$ dadurch ein, dass man die erste Ableitung ihrer ersten Ableitung ∇f betrachtet. Da die erste Ableitung von f bereits ein Vektor ist, muss man hierzu die Jacobimatrix von ∇f bilden. Die resultierende Matrix enthält alle gemischten partiellen Ableitungen zweiter Ordnung von f an der Stelle x und hat die Form

$$D^2 f(x) := D\nabla f(x) = \begin{pmatrix} \left(\nabla \frac{\partial f(x)}{\partial x_1}\right)^\mathsf{T} \\ \vdots \\ \left(\nabla \frac{\partial f(x)}{\partial x_n}\right)^\mathsf{T} \end{pmatrix} = \begin{pmatrix} \frac{\partial^2 f(x)}{\partial x_1^2} & \frac{\partial^2 f(x)}{\partial x_2 \partial x_1} & \cdots & \frac{\partial^2 f(x)}{\partial x_n \partial x_1} \\ \vdots & & & \vdots \\ \frac{\partial^2 f(x)}{\partial x_1 \partial x_n} & \frac{\partial^2 f(x)}{\partial x_2 \partial x_n} & \cdots & \frac{\partial^2 f(x)}{\partial x_n^2} \end{pmatrix}.$$

Sie wird **Hessematrix** (engl.: Hessian) von f an x genannt. Man sieht leicht, dass $D^2 f(x)$ stets eine quadratische Matrix mit n Zeilen und Spalten ist.

Damit die Hessematrix definiert ist, muss f natürlich zweimal partiell differenzierbar sein. Wenn f tatsächlich zweimal *stetig* differenzierbar ist (was in Anwendungen häufig der Fall ist), dann spielt die Reihenfolge der partiellen Ableitungen keine Rolle, so dass beispielsweise $\frac{\partial^2 f(x)}{\partial x_1 \partial x_n}$ und $\frac{\partial^2 f(x)}{\partial x_n \partial x_1}$ übereinstimmen. Die Matrix $D^2 f(x)$ ist damit nicht nur quadratisch, sondern sogar symmetrisch.

Da die Beispielfunktion q zweimal stetig differenzierbar ist, lässt sich ihre Hessematrix berechnen: $D^2 q(x) = \begin{pmatrix} 2 & 0 \\ 0 & 2 \end{pmatrix}$ (rechnen Sie dies nach!). Beachten Sie, dass $D^2 q(x)$ nicht vom Argument x abhängt. Wie im eindimensionalen Fall ist dies natürlich nicht bei jeder Funktion f so, sondern liegt daran, dass q eine *quadratische* Funktion ist.

Beachten Sie ferner, dass die Hessematrix für $n = 1$ eine $(1, 1)$–Matrix wird, also ein Skalar. In diesem Fall gilt offensichtlich $D^2 f(x) = f''(x)$.

Wie erwähnt enthält $D^2 f(x)$ die Krümmungsinformation über f in einem Punkt x. Insbesondere wird Konvexität von f auf $\mathbb{R}^n$ durch die positive Semidefinitheit von $D^2 f(x)$ an allen Argumenten $x \in \mathbb{R}^n$ charakterisiert, während Konkavität analog durch negative Semidefinitheit charakterisiert ist (s. Abschnitt A.9).

A.7 Eigenwerte

Leider lassen sich positive und negative Semidefinitheit einer Matrix mittels der in Abschnitt A.4 angegebenen Definition nur schwer überprüfen (warum?). Eine alternative Möglichkeit besteht darin, die Vorzeichen der Eigenwerte einer Matrix zu überprüfen.

Um das Konzept eines Eigenwerts zu verstehen, vergegenwärtige man sich, dass eine $(n, n)-$Matrix A stets eine lineare Funktion $\ell(x) = Ax$ induziert, wobei ℓ von $\mathbb{R}^n$ nach $\mathbb{R}^n$ abbildet. Die linearen Effekte, die eine solche Funktion ℓ modellieren kann, sind beliebige Kombinationen von Skalierungen, Drehungen und Spiegelungen. Während die meisten Punkte in $\mathbb{R}^n$ durch ℓ gedreht oder gespiegelt werden, ist es vorstellbar, dass ℓ in manche Richtungen $v \in \mathbb{R}^n$ nur wie eine Skalierung wirkt. Wenn der Skalierungsfaktor mit $\lambda \in \mathbb{R}$ bezeichnet wird, führt dies auf die Gleichung $\ell(v) = \lambda v$ oder auch

$$Av = \lambda v.$$

Ein solcher Vektor v wird **Eigenvektor** von A genannt, und der zugehörige Skalar λ heißt **Eigenwert**. Beachten Sie, dass ein Eigenvektor nicht gerade der Nullvektor sein sollte, da dieser zum einen in keine Richtung zeigt und da zum anderen obige Gleichung für beliebige λ erfüllt wäre. Abgesehen von dieser Bedingung ist die Länge von v irrelevant, da offenbar jede skalierte Version eines Eigenvektors wieder Eigenvektor ist (mit gleichem Eigenwert).

Da in unseren Anwendungen die Matrix A die Hessematrix einer zweimal stetig differenzierbaren Funktion f von $\mathbb{R}^n$ nach $\mathbb{R}$ sein wird, ist A zusätzlich symmetrisch. In der Linearen Algebra wird gezeigt, dass jede symmetrische $(n, n)-$Matrix A genau n verschiedene Eigenvektoren besitzt, die sogar paarweise senkrecht aufeinander stehen. Die zugehörigen Eigenwerte sind reelle Zahlen (im Gegensatz zum Fall nichtsymmetrischer Matrizen, in dem auch komplexe Eigenwerte auftreten können).

Ebenfalls in der Linearen Algebra wird gezeigt, dass eine symmetrische Matrix A genau dann positiv semidefinit ist, wenn all ihre Eigenwerte nichtnegativ sind, und dass sie negativ semidefinit ist, wenn all ihre Eigenwerte nichtpositiv sind. Wenn alle Eigenwerte strikt positiv sind, heißt die Matrix A **positiv definit**, und wenn alle Eigenwerte strikt negativ sind, heißt sie **negativ definit**. Da natürlich nicht alle Eigenwerte einer symmetrischen Matrix A dasselbe Vorzeichen besitzen müssen, ist nicht jede Matrix entweder positiv oder negativ (semi)definit, sondern es existieren auch die sogenannten **indefiniten** Matrizen.

Offensichtlich ist diese Charakterisierung von positiver und negativer Semidefinitheit durch Eigenwerte nur dann nützlich, wenn man Eigenwerte auch berechnen kann. In der obigen Gleichung

$$Av = \lambda v, \quad v \neq 0$$

sind leider sowohl λ als auch v zunächst unbekannt, und dieses System ist *nichtlinear* in den Unbekannten λ und v. Unter Zuhilfenahme einiger Resultate der Linearen Algebra ist es allerdings möglich, Eigenwerte zu berechnen, ohne die zugehörigen Eigenvektoren zu kennen.

Die groben Züge dieses Vorgehens sind wie folgt: Obige Gleichung lässt sich äquivalent umformen zu

$$(A - \lambda I)v = 0, \quad v \neq 0,$$

wobei I die (n, n)−Einheitsmatrix bezeichnet. Diese Gleichung besagt, dass die Matrix $A - \lambda I$ den nichtverschwindenden Vektor v auf den Nullvektor abbildet. Dies ist genau dann möglich, wenn $A - \lambda I$ eine singuläre Matrix ist. Wie in Abschnitt A.4 erwähnt, ist eine Matrix genau dann singulär, wenn ihre Determinante verschwindet. Damit erhält man das Ergebnis, dass λ genau dann Eigenwert von A ist, wenn die Gleichung

$$\det(A - \lambda I) = 0$$

gilt. Beachten Sie insbesondere, dass diese Gleichung nicht mehr den Eigenvektor v enthält. Unter Beachtung von Rechenregeln für Determinanten erhält man beim Ausschreiben der Ausdrucks $\det(A - \lambda I)$ ein Polynom vom Grad n in der Variable λ, das sogenannte **charakteristische Polynom** von A. Die Berechnung der Eigenwerte von A ist damit darauf reduziert worden, die n Nullstellen eines Polynoms zu finden.

Für Matrizen A mit spezieller Struktur kann es auch einfachere Wege zur Berechnung der Eigenwerte geben. Wenn A zum Beispiel Diagonalgestalt besitzt, dann sind die Eigenwerte genau die Diagonalelemente von A. Beispielsweise für $q(x) = x_1^2 + x_2^2$ sind die Eigenwerte von $D^2q(x)$ gerade 2 und 2 (man spricht vom *doppelten Eigenwert* 2), beide sind positiv, und $D^2q(x)$ ist damit positiv definit für alle $x \in \mathbb{R}^2$. Analog besitzt die Hessematrix von $q(x) = -x_1^2 - x_2^2$ den doppelten Eigenwert -2, so dass $D^2q(x)$ für alle x negativ definit ist, während die Hessematrix von $q(x) = x_1^2 - x_2^2$ indefinit mit Eigenwerten 2 und -2 ist.

Beachten Sie, dass A in der obigen Argumentation auch eine Matrix mit einer Zeile und einer Spalte sein darf, also ein Skalar, wie es im Falle der Hessematrix für $n = 1$ auftreten würde. In dieser Situation sieht man leicht, dass A genau einen Eigenwert λ besitzt, nämlich $\lambda = A$. Insbesondere ist eine $(1, 1)$−Matrix A dann genau dann positiv (negativ) definit, wenn A positiv (negativ) ist.

A.8 Linearisierung

Zur Behandlung der Nichtlinearität einer Funktion $f : \mathbb{R} \to \mathbb{R}$ ist es häufig nützlich, die Funktion an einem vorgegebenen Punkt $\bar{x} \in \mathbb{R}$ zu *linearisieren*. Dabei ersetzt man f durch eine lineare Funktion $\ell(x) = ax + b$ mit Koeffizienten $a, b \in \mathbb{R}$, die wesentliche Eigenschaften von f an $\bar{x}$ möglichst gut wiedergibt. Sofern f an $\bar{x}$ differenzierbar ist, wählt man a und b naheliegenderweise so, dass f und ℓ an $\bar{x}$ sowohl denselben Funktionswert als auch dieselbe Steigung besitzen. Aus den entsprechenden Gleichungen $f(x) = \ell(\bar{x}) = a\bar{x} + b$ und $f'(\bar{x}) = \ell'(\bar{x}) = a$ folgt

$$\ell(x) = f(\bar{x}) + f'(\bar{x})(x - \bar{x}).$$

Diese Funktion ℓ heißt **Linearisierung** von f um $\bar{x}$. Abbildung A.12 illustriert diese Konstruktion.

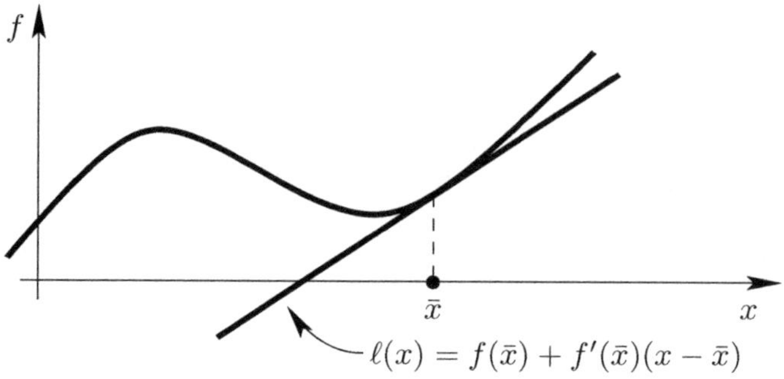

Abb. A.12. Linearisierung von f um $\bar{x}$

Mit Hilfe der in Abschnitt A.6 eingeführten höherdimensionalen ersten Ableitungen lassen sich Linearisierungen auch für differenzierbare Funktionen $f : \mathbb{R}^n \to \mathbb{R}^m$ erklären. An $\bar{x} \in \mathbb{R}^n$ besitzt die lineare Funktion

$$\ell(x) \;=\; f(\bar{x}) + Df(\bar{x})(x - \bar{x})$$

in der Tat denselben Funktionswert und dieselbe Jacobimatrix wie f. Im Fall $m = 1$ besitzt die Jacobimatrix $Df(\bar{x})$ nur eine Zeile, und durch die alternative Schreibweise des auftretenden Skalarprodukts ergibt sich

$$\ell(x) \;=\; f(\bar{x}) + \langle \nabla f(\bar{x}), x - \bar{x} \rangle .$$

Über den Fehler zwischen der originalen Funktion f und ihrer Linearisierung ℓ gibt der *Satz von Taylor* Auskunft.

A.9 Konvexität

Eine Menge $K \subseteq \mathbb{R}^n$ heißt **konvex**, wenn für jedes Paar von Punkten aus K auch ihre komplette Verbindungsstrecke in K liegt (vgl. Abb. A.13):

$$\forall\; x, y \in K,\; \lambda \in (0,1): \quad (1-\lambda)x + \lambda y \in K\,.$$

Man sieht leicht, dass der Schnitt beliebig vieler konvexer Mengen wieder konvex ist. Beachten Sie, dass diese Schnittmenge leer sein kann, was für die vorige Aussage allerdings unproblematisch ist (warum?).

Eine Funktion $f : \mathbb{R}^n \to \mathbb{R}$ heißt **konvex** auf $\mathbb{R}^n$, wenn die Menge oberhalb ihres Graphen konvex ist. Dies lässt sich auch dadurch charakterisieren, dass der Graph von f *unterhalb* jeder beliebigen Sekante verläuft (vgl. Abb. A.14):

$$\forall\; x, y \in \mathbb{R}^n,\; \lambda \in (0,1): \quad f(\,(1-\lambda)x + \lambda y\,) \;\le\; (1-\lambda)f(x) + \lambda f(y)\,.$$

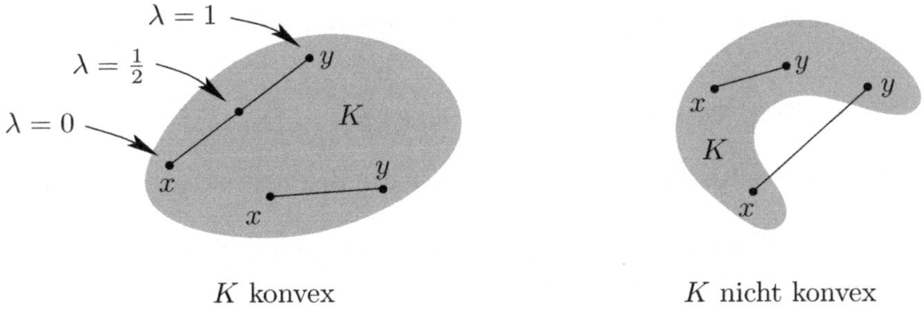

Abb. A.13. Konvexität bei Mengen

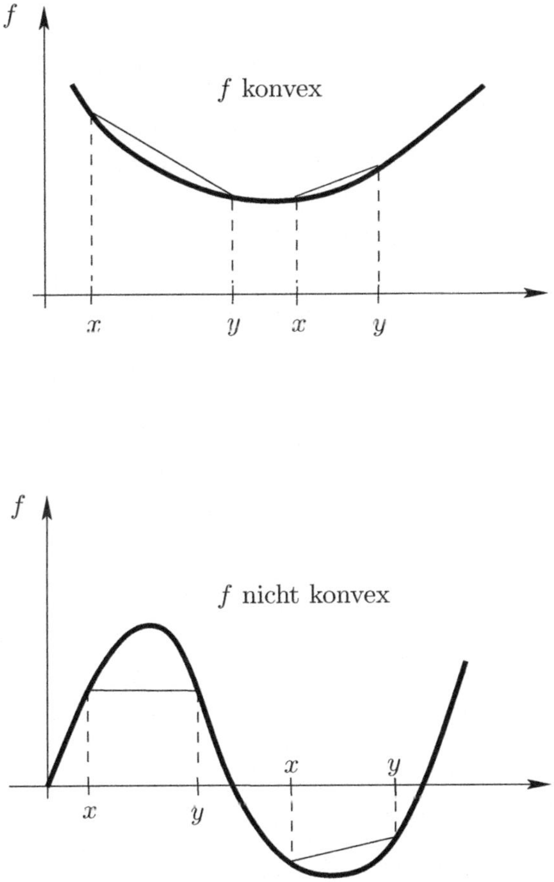

Abb. A.14. Konvexität bei Funktionen

Analog heißt eine Funktion $f : \mathbb{R}^n \to \mathbb{R}$ **konkav** auf $\mathbb{R}^n$, falls $-f$ konvex auf $\mathbb{R}^n$ ist, d.h.

$$\forall\, x, y \in \mathbb{R}^n,\ \lambda \in (0,1): \quad f(\,(1-\lambda)x + \lambda y\,) \;\geq\; (1-\lambda)f(x) + \lambda f(y)\,.$$

Beachten Sie, dass Konkavität nur für Funktionen definiert ist, aber *nicht für Mengen.*

Man überprüft leicht, dass bei einer konvexen Funktion $f : \mathbb{R}^n \to \mathbb{R}$ jede untere Niveaumenge $f^c_\leq$ mit $c \in \mathbb{R}$ eine konvexe Menge ist.

Beachten Sie, dass Differenzierbarkeit nicht notwendig für die Konvexität einer Funktion ist, denn beispielsweise ist $f(x) = |x|$ konvex auf $\mathbb{R}$. Für differenzierbare Funktionen existieren allerdings weitere Charakterisierungen von Konvexität:

- *C^1– Charakterisierung von Konvexität:* Die Funktion $f : \mathbb{R}^n \to \mathbb{R}$ sei auf $\mathbb{R}^n$ einmal stetig differenzierbar. Dann ist f genau dann konvex auf $\mathbb{R}^n$, wenn der Graph von f *oberhalb* der Graphen aller Linearisierungen von f (vgl. Abschnitt A.8) verläuft:

$$\forall\, x, y \in \mathbb{R}^n: \quad f(x) \;\geq\; f(y) + \langle \nabla f(y), x - y \rangle.$$

- *C^2– Charakterisierung von Konvexität:* Die Funktion $f : \mathbb{R}^n \to \mathbb{R}$ sei auf $\mathbb{R}^n$ zweimal stetig differenzierbar. Dann ist f genau dann konvex auf $\mathbb{R}^n$, wenn die Hessematrix $D^2 f(x)$ für alle $x \in \mathbb{R}^n$ positiv semidefinit ist.

Beispielsweise hatten wir in Abschnitt A.7 für $q(x) = x_1^2 + x_2^2$ gesehen, dass $D^2 q(x)$ für alle $x \in \mathbb{R}^2$ positiv definit ist. Die Funktion q ist daher konvex auf $\mathbb{R}^2$. Analog ist $q(x) = -x_1^2 - x_2^2$ konkav auf $\mathbb{R}^2$, während $q(x) = x_1^2 - x_2^2$ weder konvex noch konkav ist.

Zugleich konvex und konkav sind genau die affin-linearen Funktionen.

Literaturverzeichnis

[1] ALT, W.: *Nichtlineare Optimierung.* Vieweg, Braunschweig, 2002

[2] ALTROGGE, G.: *Netzplantechnik.* 2. Auflage. Oldenbourg, München, 1994

[3] BAZARAA, M.S ; SHERALI, H.D. ; SHETTY, C.M.: *Nonlinear Programming.* John Wiley, New York, 1993

[4] BELLMAN, R.E.: *Dynamic Programming.* Princeton University Press, New Jersey, 1957

[5] COOK, W.J. ; CUNNINGHAM, W.H. ; PULLEYBLANK, W.R. ; SCHRIJVER, A.: *Combinatorial Optimization.* John Wiley, New York, 1998

[6] DAKIN, R.J.: A tree-search algorithm for mixed integer programming problems. In: *The Computer Journal* 8 (1965), S. 250–255

[7] DENARDO, E.V.: *Dynamic Programming – Models and Applications.* Prentice-Hall, 1982

[8] DIJKSTRA, E.W.: A note on two problems in connexion with graphs. In: *Numerische Mathematik* 1 (1959), S. 269–271

[9] DOMSCHKE, W. ; DREXL, A.: *Einführung in das Operations Research.* 7. Auflage. Springer, Berlin, 2007

[10] EDMONDS, J. ; JOHNSON, E.L.: Matching, Euler tours and the Chinese Postman Problem. In: *Mathematical Programming* 5 (1973), S. 88–124

[11] EHRGOTT, M.: *Multicriteria Optimization.* 2nd edition. Springer, Berlin, 2005

[12] FLEURY, M.-K.: Deux problemes de geometrie de situation. In: *Journal de mathematiques elementaires* (1883), S. 257–261

[13] FLOUDAS, C.A.: *Nonlinear and Mixed-Integer Optimization.* Oxford University Press, 1995

[14] FLOYD, R.W.: Algorithm 97 (Shortest Path). In: *Communications of the ACM* 5 (1962), S. 345

[15] FORD, L.R. ; FULKERSON, D.R.: *Flows in Networks.* Princeton University Press, New Jersey, 1962

[16] GAL, T.: *Postoptimal Analyses, Parametric Programming, and Related Topics.* De Gruyter, Berlin, 1995

[17] GAREY, M. R. ; JOHNSON, D. S.: *Computers and Intractability: A Guide to the Theory of NP-Completeness.* 27th print. Freeman, New York, 2008

[18] GEIGER, C. ; KANZOW, C.: *Theorie und Numerik restringierter Optimierungsaufgaben.* Springer, Berlin, 2002

[19] GEOFFRION, A.M.: Lagrangean Relaxation for Integer Programming. In: *Mathematical Programming Study* 2 (1974), S. 82–114

[20] GLOVER, F. ; LAGUNA, M.: *Tabu search.* Kluwer Academic Publishers, Boston, 1997

[21] GOLDBERG, D.E.: *Genetic Algorithms in Search, Optimization and Machine Learning.* 26th print. Addison-Wesley, Boston, 2004

[22] GOMORY, R.E.: Outline of an Algorithm for Integer Solutions to Linear Programs. In: *Bulletin of the American Mathematical Society* 64 (1958), S. 275–278

[23] HARTUNG, J.: *Statistik.* 15. Auflage. Oldenbourg, München, 2009

[24] HIERHOLZER, C. ; WIENER, C.: Ueber die Möglichkeit, einen Linienzug ohne Wiederholung und ohne Unterbrechung zu umfahren. In: *Mathematische Annalen* 6 (1873), 3, S. 30–32. – `http://www.springerlink.com/content/x4458623778t4704`

[25] JARRE, F. ; STOER, J.: *Optimierung.* Springer, Berlin, 2004

[26] JONGEN, H.Th. ; MEER, K. ; TRIESCH, E.: *Optimization Theory.* Kluwer Academic Publishers, Boston, 2004

[27] KIRKPATRICK, S. ; GELATT, C.D. ; VECCHI, M.P.: Optimization by Simulated Annealing. In: *Science* 220 (1983), S. 671–680

[28] KOHN, W.: *Statistik: Datenanalyse und Wahrscheinlichkeitsrechnung.* Springer, Berlin, 2005

[29] KRUSKAL, J.: On the shortest spanning subtree and the traveling salesman problem. In: *Proceedings of the American Mathematical Society* 7 (1956), S. 48–50

[30] KWAN, M.-K.: Graphic programming using odd or even points. In: *Chinese Mathematics* 1 (1962), S. 273–277

[31] LAND, A.H. ; DOIG, A. G.: An automatic method of solving discrete programming problems. In: *Econometrica* 28 (1960), S. 497–520

[32] LOVÁSZ, L. ; PLUMMER, M.D.: *Matching Theory.* Akádemia i Kiadoó, Budapest, 1986

[33] MLADENOVIC, N. ; HANSEN, P.: Variable Neighborhood Search. In: *Computers and Operations Research* 24 (1997), S. 1097–1110

[34] NEMHAUSER, G.L. ; WOLSEY, L.A.: *Integer and Combinatorial Optimization.* John Wiley, New York, 1999

[35] NOCEDAL, J. ; WRIGHT, S.: *Numerical Optimization, Second Edition.* Springer, New York, 2006

[36] NOŽIČKA, F. ; GUDDAT, J. ; HOLLATZ, H. ; BANK, B.: *Theorie der linearen parametrischen Optimierung.* Akademie-Verlag, Berlin, 1974

[37] PAPE, U.: Implementation and efficiency of Moore algorithms for the shortest route problem. In: *Mathematical Programming* 7 (1974), S. 212–222

[38] PINEDO, M.L.: *Scheduling - Theory, Algorithms, and Systems.* 3. Auflage. Springer, Berlin, 2008

[39] PUTERMAN, M.L.: *Markov Decision Processes: Discrete Stochastic Dynamic Programming.* John Wiley, New York, 2005

[40] ROSS, S.M.: *Stochastic Processes, Second Edition.* John Wiley, New York, 1996

[41] SERFOZO, R.: *Introduction to Stochastic Networks.* Springer, New York, 1999

[42] SMITH, T.H.C. ; THOMPSON, G.L.: A LIFO implicit enumeration search algorithm for the symmetric traveling salesman problem using Held and Karp's 1-tree relaxation. In: *Annals of Discrete Mathematics* 1 (1977), S. 479–493

[43] WALDMANN, K.-H. ; STOCKER, U. M.: *Stochastische Modelle – Eine anwendungsorientierte Einführung.* 2. Auflage. Springer, Berlin, 2013

[44] WARSHAL, S.: A Theorem on Boolean Matrices. In: *Journal of the ACM* 9 (1962), S. 11–12

[45] WOLSEY, L.A.: *Integer Programming.* John Wiley, New York, 1998

[46] ZIEGLER, G.M.: *Lectures on Polytopes.* Springer, New York, 1995

Sachverzeichnis

Printed by Printforce, the Netherlands